rapid biological and social inventories

INFORME/REPORT NO. 30

Colombia: Bajo Caguán-Caquetá

Nigel Pitman, Alejandra Salazar Molano, Felipe Samper Samper, Corine Vriesendorp,
Adriana Vásquez Cerón, Álvaro del Campo, Theresa L. Miller, Elio Antonio Matapi Yucuna,
Michelle E. Thompson, Lesley de Souza, Diana Alvira Reyes, Ana Lemos, Douglas F. Stotz,
Nicholas Kotlinski, Tatzyana Wachter, Ellen Woodward y/and Rodrigo Botero García
editores/editors

Mayo/May 2019

Instituciones Participantes/Participating Institutions

The Field Museum	Fundación para la Conservación y el Desarrollo Sostenible (FCDS)
Gobernación de Caquetá	Corporación para el Desarrollo Sostenible del Sur de la Amazonia (CORPOAMAZONIA)
Amazon Conservation Team-Colombia	Parques Nacionales Naturales de Colombia
Asociación Campesina de Núcleo 1 de Bajo Caguán	Asociación de Cabildos Uitoto del Alto Río Caquetá
The Nature Conservancy-Colombia	Proyecto Corazón de la Amazonia (GEF)
Universidad de la Amazonia	Pontificia Universidad Javeriana
Universidad Nacional de Colombia	Wildlife Conservation Society
World Wildlife Fund-Colombia	

LOS INFORMES DE LOS INVENTARIOS RÁPIDOS SON PUBLICADOS POR/
RAPID INVENTORIES REPORTS ARE PUBLISHED BY:

FIELD MUSEUM
Keller Science Action Center
Science and Education
1400 South Lake Shore Drive
Chicago, Illinois 60605-2496, USA
T 312.665.7430, F 312.665.7433
www.fieldmuseum.org

Editores/Editors

Nigel Pitman, Alejandra Salazar Molano, Felipe Samper Samper,
Corine Vriesendorp, Adriana Vásquez Cerón, Álvaro del Campo,
Theresa L. Miller, Elio Antonio Matapi Yucuna, Michelle E. Thompson,
Lesley de Souza, Diana Alvira Reyes, Ana Lemos, Douglas F. Stotz,
Nicholas Kotlinski, Tatzyana Wachter, Ellen Woodward y/and
Rodrigo Botero García

Diseño/Design

Costello Communications, Chicago

Mapas y gráficos/Maps and graphics

Nicholas Kotlinski y/and Adriana Rojas

Traducciones/Translations

Álvaro del Campo (English-castellano), Theresa Miller
(castellano-English), Nigel Pitman (castellano-English), Moisés
Castro (castellano-m+n+ka), Clemencia Fiagama (castellano-
m+n+ka), Ángel Tobías Farirama (castellano-m+n+ka y/and
español-m+ka), Luis Antonio Garay (castellano-m+ka), Emérita
García (castellano-m+ka), Maria Marlene Martines (castellano-
m+ka), Elio Matapi Yucuna (castellano-m+ka), y/and Maria Indira
Garay castellano-m+ka)

ISBN NUMBER 978-0-9828419-8-3

Esta publicación ha sido financiada en parte por el apoyo generoso de un donante
anónimo, Bobolink Foundation, Hamill Family Foundation, Connie y Dennis Keller,
Gordon and Betty Moore Foundation y el Field Museum./This publication has
been funded in part by the generous support of an anonymous donor, Bobolink
Foundation, Hamill Family Foundation, Connie and Dennis Keller, Gordon and
Betty Moore Foundation, and the Field Museum.

Cita sugerida/Suggested citation

Pitman, N., A. Salazar Molano, F. Samper Samper, C. Vriesendorp,
A. Vásquez Cerón, Á. del Campo, T. L. Miller, E. A. Matapi Yucuna,
M. E. Thompson, L. de Souza, D. Alvira Reyes, A. Lemos, D. F. Stotz,
N. Kotlinski, T. Wachter, E. Woodward y/and R. Botero García. 2019.
Colombia: Bajo Caguán-Caquetá. Rapid Biological and Social
Inventories Report 30. Field Museum, Chicago.

Fotos e ilustraciones/Photos and illustrations

Carátula/Cover: Esta tradicional casa de reuniones, localmente
conocida como maloca, sirvió como campamento base para los
equipos biológico y social del inventario rápido en el Resguardo
Indígena Bajo Aguas Negras, Caquetá, Colombia. Foto de Jorge
Enrique García Melo./This traditional meeting house, or *maloca*,
was the home base for the rapid inventory biological and social
teams in the Bajo Aguas Negras Indigenous Reserve, Caquetá,
Colombia. Photo by Jorge Enrique García Melo.

Carátula interior/Inner cover: La región del Bajo Caguán-Caquetá
de Colombia es una candidata ideal para ser un área de conservación de índole comunal y regional, gracias a sus saludables
bosques, lagos y ríos que durante décadas han sido protegidos por
residentes indígenas y campesinos. Foto de Álvaro del Campo./
Protected for decades by indigenous and *campesino* residents,
the healthy forests, lakes, and rivers of the Bajo Caguán-Caquetá
region of Colombia make it an ideal candidate for a community-
based regional conservation area. Photo by Álvaro del Campo.

Láminas a color/Color plates: Figs. 10C, 11A, 11C, 11E, 11M, 11Q,
D. Alvira Reyes; Figs. 3A–B, 3E–H, J. Ángel Amaya; Figs. 2A–D, 3D,
J. Ángel/H. Serrano/N. Kotlinski; Figs. 9E–F, 9H, 9W–Y, W. Bonell
Rojas; Figs. 4B–D, 5B–C, 5E, 5G–Q, 9C–D, J.L. Contreras-Herrera;
Figs. 8A, 8C, 8H–J, 8K–L, B. Coral Jaramillo; Figs. 4A, 6T, 10B,
10F–G, 12A, 13A–G, Á. del Campo; Figs. 1A, 3C, 6A–S, 6U, 11H,
J.E. García Melo; Figs. 10D, 11K, 11P, 12C, N. Kotlinski; Figs. 8E,
9J–P, D.J. Lizcano; Figs. 7A–M, 7P–S, 7W–Y, G. Medina Rangel;
Figs. 9E, 9G, 9Z, A. Niño Reyes; Figs. 8G, 9A–B, 9Q–V, J.P. Parra
Herrera; Figs. 8B, 8D, 8F, 8K, F. Peña Alzate; Figs. 5A, 5D, 5F,
M. Ríos; Fig. 12B, C. Robledo Iriarte; Fig. 7Z, D.H. Ruiz Valderrama;
Figs. 10A, 10E, 10H–J, 10H–L, 11B, 11D, 11F–G, 11J, 11L, 11N,
A. Salazar Molano; Figs. 7N, 7T–V, M.E. Thompson. Las siguientes
fotografías fueron tomadas en los resguardos indígenas Bajo Aguas
Negras (RIBAN) y Huitorá (RIH): 1A, 5A, 5D–F, 7B, 7T–V, 7Z, 8C–D,
9N, 9V, 10C, 10F, 10L, 11F, 11K, 11M, 11Q, RIBAN; 5K, 6L, 6U,
7C, 7J, 7N, 7W, 9E–F, 9H, 9P, 9S–U, 9W–Y, 10B, 11G, 11J, RIH

EN MEMORIA DE

JAVIER ALEJANDRO MALDONADO OCAMPO

1977–2019

DIEZ MESES DESPUÉS DE TRABAJAR CON nosotros en el inventario rápido Bajo Caguán-Caquetá, nuestro querido amigo y colega Javier Alejandro Maldonado Ocampo —el principal experto de peces de agua dulce en Colombia— nos dejó después de un trágico accidente, mientras cumplía uno de sus grandes sueños, investigar la vida en las cachiveras de los ríos amazónicos.

TEN MONTHS AFTER WORKING WITH us on the Bajo Caguán-Caquetá rapid inventory, our dear friend and colleague Javier Alejandro Maldonado Ocampo—Colombia's leading expert on freshwater fishes—died in a tragic boat accident on the Vaupés River. He was fulfilling one of his greatest dreams, exploring life in the whitewater rapids of an Amazonian river.

ESTE LIBRO ESTÁ DEDICADO A SU MEMORIA. /
THIS BOOK IS DEDICATED TO HIS MEMORY.

El equipo de inventarios rápidos está extremadamente agradecido por los diez años de trabajo que compartimos con Javier en Colombia, Perú y Ecuador. Javier fue siempre una maravillosa persona y una constante fuente de inspiración para todos. Él era capaz de identificar los peces más pequeños y complicados, vincular sus distribuciones e historias naturales con los caños, ríos y lagos donde los encontraba, y luego integrar esa información con la evolución de esos peces, la red de drenaje de la región y las dinámicas geológicas a gran escala. Con sencillez y gentileza, compartía su sabiduría con colegas y habitantes locales; así también, escuchaba con atención y respeto el conocimiento local. Todo lo hizo siempre con una convicción inquebrantable, una risa contagiosa y una enorme generosidad de espíritu.

NOS HA DEJADO UNA ENORME TAREA: redoblar nuestros esfuerzos, seguir construyendo nuevos conocimientos sobre Sudamérica junto con la gente local, y hacer todo lo posible para conservar la diversidad cultural y biológica de la Amazonia frente a unas amenazas tremendas. La imagen de Javier que perdurará en nuestra memoria es similar a todas aquellas fotos que lo describen en el campo: feliz, valiente y con un amor profundo por la cuenca del Amazonas, sus peces y su gente.

The rapid inventory team is extremely grateful for our ten years of collaborative work with Javier in Colombia, Peru, and Ecuador. Javier was a marvelous person and a constant source of inspiration for all. He could identify the smallest and most obscure fishes, link their distributions and natural histories to the creeks, rivers, and lakes where he found them, and then integrate that information with the evolution of those fishes, the drainage network in the region, and large-scale geological dynamics. He shared his wisdom with colleagues and local residents in a way that was simple and gracious, and he listened with great appreciation and respect to local knowledge. And he did it all with unwavering conviction, an easy laugh, and a tremendous generosity of spirit.

HE HAS LEFT US WITH AN ENORMOUS TASK: to redouble our efforts, to continue building new knowledge about South America together with local people, and to do everything we can to conserve the cultural and biological diversity of the Amazon in the face of the gravest threats. Our lasting image of Javier is reflected in all the photos we have of him in the field: happy, courageous, and inspired by a deep love for the Amazon basin, its fishes, and its peoples.

Con profunda tristeza, enviamos nuestras
condolencias a la familia de Javier, a sus seres queridos,
amigos, y a toda la comunidad académica y de
conservación. / With profound sadness we send our
condolences to Javier's family, friends, and the entire
academic and conservation community.

CONTENIDO/CONTENTS

ESPAÑOL

8   Integrantes del equipo

13   Perfiles institucionales

18   Agradecimientos

23   Misión y metodología

24   Resumen ejecutivo

36   ¿Por qué el Bajo Caguán-Caquetá?

37   Láminas a color

61   Objetos de conservación

64   Fortalezas y oportunidades

66   Amenazas

70   Recomendaciones

73   Informe técnico

73   Panorama regional y descripción de los sitios visitados

Inventario biológico

82   Geología, suelos y agua

97   Flora y vegetación

105   Peces

111   Anfibios y reptiles

122   Aves

130   Mamíferos

Inventario social

142   Historia de ocupación y poblamiento de la región del Bajo Caguán-Caquetá

147   Gobernanza territorial y ambiental de las comunidades de la región del Bajo Caguán-Caquetá

164   Servicios públicos e infraestructura en la región del Bajo Caguán-Caquetá

171   Encuentro campesino e indígena: construyendo una visión común de la región del Bajo Caguán-Caquetá

ENGLISH

195   Contents for English Text

196   Participants

201   Institutional Profiles

206   Acknowledgments

211   Mission and Approach

212   Report at a Glance

223   Why Bajo Caquán-Caquetá?

237   Technical Report

BILINGÜE/BILINGUAL

335   Apéndices/Appendices

336   (1) Sobrevuelo previo al inventario/ Pre-inventory overflight

343   (2) Unidades de paisaje, campamento El Guamo/ Topography and geology, El Guamo campsite

344   (3) Unidades de paisaje, campamento Peñas Rojas/ Topography and geology, Peñas Rojas campsite

345   (4) Unidades de paisaje, campamento Orotuya/ Topography and geology, Orotuya campsite

346   (5) Unidades de paisaje, campamento Bajo Aguas Negras/ Topography and geology, Bajo Aguas Negras campsite

348   (6) Suelos y sedimentos, resultados del análisis de laboratorio/Soils and sediments, lab results

354   (7) Muestras de agua/Water samples

360   (8) Plantas vasculares/Vascular plants

384   (9) Estaciones de muestreo de peces/ Fish sampling stations

388   (10) Peces/Fishes

400   (11) Anfibios y reptiles/Amphibians and reptiles

408   (12) Aves/Birds

436   (13) Mamíferos/Mammals

443   Literatura citada/Literature Cited

455   Informes publicados/Published Reports

Diomedes Acosta
caracterización social
Vereda La Pizarra
Caquetá, Colombia

Yudy Andrea Álvarez Sierra
caracterización social
Corpoamazonia
Mocoa, Colombia
ingforestyudy@hotmail.com

Diana (Tita) Alvira Reyes
coordinación, caracterización social
Science and Education
The Field Museum
Chicago, IL, EE.UU.
dalvira@fieldmuseum.org

Jennifer Ángel Amaya
geología, suelos y aguas
Corporación Geopatrimonio
Bogotá, Colombia
jangel@geopatrimonio.org

Wilmar Bahamón Díaz
apoyo técnico
Amazon Conservation Team-Colombia
Florencia, Colombia
wybahamon@actcolombia.org

William Bonell Rojas
trampas cámara
Wildlife Conservation Society
Bogotá, Colombia
wbonell@wcs.org

Pedro Botero
geología, suelos y aguas
Fundación para la Conservación y
    el Desarrollo Sostenible
Bogotá, Colombia
guiaspedro@gmail.com

Rodrigo Botero García
apoyo técnico
Fundación para la Conservación y
    el Desarrollo Sostenible
Bogotá, Colombia
rbotero@ fcds.org.co

Wilfredo Cabrera Chany
científico local
Resguardo Indígena Bajo Aguas Negras
Caquetá, Colombia

Juan Carlos Cano Guaca
científico local
Vereda Peñas Rojas
Caquetá, Colombia

Moisés Castro
manejo espiritual
Resguardo Indígena Bajo Aguas Negras
Caquetá, Colombia

Adilson Castro López
científico local
Resguardo Indígena Bajo Aguas Negras
Caquetá, Colombia

Diego Castro Trujillo
científico local
Resguardo Indígena Huitorá
Caquetá, Colombia

Jorge Luis Contreras-Herrera
plantas
Universidad Nacional de Colombia
Bogotá, Colombia
jlcontrerash@unal.edu.co

Brayan Coral Jaramillo
aves
Fundación Kindicocha
Sibundoy, Putumayo, Colombia
coraljaramillo25@gmail.com

Marco Aurelio Correa Munera
plantas
Jardín Botánico Uniamazonia y
    Herbario HUAZ
Universidad de la Amazonia
Sistema Departamental de Áreas
    Protegidas del Caquetá
Florencia, Colombia
marcorreamunera@gmail.com

Lesley S. de Souza
peces
Science and Education
The Field Museum
Chicago, IL, EE.UU.
ldesouza@fieldmuseum.org

Álvaro del Campo
*coordinación, logística de campo y
    fotografía*
Science and Education
The Field Museum
Lima, Perú
adelcampo@fieldmuseum.org

Wilmer Fajardo Muñoz
científico local
Resguardo Indígena Bajo Aguas Negras
Caquetá, Colombia

Jorge Furagaro
apoyo logístico
ASCAINCA
Solano, Colombia
jfuragaro@gmail.com

Carlos Garay Martínez
científico local
Resguardo Indígena Huitorá
Caquetá, Colombia
carlosgaray1712@gmail.com

Luis Antonio Garay Martínez
científico local
Resguardo Indígena Huitorá
Caquetá, Colombia

Sandro Justo "Miguel" Garay Martínez
científico local
Resguardo Indígena Huitorá
Caquetá, Colombia
sandrojusto22@gmail.com

Julio Garay Ortiz
científico local
Resguardo Indígena Huitorá
Caquetá, Colombia

Luis Antonio Garay Ortiz
manejo espiritual
Resguardo Indígena Bajo Aguas Negras
Caquetá, Colombia

Jorge Enrique García Melo
peces
Universidad del Tolima
Universidad de Ibagué
Ibagué, Colombia
biophotonature@gmail.com

Elías García Ruiz
científico local
Resguardo Indígena Huitorá
Caquetá, Colombia

Delio Gaviria Muñoz
científico local
Resguardo Indígena Huitorá
Caquetá, Colombia

Karen Indira Gutiérrez Garay
caracterización social
Resguardo Indígena Huitorá
Caquetá, Colombia
karengar1107@hotmail.com

Nicholas Kotlinski
cartografía, logística de informática,
  caracterización social
Science and Education
The Field Museum
Chicago, IL, EE.UU.
nkotlinski@fieldmuseum.org

Verónica Leontes
coordinación y logística general
Fundación para la Conservación y
  el Desarrollo Sostenible
Bogotá, Colombia
vleontes@ fcds.org.co

Ana Alicia Lemos
caracterización social
Science and Education
The Field Museum
Chicago, IL, EE.UU.
alemos@fieldmuseum.org

Diego J. Lizcano
mamíferos
The Nature Conservancy-Colombia
Bogotá, Colombia
dj.lizcano@gmail.com
diego.lizcano@tnc.org

Josuel "Joselo" Lombana Lugo
científico local
Vereda El Guamo
Caquetá, Colombia

Carlos Londoño
logística de campo
Centro de Investigación de la
  Biodiversidad Andino-Amazónica
Universidad de la Amazonia
Florencia, Colombia
hominivorax410@gmail.com

Carolina López
caracterización social
WWF-Corpoamazonia
Mocoa, Colombia
apregpiedemonte2@wwf.org.co

Ferney Lozada Imbachi
científico local
Resguardo Indígena Huitorá
Caquetá, Colombia

Javier A. Maldonado-Ocampo
peces
Departamento de Biología,
  Facultad de Ciencias
Pontificia Universidad Javeriana
Bogotá, Colombia
maldonadoj@javeriana.edu.co

Elio Antonio "Wayu" Matapi Yucuna
coordinación, caracterización social
Fundación para la Conservación y
  el Desarrollo Sostenible
Bogotá, Colombia
ematapi@fcds.org.co
upichia@hotmail.com

Elvis Matapí Rodríguez
apoyo de campo, geología
Bogotá, Colombia
elvismatapi20@gmail.com

Guido F. Medina-Rangel
anfibios y reptiles
Universidad Nacional de Colombia
Bogotá, Colombia
gfmedinar@unal.edu.co

Tatiana Menjura
comunicaciones
Fundación para la Conservación y
  el Desarrollo Sostenible
Bogotá, Colombia
tmenjura@fcds.org.co

William Mellizo
logística general, asesor técnico
Vereda El Convenio
Asociación de Comunidades Campesinas
  Núcleo 1
Caquetá, Colombia
asociacioncampesinabajocaguan@
  gmail.com

Italo Mesones Acuy
logística de campo
Facultad de Ciencias Forestales
Universidad Nacional de la
  Amazonia Peruana
Iquitos, Perú
italomesonesacuy@yahoo.com.pe

Theresa L. Miller
redacción
Science and Education
The Field Museum
Chicago, IL, EE.UU.
tmiller@fieldmuseum.org

Carmenza Moquena Carbajal
científica local
Vereda Peñas Rojas
Caquetá, Colombia

Akilino "Kiri" Muñoz Hernández
científico local, trampas cámara
Resguardo Indígena Bajo Aguas Negras
Caquetá, Colombia

Alejandra Niño Reyes
mamíferos, trampas cámara
Museo de Historia Natural UAAP
Centro de Investigación de la
    Biodiversidad Andino-Amazónica
Universidad de la Amazonia
Florencia, Colombia
alejandra.vtab@gmail.com

María Olga Olmos Rojas
apoyo logístico
Fundación para la Conservación y
    el Desarrollo Sostenible
Bogotá, Colombia
olga.olmos@fcds.org.co

Roberto Ordóñez
asesor técnico y manejo espiritual
ASCAINCA
Solano, Colombia
robertya25@yahoo.es

Robinson Páez Díaz
científico local
Vereda El Guamo
Caquetá, Colombia

Edwin Paky Barbosa
logística de campo
Universidad de la Amazonia
Florencia, Colombia
pakybarbosa@gmail.com

Juan Pablo Parra Herrera
mamíferos
Amazon Conservation Team-Colombia
Facultad de Ciencias Agropecuarias
Universidad de la Amazonia
Florencia, Colombia
juanfauna@gmail.com

Humberto Penagos Torres
caracterización social
Vereda Peregrino
Caquetá, Colombia

Flor Ángela Peña Alzate
aves
Parque Nacional Natural La Paya
Puerto Leguízamo, Colombia
flordjf@gmail.com

Régulo Peña Perez
científico local
Resguardo Indígena Bajo Aguas Negras
Caquetá, Colombia

Nigel Pitman
redacción
Science and Education
The Field Museum
Chicago, IL, EE.UU.
npitman@fieldmuseum.org

Marcela Ramírez Muñoz
caracterización social
Vereda Caño Negro
Asociación de Comunidades Campesinas
    Núcleo 1
Caquetá, Colombia
asociacioncampesinabajocaguan@
    gmail.com

Marcos Ríos Paredes
plantas
Herbario Amazonense AMAZ
Universidad Nacional de la
    Amazonia Peruana
Iquitos, Perú
marcosriosp@gmail.com

Hernán Darío Ríos Rosero
científico local
Resguardo Indígena Huitorá
Caquetá, Colombia

Heider Rodríguez
científico local
Resguardo Indígena Bajo Aguas Negras
Caquetá, Colombia

Norberto Rodríguez Álvarez
científico local, trampas cámara
Resguardo Indígena Bajo Aguas Negras
Caquetá, Colombia

Héctor Reynaldo Rodríguez Triana
científico local
Vereda Peñas Rojas
Caquetá, Colombia

Adriana Rojas Suárez
cartografía
Fundación para la Conservación y
    el Desarrollo Sostenible
Bogotá, Colombia
arojas@ fcds.org.co

José Ignacio "Pepe" Rojas Moscoso
logística de campo
Pepe Rojas Birding LLC
Máncora, Perú
pepereds@gmail.com

Diana Ropaín Alvarado
logística general
Fundación para la Conservación y
    el Desarrollo Sostenible
Bogotá, Colombia
dropain@ fcds.org.co

Alberto Ruiz Angulo
científico local
Resguardo Indígena Bajo Aguas Negras
Caquetá, Colombia

Diego Huseth Ruiz Valderrama
anfibios y reptiles
Centro de Investigación de la
    Biodiversidad Andino-Amazónica
Universidad de la Amazonia
Florencia, Colombia
diegoye_19@hotmail.com

Alejandra Salazar Molano
coordinación, caracterización social
Fundación para la Conservación y
    el Desarrollo Sostenible
Bogotá, Colombia
asalazar@fcds.org.co

Erwin Alexis Saldarriaga Vargas
científico local
Resguardo Indígena Huitorá
Caquetá, Colombia

Felipe Samper Samper
apoyo técnico, redacción
Amazon Conservation Team-Colombia
Bogotá, Colombia
fsamper@actcolombia.org

Edgar Sánchez
científico local
Vereda El Guamo
Caquetá, Colombia

Jairo Sánchez Ardila
científico local
Vereda El Guamo
Caquetá, Colombia

Jesús Emilio "Jhon Jairo" Sánchez Pamo
científico local
Vereda Peñas Rojas
Caquetá, Colombia

Silvio Ancisar "Juan" Sánchez Pamo
científico local
Vereda Peñas Rojas
Caquetá, Colombia

Hernán Serrano
geología, suelos y aguas
Fundación para la Conservación y
    el Desarrollo Sostenible
Bogotá, Colombia
haserrano@yahoo.com

Johan Sebastian Silva Parra
científico local
Vereda El Guamo
Caquetá, Colombia

Héctor Fabio Silva Silva
apoyo logístico
Amazon Conservation Team-Colombia
Solano, Colombia
hsilva@actcolombia.org

Douglas F. Stotz
aves
Science and Education
The Field Museum
Chicago, IL, EE.UU.
dstotz@fieldmuseum.org

Luisa Téllez
comunicaciones
Fundación para la Conservación y
    el Desarrollo Sostenible
Bogotá, Colombia
ltellez@fcds.org.co

Silverio Tera-Akami
apoyo de campo
Puerto Santander
Caquetá, Colombia

Michelle E. Thompson
anfibios y reptiles
Science and Education
The Field Museum
Chicago, IL, EE.UU.
mthompson@fieldmuseum.org

Darío Valderrama
caracterización social
Gobernador
Resguardo Indígena Bajo Aguas Negras
Caquetá, Colombia

Lorenzo Andrés Vargas Gutiérrez
asesor técnico
Plan de Desarrollo con Enfoque
    Territorial (PDET)
Florencia, Colombia
lorenzoandresvg@gmail.com

Arturo Vargas Pérez
caracterización social
Parque Nacional Natural Serranía de
    Chiribiquete
Florencia, Colombia
dujin_vargas@yahoo.com

Richard Villarruel Cano
científico local
Vereda El Guamo
Caquetá, Colombia

Carlos Andrés Vinasco Sandoval
caracterización social
Amazon Conservation Team-Colombia
Florencia, Colombia
cvinasco@actcolombia.org

Corine F. Vriesendorp
coordinación, plantas
Science and Education
The Field Museum
Chicago, IL, EE.UU.
cvriesendorp@fieldmuseum.org

Tatzyana Wachter
logística general
Science and Education
The Field Museum
Chicago, IL, EE.UU.
twachter@fieldmuseum.org

COLABORADORES

Resguardos Indígenas

Huitorá, Municipio de Solano

Bajo Aguas Negras, Municipio de Solano

Veredas

Naranjales, Municipio de Cartagena
    del Chairá

Cuba, Municipio de Cartagena del Chairá

Las Quillas, Municipio de Cartagena
    del Chairá

Caño Negro, Municipio de Cartagena
    del Chairá

Monserrate, Municipio de Cartagena
    del Chairá

Buena Vista, Municipio de Cartagena
del Chairá

El Convenio, Municipio de Cartagena
del Chairá

Santa Elena, Municipio de Cartagena
del Chairá

Puerto Nápoles, Municipio de Cartagena
del Chairá

Zabaleta, Municipio de Cartagena
del Chairá

Caño Santo Domingo, Municipio de
Cartagena del Chairá

Brasilia, Municipio de Cartagena
del Chairá

Santo Domingo, Municipio de Cartagena
del Chairá

El Guamo, Municipio de Cartagena
del Chairá

Las Palmas, Municipio de Solano

Peñas Rojas, Municipio de Solano

La Maná, Municipio de Solano

Tres Troncos, Municipio de Solano

Peregrino, Municipio de Solano

La Pizarra, Municipio de Solano

Isla Grande, Municipio de Solano

Gobiernos locales

Municipio de Cartagena del Chairá

Municipio de Solano

Gobernación del Caquetá

Secretaría de Planeación y Ordenamiento
Territorial

Fuerzas Armadas de Colombia

Décima Segunda Brigada, Ejército
Nacional

Organizaciones de la sociedad civil

Corporación Geopatrimonio

Instituciones Académicas

Universidad del Tolima

Universidad de Ibagué

Cooperación Internacional

Gesellschaft für Internationale
Zusammenarbeit (GIZ) Cooperación
Alemana

ACNUR Agencia de la Organización de
las Naciones Unidas para los
Refugiados

The Field Museum

El Field Museum es una institución dedicada a la investigación y educación con exhibiciones abiertas al público; sus colecciones representan la diversidad natural y cultural del mundo. Su labor de ciencia y educación —dedicada a explorar el pasado y el presente para crear a un futuro rico en diversidad biológica y cultural— está organizada en cuatro centros que desarrollan actividades complementarias. Uno de ellos, el Centro Keller de Ciencia en Acción aplica la ciencia y las colecciones del museo al trabajo en favor de la conservación y el entendimiento cultural. Este centro se enfoca en resultados tangibles en el terreno: desde la conservación de grandes extensiones de bosques tropicales y la restauración de la naturaleza cercana a los centros urbanos, hasta el restablecimiento de la conexión entre la gente y su herencia cultural. Las actividades educativas son parte de la estrategia central de los cuatro centros; estos colaboran cercanamente para llevar la ciencia, las colecciones y las acciones del museo al aprendizaje del público.

Field Museum
1400 S. Lake Shore Drive
Chicago, IL 60605–2496 EE.UU.
1.312.922.9410 tel
www.fieldmuseum.org

Fundación para la Conservación y el Desarrollo Sostenible

La FCDS es una organización no gubernamental colombiana dedicada a promover una gestión integral del territorio que permita armonizar la protección ambiental con propuestas de desarrollo sostenible en un contexto de construcción de paz.

La FCDS consolida información geográfica, jurídica y socioambiental, y promueve una mejor articulación entre la institucionalidad en diferentes niveles para la toma de decisiones, así como la participación de actores sociales. Algunos de los temas de incidencia de la FDCS son el ordenamiento territorial, el desarrollo rural sostenible, la gestión de conflictos socioambientales y la protección ambiental.

Para ello, la FCDS cuenta con un equipo conformado por profesionales con diferentes experticias teóricas y técnicas, y una amplia experiencia y conocimiento de distintas regiones de Colombia.

FCDS
Carrera 70C, No. 50–47
Barrio Normandía
Bogotá, D.C., Colombia
57.1.263.5890 tel
fcds.org.co
contacto@fcds-doi.org

Gobernación del Caquetá

La Gobernación del Caquetá cumple y hace cumplir la Constitución, la Ley, los Decretos y las Ordenanzas, dirige y coordina la acción administrativa del Departamento y actúa en su nombre como gestor y promotor del desarrollo integral de su territorio de conformidad con la Constitución y las leyes, y dirige y coordina los servicios nacionales en las condiciones de la delegación que le confiere el Presidente de la República.

Su misión es propender por el mejoramiento de la calidad de vida de la población caqueteña, promoviendo el desarrollo social y económico en los municipios, a través de planes, políticas programas y proyectos formulados, bajo los criterios de equidad, solidaridad y sostenibilidad ambiental, con la participación activa de la comunidad regional, nacional e internacional, acorde a las características del departamento.
Su visión es presentar grandes avances en los procesos de integración regional y desarrollo socioeconómico, fundamentados en el crecimiento verde para la conservación de la biodiversidad, sus servicios ecosistémicos y la protección del recurso hídrico, sobre la base de una cultura de paz incluyente, participativa y garantista de los derechos de Caqueteños y Caqueteñas.

Gobernación del Caquetá
Calle 15, Carrera 13, Esquina
Barrio El Centro
Florencia, Colombia
57.8.435.3220/57.8.435.1488 tel
www.caqueta.gov.co

Corporación para el Desarrollo Sostenible del Sur de la Amazonia

La misión de CORPOAMAZONIA es "Conservar y administrar el ambiente y los recursos naturales renovables, promover el conocimiento de la oferta natural representada por su diversidad biológica, física, cultural y paisajística, y orientar el aprovechamiento sostenible de sus recursos facilitando la participación comunitaria en las decisiones ambientales."

Su visión es constituir "El Sur de la Amazonia colombiana como una 'Región' cohesionada social, cultural, económica y políticamente, por un sistema de valores fundamentado en el arraigo, la equidad, la armonía, el respeto, la tolerancia, la convivencia, la pervivencia y la responsabilidad; consciente y orgullosa del valor de su diversidad étnica, biológica, cultural y paisajística, y con conocimiento, capacidad y autonomía para decidir responsablemente sobre el uso de sus recursos para orientar las inversiones hacia el logro de un desarrollo integral que responda a sus necesidades y aspiraciones de mejor calidad de vida."

CORPOAMAZONIA
Carrera 17, No. 14–85
Mocoa, Putumayo, Colombia
57.8.429.5267 tel
www.corpoamazonia.gov.co

Amazon Conservation Team-Colombia

Amazon Conservation Team es una organización sin ánimo de lucro que desde hace más de 20 años trabaja por la conservación de los bosques tropicales y el fortalecimiento de las comunidades locales que los habitan, bajo la comprensión de la interdependencia entre la salud de los bosques y el bienestar de las comunidades. Para lograr esta misión, ACT trabaja en Colombia, Surinam y Brasil a través de tres líneas estratégicas: asegurar la protección del territorio, fortalecer la gobernanza de las comunidades locales y desarrollar alternativas de manejo sostenible. En Colombia, ACT emplea múltiples estrategias contextuales para proteger la biodiversidad y fortalecer la cultura indígena en asociación con las comunidades tradicionales. Para la protección del ecosistema, ACT se ha enfocado en la formación gradual de corredores regionales de conservación y en el uso sostenible de recursos.

ACT-Colombia
Calle 29, No. 6–58, Of. 601, Ed. El Museo
Bogotá, D.C., Colombia
57.1.285.6950 tel
www.amazonteam.org/programs/ colombia

Parques Nacionales Naturales de Colombia

Parques Nacionales Naturales de Colombia es una Unidad Administrativa Especial del orden nacional, sin personería jurídica, con autonomía administrativa y financiera, con jurisdicción en todo el territorio nacional, en los términos del artículo 67 de la Ley 489 de 1998. La entidad fue creada con el proceso de reestructuración del Estado el 27 de setiembre de 2011, mediante Decreto No. 3572 y está encargada de la administración y manejo del Sistema de Parques Nacionales Naturales y la coordinación del Sistema Nacional de Áreas Protegidas. Este organismo del nivel central está adscrito al Sector Ambiente y Desarrollo Sostenible.

Parques Nacionales Naturales de Colombia
Calle 74, No. 11–81
Bogotá, D.C., Colombia
57.1.353.2400 tel
www.parquesnacionales.gov.co

ACAICONUCACHA

Asociación Campesina de Núcleo 1 de Bajo Caguán

La Asociación Campesina del Bajo Caguán es una organización campesina legalmente constituida en el 2016 que representa 16 veredas del Núcleo 1 del Bajo Caguán. La misión y visión de ACAICONUCACHA es ser una asociación líder que promueva, a través de cooperación local, nacional e internacional, la implementación del desarrollo y ejecución de programas, proyectos y servicios técnicos que generan alternativas económicas y bienestar social que contribuyen al mejoramiento de la calidad de vida del Núcleo 1 y el desarrollo sostenible de los recursos naturales.

Presidente: William Mellizo
Cartagena del Chairá y Solano
Caquetá, Colombia
asociacioncampesinabajocaguan
@gmail.com

ASCAINCA

Asociación de Cabildos Uitoto del Alto Río Caquetá

La Asociación de Cabildos Uitoto del Alto Río Caquetá es una organización indígena uitoto que está conformada por cuatro resguardos —El Quince, Coropoya, Huitorá y Bajo Aguas Negras— y el cabildo Ismuina, del departamento del Caquetá. ASCAINCA se creó mediante el decreto 1088 de 1993 y busca abogar a nivel local, municipal, departamental, nacional e internacional por la protección, bienestar, y promoción de las comunidades, los valores y principios de la cultura Uitoto. ASCAINCA se encuentra afiliada al nivel regional a la Organización de Pueblos Indígenas de la Amazonia Colombiana (OPIAC) y al nivel Internacional a la Coordinadora de las Organizaciones Indígena de la cuenca amazónica (COICA).

Presidente: Roberto Ordoñez Benavidez
Solano
Caquetá, Colombia
robertya@yahoo.es

The Nature Conservancy

The Nature Conservancy es una organización ambiental global dedicada a la conservación de las tierras y las aguas de las cuales depende la vida. Guiada por la ciencia, crea soluciones innovadoras y prácticas a los desafíos más urgentes de nuestro mundo para que la naturaleza y las personas puedan prosperar juntos.

TNC tiene más de 400 oficinas y trabaja en más de 72 países, usando un enfoque de colaboración que involucra a las comunidades locales, los gobiernos, el sector privado y a otros socios.

The Nature Conservancy
Calle 67, No. 7–94, Piso 3
Bogotá, D.C., Colombia
57.1.606.5837 tel
www.nature.org/en-us/about-us/
where-we-work/latin-america/colombia/

Proyecto Corazón de la Amazonia (GEF)

Universidad de la Amazonia

Pontificia Universidad Javeriana

El proyecto "Conservación de bosques y sostenibilidad en el Corazón de la Amazonia" es una iniciativa pública para la sostenibilidad ambiental, cultural y económica de la Amazonia colombiana, en alianza con organizaciones sociales y de productores, y autoridades indígenas. Se desarrolla como una de las primeras acciones del Programa Visión Amazonia cuya finalidad es mejorar la gobernanza y promover el uso sostenible de la tierra para reducir la deforestación y conservar la biodiversidad en los bosques de la Amazonia colombiana.

Es así como busca prevenir la deforestación en 9,1 millones de hectáreas, a la vez que se aseguran los medios de vida de comunidades campesinas e indígenas. El proyecto se desarrolla en los departamentos de Caquetá, Guaviare y sur del Meta, y complementa las acciones previstas en el Programa REM y otras iniciativas de desarrollo sostenible implementadas por el Gobierno de Colombia en la región.

Es financiado por el Fondo Mundial del Medio Ambiente (GEF por sus siglas en inglés) e implementado por el Banco Mundial. Los socios ejecutores de este proyecto son el Ministerio de Ambiente y Desarrollo Sostenible (MADS), Parques Nacionales Naturales (PNN), el Instituto de Hidrología, Meteorología y Estudios Ambientales (IDEAM), el Instituto Amazónico de Investigaciones Científicas (SINCHI) y Patrimonio Natural.

Corazón de la Amazonia
Avenida Calle 72, No. 12–65, Piso 6
Bogotá, D.C., Colombia
57.1.756.2602 tel
www.corazonamazonia.org

La Universidad de la Amazonia, institución estatal de educación superior del orden nacional, creada por la ley 60 de 1982 para contribuir especialmente en el desarrollo de la región amazónica, está comprometida con la formación integral de un talento humano idóneo para asumir los retos del tercer milenio a través de una educación de calidad, amplia y democrática, a nivel de pregrado, posgrado y continuada, que propicie su fundamentación científica, desarrolle sus competencias investigativas, estimule su vinculación en la solución de la problemática regional y nacional y consolide valores que promuevan la ética, la solidaridad, la convivencia y la justicia social.

Universidad de la Amazonia
Facultad de Ciencias Básicas
Carrera 11, No. 5–69
Barrio Versalles - Sede Centro
57.4340861 tel
fcienciasua@uniamazonia.edu.co

Fundada por la Compañía de Jesús en 1623, la Pontificia Universidad Javeriana es una universidad católica, reconocida por el Estado colombiano, cuyo objetivo es servir a la comunidad humana, en especial a la colombiana, procurando instaurar una sociedad más civilizada, más culta y más justa, inspirada por los valores del Evangelio. Promueve la formación integral de las personas, los valores humanos, el desarrollo y transmisión de la ciencia y la cultura, y aporta al desarrollo, orientación, crítica y transformación constructiva de la sociedad.

Ejerce la docencia, la investigación y el servicio con excelencia, como universidad integrada a un país de regiones, con perspectiva global e interdisciplinar, y se propone: la formación integral de personas que sobresalgan por su alta calidad humana, ética, académica, profesional y por su responsabilidad social; y la creación y el desarrollo de conocimiento y de cultura en una perspectiva crítica e innovadora, para el logro de una sociedad justa, sostenible, incluyente, democrática, solidaria y respetuosa de la dignidad humana. Acuerdo No. 576 del Consejo Directivo Universitario, 26 de abril de 2013.

Pontificia Universidad Javeriana
Carrera 7, No. 40–62
Bogotá, D.C., Colombia
57.1.320.8320 tel
www.javeriana.edu.co

Universidad Nacional de Colombia

Como universidad de la nación, la Universidad Nacional de Colombia fomenta el acceso con equidad al sistema educativo colombiano, provee la mayor oferta de programas académicos y forma profesionales competentes y socialmente responsables. Contribuye a la elaboración y resignificación del proyecto de nación, estudia y enriquece el patrimonio cultural, natural y ambiental del país y asesora en los órdenes científico, tecnológico, cultural y artístico con autonomía académica e investigativa.

La Universidad Nacional de Colombia, de acuerdo con su misión, definida en el Decreto Extraordinario 1210 de 1993, debe fortalecer su carácter nacional mediante la articulación de proyectos nacionales y regionales, que promuevan el avance en los campos social, científico, tecnológico, artístico y filosófico del país. En este horizonte es la universidad, en su condición de entidad de educación superior y pública, la que habrá de permitir a todo colombiano que sea admitido en ella, llevar a cabo estudios de pregrado y posgrado de la más alta calidad bajo criterios de equidad, reconociendo las diversas orientaciones de tipo académico e ideológico, y soportada en el Sistema de Bienestar Universitario que es transversal a sus ejes misionales de docencia, investigación y extensión.

Universidad Nacional de Colombia
Carrera 45, No. 26–85
Edificio Uriel Gutiérrez
Bogotá, D.C., Colombia
57.1.316.5000 tel
www.unal.edu.co

Wildlife Conservation Society

WCS protege la fauna y los lugares silvestres alrededor del mundo. Lo hace con base en la ciencia, la conservación global, la educación y el manejo del sistema de parques zoológicos más grandes del mundo, liderado por el emblemático Zoológico del Bronx, en la ciudad de Nueva York, Estados Unidos. En conjunto, estas actividades promueven cambios de actitud en las personas hacia la naturaleza y ayudan a imaginar una convivencia armónica con la vida silvestre. WCS está comprometida con esta misión pues es esencial para la integridad de la vida en la Tierra.

Sede principal en Colombia:
Avenida 5 Norte, No. 22N–11,
Barrio Versalles
Cali, Valle del Cauca, Colombia
57.2.486.8638 tel

Sede Bogotá:
Carrera 11, No. 86–32, Oficina 201
Bogotá, D.C., Colombia
57.1.390.5515 tel
colombia@wcs.org

World Wildlife Fund-Colombia

WWF trabaja por un planeta vivo. Su misión es detener la degradación del ambiente natural de la Tierra y construir un futuro en el que el ser humano viva en armonía con la naturaleza a través de conservar la diversidad biológica mundial, asegurar que el uso de los recursos naturales renovables sea sostenible y promover la reducción de la contaminación y del consumo desmedido.

WWF empezó en 1964 apoyando acciones de conservación y en 1993 consolidó su presencia en Colombia como Oficina de Programa. El trabajo de WWF-Colombia integra acciones a diferentes escalas, de lo local a lo internacional, en paisajes prioritarios de los complejos ecorregionales del norte del Amazonas, el Orinoco, los Andes y el Pacífico. WWF-Colombia aspira a que en el país y en las ecorregiones asociadas, la protección de los ecosistemas representativos esté en armonía con la satisfacción de las necesidades y anhelos de las comunidades locales y de las futuras generaciones.

Sede principal en Colombia
Carrera 35, No. 4A–25
Cali, Valle del Cauca, Colombia
57.2.558.2577 tel

Sede Bogotá:
Carrera 10 A, No. 69A–44
Bogotá, D.C., Colombia
57.1.249.7422 tel
www.wwf.org.co

AGRADECIMIENTOS

Agradecimiento: sentimiento de gratitud que alguien manifiesta para con otro que lo ayudó en una determinada circunstancia. Esta definición, a nuestro criterio, se queda corta para expresar lo que sentimos hacia todas las personas que ayudaron a hacer realidad un sueño de muchos meses de ardua labor: hacer posible este inventario, etapa tras etapa.

En principio, queremos hacer una mención imprescindible a la Fundación para la Conservación y el Desarrollo Sostenible (FCDS), nuestra principal aliada en esta aventura. La visión de la FCDS de hacer un inventario en la región del Bajo Caguán-Caquetá para asegurar un corredor de conservación que se extendería desde el PNN La Paya hasta el PNN Serranía de Chiribiquete, nace de su director Rodrigo Botero y reúne a todo su extraordinario equipo conformado por Pedro Botero, Alberto Carreño, María Fernández, Alejandra Laina, Verónica Leontes, Elio Matapi 'Wayu', Olga Olmos, Harold Ospino, Carmen Pineda, Adriana Rojas, Diana Ropaín, Alejandra Salazar Molano, Rocío Saltarén, Hernán Serrano, Luisa Téllez, Adriana Vasquez y Tatiana Menjura.

Queremos resaltar la infatigable labor de Verónica Leontes. Simplemente no podemos imaginar un inventario en Colombia sin su ayuda. El calificativo de "Súper Vero" también queda corto para quien, con excelente disposición y amplia sonrisa, es capaz de conseguir en tiempo récord, un avión para trasladar al equipo y al mismo tiempo ayudarnos a organizar la logística para establecer un campamento de último minuto. ¡Gracias totales! Agradeceríamos a quien nos pudiera dar la fórmula para clonarla.

Asimismo, Diana Ropaín de la FCDS hizo gala de sus excelentes habilidades logísticas para que todo saliera de maravilla durante nuestra estadía en el campo. Gracias a su increíble atención a detalles y superpoderes de organización, el encuentro en Solano y la fase de escritura en Florencia fueron un éxito. Le agradecemos de todo corazón su profesionalismo y paciencia con el equipo.

Amazon Conservation Team (ACT) fue otra de las instituciones que jugó un papel preponderante en este inventario. El equipo de ACT nos ayudó a identificar los objetos de conservación, así como a llevar a cabo las reuniones de planificación de abril de 2017 y enero de 2018; eventos que ayudaron decididamente a que nuestro sueño de hacer este inventario se hiciera realidad. Agradecemos a su directora Carolina Gil Sánchez y particularmente a Felipe Samper por la increíble ayuda que nos brindó en Florencia durante la fase de redactar el informe del inventario, a Wilmar Bahamón, el coordinador del proceso del medio río Caquetá, a Carlos Vinasco y Juan Pablo Parra por brindar todo su conocimiento y todo de si mismos durante el inventario rápido y a Héctor Fabio Silva por su apoyo logístico.

Igualmente, queremos reconocer el extraordinario apoyo durante el complejo proceso del inventario de William Mellizo, presidente de la Asociación Campesina del Bajo Caguán (ACAICONUCACHA), así como a la valiosa participación de doña Nelly Buitrago, Marcela Ramírez y todos los investigadores locales de este sector; a ASCAINCA, por el respaldo y participación de su presidente Roberto Ordóñez, de Jorge Gabriel Furagaro Kuetgaje, Sandro Justo Garay, Carlos Garay, Clemencia Fiagama y del coordinador de cultura Carlos Armando Jipa Castro, quienes además de profesionalismo mostraron un gran compromiso personal que contribuyó a la formación de un excelente equipo de trabajo.

Por su parte, Corpoamazonia ha sido una institución clave para el desarrollo del inventario. Gracias a su director general Luis Alexander Mejía Bustos, a Rosa Edilma Agreda Chicunque de la Subdirección de Planificación y Ordenamiento Ambiental, así como a Gustavo Torres e Iván Melo. Desde la participación de Jhon Jairo Mueses-Cisneros en los inventarios en la Amazonia peruana con el Field Museum, habíamos soñado trabajar con Corpoamazonia. Su persistencia hizo realidad a ese sueño.

A la Gobernación del Caquetá, en especial al Gobernador Álvaro Pacheco Álvarez y a Lorenzo Vargas por todo el apoyo brindado durante cada una de las fases del inventario, gracias.

En Parques Nacionales Naturales de Colombia mención especial Diana Castellanos, Madelaide Morales, Pablo Rodríguez, Carlos Páez, Ayda Cristina Garzón (Jefa del PNN Serranía de Chiribiquete), Arturo Vargas, Lorena Valencia (Jefa del PNN La Paya) por el apoyo logístico en La Tagua, así como a Doña Flor Peña.

Nuestra sincera gratitud a Doris Ochoa, Luz Adriana Rodríguez y Pablo Rodríguez de Corazón de la Amazonia por su gran compromiso con la iniciativa de la región del Bajo Caguán-Caquetá.

Durante el inventario obtuvimos inmejorables imágenes de fauna cuyo valor científico es enorme, usando las trampas cámara facilitadas amablemente por la Wildlife Conservation Society-Colombia; agradecemos entonces a su director científico Germán Forero-Medina por haber hecho posible el uso de estos equipos y por autorizar la participación de William Bonell.

En WWF Colombia, a Ilvia Niño Gualdrón que brindó un especial apoyo durante el inventario nuestro reconocimiento. Asimismo, hacemos llegar un agradecimiento a Karina Monroy de la Cooperación Alemana/GIZ, siempre dispuesta a compartir información clave durante las reuniones que sostuvimos en Florencia. También, damos gracias a la Corporación Geopatrimonio por la entera disposición de participar en el componente de geología del inventario y a José Ismael Peña Reyes, decano de la

Facultad de Ingeniería de la Universidad Nacional de Colombia por su soporte.

Durante la preparación del inventario en 2017 fue clave tener reuniones con el equipo de la Agencia de la ONU para los Refugiados en Florencia- ACNUR, y recibir el apoyo y la valiosa información que nos proporcionó Jovanny Salazar.

La Universidad de la Amazonia ha sido un aliado fundamental en este inventario rápido. Muchas gracias al rector Gerardo Antonio Castrillón Artunduaga, por haber facilitado la suscripción del convenio de cooperación, por incentivar la participación activa de científicos de la institución y por prestarnos las trampas cámara. De la misma manera, un reconocimiento al profesor Alexander Velásquez por el apoyo brindado.

Agradecemos una vez más a la Pontificia Universidad Javeriana por su participación en el inventario, en particular a su Director Ejecutivo y Vicerrector de Investigaciones Luis Miguel Renjifo.

Carlina Segua, gerente general de Aeroser, fue clave por la coordinación logística del sobrevuelo de reconocimiento, y posteriormente del traslado, en uno de los inacabables DC-3, de los equipos biológico y social desde Villavicencio y Florencia a Puerto Leguízamo en el Putumayo, punto de partida de nuestro inventario. Gracias a las excelentes aptitudes de Eliodoro Álvarez, quien una vez más piloteó su Cessna 203 durante el sobrevuelo de reconocimiento, pudimos observar con antelación y con vista de halcón una gran extensión del terreno seleccionado para este trabajo.

Para este inventario casi todos los traslados, tanto en el aspecto biológico como el social, se realizaron por vía fluvial. Agradecemos a Efren Bañol García, Henry Alberto Niño Vidal "Comanche" y Jorge Furagaro, quienes se hicieron cargo de coordinar las excelentes embarcaciones que nos condujeron por los ríos Caguán, Caquetá, Orotuya y Orteguaza hasta nuestros destinos sin ningún contratiempo. Queremos dar las gracias a los motoristas, Edwar Benavides "Cacique", Breiner Candelo "Niche", William Castellanos, Luis Antonio Garay, Sandro Justo Garay "Miguel", Delio Gaviria, Wilson Cabrera "Pereza", Jimmy Rentería, Jhon Fresman Rico y Erwin Alexis Saldarriaga, por habernos transportado por los ríos, siempre con buenas condiciones de seguridad.

Una mención aparte se merece Jhon Gilbert Chavarro Bahos "Caquetá", quien estuvo con nosotros desde las etapas preliminares del inventario apoyándonos con los diferentes tipos de transportes terrestres disponibles, para recorrer los 22 km que separan Puerto Leguízamo de La Tagua. Caquetá nos apoyó además, en todo momento, con los diferentes aspectos logísticos de abastecimiento de víveres y equipos de trabajo. Asimismo, Jhon

Freddy Patiño Giraldo fue nuestra persona de confianza durante múltiples visitas a Florencia transportándonos, guardando nuestras cosas en su casa, y encima convidándonos queso, bocadillo y empanadas; Freddy se tomó el tiempo para ayudarnos con una paciente a quien trasladamos de emergencia desde Monserrate.

Nuestros compañeros de campo de las veredas y comunidades a quienes por su vasto conocimiento de la selva consideramos científicos locales, nos sorprenden siempre con sus habilidades para preparar campamentos de la nada, usando diversidad de materiales tanto de la ciudad como del bosque, que viene a ser para ellos una especie de ferretería natural. Queremos dar gracias miles a Carlos Aranzales, Andrés Camargo, Carlos Alberto Cabrera, Wilfredo Cabrera, Juan Carlos Cano, Adilson Castro, Diego Castro, Mildred Chany, Tanit Chany, Celmira Cruz, Wilmer Fajardo, Ángel Farirama, Carlos Garay, Luis Antonio Garay, Julio Garay, Elías García, Delio Gaviria, Diana Gaviria, Diego Gómez "Perú", Luis Holman, Lucila Jiménez, Edilson Ladino, Manuel Leiton, Josue Lombana "Joselo", Bersabel Londoño, Wilson López, Dago Lozada, Ferney Lozada, Cristobal Manjarrés, Cristian Merchan, Gerson Merchan, Miller Monjes, José Guillermo Monroy, Carmenza Moquena, Akilino Muñoz "Kiri", Cristian Muñoz, Leonel Murcia, Robinson Páez, Régulo Peña, Arnulo Perafan, José Elky Pulecio, Hernán Darío Ríos, Héctor Reynaldo Rodríguez, Heider Rodríguez, Norberto Rodríguez, Alba Lucía Ruiz, Alberto Ruiz, Carlos Enrique Sánchez, Edgar Sánchez, Jairo Sánchez, Jesús Emilio Sánchez, Yuli Sánchez, Sebastián Silva, María Isabel Soto, Arlinson Vargas, Luis Alejandro Vargas, Robinson Villa, Wilson Villa y Richard Villarroel.

Los caciques de las comunidades murui muina, Moisés Castro de Bajo Aguas Negras y Luis Antonio Garay Ortiz de Huitorá, nos tuvieron siempre presentes en sus territorios de pensamiento indígena e hicieron la fuerza del manejo espiritual, mambeando desde las malocas, para que todo saliera siempre bien en el campo.

Hay un dicho muy famoso en América Latina que reza: "barriga llena, corazón contento". Es por eso que no podemos dejar de mencionar a nuestras excelentes cocineras, desde la fase de avanzada como en los tres campamentos del estudio. Celmira Cruz y Yuli Sánchez de El Guamo; Alba Lucía Ruiz, María Isabel Soto y Bersabel Londoño de Peñas Rojas; Diana Gaviria y Yeritza Farirama "Yeri" de Huitorá; y Mildred Chany y Tania Chany de Bajo Aguas Negras mantuvieron siempre llenas nuestras barrigas y por consiguiente nuestros corazones contentos durante todo el trabajo, con sus nutritivos platillos preparados en las distintas cocinas diseñadas y construidas en medio del monte.

En particular, el equipo de geología agradece a todo el equipo del inventario por enriquecer la discusión con sus observaciones e inquietudes; a la comunidad de El Guamo y especialmente a doña

Nelly y a "El Llanero" por hospedarnos en la Finca Buenos Aires durante las jornadas de campo por el río Caguán. A todas las comunidades que nos recibieron para adelantar los trabajos de suelos y particularmente a Alexis Saldarriaga y a Luis Garay del Resguardo Indígena Huitorá; a Wilfredo Cabrera, Régulo Peña y Wilmer Fajardo del Resguardo Indígena Bajo Aguas Negras; al entomólogo Carlos Londoño del equipo de avanzada quien nos acompañó en los recorridos por Bajo Aguas Negras; y a Elvis Matapí por su acompañamiento y ayuda en la obtención de los perfiles de suelos. Agradecemos una vez más a Julio César Moreno del Laboratorio Terrallanos en Villavicencio por el análisis prioritario de las muestras de suelos y sedimentos.

El equipo de vegetación y flora quiere dar sus más sinceros agradecimientos a la Universidad de la Amazonia en cabeza del doctor Gerardo Castrillón Artunduaga; en el Perú al Herbario Amazonense (AMAZ) de la Universidad Nacional de la Amazonia Peruana (UNAP) en Iquitos, así como también a Euridice Honorio y Tim Baker, quienes permitieron que Marcos Ríos pudiera tomar el tiempo para ir al inventario. Damos muchas gracias también a las autoridades indígenas y campesinas, concretamente a los cabildos Huitorá y Bajo Aguas Negras, a Elías Fajardo, Robinson Páez, Wilmer Fajardo, Adilson Castro, Juan Cuellar, a don Juan Carlos Cano, don Julio Cuellar y Carmenza Moquena Carbajal en Peñas Rojas, a doña Nelly Buitrago en El Guamo.

Le agradecemos especialmente al bosque y al río por permitirnos ir y regresar con bien.

El equipo de peces expresa sus más sinceros agradecimientos a los investigadores locales que hicieron parte de este inventario: Edgar Sánchez, Johan Sebastián Silva Parra (campamento El Guamo), Carmenza Moquena Carbajal, Héctor Reynaldo Rodríguez Triana (campamento Peñas Rojas), Julio Garay Ortiz (campamento Orotuya), Alberto Ruíz Angulo, Heider Rodríguez, Régulo Peña Pérez (campamento Bajo Aguas Negras). Lesley de Souza agradece a Caleb McMahan, curador de la colección de peces del Field Museum, por su apoyo en la preparación de los equipos para el muestreo en campo. Jorge E. García extiende su gratitud a los biólogos Daniel Alfonso Urrea y Giovany Guevara del Programa de Biología de la Universidad del Tolima, y a Miguel Moreno Palacios del Programa de Administración Ambiental de la Universidad de Ibagué por la facilitación institucional que nos brindaron desde sus dependencias. Asimismo, a los biólogos Juan Gabriel Arbornóz y Carlos DoNascimiento del Instituto de Investigación de Recursos Biológicos Alexander von Humboldt (IAvH) y también a Ricardo Britzke, Marina Barreira Mendoça y Luis J. García Melo por su ayuda en la confirmación taxonómica de especies. Javier Maldonado agradece a Consuelo Uribe Mallarino, Vicerrectora de Investigaciones y a Concepción Judith Puerta, Decana de la Facultad de Ciencias de la Pontificia Universidad Javeriana (PUJ), por el apoyo a su participación en el inventario. También agradece a Saúl Prada, Cintia Moreno, Jhon Zamudio y Alex Urbano del Laboratorio de Ictiología del Departamento de Biología de la PUJ por la invaluable ayuda en la preparación de los materiales.

El equipo de herpetología le agradece a Wilmar Fajardo Muñoz, Josuel "Joselo" Lombana Lugo, Carlos Londoño, Carmenza Moquena Carbajal, Hernán Darío Ríos Rosero, Jesús Emilio "Jhon Jairo" Sánchez Pamo y Edgar Sánchez por su ayuda en el trabajo de campo. Agradecemos a Marco Rada por confirmar la identificación de *Hyalinobatrachium cappellei* y a Mariela Osorno-Muñoz por su colaboración con información publicada sobre algunos muestreos realizados por el Instituto SINCHI.

El equipo ornitológico agradece a cada una de las personas que organizaron la logística para que este inventario fuera posible; de igual manera, da gracias a los líderes de las comunidades y otros integrantes por permitir llegar hacia ellas con amabilidad y por estar interesados en conservar los territorios. Agradecemos a Lorena Valencia, Jefa del Parque Nacional Natural La Paya, por habernos dado la oportunidad de participar y por su liderazgo. Damos las gracias a todos los grupos científicos y al equipo social por haber realizado un excelente trabajo en las comunidades.

El equipo de mastozoología agradece a Norberto Rodríguez "Pelufo" y a Akilino Muñoz "Kiri" por su acompañamiento y colaboración en la instalación de las trampas cámara en el campamento Orotuya; así como también a Richard Villarroel y Edgar Sánchez por la ayuda instalando las cámaras en el campamento El Guamo. También agradecemos a Miguel Garay por la compañía y colaboración para recuperar las trampas cámara en el campamento Orotuya. Las cámaras del campamento Bajo Aguas Negras fueron amablemente instaladas por Norberto Rodríguez en coordinación con Álvaro del Campo y Carlos Andrés Londoño. Inmensa gratitud a nuestros guías y científicos locales que nos acompañaron en los recorridos Miguel Garay, Jhon Jairo Cuellar, Alberto Ruiz Angulo "Beto" y Régulo Peña Pérez.

El equipo social quiere hacer mención especial de los líderes comunales Marcela Ramírez Muñoz, Karen Gutiérrez Garay, Darío Valderrama, Humberto Penagos Torres y Diomedes Acosta, cuyo apoyo y acompañamiento durante todo el inventario hicieron posible el trabajo exitoso en las comunidades que visitamos.

Extendemos nuestro más sincero agradecimiento a todos los miembros de la comunidades de los resguardos indígenas Bajo Aguas Negras, Huitorá y de las veredas Monserrate, El Guamo, Santo Domingo, La Maná, y Peregrino por su muy gentil hospitalidad, y a las comunidades de Naranjales, Cuba, Las Quillas, Caño Negro, Buena Vista, El Convenio, Nápoles, Santa Elena, Caño Santo Domingo, Zabaleta, Brasilia, El Guamo,

Las Palmas, Peñas Rojas, Tres Troncos y La Pizarra por su participación activa en los talleres comunales.

En el Resguardo Indígena Bajo Aguas Negras, les agradecemos a nuestras cocineras Arelis López, Marisol Valderrama, la Abuela Clemencia y a Lady López por el cuidado de nuestra alimentación durante la estadía en la comunidad. Igualmente, le damos un agradecimiento especial a la Abuela Clemencia y a don Lucho por recibirnos en su maloca y al cacique Moisés por dejarnos disfrutar de la maloca central.

En Monserrate, agradecemos a Luz Mery Andrade, César Andrade, Leonor Vargas Castillo, Alfonso Cediel, Vitelio y su esposa, por su inmensa hospitalidad y el cuidado puesto en la labor de prepararnos los alimentos durante las fases preliminares y durante el inventario. A la Sra. Viviana Lozano por la hospitalidad durante nuestro alojamiento en su hotel. Al profesor Luis Antonio Valencia, director de la Institución Educativa Monserrate y a todo su cuerpo de profesores, por dejarnos utilizar las instalaciones del colegio para los talleres y por participar activamente en ellos. Al profesor Washington Góngora por su cordialidad y pronta disposición para dejarnos usar sus servicios de telefonía celular y así mantenernos comunicados con nuestros familiares durante las visitas a Monserrate.

En El Guamo, extendemos un merecido reconocimiento a las señoras Maribel Cruz y Luzdedo Chate por su apoyo y preparación de alimentos. Un inmenso reconocimiento a doña Nelly Buitrago por su apertura, generosidad y constantes lecciones de historia y reflexión de la realidad del Bajo Caguán. Gracias doña Nelly por inspirar, animar y sembrar una visión común de paz sostenible en todos los habitantes del Caguán y del Caquetá, y en todos los que visitamos y nos sentimos parte de ella. En Santo Domingo, le queremos agradecer a Blanca Mery Cardona, Tiberio Páez, Gabriela Correa, Sol Yalile Rico, Alejandro Medina Suárez y Andrea Bustos por su atención y por encargarse de la alimentación durante nuestra estadía. En el Resguardo Huitorá, agradecemos a la Abuela María, Indira Garay y Cecilia Molina por su esmero en la preparación de los alimentos durante las visitas preliminares y durante el inventario. Asimismo, damos gracias a la señora Indira por su hospitalidad y por abrirnos las puertas de su hermosa casa para que nos pudiéramos alojar. Gracias también a la Abuela María y a la señora Marina por invitarnos a la chagra a conocer la diversidad de frutas y plantas que tienen allí.

En Peñas Rojas, queremos reconocer el trabajo de las cocineras María Isabel Soto, Paula Andrea Cano, Lorena Ladino, Carmen Moquema y Marina Trejos, quienes cuidaron de nuestra alimentación en su comunidad. En Peregrino, le agradecemos a Doña Clemencia Fiagama y Leidy Johana Castro por asumir la labor de prepararnos los alimentos y a la Familia Penagos Torres por su generosidad y acogida en su casa.

El equipo social también quiere agradecer a Breiner Candelo "Niche" y William Castellanos, nuestros capitanes de navío y motoristas, quienes nos trasladaron por los ríos Caquetá, Orteguaza y Caguán. Ellos además tuvieron mucha paciencia y fuerza para mover todo nuestro equipaje durante las constantes travesías.

Reconocemos especialmente al párroco Gabriel Armando de la Iglesia Sagrado Corazón de Jesús de La Tagua, al Padre Gabriel Armando y al Padre José María Córdoba Rojas del Vicariato de Puerto Leguízamo, por su apoyo ofreciéndonos espacios en sus parroquias para trabajar durante y después del inventario en La Tagua y Solano.

Un agradecimiento muy especial a Roberto Ordoñez, presidente de ASCAINCA, y a toda su junta directiva por apoyarnos a alcanzar un enorme logro en el inventario, el encuentro entre indígenas y campesinos de las cuencas del Caguán y Caquetá. Roberto se unió a este sueño y propuso que el encuentro se llevara a cabo en la maloca del Resguardo Indígena Ismuina de Solano. Gracias a todas las personas que colaboraron para que el sueño se hiciera realidad, en especial a la señora Adriana Ordoñez y los miembros de su familia, quienes prepararon una deliciosa comida para todos. También le damos gracias a Roberto y la junta de ASCAINCA por organizar el baile de cierre del encuentro, en especial al secretario de Cultura, los bailadores y a las personas que prepararon caguana y mambe para esa noche.

Muchas gracias al Sr. Argemiro Ruiz y a su esposa por haber facilitado el recorrido de los campesinos del Caguán por el Resguardo Indígena Ismuina en Solano, ya que de esa manera visitamos cuatro malocas en una tarde y compartimos la riqueza cultural de los murui muina.

Las siguientes personas, empresas o instituciones que mencionamos a continuación nos apoyaron en diferentes lugares y momentos de nuestro trabajo. En Florencia: el personal del Hotel Royal Plaza que nos brindó alojamiento y comidas, y nos facilitó las instalaciones de sus auditorios para escribir el reporte preliminar; la Universidad de la Amazonia que nos facilitó el uso de su auditorio para la presentación de los resultados del inventario. En Solano: Jhon Jairo Rodríguez y Mirtha Núñez del Hostal Amazónico, doña Mercedes del Hotel Regina por haber proporcionado un ambiente familiar y un excelente servicio a los huéspedes campesinos que llegaron para el evento; Julio César Vásquez Gonzáles y Elsa Murillo Criollo del Centro Pastoral donde se alojó la mayor parte del equipo biológico y social; Rosa Villegas Sandoval del restaurante Doña Rossy por habernos brindado su exquisita sazón y buen servicio; Rodrigo Díaz, auxiliar de asuntos indígenas, por haber facilitado en fin de semana el auditorio de la alcaldía para la reunión de veredas campesinas. En Puerto Leguízamo: Juancho, Pilar y John Díaz, el amabilísimo personal del Hotel La Casona de Juancho; Fernando Pantoja del Supermercado La 20; Isaías Bastidas del Depósito-Ferretería Jireh; Gloria Rojas de Droguería La Economía; Jorge Ospina de Papelería El Poche; Luis Alfonso Ruíz con transporte de carga y remesa; Rafael Franco con su pintoresca chiva que llevó a gran parte del equipo a La Tagua; Emilse Herrera del restaurant Parrilla y Sabor. En La Tagua: Milton Rodolfo Díaz de la estación de servicio y combustible; el personal del Hotel Heliconia; la señora Inés Castro, quien nos atendió muy bien en su restaurante. En Bogotá: el siempre muy servicial personal del Hotel Ibis; Liliana Bocanegra de BEA Soluciones por haber confeccionado las siempre esperadas camisetas del inventario; Diego Escobar, quien hizo el hermoso diseño de la danta de la camiseta; y don Adonaldo Cañón, el gentil conductor que a menudo nos transporta dentro de la ciudad.

Año tras año, inventario tras inventario, Costello Communications en Chicago se reinventa para que este gran equipo pueda plasmar en las páginas de un libro la inmensa cantidad de información que recopilamos durante el intenso trabajo en el campo. Nuestra gratitud va una vez más a Jim Costello, Dan Walters, Todd Douglas y Rachel Sweet.

Nicholas Kotlinski del Field Museum fue el encargado de la preparación de los mapas y otros materiales geográficos junto con Adriana Rojas de FCDS. Les agradecemos su inmenso trabajo y paciencia, especialmente cuando les pedimos diferentes versiones del mismo mapa. Nic fue también parte del equipo social y brindó el apoyo técnico y cartográfico durante la redacción del informe y la presentación de los resultados en Florencia.

La tranquilidad que tenemos al trabajar en el campo se debe en gran parte al apoyo de nuestro incondicional equipo en Chicago. Amy Rosenthal, Ellen Woodward, Tyana Wachter, Meganne Lube y Kandy Christensen asumieron como siempre la tarea de estar siempre allí para suplir cualquiera de nuestras necesidades y para resolver los problemas que se puedan ir suscitando en el camino. Asimismo, Dawn Martin, Juliana Philipp, Le Monte Booker, Phillip Aguet, Lori Breslauer, y Jolynn Willink del Field Museum estuvieron siempre al tanto de nosotros desde la Ciudad de los Vientos. En Chicago el equipo social agradece a Aasia Castañeda por su apoyo con el diseño gráfico y la elaboración de material para el inventario.

Nuestra fuente principal de inspiración ha sido siempre y lo seguirá siendo, la querida Debra Moskovits, principal impulsora de los inventarios rápidos en el Field Museum. El invaluable legado de Debby, así como su profundo amor por el bosque, han resultado en la entrega simbólica del "Premio Moskovits" a aquellos científicos que han sido capaces de caminar la totalidad de las trochas en todos los campamentos de los inventarios.

El presente inventario fue posible gracias al generoso apoyo de un donante anónimo, de la Fundación Bobolink, la Fundación de la Familia Hamill, Connie y Dennis Keller, la Fundación Gordon y Betty Moore, y el Field Museum. Nos gustaría extender un agradecimiento especial a Richard Lariviere, Presidente y CEO del Field Museum, por su continuo e importante apoyo al Progama de Inventarios Rápidos.

La meta de los inventarios rápidos —biológicos y sociales— es catalizar acciones efectivas para la conservación en regiones amenazadas que tienen una alta riqueza y singularidad biológica y cultural.

Metodología

Los inventarios rápidos son estudios de corta duración realizados por expertos que tienen como objetivo levantar información de campo sobre las características geológicas, ecológicas y sociales en áreas de interés para la conservación. Una vez culminada la etapa de campo, los equipos biológico y social sintetizan sus hallazgos y elaboran recomendaciones integradas para proteger el paisaje y mejorar la calidad de vida de sus pobladores.

Durante los inventarios el equipo científico se concentra principalmente en los grupos de organismos que sirven como buenos indicadores del tipo y condición de hábitat, y que pueden ser inventariados rápidamente y con precisión. Estos inventarios no buscan producir una lista completa de los organismos presentes; más bien, usan un método integrado y rápido para 1) identificar comunidades biológicas importantes en el sitio o región de interés y 2) determinar si estas comunidades son de valor excepcional y de alta prioridad en el ámbito regional o mundial.

En la caracterización del uso de recursos naturales, fortalezas culturales y sociales, científicos y comunidades trabajan juntos para identificar las formas de organización social, uso de los recursos naturales, aspiraciones de sus residentes y las oportunidades de colaboración y capacitación. Los equipos usan observaciones de los participantes y entrevistas semi-estructuradas para evaluar rápidamente las fortalezas de las comunidades locales que servirán de punto de partida para programas de conservación a largo plazo.

Los científicos locales son clave para el equipo de campo. La experiencia de estos expertos es particularmente crítica para entender las áreas donde previamente ha habido poca o ninguna exploración científica. A partir del inventario, la investigación y protección de las comunidades naturales con base en las organizaciones y las fortalezas sociales ya existentes dependen de las iniciativas de los científicos y conservacionistas locales.

Una vez terminado el inventario rápido (por lo general en un mes), los equipos transmiten la información recopilada a las autoridades y tomadores de decisiones regionales y nacionales quienes fijan las prioridades y los lineamientos para las acciones de conservación en el país anfitrión.

Fechas del trabajo: 6 al 24 de abril de 2018

N

PNN Serranía
de Chiribiquete

0   10   20
km

Cartagena del
Chairá

Solano

Monserrate

Sunsiya

Caguán

Orotuya

Peneya

Orotuya

Santo Domingo

Caquetá

El Guamo

El Guamo

PNN
La Paya

Huitorá

La Maná

Caguán

Bajo Aguas Negras

Peregrino

Peñas Rojas

La Tagua

Puerto
Leguízamo

Putumayo

P E R Ú

Leyenda

⊙ Comunidades visitadas

● Sitios biológicos

☐ Propuesta área de
   conservación

▓ Área protegida

▨ Resguardo indígena

Venezuela

Colombia

Ecuador

Brasil

Perú

Región	En el departamento colombiano del Caquetá, dos ríos atraviesan la planicie enorme de selva baja ubicada entre la cordillera de los Andes y la serranía de Chiribiquete. Uno es el río Caquetá, el más grande de la Amazonia colombiana, y el otro el río Caguán, principal tributario del alto Caquetá. La región entre estos ríos, sin acceso por tierra desde el resto del país, aún conserva más del 90% de su cobertura forestal, así como importantes hábitats acuáticos. Estos bosques, quebradas y lagos forman un corredor biológico continuo de 90 km que une dos parques nacionales naturales de la Amazonia colombiana: el PNN La Paya al oeste y el PNN Serranía de Chiribiquete al este.

La región del Bajo Caguán-Caquetá tiene una densidad poblacional muy baja, de menos de 1 persona/km^2, pero una diversidad cultural alta. Las 16 veredas en el bajo Caguán están ocupadas por campesinos que comenzaron a asentarse en la cuenca a partir de 1950. En el medio Caquetá existen dos grandes resguardos indígenas del pueblo murui muina, así como cinco veredas con población campesina. Si bien el acuerdo de paz del 2016 ofrece una oportunidad de plantear una nueva visión para la zona, también ha acelerado el avance del frente de deforestación del medio hacia el bajo Caguán.

Sitios visitados	**Sitios visitados por el equipo biológico:**

Cuenca del río Caguán

Campamento El Guamo	6–10 de abril de 2018
Campamento Peñas Rojas	11–15 de abril de 2018

Cuenca del río Caquetá

Campamento Orotuya	16–19 de abril de 2018
Campamento Bajo Aguas Negras	20–23 de abril de 2018

Sitios visitados por el equipo social:

Cuenca del río Caguán (Municipio de Cartagena del Chairá)

Vereda Monserrate	8–9 de abril de 2018
Vereda Santo Domingo	10–11 de abril de 2018

Cuenca del río Caquetá (Municipio de Solano)

Resguardo Indígena Bajo Aguas Negras	6–7 y 12–13 de abril de 2018
Vereda La Maná	14–15 de abril de 2018
Resguardo Indígena Huitorá	16–17 de abril de 2018
Vereda Peregrino	18–19 de abril de 2018

Entre el 20 y el 23 de abril los representantes de las comunidades campesinas e indígenas que participaron en el inventario se encontraron en la maloca del Resguardo de Ismuina, en el municipio de Solano, para conocerse y reflexionar sobre la construcción de una visón conjunta que permita proteger este gran paisaje y mejorar

Sitios visitados (continuación)	sus condiciones de vida. El 24 de abril campesinos e indígenas se reunieron con representantes de gobierno para presentar su visión común. En el día 24, los dos equipos presentaron los resultados preliminares del inventario a 150 personas en Solano. Los días 25 y 26 de abril los equipos se reunieron en Florencia para desarrollar un análisis frente a las amenazas, fortalezas, oportunidades y recomendaciones para la conservación y el mejoramiento de la calidad de vida.
Enfoques geológicos y biológicos	Geomorfología, estratigrafía, hidrología y suelos; vegetación y flora; peces; anfibios y reptiles; aves; mamíferos grandes y medianos
Enfoques sociales	Fortalezas sociales y culturales; gobernanza, demografía, economía y sistemas de manejo de recursos naturales
Resultados biológicos principales	Este inventario es el primer estudio enfocado en la biodiversidad de la cuenca baja del río Caguán, llenando así un importante vacío de información en la Amazonia colombiana. Encontramos un paisaje amazónico megadiverso, de suelos pobres pero de vida silvestre abundante, con un dosel continuo y ecosistemas acuáticos saludables que aún sirven como corredor biológico natural entre los PNN La Paya y Serranía de Chiribiquete. Durante el inventario registramos 790 especies de plantas y 706 especies de vertebrados. Se estiman 2.000 especies de plantas vasculares y por lo menos 1.125 especies de vertebrados para la región.

	Especies registradas durante el inventario	Especies estimadas para el área
Plantas vasculares	790	2.000
Peces	139	250
Anfibios	55	105–145
Reptiles	42	85–115
Aves	408	550
Mamíferos medianos y grandes	41	44
Mamíferos pequeños	21	66
Total de especies de plantas vasculares y vertebrados	**1.496**	**3.125–3.155**

Geología, suelos y agua	La región del Bajo Caguán-Caquetá pertenece a la cuenca sedimentaria subandina Caguán-Putumayo, que se considera la prolongación hacia el norte de las cuencas de Oriente y Marañón de Ecuador y Perú. Durante el inventario llevamos a cabo un análisis fisiográfico de la región a través de observaciones de campo de las formaciones geológicas, los suelos y los cuerpos de agua en los campamentos visitados por el equipo biológico. El trabajo de campo fue complementado por un análisis de laboratorio

de muestras de suelos y agua recolectadas en el campo y una revisión de datos existentes para la zona (mapas, imágenes satelitales y de radar, informes, etc.).

En el campo se observó en afloramiento tres formaciones geológicas principales. La que domina la región del Bajo Caguán-Caquetá es la Formación Pebas (lodolitas, capas de carbón, concreciones con pirita, lodolitas carbonáticas y calizas con bivalvos). La Pebas ocupa casi la mitad del área del estudio, dominando las alturas hacia el este y noroeste del paisaje. La Formación Caimán (conglomerados y arenitas poco consolidadas con matriz ferruginosa) ocupa aproximadamente un tercio del área, también mayormente en alturas. El resto del paisaje, a lo largo de los ríos y caños, está conformado por depósitos recientes de la llanura aluvial (arenas y arcillas de las llanuras aluviales); esta formación ocupa el 22% del área.

Los suelos derivados de la Formación Pebas tienden a ser arcillosos, con un contenido pobre a moderado de nutrientes. Son suelos pesados, ácidos, de coloración rojiza a grisácea, con concreciones de óxidos de hierro y manganeso de 2–5 mm. En zonas de terraza y vegones, los suelos ya han sido lavados o corresponden al nivel superior de Pebas. En lugares de incisión más profunda, encontramos suelos asociados a salados con pH básicos y aguas de alta conductividad. Los suelos derivados de la Caimán son rojizos, pobres y parecidos a los de la Pebas. Se caracterizan por la presencia de fragmentos de cuarzo tamaño guijo y son en general más francos. Los suelos en la llanura aluvial son de bajo espesor (<20 cm). En estos ambientes predomina la erosión sobre la sedimentación, lo que clasifica a los suelos como altamente susceptibles a la erosión y remoción en masa.

Los suelos de la zona son difíciles de manejar, principalmente los que ocupan posiciones altas, suelos rojos con procesos de erosión que no son muy fértiles. La zona en general se encuentra en un equilibrio inestable con tendencia a la degradación ambiental. La gestión del territorio por tanto se debería encaminar a cambiar los actuales sistemas productivos (actividad maderera, ganadería extensiva) por sistemas más protectores del paisaje y los suelos, como los agroforestales y agrosilvopastoriles.

Las aguas que drenan el paisaje son claras y translúcidas, y en algunos caños ligeramente turbias, lo que le da un aspecto 'barroso;' sin embargo, presentan baja a muy baja conductividad (4–28 µS/cm), lo que las clasifica como aguas muy puras o con poco contenido de sales disueltas. Esta condición permite la identificación de los 'salados,' o áreas donde el agua y el suelo presentan alta concentración de sales disueltas y la conductividad alcanza 572 µS/cm, es decir, 20 veces más. El pH medido clasifica a las aguas de caños y ríos como ligeramente ácidas (5–6), comparables con la acidez de la lluvia (5,5); en los salados las aguas son neutras a ligeramente alcalinas (7–8) por el efecto de las sales disueltas de las rocas de la Formación Pebas.

Vegetación

Durante el trabajo de campo observamos dos tipos principales de formaciones vegetales: bosques de tierra firme y bosques de planicies inundables. Los bosques de tierra firme ocupan más del 80% de la zona de estudio (sobre las formaciones Pebas y Caimán). En la tierra firme se destaca la dominancia y alta frecuencia de la palma milpesos (*Oenocarpus bataua*) y el árbol fariñero (*Clathrotropis macrocarpa*), así como *Pseudolmedia laevis*, tamarindillo (*Dialium guianense*) y caucho (*Hevea guianensis*). En el sotobosque el árbol *Leonia cymosa* fue muy común en los cuatro campamentos. La mayoría de las especies dominantes que observamos en tierra firme son típicas de los bosques sobre suelos pobres en la Amazonia occidental, tal como los de la cuenca del Putumayo.

Los bosques de planos inundables estacionales se extienden a lo largo de los ríos, cochas y quebradas de la zona. Algunos son palmichales dominados por las palmeras corozo (*Bactris riparia*) o asaí (*Euterpe precatoria*). Otros son bosques riparios, asociados a las fuentes de agua estacionales y permanentes. Estas formaciones son similares a las documentadas aguas abajo del río Caquetá en el municipio de Solano y en el Resguardo Indígena Puerto Sábalo-Los Monos, así como a las presentes en la región de Loreto en el Perú. Existen parches relativamente pequeños de bosques asociados a lagunas, así como pequeños cananguchales (pantanos dominados por la palmera *Mauritia flexuosa*) con presencia de agua permanente.

El corredor de bosque continuo entre los PNN La Paya y Serranía de Chiribiquete se mantiene, con un estado de conservación que varía de un lugar a otro. Todos los campamentos visitados poseían claros de origen antrópico, producto de la extracción selectiva de madera o de zonas de cultivo abandonadas. El bosque mejor conservado se presentó en el sector de El Guamo, en donde se pudo apreciar individuos arbóreos de gran porte, de especies maderables como cedro achapo (*Cedrelinga cateniformis*), cedro (*Cedrela odorata*), polvillo (*Hymenaea oblongifolia*) y otras especies maderables de la zona.

Flora

Entre las observadas y las recolectadas durante el trabajo de campo, registramos un total de 790 especies de plantas vasculares. En total, se recolectaron 724 muestras botánicas y se tomaron más de 1.000 fotografías de plantas vivas. Para el área de estudio se estima la presencia de unas 2.000 especies de plantas. Esta diversidad florística es alta, pero un poco menor que la de las regiones ubicadas más al sur (como Putumayo o Loreto) y con una composición florística similar. Por ejemplo, se observaron pocos representantes de las familias Myristicaceae, Chrysobalanaceae y Lauraceae, que son elementos megadiversos en los bosques más al sur.

Registramos al menos 10 especies de plantas que merecen atención especial por su estado de conservación, incluidas 9 que están amenazadas en el ámbito mundial o nacional. Treinta y una especies registradas durante el inventario rápido son registros potencialmente nuevos para Colombia, y varias más son registros potencialmente nuevos para Caquetá. Una especie de árbol (*Crepidospermum* sp.) podría ser nueva para la ciencia.

A pesar de este inventario rápido, la flora de la zona aún debe considerarse como poco conocida. La investigación botánica en esta área de Colombia se ha concentrado en el bajo y el alto Caquetá, por lo que en esta zona se mantiene un vacío de información florística. Dos prioridades de estudio pendientes para la zona son los bosques en las cuencas del caño Huitoto y del río Peneya, los cuales demuestran particularidades geológicas y topográficas.

Peces

Se realizaron colectas de peces en 25 estaciones en los 4 campamentos visitados. Los hábitats muestreados fueron principalmente quebradas de tierra firme y de planos de inundación; también muestreamos lagunas grandes, los canales principales del caño El Guamo y del río Orotuya, y la playa arenosa del bajo Caguán. Todas las aguas observadas durante el inventario son blancas, con la excepción de una quebrada de aguas claras; según entendemos no existen aguas negras en el área de estudio.

En total registramos 139 especies con predominancia del orden Characiformes y menor proporción de Siluriformes, Cichliformes y Gymnotiformes. Estimamos que el número de especies podría llegar a alrededor de 250, lo que representa un 35% de las especies actualmente registradas para la Amazonia colombiana y un 49% de las especies registradas en la cuenca del Caquetá-Japurá. Ocho de las especies que registramos podrían ser nuevas para la ciencia. Aproximadamente el 60% de las especies registradas tiene afinidad con la ictiofauna registrada en inventarios rápidos previos en la cuenca peruana del Putumayo. También existen algunos registros de interés asociados a la cuenca del río Guaviare, como los de los géneros *Ituglanis* y *Schultzites*.

Algunas de las especies son de importancia para consumo local, como los bocachicos (*Prochilodus nigricans*), sábalos (*Brycon cephalus* y *B. whitei*), puños (*Pygocentrus* y *Serrasalmus*), pintadillos (*Pseudoplatystoma tigrinum*), garopas (*Myloplus* y *Metynnis*), botellos (*Crenicichla*) y cuchas (*Pterigoplichthys*). En la zona del bajo Caguán se evidencia un aprovechamiento aparentemente no intenso de peces con fines ornamentales. De igual forma, al parecer, por el curso del río Caquetá en la vereda de Peregrino también hay explotación, especialmente de las cuchas del género *Panaque*. Si bien esta actividad podría ser prometedora para la zona como alternativa económica, es importante implementar planes de manejo para evitar la sobreexplotación del recurso.

Teniendo en cuenta las conversaciones con los investigadores locales y las observaciones en campo, recomendamos fortalecer el cuidado de las lagunas de la zona. Estas albergan poblaciones saludables de diversas especies que son fuente de alimento para las comunidades y para la vida silvestre. También son áreas importantes de criadero para peces. Dado el período hidrológico de inicio de lluvias en el que nos encontrábamos durante el inventario, colectamos muchas especies con hembras en estadios avanzados de madurez gonadal. Esto evidencia que estábamos próximos al período de desove, que según los locales es en los meses de mayo y junio.

Anfibios y reptiles

Registramos 97 especies de la herpetofauna: 55 anfibios y 42 reptiles. Amphibia estuvo representado por especies de sapos y ranas (orden Anura). Los cecílidos (Gymnophiona) y salamandras (Caudata) no se registraron, pero tres especies son esperadas para la zona. Se encontraron todos los órdenes de los reptiles, distribuidos en 19 serpientes, 15 lagartijas, 6 tortugas y 2 cocodrilos. El ensamblaje de anfibios y reptiles se presentó en mayor proporción en los bosques inundables, asociados a cuerpos de agua lénticos, mientras que en menor número de especies en los bosques de tierra firme. Se estima para el área 105–145 especies de anfibios y 85–115 de reptiles.

Se encontró una diversidad alta de anfibios arborícolas iniciando la época reproductiva. Se destaca la presencia de las ranas *Boana alfaroi*, *Dendropsophus shiwiarum* e *Hyalinobatrachium cappellei*, nuevos registros para Colombia, tres ranas nuevas para el departamento de Caquetá (*Pristimantis variabilis*, *Scinax funereus* y *Scinax ictericus*) y varios ejemplares de *Platemys platycephala*, una tortuga raramente avistada que no ha sido registrada con anterioridad en el área de estudio. Se destaca la baja abundancia de especies de los géneros *Pristimantis* y *Anolis*, generalmente importantes en la Amazonia occidental. Puede que el inicio de las lluvias que se presentó a lo largo del trabajo no haya favorecido su registro.

Dos de las especies registradas en el inventario son categorizadas como Vulnerables en el ámbito mundial (*Chelonoidis denticulatus* y *Podocnemis expansa*), y varias figuran en la lista de CITES (dendrobátidos, boidos, caimanes y tortugas). Existen por lo menos siete especies de anfibios y reptiles que son consumidas por las comunidades locales (*Dendropsophus* spp., *Leptodactylus pentadactylus*, *Osteocephalus* spp., *Caiman crocodilus*, *Paleosuchus* spp., *Chelonoidis denticulatus* y *Podocnemis* spp.), y algunas usadas en la medicina tradicional (*L. pentadactylus* y *Rhinella marina*).

Aves

Encontramos una avifauna típica del noroeste de la Amazonia, con especialistas en bosques de suelos pobres y poblaciones saludables de especies de caza. En los 4 campamentos visitados registramos 388 de las 525 especies que estimamos para la región del Bajo Caguán-Caquetá. Adicionalmente, encontramos 12 especies durante los viajes por río entre los campamentos y 8 especies adicionales durante la construcción de los campamentos, para un total de 408.

El número de especies encontrado es alto, en gran parte por la alta diversidad de tipos de hábitat. No visitamos áreas de tierra firme de colinas altas, pero sí un gran rango de tipos de bosques, áreas abiertas y hábitats acuáticos. En tres de los campamentos había perturbación significativa y una estructura de bosque intervenida. Si bien estos claros resultaban en una menor diversidad y abundancia de aves de sotobosque, observamos en ellos mayor diversidad y abundancia de aves de dosel. No parece que el nivel de perturbación actual sea suficiente para disminuir la diversidad total de aves en la región.

Encontramos aproximadamente 20 especies fuera de sus rangos conocidos, entre las cuales destacamos *Thamnophilus praecox*, un hormiguero restringido a hábitats de cochas y bosques inundables de várzea en el noreste de Ecuador y sureste de Colombia. Previamente la especie solo era conocida en Colombia cerca del río Putumayo, en el municipio de Puerto Leguízamo. También encontramos especies de várzea fuera de los rangos de distribución conocidos —como *Hylopezus macularius*, *Tolmomyias traylori*, *Turdus sanchezorum* y *Cacicus sclateri*—, así como especies de bosque de tierra firme que solo se conocían de la parte suroriental de Colombia.

No registramos alguna especie considerada amenazada. Sin embargo, observamos algunos gremios con las poblaciones reducidas por actividades humanas, especialmente las aves de caza, como paujíl (*Mitu salvini*) y pava (*Pipile cumanensis*). Las poblaciones de guacamayos (*Ara* spp.) no eran grandes. No es claro si esto se debe a las actividades antrópicas o a la falta de hábitat favorable en esta región.

Mamíferos	Realizamos recorridos diurnos y nocturnos en todas las trochas de los cuatro campamentos, con dos o tres repeticiones, intentando abarcar la mayoría de coberturas vegetales y otros hábitats. En cada transecto registramos avistamientos, vocalizaciones, huellas y madrigueras e instalamos entre 2 y 25 trampas cámara por campamento para registrar mamíferos terrestres, así como 2 redes de niebla durante 2 noches para capturar murciélagos.

Registramos 62 especies —41 de mamíferos grandes y medianos y 21 de mamíferos pequeños (marsupiales, pequeños roedores y murciélagos)— de un total de 110 especies esperadas (44 grandes y medianos y 66 pequeños). El orden mejor representado fue Carnivora (13 especies), seguido de Primates (10) y Chiroptera (16). De las especies registradas resaltamos cuatro ampliaciones de rango para el departamento del Caquetá: puerco espín (*Coendou* sp.), espuelón (*Dasypus kappleri*), olinguito (*Bassaricyon alleni*) y oso palmero (*Myrmecophaga tridactyla*).

En esta región las principales amenazas para las poblaciones de mamíferos son la pérdida de hábitat por la ganadería extensiva y los cultivos ilícitos, la cacería, la fragmentación del paisaje y la comercialización de fauna. A pesar de estas amenazas, la diversidad encontrada fue alta comparada con otras regiones de la Amazonia. Encontramos abundancias altas de monos araña o marimbas (*Ateles belzebuth*), churucos (*Lagothrix lagotricha*), maiceros (*Cebus apella*) y bebe leche (*Saguinus nigricollis*), así como abundancias altas de cerrillos y manaos (*Pecari tajacu* y *Tayasu pecari*) en tres de los cuatro sitios muestreados. La presencia de estas especies, como la de ocelote (*Leopardus pardalis*), jaguar (*Panthera onca*), tigre colorado (*Puma concolor*), lobo de agua (*Pteronura brasiliensis*) y danta (*Tapirus terrestris*), y en especial la de perro de patas cortas (*Speothus venaticus*) y perro de monte (*Atelocynus microtis*), sugiere que el bosque ofrece alimento suficiente para mantener un rico ensamblaje de primates, carnívoros, herbívoros y generalistas. De igual manera, los murciélagos encontrados revelan la gran variedad de alimentos disponibles con la presencia de

Mamíferos (continuación)	todos los gremios: insectívoros, hematófagos, frugívoros, nectarívoros y generalistas. Sin embargo, la abundancia alta del género *Carollia* en uno de los sitios muestra algún tipo de perturbación.

Diez de las especies registradas son consideradas como amenazadas en el ámbito nacional y 12 internacionalmente. Resaltamos hallazgos de especies amenazadas, como por ejemplo lobo de agua, considerada En Peligro a nivel nacional e internacional, ocarro o trueno (*Priodontes maximus*), marimba (En Peligro a nivel nacional) y oso palmero (Vulnerable a nivel nacional e internacional). Estas poblaciones de mamíferos encontradas en la región del Bajo Caguan-Caquetá son saludables y abundantes, las que resaltamos como importantes elementos para la conservación.

Comunidades humanas

Más allá de su importancia biológica, esta zona tiene una alta importancia cultural. Aunque hace parte del territorio ancestral de los pueblos indígenas carijona y coreguaje, gran parte de sus habitantes actuales llegaron de otras partes de Colombia durante los últimos 120 años. A finales del siglo XIX, durante el boom cauchero en territorio fronterizo entre el Perú y Colombia, parte de la población indígena uitoto de esa zona abandonó sus territorios ancestrales y se desplazó por los cursos de agua hasta llegar a asentarse en el río Caquetá. Muchos soldados colombianos que llegaron a la zona durante la guerra colombo-peruana en 1933 permanecieron en el territorio, así como algunos caucheros. Finalizando la década de los 40, pobladores campesinos que huían de La Violencia en la región central del país se desplazaron al departamento de Caquetá buscando tierras libres donde asentarse.

Durante las décadas de los 60 y 70, el Estado colombiano promovió procesos de colonización dirigida en el piedemonte caqueteño y un proceso de colonización militar en La Tagua, a partir del cual se conformaron algunas de las veredas que existen actualmente. En la década de los 80, el boom de coca aceleró la migración de muchas personas del interior del país hacia el bajo Caguán. Durante la década de los 90, el conflicto armado desatado por la fuerte presencia de las Fuerzas Armadas Revolucionarias de Colombia (FARC) en la zona desde los 80, sumado a la lucha antinarcóticos, creó un ambiente de tensión en el que era frecuente la violación de los derechos fundamentales de la población campesina e indígena. Hoy en día, el proceso de paz es un símbolo de esperanza para los moradores de esta región, sobre el cual están construyendo una visión común que propende por el buen vivir y la pervivencia de la cultura y del territorio.

Actualmente el paisaje tiene cuatro figuras de ordenamiento territorial: Resguardos indígenas, Reserva Forestal de Ley 2° de 1959, Área sustraída de la Reserva Forestal y Parques Nacionales Naturales. Solo está permitido el asentamiento humano en zona sustraída y en resguardos.

Para analizar el paisaje social lo dividimos en tres sub-paisajes:

Comunidades campesinas del bajo Caguán

Las 16 veredas campesinas del Núcleo 1, ubicadas en zona sustraída, tienen una población total de 1.432 habitantes. Están organizadas mayormente a través de Juntas de Acción Comunal (JAC), que son la forma organizativa y jurídica que les permite la interlocución con el Estado, el establecimiento de acuerdos de convivencia para la administración de su territorio y la resolución de conflictos. A partir de 2016, el Núcleo 1 conformó la Asociación Campesina del Bajo Caguán (ACAICONUCACHA), a través de la cual las comunidades han construido participativamente un plan de desarrollo rural comunitario, instrumento que identifican como una de sus principales fortalezas, pues recoge el sentir de las comunidades acerca de su idea del buen vivir.

Actualmente, las actividades económicas en estas veredas se basan en la producción agrícola de manera tradicional con cultivos de pancoger y en la ganadería extensiva, actividad que se ha convertido en pilar fundamental de la economía, ya que tiene mayor apoyo institucional en el departamento. El cultivo de la coca para la producción de pasta base de cocaína ha continuado desde la década del 80, aunque en menor escala. La visión actual de las comunidades es desarrollar un modelo de finca sostenible que incorpore cultivos para garantizar la soberanía alimentaria, así como la reconversión de la ganadería extensiva a un modelo intensivo que contribuya a la recuperación y conservación del territorio. Para esto es necesario que el Estado inicie procesos de formalización de la tenencia de la tierra ya que, aun cuando la mayor parte del núcleo está ubicada en zona sustraída, la mayoría de la población no cuenta con títulos de propiedad de las fincas.

Comunidades indígenas murui muina en el río Caquetá

El Resguardo Indígena Huitorá fue constituido en 1981, con un área de 67.320 ha. Hoy en día tiene una población de 170 habitantes. El Resguardo Indígena Bajo Aguas Negras fue constituido en 1995, con un área 17.000 ha. Tiene una población de 85 habitantes. Las prácticas de manejo del territorio están basadas en el conocimiento tradicional heredado y adoptado desde su ley de origen. El manejo del territorio se hace teniendo en cuenta los recursos naturales que proveen los bosques, ríos, caños y lagunas que garantizan su soberanía alimentaria y, a su vez, promueven la economía propia de los pueblos. Esta relación entre el conocimiento tradicional y el territorio ha permitido la pervivencia de estos pueblos y el mantenimiento de espacios naturales en buen estado de conservación.

Comunidades campesinas asentadas a la orilla del río Caquetá

Estimamos la población campesina de este sub-paisaje en aproximadamente 100 familias. Están organizadas en cinco veredas, cuatro de las cuales están ubicadas en el área de Reserva Forestal y una en zona sustraída. Los primeros pobladores ocuparon el

Comunidades humanas
(continuación)

territorio con la expectativa de la comercialización de la madera, la cacería y la pesca comercial. Hoy en día la base principal de la economía de estas veredas son los cultivos de pancoger, entre los cuales se destaca el cultivo de maíz con fines comerciales y la ganadería extensiva. Una de las mayores demandas de estas comunidades es la formalización de la ocupación de la tierra (prohibida en zona de reserva forestal tipo A y B), para así poder acceder a programas y atención por parte del Estado.

A pesar de la influencia externa de agentes de deforestación, en los tres sub-paisajes aún se encuentran grandes extensiones de bosque en buen estado que garantizan la pervivencia de las comunidades allí asentadas. Esto puede estar en riesgo teniendo en cuenta dinámicas económicas extractivistas como el aprovechamiento de recursos maderables y de fauna, además de la implementación de modelos de desarrollo como la ganadería extensiva, contrarios a la vocación del suelo.

En el inventario vimos que las comunidades tienen fuertes relaciones con sus vecinos más cercanos, pero no se conocían con las comunidades que habitan más lejos. También existía la idea de que los problemas de los campesinos eran sólo de los campesinos y los de los indígenas sólo de los indígenas. El encuentro en la maloca de Ismuina en Solano permitió encontrar que es más fuerte lo que estos grupos tienen en común que lo que los diferencia. Los bosques, los ríos, el arraigo al territorio y la fuerza de las comunidades son ejes articuladores que permiten soñar con la preservación de este gran paisaje a través de la unión entre los campesinos e indígenas de la región del Bajo Caguán-Caquetá.

Estado actual

En 2016 la región del Bajo Caguán-Caquetá fue designada como una prioridad de conservación regional por la autoridad ambiental de la región amazónica sur, Corpoamazonia. También está incluida en el tablero presidencial que prioriza la creación de varios millones de hectáreas de nuevas áreas protegidas. A pesar de la visibilidad de la región en las agendas gubernamentales, y a pesar de los compromisos de apoyar regiones como ésta en los recién firmados Acuerdos de Paz, pudimos comprobar en el campo que la autoridad y los servicios del Estado aún no han llegado a grandes áreas de la región del Bajo Caguán-Caquetá. En muchos casos el uso de la tierra no obedece a las figuras del ordenamiento territorial y la deforestación en la cuenca media del Caguán avanza sin control hacia los bosques del bajo Caguán. Durante el inventario las comunidades locales demostraron un fuerte compromiso con la visión de conservar el territorio. Hacerlo a través de un área regional de conservación exitosa requerirá de un compromiso fuerte, inmediato y de largo plazo de parte del Estado.

Principales objetos de conservación

01 Bosques megadiversos en pie que cubren más del 90% del área

02 Un corredor natural entre las comunidades de plantas, los animales terrestres y los sistemas acuáticos de dos parques amazónicos: La Paya y Serranía de Chiribiquete

03 Comunidades campesinas e indígenas con una gran diversidad social y cultural, un conocimiento profundo del territorio y arraigo territorial

	04	Suelos pobres y frágiles que forman la base de comunidades biológicas ricas pero que no son aptos para los usos intensivos de agricultura o ganadería
	05	Poblaciones saludables de peces, aves y mamíferos que sirven como base de la soberanía alimentaria de las poblaciones locales
Principales fortalezas para la conservación	01	Veredas y resguardos indígenas que cuentan con fuertes estructuras organizativas comunitarias a nivel local y regional, así como instrumentos de planificación y gestión formulados y en implementación, con una visión clara de conservación del territorio
	02	Modelos productivos diversos con bajo impacto ambiental y técnicas tradicionales de manejo que garantizan la soberanía alimentaria de las comunidades
	03	La firma en 2016 de los Acuerdos de Paz, proceso que permitió una mejor comunicación con estas comunidades, así como una reducción en la violencia
	04	Presencia de Parques Nacionales Naturales y Resguardos Indígenas, como figuras de ordenamiento territorial que fortalecen procesos de conservación
Amenazas principales	01	El avance rápido de la deforestación, especialmente en el medio y bajo Caguán y en La Tagua
	02	Falta de seguridad jurídica sobre la tierra y poca claridad sobre linderos
	03	Una marcada desarticulación entre entidades, políticas e instrumentos del ámbito nacional, regional, local y comunitario
	04	Falta de conocimiento, control y monitoreo sobre el aprovechamiento de recursos naturales en la zona
	05	Una marcada incertidumbre por parte de la población local sobre la implementación de los acuerdos de paz y la posibilidad de que la región vuelva a dinámicas de guerra, aislamiento y abandono por parte del Estado
Principales recomendaciones	01	Realizar saneamiento predial de la región (catastro rural multipropósito).
	02	Crear una figura de protección, conservación y manejo de 779.857 hectáreas de carácter regional en el Bajo Caguán-Caquetá, en estrecha coordinación con la población local.
	03	Desarrollar un modelo de co-gestión y co-administración del área entre las autoridades ambientales gubernamentales y la población local; fortalecer las capacidades de ambos para co-gestionar áreas de carácter regional.
	04	Buscar y asegurar financiación a largo plazo para el área.
	05	Implementar los Acuerdos de Paz, priorizando la reforma rural integral.

¿Por qué Bajo Caguán-Caquetá?

Durante los últimos 100 años, personas de varias partes de Colombia han encontrado refugio en uno de los lugares amazónicos más remotos del país: la región del Bajo Caguán-Caquetá. Los indígenas murui muina (uitoto) llegaron desde la cuenca del Putumayo mientras huían de las atrocidades del auge del caucho de principios del siglo XX. Sesenta años después, campesinos caminaron cientos de kilómetros para escapar de La Violencia en los Andes colombianos. Hoy, unos 2.500 campesinos e indígenas tienen su hogar aquí. Ellos sienten una conexión intensa con estas tierras y una solidaridad inquebrantable con sus comunidades. Han vivido ciclos desgarradores de violencia: durante las últimas tres décadas, el área ha sido una 'zona roja' ocupada por la guerrilla de las FARC-EP. Su historia y la historia de los bosques aledaños es un relato de persistencia.

Esa persistencia es de suma importancia para la conservación, porque es precisamente esta área de la cuenca amazónica la que ofrece la mayor promesa para mantener un corredor boscoso desde los Andes hasta la desembocadura del río Amazonas. El bosque aún ininterrumpido del Bajo Caguán-Caquetá conecta los humedales y los bosques de tierra firme del Parque Nacional Natural La Paya al oeste con los espectaculares levantamientos de arenisca del Parque Nacional Natural Serranía de Chiribiquete al este. Nuestro inventario reveló la presencia de tapires, jaguares y pecaríes labiados, animales que están amenazados en otras partes de la Amazonia y que necesitan extensiones grandes de bosque para mantener sus poblaciones.

Los campesinos e indígenas del Bajo Caguán-Caquetá comparten una visión sobre la necesidad de mantener el bosque en pie y de manera simultánea garantizar el bienestar y las formas de vida de las comunidades. Con la firma del Acuerdo de Paz en 2016, existe una creciente sensación de esperanza y una tremenda oportunidad para construir un nuevo modelo de conservación regional con uso directo de la población local en casi un millón de hectáreas de bosques del Bajo Caguán-Caquetá.

Los tomadores de decisiones deben actuar rápidamente. En la estación seca, el humo envuelve el curso medio y alto del río Caguán y el alto río Caquetá, y tres frentes de deforestación avanzan de manera alarmante hacia la región del Bajo Caguán-Caquetá. Para los pueblos indígenas y campesinos de esta región que han vivido demasiado tiempo fuera del alcance de los servicios sociales, el momento es ahora.

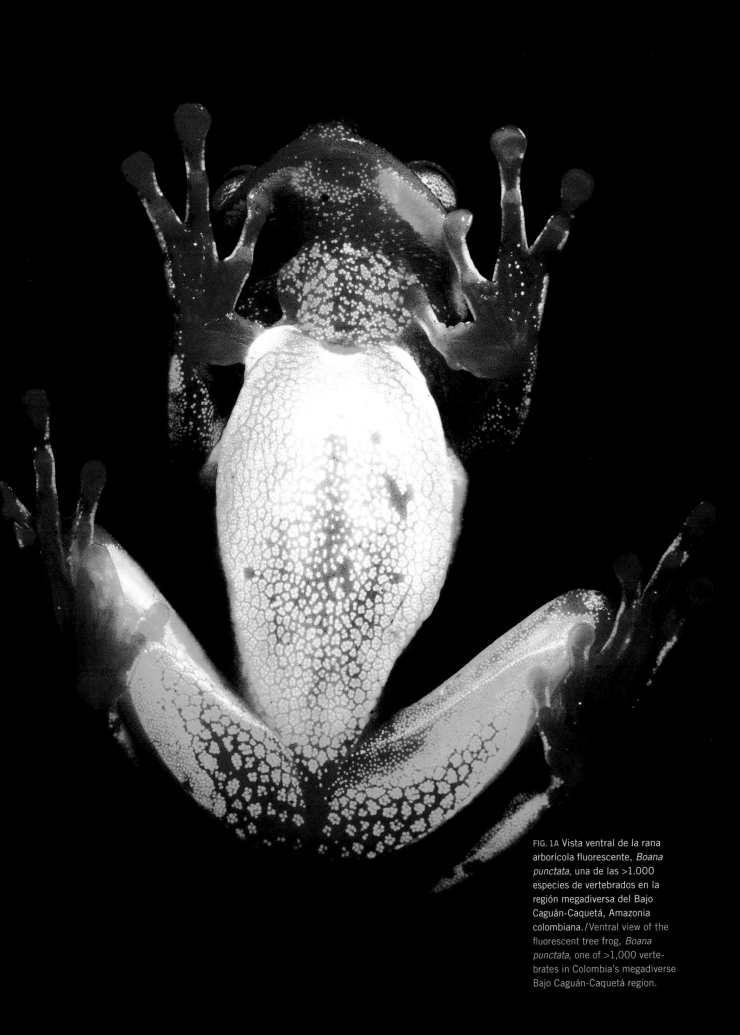

FIG. 1A Vista ventral de la rana arborícola fluorescente, *Boana punctata*, una de las >1.000 especies de vertebrados en la región megadiversa del Bajo Caguán-Caquetá, Amazonia colombiana. / Ventral view of the fluorescent tree frog, *Boana punctata*, one of >1,000 vertebrates in Colombia's megadiverse Bajo Caguán-Caquetá region.

FIG. 2A Un mapa de la región del Bajo Caguán-Caquetá de la Amazonia colombiana, que muestra los cuatro campamentos y seis comunidades visitados durante un inventario rápido social y biológico en abril de 2018. La región abarca 779.857 hectáreas y mantiene un corredor boscoso entre dos parques nacionales (Serranía de Chiribiquete y La Paya)./A map of the Bajo Caguán-Caquetá region of

Amazonian Colombia, showing the four campsites and six communities visited during a rapid social and biological inventory in April 2018. The region spans 779,857 hectares and maintains a forested corridor between two national parks (Serranía de Chiribiquete and La Paya).

2B Un sistema de trochas de 13 a 20 km en cada campamento dio a los biólogos acceso a los principales hábitats terrestres y acuáticos de

la región./A 13–20-km trail system at each campsite gave biologists access to the region's major terrestrial and aquatic habitats.

2C Una imagen satelital de la región en 2016 destaca la cobertura boscosa que aún está casi intacta (verde), así como las graves amenazas creadas por el avance de la deforestación (rosado)./A 2016 satellite image of the region highlights both its mostly intact

forest cover (green) and the serious threats posed by advancing deforestation (pink).

2D Un mapa topográfico de la región, dominada por colinas bajas y llanuras de inundación./A topographic map of the region, dominated by low hills and floodplains.

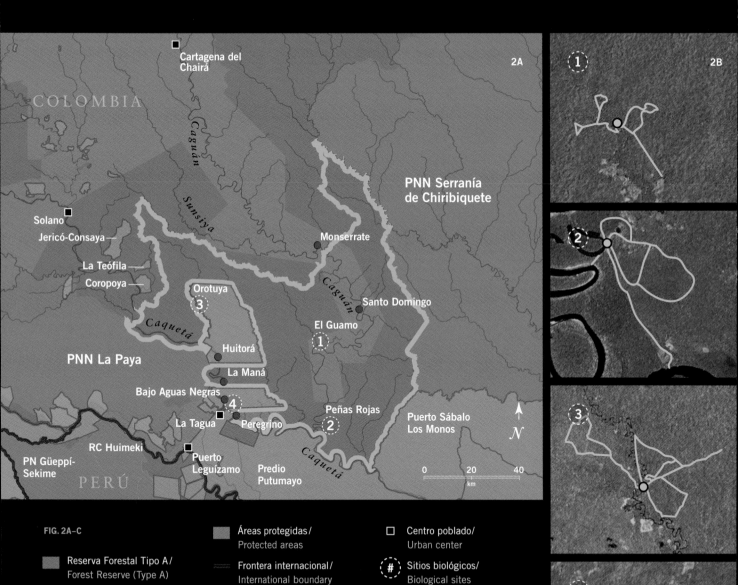

FIG. 2A–C

- Reserva Forestal Tipo A / Forest Reserve (Type A)
- Sustracción de Reserva Forestal / Area withdrawn from the Forest Reserve
- Resguardo Indígena / Indigenous reserves
- Áreas protegidas / Protected areas
- Frontera internacional / International boundary
- Área de conservación propuesta Bajo Caguán Caquetá / Proposed Bajo Caguán-Caquetá conservation area
- Comunidades visitadas / Communities visited
- Centro poblado / Urban center
- (#) Sitios biológicos / Biological sites
- Trochas / Trails
- Campamento / Campsite

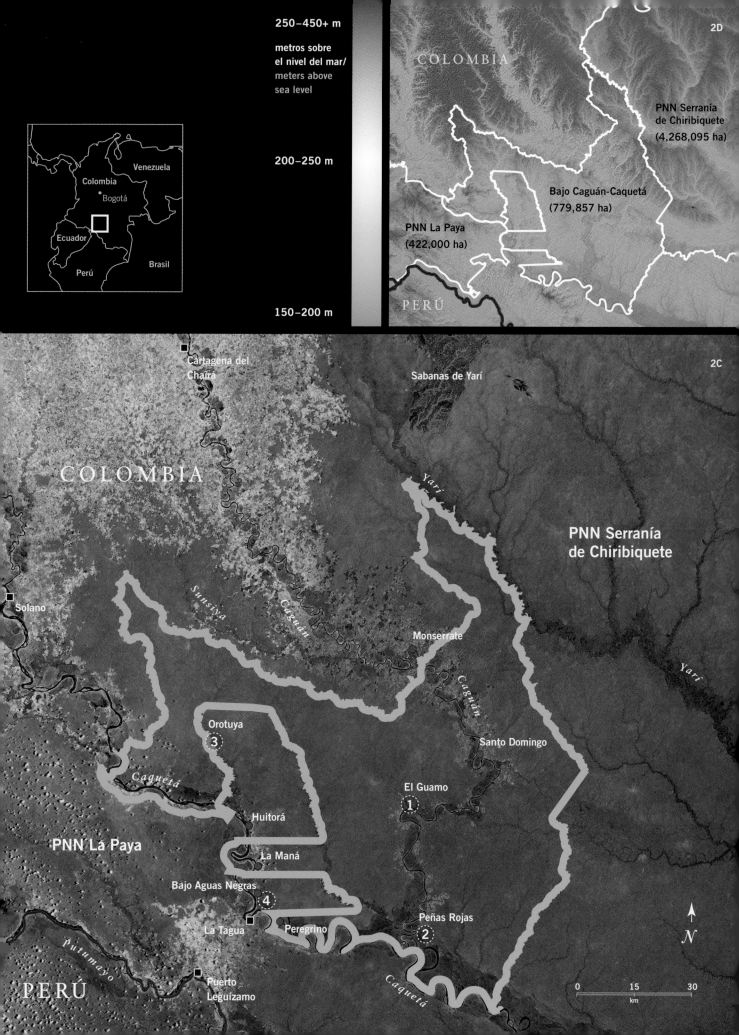

250–450+ m

metros sobre
el nivel del mar/
meters above
sea level

200–250 m

150–200 m

COLOMBIA

2D

PNN Serranía
de Chiribiquete
(4,268,095 ha)

Bajo Caguán-Caquetá
(779,857 ha)

PNN La Paya
(422,000 ha)

PERÚ

Venezuela

Colombia

Bogotá

Ecuador

Perú

Brasil

Cartagena del
Chairá

Sabanas de Yarí

2C

COLOMBIA

Yarí

PNN Serranía
de Chiribiquete

Solano

Sunsiya

Caguán

Monserrate

Caguán

Yarí

Orotuya

③

Santo Domingo

Caquetá

El Guamo

①

Huitorá

PNN La Paya

La Maná

Bajo Aguas Negras

④

Peñas Rojas

②

La Tagua

Peregrino

Putumayo

Caquetá

Puerto
Leguízamo

PERÚ

N

0   15   30
km

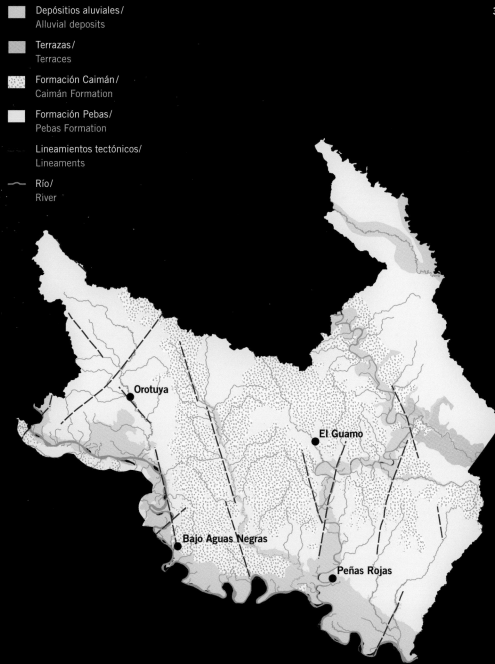

Depósitios aluviales/
Alluvial deposits

Terrazas/
Terraces

Formación Caimán/
Caimán Formation

Formación Pebas/
Pebas Formation

Lineamientos tectónicos/
Lineaments

Río/
River

Orotuya

El Guamo

Bajo Aguas Negras

Peñas Rojas

3D

3E

3F

3H

FIG. 3A Los salados ricos en nutrientes, dispersos por todo este paisaje de suelos pobres, representan un oasis para la vida silvestre (y también para los cazadores)./ Scattered, nutrient-rich salt licks are oases for wildlife (and hunters) on this poor-soil landscape.

3B Un perfil de suelo típico expuesto en la dinámica y estacionalmente inundada planicie aluvial del río Caquetá. Estos suelos son muy susceptibles a la erosión./ A typical soil profile is exposed in the dynamic and seasonally inundated floodplain of the Caquetá River. These soils are very susceptible to erosion.

3C Un complejo de lagunas madreviejas marca la confluencia de los ríos Caguán y Caquetá./ A complex of oxbow lakes marks the confluence of the Caguán and Caquetá rivers.

3D Cuatro unidades geológicas delinean el paisaje y la topografía de la región del Bajo Caguán-Caquetá. Mapa modificado de SGC (2015)./ Four geological units shape the landscape and topography of the Bajo Caguán-Caquetá region. Map modified from SGC (2015).

3E Un perfil de las arenas y gravas de la Formación Caimán en la orilla del río Caquetá./A profile of the

sandy, gravelly Caimán Formation soils along the Caquetá River.

3F–H Los suelos derivados de la Formación Pebas son ricos en nutrientes debido al carbón vegetal (3F), la madera fósil (3G) y los invertebrados marinos (3H) depositados hace millones de años alrededor del enorme lago que cubría gran parte de la Amazonia occidental./Soils derived from the Pebas Formation are nutrient-rich because of charcoal (3F), fossil wood (3G), and marine invertebrates (3H) deposited millions of years ago around the huge lake that covered much of western Amazonia.

4A

4B

FIG. 4A, 4E La gran mayoría de los bosques en la región del Bajo Caguán-Caquetá permanecen en pie. Aproximadamente el 90% de la vegetación en la region está compuesto por bosques megadiversos de tierra firme que crecen en colinas y terrazas./ The vast majority of forests in the Bajo Caguán-Caquetá region remain standing. Approximately 90% of the vegetation in the region are megadiverse upland or tierra firme forests growing on hills and terraces.

4B–C El 10% restante del paisaje está cubierto por cananguchales y bosques inundados estacionalmente a lo largo de los ríos principales, alrededor de las madreviejas (4B) y a lo largo de las quebradas (4C)./ The remaining 10% of the landscape is covered by palm swamps and seasonally flooded forests along the major rivers, around oxbow lakes (4B), and along creeks (4C).

4D A pesar de la tala selectiva, los bosques de la región albergan un valor económico significativo, tanto por su valiosa madera como por las grandes reservas de carbono sobre el suelo./Despite selective logging, the region's forests harbor significant economic value, both for their valuable timber and for the large stocks of aboveground carbon.

FIG. 5 El equipo botánico registró cerca de 800 especies de plantas y estimó que la región contiene más de 2.000 especies entre árboles, arbustos, pastos y lianas./ The botanical team recorded nearly 800 plant species and estimates that the region contains more than 2,000 species of trees, shrubs, grasses, and lianas.

5A *Zamia ulei*, una cícada Casi Amenazada en el ámbito global/ *Zamia ulei*, a globally Near Threatened cycad

5B *Maxillaria* sp.

5C *Heliconia lourteigiae*

5D *Zygosepalum lindeniae*

5E *Mabea taquari*

5F *Palicourea alba*

5G Tanto pobladores indígenas como campesinos conocen bien la flora regional./ Both indigenous and *campesino* residents know the regional flora well.

5H *Monstera obliqua*

5J *Drymonia pendula*

5K *Desmoncus mitis*

5L *Calathea* sp.

5M *Renealmia cernua*

5N *Aechmea colombiana*

5P *Gustavia poeppigiana*

5Q *Marcgravia punctifolia*

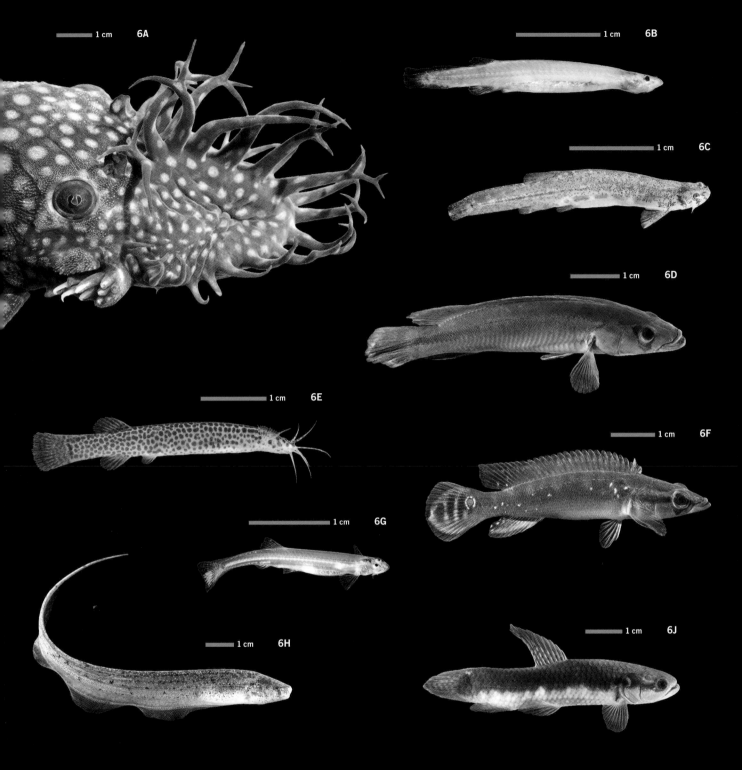

FIG. 6 Las comunidades de peces saludables en lagos y ríos son la base de la alta calidad de vida en la región. Durante el inventario rápido recolectamos 1.190 peces pertenecientes a 139 especies diferentes. / Healthy fish communities in lakes and rivers are a foundation of residents' high quality of life. During the rapid inventory we collected 1,190 fishes belonging to 139 different species.

6A *Ancistrus lineolatus*

6B *Paracanthopoma* sp. nov.

6C *Ochmacanthus reinhardtii*

6D *Crenicichla johanna*

6E *Ituglanis* gr. *amazonicus*

6F *Crenicichla anthurus*

6G *Schultzichthys gracilis*

6H *Brachyhypopomus* sp.

6J *Erythrinus* sp.

6K *Pimelodus blochii*

6L *Hyphessobrycon peruvianus*

6M *Denticetopsis seducta*

6N *Corydoras napoensis*

6P *Moenkhausia* sp.

6Q *Carnegiella strigata*

6R *Corydoras trilineatus*

6S *Aequidens tetramerus*

6T *Electrophorus electricus*

6U El equipo muestreó peces en 25 estaciones diferentes, desde grandes lagos y ríos hasta quebradas y bosques inundados. / The team sampled fishes at 25 different stations, ranging from large lakes and rivers to tiny creeks and seasonally flooded forests.

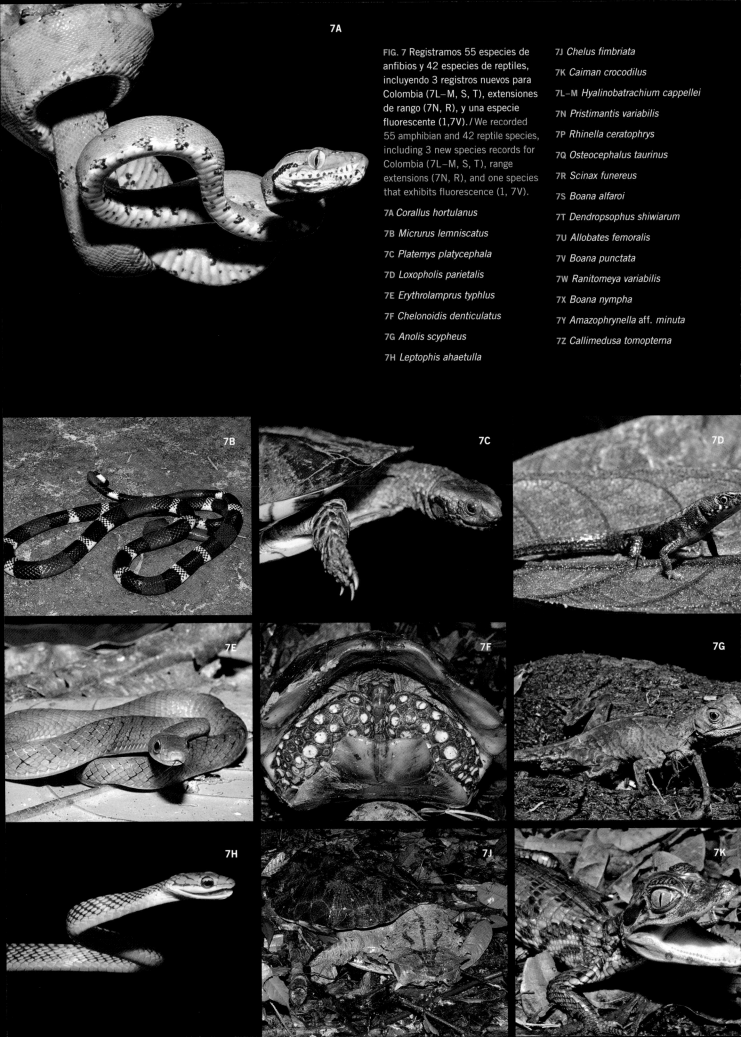

7A

FIG. 7 Registramos 55 especies de anfibios y 42 especies de reptiles, incluyendo 3 registros nuevos para Colombia (7L–M, S, T), extensiones de rango (7N, R), y una especie fluorescente (1,7V). / We recorded 55 amphibian and 42 reptile species, including 3 new species records for Colombia (7L–M, S, T), range extensions (7N, R), and one species that exhibits fluorescence (1, 7V).

7A *Corallus hortulanus*

7B *Micrurus lemniscatus*

7C *Platemys platycephala*

7D *Loxopholis parietalis*

7E *Erythrolamprus typhlus*

7F *Chelonoidis denticulatus*

7G *Anolis scypheus*

7H *Leptophis ahaetulla*

7J *Chelus fimbriata*

7K *Caiman crocodilus*

7L–M *Hyalinobatrachium cappellei*

7N *Pristimantis variabilis*

7P *Rhinella ceratophrys*

7Q *Osteocephalus taurinus*

7R *Scinax funereus*

7S *Boana alfaroi*

7T *Dendropsophus shiwiarum*

7U *Allobates femoralis*

7V *Boana punctata*

7W *Ranitomeya variabilis*

7X *Boana nympha*

7Y *Amazophrynella* aff. *minuta*

7Z *Callimedusa tomopterna*

8A

8B

8C

8D

FIG. 8 Alrededor de 550 especies diferentes de aves se encuentran en la región del Bajo Caguán-Caquetá, incluidas 11 especies consideradas globalmente amenazadas o casi amenazadas. Registramos 408 especies de aves durante el inventario rápido de 16 días./ About 550 different bird species occur in the Bajo Caguán-Caquetá region, including 11 species considered globally threatened or near threatened. We recorded 408 bird species during the 16-day rapid inventory.

8A *Penelope jacquacu*

8B *Spizaetus ornatus* sobre el nido/on nest

8C *Thamnophilus praecox* (hembra/female)

8D *Thamnophilus praecox* (macho/male)

8E *Psophia crepitans*

8F *Attila citriniventris*

8G *Nyctibius bracteatus*, primer registro fotográfico para Colombia/ first documented record for Colombia

8H *Tolmomyias traylori*

8J *Pharomachrus pavoninus*

8K *Psarocolius bifasciatus*

8L *Rhegmatorhina melanosticta*

8E

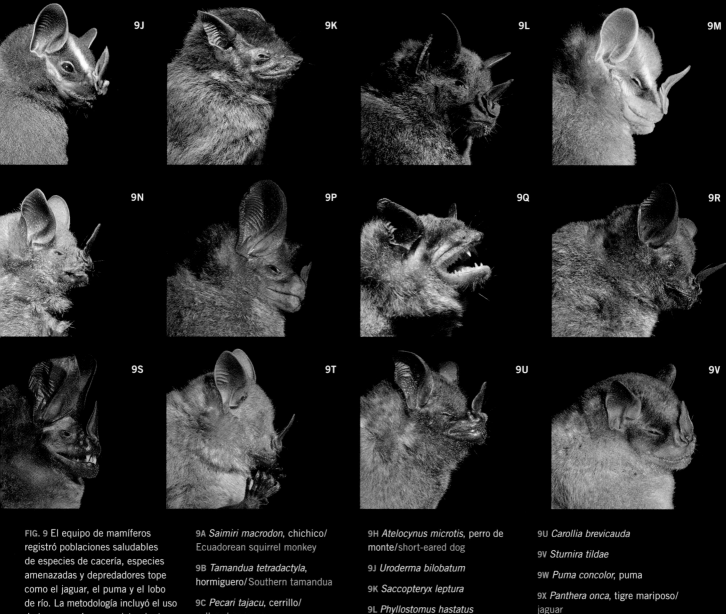

FIG. 9 El equipo de mamíferos registró poblaciones saludables de especies de cacería, especies amenazadas y depredadores tope como el jaguar, el puma y el lobo de río. La metodología incluyó el uso de trampas cámara, avistamientos directos en transectos y entrevistas con los pobladores locales./ Using camera traps, trail surveys, and interviews with local people, the mammal team recorded healthy populations of game species, threatened species, and top predators like jaguar, puma, and giant river otter.

9A *Saimiri macrodon*, chichico/ Ecuadorean squirrel monkey

9B *Tamandua tetradactyla*, hormiguero/ Southern tamandua

9C *Pecari tajacu*, cerrillo/ collared peccary

9D *Lagothrix lagotricha*, churuco/ common woolly monkey

9E *Tapirus terrestris*, danta/ lowland tapir

9F *Nasua nasua*, cusumbo/ coatimundi

9G *Alouatta seniculus*, aullador/ Venezuelan red howler monkey

9H *Atelocynus microtis*, perro de monte/short-eared dog

9J *Uroderma bilobatum*

9K *Saccopteryx leptura*

9L *Phyllostomus hastatus*

9M *Vampyressa thyone*

9N *Rhinophylla fischerae*

9P *Tonatia saurophila*

9Q *Myotis simus*

9R *Carollia perspicillata*

9S *Lophostoma silvicolum*

9T *Rhinophylla pumilio*

9U *Carollia brevicauda*

9V *Sturnira tildae*

9W *Puma concolor*, puma

9X *Panthera onca*, tigre mariposo/ jaguar

9Y *Leopardus pardalis*, ocelote/ ocelot

9Z *Mazama americana*, venado colorado/red brocket deer

10A

10B

10C

10D

10E

10F

10G

10H

10J

FIG. 10A–E, K El equipo social realizó talleres en 2 resguardos indígenas murui muina: Huitorá (10B) y Bajo Aguas Negras (10C) y 4 veredas campesinas: Peregrino (10A), La Maná (10D), Santo Domingo (10E) y Monserrate (10K) —reuniendo representantes de 21 veredas y resguardos indígenas. En cada taller participaron líderes (hombres, mujeres) y jóvenes. Las conversaciones se centraron en la historia de las comunidades y los asentamientos, el uso actual del territorio, sus fortalezas y amenazas, así como sus aspiraciones a futuro./ The social science team held workshops in 2 Murui Muina indigenous reserves: Huitorá (10B) and Bajo Aguas Negras (10C) and 4 *campesino* communities: Peregrino (10A), La Maná (10D), Santo Domingo (10E), and Monserrate (10K) —bringing together representatives from 21 villages and indigenous reserves. In every workshop community leaders (men and women) and youth participated in discussions about the history of settlement, current land use, community strengths and threats, as well as their aspirations for the future.

10F Maloca en el Resguardo Indígena Bajo Aguas Negras, donde las tradiciones murui muina se transmiten de generación en generación./ *Maloca* in the Bajo Aguas Negras Indigenous Reserve where Murui Muina traditions are passed down through generations.

10G Una escuela en la vereda campesina de Brasilia./A school in the *campesino* community of Brasilia.

10H, 10J, 11P En la maloca del Resguardo Indígena Ismuina en Solano se llevó a cabo el primer encuentro entre campesinos e indígenas de la región del Bajo Caguán-Caquetá, generando un espacio de diálogo y reflexión acerca de las fortalezas y amenazas compartidas, para construir una visión común del territorio./In the *maloca* of the Ismuina Indigenous Reserve in Solano we brought together *campesino* and indigenous peoples from the Bajo Caguán-Caquetá region for the first time to reflect on common strengths and threats and to build a shared vision for the territory.

10L, 11F Las mujeres indígenas mantienen las tradiciones culinarias./ Indigenous women maintain their culinary traditions.

10K

10L

 11A

 11B

 11C

 11D

FIG. 11 Para las comunidades campesinas el uso de los recursos naturales está determinado por su conocimiento de los ciclos naturales y las tradiciones que se han adaptado a este paisaje (11A, 11B, 11C). Para las comunidades indígenas el uso de los recursos naturales está guiado por su cultura, costumbres y conocimientos tradicionales (11F, 11G, 11J, 11K, 11M, 11P, 11Q)./For *campesino* communities, natural resource use is determined by their knowledge of natural cycles and by traditions that have been adapted to this landscape (11A, 11B, 11C). For indigenous communities, natural resource use is guided by culture, customs, and traditional knowledge (11F, 11G, 11J, 11K, 11M, 11P, 11Q).

11C La actividad ganadera es el principal sustento de la mayoría de las familias campesinas del Bajo Caguán-Caquetá, y ha venido reemplazando el cultivo y procesamiento de la coca./Cattle ranching is the main economic activity among *campesino* families in the Bajo Caguán-Caquetá and is replacing the growing and processing of coca.

11D A través de los ríos Caquetá y Caguán se movilizan las personas, los víveres, los productos agrícolas, las mercancías y el ganado hacia los mercados./People, food, agricultural products, goods, and cattle are transported on the Caquetá and Caguán rivers to markets.

11E La crianza de especies menores como gallinas y cerdos representa una actividad importante para asegurar la soberanía alimentaria, así como para generar ingresos económicos para las familias indígenas y campesinas./Raising domestic animals like chickens and pigs helps ensure food sovereignty and generates income for both indigenous and *campesino* families.

11F–G, J–K, M–Q Los indígenas murui muina se reconocen como hijos de la coca, el tabaco y la yuca dulce. A partir de estas plantas hacen el mambe (11K, 11M, 11Q) y el ambil (11J)./The Murui Muina indigenous people recognize themselves as children of coca, tobacco, and sweet cassava. From these plants they make *mambe* (11K, 11M, 11Q) and *ambil* (11J).

11G La chagra es la base fundamental para garantizar la soberanía alimentaria y el mejoramiento de la economía familiar de las comunidades indígenas. Es un espacio de gran importancia cultural en donde se aplica el saber ancestral sobre las formas de siembra y el manejo de las semillas./Farm plots (*chagras*) are fundamental in guaranteeing food sovereignty and form the economic foundation of indigenous communities. They are spaces of great cultural importance where ancestral knowledge about seed management and sowing is applied and transmitted.

11H Existe un conocimiento profundo sobre el territorio y este quedó plasmado en el mapeo de uso de los recursos naturales./A deep local knowledge of the territory was evident in the natural resource use mapping.

11L Las comunidades campesinas e indígenas identificaron como soporte fundamental para el buen vivir el alto grado de solidaridad y capacidad de diálogo entre vecinos y comunidades. Las mujeres cumplen un rol esencial

en el cuidado de las semillas tradicionales. Intercambian semillas y saberes que fortalecen la soberanía alimentaria y el buen vivir (10L, 11F, 11G)./Communities pointed to a high degree of solidarity and frequent dialogue between neighbors and communities as the foundations of a good life in the region. Women play an essential role in caring for traditional seeds, and exchange seeds and knowledge that strengthen food sovereignty (10L, 11F, 11G).

11N La pesca en los ríos y lagunas en comunidades campesinas e indígenas representa una fuente principal de alimento para las familias y generación de ingresos económicos./Fishing in rivers and lakes is an important activity for *campesino* and indigenous communities and represents a crucial source of food and income for families.

11P Baile tradicional murui muina./A traditional Murui Muina dance.

FIG. 12 Los bosques ininterrumpidos de la región del Bajo Caguán-Caquetá mantienen la conectividad entre dos de los parques nacionales más conocidos de Colombia: La Paya y Serranía de Chiribiquete./The unbroken forests of the Bajo Caguán-Caquetá region maintain connectivity between two of Colombia's best-known national parks: La Paya and Serranía de Chiribiquete.

12A Los ríos saludables y las bajas tasas de deforestación permiten a los peces y la vida silvestre en el sur de Colombia preservar los patrones de migración natural./Healthy rivers and low deforestation rates allow fishes and wildlife in southern Colombia to preserve natural migration patterns.

12B Los bosques intactos también son un refugio vital para las poblaciones indígenas en aislamiento voluntario en el PNN Serranía de Chiribiquete./Intact forests are also a vital refuge for the peoples in voluntary isolation living in PNN Serranía de Chiribiquete.

12C Si se permite que los tres frentes de deforestación sigan avanzando sobre esta región, los beneficios de la conectividad para las personas y la naturaleza estarán en riesgo./If the three deforestation fronts are allowed to invade this region, the benefits of connectivity for people and nature will be at risk.

12B

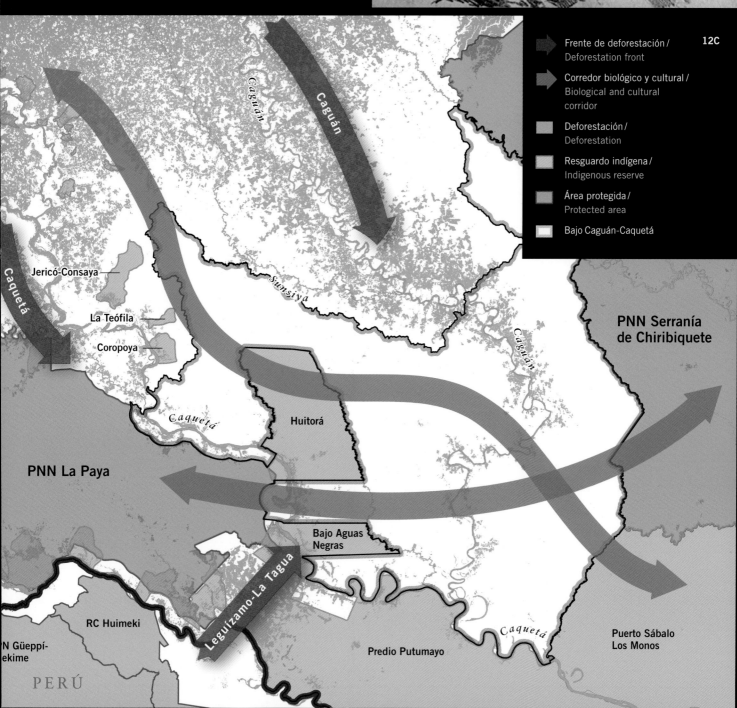

Frente de deforestación / Deforestation front	
Corredor biológico y cultural / Biological and cultural corridor	
Deforestación / Deforestation	
Resguardo indígena / Indigenous reserve	
Área protegida / Protected area	
Bajo Caguán-Caquetá	

12C

Caguán

Caguán

Caquetá

Jericó-Consaya

La Teófila

Coropoya

Sunsiya

Caguán

PNN Serranía de Chiribiquete

Caquetá

Huitorá

PNN La Paya

Bajo Aguas Negras

Leguízamo-La Tagua

RC Huimeki

N Güeppí-ekime

Caquetá

Predio Putumayo

Puerto Sábalo Los Monos

PERÚ

FIG. 13A La deforestación, que ahora ha comenzado a avanzar rápidamente hacia la región del Bajo Caguán-Caquetá, estuvo bajo control por años debido a estrictas regulaciones locales./Held in check for years by strict local regulations, deforestation has now begun to advance rapidly across the Bajo Caguán-Caquetá region.

13B La principal actividad impulsora de la deforestación a lo largo del río Caguán es la ganadería extensiva./The main driver of deforestation along the Caguán River is cattle ranching.

13C Una vez que se pierden los bosques, la erosión y los desliza-mientos de tierra empobrecen aún más el paisaje./Once forests are removed, erosion and landslides further impoverish the landscape.

13D La tala selectiva de maderas duras de alto valor, en su mayoría de manera ilegal, está dispersa por toda la región./Selective logging of high-value hardwoods, much of it illegal, occurs throughout the region.

13E La contaminación proveniente de las ciudades y la industria amenaza uno de los recursos más valiosos de la región: su agua pura y abundante./Pollution from cities and industry threatens one of the region's most valuable assets: its pure and abundant water.

13F La minería de oro artesanal con mercurio tóxico tiene el potencial de devastar los bosques de esta región y abrumar a sus comunidades./Artisanal gold mining using toxic mercury has the potential to devastate this region's forests and overwhelm its communities.

13G Las tasas de deforestación también son altas a lo largo de la carretera Puerto Leguízamo – La Tagua./Deforestation rates are also high along the Puerto Leguízamo – La Tagua road.

Conservación en la región

01 **Un corredor ecológico natural que mantiene conectadas las comunidades de plantas y animales de dos importantes parques nacionales naturales de la Amazonia colombiana** —los PNN Serranía de Chiribiquete y La Paya— y que promueve el flujo natural de los animales, semillas y procesos ecológicos entre los mismos, gracias a:

- **Los bosques en pie que cubren más del 90% del paisaje**, incluyendo el único trecho del río Caguán en donde los bosques en los márgenes del río no han sido impactados por la deforestación de gran escala

- **Una extensión sin interrupción de 50 km de cobertura boscosa entre los dos parques**, dentro de la cual el dosel se mantiene continuo a través de los resguardos indígenas, la Reserva Forestal y el Área Sustraída de la Reserva Forestal

- **Los ecosistemas acuáticos saludables (ríos, caños, quebradas y lagunas en las cuencas de los ríos Caguán y Caquetá)** que permiten la migración de la fauna silvestre acuática entre los dos parques, y entre los grandes ríos de la selva baja y las quebradas de cabecera en el piedemonte

02 **Poblaciones de fauna y flora en buen estado de conservación,** incluyendo poblaciones sustanciales de especies típicamente vulnerables a la pesca y cacería

- **Poblaciones saludables de mamíferos y aves de caza,** especialmente primates, pecaríes, el Paujil de Salvin (*Mitu salvini*) y el Trompetero Aligris (*Psophia crepitans*); estas poblaciones se encuentran reducidas en los alrededores de algunos asentamientos, pero encontramos evidencia de poblaciones saludables en las inmensas extensiones de bosque entre los ríos Caguán, Peneya, Orotuya y Caquetá

- **Poblaciones saludables de por lo menos 18 especies de peces comúnmente consumidas,** las cuales forman la base alimentaria de las comunidades locales (Apéndice 10)

- **Poblaciones saludables de por lo menos 59 especies de peces con valor como ornamentales** (Apéndice 10); algunas especies de *Corydoras* y *Panaque* que ya están siendo cosechadas en las quebradas y ríos de la región

- **Poblaciones aún importantes de árboles maderables valiosos, a pesar de la tala selectiva intensiva en ciertos lugares;** individuos semilleros de estas especies, los cuales son fuentes de semillas para programas de recuperación de poblaciones maderables

- **Por lo menos nueve especies de anfibios y reptiles que son consumidas o usadas en medicina tradicional por las comunidades locales** (*Dendropsophus* spp.,

Leptodactylus knudseni, L. pentadactylus, Osteocephalus spp., *Caiman crocodilus, Paleosuchus* spp., *Chelonoidis denticulatus, Podocnemis* spp. y *Rhinella marina*)

03 **Elementos de paisaje especialmente importantes para la vida silvestre:**

- **Los ríos Caguán y Caquetá** con su gama completa de hábitats acuáticos:

  - Quebradas de cabeceras en los bosques de tierra firme, con aguas excepcionalmente puras

  - Tributarios grandes como el Peneya y el Orotuya, que se extienden por decenas de kilómetros

  - Enormes planicies inundables con lagunas, quebradas y cobertura boscosa bien preservadas

  - Cauces y lechos preservados, sin impactos de proyectos de dragas

- **Las lagunas cerca de la desembocadura del río Caguán en el río Caquetá,** un hábitat de importancia crítica para la reproducción de muchas especies de peces utilizadas por las comunidades de la región, como bocachicos (*Prochilodus nigricans*), sábalos (*Brycon cephalus* y *B. whitei*), puños (especies en los géneros *Pygocentrus* y *Serrasalmus*), pintadillo (*Pseudoplatystoma tigrinum*), garopas (especies en los géneros *Myloplus* y *Metynnis*), botellos (*Crenicichla*) y cuchas (*Pterigoplichthys*)

- **Los salados en el paisaje,** recursos importantes para los vertebrados y puntos atractivos para los cazadores

04 **Una flora y fauna diversa y poco estudiada,** con por lo menos tres especies nuevas de peces encontradas durante el inventario

05 **Valiosos servicios ecosistémicos para Colombia y para el departamento de Caquetá**

- **Cantidades enormes de carbono sobre la tierra en los bosques en pie de la región** (Asner et al. 2012), con un valor económico significativo para los programas de Reducción de Emisiones por Deforestación y Degradación (REDD+)

- **Aguas de buena calidad físico-química,** que son la fuente de agua para consumo humano y las únicas rutas de comunicación entre comunidades

06 **Por lo menos 53 especies de plantas y animales consideradas como amenazadas en el ámbito mundial,** o cuyo comercio está restringido bajo el Convenio CITES (CITES 2018):

- **Dos especies de mamíferos consideradas En Peligro** (lobo de río, *Pteronura brasiliensis*, y marimba, *Ateles belzebuth*), **cinco consideradas Vulnerables** (ocarro-trueno, *Priodontes maximus*, danta, *Tapirus terrestris*, manao, *Tayassu pecari*, churuco, *Lagothrix lagotricha* y palmero, *Myrmecophaga tridactyla*) y **cinco consideradas Casi Amenazadas** (tigrillo, *Leopardus wiedii*, tigre mariposo, *Panthera onca*, perro de monte, *Atelocynus microtis*, perro de patas cortas, *Speothos venaticus* y nutria pequeña, *Lontra longicaudis*; UICN 2018)

- **Veintisiete especies de mamíferos listadas en los apéndices I, II o III de la CITES** (2018)

- **Cuatro especies de aves consideradas Vulnerables** (*Agamia agami*, *Patagioenas subvinacea*, *Ramphastos tucanus* y *Ramphastos vitellinus*) y **siete consideradas Casi Amenazadas** (*Odontophorus gujanensis*, *Psophia crepitans*, *Spizaetus ornatus*, *Celeus torquatus*, *Pyrilia barrabandi*, *Amazona amazonica* y *Amazona farinosa*; UICN 2018)

- **Dos especies de reptiles consideradas Vulnerables** (las tortugas *Podocnemis expansa* y *Chelonoidis denticulatus*; UICN 2018)

- **Trece especies de dendrobátidos, boas, caimanes y tortugas listadas en el Apéndice II de la CITES** (2018)

- **Una especie de pez considerada Vulnerable** (pintadillo, *Pseudoplatystoma tigrinum*; UICN 2018)

- **Por lo menos nueve especies de plantas consideradas amenazadas en el ámbito global** (dos En Peligro y siete Vulnerables; UICN 2018)

07 **Por lo menos cinco especies de plantas y animales consideradas como amenazadas en el ámbito nacional**, según la Resolución No. 192 de 2014 del Ministerio de Ambiente y Desarrollo Sostenible:

- **Cuatro especies de mamíferos consideradas Vulnerables** (tigre mariposo, *Panthera onca*, palmero, *Myrmecophaga tridactyla*, nutria pequeña, *Lontra longicaudis*, y marimba, *Ateles belzebuth*; MADS 2014);

- **Una especie de planta considerada En Peligro** (el árbol *Cedrela odorata*; MADS 2014)

08 **Por lo menos un vertebrado considerado endémico para Colombia:**

- El pez corredora, *Corydoras reynoldsi*, endémico del río Caquetá

01 Una **gran extensión de bosques de selva baja** atravesada por ríos, caños y quebradas, y salpicada por unos complejos de lagunas y humedales, la cual representa **la última esperanza para mantener la conectividad** entre el PNN La Paya y el PNN Serranía de Chiribiquete, y asegurar la supervivencia de una flora y fauna diversa, así como la pervivencia cultural y el bienestar de las comunidades locales, igual que la de los indígenas en aislamiento voluntario en la parte suroeste del PNN Serranía de Chiribiquete

02 **Comunidades campesinas e indígenas con un conocimiento profundo del área y un fuerte arraigo territorial,** que cuentan con **gran solidaridad entre ellos,** que propenden por el buen vivir y la salud del territorio

03 **Pueblos indígenas murui muina con una cultura viva,** con la palabra de vida que es el tabaco, la coca y la yuca dulce, así como prácticas tradicionales y manejo espiritual para el uso del territorio

04 **Modelos productivos diversos con bajo impacto ambiental y técnicas tradicionales de manejo** (chagra, rotación de cultivos, semillas nativas, calendarios agroecológicos y epidemiológicos) que garantizan la soberanía alimentaria de las comunidades

05 **Veredas y resguardos indígenas que cuentan con fuertes estructuras organizativas comunitarias a nivel local y regional,** a través de las cuales regulan la vida comunal y establecen relaciones con el gobierno y organizaciones de todo nivel. Los líderes y lideresas que participan de estas organizaciones son por lo general personas comprometidas con el buen vivir de las comunidades y la salud del territorio. En el caso del Núcleo 1 de Bajo Caguán, es importante resaltar el liderazgo de las mujeres, aun cuando la mayoría de la población está compuesta por hombres.

06 **Comunidades locales que cuentan con instrumentos de planificación y gestión formulados y en implementación,** que incluyen planes de manejo ambiental, planes de vida, diagnósticos participativos, planes de desarrollo campesino y manuales de convivencia. Con estos instrumentos las comunidades tienen:

- Una visión compartida y objetivos a corto, mediano y largo plazo que han sido producto del diálogo social

- Un conjunto de afectaciones o problemáticas identificadas

- Líneas de gestión definidas para enfrentar las problemáticas y lograr los objetivos propuestos

- Información sobre la situación actual de las comunidades y del territorio.

07 **Políticas regionales, espacios de concertación e instrumentos gubernamentales de planificación y ordenamiento,** que se constituyen en oportunidades para la protección de los bosques, el mantenimiento de la conectividad y el bienestar de las comunidades, dentro de las que sobresalen:

- Mesas ambientales y Mesas Permanentes de Concertación a nivel nacional y regional
- La Política Pública Integral Indígena para el departamento de Caquetá
- Planes de Manejo de los PNN Serranía de Chiribiquete y La Paya
- Plan de Desarrollo y el Plan de Ordenamiento Territorial de los municipios de Solano y de Cartagena del Chairá.

08 **Paisaje prioritario para la conservación reconocido a nivel nacional, regional y local,** en el cual existe una oportunidad enorme de trabajar de manera conjunta con los campesinos e indígenas en temas de conservación, manejo y producción sostenible, construyendo juntos un esfuerzo novedoso de conservación con la gente, en un paisaje aislado durante décadas por el conflicto armado

09 **Proceso de paz en marcha** que ha permitido la libre movilización por el territorio por parte de las comunidades, la llegada de organizaciones gubernamentales y no gubernamentales, así como el reconocimiento de los habitantes como sujetos de derechos

Durante más de tres décadas la región del Bajo Caguán-Caquetá ha sido un escenario de conflicto armado marcado por la débil presencia del Estado y el aislamiento de sus pobladores de las dinámicas nacionales. Tras la firma del Acuerdo de Paz en 2016 y la salida de los frentes de las FARC, ha quedado un vacío de control territorial que permitió la aceleración de procesos de deforestación importantes. Esta dinámica pone en riesgo el Bajo Caguán-Caquetá, el último corredor con bosques en pie entre PNN La Paya y PNN Serranía de Chiribiquete, así como el buen vivir de las comunidades campesinas e indígenas que habitan el territorio. Se evidencia el avance de tres lanzas de deforestación muy preocupantes: la más grande bajando por la cuenca del río Caguán en su parte alta, una segunda por la cuenca del alto río Caquetá y finalmente, una tercera que avanza desde Puerto Leguízamo y La Tagua (Fig. 2C). A continuación describimos las principales amenazas que enfrenta la zona.

01 **Una zona remota, aislada durante décadas por el conflicto armado** y caracterizada por:

- **Débil presencia del Estado**

- **Falta de control por parte de la autoridad ambiental** sobre el uso y manejo de los recursos ambientales y la consecuente ampliación no planificada de la frontera agropecuaria

- **Deficiente garantía de derechos fundamentales** de la población local, en salud, educación, vivienda digna, libre movilización, así como precariedad en el acceso a servicios sociales como acueducto y alcantarillado, comunicaciones y centros culturales, entre otros

- **Escasas oportunidades para que los jóvenes permanezcan en el territorio** debido a la falta de educación secundaria y oferta laboral

- **Un prejuicio hacia los pobladores como guerrilleros, cocaleros e ilegales,** por vivir en un territorio catalogado durante años como zona roja.

02 **Una deforestación alarmante** en la región, acelerada por el vacío de control territorial tras el proceso de paz, que está amenazando el bienestar de las comunidades locales, la salud de los bosques y dinamizando procesos de erosión de los suelos. Esta dinámica está siendo impulsada por varios motores:

- **Políticas públicas** nacionales, regionales y locales que promueven la ganadería extensiva

- **Falta de regulación y restricción de la actividad ganadera** en suelos no aptos para esa actividad

- **Entrada de población foránea** a la región que busca apropiarse de grandes extensiones de tierras mediante el desbosque, la praderización y la ganadería extensiva

- **Aumento en la tala ilegal de madera** (datos sin publicar, IDEAM 2018) en la zona debido a la falta de control de la autoridad ambiental sobre la extracción forestal y el vacío de control territorial

- **Falta de alternativas económicas para la población local** que incrementa su vulnerabilidad frente a la presión que ejercen personas de otras zonas o regiones, quienes ofrecen pagos para la creación de potreros nuevos y la entrada de ganado 'en compañía,' lo que conduce a la ampliación acelerada y no planificada de la frontera agropecuaria

03 **Falta de seguridad jurídica sobre la tierra y poca claridad sobre linderos,** con las siguientes características:

- **Veredas ubicadas en Zona de Reserva Forestal** (La Maná, Tres Troncos, La Pizarra y Orotuya), algunas de las cuales fueron creadas hace más de cinco décadas, en las que sus pobladores no tienen títulos de propiedad (dado que está prohibido titular en zona de reserva forestal A y B), razón por la cual es difícil acceder a préstamos para inversión en sus fincas y programas del Estado en general afectando su calidad de vida

- **Veredas que** a pesar de estar en sustracción de la Reserva Forestal (Núcleo 1 y Peregrino) **no cuentan con títulos de propiedad sobre la tierra**

- **Falta de claridad sobre los límites de las veredas y los resguardos,** lo cual genera conflictos entre las comunidades y dificulta el ejercicio de control y vigilancia de las comunidades sobre sus territorios

- **Deficiencias en la información cartográfica oficial**

04 **Una marcada desarticulación entre entidades, políticas e instrumentos del ámbito nacional, regional, local y comunitario,** que limita la acción del Estado, afecta el bienestar de las comunidades locales y se hace evidente en:

- **Políticas nacionales que no tienen en cuenta suficientemente las realidades,** características y dinámicas territoriales

- **Instrumentos de planificación y ordenamientos gubernamentales que no se articulan adecuadamente** con los instrumentos de planificación y gestión de las comunidades locales

- **Toma de decisiones sobre el territorio desde el nivel nacional y regional que no cuenta con suficiente participación comunitaria** ni insumos basados en la realidad local

- **Organizaciones gubernamentales y no gubernamentales con carencias para la coordinación de acciones** e implementación de políticas en la región

- **Comunidades sin un conocimiento claro de la estructura y funcionamiento del Estado**, dificultando procesos de diálogo, gestión y toma de decisiones

05 **Falta de conocimiento, control y monitoreo sobre el aprovechamiento de recursos naturales en la zona**, que puede tener consecuencias negativas para las poblaciones de algunas especies de fauna y flora, así como para el bienestar de las comunidades locales:

- **Extracción de especies maderables** con fines comerciales como achapo (*Cedrelinga cateniformis*), perillo (*Couma macrocarpa*) y polvillo (*Hymenaea* sp.), especialmente en el Resguardo Indígena Huitorá por el río Orotuya y en el Caño Esperanza, cerca de la vereda El Guamo

- **Extracción de peces ornamentales** (*Corydoras* spp. en el Resguardo Indígena Bajo Aguas Negras y la comunidad campesina de Peregrino)

- **Pesca de consumo** en las lagunas cercanas al río Caquetá (Laguna Limón, Laguna La Culebra, Laguna Peregrino) con fines comerciales y con técnicas de pesca prohibidas en los acuerdos comunales. Las principales especies de consumo son: bocachico (*Prochilodus nigricans*), sábalo (*Brycon cephalus*), puños (*Pygocentrus, Serrasalmas*), pintadillo (*Psendoplatystoma tigrinum*), botellos (*Crenicichla*), cuchas (especies de los géneros *Hypostomus, Panaque,* Pterygoplichthys) y garopas (*Myloplus metynnis*).

- **Consumo con fines comerciales de especies de mamíferos, reptiles y aves** como danta (*Tapirus terrestris*), boruga (*Cuniculus paca*), venado rojo (*Mazama americana*), venado gris (*Mazama gouazoubira*), cerrillo (*Pecari tajacu*), manao (*Tayassu pecari*), armadillo (*Dasypus novemcinctus*), armadillo espuelón (*Dasypus kappleri*), churuco (*Lagothrix lagotricha*), tortugas (*Podocnemis unifilis* y *P. expansa*) y paujil (*Mitu salvini*)

06 **El otorgamiento de permisos de aprovechamiento de madera y pesca** caracterizados por la **falta de control de las autoridades competentes, ausencia de diálogo y coordinación** con las Juntas de Acción Comunal (JAC) y los Cabildos, **denuncias locales de corrupción** y trámites costosos y largos que dificultan que las comunidades locales puedan **acceder a las licencias**

07 **Dragas de oro en el río Caquetá que contaminan las aguas con mercurio, ponen en peligro la salud humana** e introducen **prácticas sociales y culturales** con impactos negativos en la población local

08 **Procesos erosivos naturales** de los suelos, acelerados por la deforestación y las prácticas, técnicas y actividades agropecuarias no acordes con las características del paisaje, que conllevan a **la alteración de los patrones de drenaje naturales,** así como a un rápido **empobrecimiento de los suelos** cuya recuperación puede tomar más de 250 años

09 **Una marcada incertidumbre por parte de la población local sobre la implementación de los acuerdos de paz** y la posibilidad de que la región vuelva a dinámicas de guerra, aislamiento y abandono por parte del Estado

10 **Concesiones de hidrocarburos que pondrían en peligro la integridad y pureza de los ríos**. La región del Bajo Caguán-Caquetá es considerada como disponible para lotes, con áreas vecinas ya en exploración

Nuestro inventario rápido en la región del Bajo Caguán-Caquetá fue la primera exploración de la zona por un equipo multidisciplinario de biólogos, geólogos, científicos sociales y miembros de las comunidades. Más del 90% del paisaje está cubierto por bosque, con zonas de asentamientos campesinos ubicados tanto en el río Caquetá como en el río Caguán, al igual que dos resguardos indígenas murui muina en el río Caquetá. Por primera vez en la historia, las comunidades campesinas e indígenas se reunieron en el pueblo de Solano para compartir sus visiones a largo plazo sobre el territorio y su pervivencia en este. Concuerdan en la necesidad de conservar y manejar el Bajo Caguán-Caquetá de forma mancomunada con el Estado y las organizaciones de la sociedad civil, así como con la urgencia de frenar el avance de los frentes de deforestación y la importancia de asegurar el bienestar de toda la gente en el área.

A continuación ofrecemos **nuestras recomendaciones para el establecimiento de una figura de conservación regional de 779.857 ha con uso directo por las comunidades indígenas y campesinas que habitan en este paisaje.** En paralelo a la implementación de la ruta declaratoria de áreas protegidas regionales, resulta indispensable resolver la situación jurídica sobre la tenencia de tierra, las expectativas de ampliación de los resguardos indígenas y el establecimiento consensuado de los linderos con las comunidades y las autoridades competentes. Para asegurar la estrecha coordinación con la población local, es necesario abrir y asegurar la sostenibilidad de una mesa de dialogo interinstitucional y comunitaria con participación de autoridades regionales y locales, así como representantes de todas las comunidades indígenas y campesinas que habitan en este paisaje. En adición a nuestras recomendaciones para la protección y el manejo del área, incluimos sugerencias para futuros inventarios, investigación y monitoreo en el área.

PROTECCIÓN Y MANEJO

Como se menciona arriba, todas las recomendaciones dependen del **establecimiento de una mesa de diálogo donde participen entidades locales y regionales, así como representantes de las comunidades locales.** En ese espacio de diálogo se espera asegurar una estrecha coordinación con la población local y avanzar en las siguientes recomendaciones:

01 **Realizar saneamiento predial de la región (catastro rural multipropósito)** para establecer linderos consensuados con la gente, ajustar el área sustraída para reflejar la ocupación actual, formalizar mediante acuerdos de uso común los asentamientos ubicados en Zona de Reserva Forestal (en las veredas de La Maná, Tres Troncos, La Pizarra y Orotuya) y evaluar las propuestas de ampliación de los resguardos indígenas.

02 **Crear una figura de protección, conservación y manejo de carácter regional en el Bajo Caguán-Caquetá, en estrecha coordinación con la población local,** donde se respeten los instrumentos de planificación y gestión comunitarios existentes y la visión de las comunidades, pero además se promueva la formulación e implementación de instrumentos de planificación y gestión comunitarios donde no los haya. Esta figura pretende:

- **Establecer un corredor de conservación y mantener la conectividad** de los bosques, ecosistemas y procesos ecológicos y evolutivos entre dos parques nacionales naturales, Serranía de Chiribiquete y La Paya.

- **Asegurar el bienestar a largo plazo de los servicios ambientales y ecosistémicos** que serán un beneficio para la población local, regional y nacional.

- **Proteger la biodiversidad y crear un refugio** para especies amenazadas en otras partes de la Amazonia.

- **Estabilizar y detener el avance de la frontera agropecuaria.**

- **Proteger el territorio tradicional del pueblo murui muina** asentado en los resguardos Huitorá y Bajo Aguas Negras y, con esto, aportar al mantenimiento de su cultura.

- **Promover la constitución de áreas protegidas de carácter regional** en la Amazonia, con la participación directa de las comunidades locales.

- **Generar condiciones para la pervivencia de los pueblos indígenas en aislamiento voluntario** a partir de la protección del territorio ubicado entre el río Caguán y el PNN Serranía de Chiribiquete.

03 **Desarrollar un modelo de co-gestión y co-administración del área entre las autoridades ambientales gubernamentales y la población local, a través de sus instancias organizativas,** donde se:

- **Defina una entidad coordinadora y administrativa** con participación representativa de autoridades locales y regionales.

- **Establezca una zonificación del área,** con zonas de asentamiento humano, zonas de uso y manejo, y zonas de protección estricta, **respetando la vocación de los suelos y actividades compatibles con la zonificación y manejo de los parques nacionales aledaños.**

- **Definan acuerdos de uso y manejo para el área,** a partir de los acuerdos comunitarios existentes y del respeto por el conocimiento y la cultura indígena y campesina.

- **Desarrollen mecanismos de control y vigilancia comunitarios** respaldados por las autoridades locales.

- **Prohíba la adjudicación de licencias de aprovechamiento de recursos maderables y pesqueros dentro del área y se promueva un esquema de manejo forestal comunitario,** que incluya el aprovechamiento de productos no maderables del bosque, así como un manejo sostenible del recurso pesquero.

- **Desarrolle un programa novedoso de monitoreo, control y vigilancia** que vincule la información levantada a través del monitoreo comunitario con la información de sensores remotos, con el objetivo de tomar decisiones informadas y realizar un manejo adaptivo del área.

04 **Fortalecer las capacidades de la autoridad ambiental regional, Corpoamazonia, para gestionar áreas de carácter regional y co-administrar un área con la población**

local y, en paralelo, fortalecer la gobernanza local para la administración y coordinación de la figura de conservación (ver recomendación 2).

05 **Buscar y asegurar financiación a largo plazo para el área**, potencialmente a través de programas de pago por servicios ambientales, cooperación internacional y/o como parte de la estrategia de financiación de las áreas protegidas de Colombia (Herencia Colombia).

06 **Implementar los Acuerdos de Paz** firmados por el Gobierno colombiano con la FARC-EP en la Habana, Cuba, en agosto de 2016 y ratificados por el Congreso colombiano en diciembre de 2016, **priorizando los acuerdos sobre la reforma rural integral.**

07 **Trabajar en conjunto** con las veredas campesinas, los resguardos indígenas, el Ministerio de Agricultura, y otras agencias gubernamentales y organizaciones de la sociedad civil **para desarrollar e implementar nuevas prácticas y técnicas agrícolas,** con el fin de **asegurar el bienestar de las comunidades locales, promoviendo la diversificación de la agricultura, asegurando la soberanía alimentaria de la población local, disminuyendo así la presión sobre los bosques.**

08 **Garantizar el cumplimiento de los derechos fundamentales** a la salud, la educación, la vivienda digna y la paz, así como facilitar la oferta de servicios sociales, en particular servicios de comunicación, notaría y registro, y el acceso a la justicia.

Informe técnico

PANORAMA REGIONAL Y DESCRIPCIÓN DE LOS SITIOS VISITADOS

Autores: Corine Vriesendorp y Nigel Pitman

BREVE RESUMEN REGIONAL

Introducción

Con una cuenca que supera en tamaño el territorio del Reino Unido (267.730 km^2), el río Caquetá es el mayor río amazónico de Colombia (Goulding et al. 2003). Uno de los principales tributarios del Caquetá es el río Caguán, cuya cuenca de 14.530 km^2 tiene sus cabeceras en las estribaciones de la cordillera Oriental en el norte del departamento de Caquetá. Ambos ríos alcanzan un tamaño majestuoso. El Caguán, después de recorrer más de 600 km hasta la desembocadura en el Caquetá, llega a medir 250–300 m de ancho. En el mismo lugar el propio Caquetá mide 400–700 m de ancho. Estos son típicos ríos de la selva baja amazónica: meándricos, de aguas blancas (con una carga pesada de sedimentos aluviales) y con niveles de agua que varían de manera drástica entre las épocas de lluvia y las épocas más secas.

El foco del inventario rápido fue un área de selva baja, remota y libre de carreteras, de aproximadamente 800.000 ha, en el departamento de Caquetá (Figs. 2A–D). El área se ubica entre las sabanas no protegidas del río Yarí al norte, los afloramientos rocosos espectaculares del Parque Nacional Natural (PNN) Serranía de Chiribiquete al este, los hábitats inundados del PNN La Paya al suroeste y los bosques de suelos más pobres en el Resguardo Indígena Predio Putumayo al sur. El área de estudio incluye el curso bajo del Caguán, entre la vereda de Monserrate y la desembocadura; un tramo de unos 150 km del río Caquetá, río arriba de la confluencia con el Caguán hasta el municipio de Solano y una enorme extensión de bosque entre el río Caquetá, el río Caguán y el borde suroccidental del PNN Serranía de Chiribiquete.

Contexto de conservación y el proceso de paz

Esta área —que llamamos 'el Bajo Caguán-Caquetá'— tiene un alto valor para la conservación, puesto que su cobertura boscosa mantiene un corredor natural de 90 km entre dos parques nacionales de la Amazonia colombiana (Figs. 2C, 12). Hay tres frentes de deforestación que avanzan hacia ella, mencionados en órden de intensidad desde el frente más severo: uno bajando por el río Caguán, otro avanzando a ambos lados de la carretera que une Puerto Leguízamo con La Tagua y el último bajando el río Caquetá (Fig. 2C y el Apéndice 1). Nuestro inventario pretende brindar información técnica, biológica y social, para ayudar a frenar el avance de esos tres frentes. Parte de la estrategia es apoyar la creación de un área de conservación regional que tenga sentido para la población local y que permita el uso directo por las comunidades campesinas e indígenas.

Una gran porción de la región del Bajo Caguán-Caquetá es Reserva Forestal de Ley Segunda, una categoría colombiana de ordenamiento territorial que pretende mantener el bosque en pie. Existen dos tipos de Reserva Forestal en el área: Tipo A, una categoría más estricta, y Tipo B, menos estricta (Fig. 24). La otra parte del paisaje es *área sustraída*: tierras que originalmente formaron parte de la Reserva Forestal pero que fueron sustraídas de esta figura para permitir la ocupación humana en 1985. Existen otras dos figuras de ordenamiento territorial importantes en la región, ambas colindantes con la propuesta área de conservación regional. Estas son los parques nacionales naturales Serranía de Chiribiquete con 4.268.095 ha y La Paya con 422.000 ha, y los resguardos indígenas (RI) Huitorá con 67.220 ha y Bajo Aguas Negras con 17.645 ha.

El Bajo Caguán es un área remota con una presencia mínima del Estado colombiano, que fue estratégica para las FARC-EP por décadas. Allí operaron los frentes 12, 13, 14 y 48 de las FARC, así como la columna móvil Teófilo Forero, ejerciendo un fuerte control militar sobre la región. La firma del acuerdo de paz en agosto de 2016 y su ratificación por el Congreso en diciembre de 2016, permitió la libre movilización por parte de las comunidades locales, así como la entrada de diversos actores, tales como instituciones del Estado, ONG y científicos.

Geología, hidrología y clima

Geología e hidrología

Nuestra área de estudio se encuentra en la Amazonia colombiana, donde se junta el río Caguán con el río Caquetá. El Caquetá nace en la cordillera de los Andes, precisamente en las turberas del páramo de Peñas Blancas, adyacente al páramo de las Papas, límites de los departamentos de Huila y Cauca, a los 3.900 msnm. El Caguán nace más al norte, en las estribaciones de la cordillera Oriental, al sur del PNN Los Picachos a una altura aproximada de 2.800 msnm. Estos dos ríos bajan de las montañas de manera casi perpendicular, el Caquetá de occidente a oriente y el Caguán de norte a sur-oriente, hasta que una falla geológica cerca de la vereda de Brasilia hace que el Caguán vire hacia el sur y se junte con el Caquetá.

A gran escala, la región del Bajo Caguán-Caquetá se encuentra entre la cordillera Oriental de los Andes colombianos y los afloramientos del Cratón en Chiribiquete. La región se destaca por una serie de fallas y lineamientos en el sentido NO-SE o SO-NE. Otras partes de la Amazonia occidental en el Perú y Ecuador han tenido una redistribución sustancial de sedimentos por los mega-abanicos fluviales (p. ej., el río Pastaza), pero esos grandes procesos de deposición y redistribución de suelos parecen no haber ocurrido en el Bajo Caguán-Caquetá. La región se caracteriza por tener controles geológicos estrictos, debidos a la presencia cercana de los Andes, al levantamiento del Cratón y a la actividad neotectónica. La mayoría de los ríos en la zona, en comparación con ríos similares peruanos o ecuatorianos, tienen planicies de inundación más pequeñas y menos meandros.

Hace millones de años, la región del Bajo Caguán-Caquetá y gran parte de la Amazonia occidental estaban cubiertas de agua no muy profunda dentro de un paleo-lago o paleo-humedal enorme, conocido como Pebas. Existió una conexión en el norte de Colombia y Venezuela entre el Lago Pebas y el Océano Atlántico, resultando en una mezcla de aguas marinas y moluscos con el humedal. Esto se refleja en los fósiles de moluscos persistentes en los suelos de Pebas en el Bajo Caguán-Caquetá y en gran parte de la Amazonia occidental.

Existen tres tipos de suelos en el Bajo Caguán-Caquetá, con la gran mayoría del área cubierta por todo el rango de variación en la Formación Pebas, desde Pebas inferior a medio, a superior. Es importante anotar que estos tres segmentos de Pebas varían de manera sustancial en su fertilidad. Los salados, áreas de suelos con alta fertilidad que son críticos para la fauna, son asociados a las arcillas de Pebas inferior, mientras las arcillas más ácidas y pobres son encontradas en Pebas superior. Todos los suelos de Pebas se destacan por ser pobremente drenados. Igual que en otras partes de la Amazonia occidental, los salados cumplen un rol fundamental para la fauna del Bajo Caguán-Caquetá. Aunque son relativamente escasos en el paisaje, son bien conocidos por la fauna y la gente que acude a ellos para cazar.

Las terrazas altas en el Bajo Caguán-Caquetá están cubiertas por el otro suelo dominante en el área, un depósito más reciente del Plio-Pleistoceno y más arenoso que la Formación Pebas, conocido como la Formación Caimán. El resto del paisaje, a lo largo de los ríos y caños, está conformado por depósitos recientes de la llanura aluvial. No encontramos evidencia de los suelos más arenosos de la Formación conocida como Nauta en Perú que se encuentra a menudo depositada encima de la Formación Pebas en la cuenca peruana del Putumayo y gran parte del departamento peruano de Loreto. Tampoco encontramos evidencia de suelos de arena blanca, como los suelos que existen alrededor de los afloramientos rocosos del PNN Serranía de Chiribiquete o los parches aislados de arenas blancas emplazados al sur del río Napo en Loreto.

Los ríos y caños del Bajo Caguán-Caquetá se destacan por ser de aguas claras y translúcidas, y en algunos caños ligeramente turbias, lo que les da un aspecto 'barroso;' sin embargo, presentan baja a muy baja conductividad (4–28 µS/cm), lo que las clasifica como aguas muy puras o con poco contenido de sales disueltas. Esta condición permite la identificación de los salados, o áreas donde el agua y el suelo presentan alta concentración de sales disueltas, y la conductividad alcanza 572 µS/cm, es decir 20 veces más. El pH medido clasifica a las aguas de caños y ríos como ligeramente ácidas (5–6), comparables con la acidez de la lluvia (5,5); en los salados las aguas son neutras a ligeramente alcalinas (7–8) por el efecto de las sales.

Clima

Existen tres estaciones meteorológicas cercanas: Cuemani, Remolinos de Caguán y Puerto Leguízamo (IDEAM 2018, IGAC 2015). La variación en temperatura es mínima, entre los 28 y 31.5 °C (Fick e Hijmans 2017) y la precipitación anual varía desde los 2.695 a 4.196 mm/año, con la máxima precipitación en junio (~380 mm) y la mínima precipitación en diciembre-enero (~120–180 mm).

Aunque la época lluviosa debería haber iniciado en marzo, este año parece ser más seco que lo usual. Nuestro inventario se realizó durante una transición lenta de una época seca larga al inicio de la época lluviosa. Tuvimos muy pocos días de lluvia y parece que la época lluviosa empezó justo cuando estábamos saliendo del campo. Esta sequía produjo algunos resultados inesperados, especialmente en peces, anfibios y reptiles, donde obtuvimos números más bajos de los esperados. Algunas especies típicas estuvieron o totalmente ausentes o en cantidades bajísimas (p. ej., ranas *Pristimantis* y lagartos *Anolis* con muy pocos individuos y especies, y caños de baja conductividad totalmente vacíos de peces).

Un trato más técnico, profundo y detallado se encuentra en el capítulo de *Geología, suelos y agua*.

Estudios previos

Debido al conflicto armado, se ha llevado a cabo muy poca investigación científica en esta parte de la Amazonia colombiana. Hay excepciones notables, incluyendo décadas de trabajo realizado por el Instituto SINCHI con esfuerzos importantes por lograr el Inventario Nacional Forestal; el trabajo de Tropenbos en el río medio Caquetá/Araracuara; la investigación por Puerto Rastrojo, Universidad Nacional y otros en el PNN Serranía de Chiribiquete e iniciativas de investigadores dispersos quienes han logrado trabajar a

pesar de los peligros. En el Bajo Caguán-Caquetá, la Universidad de la Amazonia en Florencia ha llevado a cabo estudios en el Resguardo Indígena Huitorá y la vereda Peregrino; la agencia de desarrollo alemana GIZ en la vereda Peregrino; actualmente varias ONGs están trabajando con campesinos e indígenas en los ríos Caquetá y Caguán (Amazon Conservation Team-Colombia, The Nature Conservancy, Fondo Acción, World Wildlife Fund, entre otras). Pese a estos esfuerzos heroicos, una gran extensión de la Amazonia colombiana permanece pobremente conocida. Mientras el proceso de paz avanza y los problemas de orden público disminuyen en la región, esperamos un auge de trabajos de investigación, así como un incremento de nuestro entendimiento (Regalado 2013).

El primer estudio que conocemos es una expedición científica realizada en 1952 por Philip Hershkovitz, zoólogo estadounidense del Museo Field. En enero y febrero de ese año Hershkovitz y su equipo de campo vivieron en la casa del Sr. Rafael Quiroga en Tres Troncos, en donde colectaron más de 150 especímenes de mamíferos, aves y reptiles actualmente depositados en la colección del Museo Field.

SITIOS DEL INVENTARIO SOCIAL

La zona de estudio forma parte de dos municipios del departamento de Caquetá: Cartagena del Chairá, que tiene una población de 34.953 personas, y Solano, que tiene una población de 25.054 personas (DANE 2018).

El área delimitada para el inventario social, determinada por la superposición de las veredas (subdivisión territorial de los municipios rurales en Colombia) y los resguardos indígenas con el área protegida propuesta (ver la Fig. 2A), estuvo compuesta por tres sub-sectores:

- 16 veredas del Núcleo 1 en el bajo río Caguán, con una población aproximada de 1.373 personas;

- 5 veredas en las orillas del río Caquetá, con una población de 410 personas; y

- 2 comunidades indígenas murui muina (pertenecientes a la etnia uitoto) en los Resguardos Indígenas Huitorá y Bajo Aguas Negras, que tienen poblaciones aproximadas de 150 y 84 personas respectivamente.

Las poblaciones actuales llegaron a la región en etapas diferentes. Las primeras comunidades campesinas e indígenas murui muina migraron —en el caso de los indígenas, fueron desplazados— a la región del río Caquetá a finales del siglo XIX y principios del siglo XX, producto de las dinámicas de explotación de caucho. Los primeros pobladores campesinos del bajo río Caguán llegaron en los años 70 y las décadas siguientes, influenciados por procesos tales como la colonización dirigida por el Estado en los años 70 y el auge económico del cultivo de coca a partir de los años 80. Otras poblaciones campesinas también llegaron a la región del río Caquetá luego de finalizada la guerra entre el Perú y Colombia en 1933.

Nuestro equipo científico social trabajó con 16 veredas del Núcleo 1, 3 veredas del río Caquetá y los 2 resguardos indígenas. En los talleres realizados con las veredas y los resguardos indígenas participaron aproximadamente 200 personas, incluyendo líderes (hombres y mujeres) y jóvenes. Además de los talleres, organizamos el primer encuentro entre campesinos e indígenas de la región del Bajo Caguán-Caquetá en Solano, en la maloca del Resguardo Indígena Ismuina, donde contamos con una participación de 75 personas, entre indígenas, campesinos, y representantes de las instituciones del gobierno como Corpoamazonia, la alcaldía de Solano y la gobernación del Caquetá.

Las comunidades visitadas durante el inventario social se describen con mayor detalle en los capítulos *Historia de ocupación y poblamiento de la región del Bajo Caguán-Caquetá*; *Gobernanza territorial y ambiental de las comunidades de la región del Bajo Caguán-Caquetá*; *Servicios públicos e infraestructura en la región del Bajo Caguán-Caquetá*; y *Encuentro campesino e indígena: construyendo una visión común de la región del Bajo Caguán-Caquetá*.

SITIOS DEL INVENTARIO BIOLÓGICO

El equipo biológico trabajó en cuatro campamentos: dos cerca de asentamientos campesinos en el Caguán y dos dentro de resguardos indígenas en el Caquetá aguas arriba de su unión con el Caguán. Estos sitios fueron escogidos con el afán de muestrear la mayor diversidad de tipos de hábitat en la región del Bajo Caguán-Caquetá. Logramos visitar la mayoría de los hábitats

presentes a lo largo de los ríos principales y en dos tributarios, el río Orotuya y el caño El Guamo.

A continuación, se ofrece una descripción detallada de los cuatro campamentos visitados, seguida por una discusión breve de los hábitats que no pudimos muestrear y que representan prioridades para los inventarios futuros.

CAMPAMENTO EL GUAMO

Fechas: 6–10 de abril de 2018

Coordenadas: 00°15'08,6" N 74°18'19,6" W

Rango altitudinal: 180–200 msnm

Descripción breve: Bosque de tierra firme y bosque inundable alrededor de un campamento temporario en la ribera norte del caño El Guamo, un tributario de aguas claras del bajo río Caguán. Aproximadamente 6 km al NNO de la vereda El Guamo y 3,5 km al NO de la finca de un poblador llamado Richard, rodeado por un sistema de trochas de 18 km que permite el acceso a ambos lados del caño.

Ubicación política: Municipio de Cartagena del Chairá, Departamento de Caquetá, Colombia

Contexto hidrográfico: Zona Hidrográfica Caguán, Subzona Hidrográfica Río Caguán Bajo (IDEAM 2013)

Distancia en línea recta de los otros campamentos: 37 km de Peñas Rojas, 52 km de Orotuya, 45 km de Bajo Aguas Negras

---

El primer campamento estaba ubicado en un pequeño tributario de la ribera norte del bajo río Caguán: el caño El Guamo (Figs. 2A–D). En la boca del caño se encuentra la pequeña vereda El Guamo, con 154 habitantes. Nuestro campamento estaba a aproximadamente 6 km al NNO de la vereda y a ~3,5 km de la finca más cercana. La vereda y el caño llevan el nombre común de un árbol del género *Inga* que es abundante a lo largo del cuerpo de agua (*Inga vera*; voucher MC10104). Vale la pena anotar que el caño El Guamo aparece en algunos mapas oficiales con dos nombres alternativos: Añucu y Añaku. No escuchamos estos nombres en el campo.

El Guamo es una quebrada de aguas claras que mide unos 8 m de ancho a la altura del campamento. A pesar de su tamaño considerable, no era navegable hasta el campamento durante nuestra visita, debido a los bajos niveles de agua por causa del retraso del inicio de la época lluviosa. Cuando se estableció el campamento, el nivel del agua era aún más bajo, así que el equipo tuvo que ingresar a pie. Con la ayuda de un caballo pudieron acarrear los víveres y materiales de trabajo hasta la finca de Bimbo, que quedaba a unos 2,7 km del poblado. El campamento se estableció a 3,5 km al noroeste de la finca del poblador llamado Bimbo. Tanto el caño como los tributarios que drenan las colinas y terrazas son fuertemente incisos, con una apariencia encajonada debido a las riberas casi verticales y el fondo plano y fangoso.

Aparentemente esta fue la primera vez que los habitantes de El Guamo (al igual que cualquier científico) habían visitado este lugar. La razón es que durante décadas las FARC no permitieron a nadie entrar en el bosque más allá de la finca de Richard. Sin embargo, durante el inventario los miembros de la comunidad revelaron un conocimiento impresionante de los árboles y de la historia natural de la vida silvestre.

Este campamento contó con 18 km de trochas, las cuales atravesaron un paisaje de bosque ripario, bosque en terrazas bajas estacionalmente inundadas, lagunitas estacionales y bosque de tierra firme en colinas. La topografía en tierra firme es redondeada y no muy alta; los puntos más altos tienen apenas 20 m más de elevación que los puntos más bajos. Asimismo, las colinas de tierra firme aquí no forman un bloque grande sino son distribuidas como un archipiélago de alturas en una matriz de quebradas. La vegetación en tierra firme es de bosque alto, en el cual algunas especies arbóreas fueron muy frecuentes: la palmera *Oenocarpus bataua*, *Clathrotropis macrocarpa*, *Pseudolmedia laevis*, *Dialium guianensis* y *Hevea guianensis*. De igual manera, los arbolitos *Leonia cymosa* y una *Rinorea* no identificada eran comunes en el sotobosque de tierra firme. En general estas siete especies eran comunes en los bosques de tierra firme en todos los campamentos.

Geológicamente, la tierra firme en este campamento corresponde a la Formación Pebas; los suelos son profundos, rojizos, franco-arcillosos a arcillosos y con bajo contenido de nutrientes. Las quebradas que drenaban estas alturas tenían aguas claras con un pH 5,5–6 y una conductividad muy baja, de hasta 20 µS/cm. (La Formación Caimán, también asociada con las áreas de tierra firme en el área de estudio, no estaba presente aquí pero sí un poco más arriba en el río Caguán, a unos 35 km de distancia, cerca del caño Huitoto. El equipo geológico la visitó brevemente, durante dos días de excursiones más allá del campamento para muestrear suelos y aguas a lo largo del bajo Caguán).

Las áreas bajas afectadas por la dinámica de inundación del caño y de las quebradas estaban caracterizadas por bosque alto sobre suelos aluviales. Exploramos dos lagunitas que están conectadas al caño durante la época de lluvias, ambas de aproximadamente 80 m² y a unos 50 m del caño.

La diversidad de plantas y animales en El Guamo era moderada y muchas de las especies de plantas observadas son características de suelos pobres. A pesar de la proximidad del pueblo, tanto la vegetación como la fauna de este sitio se encontraban en un estado de conservación excelente. Observamos árboles maderables de gran porte como cedro achapo (*Cedrelinga cateniformis*), cedro (*Cedrela odorata*), polvillo o tamarindo (*Hymenaea oblongifolia*) y marfil o tara (*Simarouba amara*). El bosque parecía estar lleno de monos—incluyendo churucos (*Lagothrix lagotricha*) y marimbas (*Ateles belzebuth*)—cuyo comportamiento de curiosidad indicaba la poca o nula historia de cacería en el lugar. En este campamento había muchas garrapatas, otro buen indicador de una abundante fauna. Los roedores pequeños también eran extremadamente comunes; varios biólogos en el equipo afirmaron que habían observado un mayor número aquí que en cualquier otro sitio en el cual habían trabajado.

Visitamos tres salados en este campamento, todos ubicados en áreas bajas y fangosas dentro de la tierra firme. Los salados medían aproximadamente 20 m² y estaban rodeados por paredes empinadas surcadas por las trochas de los animales que los visitan. La vegetación en estos salados varió desde una cobertura abierta, con palmeras *Bactris riparia* y juncias, a una cobertura mucho más densa. Las aguas tenían una conductividad alta, de entre 125 y 525 µS/cm, y un pH de hasta 8. Los tres salados caen sobre una línea de orientación ENE-OSO, lo cual sugiere que alguna otra formación podría haber estado expuesta sobre estos salados por la acción de una falla geológica linear. Sólo uno de los científicos locales nos dijo que había usado estos salados alguna vez para cazar.

En este campamento contamos con 17 trampas cámara, las cuales fueron colocadas tres semanas antes del trabajo de campo, algunas cerca a los salados y otras en áreas con presencia de trochas de animales o sus guaridas.

El segundo campamento se ubicó en el extremo bajo
Caguán, a 2,5 km de la vereda Peñas Rojas (una caminata
de 1,5 horas) y a apenas 6 km de la bocana del río en la
confluencia con el Caquetá (Figs. 2A–D). Acampamos al
lado de la finca del señor Juan Carlos Cano, la cual se
encontraba en la ribera de una laguna grande en el plano
aluvial del Caguán.

La laguna La Culebra es una madrevieja (antiguo
curso del río Caguán) con 4 km de longitud y en forma
de 'U'. Cuando el nivel del Caguán está alto, existe un
canal de conexión entre el río y la laguna y se puede
acceder a la finca por bote. En épocas de agua baja, la
laguna y el río están separados por 350 m de bosque de
planicie inundable.

El campamento fue ubicado en la zona de transición
entre las amplias planicies inundables del Caguán y del
Caquetá al oeste y al sur, y una serie de terrazas de tierra
firme al noreste. Caminamos los 19,5 km de trochas en
este sitio para visitar terrazas de tierra firme y áreas
estacionalmente inundadas, incluyendo pequeños
pantanos dominados por palmeras y el bosque riparío
alrededor de las madreviejas. También muestreamos
áreas de rastrojo y potreros cerca de la finca.

Las terrazas de tierra firme son drenadas por
quebradas de aguas claras y tienen suelos rojizos y
arcillosos probablemente derivados de la Formación

Pebas. Más allá de nuestro sistema de trochas en la
dirección noreste hay terrazas de tierra firme que los
geólogos consideran que están asociadas con la Formación
Caimán, basados en su muestreo de formaciones similares
en las riberas del río Caguán cerca del asentamiento de
Peñas Rojas. Sospechamos que estas terrazas de la
Formación Caimán son muy parecidas a las que hemos
visitado en la cuenca peruana del río Putumayo (Pitman
et al. 2004, 2011; Gilmore et al. 2010). En este
campamento los geólogos también muestrearon algunos
sitios asociados con la Formación Caimán en la cuenca
baja del río Peneya, cuya boca está a 20 km de la boca
del Caguán.

Aparte de la laguna La Culebra, visitamos otras dos
madreviejas en la zona: laguna Bolsillo del Cura (antiguo
tramo del río Caguán, tal como La Culebra) y laguna
Limón (antiguo tramo del río Caquetá). Los márgenes
de estas lagunas tenían su bosque riparío intacto, con la
excepción de la finca pequeña en donde hicimos el
campamento. Todos los equipos visitaron La Culebra y
Limón. El equipo de peces pasó una noche en la laguna
Limón, en donde pescaron unos bocachicos (*Prochilodus
nigricans*) que alcanzaban tallas de hasta 45 cm,
comparables a las más grandes registradas en la
literatura. El equipo ictiológico también muestreó varias
quebradas de aguas blancas, así como una playa de
arena en el mismo Caguán.

En los puntos más distantes de la finca (~5 km), el
estado de conservación del bosque parecía bastante
bueno. Más cerca de la finca, una gran parte del bosque
había sido sometido a la tala selectiva; observamos
algunos individuos tumbados de achapo (*Cedrelinga
cateniformis*) que estaban huecos. La cacería era común;
todas las noches escuchamos los tiros de los cazadores,
probablemente para cazar borugas (*Cuniculus paca*).
Este fue el único campamento ubicado en una finca y
observamos algunos elementos de fauna característicos
de los potreros o de los disturbios antropogénicos, tal
como murciélagos vampiros (*Desmodus* sp.) y Pellares
Andinos (*Vanellus resplendens*) volando sobre la laguna
y caminando entre las vacas. También hubo indicadores
de una vida silvestre todavía saludable, p. ej., un grupo
de lobos de agua (*Pteronura brasiliensis*) observado en la
laguna La Culebra. Asimismo, en dos noches de
muestreo de murciélagos obtuvimos 12 especies dentro
de varios gremios ecológicos, incluyendo murciélagos

que se alimentan de néctar, frutos e insectos. Hubo bastantes mosquitos y moscas de todos tamaños en este campamento, pero en contraste a El Guamo vimos muy pocas garrapatas.

No encontramos salados en este campamento. Las conductividades de las quebradas eran ligeramente menores que las medidas en el campamento El Guamo (≤17 µS/cm) y las quebradas no tenían la misma apariencia encajonada sino riberas inclinadas. No establecimos trampas cámara en este sitio antes del inventario, pero colocamos cuatro cámaras el primer día, y tomaron fotos durante tres días y sus noches.

El gran misterio de este campamento fue un sonido que escucharon varios investigadores en la noche cuando estaban vigilando las redes de captura de los murciélagos. Había un sonido similar a un zumbido eléctrico que emanaba de las aguas crecidas de los caños del bosque. A pesar de que varias personas lo escucharon, y de haber obtenido una grabación del sonido, nadie pudo identificarlo.

CAMPAMENTO OROTUYA

Fechas: 16–20 de abril de 2018

Coordenadas: 00°21'37,9" N 74°45'49,5" W

Rango altitudinal: 167–214 msnm

Descripción breve: Bosque de tierra firme y bosque inundable alrededor de un claro temporal dentro del Resguardo Indígena Huitorá, en la ribera este del río Orotuya. Aproximadamente 18 km al NNE de la comunidad Huitorá y 8 km al sur del lindero norte del resguardo, con un sistema de trochas de 14 km.

Ubicación política: Municipio de Solano, Departamento de Caquetá, Colombia

Contexto hidrográfico: Zona Hidrográfica Caquetá, Subzona Hidrográfica Río Rutuya (IDEAM 2013)

Distancia en línea recta de los otros campamentos: 52 km de El Guamo, 74 km de Peñas Rojas, 42 km de Bajo Aguas Negras

El tercer campamento se ubicó en la ribera oriental del río Orotuya[1], un tributario grande del río Caquetá, a unos 18 km al norte en línea recta de la confluencia del Orotuya y el Caquetá (Figs. 2A–D). Surcar hasta el campamento desde la comunidad de Huitorá, en la boca del Orotuya, requería de un viaje en bote de cuatro horas. A la altura del campamento, el río aún tiene un tamaño impresionante, de 20 m de ancho.

Las tierras al este del río Orotuya pertenecen al Resguardo Indígena Huitorá (67.220 ha), mientras que las que están al oeste pertenecen a la vereda campesina de Orotuya. Durante el inventario rápido, el estado del bosque en las dos riberas era muy contrastante. Tanto en el campo como en las imágenes satelitales de la zona, era muy evidente la diferencia entre los bosques en pie del resguardo en un lado de río y los bosques en su mayoría derribados (y convertidos en potreros) en el otro lado. Nuestro campamento se ubicó en el lado oriental, dentro del resguardo, y tres de las cuatro trochas que establecimos estaban dentro del resguardo. La cuarta trocha la establecimos en el lado occidental. Cuando el equipo biológico comenzó a surcar el río Orotuya, los campesinos de la vereda Orotuya nos pararon y nos pidieron que no utilizáramos la cuarta trocha. Después de recuperar nuestras trampas cámara, respetamos su pedido.

Las tres trochas del lado oriental del río, con 13,7 km, atravesaron la planicie aluvial del río Orotuya hasta llegar a las colinas bajas bosque adentro. Desde el tiempo en que el equipo de avanzada había estado en el lugar el nivel del río había subido varios metros, y subió más de un metro adicional mientras estábamos allí. Algunas de las trochas tenían agua hasta la altura del pecho y el último día el agua ya había comenzado a inundar el campamento.

Nuestros geólogos consideran al Orotuya como un río de aguas mixtas, ya que su cuenca está conformada por la Formación Pebas, la Formación Caimán y algunos pantanos dominados por palmeras. Los suelos principales en la planicie aluvial fueron arcillas pesadas y pobremente drenadas. Los suelos dominantes en la tierra firme eran profundos, rojizos, franco-arcillosos y derivados de la parte superior de la Formación Pebas, con los suelos más pobres. Las quebradas de tierra firme tenían aguas claras y una conductividad muy baja (<10 µS/cm). No observamos algún salado en este campamento, pero la gente de Huitorá nos contó que

---

1 El Orotuya figura con el nombre de Rutuya en algunos mapas (p. ej., IDEAM 2013, Google Maps) y según los habitantes del Resguardo Indígena Huitorá posee una etimología compleja. Orotuya significa 'caño de oro' en idioma coreguaje. Sin embargo, esto sería una versión moderna del nombre original del caño, Rutuya. Nos contaron que en coreguaje 'rutuya' es el nombre de una planta nativa cuyas semillas son venenosas para los peces; el caño se llamaba así porque los habitantes observaban peces muertos

en el caño durante la época de fructificación de esa planta, que crecía en las riberas. No hemos podido averiguar de cuál planta se trata.

existe un salado masivo (de más de 10 ha) a varios kilómetros de su comunidad.

Los bosques en este campamento eran parecidos a los de El Guamo, pero los primates eran menos frecuentes y con grupos menores. El inventario de fauna en este campamento dio resultados pobres, con la excepción de los mamíferos. Aquí fueron instaladas 21 trampas cámara y capturaron registros de casi todos: tapir, jaguar, puma, ocelote, jaguarundi, perro de orejas cortas y un hormiguero gigante. Igual que en El Guamo, los avistamientos de roedores pequeños fueron comunes. Hubo pocas plantas con flores en el sistema de trochas, pero muchas en las riberas del Orotuya. En un solo día en el río los botánicos colectaron un número impresionante de especímenes fértiles (90), incluyendo la misma *Inga vera* en flor, la cual le da nombre al caño El Guamo.

El hallazgo más alarmante en este campamento fue la tala generalizada dentro del Resguardo Indígena Huitorá. En muchos lugares nuestras trochas se topaban con árboles tumbados, tablas cortadas y caminos para transportar la madera hasta el río. Si bien los impactos eran más fuertes cerca del río, en donde observamos más de 10 tocones y varios caminos, también eran evidentes en los puntos más distantes en el sistema de trochas (a más de 5 km del río). Los árboles talados eran de polvillo (*Hymenaea oblongifolia*) y achapo (*Cedrelinga cateniformis*). Observamos algo de regeneración natural de *Hymenaea* pero nada para *Cedrelinga*; los claros dejados por la actividad maderera estaban dominados por árboles pioneros comunes como *Cecropia sciadophylla*, *C. distachya* y *Pourouma minor*. Amazon Conservation Team Colombia ha trabajado con Huitorá para establecer un invernadero comunal; durante nuestra visita uno de los científicos locales que nos acompañaba, Elías Gaviria, colectó plantones del árbol maderable marfil (*Simarouba amara*) para un proyecto de reforestación.

CAMPAMENTO BAJO AGUAS NEGRAS

Fechas: 21–23 de abril de 2018

Coordenadas: 00°00'04,7" S 74°38'41,7" W

Rango altitudinal: 170–200 msnm

Descripción breve: Bosque de tierra firme, pantano inundado de *Mauritia flexuosa* y bosques alterados en los alrededores del asentamiento principal del Resguardo Indígena Bajo Aguas Negras, en la ribera oriental (norte) del río Caquetá. Sistema de trochas de 13 km.

Ubicación política: Municipio de Solano, Departamento de Caquetá, Colombia

Contexto hidrográfico: Zona Hidrográfica Caquetá, Subzona Hidrográfica Río Caquetá Medio (IDEAM 2013)

Distancia en línea recta de los otros campamentos: 45 km de El Guamo, 42 km de Peñas Rojas, 42 km de Orotuya

Ubicado casi exactamente en la línea ecuatorial (la cual pasa a aproximadamente 100 m de la maloca), este campamento se centró en una de las dos malocas (casas tradicionales) en el Resguardo Indígena Bajo Aguas Negras. Para llegar caminamos unos 2 km desde la ribera del río Caquetá; la mitad de la trocha atravesó un cananguchal o pantano dominado por la palmera *Mauritia flexuosa*, por encima de troncos tumbados de *Mauritia*. Cuando el río Caquetá está crecido, este pantano queda inundado con hasta 4 m de agua y es posible llegar casi hasta la maloca en bote.

Este campamento fue incluido en el inventario a último minuto, debido a un pedido de los habitantes de Bajo Aguas Negras. Un equipo de avanzada estableció rápidamente un sistema de trochas de 13 km, algunas nuevas y otras ya existentes. Estas trochas atravesaron un paisaje de bosques disturbados y rastrojos de varios tipos: algunos cultivos de yuca abandonados, otros con la tala selectiva de madera, y otros con tratamientos agroforestales (p. ej., una plantación del árbol frutal umarí [*Poraqueiba sericea*]). Más allá de los rastrojos, las trochas alcanzaron un bosque mejor conservado y cruzó una terraza con los suelos arenosos de la Formación Caimán —un hábitat que no vimos en algún otro campamento.

También pudimos trabajar en el cananguchal, un hábitat raro en la Amazonia colombiana comparado con las grandes extensiones de *Mauritia flexuosa* de la Amazonia peruana y ecuatoriana, y que no muestreamos bien en los otros campamentos. Durante nuestra visita el pantano se encontraba debajo del nivel del agua y lleno de plantas acuáticas como *Eichhornia crassipes*. Las inundaciones estacionales debido a las aguas ricas en sedimento del río Caquetá hacen que este hábitat no sea una turbera en el sentido estricto, y el pantano comparte muchos atributos con el bosque de várzea. De hecho, muchas de las especies de aves registradas en este bosque son más típicas de várzea que de cananguchales.

Una de nuestras trochas salió del campamento hacia el norte, hasta alcanzar una quebrada bonita conocida como el caño Peregrinos. Este caño drena un área de tierra firme bosque adentro y corre hasta una laguna en la planicie inundable del Caquetá cerca de la vereda Peregrino. Medía unos 12 m de ancho durante nuestra visita y parece ser que podría subir unos 3 m más durante la época de lluvias.

El nombre Aguas Negras nos generó un poco de confusión. Se debe a una quebrada tributaria del Caquetá que tiene su inicio como un caño de aguas claras y transparentes, pero que obtiene una coloración oscura cerca de la confluencia con el Caquetá, en donde recibe las aguas ricas en taninos del cananguchal. Sin embargo, no se trata de un río de aguas negras. No muestreamos algún caño de aguas negras durante el inventario y creemos que no existen en el área de estudio.

De los cuatro campamentos visitados, este tuvo las poblaciones más pobres de especies maderables. Las poblaciones de aves de caza eran menores que en los otros campamentos, pero sí las observamos. La gente del resguardo utiliza un calendario ecológico para organizar el año y varias observaciones suyas nos ayudaron a entender el paisaje. Por ejemplo, cuando mencionamos la poca abundancia de peces, ellos nos contaron que entre diciembre y febrero hay peces en las quebradas, mientras que en junio hay peces en el cananguchal —y que en otras épocas del año la pesca es difícil. También mencionaron que la mejor época para encontrar culebras es después de que se revientan los frutos de los árboles de caucho (*Hevea*), lo que probablemente ocurre durante la época más seca del año.

La gente de Bajo Aguas Negras reconoce siete diferentes tipos de suelos en el área, incluyendo un tipo de arcilla que ellos utilizan como medicamento antibacteriano. Basándonos en los atributos de los suelos aquí, esperábamos ver la palmera de sotobosque

Lepidocaryum tenue, conocida en Colombia como *puy* y en el Perú como *irapay*. Los científicos locales nos afirmaron que esta planta no crece en Bajo Aguas Negras, pero sí en el Resguardo Indígena Puerto Sábalo Los Monos, a 50 km río abajo en el río Caquetá y justo afuera de nuestra área de estudio. Llegar al salado más cercano de la maloca requiere de una caminata de por lo menos tres horas por lo que no pudimos visitarlo durante nuestra estadía.

Sitios no visitados

No fue posible muestrear algunos hábitats importantes durante el inventario rápido. Por ejemplo, inicialmente habíamos soñado con establecer un campamento en el caño Huitoto, cerca al asentamiento de Brasilia en el bajo río Caguán. Nuestro interés se debía a que, tanto el sobrevuelo que hicimos en la región como las imágenes de satélite, revelaban unas particularidades paisajísticas allí que son muy diferentes a las del resto del área de estudio. Estas incluyen una gran terraza al norte del caño, drenada por un curioso sistema de quebradas paralelas que corren de norte a sur (ver el punto 14 del sobrevuelo en el Apéndice 1), y un complejo de pantanos y posibles turberas (punto 15 del sobrevuelo).

Durante la fase de planificación del inventario, los habitantes del bajo Caguán recomendaron no establecer un campamento en el caño Huitoto y respetamos su consejo. Ya que no obtuvimos información de ese sector nororiental del polígono de Corpoamazonia — específicamente, el sector entre los ríos Caguán y Yarí, cerca del lindero con el PNN Serranía de Chiribiquete — consideramos que este podría ser un sitio prioritario para investigaciones futuras. Específicamente, consideramos prioritario hacer muestreos en 1) sitios más alejados de asentamientos humanos, en las terrazas altas de la Formación Caimán, 2) las lagunas y otros ambientes asociados a las riberas del río Yarí y 3) las colinas altas entre los ríos Yarí y Caguán.

Tabla 1. Características del clima de la región del Bajo Caguán-Caquetá, Amazonia colombiana, registradas en tres estaciones del área de influencia regional. La estación de Remolinos del Caguán ha estado inactiva desde julio de 2015. Fuentes: IDEAM (2018), IGAC (2014, 2015).

Estación	Altitud (msnm)	Temperatura media (°C)	Precipitación media (mm/año)
Cuemaní	137	26,6	4.196
Remolinos del Caguán	200	25,9	2.695
Puerto Leguízamo	147	26,3	2.992

GEOLOGIA, SUELOS Y AGUA

Autores: Pedro Botero, Hernán Serrano, Jennifer Ángel-Amaya, Wilfredo Cabrera, Wilmer Fajardo, Luis Garay, Carlos Londoño, Elvis Matapí, Régulo Peña y Alexis Saldarriaga

Objetos de conservación: Los salados, donde se concentran sales en los suelos y las aguas, ofreciendo nutrientes a las poblaciones de aves y mamíferos que acuden a estos sitios regularmente y, por lo tanto, constituyen centros de observación de fauna y de cacería tradicional; suelos desarrollados con poco contenido de nutrientes que soportan varias asociaciones ecosistémicas y los cultivos de pancoger de las comunidades campesinas e indígenas, y que son vulnerables a la erosión cuando se tala el bosque; aguas de buena calidad físico-química, que son la fuente para consumo humano y las únicas rutas de comunicación entre comunidades; las secciones estratigráficas de la Formaciones Pebas y Caimán, en el sector de El Guamo, el río Peneya y Umancia, que son de interés geológico, por constituir las mejores exposiciones de estas rocas en el área de la plancha 486 y alrededores y, por lo tanto, se proponen como patrimonio geológico por su importancia científica y paleontológica

INTRODUCCIÓN

Clima, hidrología y geología

Los sitios del inventario rápido geológico se encuentran en las cuencas bajas de los ríos Caguán, Orotuya y Peneya, los cuales son tributarios de la cuenca media del río Caquetá, y modelan el paisaje de esta porción noroccidental de la planicie o llanura amazónica (Figs. 2A–D). No existen estaciones meteorológicas dentro de la zona. Sin embargo, tomando los datos de tres estaciones que la rodean (Tabla 1), podemos concluir que el clima del área estudiada se puede clasificar según el sistema Köppen-Geiger como *Ecuatorial muy húmedo* (*Af*), presentando régimen de lluvias monomodal. La máxima precipitación se presenta en junio (380 mm aprox.) y las mínimas en diciembre-enero (120–180 mm aprox.; IGAC 2014, 2015). La localización de las estaciones se presenta en la Fig. 14.

La cuenca del río Caquetá es una de las más caudalosas del Amazonas, con un valor medio de 9.540 m^3/s con régimen monomodal, un máximo de 15.370 m^3/s en junio y un mínimo de 4.826 m^3/s en febrero, en un área de 99.974 km^2 medidos hasta la estación Puerto Córdoba. El río Caguán es de tamaño mediano para los promedios de ríos colombianos, donde se encuentra una de las mayores afluencias hídricas del mundo. El caudal medio del bajo río Caguán es de 388,1 m^3/s (ENA 2014). Estos ríos son considerados de 'aguas blancas' por su carga significativa de partículas en suspensión, pH ligeramente ácido a neutro, baja transparencia y alta productividad de la ictiofauna y la renovabilidad periódica de los cultivos de vega (Corpoamazonia 2011).

Mientras las cuencas altas de los ríos Caquetá y Caguán presentan categoría media con base en los indicadores de calidad del agua, la cuenca media del río Caquetá y la cuenca baja del río Caguán presentan baja producción de sedimentos, baja variabilidad de la oferta hídrica y baja influencia por presiones antrópicas (ENA 2014). Es decir, cuentan con buena calidad de agua y disponibilidad para los usos antrópicos y de los ecosistemas.

La región del Bajo Caguán-Caquetá hace parte del dominio geológico de la Megacuenca de sedimentación de la Amazonia, particularmente de la Cuenca Caguán-Putumayo. Pocos estudios geológicos se han adelantado en el área. Sin embargo, recientemente se realizó la cartografía oficial a escala 1:100.000 de las planchas 486-Peñas Rojas y 470-Peñas Blancas (SGC 2015), que incluyen el área del inventario. En estas planchas se han identificado al menos tres formaciones geológicas de rocas sedimentarias poco consolidadas y sedimentos que componen los depósitos aluviales y terrazas de los ríos y caños[2] principales. En la Tabla 2 se presenta una síntesis

---

2   Caño, quebrada y río pequeño son términos prácticamente intercambiables.

Tabla 2. Síntesis de las características de las unidades geológicas que afloran en la región del Bajo Caguán-Caquetá, en la esquina suroccidental de la Amazonia colombiana.

Unidad geológica y edad	Litología/Composición	Interpretación geológica	Geomorfología
Depósitos aluviales Q2al;Q2alb; Q2alm (Holoceno–10.000 años al presente)	Limos y arenas de color ocre	Llanuras de inundación de ríos meándricos actuales	Planicies bajas, por debajo del nivel de inundación
Terrazas Q1t (Pleistoceno)	Arenas lodosas con gravas	Origen aluvial asociado a la dinámica de los ríos principales Caquetá y Caguán	Relieve plano, elevado
Formación Caimán Q1c (Pleistoceno: 2,6 Ma* a 100.000 años)	Lodos, arenas y gravas arenosas mal seleccionadas con oxidación de óxidos de hierro. Clastos de cuarzo y de rocas sedimentarias, metamórficas y volcánicas	Sedimentación en ambientes de abanicos aluviales, sedimentos provenientes de la cordillera andina	Terrazas medias a altas de cimas redondeadas, de laderas cortas y cóncavas
Formación Pebas n2n4p; n2n4ob; Nin3or (Mioceno, 23 a 6,5 Ma*)	Lodolitas carbonosas grises, capas de carbón y yeso, concreciones con pirita, lodolitas carbonáticas y calizas con fósiles de bivalvos	Sedimentación en ambientes de pantanos costeros con conexión marina	Colinas onduladas

* Millones de años

de las características de las unidades geológicas que afloran en el área de estudio.

La unidad geológica más antigua es la Formación Pebas, que se originó en el Mioceno (20–6,5 Ma), cuando una intrusión del mar desde el norte originó un gran lago o pantano salobre. Esta unidad también ha sido reconocida en inventarios rápidos en el Perú, tal como el inventario de Medio Putumayo-Algodón (Stallard y Londoño 2016).

Para el análisis de las condiciones fisiográficas y de suelos en el área estudiada, se trabajó con el enfoque fisiográfico, siguiendo la metodología definida por Botero y Villota (1992), ejecutada en el estudio de los Paisajes Fisiográficos de Orinoquia-Amazonia (IGAC 1999). Tomando la leyenda general que se construyó en ese estudio, se adaptó a las condiciones particulares de la zona del Bajo Caguán-Caquetá. El estudio de suelos más completo realizado en el Departamento de Caquetá fue realizado por el IGAC (2014). Es importante anotar que los sondeos realizados durante este inventario sirven de complemento a la información edafológica en una zona no estudiada con este enfoque anteriormente (Fig. 14).

Geología histórica: El gran Lago de Pebas

La historia geológica reciente de la cuenca del Amazonas revela que existió una inundación marina a escala continental que cubrió el noroccidente de la actual planicie amazónica. Esta inundación conformó un área

de pantanos con influencia de agua salada, conocida como el Lago de Pebas, que alcanzó las cuencas de los Llanos Orientales y Caguán-Putumayo en Colombia, la cuenca de Oriente en Ecuador, la cuenca de Marañón en el Perú y la Cuenca de Solimões en Brasil. Esta historia compartida generó un extenso registro de sedimentos que conforman la Formación Pebas, que originaron desde calizas hasta carbón, y principalmente lodolitas grises con alto contenido de hierro.

Hoorn et. al. (2010) describieron tres eventos en la región amazónica, desde condiciones lacustres que alternaban con episodios de influencia fluvial y marina. Jaramillo et. al. (2017) identificaron dos eventos de transgresión o inundación marina en las cuencas de los Llanos Orientales y Amazonas/Solimões, cuando el mar ingresó por el nororiente desde el Océano Atlántico. La primera, durante el Mioceno temprano, duró 0,9 Ma (18,1–17,2 Ma) y la segunda, durante el Mioceno medio, duró 3,7 Ma (16,1–12,4 Ma). En la Fig. 15 se puede observar un mapa de la reconstrucción de esa gran entrada del mar en el pasado, cuando el territorio del actual Bajo Caguán-Caquetá se encontraba inundado pero muy cerca del territorio seco, en un sistema que sería de pantanos costeros.

Posteriormente, en la época conocida como Mioceno al Plioceno, con el levantamiento de la cordillera Oriental se aumentó la erosión en zonas altas. Por lo tanto, sistemas fluviales trenzados transportaron sedimentos en

Figura 14. Localización de los sondeos de suelos realizados durante este estudio, y de los realizados en el departamento de Caquetá por el IGAC (2014). Se presenta la localización de las estaciones meteorológicas más cercanas al área del inventario.

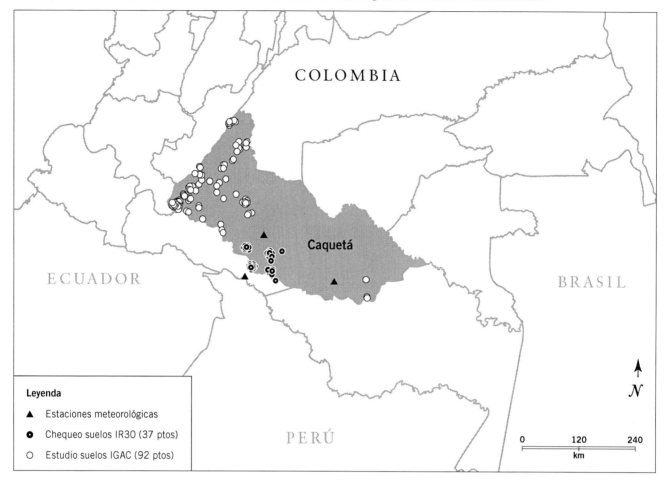

forma de abanicos, tipo flujos de escombros y lodos hacia las zonas más bajas, dando origen a los materiales que componen la Formación Caimán. Como evento culminante de esta época, la conexión del Amazonas con el Caribe se cerró. El ambiente de sedimentación fue típicamente continental fluvial, con características torrenciales: un ambiente o una configuración más parecida con la actualidad, donde el arrastre de sedimentos se da desde la cordillera.

MÉTODOS

El inventario rápido de geología, suelos y agua en el área del Bajo Caguán-Caquetá se desarrolló en cuatro campamentos: El Guamo, Peñas Rojas, Orotuya y Aguas Negras (Figs. 2A–D). Visitamos también la 'bocana' o desembocadura del caño Huitoto sobre el río Caguán, los afloramientos en el sector de Umancia sobre el río Caquetá y el río Peneya, con el fin de tener una revisión regional de la composición de suelos y agua (ver el capítulo *Panorama regional y descripción de los sitios visitados*).

Antes del inventario se consultó la cartografía geológica oficial a escala 1:100.000 planchas 486 y 470 (SGC 2015) y 1:1.000.000 (Gómez et al. 2015). Asimismo, se hizo una interpretación de paisajes fisiográficos a partir de imágenes de satélite.

Durante el inventario se recorrieron tres litologías o unidades geológicas aflorantes, realizando el muestreo, mediciones y observaciones correspondientes (Fig. 3D). Recorrimos el área aprovechando las trochas demarcadas, los caños y ríos principales. El equipo de trabajo de geología y suelos estuvo acompañado de un auxiliar de campo (ocasionalmente dos) que son habitantes locales o que participaron en la construcción de las trochas. Para identificar cada punto de observación y de colecta de muestras de suelo y agua, registramos las coordenadas geográficas y la elevación en metros empleando un GPS Garmin con el sistema de proyección WGS84.

Figura 15. Distribución del Gran Lago de Pebas, que corresponde a una entrada del mar desde el Atlántico durante el Mioceno Medio, hace 16,1–12,4 Ma. Se observa la localización actual de los campamentos visitados durante el IR30, y el límite geográfico de Colombia como referencia. La cordillera andina aún no se levantaba completamente, por lo que se observa un sistema de tierras bajas con montañas aisladas. Adaptado de Hoorn y Wesselingh (2010).

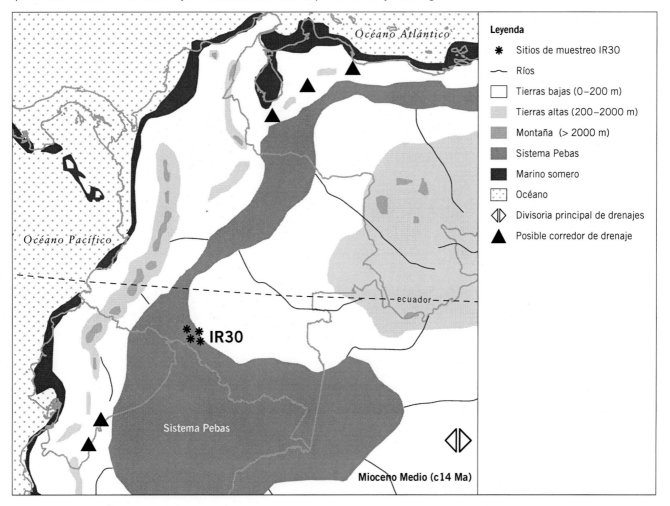

Rasgos estructurales como estratificaciones, lineamientos, fracturas y fallas fueron medidos con brújula alemana tipo Clark, que suministra el dato del ángulo de inclinación del plano y los grados azimut con respecto al norte. Algunos lineamientos probablemente asociados a la actividad tectónica fueron interpretados a partir del Modelo Digital de Terreno (DEM) con una resolución de 5 m (Fugro Earth Data Inc. 2008) y los datos de radar GeoSAR.

Para la descripción litológica o de tipo de materiales empleamos un martillo geológico y lupa (10x). Para el muestreo de suelos, se eligieron puntos representativos de las características de los paisajes y tipos de materiales observados. En cada punto de muestreo se removió la vegetación y se hizo una calicata o trinchera si se trataba de una ladera inclinada. Si el punto fuese plano se

empleaba un barreno holandés tipo Edelman que remueve muestras de suelo cada 20 cm hasta completar 2 m. Las muestras se ubicaron sobre una lona, conservando el orden de extracción. A partir de las características observadas como color, textura, plasticidad y tamaño de grano, se identificaron los horizontes de suelo y se les asignó una denominación (tipo A, B o C). El color se determinó *in situ*, empleando una tabla de color para suelos (Munsell Color Company 1954). Los datos fueron registrados en formatos diseñados para no omitir información alguna.

Se realizaron 76 estaciones para describir paisajes, tipos de materiales y características del entorno, y para colectar y describir muestras de suelos y sedimentos. Obtuvimos 120 muestras de suelos en 33 sondeos, y finalmente, 3 muestras de sedimentos de los salados

Tabla 3. Métodos empleados en la determinación de los parámetros texturales y composicionales de las muestras de suelo recogidas durante un inventario rápido de la región del Bajo Caguán-Caquetá, Amazonia colombiana, en abril de 2018.

Análisis realizado	Métodos determinación
Textura	Bouyoucos
pH	Potenciometría relación 1:1 agua: suelo
Materia orgánica	Walkley Black volumetría
Capacidad de intercambio catiónica	Acetato de amonio pH 7 volumetría
Fósforo disponible	Colorimétrico Bray II
Bases intercambiables (Ca, Mg, K, Na)	Absorción atómica acetato de amonio pH 7
Aluminio intercambiable	Cloruro de potasio 1 N (Yuang) volumetría
Determinación de Cu, Fe, Mn, Zn	Absorción atómica
Determinación de S (azufre)	Método fosfato monocálcico 0,008 m
Determinación de B (boro)	Método colorimétrico

visitados en el campamento El Guamo. Las muestras de suelos fueron enviadas al Laboratorio de Suelos Terrallanos en Villavicencio para determinación de porcentaje de arena, limo y arcilla, pH, macronutrientes (Ca, Mg, K, Na, P) y micronutrientes (Fe, Cu, Zn, Mn, B, S; Tabla 3). Las muestras de sedimento de los salados fueron analizadas en la Universidad Nacional de Colombia–Sede Bogotá por difracción de rayos X para determinación de mineralogía de arcillas.

Para caracterizar el tipo del agua de la red hídrica se analizaron ríos, caños y drenajes encontrados a lo largo de las trochas y en el área de influencia. Se registraron características como el ancho del cauce, la composición del lecho, la altura de las riberas, la profundidad de la tabla de agua, el aspecto del agua y el caudal aproximado. Para el agua realizamos mediciones de parámetros físico-químicos *in situ* (pH, conductividad eléctrica [CE], potencial redox [ORP] y temperatura [T]) en 33 puntos de agua superficial. El pH se midió con tiras indicadoras del pH (en una escala de 1 a 14, con una precisión de 0,5). La CE, el ORP y la T se midieron con dos medidores multi-paramétricos portátiles (ORPTestr10 y ECTestr11+ de Eutech Instruments®). Con el ánimo de complementar el análisis y relacionar la química del agua con la de los materiales que recorre, se realizaron pruebas químicas semi-cuantitativas de presencia de iones solubles en el medio acuoso (Fe^{2+}, Fe^{3+}, $SO_4^{=}$, Cl^-, Al^{3+}) tanto en el sedimento de lecho como en algunos de los horizontes de suelo (Fe^{2+}, Fe^{3+}), empleando un kit de reactivos químicos diseñado por Gaviria (2015), incluyendo ácido

clorhídrico (HCl) para disolver sólidos en el caso de suelos y sedimentos.

RESULTADOS Y DISCUSIÓN

Geología: Materiales y tectónica

En las cuatro áreas visitadas, se identificaron cuatro unidades geológicas con sus respectivos perfiles de meteorización o suelos. La Fig. 3D presenta el mapa geológico del área indicativa del Bajo Caguán-Caquetá y los sitios visitados durante el inventario, con base en el mapa geológico oficial de las planchas 486 y 470 (SGC 2015). Estas unidades se diferencian por su origen, por el tipo de suelos que generan y por las características del agua que los drenan. La principal diferencia se relaciona con la presencia de aguas salobres o salados.

En los sectores de El Guamo, Peñas Rojas y vereda La Pizarra (río Peneya) se observaron afloramientos de la Formación Pebas, particularmente del segmento medio que se presenta como una secuencia de capas de lodolitas grises, calizas (micritas) con fósiles de moluscos, con mantos de carbón de 30 cm de espesor con presencia de madera fósil y concreciones de pirita (sulfuro de hierro; Figs. 3F–H). El análisis de una muestra de carbón, parte de la Formación Pebas, permitió identificar grandes cantidades de Fe y S, así como una cantidad un poco menor pero significativa de Mn, que afectan las características de los suelos derivados de esta formación geológica. Vemos además que el calcio era bajo pero el magnesio era alto, un poco el fósforo y aluminio. El limo era abundante y el pH fue extremadísimamente ácido (pH = 1,3).

En la llanura aluvial del río Caguán se realizaron observaciones de suelos en la bocana del caño Huitoto y en el sector de Aguas Negras. Estos suelos eran caracterizados por la presencia de fragmentos de cuarzo tamaño guijo, infiriéndose como material parental la Formación Caimán, que se compone de partículas de gravas y arenas arrancadas por la erosión en el proceso de levantamiento de la cordillera Oriental y arrastradas torrencialmente hacia el oriente recubriendo las rocas pre-existentes de origen marino de la Formación Pebas.

El campamento Peñas Rojas se encuentra ubicado prácticamente en la zona de confluencia de los sedimentos que tiene el Caguán con los del Caquetá. Se observa claramente en las imágenes satelitales que a partir de la vereda Peñas Rojas, la sedimentación se incrementa por la influencia del río mayor Caquetá, que puede detener parcialmente el flujo del Caguán y hacer que se produzcan más sedimentos en áreas de vegones y mayor cantidad de lagunas en meandros abandonados. Son extensas las terrazas bajas inundables formadas por

Tabla 4. Leyenda fisiográfica general para la zona del Bajo Caguán-Caquetá, Amazonia colombiana. La provincia fisiográfica es la Megacuenca de Sedimentación de la Amazonia. Esta leyenda se basa en la leyenda más general presentada en IGAC (1999).

Subprovincia fisiográfica	Gran paisaje	Paisaje y litología	Subpaisaje
PLANICIE ESTRUCTURAL PERICRATÓNICA CORRESPONDIENTE A LA SALIENTE DEL GUAVIARE, VAUPÉS Y CAQUETÁ CON CUBIERTA PARCIAL FLUVIO-LACUSTRE TERCIARIA (E)	PLANICIES ESTRUCTURALES CUBIERTAS POR SEDIMENTOS FLUVIO-DELTAICOS, FLUVIALES Y LACUSTRES, PRINCIPALMENTE PEBAS (EE)	Terrazas y laderas bajas (EE1t*)	No diferenciado
		Cuestas escalonadas y terrazas medias (EE2)	No diferenciado
		Vertientes, laderas superficiales y taludes alomados intermedios (EE3)	Alto (EE31)
			Bajo (EE32)
		Planos y cuestas extensas; superficies intermedias con fuerte disección (EE4)	Más disectado (EE41)
			Menos disectado (EE42)
		Niveles de superficies onduladas con mesas superficiales altas, ligera o moderadamente disectadas (EE5)	No diferenciado
		Complejo de superficies estructurales con afloramientos (EE6)	Alto(EE61)
			Complejo bajo/ alto (EE62/ES33)
		Superficies altas y extensas; ligeramente onduladas, incluso planas, poco disectadas (EE7)	No diferenciado
		Quebradas, caños y drenajes grandes (EE8)	No diferenciado
	LLANURAS ALUVIALES-EROSIONALES DE RÍOS AMAZONENSES DE AGUAS OSCURAS, (ARENAS DE LA PLATAFORMA) (p. ej., río Tajisa; Alto Itilla) (EV)	Llanuras aluviales menores (EV4)	No diferenciado
		Valles erosionales estructurales (EV5)	No diferenciado
	ASOCIACIÓN DE PLANICIES AMAZÓNICAS (E Y S), CON LA ALTILLANURA (A) Y CRATÓN (C) CUBIERTO POR CAPAS DE PEBAS (ES)	Asociación de planos, laderas y taludes en microcuencas amazónicas con la Altillanura (ES1)	No diferenciado
		Asociación de planos ligeramente ondulados amazónicos, compuestos por capas delgadas de sedimentos terciarios sobre un sustrato precámbrico (ES2)	No diferenciado
		Asociación de planos ondulados y alomados amazónicos compuestos por capas gruesas de sedimentos terciarios sobre un sustrato precámbrico (ES3)	Cimas (ES31)
			Laderas (ES32)
			Taludes muy disectados (ES33)
		Áreas con drenaje lento (ES7)	Bajo (ES71)
			Medio (ES72)
			Alto (ES73)

* Transicional de sabanas de la Orinoquia a bosques amazónicos

Subprovincia fisiográfica	Gran paisaje	Paisaje y litología	Subpaisaje
CUENCAS SEDIMENTARIAS DE RÍOS ANDINENSES Y TRIBUTARIOS INCLUYENDO EL SECTOR BAJO DEL RÍO APAPORIS (S)	PLANICIES FLUVIO – DELTAICAS, DISECTADAS; MIOCENO – PLIOCENO CUBIERTO POR CAPAS DE PEBAS (SD)	Cuencas erosionales con ondulaciones finas muy homogéneas (SD1)	No diferenciado
		Microcuencas y vertientes erosionales con ondulaciones finas a medias, homogéneas; influenciadas por erosión-depositación aluvial reciente y control estructural. En lodolitas y limolitas con delgadas capas de arenitas; Miocénicas-Pleistocénicas localmente cubiertas por arenitas y gravas holocénicas (SD2)	SD21 Bajas (SD21)
			Medias (SD22)
			Altas (SD23)
	ANTIGUAS PLANICIES FLUVIALES DISECTADAS CON DIFERENTES GRADOS DE CONTROL ESTRUCTURAL PLIO-PLEISTOCÉNICO (SF)	Cuencas erosivas medias, alomadas con ondulaciones suaves en arcillolitas y limolitas con intercalaciones de arenitas terciarias (SF5)	No diferenciado
		Cuencas erosivas bajas ligeramente onduladas en limolitas y arcillolitas intercaladas con arenitas terciarias (SF9)	No diferenciado
	LLANURAS ALUVIALES DE RÍOS AMAZONENSES DE AGUAS BARROSAS, CON RÉGIMEN MEÁNDRICO, LOCALMENTE RECTILÍNEO Y RECTANGULAR CON CONTROL ESTRUCTURAL; PLEISTOCENO-HOLOCENO (SN)	Llanura aluvial del río Caquetá (SN1)	Caño Peregrino, pantanos, pequeños afluentes (SN10)
			Planos de inundación actual (SN11)
			Terrazas medias (SN12)
			Terrazas altas (SN13)
		Llanura aluvial del río Caguán (SN2)	Planos de inundación actual, lagunas, pantanos, vegas (SN21)
			Terrazas bajas (SN22)
			Terrazas altas (SN23)
			Terrazas altas estructurales (SN24)
	LLANURAS ALUVIALES DE RÍOS AMAZONENSES DE AGUAS MIXTAS (TUNIA, YARÍ, PENEYA, SUNCIYA, RUTUYA, CAMUYA,OROTUYA) (SC)	Llanuras aluviales del río Yarí (SC1)	Vegas inundables-pantanos-basines-napas-meandros abandonados-orillares (SC11)
			Terrazas bajas y vegones (SC12)
		Llanuras aluviales del río Tunia (SC2)	Vegas inundables-pantanos-basines (SC21)
			Terrazas bajas y vegones (SC22)
		Llanuras aluviales del río Peneya (SC3)	No diferenciado
		Llanuras aluviales del río Sunciya (SC4)	Vegas inundables-pantanos-basines (SC41)
			Terrazas bajas y vegones (SC42)
		Llanuras aluviales del río Rutuya (SC5)	Vegas inundables-pantanos-basines (SC51)
			Terrazas bajas (SC52)
		Llanuras aluviales del río Camuya (SC6)	No diferenciado
		Llanuras aluviales del caño Orotuya (SC7)	No diferenciado
		Llanuras aluviales de quebradas y ríos menores (SC8)	No diferenciado

la sedimentación de la llanura del Caguán, pero también con la influencia del Caquetá. Estas áreas presentan suelos relativamente jóvenes, con drenaje lento y texturas franco-arcillo-limosas y arcillosas pesadas.

El levantamiento constante de la cordillera Oriental condicionó la mayor fase de deformación durante el Mioceno-Plioceno (Van der Hammen et al. 1973; Hoorn et al. 2010), cuando se generaron fracturas profundas o fallas y se aportaron continuamente sedimentos de piedemonte formando abanicos fluvio-torrenciales que dieron lugar a la Formación Caimán. El patrón de drenaje y la dirección de los ríos principales están controlados por lineamientos en dirección noroeste y noreste que marcan un trazado rectilíneo y angular, como se ve en los ríos Peneya y Caguán, y particularmente en el sector del caño Huitoto. Estos lineamientos pueden ser generados por fallas o fracturas profundas, que separan y levantan varios bloques o terrazas, con elevaciones actuales de hasta 200 msnm, al mismo tiempo que condicionan la erosión de los suelos y la presencia de salados, favoreciendo la exposición de las unidades geológicas que contienen las sales. De esta manera, tanto el relieve como los regímenes hidráulicos tienen un control estructural por estos lineamientos, pasando de ríos meándricos a localmente rectilíneos.

Desde hace 120.000 años y hasta comienzos del Holoceno, la zona estuvo sometida a una fase climática seca donde probablemente la cubierta vegetal era de sabanas. Estas condiciones produjeron un avanzado efecto de oxidación en los materiales expuestos y propiciaron la formación de suelos poco permeables con un drenaje denso de baja capacidad de incisión que terminaron de moldear la topografía de montículos.

La morfología actual y los diversos tipos de depósitos sedimentarios del Pleistoceno-Holoceno son el resultado de los ajustes finales del levantamiento andino —aparentemente activo,— y la dinámica reciente, influenciada en algunos casos por la actividad antrópica como la deforestación y las prácticas agropecuarias.

Descripción de los grandes paisajes

De acuerdo con el análisis fisiográfico realizado a escala 1:100.000, se diferenciaron y cartografiaron varias unidades dentro de la Provincia Fisiográfica de la Amazonia. En la Tabla 4 se presenta la leyenda fisiográfica general para la zona Bajo Caguán-Caquetá. En los Apéndices 2–5 se presentan la cartografía de las unidades de paisaje fisiográfico para los cuatro sitios del inventario.

Dentro de la subprovincia de cuencas sedimentarias de ríos andinenses (S) encontramos tres grandes paisajes. Describimos cada uno a continuación.

SD: Planicies fluvio-deltáicas, disectadas, del Mioceno-Plioceno, correspondientes principalmente a la Formación Pebas

Este gran paisaje conforma la mayor superficie en el área cartografiada, desde los 0°26′ hasta los 0°06′ norte y desde los 74°01′ hasta los 74°50′ oeste. La superficie total de esta unidad en Colombia es muchísimo mayor y todavía sin definir con algún detalle por falta de suficientes datos de campo.

El único paisaje definido para este gran paisaje fue el SD2. Se diferencia por la forma de su relieve, causado por la disección de la planicie, que en algunos casos es de ondulaciones finas muy homogéneas (SD1) y en el caso de nuestro estudio es de ondulaciones finas a medias, homogéneas, tal como se describe en la leyenda general. Este paisaje es recorrido por innumerable cantidad de corrientes fluviales, desde ríos muy grandes como el Caquetá, grandes como el Caguán, pequeños como el Peneya, el Orotuya y la quebrada El Guamo, además de otras como Peregrino, que se ven fuertemente influenciadas en sus materiales por la composición básicamente de limos y arcillas de la Formación Pebas. Además, en algunos puntos, las cantidades de cationes intercambiables en los suelos, y azufre, son más altas que en la mayoría de las demás regiones amazónicas en Colombia.

También por las características de la sedimentación fluvio-deltaica y en ocasiones de mares someros, se presentan salados que son fuente importantísima de nutrientes para la fauna.

En este paisaje, se diferenciaron tres sub-paisajes: bajos, medios y altos. Por la falta de tiempo y las dificultades para moverse, solo se chequearon los medios y altos.

SN: Llanuras aluviales de ríos andinenses de aguas barrosas (blancas), con régimen meándrico, localmente rectilíneo y rectangular con control estructural, del Pleistoceno-Holoceno

Este gran paisaje comprende dos paisajes principales: el río Caquetá (SN1) y el río Caguán (SN2). Llamamos ríos amazonenses de aguas barrosas a los ríos que nacen en la cordillera Oriental pero que discurren por cientos de kilómetros dentro de la Amazonia colombiana. Estos ríos tienen como característica fundamental el transporte de gran cantidad de sedimentos traídos principalmente desde su nacimiento en la cordillera, donde se originan los principales procesos erosivos.

En otras partes de la Amazonia (p. ej., en el Perú) estos ríos se llaman de aguas 'blancas.' Sin embargo, en la actualidad los procesos erosivos en toda la región del Bajo Caguán-Caquetá están primando sobre la sedimentación; la razón podría estar relacionada con procesos de levantamiento tectónico de toda la región, ya que encontramos indicios de neotectónica, especialmente en el sitio de Caño Huitoto, donde esas terrazas estructurales todavía muestran el cauce anterior del río Caguán.

Desde la base aérea de Tres Esquinas hacia abajo, el río Caquetá adquiere un carácter más meándrico, con mayor volumen de agua, gracias al aporte del río Orteguaza. Hasta este punto llega el principal bloque de colonización de las selvas amazónicas; de ahí en adelante los claros en el bosque son cada vez menores. Algo diferente sucede con el río Caguán, que, iniciando desde la zona de Monserrate hacia abajo, todavía presenta fuerte colonización, llegando prácticamente hasta el caserío de Peñas Rojas. La idea general que tenemos sobre esta diferencia es que los terrenos aledaños al río Caguán son más propicios para el uso de la tierra en cultivos o ganadería, porque las áreas cercanas al Caquetá son menos drenadas, más encharcables. Esta situación contrasta con el mayor volumen (caudal) del Caquetá, la mayor capacidad para el transporte fluvial y el menor trayecto desde Florencia, capital del Caquetá, hacia La Tagua-Puerto Leguízamo, que son los principales centros poblados en esa región. Otro aspecto a considerar es que en el Caquetá hay mayores posibilidades de pesca.

En las observaciones realizadas, tanto en campo como en las imágenes de satélite, se notó una preferencia de la colonización por las áreas más altas, como terrazas o superficies antiguas. Aunque son más propensas a la erosión y a la remoción en masa, son preferidas porque tienen menos limitaciones en el suelo, para la agricultura, la ganadería y el transporte terrestre. Eso es lo que se observa en los alrededores del río Caguán, contrario a los terrenos bajos del Caquetá.

Suelos de los sub-paisajes de la llanura aluvial de río Caquetá (SN1)

Sub-paisaje SN10: Planos de inundación de pequeños afluentes, áreas pantanosas. Para describir los suelos de este sub-paisaje, tomamos muestras en los caños Peregrino y Peregrinito. El drenaje varía desde pobre hasta moderado, con abundantes limos, como en el caso similar del río Caguán, en sus zonas inundables. El Ultisol[3] de la quebrada Peregrino es diferente a los otros Ultisoles de otras llanuras aluviales en cercanías del río Caquetá, por sus texturas francas y no tan arcillosas. Esto podría indicar que en este pequeño vallecito aluvial sí se ha presentado una sedimentación importante que le ha dado un carácter diferente a los suelos, con mayor contenido de limos y colores más pardos y amarillentos, sin nódulos de hierro y manganeso, ni manchas variegadas de rojos y gris.

Sub-paisaje SN11: Planos de inundación. Vegas. En este sub-paisaje se describió un suelo clasificado como Fluventic Endoaquept, pobremente drenado, inundable en grandes crecientes. Este suelo también muestra abundantes limos y poca diferenciación con los suelos del sub-paisaje SN10.

Estos sedimentos del río Caquetá presentan apreciables cantidades de limo. Este limo no es fresco, sino de suelos viejos y retransportados. Por lo tanto, su fertilidad es muy baja y no tiene las características de fertilidad que son comunes en otras llanuras aluviales en Colombia (Cauca, Magdalena, Atrato, etc.).

Sub-paisaje SN12: Terrazas de nivel medio. Aquí se describió un suelo clasificado como Aquult por sus condiciones de pobre drenaje y colores grises con manchas predominantes en los horizontes sub-superficiales, que lo llevan al sub grupo de los Endoaquults. A pesar de ser terrazas medias, su relieve plano-cóncavo y los altos contenidos de arcillas sub

---

3   USDA-NCRS-Keys to Soil Taxonomy. 2014. Washington.

superficiales, hacen que el agua de lluvia se estanque y las condiciones del paisaje se adapten a la sobre saturación de agua.

Sub-paisaje SN13: Terrazas altas. En este sub-paisaje dominan netamente los Ultisoles (Udults). Estos son suelos de alto grado de desarrollo, que presentan horizontes sub-superficiales donde las arcillas se han acumulado por transporte desde los horizontes superficiales. Eso implica normalmente suelos con miles de años de evolución. Presentan régimen de humedad Údico, significando que son suelos que no sufren de sequedad para las plantas por más de dos meses seguidos cada año; así las plantas siempre encuentran humedad en el suelo para su nutrición. La humedad casi permanente 'lava' al suelo, que pierde sus cationes como Ca, Mg, K, Na, haciéndolo más ácido y menos fértil.

Los Typic Paleudults, desarrollados en materiales parentales de la Formación Caimán, de color rojizo, como algunos derivados de la Formación Pebas, se diferencian principalmente por la presencia de guijos de cuarzo y micas que indican su origen fluvial. En algunos casos, estos Ultisoles han sido deforestados, para usos en ganadería y rápidamente se presentan indicios de erosión acelerada.

En los coluvios derivados de las terrazas altas encontramos un suelo (AN-S-09; Apéndice 6) con rejuvenecimiento por la nueva adición de materiales coluviales, que se clasifica como Inceptisol (Typic Dystrudept), con baja capacidad SIC, baja saturación de bases y algunos altos contendidos de elementos menores. Esto puede indicar que son sedimentos previamente meteorizados, lavados y retransportados hasta este sitio, donde todavía no han desarrollado características de Ultisol, es decir, procesos de eluviación-iluviación que generan horizontes Bt (Argílicos) bien definidos. Aparentemente son suelos jóvenes (Inceptisoles), pero con características heredadas de un material parental de muy baja fertilidad natural.

En los análisis practicados a los materiales orgánicos que forman los horizontes O en los suelos bajo bosque natural en estas terrazas, se observó el enriquecimiento que este material puede aportar a los horizontes superficiales A. Asimismo, quedó claro como al destruir el bosque original que lo produce, se pierde una cantidad sustancial de los elementos que le dan alguna fertilidad a

los suelos minerales que por su naturaleza son de muy baja fertilidad natural en estos ambientes amazónicos.

Suelos de los sub-paisajes de la llanura aluvial del Caguán (SN2)

Sub-paisaje SN21: Planos de inundación actual, pantanos, vegas y pequeños afluentes. En esta unidad se detectaron altas cantidades de limo aluvial reciente que indican sedimentación reciente por el río. Los elementos mayores y menores están en cantidades un poco más altas que en otras condiciones similares; esto también indica la sedimentación reciente. Es de los pocos sitios en toda la región del Bajo Caguán-Caquetá donde se puede decir que sí ha primado la sedimentación sobre la erosión.

Esta zona también presenta algunos suelos decapitados, en los cuales los horizontes inferiores se encuentran debajo del superficial. Estos corresponden a suelos anteriores a la superficie actual, que fueron exhumados por la erosión de sus horizontes superficiales. La materia orgánica en el primer horizonte es muy alta, en tanto en los inferiores es media a baja. Estos suelos son extremadamente ácidos en todos los horizontes. El fósforo es alto, indicando muy probablemente una influencia humana por chagras. La fertilidad natural es baja.

Sub-paisaje SN22: Terrazas bajas y vegones. Compuesto por suelos francos a franco-arcillosos, del orden Ultisol (Udults). En algunos casos (GS-S-09) se presenta una bisecuencia de suelos. El superior mide de 0 a 75 cm y el inferior desde 75 cm hasta más de 200 cm. El inferior es un suelo muy viejo cementado, probablemente formado en condiciones climáticas más secas (cementación) y el superior, más joven a menos viejo, formado principalmente en el clima actual, más húmedo y probablemente más cálido.

También hay suelos decapitados que son más arenosos y clasifican como Dystrudepts sobre arcillas pesadas de suelos anteriores.

Sub-paisaje SN23: Terrazas altas. No se realizaron observaciones de suelos.

Sub paisaje SN24: Terrazas altas estructurales. En esta terraza describimos un suelo clasificado como Typic Paleudult. Es un poco menos ácido que los demás paleudults, probablemente por derivarse de roca *in situ*. Sin embargo, es extremadamente bajo en el complejo de cambio (fertilidad natural). Los contenidos de elementos menores también son más bajos que los de los Ultisoles desarrollados en materiales de la Formación Pebas.

SC: Llanuras aluviales de ríos amazonenses de aguas mixtas (blancas, claras y oscuras) o intermedias, con régimen meándrico, control estructural local, del Holoceno

Estas llanuras aluviales son asociadas con las quebradas Tunia, Yarí, Peneya, Sunciya, Rutuya, Camuya, Orotuya y El Guamo. Se caracterizan por su pequeño tamaño y por correr sobre sedimentos de la Formación Pebas, lo que les da unas características especiales como su falta de sedimentos gruesos. Los suelos son principalmente franco-arcillosos a franco-limosos, aunque en algunos lugares puedan tocar áreas de sedimentos de la Formación Caimán que sí tienen arenas gruesas y gravillas.

En realidad, no se justificó la separación en dos paisajes diferentes: SC7 (llanura aluvial del río Orotuya) y SC8 (llanura aluvial del río El Guamo). Los suelos son muy similares (Dystrudepts). (Tampoco se describieron sub-paisajes por lo pequeño de las áreas cartografiadas y analizadas.)

En estos Inceptisoles la muy baja fertilidad natural indica la poca sedimentación reciente que se presenta en estas llanuras aluviales. También indica que estos sedimentos en realidad son viejos y han perdido su fertilidad natural original por haber sufrido dos o tres ciclos de meteorización-erosión-sedimentación:

- Primer ciclo: meteorización de las rocas de la cordillera Oriental. Erosión y transporte hasta el piedemonte.

- Segundo ciclo: nueva meteorización-pedogénesis-lavado-erosión y transporte hasta el interior de la Amazonia.

- Tercer ciclo: meteorización-pedogénesis-lavado, hasta el estado actual de muy baja fertilidad.

Aunque la posición geomorfológica es de vegas inundables, la génesis de esta unidad fisiográfica es erosional. Esto significa que, en las llanuras aluviales actuales en esta región, no se producen procesos sedimentarios fuertes, como en otras llanuras aluviales en Colombia (p. ej., Cauca-Magadalena). Por lo tanto, algunos suelos pueden ser viejos de muy baja fertilidad

(Ultisoles) cuando en regiones similares pueden ser Inceptisoles o Entisoles.

Los contenidos bajos de carbón orgánico de un bosque no intervenido indican la pobreza del suelo, la rápida descomposición de la hojarasca y ramas que caen y la absorción de los productos resultantes de nuevo por el bosque. Por tratarse de un ciclo cerrado, al eliminar el bosque se acaba la poca disponibilidad de nutrientes en el suelo, ya que en estas llanuras aluviales prima la erosión sobre la sedimentación.

Algunas observaciones se realizaron para comprobar la poca sedimentación que está ocurriendo en estas llanuras aluviales. Solo los primeros 20 cm son de sedimentación actual y luego se encuentran suelos viejos sepultados, donde una característica muy notoria es la cementación y la presencia de nódulos y concreciones de hierro y manganeso. Además, como se observa en los análisis de laboratorio, hay presencia de incrementos fuertes en los contenidos de azufre y algunas veces de boro que provienen de los materiales de la Formación Pebas.

Descripción de los suelos (*enɨrue*) en las formaciones Pebas y Caimán

Los suelos que se derivan de la Formación Pebas tienden a ser arcillosos pesados o densos de coloración rojiza a grisácea (*ellic e/jiñorac* [4]), con concreciones de óxidos de hierro y manganeso de 2–5 mm y con un contenido pobre a moderado de nutrientes. En el Apéndice 6 se pueden observar las descripciones texturales y la composición química de los sondeos de suelos realizados.

Los suelos de niveles altos de la Formación Pebas (SD23) son de colores pardo fuerte a pardo rojizo, con manchas grises en horizontes inferiores. Por el grado de disección de estas superficies, con incisión profunda de los drenajes se encuentran salados en las depresiones y afloramientos de rocas de la Formación Pebas, con niveles de carbón, turba, calizas y arenas. En estos materiales hay altas concentraciones de azufre, hierro y manganeso. La textura de los suelos varía desde franco en la superficie hasta arcilloso en el horizonte B, y niveles poco profundos de arenas.

Los suelos de niveles medios de la Formación Pebas (SD22) son rojizos en general con manchas grises en

---

4   En el idioma murui *ellicie* (sl) significa tierra o arcilla roja; *jiñoraci* (s) significa arcilla verde lista para hacer ollas.

Tabla 5. Características físicoquímicas medidas en caños y drenajes durante un inventario rápido de la región del Bajo Caguán-Caquetá, Amazonia colombiana, en abril de 2018. Se relacionan las unidades geológicas, sedimentos, suelos y vegetación asociados. En el Apéndice 7 puede observarse un listado detallado de los valores de pH y conductividad medidos.

Litología/ Unidad geológica	Agua de caños y quebradas			Sedimentos y suelos asociados	Vegetación asociada
	pH	C.E. μs/cm	O.R.P Mv		
Lodolitas de la Formación Pebas	5–6	6–26	364–415	Arcilloso con nódulos de óxidos de Fe y Mn, pobremente drenado	Bosque denso
Calizas de la Formación Pebas	7–8	112–578	358–376	Arcilloso	Bosque denso
Gravas y arenas de la Formación Caimán	5–6	5–10,7	374–432	Franco-arenoso	Bosque
Depósito aluvial del actual río Caguán	6	17–21	395–406	Arcillo-limoso	Bosque riario inundable

profundidad. Son Ultisoles (Paleudults) franco-arcillosos en superficie y arcillosos pesados, con concentraciones de hierro y manganeso importantes en los horizontes inferiores. Son muy ácidos, con moderados contenidos de materia orgánica, cubiertos por bosques nativos densos, en un relieve ondulado. La fertilidad natural de estos suelos es muy baja, aunque algunas veces presentan cantidades muy altas de elementos menores como azufre, hierro y manganeso.

Los suelos de la Formación Caimán también son rojizos. Se caracterizan por la presencia de fragmentos de cuarzo tamaño guijo y son en general francos. Finalmente, los suelos en los valles menores de la quebrada Orotuya y otros drenajes que drenan a la Formación Pebas (SC7 y SC8) se describieron y analizaron en las llanuras aluviales de las quebradas Orotuya y El Guamo, en vegas inundables con bosques en buen estado de conservación. Los procesos principales en estas superficies son de tipo erosivo como socavamiento de las riberas, erosión laminar en las superficies y movimientos en masa en los barrancos altos que miran hacia el río. Son suelos de bajo espesor (<20 cm), por lo que se interpreta que en estos ambientes predomina la erosión sobre la sedimentación, lo que clasifica a los suelos como altamente susceptibles a la erosión y remoción en masa, procesos que se presentan con mayor intensidad en ausencia de vegetación. Las texturas son principalmente franco-arcillosas y franco-limosas. Se caracterizan por pH ácido, contenidos de materia orgánica medios y fertilidad natural media a baja.

Aspectos hidrológicos y de calidad de las aguas (*ille* [ríos pequeños]/*imani* [ríos grandes])

En los cuatro campamentos se analizaron los caños principales y algunos drenajes que parecen ser temporales, asociados a las lluvias y/o a las áreas de inundación de los caños durante las 'conejeras.' Dentro de los caños principales medimos El Guamo y Huitoto en la sub-cuenca del río Caguán, y los caños Peneya, Orotuya, Aguas Negras y Peregrinos en la cuenca del río Caquetá.

El inventario se realizó en la época de inicio de lluvias y consecuentemente de aumento en los niveles de ríos y caños. Según las comunidades y el equipo de avanzada, las lluvias solo comenzaron a ser frecuentes a partir del 14 de abril de 2018, cuando estábamos en el campamento Peñas Rojas. Esto se confirma con los reportes del IDEAM, que registró para el área una precipitación de 300–400 mm en el mes de abril, ligeramente por encima del promedio histórico (1981–2010)[5]. Durante el inventario también se registraron lluvias fuertes en los campamentos Orotuya y Bajo Aguas Negras, lo que incrementó el nivel de los drenajes principales facilitando la navegabilidad, aumentando la saturación de los suelos y las áreas inundadas.

En general estos caños presentan bajo caudal con velocidad media y pendientes suaves. Son de aguas blancas, translúcidas a ligeramente turbias con un aspecto barroso. Los pH de las aguas medidos en caños y drenajes no mostraron mucha variación, encontrándose en el rango de 5–6, que las clasifica como aguas meteóricas, ligeramente ácidas y producto directo de la precipitación (pH lluvia = 5,5).

---

5   Boletín climatológico mensual del IDEAM: *http://www.ideam.gov.co/web/tiempo-y-clima/*

Los bajos potenciales de óxido-reducción (358–432 mV) clasifican las aguas como transicionales, propicias para la acumulación de materia orgánica, por ejemplo, en los cananguchales (pantanos dominados por la palmera *Mauritia flexuosa*) y turberas.

Estas aguas presentaban baja a muy baja conductividad (4–28 µS/cm), lo que las clasifica como aguas muy puras o con poco contenido de sales disueltas o electrolitos, a excepción de los salados en donde el agua y el suelo presentan alta concentración de sales. En los salados la conductividad alcanza 572 µS/cm, es decir 20 veces mayor que en las aguas de los caños y drenajes.

La temperatura es un factor que regula la solubilidad de sales y gases. Por ejemplo, la concentración de oxígeno disminuye cuando aumenta la temperatura. Las mediciones se realizaron en horas diurnas con presencia de radiación solar, la cual eleva la temperatura de los cuerpos de agua; sin embargo, el rango observado de 23,2 a 27,3 °C las clasifica como aguas frescas.

Los parámetros y descripciones detalladas de las aguas muestreadas en los diferentes campamentos de este inventario rápido se encuentran en el Apéndice 7.

En la Tabla 5 se observa un resumen de las características medidas.

Las aguas medidas y descritas en este inventario son blancas o barrosas a mixtas (blancas, claras y oscuras). No se identificaron en este inventario aguas negras en el sentido que se describe para la región amazónica, es decir, aguas excepcionalmente ácidas, que drenan por terrenos geológicos formados por arenas cuarzosas muy lavadas. Las consideramos mixtas porque en general, drenan sedimentos de las Formaciones Pebas y Caimán, adquiriendo propiedades combinadas como un aspecto ligeramente turbio y conductividades intermedias a bajas. Además, localmente estas aguas se mezclan con las aguas de cananguchal, con alto contenido de ácidos orgánicos que le dan ese color oscuro característico y un pH ácido. Estas características le han dado el nombre al Resguardo de Bajo Aguas Negras. Sin embargo, en realidad estas aguas tienen gran influencia del río Caquetá, y por lo tanto se consideran mixtas.

En la Fig. 16 se puede observar la distribución de la cantidad de sólidos disueltos o conductividad y la acidez en el agua para los drenajes medidos durante el inventario del Bajo Caguán-Caquetá, en comparación con las características de las aguas medidas en inventarios

anteriores en la Amazonia del Perú, donde la Formación Pebas también se presenta (Stallard y Londoño 2016). Estos parámetros permiten distinguir aguas que drenan diferentes materiales, a través de la cantidad de nutrientes que disuelven o que 'enriquecen' el agua. Valores de conductividad entre 10 y 30 µS/cm representan la dilución parcial del lecho rocoso de la Formación Pebas, que aporta elementos como hierro, calcio, carbonatos y sulfatos. En áreas donde afloran las gravas y arenas de la Formación Caimán y los depósitos aluviales de los ríos Caguán y Caquetá, las aguas están menos enriquecidas en nutrientes y por tanto tienen menos conductividad (<10 µS/cm). En las áreas de cuencas bajas de los ríos Peneya, Orotuya y Caguán el comportamiento es mixto.

En general, las condiciones húmedas del periodo de medición, correspondiente al aumento de las lluvias, generan un efecto de dilución en el agua y homogenización de la composición química de las aguas, haciendo además que las características de pH medidas sean atribuibles al pH de la lluvia (alrededor de 5,5). Sin embargo, la huella química de las rocas de la Formación Pebas es distinguible y en mayor medida en las zonas donde se presentan los salados.

Salados (*cuere* en el idioma murui)

La presencia de lugares donde según el conocimiento Uitoto "concurren los animales a beber la 'leche' que mana de la tierra" es reconocida y ha sido estudiada en varias regiones de la Amazonia, como en el Perú donde son conocidos como *collpas* y donde también se asocian a la presencia de rocas de la Formación Pebas (Montenegro 2004).

Tres salados fueron identificados, descritos y muestreados en el inventario, en el campamento de El Guamo; se hicieron tres sondeos de suelos en la zona adyacente como control. Todos estos suelos fueron analizados para determinar su composición química y los parámetros fisicoquímicos del agua *in situ*. En los Apéndices 6 y 7 se observan los resultados en detalle.

Los salados tienen un diámetro de 4 a 50 m y una profundidad de la lámina de agua entre 10 a 50 cm, en depresiones de 1,6 a 10 m con un drenaje deficiente. El pH de las acumulaciones de lodo de los salados es menos ácido (6,3) en comparación al suelo adyacente (5,9). Los lodos de los salados presentan una mayor

Figura 16. Medidas de campo de pH y conductividad de muestras de agua del Bajo Caguán-Caquetá, Amazonia colombiana, comparadas con los datos medidos en otros inventarios en la llanura amazónica del Perú donde también aflora la Formación Pebas (Stallard y Londoño 2016). Las áreas en colores grises representan las muestras de agua medidas en inventarios pasados en el Perú, agrupadas en cinco grupos: 1) aguas negras ácidas con bajo pH asociadas con suelos de arena de cuarzo saturados y turberas; 2) aguas de baja conductividad asociadas con la Formación Nauta; 3) aguas mucho más conductivas y con pH medio que drenan la Formación Pebas; 4) aguas blancas de los Andes; y 5) aguas de conductividad alta asociadas a los salados. Las aguas del Bajo Caguán-Caquetá se agrupan entre aguas puras con muy baja conductividad (<10 µS/cm) y pH ácido (5) asociadas a la Formación Caimán; y aguas claras de baja conductividad (10–20 µS/cm) y pH ligeramente ácido (6) que drenan a la Formación Pebas y a los depósitos aluviales. Tres medidas fueron tomadas en los salados con conductividades entre 100 a 578 µS/cm, que corresponden a aguas que concentran las sales de la Formación Pebas.

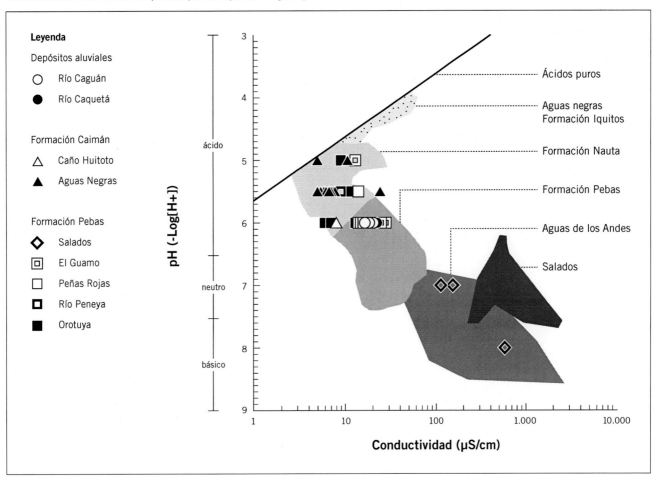

concentración o se 'enriquecen' en elementos nutrientes como calcio, magnesio, potasio, sodio, y especialmente azufre, zinc, manganeso, hierro y cobre. Los salados se presentan donde los procesos de disección natural han profundizado hasta un horizonte menor de la Formación Pebas, que se compone de roca caliza con presencia de fósiles de moluscos marinos y niveles de turba, que se expone a la acción del agua que disuelve la roca y transporta los nutrientes a las depresiones donde se concentran.

Las sales que se concentran en los salados provienen de las rocas de la Formación Pebas, que son lodolitas que contienen minerales como calcita ($CaCO_3$; 56%), pirita (FeS_2; 4–5,7%), yeso ($CaSO_4$; 0,8%) y capas de carbón o lignitos que aportan al agua sales como sulfatos y carbonatos, además de iones como hierro, calcio y sodio, principalmente, como se constató a través de los análisis de mineralogía de los lodos colectados en los salados y los análisis indicativos en campo. La calcita es predominante en el salado 2, donde se observó la presencia de rocas de la Formación Pebas con conchas de origen marino tipo bivalvo (Fig. 3H). El cuarzo es el componente principal de todas las muestras colectadas

Tabla 6. Resumen de los objetos de conservación, amenazas, oportunidades y recomendaciones relacionados con la geología, hidrología y suelos para la zona del Bajo Caguán-Caquetá, Amazonia colombiana.

Objetos de conservación	Amenazas	Oportunidades	Recomendaciones
Salados	Tala de bosque	Organización de comunidades campesinas e indígenas ya constituidas como los resguardos indígenas de Bajo Aguas Negras y Huitorá, y la comunidad campesina de El Guamo.	Cartografiar los salados.
Suelos	Erosión y remoción en masa		Estudiar y valorar el potencial de las secciones estratigráficas como patrimonio geológico.
Calidad del agua	Contaminación química por vertimientos		
Secciones estratigráficas tipo	Pérdida de conectividad		

(21–76%), ya que no es un mineral que pueda disolverse fácilmente en el agua.

Las arcillas predominantes en los salados fueron en orden de importancia caolinita (5,6–8,6%), illita (5,9–8,7%) y montmorillonita (3,8–5%). Los minerales de arcilla son los resultados más comunes en los procesos de meteorización que transforman los minerales originales de las rocas, 'degradándolos' y disolviéndolos para que los elementos químicos estén disponibles para el suelo y el agua en un proceso de 'mineralización,' haciendo que el agua se enriquezca y sea más productiva para la fauna y la flora. Los uitoto explican estos materiales como las 'excretas' o 'heces' de otras rocas, lo que podría ser una metáfora de la meteorización con la digestión, por lo cambios químicos y físicos de los materiales. En el conocimiento tradicional del Amazonas es común el uso de las arcillas medicinales en el tratamiento de dolencias estomacales; recientemente las investigaciones les atribuyen también funciones antibacteriales (Londoño 2016). La caolinita, como mineral de arcilla más común, se usa como medicina tradicional para aliviar la indigestión y para limpiar toxinas, y es un ingrediente común en productos farmacéuticos como anti-diarreicos, protectores dermatológicos y anti-inflamatorios (Carretero 2002). En los resguardos de Bajo Aguas Negras y Huitorá no fueron documentados estos usos, aparentemente por la pérdida de práctica. Sin embargo, estos usos siguen formando parte de las tradiciones de la familia uitoto en otros lugares de la Amazonia.

En general, los suelos que se formaron a partir de las unidades geológicas recientes Formación Caimán y Depósitos Aluviales no aportan gran contenido de sólidos disueltos al agua. En los sectores de El Guamo en la cuenca del río Caguán, y en la reserva de Huitorá,

donde el relieve es más bajo o disectado, posiblemente en relación a las fracturas profundas o fallas, se expone la Formación Pebas y es común la presencia de salados.

Las aguas que drenan la Formación Pebas tienen una conductividad de 10–26 μS/cm, y un pH ligeramente ácido (6). La formación de salados se origina por la disolución de algunos componentes minerales de estas rocas, que aportan sales al agua, elevando la conductividad a 500 μS/cm y subiendo el pH a 7–8. En El Guamo los salados estudiados estaban alineados en dirección nororiental de acuerdo con la dirección de lineamientos persistente en la zona y que controla la alineación de los cauces de los ríos Caguán, Peneya y Orotuya, y los caños El Guamo y Huitoto.

De los resultados de análisis de los lodos y aguas de los salados podemos concluir que la riqueza en nutrientes de estos materiales es muy alta comparada con la de los suelos típicos de la región (Paleudults y algunos Dystrudepts) y las aguas de la región bajas en electrolitos. Por lo tanto, es muy natural la atracción que generan estos sitios sobre la fauna local, para complementar su alimentación tan pobre en otras condiciones. Ahora, es importante resaltar que un salado es muy importante dentro del bosque amazónico, donde se conserva, en comparación con una zona de potreros para ganado donde pierde totalmente su utilidad.

AMENAZAS, OPORTUNIDADES Y RECOMENDACIONES

Los principales sistemas productivos que generan ingresos en efectivo a la población son tres: extracción de madera, ganadería extensiva y siembra de coca. Con base en estos tres sistemas, no se puede esperar que la zona resista y soporte a mediano plazo las necesidades económicas de la población futura. En este momento no es posible predecir qué superficie será necesaria para atender las necesidades familiares de las personas asentadas como colonos, campesinos o indígenas en resguardos, de tal manera que se genere un excedente económico para formar capitales familiares. Como la población está creciendo, las necesidades de tierra son cada vez mayores y, por tanto, en el término de 10 a 20 años, habrá falta de espacio productivo, considerando la actual degradación de algunos paisajes, para sostener poblaciones social y económicamente saludables. Por tanto, es urgente investigar sobre alternativas al uso actual de la tierra, que degraden menos al paisaje y que, ojalá simultáneamente, necesiten menos espacios productivos.

Aunque no se registró durante el inventario, se reporta la existencia de extracción de oro con uso de dragas y mercurio, actividad que además de no ser regulada por la ley, es altamente contaminante y amenaza la calidad del agua, los ecosistemas y la salud de los habitantes. Esta actividad se presenta sobre el río El Guamo y particularmente sobre el río Caquetá en épocas secas.

Dentro del mapa de tierras para hidrocarburos, el área del Bajo Caguán-Caquetá representa una cuenca madura disponible para la exploración. Sin embargo, hasta la fecha no ha sido ofrecida en las rondas y por lo tanto, no se han iniciado actividades de exploración. En el sector de la cabecera municipal de Solano, en límites con el PNN La Paya se encuentran los contratos de exploración de Tacacho (Fase I) y Samichay (suspendido), suscritos en 2009 y 2011 respectivamente. Por lo tanto, no se ha vislumbrado el potencial del área del Bajo Caguán-Caquetá como productor de petróleo, y no constituye una amenaza a la vocación forestal y de reserva del área.

FLORA Y VEGETACIÓN

Autores/participantes: Marco A. Correa Munera, Corine F. Vriesendorp, Marcos Ríos Paredes, Jorge Contreras Herrera, Robinson Páez Díaz, Elías García Ruiz, Adilson Castro López y Juan Cuellar

Objetos de conservación: El bosque en pie que aún cubre más del 90% de la zona, posee alta diversidad florística y constituye un importante depósito de carbono sobre el suelo; los cananguchales, pantanos dominados por la palmera *Mauritia flexuosa* en las riberas de los ríos Caquetá y Caguán, que representan importantes depósitos subterráneas de carbono; especies maderables finas (p. ej., *Cedrela odorata, Cedrelinga cateniformis, Couma macrocarpa, Hymenea oblongifolia, Simarouba amara*) amenazadas en otras partes de la Amazonia colombiana; árboles maduros que representan semilleros críticos para la reforestación; especies de uso por las comunidades campesinas e indígenas, igual que otras especies de importancia económica por sus frutas, fibras, material de construcción y valor medicinal; especies de plantas que ocurren en el Bajo Caguán-Caquetá y no en las áreas protegidas aledañas (los PNNs La Paya y Serranía de Chiribiquete)

INTRODUCCIÓN

Los bosques de Colombia están considerados dentro de los más diversos del mundo, con reportes recientes alcanzando más de 25.000 especies de plantas vasculares (Bernal et al. 2016). Los estudios de la Amazonia colombiana datan del siglo XIX, con los viajes de von Martius y Spruce, se amplían en el siglo XX con las exploraciones de R. E. Schultes y posteriormente con la avanzada holandesa en la época de la Corporación Araracuara y Tropenbos (Cárdenas et al. 2009). Estos esfuerzos de investigación se concentraron del raudal de Araracuara hacia abajo o el denominado medio Caquetá.

Luego en la década del 2000 se inició un trabajo por parte de entidades como el Instituto Amazónico de Investigaciones Científicas (SINCHI) y la Universidad de la Amazonia, entre otras, de abordar el conocimiento de las plantas y de las formaciones vegetales de el raudal de Araracuara hacia arriba. Como parte de esa iniciativa, los botánicos visitaron los cabildos de Jerusalén, Los Estrechos y Coemaní, especialmente en el marco de un proyecto sobre productos no maderables del bosque (Correa et al. 2006a). También se estableció en 2004 el Herbario HUAZ de la Universidad de la Amazonia, para abordar el conocimiento de la flora y capacitar y mejorar el talento humano de los habitantes de la región (Correa et al. 2006b). Los esfuerzos del herbario se concentraron en los municipios de Florencia, Montañita, Morelia, Belen de los Andakies, El Paujil y El Doncello; más recientemente se han iniciado trabajos exploratorios a otros municipios como Puerto Milan y San José del Fragua.

El presente inventario rápido constituye un avance en la exploración del bajo río Caguán y de una parte del río Caquetá (el llamado 'Alto Caquetá') que había sido vedada durante el conflicto para las instituciones y para los investigadores.

MÉTODOS

El equipo florístico colectó muestras botánicas en los cuatro campamentos visitados durante el inventario rápido: El Guamo, Peñas Rojas, El Orotuya y Bajo Aguas Negras. Para obtener más detalles sobre los campamentos individuales, consultar las Figs. 2A–D y el capítulo *Panorama regional y descripción de los sitios visitados*. Cada día se recorrían entre 4 y 8 km, observando la flora, describiendo los hábitats y colectando especímenes fértiles (los con flores, frutos, soros o estróbilos). También hicimos algunas colectas estériles para aumentar las colecciones y registros de la región en el Herbario HUAZ. Para las colecciones en estado reproductivo se tomaron entre 3 y 5 muestras botánicas, dependiendo de la disponibilidad del material. A la gran mayoría de las muestras se les tomó fotografías como un registro de sus características en vida y con miras al uso en las presentaciones y guías de campo (*https://fieldguides.fieldmuseum.org/*). Las muestras fueron descritas, prensadas y preservadas con metanol en campo y luego llevadas al Herbario HUAZ para su secado y posterior herborización.

Las muestras fueron determinadas por comparación con colecciones de referencia en los herbarios HUAZ, COL, COAH y MO, con bibliografía especializada y con consulta de otras bases de datos como TROPICOS del Missouri Botanical Garden y las bases de datos en línea del Field Museum (*https://collections-botany. fieldmuseum.org*; *https://plantidtools.fieldmuseum.org*). Duplicados de las muestras serán depositados en el Herbario Amazónico Colombiano (COAH) del Instituto SINCHI y el Herbario F del Field Museum.

Para determinar cuáles especies podrían constituir nuevos registros para la flora de Colombia, comparamos nuestra lista de especies registradas en el inventario rápido con la lista de plantas vasculares para Colombia (Ulloa Ulloa et al. 2018). Las especies que no figuran en la lista de Ulloa Ulloa et al. (2018) y que tampoco cuentan con registros colombianos en la base de datos SiB Colombia (*http://datos.biodiversidad.co*) fueron consideradas potencialmente nuevos registros para la flora colombiana.

RESULTADOS

Flora

Durante el inventario rápido colectamos 724 especímenes botánicos y registramos un total de 114 familias, 374 géneros y 790 especies o morfoespecies. De estas 790, 4 fueron identificadas solo hasta familia y 74 hasta género; el 90% de las muestras fueron identificadas hasta especie. Durante el trabajo de campo registramos 339 especies en El Guamo, 395 en Peñas Rojas, 332 en Orotuya y 300 en Bajo Aguas Negras (ver la lista completa de plantas en el Apéndice 8). Las familias con mayor número de especies fueron Fabaceae (70), Rubiaceae (44), Arecaceae (33), Melastomataceae (30), Burseraceae (29), Moraceae (28) y Annonaceae (24). Basados en la experiencia de los investigadores y en estudios previos, estimamos que la región del Bajo Caguán-Caquetá podría albergar aproximadamente 2.000 especies de plantas vasculares entre árboles, arbustos, hierbas y lianas; el componente epifito sigue siendo pobremente estudiado, a pesar de que en este estudio se reportan algunos taxones.

Treinta y un especies registradas en el inventario rápido son potencialmente nuevas para la flora de Colombia (ver el Apéndice 8). Un de los árboles que colectamos en El Guamo es una posible especie nueva para la ciencia (*Crepidospermum* sp. nov., Burseraceae).

Algunas de las especies registradas son amenazadas en el ámbito nacional o internacional. Nueve especies son categorizadas por la UICN (2018) como amenazadas a nivel global (dos como En Peligro y siete como Vulnerables; Apéndice 8). *Zamia ulei* es considerada Casi Amenazada por la UICN y pertenece a un grupo de plantas que cuenta con su propio plan de acción para su conservación (Lopez-Gallego 2015). Solo una de las especies registradas es clasificada como amenazada en Colombia: *Cedrela odorata*, En Peligro (Resolución No. 192 de 2014 [MADS]).

Vimos poblaciones de algunas especies de uso maderable como el achapo (*Cedrelinga cateniformis*), perillo (*Couma macrocarpa*) y polvillo (*Hymenaea oblongifolia*) y observamos evidencia en el río Orotuya, tanto al lado de la Vereda Orotuya igual como dentro del Resguardo Indígena Huitorá, de la extracción reciente de estas especies.

Vegetación y hábitats

Durante el inventario rápido el equipo logró identificar a grandes rastros tres tipos de formaciones vegetales: bosques de planos inundables (que cubren el 25–30% del área de estudio), bosques de tierra firme (70%) y vegetación secundaria (2–5%). Las tres coberturas vegetales se pueden diferenciar someramente en las imágenes satelitales (Fig. 2C). Las dos primeras formaciones vegetales presentaron siete hábitats, los cuales variaban de acuerdo al tipo de suelos y al relieve. Abajo describimos esos siete hábitats.

Bosques inundables

Este tipo de vegetación corresponde aproximadamente al 25–30% del área de estudio, y se encuentra asociada a las márgenes de ríos y caños, así como planos de inundación, lagunas, palmichales y cananguchales (pantanos dominados por la palmera *Mauritia flexuosa*). Aquí describimos de manera general la composición de cuatro hábitats importantes: bosques de vega, bosques de planicies aluviales, bosques bajos de terrazas pobremente drenadas y disectadas y bosques mixtos de palmeras.

Bosques de vega. Los bosques de vega se encuentran asociados a las márgenes de los ríos y caños en el área de estudio. Aunque para los ríos Caquetá y Caguán no se realizaron colectas en este tipo de bosque, sí observamos durante los recorridos en bote entre los campamentos unos bosques con predominancia de árboles de gran porte (hasta los 35 m) como *Ceiba pentandra* (ceiba), *Ficus insipida* (caucho, lechero), varias especies de los géneros *Parkia* (guarangos) e *Inga* (guamos), *Guadua angustifolia* (guadua), *Iriartea deltoidea* (cachona), *Socratea exorrhiza* (zancona, macana), *Astrocaryum jauari* (yavarí, guará), *Astrocaryum chambira* (chambira), *Euterpe precatoria* (asaí), *Cecropia sciadophylla*, *C. membranacea* y *C. ficifolia* (yarumo, guarumo).

La vegetación de vega asociada a los diferentes caños en el área de estudio crece sobre suelos lavados, con poca hojarasca y escasez de nutrientes, debido al poco aporte de minerales en las aguas y a un pH ácido. El desborde de los caños en las épocas de lluvias hace que dicha vegetación se encuentre sumergida hasta 3 m durante buena parte del año. Los árboles presentes en este tipo de suelos alcanzan alturas de 30 m, siendo los más visibles *Macrolobium acaciifolium*, *M. multijugum* (Fabaceae); *Inga* spp. (Fabaceae); *Parkia pendula* y *P. multijuga* (Fabaceae); *Vismia macrophylla*; y algunas palmas como *Euterpe precatoria* y *Astrocaryum jauari*, igual que dos especies de bambú: *Guadua angustifolia* y *G. incana* (presente solo en el Orotuya). Una composición similar fue reportada por Correa et al. (2006a) en el Resguardo Indígena Puerto Sábalo Los Monos, aguas abajo en el río Caquetá a unos 40 km de la bocana del Caguán con el río Caquetá.

Bosques de planicies aluviales o planos de inundación estacional. Este tipo de vegetación se encontró asentada en las planicies aluviales de los ríos y caños, creciendo en suelos arcillosos y pobremente drenados con anegamiento durante buena parte del año. Aquí las aguas alcanzan hasta 5 m de altura. Los suelos presentan una capa de hojarasca de aproximadamente 3 cm, acompañada en algunos casos por herbazales de *Rhynchospora* y *Selaginella*. Los árboles dominantes en estas zonas corresponden a *Macrolobium acaciifolium*, *Parkia pendula*, *P. multijuga* (los guarangos) y *Pterocarpus amazonum* (todas Fabaceae), los cuales han desarrollado un sistema de raíces superficiales extensas, para dar sostén a su gran envergadura y evitar su volcamiento. Los árboles en estas zonas ribereñas se encontraban con buen grado de epifitismo (siendo mayor en El Guamo), destacándose los géneros *Aechmea* y *Anthurium*, así como orquídeas y lianas de los géneros *Bauhinia* y *Machaerium*. El sotobosque es escaso con unos pocos arbolitos del género *Tachigali*.

Bosques bajos en terrazas pobremente drenadas y disectadas. Esta unidad se encuentra en las depresiones en forma de 'V' de las terrazas disectadas, por donde escurren las aguas en las épocas de lluvia, lavando las colinas y pendientes. La escorrentía genera pequeñas cañadas, que fluyen rápidamente con las aguas de lluvia y bajan su nivel de igual manera. Dichas cañadas solo mantienen agua continua en la época lluviosa, generando encharcamientos temporales hasta entrada la época seca; el fondo presenta lodos y hojarasca. La vegetación sustentada en estas depresiones corresponde en su mayoría a arbustos del género *Miconia*, acompañados de *Costus*, *Cyclanthus*, *Calathea*, *Besleria* y *Cyathea*; en el borde de estas se encontraron especies como *Socratea exorrhiza* y *Virola* sp.

Bosques mixtos de palmas en zonas inundables.
Estos corresponden a bosques de planos inundables, asociados a ríos y caños, los cuales son dominados frecuentemente por una o dos especies de palmas, las cuales comparten el hábitat con otras especies arbóreas y arbustivas. Dentro de este tipo de formación encontramos tres unidades diferenciables en el área de estudio. La primera corresponde a los llamados palmichales bajos, en los cuales domina la palma corozo (*Bactris riparia*), acompañada de unos pocos individuos de asaí (*Euterpe precatoria*), con arbustos del género *Psychotria*. Esta formación se evidenció en El Guamo y Peñas Rojas, en donde se presentaban pequeñas manchas lineales.

La segunda corresponde a una zona húmeda pequeña en Bajo Aguas Negras, la cual presentaba dominancia de asaí (*Euterpe precatoria*), acompañada hacia los bordes por *Astrocaryum chambira* (chambira), *Vismia* sp. (lacre) y *Mabea* sp.

En la tercera unidad se encontraron parches diferenciales de manera lineal al interior de los bosques, en zonas con anegación, donde se presentaban abundantes individuos de *Mauritia flexuosa* (canangucha o aguaje), acompañados de otros elementos. La mayor población de esta palmera se encontró en Bajo Aguas Negras, en donde la trocha (~1.500 m) que se dirige desde el borde del río Caquetá hacia tierra firme pasa por un cananguchal. Aunque *M. flexuosa* domina ese bosque, se encuentra acompañada por varios elementos arbóreos y arbustivos, así como muchas plantas acuáticas. Las aguas allí presentes, aunque negras en apariencia, son producto de la descomposición de la hojarasca que aporta taninos dándole esta coloración. Aparentemente esta unidad presenta agua durante todo el año y por ello su coloración temporal, la cual es lavada con la entrada de las lluvias y el ingreso de las aguas del río Caquetá. Revisando la cartografía, al parecer se trata de un pequeño brazo abandonado del río en donde se estableció

una 'pequeña' población de *M. flexuosa* de manera exitosa. De las plantas herbáceas registramos *Cuphea melvilla* y de las acuáticas *Echinodorus occidentalis*, *Pontederia subovata* y *Montrichardia linifera*.

Bosques de tierra firme
Los bosques de tierra firme en el área de estudio corresponden aproximadamente al 70% de la cobertura boscosa en la región. El relieve que soporta esta vegetación es variable, siendo los bosques de El Guamo dominados por terrazas de colinas onduladas y disectadas, mientras que las terrazas planas bien drenadas se apreciaron en mayor proporción en la trocha que conducía del campamento en Peñas Rojas al complejo lagunar de El Limón.

Los suelos presentes en estas terrazas en su mayoría corresponden a la Formación Pebas, con algunos pocos de la Formación Caimán, encontrados mayormente en las terrazas pendientes de Laguna Negra. Aunque los suelos de estas dos formaciones fueron diferenciados, se encontraban compartiendo muchos de los elementos arbóreos de gran porte. A continuación, se describe lo observado de estas dos unidades.

Bosques de terrazas onduladas y disectadas. Este tipo de vegetación fue el más dominante en la mayoría de los campamentos y trochas. Corresponde a bosques soportados por un relieve de terrazas de colinas onduladas y disectadas, con cortes a manera de 'V,' que en sus laderas presentaban vegetación de porte arbóreo medio a bajo. Los suelos son franco-arcillosos, pobres y con baja sedimentación; pertenecen a las formaciones Pebas y Cachicamo-Caimán.

En las zonas más altas de las colinas y pequeñas terrazas, la capa de hojarasca no superaba los 10 cm en algunos lugares. En este tipo de bosque el dosel estaba conformado por árboles de gran porte, los cuales pudieron ser identificados fácilmente, ya que muchos son de uso comercial, principalmente como madera. La familia Fabaceae estuvo representada por *Cedrelinga cateniformis* (cedro achapo), que alcanzó alturas de hasta 30 m en algunos casos, *Parkia velutina*, *P. nitida* (guarangos y lloviznos) y *Clathrotropis macrocarpa* (fariñero). La familia Meliaceae estuvo representada por *Guarea macrophylla* (bilibi) y *Cedrela odorata* (cedro, observado únicamente en El Guamo), mientras la familia

Lauraceae estuvo representada por *Ocotea javitensis* (medio comino) y *Ocotea* sp. (comino). Otras especies importantes fueron *Osteophloeum platyspermum* (cabo de hacha), *Moronobea coccinea* (gomo, breo, consumido por varias especies de aves, principalmente loros, quienes son los polinizadores; Vicentini y Fisher 2006), *Aspidosperma spruceanum* (costillo), *Pseudolmedia laevis* (lechechiva), *Minquartia guianensis* (ahumado), *Protium sagotianum*, *P. robustum*, *P. hebetatum*, *P. heptaphyllum* (copal, anime, incienso) y *P. amazonicum*, así como varias especies de *Inga* (guamos) y *Eschweilera* (cargueros). Las especies de sotobosque correspondieron a *Virola sebifera* (sangretoro), *Oxandra xylopioides* (golondrino, empleado como madera para la cocina por su excelente combustión), *Cyathea* sp. (helecho arbóreo), *Leonia glycycarpa*, *L. cymosa*, *L. crassa*, *Potalia elegans*, *Crepidospermum prancei*, *C. rhoifolium*, *Guarea fistulosa* y varias especies del género *Piper*. Entre las palmas se destacaba la abundancia de *Oenocarpus bataua* (milpe, milpesos), *O. minor* (ibacaba) e *Iriartea deltoidea* (pona, cachona) como especies de dosel y a nivel de sotobosque *Astrocaryum gynacanthum* (chuchana) y varias especies del género *Geonoma*.

Las zonas de laderas y pendientes presentaban una vegetación de porte más bajo, con árboles que llegaban hasta unos escasos 15–20 m. En estas zonas los suelos eran pobres y lavados por las escorrentías de las aguas en épocas de lluvia y la capa de hojarasca no superaba los 5 cm.

Bosques de terrazas planas bien drenadas. Estos bosques, bien drenados con baja o sin ondulación en el relieve, los encontramos en todas las localidades visitadas. Crecían en las terrazas pequeñas de El Guamo, Orotuya y Bajo Aguas Negras, pero donde mejor se encontraban representados era hacia Peñas Rojas en la margen izquierda aguas abajo del río Caguán. Estos bosques se encontraban mejor estructurados, con bajo anegamiento, solo en las cañadas que lo cruzaban. Los árboles aquí alcanzaron portes de hasta 35 m e incluyeron especies como *Cedrelinga cateniformis* (cedro achapo), *Pouteria* sp., *Micropholis guayanensis*, *Chrysophyllum sanguinolentum*, *Minquartia guianensis* (ahumado), *Apeiba aspera*, *A. tibourbou* (peine de mono, esponjillo), *Dialium guianense* (tamarindo) e *Hymenaea oblongifolia*

(algarrobo, polvillo). En general se compartieron muchas de las especies arbóreas entre los bosques de tierra firme; solo cambiaron un poco las frecuencias.

En ninguna de las localidades se registró la palmera del sotobosque *Lepidocaryum tenue* (carana o puy). Así mismo los pobladores locales, indígenas y campesinos, indicaron que no la conocen o no la han visto en la región. Afirmaron que la habían visto más abajo en el río Caquetá. Lo mismo fue corroborado por Correa et al. (2006a), quienes reportan la especie en el Resguardo Indígena Puerto Sábalo de Los Monos.

Vegetación secundaria

En esta unidad incluimos los claros naturales producto de la caída de árboles grandes, debida a los fuertes vientos que en algunas épocas del año se presentan en la región. Estos claros, aunque muy pequeños, dan paso a especies pioneras y de crecimiento rápido como el caso de *Cecropia sciadophylla* y *C. ficifolia* (yarumo, guarumo). También se evidenciaron claros producto de la extracción selectiva de madera, los cuales ya se encontraban en algunos casos con revegetación arbustiva y árboles de crecimiento rápido. En áreas aledañas a la zona es frecuente la extracción de madera por parte de algunos colonos, que luego de la extracción de maderas y el empobrecimiento de los bosques, talan por completo para generar potreros y fincas de pastoreo para ganado. Así mismo se encontraron los llamados 'rastrojos,' que corresponden a vegetación secundaria creciendo sobre chagras o cultivos abandonados. Estos fueron más evidentes en Bajo Aguas Negras, en donde cerca de la maloca existen plantaciones de árboles de umari (*Poraqueiba sericea*) y madroño (*Garcinia* sp.).

La potrerización de las zonas altas cercanas al margen del río Caguán y en las terrazas altas cercanas a los ríos Caquetá y Orotuya (margen izquierda aguas arriba) fue evidente durante los recorridos en los botes. La deforestación se ha incrementado en los últimos años, producto secundario de los acuerdos de paz, ya que los grupos insurgentes que hacían presencia en la zona durante décadas mantenían controlados los procesos de deforestación.

Estado de conservación

Los bosques en la región están amenazados por tres frentes de deforestación: uno bajando el río Caguán, otro bajando el río Caquetá y el tercero alrededor de la carretera que conecta Puerto Leguízamo con La Tagua (Fig. 12C). A pesar del avance de estos frentes, la región del Bajo Caguán-Caquetá se destaca por su gran extensión de bosques en pie. Nuestros sitios de inventario se encontraban cerca de los asentamientos humanos, y aun así, encontramos árboles maderables en buen estado. El bosque mejor conservado que visitamos correspondió al sector de El Guamo, mientras que el bosque más golpeado por extracciones recientes de madera fue Orotuya, a pesar de estar dentro del Resguardo Indígena Huitorá y muy lejos del asentamiento principal de los indígenas. Ambos campamentos en Peñas Rojas y Bajo Aguas Negras estuvieron muy cerca de los asentamientos humanos, e igual poseían un bosque en buen estado de conservación mezclado con un mosaico de áreas de cultivos activos y procesos de recuperación en zonas de cultivos abandonadas.

DISCUSIÓN

Comparación con otros bosques de la Amazonía occidental

En un transecto florístico de 700 km del piedemonte ecuatoriano hasta la frontera Perú-Brasil, Pitman et al. (2008) encontraron una transición marcada e importante entre las floras asociadas a influencias andinas de suelos más ricos (p. ej., Villa Muñoz et al. 2016) hacia floras con más influencia del interior amazónico, de suelos más pobres (p. ej., Vásquez-Martínez 1997, Ribeiro et al. 1999). En nuestro inventario en el Bajo Caguán-Caquetá tuvimos una oportunidad de evaluar si estos bosques tienen más afinidades con Yasuní o Iquitos. La respuesta es mixta. Aunque la flora en el Bajo Caguán-Caquetá se asemeja a la flora reportada para los bosques peruanos de la cuenca del Putumayo, especialmente las regiones de Ere-Campuya-Algodón (Dávila et al. 2013) y Medio Putumayo-Algodón (Torres-Montenegro et al. 2016), igual tiene algunas afinidades, aunque menores, con la flora de los parques nacionales Yasuní en Ecuador y Güeppí-Sekime en el Perú (Vriesendorp et al. 2008). Es importante resaltar que los elementos característicos de la flora peruana de suelos pobres, como las arenas blancas, o de aguas muy ácidas, como las aguas negras, no están presentes en la región del Bajo Caguán-Caquetá. No encontramos evidencia alguna de caños de aguas

negras en la región, ni de arenas blancas, ni de sus floras asociadas.

La complejidad que vimos refleja las diferencias geológicas en la región, y con cada inventario rápido en la Amazonia occidental tenemos un panorama más claro de ellas. A grandes rasgos, en los bosques peruanos de la cuenca del Putumayo existen dos formaciones geológicas principales —Pebas y Nauta— igual que una formación menor del Plio-Pleistoceno. Estas tres formaciones son importantes para entender la composición florística de los bosques de esa región. En el Bajo Caguán-Caquetá vimos un gran rango de variación en la Formación Pebas, nada de la Formación Nauta, y una amplia presencia de la Formación Caimán, que parece ser similar a las terrazas Plio-Pleistocénicas en el Perú.

Una diferencia importante en la distribución de la Formación Caimán en el Bajo Caguán-Caquetá y las terrazas Plio-Pleistocénicas en el Perú, es que en el Perú las terrazas son una formación escasa, distribuida en 'islas' que forman un archipiélago a lo largo del río Putumayo. Existen registros de estas terrazas en el Área de Conservación Regional Maijuna Kichwa en el Perú (García-Villacorta et al. 2010), en el Área de Conservación Regional Ampiyacu-Apayacu (Vriesendorp et al. 2004) y en el Parque Nacional Yaguas (García-Villacorta et al. 2011). En contraste, la Formación Caimán en el Bajo Caguán-Caquetá es extensiva. Además, aunque la flora que crece en la Formación Caimán tenga afinidades con algunos elementos florísticos de los suelos Plio-Pleistocenos en el Perú, se resaltan los elementos únicos de cada paisaje.

Existe un patrón similar con la Formación Pebas, la cual es una formación escasa en el Perú, mientras que en Colombia cubre gran parte del paisaje. Sin embargo, en Colombia la Formación Pebas en el Bajo Caguán-Caquetá presenta una variación tan grande —desde suelos ricos en nutrientes en los salados hasta suelos más pobres en nutrientes— que los suelos más pobres de la Formación Pebas en Colombia se acercan a las condiciones que presenta la Formación Nauta en el Perú. De esta manera, aunque no hay Formación Nauta en el Bajo Caguán-Caquetá y aunque la Formación Nauta domina el paisaje en el Perú, los bosques tienen afinidades por las condiciones de suelos pobres que presenta la parte superior de la Formación Pebas en Colombia.

Hábitos, hábitat y fenología

La gran mayoría de las especies colectadas y observadas corresponden a plantas leñosas, de hábitos arbóreo y arbustivo (85%); un 14% son hierbas y un 1% lianas. El 95% de las especies poseen sustrato terrestre, el 4% son epífitas y el 1% son acuáticas estrictas. Algunas hierbas poseen porte arbóreo, como el caso del turriago (*Phenakospermum guyannense*) y guadua (*Guadua incana*). Esta última es una especie relativamente reciente, descrita y reportada para el piedemonte amazónico (Londoño y Zurita 2008).

Entre los árboles se destacan algunos emergentes como el achapo (*Cedrelinga cateniformis*), tamarindillo (*Dialium guianense*), guarangos (*Parkia velutina*, *P. multijuga*, *P. nitida*), guamo (*Inga psittacorum*), almendro (*Caryocar glabrum*) y almendrón (*Dipteryx oleifera*). A este grupo lo hemos denominado los abuelos del bosque, ya que por su corpulencia dominan algunos sectores y constituyen una buena oportunidad de convertirse en arboles semilleros, para efectos o programas de propagación y repoblamiento.

En el dosel se presentaron diferentes especies de incienso (*Protium altsonii*), fariñero (*Clathrotropis macrocarpa*), sangre toros (*Virola divaricata*, *V. elongata* y *V. calophylla* y *Osteophloeum platyspermum*), *Pouteria* spp., *Micropholis* sp. y *Oenocarpus bataua*, entre otras. Así mismo el sotobosque presentó importantes poblaciones de *Coussarea* sp., *Palicourea nigricans*, helechos arbóreos (*Cyathea macrosora*) y palma cola de pescado (*Geonoma* spp.). El estrato herbáceo presentó diferentes especies de bijaos (*Calathea micans*, *Monotagma secundum*), guarumo (*Ischnosiphon* spp.) y heliconias (*Heliconia velutina*, *H. lourteigiae* y *H. stricta*, entre otras). También se pudo observar por sectores la cobertura del suelo por parte de los denominados helechos encaje (*Selaginella* spp., *Trichomanes* sp.), los cuales se presentaron en áreas con suelos pobres y en planos de inundación.

Las palmas

La familia Arecaceae constituye un grupo particular debido a sus variados hábitos de crecimiento y a sus múltiples usos por parte de las comunidades. En el hábito arbóreo se destaca la milpes (*Oenocarpus bataua*), la especie más abundante en toda la zona, con múltiples usos como extracción de aceite, leche o jugo de los frutos, las hojas para tanchos o bolsos de carga y los tallos para construcción y cultivo de larvas de mojojoi (Scarabidae). Otras palmeras útiles incluyen cachuda (*Iriartea deltoidea*), usada en construcciones y en balsas, zancona (*Socratea exorrhiza*), cumare (*Astrocaryum chambira*), *A. jauari* y *A. standleyanum*. Tres especies de gran importancia ecológica son la cananguecha (*Mauritia flexuosa*), cuyos frutos son comestibles y sus tallos útiles para hacer puentes; el asaí (*Euterpe precatoria*) con uso para construcción y comestible y el chontaduro (*Bactris gasipaes*), el cual posee frutos comestibles.

En las palmas arbustivas se destacan las puy o cola de pescado (*Geonoma* spp.) y las palmichas o corosillos (*Bactris riparia*, *B. simplicifrons* y *B. maraja*), así como milpesillo (*Oenocarpus minor*) como una especie cespitosa de gran potencial ornamental. En el género *Desmoncus*, de palmas lianescentes, encontramos *D. mitis*, *D. polyacanthos* y *D. giganteus*. Solo se presentaron dos palmas acaules (sin tallo), que son *Attalea insignis* y *Astrocaryum acaule*.

Aproximadamente el 50% de las especies observadas se encontraron en algún estado reproductivo. El 20% presentaban flores o botones florales y el 30% estaban con frutos, fuesen estos inmaduros, maduros o pasados. Solo un grupo pequeño presentó soros o estróbilos (<1%).

Entre las especies que presentaron frutos, se destacan las que poseen o generan oferta alimenticia para la fauna, especialmente los mamíferos (primates, roedores y pecaríes). Entre estas especies tenemos membrillo o mula muerta (*Gustavia augusta*), consumida por roedores como la boruga (*Cuniculus paca*) y el guara (*Dasyprocta fuliginosa*); sangretoro (*Osteophloeum platyspermum*), consumida por primates churucos (*Lagothrix lagotricha*), por cerrillos (*Pecari tajacu*) y por grandes aves tipo tucanes, loras y guacamayas. Varias especies de *Pouteria*, manguillo (*Moronobea coccinea*) e *Iryanthera lancifolia* son también consumidas por churucos.

Registros notables

El compromiso de destacar una especie constituye un reto para los investigadores, ya que pueden ser múltiples las razones para decir de manera cualitativa que una especie es importante o no. Para este caso decidimos combinar varios aspectos, entre ellos la rareza de la especie, la distribución restringida, los usos y/o el estado de vulnerabilidad de las poblaciones. Dentro de las especies que se destacan en el presente estudio están las siguientes:

- *Zamia ulei* (MC 9718, MC10248). Esta especie, del orden Cycadales, fue vista en El Guamo y Bajo Aguas Negras. Solo detectamos tres individuos. La comunidad de Bajo Aguas Negras reportó uso medicinal para ella, pero coinciden en la dificultad para encontrarla.

- *Cedrelinga cateniformis*, árbol de uso maderable con demanda actual, presentó individuos adultos y sanos, especialmente en El Guamo y Peñas Rojas. Los individuos observados en Orotuya y Bajo Aguas Negras eran de menor tamaño. En Orotuya vimos troncos aserrados, dejados en el bosque porque estaban huecos por dentro.

- *Couma macrocarpa* es una especie maderable con demanda actual de explotación, con frutos comestibles y un exudado con reporte medicinal. La población pareciese diezmada en El Guamo, pues solo se observó un individuo juvenil a pesar de que este bosque no ha tenido una explotación comercial de madera. En los otros campamentos se observó con individuos adultos y en estado reproductivo.

- *Hymenaea oblongifolia* también es árbol de gran porte y posee gran demanda actualmente para la explotación de su madera. El individuo más grande se observó en El Guamo, mientras que en los demás se observaron muy pocos individuos.

- *Oenocarpus bataua* es una palma arbórea solitaria que estuvo presente en todos los campamentos. Parece ser el árbol más abundante en toda la zona. Posee un potencial como producto no maderable del bosque, por la extracción de su aceite y de la leche de milpes, ambos productos obtenidos del fruto.

- Los denominados guarangos (*Parkia velutina*, *P. multijuga*, *P. nitida*), gigantes emergentes, con uso y demanda por su madera, son actualmente objeto de explotación y están incluidos en la gran mayoría de licencias de explotación forestal otorgadas por Corpoamazonia.

- *Cedrela odorata* es un árbol maderable considerado En Peligro en Colombia y Vulnerable en el ámbito mundial. Está prácticamente extinto en la zona,

debido a la sobreexplotación. Solo se observaron individuos en El Guamo.

RECOMENDACIONES PARA LA CONSERVACIÓN

Entre las recomendaciones sobre la vegetación y flora se destacan las siguientes:

- Mantener la conectividad de los bosques presentes en la zona entre los PNN Serranía de Chiribiquete y La Paya; es fundamental frenar la ampliación de la frontera ganadera y mantener el bosque en pie, especialmente las áreas que poseen mejor estado de conservación. Enfatizamos la importancia de no deforestar las zonas de bosques riparios o en las márgenes de las fuentes hídricas.

- Establecer parcelas permanentes de monitoreo comunitario de la biodiversidad, las cuales podrán generar información científica valiosa de un lugar muy desconocido todavía.

- Georeferenciar árboles parentales o semilleros, los cuales suministrarían germoplasma que será objeto de propagación con miras al repoblamiento de áreas deforestadas en las zonas aledañas al Bajo Caguán-Caquetá.

- Incorporar modelos productivos que articulen elementos de la biodiversidad de manera sostenible, como son las palmas (*Oenocarpus bataua* y *Mauritia flexuosa*), los cuales pueden ser aprovechados sin cortar el individuo o mejor manteniendo el individuo en pie, facilitando los mecanismos o métodos de colecta, extracción y transformación de los productos, pero también promoviendo asociaciones de manejo y el emprendimiento, para facilitar la comercialización de los productos.

PECES

Autores: Lesley S. de Souza, Jorge E. García-Melo, Javier A. Maldonado-Ocampo, Edgar Sánchez, Johan Sebastián Silva Parra, Carmenza Moquena Carbajal, Héctor Reynaldo Rodríguez Triana, Julio Garay Ortiz, Alberto Ruíz Ángulo, Heider Rodríguez y Régulo Peña Pérez

Objetos de conservación: Los hábitats ribereños bien conservados a lo largo de ríos, caños y lagos, los cuales están en riesgo por el aumento de la deforestación en la región; los lagos y caños asociados con bosques de tierra firme a lo largo del bajo río Caguán y el alto río Caquetá, amenazados por la sobrepesca y la falta de conectividad entre los bosques inundados y los principales cauces de los ríos para la migración de especies de peces; madreviejas en la confluencia de los ríos Caguán y Caquetá, ya que son hábitats críticos de reproducción y desove para varias especies importantes de peces de consumo como bocachicos (*Prochilodus nigricans*), sábalos (*Brycon cephalus* y *B. whitei*), puños (especies en los géneros *Pygocentrus*, *Serrasalmus*), pintadillo (*Pseudoplatystoma tigrinum*), garopas (especies en los géneros *Myloplus*, *Metynnis*), botellos (*Crenicichla*) y cuchas (*Pterygoplichthys*); las especies ornamentales de los géneros *Corydoras* y *Panaque*, en riesgo de explotación en los caños y ríos de la región

INTRODUCCIÓN

Se están realizando esfuerzos para cuantificar la ictiofauna de Colombia y las estimaciones actuales sugieren la existencia de 1.495 especies de peces de agua dulce (Do Nascimiento et al. 2017, 2018). A pesar de la magnitud de la diversidad de peces, que comparativa-mente es mayor que la de toda América del Norte (1.200 especies), aún quedan muchos vacíos en cuanto a los estudios ictiológicos, incluyendo sectores de los ríos Caquetá y Caguán en la Amazonia colombiana. El Amazon Fish Project actualmente registra 497 especies para el río Caquetá, donde las colecciones se han concentrado en el bajo Caquetá, y 9 especies para el río Caguán, en la parte alta de la cuenca (Amazon Fish Database 2016; *http://www.amazon-fish.es*). Hasta la fecha, no existe información sobre la diversidad de peces en la confluencia de los ríos Caguán y Caquetá (Fig. 17), producto de una convergencia entre la fauna andina y la amazónica, drenando así un paisaje único en el contexto pan-amazónico.

Cerca de Puerto Leguízamo, el río Caquetá se encuentra a solo 19 km del río Putumayo, donde muchos de sus afluentes peruanos han sido estudiados en busca de peces en la última década (Hidalgo y Olivera 2004, Hidalgo y Rivadeneira-R. 2008, Hidalgo y Sipión 2010,

Hidalgo y Ortega-Lara 2011, Maldonado-Ocampo et al. 2013, Pitman et al. 2016). Estas cuencas hidrográficas corren paralelas, drenando las cabeceras de la cuenca del Amazonas, y la evidencia geológica sugiere conexiones históricas entre los dos sistemas fluviales. Los ecosistemas de cabecera son importantes tanto para las comunidades de peces permanentes como para las especies de peces migratorios que los utilizan para completar su ciclo de vida antes de regresar aguas abajo, hasta la desembocadura del río Amazonas (Barthem et al. 2017). Además, los sistemas de cabeceras son esenciales para el mantenimiento de la integridad biológica de las redes fluviales (Meyer et al. 2007).

Los peces en el bajo Caguán y el Caquetá son una parte importante de la dieta y la economía de los campesinos e indígenas de la región (Salinas y Agudelo 2000). Un crecimiento poblacional y la demanda pesquera en Puerto Leguízamo ha aumentado la presión sobre la fauna de peces poco conocida de estos ríos. En las madreviejas la sobrepesca es inminente, lo cual constituye una seria amenaza a los criaderos de varias especies de peces. De hecho, muchas especies populares en el comercio de peces ornamentales también se colectan en el área, pero se sabe poco sobre el impacto en sus poblaciones.

A medida que la deforestación acelerada, la sobrepesca, la extracción de oro y la colonización avanzan a lo largo del Caguán y el Caquetá, hay una sensación de urgencia para una mejor comprensión de la diversidad de peces en la región. Las colectas de peces en estos drenajes de cabecera ampliarán nuestra comprensión de los peces amazónicos, llenando un vacío importante, y probablemente se descubrirán nuevas especies y extensiones de rango para el país. El objetivo de este inventario fue proporcionar una evaluación exhaustiva de la fauna de peces en el bajo Caguán y Caquetá para propiciar herramientas de conservación en actores locales y administradores de los recursos biológicos con el fin de conservar los ecosistemas de agua dulce de la región.

MÉTODOS

Sitios de estudio y muestreo

Este inventario se realizó durante 18 días de trabajo de campo (6–23 de abril de 2018) en la región del Bajo

Figura 17. Registros de peces para la Amazonia colombiana del Amazon Fish Project, que ilustra la falta de información ictiológica en la región del Bajo Caguán-Caquetá.

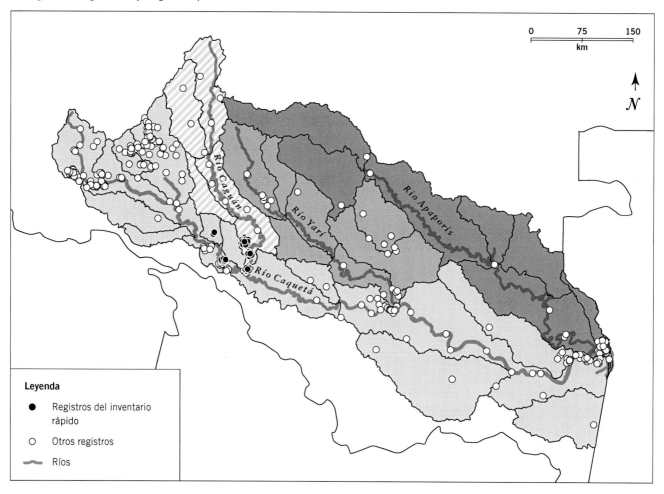

Caguán-Caquetá en Colombia, donde se muestrearon un total de 25 estaciones en 4 campamentos: El Guamo (9 estaciones), Peñas Rojas (8), Orotuya (4) y Bajo Aguas Negras (4). Para obtener más detalles sobre los campamentos individuales, consultar las Figs. 2A–D y el capítulo *Panorama regional y descripción de los sitios visitados.*

Los peces se colectaron mediante una variedad de métodos utilizando chinchorros, redes agalleras, atarrayas, líneas de anzuelos y pesca manual. El muestreo se realizó al comienzo de la temporada de lluvias para esta región e hicimos colectas diurnas y nocturnas. Los hábitats muestreados incluyeron canales principales de ríos, caños, quebradas efímeras, madreviejas y lagos; los hábitats que se muestrearon más exhaustivamente fueron los caños en tierra firme y bosques inundados (Apéndice 9). Todos los hábitats tenían aguas claras o blancas; no observamos aguas negras durante el inventario. Obtuvimos las coordenadas geográficas en cada estación usando un GPS y documentamos cada estación con fotografías.

Cada especie de pez fue fotografiada en acuarios utilizando el sistema Photafish (García-Melo 2017) en campo para mostrar la coloración en vida de las especies y ayudar así en la identificación de los peces. Los individuos fueron identificados y clasificados usando claves taxonómicas recientes y algunos fueron identificados por expertos del grupo con fotografías y muestras preservadas. Los nombres válidos se confirmaron utilizando el *Catálogo de Peces de la Academia de Ciencias de California* (Eschmeyer et al. 2018). Los peces se fijaron en formol al 10% y luego se transfirieron a etanol al 75%. Se tomaron muestras de tejidos de especies seleccionadas (Apéndice 10) y se conservaron en etanol al 95% para análisis genéticos adicionales. Todos los 1.426 especímenes colectados fueron depositados en las colecciones de peces del Museo Javeriano de Historia Natural 'Lorenzo Uribe Uribe S.' (MPUJ), The Field Museum of Natural History (FMNH), y el Museo de Historia Natural de la Universidad de la Amazonia (UAM).

Además, las especies se categorizaron en función del estado de conservación (González et al. 2015, Waldrón et al. 2016), el endemismo (Machado-Allison et al. 2010), el comportamiento migratorio (Usma-Oviedo et al. 2013) y el uso en el comercio de especies de acuarios (Ortega-Lara 2016). Las asociaciones entre los sitios se analizaron mediante un análisis de similitud basado en la presencia y la ausencia en el programa de software PAleontolgical STastistics (PAST 3.14, Hammer et al. 2001).

RESULTADOS

Nuestro inventario rápido de la región del Bajo Caguán-Caquetá en Colombia resultó en 1.190 individuos colectados pertenecientes a 139 especies, 34 familias y 8 órdenes (ver el Apéndice 10 para la lista completa de especies). Por lo tanto, el total de peces conocidos aumenta de 497 y 9 spp. a 513 (Caquetá) y 148 (Caguán), respectivamente.

Los órdenes más diversos fueron Characiformes (57,6%) y Siluriformes (27,3%), con 80 y 38 especies, respectivamente. Cichliformes ocupó el tercer lugar con 11 especies (7,9%). Los Gymnotiformes, Cyprinodontiformes, Clupeiformes, Synbranchiformes y Beloniformes estuvieron representados por menos de 10 especies (Tabla 7). Las familias más diversas fueron Characidae con 45 especies (32%), Cichlidae con 11 especies (7,9%) y Loricariidae con 9 especies (6,4%). Las especies más comunes en todos los sitios pertenecieron a los géneros *Hemigrammus*, *Hyphessobrycon* y *Knodus*, seguidas por *Pyrrhulina* y mojarras en el género *Apistogramma*.

Ocho especies fueron identificadas como posiblemente nuevas para la ciencia, en los géneros *Hyphessobrycon*, *Ancistrus*, *Paracanthopoma*, *Astyanax*, *Denticetopsis*, *Gladioglanis*, *Bujurquina* y *Crenicichla*. *Gladioglanis anacanthus* y *Bujurquina hophrys* probablemente son nuevos registros para Colombia. También colectamos por lo menos dos especies que serían nuevos registros para las cuencas del Caguán y Caquetá: *Tyttobrycon* sp. y *Corydoras* cf. *aeneus*. Identificamos varias especies que son objetos de conservación en la región: bocachico (*Prochilodus nigricans*), sábalo (*Brycon cephalus* y *B. whitei*), puños (especies en los géneros *Pygocentrus* y *Serrasalmus*), bagre 'pintadillo' (*Pseudoplatystoma tigrinum*), garopas (especies en los géneros *Myloplus* y *Metynnis*), botellos (*Crenicichla*), y bagres o 'cuchas' (*Pterigoplichthys* y *Panaque*) y corredoras (especies del género *Corydoras*, incluida una especie endémica del río Caquetá, *Corydoras reynoldsi*). Dieciocho especies fueron identificadas como importantes para el consumo en la región del Bajo Caguán-Caquetá. *Pseudoplatystoma tigrinum*, una especie que representa una fuente de alimento importante para la población local y que está muy diseminada por la región, figura como Vulnerable

Tabla 7. Riqueza y abundancia de los peces colectados en cuatro sitios durante un inventario rápido de la región del Bajo Caguán-Caquetá, Amazonia colombiana, en abril de 2018.

Orden	Número de especies	% del total de especies	Número de individuos	% del total de individuos
Characiformes	80	57,6	931	78,2
Siluriformes	38	27,3	130	10,9
Cichliformes	11	7,9	97	8,2
Gymnotiformes	5	3,6	17	1,4
Cyprinodontiformes	2	1,3	6	0,5
Clupeiformes	1	0,7	1	0,1
Synbranchiformes	1	0,7	2	0,2
Beloniformes	1	0,7	6	0,5
Total	**139**	**100,0**	**1.190**	**100,0**

en la Lista Roja de la UICN (Mojica et al. 2012). Cincuenta y nueve de las especies que registramos se usan como peces ornamentales en Colombia.

La composición de la ictiofauna en los cuatro sitios que visitamos en la región del Bajo Caguán-Caquetá fue similar, a pesar de la menor abundancia en los dos últimos campamentos. Debido al comienzo de la temporada de lluvias, el aumento del nivel del agua dificultó la colecta en los campamentos de Orotuya y Peñas Rojas. Una comparación entre las listas de especies de la región del Bajo Caguán-Caquetá y las de un inventario rápido de la región Ere-Campuya-Algodón en la cuenca peruana del Putumayo resultó en el 60% de las especies compartidas entre esos drenajes. Cincuenta especies en la lista del Bajo Caguán-Caquetá no se encontraron en la lista de Ere-Campuya-Algodón, y fueron principalmente Siluriformes (especialmente Trichomycteridae y Callichthyidae).

Observamos que la mayoría de los peces colectados se encontraban en una etapa avanzada de desarrollo gonadal con hembras ovadas, lo que marca el comienzo del período reproductivo, lo cual concuerda con el conocimiento tradicional de los pobladores de la región sobre el desove entre los meses de mayo y junio.

DISCUSIÓN

A pesar de las limitaciones del muestreo de las comunidades de peces por el inicio de la temporada de lluvias, colectamos una impresionante diversidad de peces en la región del Bajo Caguán-Caquetá. El área en la que colectamos para el inventario rápido abarcó menos del 3% de los drenajes de esta región, y sin embargo, colectamos los estimados previstos para todo el drenaje de 282.260 km^2. Las estimaciones de Amazon Fish Project sugieren entre 115 y 300 especies en estos

Figura 18. Riqueza de especies en la cuenca del Amazonas, según datos del Amazon Fish Project. La región del Bajo Caguán-Caquetá se destaca con un círculo.

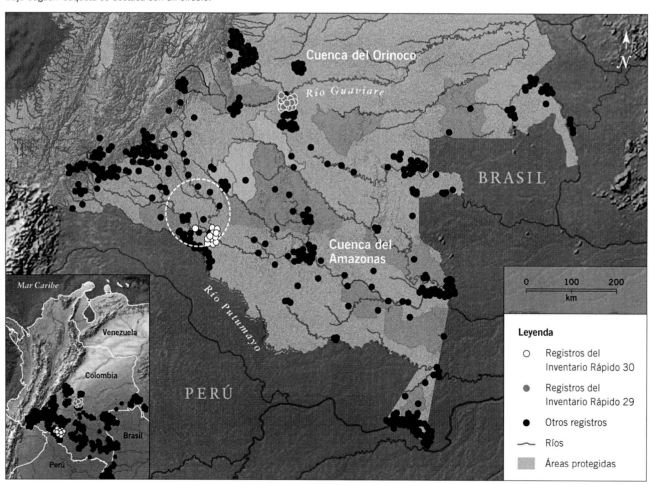

drenajes, cifras que consideramos subestimadas (Fig. 18). Estas predicciones se basan en colecciones previas de hace más de 50 años, y excluyen el nuevo acceso a una región que alguna vez fue restringida en Colombia. Además, la presencia de peces migratorios, peces en desove, nuevas especies y especies ornamentales, indican una población de peces saludables que también refleja un ecosistema saludable.

Hábitats y especies claves

Las madreviejas de la región contenían varias especies de peces importantes para el consumo por parte de los campesinos e indígenas. Las comunidades ícticas de estos lagos estuvieron dominadas por *Prochilodus nigricans*, *Pseudoplatystoma tigrinum*, *Ageneiosus inermis* y *Serrasalmus rhombeus*. Los especímenes de *Prochilodus nigricans* tenían un tamaño notable, >25 cm, y se encontraron en grandes cantidades. De particular interés es la prevalencia de muchas especies de peces en etapas avanzadas de desarrollo gonadal con huevos listos para el desove. Estos lagos meándricos funcionan como criaderos para varias especies de peces y son motivo de gran preocupación para la población local debido a la presencia de amenazas principalmente de la pesca ilegal y sobrepesca. Además, la falta de regulaciones apropiadas de manejo y pesca en las madreviejas también compromete la integridad de las poblaciones de las comunidades de peces. Cabe destacar que *Pseudoplatystoma tigrinum* o 'pintadillo,' que es una fuente de alimento común en la región, está categorizado como Vulnerable según la UICN.

Los caños en toda el área de estudio revelaron 59 especies con potencial para el comercio de peces ornamentales. Peces popularmente ornamentales del género *Corydoras* se encontraron en grandes cantidades, incluyendo *Corydoras reynoldsi*, que es una especie endémica de Colombia, específicamente de la cuenca del río Caquetá. Actualmente no existen amenazas por explotación de estas especies, pero se debe considerar la alta demanda en el mercado para proteger estos peces únicos. Los caños en esta región variaron levemente en los niveles de las aguas. Debido al comienzo de la temporada de lluvias, muchos de los caños eran efímeros más adentro en el bosque, con agua muy clara y menos peces. Suponemos que los peces aún no habían llegado a estos lechos de caños recientemente crecidos en los bosques.

Los ríos Caguán y Caquetá atraviesan un paisaje con una asombrosa diversidad de peces, así como comunidades indígenas y campesinas que dependen de ellos. Muchas especies grandes de bagre (p. ej., *Brachyplatystoma*, *Pseudoplatystoma*, *Pinirampus*) son peces de consumo importantes y también requieren de una migración de larga distancia a las cabeceras de los ríos para completar su ciclo reproductivo. Como la deforestación y la minería han proliferado a lo largo de estos drenajes, la integridad de estos sistemas fluviales está en riesgo y, por lo tanto, toda la cuenca.

Contexto regional

Los peces colectados en la región del Bajo Caguán-Caquetá durante este inventario revelaron afinidades notables con la de la región Ere-Campuya-Algodón del Putumayo peruano, aproximadamente 200 km al SE (Maldonado-Ocampo et al. 2013). De las 139 especies colectadas, el 60% se comparte con Ere-Campuya-Algodón, incluida una especie nueva para la ciencia solo conocida de estas localidades: *Hyphessobrycon* sp. nov. A pesar de las diferencias en la geología subyacente (Formación Nauta vs. Pebas/Caimán), Putumayo y Caquetá comparten suelos pobres en nutrientes y aguas de baja conductividad. También comparables con Ere-Campuya-Algodón fueron la baja abundancia y la alta diversidad de peces, que parecen estar relacionadas con los bajos niveles de nutrientes, lo que resulta en una baja disponibilidad de recursos alimenticios para los peces, como perifiton y macroinvertebrados.

Las aguas dulces de la región Bajo Caguán-Caquetá forman las arterias y venas dentro de la matriz de comunidades del Núcleo 1. Todos los aspectos de sus medios de sustento están conectados a los recursos naturales proporcionados por los ríos y bosques, donde el pescado es un recurso importante para la seguridad alimentaria especialmente de los campesinos e indígenas que viven a lo largo del río. En este inventario registramos una diversidad de peces que refleja un paisaje bien conservado pero frágil, y que genera un sentido de urgencia para salvaguardar a esta región de las tasas aceleradas de deforestación que avanzan por las cabeceras de cuencas. Además, el Bajo Caguán-Caquetá forma un puente importante entre los ecosistemas de dos parques nacionales naturales en la Amazonia colombiana: La Paya y el recientemente ampliado

Chiribiquete. Estas redes de drenaje atraviesan un complejo paisaje desde los humedales de aguas negras de La Paya hasta las quebradas de altas gradientes de Chiribiquete, con afluentes de los ríos Amazonas y Orinoco, donde este mosaico único de hábitats contribuye a la enorme biodiversidad en esta parte de la Amazonia colombiana.

AMENAZAS

Los hallazgos sobre la riqueza íctica de la región en este inventario son esperanzadores y contribuyen a llenar el vacío de información existente. Sin embargo, también evidenciamos serias amenazas que comprometen la integridad de los principales ecosistemas acuáticos (ríos, caños, lagunas, madreviejas y canaguchales) y por consiguiente de la comunidad de peces:

- *Sobrepesca en ecosistemas lénticos.* Puede representar la disminución de las poblaciones de peces de interés pesquero y sus consecuencias en las redes tróficas de los ecosistemas acuáticos, particularmente en las lagunas La Culebra y Limón. Estos sitios son lugares de desove para sábalos (*Brycon*), bocachicos (*Prochilodus*), blanquillos (*Pseudoplatystoma*) y jetones (*Ageneiosus*).

- *Rápido avance de la deforestación.* A escala local, podría significar un aumento del aporte de sedimentos, pérdida de aporte alóctono de recursos en caños por el bosque ripario, crítico en quebradas que drenan a través de suelos pobres como los de la Formación Caimán.

- *Extracción de arena y minería de oro.* La llegada de estas prácticas a la región del Bajo Caguán-Caquetá generaría una fuerte afectación sobre las condiciones abióticas de los ecosistemas acuáticos, sobre la estructura de los hábitats de importancia para los peces y por ende sobre la salud de los pobladores por contaminación con mercurio.

- *Ausencia institucional.* Las comunidades campesinas e indígenas expresan una preocupación generalizada respecto a la falta de presencia consolidada de autoridades como la Autoridad Nacional de Acuicultura y Pesca (AUNAP) que podría fortalecer los procesos de monitoreo y ejercer un control efectivo en la pesca con fines comerciales y de autoconsumo.

- *Sustracción ornamental.* En el área existe la explotación de peces ornamentales de manera incipiente. No obstante, dada la cercanía con Puerto Leguízamo, donde sí hay una actividad constituida, esta podría ser una actividad que mal proyectada o manejada afectara especies con potencial interés como las corredoras (*Corydoras*), cuchas (*Panaque*, *Pterygoplichthys*, *Ancistrus*), sardinas (*Hyphessobrycon*, *Hemigrammus*, *Astyanax*) y mojarras (*Apistogramma*).

- *Pérdida de conocimiento tradicional.* Históricamente los vínculos socioculturales entre los peces y los pobladores de la región del Bajo Caguán-Caquetá han sido muy importantes. Hay intranquilidad entre las personas mayores respecto a la posible pérdida de esta identidad en las nuevas generaciones, lo cual va en detrimento de la valoración y manejo tradicional de los recursos biológicos.

- *Contaminación en la parte alta de la cuenca.* Durante las últimas décadas ha sido notorio un gran frente de deforestación y asentamiento en la parte alta de la cuenca del río Caguán, asociada a la colonización. Existe una preocupación real entre las comunidades de la región del bajo Caguán por las consecuencias ambientales que esta situación pueda tener en la salud de los ecosistemas acuáticos, por muchas y diversas presiones como las descargas de aguas servidas de poblados, industrias y de vertimientos de residuos sólidos y de aguas sin tratamiento. Esto podría ser un factor negativo en la actividad pesquera en el canal principal del río Caguán.

RECOMENDACIONES PARA LA CONSERVACIÓN

Existen grandes oportunidades asociadas a la calidad de las aguas de las lagunas, ríos y caños que drenan en la región del Bajo Caguán-Caquetá. El estado de conservación y su protección tendrá por ello gran valor para las comunidades indígenas y campesinas, que con gran sentido de pertenencia han establecido una serie de normas que regulan la explotación del recurso pesquero en algunas áreas. Teniendo en cuenta las tallas de los peces de consumo capturados (bocachico, sábalo y blanquillo), estas estrategias de organización comunitaria constituyen una gran fortaleza, que debe ser potenciada por las entidades del estado con programas de monitoreo continuo en el espacio y el tiempo de la pesca en el área de influencia de la cuenca baja del río Caguán.

Todas las iniciativas de conservación de los peces en la región deben fomentar la participación activa de la comunidad local. Teniendo en cuenta las conversaciones con los investigadores locales y las observaciones en campo hacemos las siguientes recomendaciones:

- Es necesario fortalecer el cuidado sobre las lagunas de la zona. Estas lagunas albergan poblaciones importantes y saludables de diversas especies que son fuente de alimento para las comunidades y para la vida silvestre. También son áreas importantes de criadero para peces.

- Es una prioridad documentar mejor la fauna íctica del cauce principal del río Caguán, así como de sus principales tributarios en época de sequía durante los meses de diciembre a febrero, ya que por el nivel de agua durante el inventario no fue posible utilizar algunos artes de pesca y dedicar un esfuerzo adecuado.

- Recomendamos estudios biológicos pesqueros sobre las especies de consumo (Apéndice 10), particularmente las migratorias, para monitorear sus poblaciones y generar conocimiento útil para los pobladores y las entidades de control.

- Es de alta prioridad regular la extracción de peces ornamentales o con potencial ornamental, los cuales pueden llegar a tener un detrimento en sus poblaciones con consecuentes extinciones locales. Este aspecto es aún más importante en aquellas especies que sólo fueron registradas en una estación de muestreo y que potencialmente pueden ser consideradas nuevas para la ciencia.

ANFIBIOS Y REPTILES

Autores: Guido F. Medina-Rangel, Michelle E. Thompson, Diego H. Ruiz-Valderrama, Wilmar Fajardo Muñoz, Josuel Lombana Lugo, Carlos Londoño, Carmenza Moquena Carbajal, Hernán Darío Ríos Rosero, Jesús Emilio Sánchez Pamo y Edgar Sánchez

Objetos de conservación: Una comunidad de anfibios y reptiles diversa, en buen estado de conservación, que ocupan bosques de tierra firme y bosques inundables; especies registradas por primera vez en Colombia como *Boana alfaroi*, *Dendropsophus shiwiarum* e *Hyalinobatrachium cappellei*; especies que amplían su distribución como *Scinax ictericus* o son nuevos registros para el departamento del Caquetá como *Pristimantis variabilis* y *Scinax funereus*; especies raras o con pocos registros en estudios o colecciones como *Boana nympha*, *Callimedusa tomopterna*, *Ceratophrys cornuta*, *Micrurus hemprichii*, *Micrurus langsdorffi*, *Platemys platycephala*, *Rhinella ceratophrys* y *Rhinella dapsilis*; las tortugas *Chelonoidis denticulatus* y *Podocnemis expansa*, que se encuentran en categoría de amenaza Vulnerable (VU), junto a varias especies de dendrobátidos, boas, caimanes y tortugas listadas en CITES II; por lo menos ocho especies de anfibios y reptiles que son consumidas y/o usadas en medicina tradicional por las comunidades locales (*Dendropsophus* spp., *Leptodactylus knudseni*, *Leptodactylus pentadactylus*, *Osteocephalus* spp., *Caiman crocodilus*, *Paleosuchus* spp., *Chelonoidis denticulatus* y *Podocnemis* spp.)

INTRODUCCIÓN

Treinta a cincuenta por ciento de todas las especies de anfibios y reptiles se pueden encontrar en la región neotropical (Urbina-Cardona 2008), lo que hace que la conservación de los paisajes sudamericanos y centroamericanos sea crítica para la conservación de estos grupos. Los anfibios y reptiles, a su vez, brindan servicios ecosistémicos importantes como circulación de nutrientes, dispersión de semillas, control de poblaciones de plagas (enfermedades y plagas agrícolas), consumo y uso medicinal (Valencia-Aguilar et al. 2013), lo que hace de ambos grupos elementos indispensables para la conservación de paisajes neotropicales y para las comunidades que residen dentro de los mismos.

La región del Bajo Caguán-Caquetá se encuentra en el noroccidente de la Amazonia, corredor estratégico entre dos parques nacionales —Serranía de Chiribiquete y La Paya— y una zona que puede ser muy importante para ayudar a conservar anfibios y reptiles neotropicales, y los servicios ecosistémicos que brindan. La información sobre la herpetofauna del área y en general para el departamento de Caquetá es escasa. La poca publicada abarca listados de especies de anfibios y reptiles del departamento (Suárez-Mayorga 1999, Castro 2007, Lynch 2007, Pérez-Sandoval et al. 2012), guías fotográficas de anfibios y reptiles (Cabrera-Vargas et al. 2017), artículos en diversidad y composición de anfibios (Osorno-Muñoz et al. 2010, Arriaga-Villegas et al. 2014, Rodríguez-Cardozo et al. 2016), registros novedosos de anfibios (Malambo et al. 2013, 2017), un trabajo sobre los ensamblajes de serpientes (Cortes-Ávila y Toledo 2013), recopilación directa e indirecta de información sobre el PNN Serranía de Chiribiquete en el marco de investigación nacional de los proyectos Colombia Bio (Suárez-Mayorga y Lynch 2018) y un solo estudio de cocodrilos y tortugas de la cuenca media y baja de los ríos Caguán y Caquetá (Medem 1969).

La mayoría de trabajos de anfibios y reptiles en el departamento se concentran en el piedemonte amazónico, lo que deja casi sin información disponible sobre la diversidad y aspectos ecológicos de su fauna de anfibios y reptiles a la planicie amazónica del Caquetá. La falta de información sobre la planicie es una tendencia generalizada para toda la Amazonia colombiana, donde se destacan pocos trabajos en áreas alejadas del Bajo Caguán-Caquetá. Uno trata la ecología de la herpetofauna del piedemonte de Putumayo (Betancourth-Cundar y Gutiérrez-Zamora 2010), área contigua y colindante al departamento del Caquetá. Lynch y Vargas-Ramírez (2000) presentan una lista y aspectos ecológicos de algunas especies de anfibios del departamento de Guainía. Algunos otros artículos muestran la distribución y relevancia de algunos anfibios tanto en la planicie como el piedemonte de la Amazonia colombiana (Mueses-Cisneros 2005, Lynch 2008, Malambo-L. y Madrid-Ordóñez 2008, Acosta-Galvis et al. 2014). Renjifo et al. (2009) publicaron un listado de anfibios y reptiles de la Estrella Fluvial de Inírida, entre los departamentos de Guainía y Vichada. Mueses-Cisneros y Caicedo-Portilla (2018) muestran la diversidad y ecología de la herpetofauna presente en la serranía La Lindosa en el departamento del Guaviare, en donde otros autores han reportado algunas ampliaciones de distribución y novedades taxonómicas (Medina-Rangel y Calderón-Escobar 2013, Murphy y Jowers 2013, Köhler y Kieckbusch 2014, López-Perilla et al. 2014, Medina-Rangel 2015, Calderón-Espinosa y Medina-Rangel 2016). Existe un trabajo de recopilación directa e indirecta de información sobre anfibios y reptiles presentes en el

corredor trinacional de áreas protegidas La Paya-Cuyabeno-Güeppí-Sekime (Colombia, Ecuador y el Perú; Acosta-Galvis y Brito 2016, Brito y Acosta-Galvis 2016), además de un estudio de la zoogeografía de cocodrilos y tortugas de la cuenca de los ríos Amazonas, Putumayo y Caquetá (Medem 1960). Apenas se registran dos estudios en uso de herpetofauna como presas de consumo por parte de las comunidades indígenas amazónicas (anfibios: Bonilla-González [2015], algunos animales entre ellos reptiles: Estrada-Cely et al. [2014]).

El departamento del Caquetá, además de presentar poca información sobre su fauna, cuenta con una deforestación progresiva (Fig. 2C). Tan acelerada es la pérdida de la cobertura vegetal que al ritmo actual muchos elementos de la biota que ocupa la zona y que aún se desconoce, van a desaparecer de forma irremediable. Por lo tanto, se destaca la importancia de inventarios que ayuden a completar vacíos de información y permitan que los entes locales y departamentales tomen decisiones para la implementación de estrategias efectivas de conservación. A continuación, se presentan los resultados del muestreo de anfibios y reptiles realizado durante un inventario rápido de la región del Bajo Caguán-Caquetá, desarrollado del 7 al 22 de abril de 2018. Se muestra su composición, abundancia y estructura, se resaltan hallazgos nuevos, especies amenazadas o en alguna categoría CITES, y se hacen sugerencias para conservación de la herpetofauna de la región.

El objetivo principal del inventario fue evaluar de forma rápida la diversidad, el valor ecológico y los usos de los ensamblajes de anfibios y reptiles en la región del Bajo Caguán-Caquetá. Con esta información identificamos objetos de conservación que pueden aportar evidencia clave, junto a toda la información suministrada por los otros equipos del inventario, para la propuesta y establecimiento de un área de conservación de carácter local, regional y nacional en el área estudiada, que incluya a los pobladores locales dentro de las alternativas de manejo sostenible que puedan desarrollarse.

MÉTODOS

Realizamos muestreos de anfibios y reptiles en bosque inundado, bosque de tierra firme y bosque ripario en cuatro campamentos: 1) El Guamo, del 7 al 10 de abril, 2) Peñas Rojas, del 12 al 14 de abril, 3) Orotuya, del

17 al 19 de abril, y 4) Bajo Aguas Negras, del 21 al 22 de abril de 2018. Para una descripción detallada de los sitios de muestreo ver las Figs. 2A–D y el capítulo *Panorama regional y descripción de los sitios visitados*.

Para la búsqueda, observación o captura de anfibios y reptiles, realizamos recorridos diurnos y nocturnos en las trochas previamente establecidas para el inventario. Para la colecta de especímenes, utilizamos el método de búsqueda libre intensiva por encuentro visual cronometrado, el cual es efectivo para obtener el mayor número de especies del ensamblaje en el menor tiempo por parte de colectores experimentados (Crump y Scott 1994, Rodda et al. 2007).

Cada muestreo duró aproximadamente 4 horas a través de una distancia promedio de 2 km. Calculamos el esfuerzo de muestreo diurno y nocturno en horas-persona (p. ej., una búsqueda de 4 horas por 4 personas = 16 horas-persona). Los esfuerzos de muestreo para cada campamento arrojan un total de 116 horas-persona en El Guamo, 60 horas-persona en Peñas Rojas, 76 horas-persona en Orotuya y 64 horas-persona en Bajo Aguas Negras.

Enfocamos la búsqueda en la trocha y aproximadamente a 15 m a cada lado de las trochas, caminando despacio y revisando cuidadosamente todos los diferentes microhábitats donde potencialmente se pueden encontrar las especies de anfibios y reptiles (oquedades en el suelo y troncos, sobre y bajo la hojarasca, sobre y bajo la vegetación, troncos dentro de caños y charcos temporales y permanentes). Además, tuvimos en cuenta las vocalizaciones que emiten los anuros para el registro auditivo de las especies. Se realizó adicionalmente un muestreo nocturno en bote en la laguna La Culebra en el campamento Peñas Rojas (7,5 horas-persona). Incluimos observaciones casuales, definidas como observaciones de anfibios y reptiles fuera de los muestreos y registros de personas de otros equipos del inventario rápido, confirmados por foto y/o espécimen colectado.

Recolectamos los especímenes de forma manual; solamente para serpientes venenosas se utilizó el gancho y/o pinza herpetológica. Para cada individuo observado, identificamos la especie, anotamos el microhábitat, altura de percha y algún comportamiento interesante o anotación de relevancia sobre el ejemplar. Tomamos fotografías de cada especie en vivo. Usamos las fotos

para publicar una guía de campo de los anfibios y reptiles del Bajo Caguán-Caquetá (Medina-Rangel et al. 2018), que está disponible en el siguiente enlace: *https://fieldguides.fieldmuseum.org/guides/guide/1059*. Recolectamos hasta dos especímenes de cada especie de rana, sapo, lagartija y culebra (culebras pequeñas-medianas) por sitio, y sacrificamos y fijamos los especímenes usando técnicas estándares, usando cloretona para los anfibios e inyección de roxicaina directamente al corazón para los reptiles (Cortez et al. 2006, McDiarmid et al. 2012). Depositamos 168 especímenes voucher en el Museo de Historia Natural Universidad de la Amazonia, Colombia (UAM-H). Los especímenes de anfibios y reptiles fueron fijados al 10% y preservados en alcohol al 70%. La clasificación taxonómica para anfibios se basó en Frost (2018) y para reptiles en Uetz et al. (2018).

El número de especies potenciales en el departamento de Caquetá, lo calculamos mediante la revisión de Pérez-Sandoval et al. (2012), Map of Life (*https://mol.org*; Jetz et al. 2012) y el SiB Colombia (*https://sibcolombia.net*). Clasificamos el hábito de las especies como la categoría de donde más observamos la especie (arbórea, terrestre, acuática). Para determinar la categoría de amenaza consultamos las listas de UICN (2018) y CITES (2018).

Para estimar la riqueza de especies de anfibios y reptiles en el área de estudio elaboramos una curva de rarefacción y extrapolación (Chao et al. 2014). Además, utilizamos curvas de cobertura del muestreo para obtener el porcentaje de completitud alcanzado por nuestro inventario y estimamos cuánto más faltaría muestrear para registrar el número total de especies. Este análisis estima la proporción del número total de individuos en una comunidad que pertenece a una especie registrada en el muestreo (Chao y Jost 2012). Para ello utilizamos el paquete InexT R (Hsieh et al. 2016) y usamos *500 bootstraps* para crear intervalos de confianza del 95%.

RESULTADOS

Composición y caracterización de la herpetofauna

Registramos 97 especies, distribuidas en 55 anfibios y 42 reptiles. Para el estudio se estimó que se encontró aproximadamente el 40% de las 138 especies de anfibios potenciales para el departamento de Caquetá, y aproximadamente el 37% de las 114 especies de reptiles potenciales para el departamento.

Para la clase Amphibia solo registramos el orden Anura, con 9 familias y 20 géneros (Apéndice 11). La familia Hylidae presenta el mayor número de especies (26), seguida por Leptodactylidae (diez). Para la clase Reptilia registramos tres órdenes (Crocodylia, Squamata y Testudines), con 15 familias y 31 géneros (Apéndice 11). Las familias mejor representadas fueron Colubridae con 11 especies y Dactyloidae con 4.

Encontramos 675 ejemplares (384 anfibios y 291 reptiles). Las especies de anfibios más abundantes fueron *Scinax funereus* (35), *Osteocephalus* sp. 1 (27), *Leptodactylus mystaceus* (26), *Rhinella margaritifera* (26) y *Phyllomedusa vaillantii* (20), mientras que los reptiles más abundantes fueron *Caiman crocodilus* (94), *Podocnemis expansa* (50) y *Podocnemis unifilis* (26).

Tanto la fauna de anfibios y reptiles encontrada se distribuye en su mayoría de forma amplia en la Amazonia. Casi el 22% de forma exclusiva a toda la cuenca amazónica, alrededor del 65% se registra en por lo menos dos o tres ecorregiones como la Orinoquia, el piedemonte amazónico y el Escudo Guayanés, mientras que menos del 14% se registra en localidades muy puntuales distintas a las que se trabajaron en el inventario (Apéndice 11).

Riqueza y cobertura del muestreo

Para los cuatro campamentos se estima que un mayor esfuerzo de muestreo registraría 130 especies — alrededor de 72 anfibios y 58 reptiles— cuando se alcance una cobertura de muestreo mayor al 99%.

El inventario muestra resultados más satisfactorios para la riqueza de anfibios frente a la de los reptiles. En anfibios, con 384 individuos, alcanzamos una cobertura de muestreo de 96%. En reptiles, con 291 individuos, logramos una cobertura de 92% (Fig. 19).

Seguramente la herpetofauna total de la región visitada es mucho más rica. Como se mencionó antes, puede llegar a albergar un total de hasta 138 especies de anfibios y alrededor de 114 reptiles. Teniendo en cuenta el número de especies registrados, la riqueza estimada, los pocos muestreos en la zona y sus alrededores, y basándonos en los pocos trabajos e información con que se cuenta (Pérez-Sandoval et al. 2012, Jetz et al. 2012,

SIB-IAvH 2017, Suárez-Mayorga y Lynch 2018), pero también en el hecho de que algunas de las especies potenciales del departamento Caquetá tal vez no ocurren en las alrededores inmediatos al área del estudio por asociaciones especiales que presentan con su microhábitat (p. ej., altura), calculamos que el número de especies estimadas es de 125 ±20 para los anfibios y 100 ±15 para los reptiles. Los cálculos e intervalos de confianza son aproximados y basados en los factores enumerados antes. El tamaño grande de los intervalos de confianza refleja cuan poco conocida es la zona en términos de la comunidad de anfibios y reptiles. Puede que hasta estos números de especies sean aún conservadores sobre el potencial de diversidad herpetológica para la región del Bajo Caguán-Caquetá.

Asociaciones con los hábitats

Registramos anfibios y reptiles en todos los hábitats muestreados, tanto en bosque inundado, bosque de tierra firme y bosque ripario.

Registramos numerosas especies de anfibios asociadas a charcas temporales y permanentes iniciando la época reproductiva, principalmente en labores de cortejo o canto. Estas incluyeron *Osteocephalus* spp., *Phyllomedusa* spp., *Boana* spp., *Dendropsophus* spp. y *Scinax* spp., las cuales son especies arborícolas (algunas de ellas especialistas de dosel), además de especies terrestres como algunas del género *Leptodactylus*. Se destacan los pocos registros de algunas especies típicas de ensamblajes de anfibios de tierras bajas como ranas de desarrollo directo como las de género *Pristimantis*, además de ningún registro de ranas fosoriales (Microhylidae) y otros órdenes de anfibios (Caudata y Gymnophiona).

Encontramos varias posturas de huevos y renacuajos viables en proceso de desarrollo de algunas especies de anfibios como *Hyalinobatrachium cappellei*, *Boana cinerascens*, *Leptodactylus* spp. y *Dendropsophus* spp., y además registramos individuos de *Allobates femoralis* transportando renacuajos en su dorso. A pesar de que los días de lluvia intensa o permanente fueron más de ocho, registramos numerosos cantos en el día de especies de Aromobatidae y Dendrobatidae, mientras que en la noche cantos de Hylidae y Leptodactylidae.

Los reptiles registrados fueron principalmente cocodrilos en lagunas o caños en las noches y muchas

Figura 19. a) Cobertura de muestreo de la comunidad de anfibios y reptiles entre el 7 y el 22 de abril de 2018 en la región del Bajo Caguán-Caquetá, Amazonia colombiana. Líneas sólidas: datos colectados durante el inventario rápido. Las líneas punteadas representan las estimaciones o extrapolaciones. Las áreas grises representan un intervalo de confianza del 95% generado por re-muestreo (500 *bootstraps*). b) Riqueza de especies de anfibios y reptiles registrada y estimada entre el 7 y el 22 de abril de 2018 en la región del Bajo Caguán-Caquetá, Amazonia colombiana.

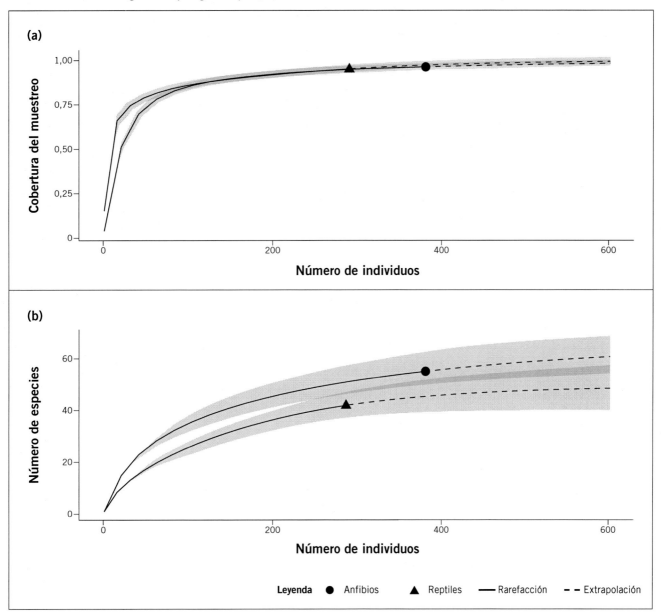

tortugas e *Iguana iguana* en las márgenes de los ríos y caños, aprovechando los breves momentos de luz solar que se presentaron durante los días de muestreo. Las lagartijas y serpientes fueron poco abundantes, y la mayoría de veces en fase oscura. Un ejemplo fueron las lagartijas del género *Anolis*; dicha coloración las hace menos detectables. Es un comportamiento típico cuando la disponibilidad de luz es baja. El cambio de color les ayuda en la regulación de la temperatura corporal, ya

que la pigmentación oscura tiene menor reflectancia, lo que permite que el animal absorba más calor disponible.

Las serpientes fueron registradas principalmente en la noche, activas tanto en el suelo como en la parte baja, media y alta de la vegetación, forrajeando o durmiendo. Las serpientes venenosas registradas en los muestreos usaron principalmente los estratos bajos como la hojarasca, donde se encontraban activas en la noche, y en algunos casos en vegetación baja o sobre el agua como se

Tabla 8. Valores de similitud de la composición de la herpetofauna entre campamentos muestreados durante un inventario rápido de la región del Bajo Caguán-Caquetá, Amazonia colombiana, en abril de 2018. Porcentaje de similitud de reptiles en la diagonal superior derecha, porcentaje de similitud de anfibios en la diagonal inferior izquierda.

	El Guamo	Peñas Rojas	Orotuya	Bajo Aguas Negras
El Guamo	–	23	16	11
Peñas Rojas	27	–	14	13
Orotuya	18	25	–	17
Bajo Aguas Negras	21	25	15	–

registró para *Bothrops atrox*. Solo registramos una serpiente que vive enterrada la mayor parte del tiempo, *Amerotyphlops* cf. *minuisquamus*, que fue encontrada fuera del muestreo en la fase previa de adecuación del campamento de Peñas Rojas. Se detectaron tortugas tanto sobre la hojarasca, como el morrocoy (*Chelonoidis denticulatus*), como algunas otras en charcas pequeñas formadas dentro del bosque, como *Mesoclemmys gibba* y *Platemys platycephala*.

Muchas otras especies de buen porte no fueron detectadas en el inventario, tal es el caso de especies de la familia Hoplocercidae, comunes en los ensamblajes amazónicos, o lagartos arborícolas grandes como *Anolis punctatus* o *Polychrus marmoratus*.

Comparación entre los sitios de muestreo

La fauna de los sitios presentó algunos elementos similares en cada uno de los campamentos muestreados; sin embargo, fue más evidente la baja similitud en la composición de especies entre sitios (Tabla 8), lo que puede implicar una alta complementariedad de la herpetofauna entre los diferentes campamentos muestreados.

Campamento El Guamo

Este fue el campamento con el mayor esfuerzo de muestreo en todo el estudio. Registramos 91 individuos de 41 especies (Tabla 9). Once fueron únicas para este campamento: *Chironius* sp., *Cnemidophorus lemniscatus*, *Dendropsophus brevifrons*, *Eunectes murinus*, *Gonatodes concinnatus*, *Kentropyx pelviceps*, *Micrurus langsdorffi*, *Phyllomedusa tarsius*, *Scinax garbei*, *Teratohyla midas* y *Trachycephalus typhonius*. Las especies más abundantes fueron principalmente las ranas *D. brevifrons* y *P. tarsius*; el resto de las especies registradas presentaron abundancias bajas.

Campamento Peñas Rojas

Se destaca que fue el campamento con el menor esfuerzo de muestreo. Se registraron 251 individuos de 49 especies (Tabla 9). De estas, 12 fueron únicas para el campamento: *Amerotyphlops* cf. *minuisquamus*, *Anolis transversalis*, *Arthrosaura reticulata*, *Boana alfaroi*, *Dendropsophus parviceps*, *Erythrolamprus typhlus*, *Gonatodes humeralis*, *Kentropyx calcarata*, *Helicops angulatus*, *Leptophis ahaetulla*, *Scinax cruentommus* y *Spilotes pullatus*. Las especies más abundantes fueron *Caiman crocodilus*, *Scinax funereus* y *Osteocephalus* sp. 1, las demás presentaron menores abundancias.

Campamento Orotuya

Registramos 118 individuos de 42 especies (Tabla 9). De estas, 15 fueron únicas para el campamento: *Ameerega* sp., *Chironius scurrulus*, *Chelus fimbriata*, *Dendropsophus* sp., *Lithodytes lineatus*, *Mabuya* sp., *Mesoclemmys gibba*, *Osteocephalus leprieurii*, *Osteocephalus* sp. 2, *Osteocephalus yasuni*, *Philodryas argentea*, *Pristimantis altamazonicus*, *Pristimantis variabilis*, *Ranitomeya variabilis* y *Scinax* sp. Las especies más abundantes fueron *Rhinella margaritifera* y *Leptodactylus pentadactylus*; las demás presentaron abundancias bajas.

Campamento Bajo Aguas Negras

Se registraron 126 individuos de 34 especies (Tabla 9). Nueve fueron únicas para el campamento: *Anolis ortonii*, *Boana punctata*, *Callimedusa tomopterna*, *Dendropsophus sarayacuensis*, *Gonatodes* sp., *Leptodactylus knudseni*, *Leptodactylus rhodomystax*, *Micrurus hemprichii* y *Osteocephalus* aff. *deridens*. Las especies más abundantes fueron *Leptodactylus mystaceus* y *L. rhodomystax*; las demás presentaron abundancias bajas.

Tabla 9. Número de individuos, especies y especies únicas (especies sólo registradas en un campamento) de anfibios y reptiles en cada uno de los sitios muestreados durante un inventario rápido de la región del Bajo Caguán-Caquetá, Amazonia colombiana, en abril de 2018.

	El Guamo			Peñas Rojas			Orotuya			Bajo Aguas Negras		
	Individuos	Especies	Únicas	Individuos	Especies	Únicas	Individuos	Especies	Únicas	Individuos	Especies	Únicas
Anfibios	61	23	4	119	28	3	84	28	10	115	24	6
Reptiles	30	18	7	132	21	9	34	14	5	11	10	3
Cocodrilos	3	1	0	93	2	0	7	1	0	1	1	0
Lagartos	14	8	4	23	8	4	6	2	1	3	2	2
Serpientes	11	8	3	15	10	5	17	8	2	6	6	1
Tortugas	2	1	0	1	1	0	4	3	2	1	1	0

Uso y costumbres asociados a la herpetofauna

La fauna siempre está ligada a percepciones, usos y costumbres de las comunidades indígenas y campesinas que ocupan los territorios. Para el caso de los anfibios y reptiles, el uso medicinal, consumo y la simple aniquilación por temerles o pensar que traen malos augurios es el común denominador para muchas serpientes, ranas, lagartijas, tortugas y cocodrilos (Apéndice 11). A continuación, presentamos algunos usos y costumbres de pobladores de la zona con respecto a la herpetofauna del Bajo Caguán y medio río Caquetá.

Consumo

Por lo menos ocho especies de anfibios y reptiles son consumidas por las comunidades locales, entre las que tenemos:

- Algunas ranas del género *Dendropsophus* que son usadas como alimento en el campamento Peñas Rojas; se les consume fritas o en caldo en periodos donde son muy abundantes, eviscerándolas e incluyéndolas al caldo con otros aliños propios de la zona.

- Dos especies de ranas de gran tamaño, *Leptodactylus knudseni* y *Leptodactylus pentadactylus*, conocidas con el nombre común de 'juanboy,' son consumidas regularmente por comunidades indígenas en todos los campamentos. Se les come en caldo con ají, sudadas junto a yuca y plátano y condimentada con aliños propios de cada comunidad. En muy pocas ocasiones se consumen fritas.

- Algunas especies no específicas del género *Osteocephalus* son usadas al comienzo de la época reproductiva como alimento (identifican que pueden capturarlas al empezar a escucharlas de forma frecuente en las charcas aledañas). Se hacen preparaciones de caldos con numerosos individuos. Su consumo se evidenció principalmente en el campamento Orotuya y Bajo Aguas Negras. Se les captura haciendo un hueco con las paredes muy lisas y rectas en la tierra, siempre al costado de las charcas donde previamente se les ha escuchado cantar. El hueco, por sus paredes lisas y su textura granulosa, impide que los individuos escapen trepando las paredes, y facilita que al día siguiente los pobladores puedan recolectarlas con facilidad.

- Por lo menos dos especies de cocodrilos, *Caiman crocodilus* y *Paleosuchus* spp., son usadas para consumo de carne. Principalmente de la cola que se consume frita o sudada junto a yuca y plátano, y se les condimenta con aliños propios de la zona. Se les consumen en todos los campamentos. Sin embargo, solo en Bajo Aguas Negras se contó con testimonios de que se consumen los individuos jóvenes en caldo con ají.

- Identificamos solo en Orotuya el consumo de morrocoy (*Chelonoidis denticulatus*); sin embargo, es ocasional. Cuando se le encuentra dentro del bosque se le captura y se les traslada a las viviendas donde se le abre el plastrón usando un hacha. Se eviscera parcialmente y se le cocina en el mismo caparazón, condimentando con aliños propios de la comunidad y ají. Son muy apreciados sus huevos para el consumo y se les considera de muy buen sabor y de gran aporte de proteínas.

- En todos los campamentos registramos el consumo de por lo menos dos especies del género *Podocnemis*, muy apetecidas por su carne y aún más sus huevos. Se le captura ocasionalmente en las redes de pesca, se les traslada a las viviendas para despresarlas y consumir su carne. Para los huevos se realizan faenas de búsqueda principalmente en el apogeo de la época más seca, cuando las playas de anidación son fácilmente identificables.

Medicina y tradición

Pudimos documentar que por lo menos tres especies de ranas y algunas serpientes presentaron algún uso en medicina tradicional, tanto por pobladores campesinos como dentro de las comunidades indígenas. Adicionalmente en Bajo Aguas Negras documentamos algunos de los nombres en idioma nipõde con los que se les conoce a algunos grupos de anfibios y reptiles, además de los nombres comunes en castellano proporcionados por campesinos e indígenas. Se documenta brevemente algo de la cosmogonía y percepción de la presencia y abundancia de las serpientes en el Resguardo Indígena Bajo Aguas Negras.

- *Leptodactylus pentadactylus* y *L. knudseni* son usadas como medicina para el apéndice. Las abren, evisceran, lavan y ponen a hervir en dos tazas de agua hasta que se reduzca a la mitad el líquido y lo cuelan. Por otra parte, acuestan a la persona enferma y la amarran de los pies. Le dan el caldo tibio y la cuelgan completamente boca abajo de los pies por cinco minutos; después la bajan. Esto alivia la dolencia y cura a la persona. La fórmula es usada en el sector de Peñas Rojas.

- La leche excretada por el sapo *Rhinella marina* es diluida en agua, hervida y consumida en infusiones con hojas de plantas para la mejora de dolencias estomacales. La formula es usada en Peñas Rojas.

- Identificamos que se usan algunas ranas, potencialmente de la familia Dendrobatidae y algunas especies de la familia Phyllomedusidae, para aplicar emplastos en sitios donde hay heridas causadas por objetos penetrantes como espinas o donde existen problemas de la piel. El emplasto hace salir la infección y en los casos donde aún esté el objeto penetrante dentro de la herida, el emplasto genera la expulsión del cuerpo extraño. Esta fórmula es usada en el resguardo Bajo Aguas Negras.

- En el resguardo Bajo Aguas Negras, las serpientes venenosas, y algunas otras consideradas venenosas, son usadas para preparar contras (antídotos), con el fin de curar a personas mordidas por serpientes similares. Para esto se usa la hiel, que es el líquido producido por el hígado, junto a ciertas hierbas específicas. Mediante rezos realizados en ritos especiales y particulares, los brebajes son suministrados a la víctima de la mordedura por vía oral.

- Algunos de los nombres de los anfibios y reptiles en ñipode en el Bajo Aguas Negras son: culebras en general (jayõ), ranas en general (jangõ), lagartos en general (tõme), la tortuga morrocoy *Chelonoidis* spp. (juri), sapos y ranas grandes como *L. pentadactylus* o *L. knudseni* (nopongõ), las charapas *Podocnemis* spp. (menigõ), los cocodrilos como cachirres y babillas (tema), la pelo de gato o 24, *Bothrops* spp. (ibama o graudõ), la serpiente verrugosa *Lachesis muta* (monaire), la anaconda o boas grandes (nuyõ) y las serpientes corales (egõmo).

- Documentamos que las comunidades en general tienen una relación de temor o prevención con la mayoría de especies de anfibios y reptiles, aun cuando un número considerable son usadas como alimento o medicina. Algunas comunidades las relacionan a algunos aspectos de su cosmogonía. Por ejemplo, la comunidad de Bajo Aguas Negras liga la época de floración del árbol de caucho (*Hevea guianensis*) con la presencia y mayor abundancia de serpientes.

Registros notables

Especies registradas por primera vez en Colombia

- *Boana alfaroi* GFM 2127. Rana de la familia Hylidae del grupo *Hypsiboas albopunctatus* complejo *calcaratus*. En una actualización reciente del complejo *Boana calcarata* y *Boana fasciatus*, Caminer y Ron (2014) describieron cuatro especies nuevas, incluyendo *B. alfaroi*. Por lo tanto, es probable que algunos de los registros anteriores de *B. fasciatus* en Colombia realmente sean *B. alfaroi*. Sin embargo, nuestro registro es el primero que confirma la presencia de la especie en Colombia. *Boana alfaroi* tiene dorso blanco cremoso pálido a marrón claro, puntos marrón oscuros en los flancos, talón sin calcar y tubérculo pequeño en el talón. Registramos un individuo en el campamento Peñas Rojas.

- *Hyalinobatrachium cappellei* GFM 2048 y 2206. Rana de la familia Centrolenidae. Hasta la fecha, se distribuía en el Escudo Guayanés y la cuenca amazónica de Brasil (Simões et al. 2012). Dorsalmente, la rana es verde con puntos amarillos grandes y difusos y salpicada de puntitos negros. Tiene pericardio transparente (corazón visible ventralmente) o blanco, hocico truncado visto dorsal y lateralmente, y tímpano no evidente. Encontramos un individuo en el campamento El Guamo, y un macho cuidando posturas debajo de una hoja de un árbol junto a un caño en el campamento Bajo Aguas Negras.

- *Dendropsophus shiwiarum* GFM 2209 y 2219. Rana de la familia Hylidae que forma parte del grupo *Dendropsophus microcephalus*. La descripción de la especie fue hecha para las tierras bajas de la Amazonia central del Ecuador por Ortega-Andrade y Ron (2013). Hasta la fecha, se distribuía en localidades al oriente de los Andes ecuatorianos, desde el norte al centro de la Amazonia ecuatoriana (provincias Napo, Orellana, Pastaza y Sucumbíos; Ortega-Andrade y Ron 2013). Dorsalmente, marrón claro rosado o cobrizo hasta rojizo, más claro hacia el tercio posterior del cuerpo, con o sin manchas de color marrón rojizo y algunas veces una mancha triangular invertida en la región escapular. Vientre inmaculado crema blanquecino, superficie ventral de las patas y costados color piel sin pigmentación, machos con región gular y mental amarilla pálido. Encontramos un macho cantando en el campamento Peñas Rojas, y un macho sobre una hoja de un árbol junto a un caño pequeño en el campamento Bajo Aguas Negras.

Ampliaciones de distribución geográfica

- *Pristimantis variabilis*. Rana de la familia Craugastoridae, pequeña con coloración dorsal muy variable. Las ingles tienen un punto grande amarillo que se extiende hasta la superficie anterior proximal de los muslos y que es ventralmente confluente (o casi confluente). Anteriormente fue registrada en los departamentos de Amazonas (Lynch 1980, Lynch y Lescure 1980, Acosta 2000) y Putumayo (Lynch 1980, Ruiz et al. 1996, Acosta 2000, Lynch 2007) de Colombia, así como en Ecuador, oeste de la Amazonia

de Brasil y al este del Perú. Nuestra observación es la primera para el departamento de Caquetá.

- *Scinax funereus*. Rana de la familia Hylidae, mediana con color marrón verdoso y manchas oscuras irregulares, piel granular y hocico largo. La ingle y partes ocultas de los muslos son amarillas o de color verde pálido con manchas marrones. Se distribuye en la cuenca alta del río Amazonas en Ecuador, Perú y el occidente de Brasil (Frost 2018); en Colombia antes se le había registrado en varias localidades al sur del departamento del Amazonas (Lynch 2005). Nuestros registros son los primeros para el departamento del Caquetá, extendiendo su rango de distribución hacia el occidente de la Amazonia colombiana en más de 635 km.

- *Scinax ictericus*. Rana de la familia Hylidae, mediana, con color en la noche amarillo pálido con marcas oscuras no distinguibles; en el día el dorso se torna marrón claro con manchas marrones más oscuras, con flancos cremas con puntos oscuros. La ingle y partes ocultas de los muslos son de tonalidad marrón oscura. Vientre amarillo. Se distribuye en el noroccidente de Bolivia, en las cuencas de los ríos Purús y Madre de Dios en el Perú, y en el occidente de Brasil (Frost 2018); en Colombia anteriormente se le había registrado sólo en una localidad en el piedemonte amazónico al noroccidente del departamento del Caquetá (Suárez-Mayorga 1999). Nuestros registros amplían su distribución hacia el oriente del departamento del Caquetá, Colombia, extendiendo su rango de distribución hacia el oriente de la Amazonia colombiana en más de 200 km.

DISCUSIÓN

Registramos una comunidad de anfibios y reptiles en buen estado de conservación. Los anfibios fueron más diversos que los reptiles. Es probable que el inicio de las lluvias haya favorecido a muchas más ranas que inician su explosión reproductiva, muchas veces asociada a la presencia de charcas temporales que se forman en las terrazas disectadas donde están los bosques de tierra firme (Duellman 2005). Este hecho se evidenció por el registro de una buena cantidad de especies e individuos de ranas en dichos microhábitats. Se destaca que por las condiciones de algunas partes del suelo muchas charcas temporales siempre se van a formar en el mismo sitio; seguramente hay un uso permanente (o anual) de las especies para reproducción. Sin embargo, al inicio de la época de lluvias, se presenta una disminución de la abundancia y presencia de algunas otras especies (Duellman 2005). El caso de los reptiles es diferente. Muchas veces la falta de radiación solar disminuye sus tasas de actividad considerablemente (Huey et al. 2009), por lo cual bajan las tasas de detección, dando la impresión que son poco diversos en el sitio.

La humedad y temperatura son factores claves en la distribución y nivel de actividad de anfibios y reptiles (Bertoluci 1998). La disminución en la temperatura parece afectar tanto a las especies de anfibios como a las de reptiles. Muchas de las especies de reptiles son termorreguladores activos o pasivos, que son afectados de una u otra manera por la disminución de la radiación solar que se presenta cuando ocurren varios días continuos de lluvia, con lo que seguramente disminuye su detectabilidad. Ponerse colores más oscuros y más crípticos es una estrategia usada para almacenar energía suficiente para activarse cuando sea necesario, además de permitirles esconderse de potenciales predadores de forma efectiva (Huey et al. 2009).

Hay que tener en cuenta que los resultados de diversidad que registramos en las áreas de estudio también pueden haber estado influenciados por los pulsos de inundación típicos de muchos lugares de la Amazonia. Dichas fluctuaciones afectan la composición de muchos hábitats temporalmente (Costa et al. 2018). Se ha demostrado que se presenta un movimiento estacional de especies de vertebrados terrestres entre hábitats adyacentes (Martin et al. 2005, Costa et al. 2018), todo ello producto del mosaico de recursos disponibles cambiantes entre estaciones de aguas altas y bajas. Por lo tanto, muestreos puntuales solo revelan una faceta de la diversidad de la fauna en los sitios particulares donde se hicieron los muestreos, evidenciando la necesidad de más inventarios a lo largo de diferentes épocas climáticas dentro de la zona.

Los resultados de diversidad que obtuvimos concuerdan con lo encontrado en otros estudios en la planicie amazónica, donde los anfibios son más diversos que los reptiles (Rodríguez y Duellman 1994, Rodríguez 2003, Duellman 2005, Vogt et al. 2007, Ávila-Pires et al. 2010, Waldez et al. 2013). Sin embargo, no registramos

especies endémicas para el área, mientras que en muchos de estos trabajos en la Amazonia se registran numerosas especies con distribución restringida. Parece ser que el recambio de muchas especies en la región del Bajo Caguán-Caquetá refleja una fauna ampliamente distribuida; sin embargo, investigaciones más extensas en el tiempo pueden revelar elementos propios en cada una de estas áreas, ya que muchas especies raras y distribuidas puntualmente solo son detectadas con mayor esfuerzo de muestreo.

Registramos a Hylidae y Leptodactylidae como las familias más diversas, tendencia similar a la registrada en otros trabajos previos que han determinado que ambas familias son las más ricas y abundantes en tierras bajas. La diversidad de estas familias tal vez se debe a que presentan múltiples modos reproductivos, muchos asociados a cuerpos de agua permanentes y temporales (Duellman 1988). Cáceres-Andrade y Urbina-Cardona (2009) registraron una tendencia similar en diversidad a la que hemos registrado en nuestro trabajo: Hylidae presentó el mayor número de especies e individuos, seguida por Leptodactylidae y Bufonidae. Los bosques de tierra firme tienden a tener una mayor cantidad de anfibios arborícolas, como es el caso de Hylidae (Waldez et al. 2013). Sin embargo, en general, los bosques de tierra firme y las planicies de inundación presentaron muchos elementos en común, lo que resulta similar a lo que se registra para varios sitios en la Amazonia (Bertoluci 1998, Duellman 2005, Waldez et al. 2013).

Estimamos que la riqueza de anfibios es 120 ±20 especies, mientras que para reptiles es 100 ±15. Este valor es inferior al que se ha registrado en otros inventarios realizados relativamente cerca, en la cuenca sur del río Putumayo a lo largo de todo el borde de la frontera con el Perú (Lynch 2007, von May y Venegas 2010, von May y Mueses-Cisneros 2011, Venegas y Gagliardi-Urrutia 2013, Chávez y Mueses-Cisneros 2016). Dicha área parece ser muy diversa en especies de anfibios, superando a sitios como Leticia donde se estima una riqueza alta para anfibios (140 spp.; Lynch 2007). A diferencia de todos estos sitios, la diversidad de la región Bajo Caguán-Caquetá no presentó una diversidad tan alta de hábitats como, por ejemplo, Medio Putumayo-Algodón (Chávez y Mueses-Cisneros 2016).

No obstante, son necesarios más inventarios exhaustivos y estudios aplicados de ecología para entender muchos elementos de la dinámica de los bosques de tierra firme e inundables de la región del Bajo Caguán-Caquetá. Muchos aspectos son aún desconocidos, por ejemplo, por qué en esta época específica del año están casi ausentes elementos claves de las tierras bajas como las ranas de desarrollo directo del género *Pristimantis*. En el estudio de Osorno-Muñoz et al. (2010), no eran tan abundantes en la planicie amazónica, pero sí estaban presentes, al igual que en otros estudios en el centro y periferia de la Amazonia (Bertoluci 1998, Duellman 2005, Waldez et al. 2013, Chávez y Mueses-Cisneros 2016). También se destaca que no detectamos especies de la familia Microhylidae, un grupo común de ranas en los ensambles amazónicos de tierra firme (Waldez et al. 2013, Chávez y Mueses-Cisneros 2016), a pesar de que los bosques contaban con una buena capa de hojarasca y mantillo que es un hábitat ideal para los individuos de esta familia.

Detectamos un alto recambio de especies lo que puede estar indicando que, aunque no es tan alta la diversidad como se esperaba, puede ser efecto de que aún hay mucho que explorar y existe una necesidad de realizar muchas más jornadas de muestreo que nos permitan en distintas épocas climáticas, alcanzar a entender la verdadera riqueza, abundancia y composición de las especies de anfibios y reptiles.

AMENAZAS

Identificamos tres amenazas principales para los anfibios y reptiles de la región del Bajo Caguán-Caquetá:

- La presión que sufren algunas especies de reptiles, como la babilla (*Caiman crocodilus*), el cachirre (*Paleosuchus palpebrosus*), el morrocoy (*Chelonoidis denticulatus*) y la charapa (*Podocnemis expansa*), que son utilizadas como fuente de alimento por las comunidades indígenas y campesinas, además de afectar el ciclo reproductivo por el consumo de huevos y especímenes que aún no han alcanzado la madurez sexual.

- La alta mortalidad de serpientes (venenosas y no venenosas) ocasionada por el desconocimiento de las comunidades, generado por el miedo frente a la mayor parte de individuos, que a la larga no representan verdaderos riesgos contra sus vidas.

- La pérdida de ecosistemas naturales influye directamente en las especies de anfibios y muchos

reptiles debido a sus requerimientos ecológicos. El aumento de temperatura, la mayor entrada de vientos, los cambios en los microhábitats disponibles y una menor disponibilidad de sitios para postura causan desecación, estrés térmico y mayor disponibilidad a enfermedades como hongos y parásitos, y afecta el ciclo de reproducción.

RECOMENDACIONES PARA LA CONSERVACIÓN

Proponemos que se conserve de forma urgente y con participación directa de las comunidades las coberturas de bosque de tierra firme y planicies de inundación en buen estado que permanecen en el área, con el fin de proteger además de los anfibios y reptiles, a los demás grupos de fauna que se encuentran distribuidos y así garantizar la continuidad y conectividad de las poblaciones naturales.

Recomendamos realizar jornadas de sensibilización y capacitación para el reconocimiento y la diferenciación de las serpientes venenosas de las no venenosas. Además, recomendamos la elaboración de posters y otros materiales didácticos que permitan la identificación de las serpientes en la zona.

Es necesario desarrollar investigaciones dirigidas a entender la dinámica de las comunidades de anfibios y reptiles, para comprender mucho mejor y a largo plazo los cambios en su estructura, que permitan relacionar mucho mejor a las especies y las diferentes coberturas vegetales presentes en el área. Los estudios deben enfocarse en distintas épocas climáticas a lo largo de mucho más tiempo de muestreo.

Recomendamos enfocar algunas investigaciones en grupos particulares, tal como en los cambios en diversidad que presentan los *Pristimantis*, así como estudios que aprovechan la presencia de algunas especies raras como *Platemys platycephala*, *Boana alfaroi*, *Hyalinobatrachium cappellei*, *Dendropsophus shiwiarum*, *Scinax funereus* y *Scinax ictericus*, con el fin de entender aspectos de su autoecología y poblaciones en la Amazonia colombiana.

Consideramos importante desarrollar e implementar planes de manejo y conservación para las especies de tortugas consumidas por las comunidades: *Chelonoidis denticulatus*, *Podocnemis expansa* y *P. unifilis*. El objetivo de estos planes sería el uso sostenible de este recurso por parte de los pobladores locales, que no amenaza la supervivencia de las especies en la región del Bajo Caguán-Caquetá.

Recomendamos continuar con el desarrollo de planes de manejo y conservación de la cuenca baja del río Caguán, cuyas aguas son hábitats críticos para la reproducción de muchas especies de anfibios y reptiles.

AVES

Autores: Douglas F. Stotz, Brayan Coral Jaramillo y Flor A. Peña Alzate

Objetos de conservación: Batará de Cocha (*Thamnophilus praecox*) y otras especies de bosque de *várzea*; águilas grandes (*Spizaetus*, *Harpia*, *Morphnus*); frugívoros grandes (palomas, tucanes, trogones, etc.) por su importancia como dispersores de árboles de dosel; poblaciones de especies de caza, especialmente Paují Culiblanco (*Mitu salvini*) y Trompetero Aligrís (*Psophia crepitans*), y posiblemente Paují Moquirojo (*Crax globulosa*), si es que todavía existe en la región; cuatro especies consideradas como globalmente amenazadas

INTRODUCCIÓN

Las aves del medio y bajo río Caquetá en Colombia, así como las del drenaje del bajo Caguán, no han sido muy estudiadas. Debido a la lejanía y el control ejercido por las guerrillas durante muchos años (ver el capítulo *Panorama regional y descripción de los sitios visitados*) no existe información reciente publicada sobre las aves de esta región. El drenaje del Putumayo en el Perú y el área alrededor de Puerto Leguízamo en Colombia, provee la comparación más relevante con respecto a la avifauna de la región Bajo Caguán-Caquetá. Una serie de inventarios rápidos se han realizado en el lado peruano del río Putumayo (e.g., Stotz y Pequeño 2004, Stotz y Mena Valenzuela 2008, Stotz y Díaz Alván 2010, Stotz y Díaz Alván 2011, Stotz y Ruelas Inzunza 2013, Stotz et al. 2016), el cual está relativamente bien estudiado. Además, miles de avistamientos realizados en su mayoría por observadores de aves aficionados en áreas boscosas ubicadas en las cercanías de Puerto Leguízamo, han servido de contribución a E-bird (*https://ebird.org/home*); varios de estos avistamientos se hicieron en algunos sitios dentro del Parque Nacional Natural La Paya. Ahí todavía existen relativamente pocos datos de las cuencas hidrográficas del alto

Caquetá o del Caguán, arriba del área estudiada en este inventario, con la excepción de la parte más alta del drenaje donde las características del bosque son muy diferentes y donde hay sustancialmente mayor deforestación (p. ej., Marín Vásquez et al. 2012).

El Parque Nacional Natural Serranía de Chiribiquete está ubicado inmediatamente al este del área que investigamos. Se trata de una enorme área que no ha sido muy estudiada. Álvarez et al. (2003) proveen una lista de 355 especies conocidas del parque. Realísticamente, existen probablemente más de 500 especies de aves que ocurren regularmente dentro de los límites del parque. Un estudio de aves de una meseta ubicada dentro del complejo Chiribiquete (Stiles et al. 1995) encontró 77 especies, incluyendo una cantidad de especies típicas de la región de Guayana y previamente desconocidas de tan al oeste. Lo más importante es que ellos descubrieron una nueva especie de colibrí (Stiles 1995), el picaflor Esmeralda de Chiribiquete (*Chlorostilbon olivaresi*), que sigue siendo conocido solo de las elevaciones más pronunciadas de Chiribiquete.

MÉTODOS

Estudiamos las aves de la región Bajo Caguán-Caquetá durante nuestras visitas a cuatro campamentos: cuatro días en el campamento El Guamo (7–10 de abril de 2018, 81,5 horas de observación), cuatro días en el campamento Peñas Rojas (12–15 de abril de 2018, 72 horas), tres días en el campamento Orotuya (17–19 de abril de 2018, 50,5 horas), y tres días en el campamento Bajo Aguas Negras (21–23 de abril de 2018, 56 horas). También registramos aves durante los viajes en bote que realizamos entre los campamentos, por los ríos Caguán y Caquetá. Para una descripción detallada de los sitios estudiados durante este inventario rápido, ver las Figs. 2A–D y el capítulo *Panorama regional y descripción de los sitios visitados*.

En cada uno de los campamentos caminamos las trochas buscando aves por avistamiento directo y canto. Típicamente cubrimos las trochas en dos grupos, con Peña y Stotz trabajando juntos y Coral solo. En cada campamento caminamos todas las trochas por lo menos una vez, para cubrir todos los tipos de hábitats disponibles. Las caminatas de observación empezaban antes del amanecer o más tarde por la mañana y duraban hasta media tarde. Cada día caminamos entre 6 y 12 km, dependiendo de la longitud de las trochas, los factores climáticos, los niveles de actividad de las aves y los hábitats disponibles. Algunas observaciones de aves fueron hechas por otros investigadores en el inventario rápido o por miembros del equipo de avanzada, quienes construyeron los campamentos alrededor de un mes antes de nuestra llegada.

Nuestra lista de aves (Apéndice 12) sigue la secuencia, taxonomía, nomenclatura y nombres en inglés de Remsen et al. (2018). En base al número total de individuos de cada especie registrados cada día por Stotz y Coral, catalogamos cada especie en una de cuatro categorías de abundancia relativa en cada campamento. Estas eran: 1) *común*, para aves registradas diariamente y con 10 o más individuos por día; 2) *poco común*, para aves registradas diariamente con menos de 10 individuos por día; 3) *no común*, para aves registradas más de dos veces en un campamento, pero no registradas diariamente; y 4) *rara*, para aves registradas una o dos veces en un campamento.

RESULTADOS

En los cuatro campamentos encontramos 388 especies de aves. En los viajes en bote por los ríos Caquetá y Caguán se adicionaron 12 especies. Observaciones de miembros del equipo de avanzada (especialmente en el campamento de Peñas Rojas) adicionaron ocho especies a la lista. Con esto alcanzamos un total de 408 especies registradas dentro de la región durante el trabajo del inventario. Estimamos que en la región hay probablemente unas 550 especies de aves habitualmente; los mapas de rango esperados preparados por el Grupo de Especialistas en Aves de la UICN predice que existen 560 especies en la región (BirdLife International 2018).

Riqueza de especies en los campamentos estudiados

Los cuatro campamentos estudiados durante este inventario difirieron sustancialmente en cuanto a los hábitats presentes y en el grado de intervención humana. El primer campamento, El Guamo, fue el que se encontraba en las mejores condiciones, pero contaba con una diversidad limitada de tipos de hábitat. El principal cuerpo de agua era un caño de tamaño moderado y no había bosque inundado verdadero. Partes del sistema de

trochas recorrían bosques verdaderos de tierra firme. Contabilizamos 241 especies de aves en este campamento.

En Peñas Rojas, el segundo campamento, encontramos 290 especies (más ocho especies adicionales registradas por el equipo de avanzada). Aunque el bosque aquí estaba más alterado que en El Guamo y tenía mucho menos variabilidad, un área de pasturas y otros hábitats secundarios sumados a un gran lago proveyeron hábitats no disponibles en El Guamo y resultaron en una cantidad mucho mayor de especies de aves encontradas.

En Orotuya, el tercer campamento, registramos el menor número de especies de aves (180). Una serie de factores influyó en esto. Este fue el primer campamento en el que tuvimos solo tres días para investigar, habiendo tenido cuatro días tanto en El Guamo como en Peñas Rojas. Además, la lluvia que cayó todas las mañanas impactó negativamente la actividad de las aves y un día la lluvia persistió durante casi todo el día. Partes del sistema de trochas se volvieron inaccesibles debido a las inundaciones, y un día Stotz no pudo ir al campo. Mientras estos factores impactaron negativamente el número observado de especies, Orotuya parece ser realmente menos diverso que El Guamo. El bajo número de especies no fue simplemente un reflejo de los problemas logísticos suscitados que tuvieron impacto en la cantidad de especies.

Nuestro último campamento, Bajo Aguas Negras, fue también estudiado durante solo tres días. Sin embargo, sus 252 especies registradas lo ubicaron segundo en el ranking de diversidad después de Peñas Rojas. Como en Peñas Rojas, la diversidad de hábitats adicionales a los bosques de altura resultó en una gran contribución al número de especies encontradas en este sitio. La gran extensión de pasto era mucho más antigua que las pequeñas pasturas de Peñas Rojas y tenía una serie mucho más completa de especies asociadas a hábitats secundarios. Asimismo, el bosque inundado del canaguchal (pantano predominado por palmas de *Mauritia*) de Bajo Aguas Negras contuvo un elemento de la avifauna relativamente abundante y distintivo que no existió en alguno de los otros tres campamentos.

Extensiones de rango

La región estudiada durante este inventario no ha recibido mucha atención, y encontramos un número de especies donde nuestros registros extendieron sus rangos conocidos. Estas especies cayeron principalmente en tres clases: especies conocidas del río Putumayo pero no conocidas tan hacia el norte como el drenaje del Caquetá, especies mayormente de la distribución de Guayana que se extiende más lejos al sudoeste de lo previamente conocido, y una serie de especies asociadas a bosques de várzea que discutimos más abajo. Además de estas especies, donde el rango se extendió hacia alguna dirección, había un número de especies aún mayor para las que existen registros específicos de áreas circundantes hacia el sur, oeste y norte, y en algunos casos hacia el este, pero no para el medio y bajo Caquetá. La expectativa es que esencialmente todas las especies con tal distribución conocida serán encontradas eventualmente en el área de estudio.

Especies de suelos pobres

Durante este inventario encontramos dos de las seis especies registradas en el inventario rápido de Medio Putumayo-Algodón las que son consideradas como especialistas de suelos pobres Bienparado Rufo (*Nyctibius bracteatus*) y Suelda Gargantiamarilla (*Conopias parvus*); Stotz et al. 2016). También encontramos algunas especies de amplio rango de extensión, de menor especialización que, sin embargo, están asociadas a suelos pobres (Álvarez Alonso et al. 2013), como Batará Perlado (*Megastictus margaritatus*) y Atila Cabecigrís (*Attila citriniventris*; ver Tabla 10 para la lista completa). Todas estas especies de suelos pobres también se encuentran en las áreas más extensas de suelos pobres de la cuenca del Putumayo.

Especies de várzea

Un grupo de especies que resaltó durante este inventario fue el asociado a bosques de várzea (i.e., bosques de planicie inundable ubicados a lo largo de ríos de aguas blancas). La mayor diversidad de especies de várzea fue encontrada en Bajo Aguas Negras en un área de gran tamaño entre el río Caquetá y la comunidad que usamos como base de nuestro campamento. Regularmente cubrimos esta área inundada, la cual estaba dominada por palmas de canangucho, por la trocha de 1 km desde el puerto en el río hacia la comunidad. Por esta trocha, además de un grupo de especies asociadas específicamente con palmeras, registramos varias especies que solo se encuentran en hábitats de várzea.

Estas incluyen cuatro especies las cuales representaron extensiones de rango significativas: Batará de Cocha (*Thamnophilus praecox*), Picoplano Ojiamarillo (*Tolmomyias traylori*), Zorzal de Varzea (*Turdus sanchezorum*), y Arrendajo Ecuatoriano (*Cacicus sclateri*). Otra especie típica de várzea, Tororoi Carimanchado (*Hylopezus macularius*), fue encontrada durante el inventario en bosques bajos entre la laguna La Culebra y el río Caguán, en el campamento de Peñas Rojas, pero no fue encontrada en Bajo Aguas Negras.

Aparte de estas especies, hubo algunas otras especies en esta área que están asociadas con hábitats de bosque inundado y que no fueron encontradas en algún otro lugar en el inventario, incluyendo Gavilán Cienaguero (*Busarellus nigricollis*), Hormiguero Plúmbeo (*Myrmelastes hyperythra*) y Cucarachero Anteado (*Cantorchilus leucotis*). Durante todo el inventario encontramos regularmente una gran diversidad de especies que no están restringidas a bosques que se inundan durante algunos meses a la vez, pero que están asociadas a áreas bajas que se inundan por lo menos de manera ocasional. Estas especies se indican con la designación de hábitat I (bosque inundado) en el Apéndice 12.

El Paují Moquirojo (*Crax globulosa*) es una especie globalmente amenazada de bosque de várzea que por lo general se encuentra en islas de los ríos en la Amazonia occidental. Hershkovitz colectó un espécimen en Tres Troncos en enero de 1952 (Blake 1955). Tres Troncos está a aproximadamente 15 km de nuestro campamento de Bajo Aguas Negras. La especie ha sido recientemente encontrada en varias islas fluviales en el bajo río Caquetá (Alarcón-Nieto y Palacios 2005), bastante al sudeste de nuestra área de estudio. Sin embargo, estos registros sugieren que, por lo menos anteriormente, el Paují Moquirojo podría haber ocurrido a lo largo del bajo y medio río Caquetá. No ha habido estudios del hábitat apropiado en esta región desde tiempos de Hershkovitz, pero la gente local no nos mencionó esta especie, lo que hace posible que haya sido extirpada de la región debido a la cacería.

Bandadas mixtas

Las bandadas mixtas son generalmente una prominente característica de los bosques amazónicos. Este no fue el caso en este inventario, donde ninguno de los sitios estudiados tuvo ocurrencias típicas de bandadas mixtas.

Tabla 10. Aves clasificadas como especialistas de bosque de arena blanca encontradas durante un inventario rápido de la región del Bajo Caguán-Caquetá, Amazonia colombiana, en abril de 2018. Se indica los hábitats donde fueron registradas. Para los casos en los que dos hábitats son listados, la especie fue más común en el primero. La lista y las clases de especialización siguen Álvarez Alonso et al. (2013).

Especie	Tipo de especialización	Hábitat
Clavaris pretiosa	Local	Bosque inundado
Nyctibius bracteatus	Estricta	Tierra firme, bosque inundado
Trogon rufus	Facultativa	Tierra firme
Galbula dea	Facultativa	Tierra firme, bosque inundado
Hypocnemis hypoxantha	Facultativa	Tierra firme
Megastictus margaritatus	Facultativa	Tierra firme
Sclerurus rufigularis	Facultativa	Tierra firme
Conopias parvus	Local	Tierra firme
Ramphotrigon ruficauda	Facultativa	Tierra firme, bosque inundado
Attila citriniventris	Local	Tierra firme, bosque inundado
Dixiphia pipra	Facultativa	Tierra firme, bosque inundado

Las bandadas estándar de sotobosque en bosques amazónicos son lideradas por batarás *Thamnomanes* y tienen una media bastante estándar de 6–10 especies, con otras que se unen ocasionalmente. Las bandadas estándar de dosel son lideradas a menudo por tangaras *Lanio*; estos tienen una afiliación de bandada mucho más variable, incluyendo varias tangaras, atrapamoscas, furnáridos, vireos, hormigueros y miembros de otras familias. Esta estructura de bandadas ha sido bien caracterizada por Munn y Terborgh (1979) en el parque nacional del Manu en el sudeste del Perú, y por Powell (1985) cerca de Manaos en Brasil, pero ha sido observada por toda la llanura amazónica (Stotz 1993).

En El Guamo, las bandadas de sotobosque eran comunes pero eran generalmente escasas en número, con menos de diez especies. Las bandadas independientes de dosel no fueron halladas en El Guamo, y muchas especies típicas de bandadas de dosel eran raras o estuvieron ausentes. Esto incluye Lanio Dentado (*Lanio fulvus*), frecuentemente un líder de bandadas de dosel, el cual no se encontró en algún sitio del inventario. Sin embargo, algunas especies de bandadas de dosel se unieron a bandadas de sotobosque de vez en cuando, especialmente Hormiguerito gorgiamarillo (*Myrmotherula ambigua*), Fiofío selvático (*Myiopagis gaimardii*) y Verderón Parduzco (*Pachysylvia hypoxantha*). En Peñas Rojas y Orotuya, las bandadas de sotobosque fueron similares, pero a su vez más escasas, con seis a ocho especies generalmente. Allí hubo más aves de bandadas de dosel, pero en El Guamo esas aves se unieron a bandadas de sotobosque en vez de formar bandadas de dosel independientes.

En Bajo Aguas Negras el sistema de bandadas fue aún más débil. En tres días de trabajo de campo en esa localidad, Stotz observó solo una bandada de sotobosque de seis especies, aunque ambas especies de batarás *Thamnomanes* fueron escuchadas cantando en el bosque con cierta regularidad. Las especies de bandadas de dosel estuvieron presentes en escasas cantidades, pero no estuvieron asociadas a alguna bandada.

Migración

Como el inventario se realizó en el mes de abril, era tarde para muchas de las especies migratorias boreales para permanecer en Sudamérica, y temprano para la mayoría de las especies migratorias australes para haber arribado a la Amazonia. Sin embargo, durante el inventario encontramos 11 especies migratorias boreales de larga distancia, de Norteamérica, así como dos especies migratorias australes del sur de Sudamérica. Las especies migratorias boreales incluyeron un ave de orilla, Andarríos Manchado (*Actitis macularius*); un gavilán, Águila Pescadora (*Pandion haliaetus*); tres atrapamoscas: Pibí Oriental (*Contopus virens*), Atrapamoscas Sulfurado (*Myiodynastes luteiventris*) y Siriri Norteño (*Tyrannus tyrannus*); un vireo, Verderón Ojirrojo (*Vireo olivaceus*); tres golondrinas: Golondrina Ribereña/Riparia (*Riparia riparia*), Golondrina Tijereta (*Hirundo rustica*) y

Golondrina Alfarera (*Petrochelidon pyrrhonota*); un zorzal, Zorzal Carigrís (*Catharus minimus*); y una reinita, Reinita rayada (*Setophaga striata*). Ambas especies migratorias australes fueron atrapamoscas —Atrapamoscas Coronidorado (*Empidonomus aurantioatrocristatus*) y Sirirí Tijeretón (*Tyrannus savana*)— como casi todas las especies migratorias australes que llegan a la Amazonia.

Fuera del hecho de que muchas de las especies migratorias esperadas no se encontraran durante el inventario, varias especies fueron observadas de manera regular. Verderón Ojirrojo, Pibí Oriental, Sirirí Norteño y Sirirí Tijeretón fueron poco comunes o comunes en uno o más campamentos. La diversidad y abundancia de especies migratorias más alta ocurrió en Peñas Rojas, donde el lago, un área de pastura y la alteración significativa del bosque crearon condiciones ideales para aves migratorias. Debido a los hábitats de bosque secundario y acuáticos que se encuentran por los ríos grandes, anticipamos que hay cantidades importantes de especies migratorias boreales en la región durante el pico del periodo de residencia en Sudamérica (octubre a marzo). Esto contrasta con las áreas estudiadas en los inventarios realizados en el Putumayo, los que tuvieron claramente menos aves migratorias boreales. Esperamos que hasta 25 especies de aves migratorias boreales puedan ocurrir regularmente en la región del Bajo Caguán-Caquetá.

Aves de caza

Aves de caza de gran tamaño (pavas, paujiles, trompeteros o tentes y tinamúes) estaban presentes en los cuatro campamentos. Las diferencias en abundancias de especies individuales por todos los campamentos reflejan aparentemente la presión de cacería. Sin embargo, en ninguno de los campamentos se notó que la presión de cacería fuera severa. Dicho esto, se observaron claramente mayores poblaciones de aves de caza en El Guamo, donde no ha habido cacería durante las últimas dos décadas. Las especies más sensibles a la cacería son probablemente Paují Culiblanco (*Mitu salvini*), Pava Rajadora (*Pipile cumanensis*) y Trompetero Aligrís (*Psophia crepitans*). Todas fueron más comunes en El Guamo. El paují no se encontró en Bajo Aguas Negras y la pava no fue observada ni en Orotuya ni en Bajo Aguas Negras.

Una especie que no encontramos fue el Paují Nocturno (*Nothocrax urumutum*). Esta ave es característica del bosque de tierra firme. Debido a que es activo en la noche, este paují no recibe mucha atención de los cazadores y persiste en áreas donde la mayoría de especies de caza han desaparecido desde hace largo tiempo. Pensamos que no encontramos esta especie por el tiempo limitado que tuvimos para explorar bosque verdadero de tierra firme, además porque nuestros campamentos estaban generalmente distantes de este bosque.

Especies amenazadas

Encontramos un escaso número de especies que están listadas como globalmente amenazadas (4) o casi amenazadas (7) por la UICN (Apéndice 12). No parece que la mayoría de estas especies requiera pasos específicos para su protección en la región del Bajo Caguán-Caquetá. Si la cobertura del bosque permanece en gran parte intacta y la presión de la caza no aumenta con la comercialización de carne de monte, no vemos razón alguna por la que toda la avifauna de la región no pueda mantener poblaciones sostenibles.

DISCUSIÓN

Comparaciones con los inventarios del drenaje del Putumayo

Geográficamente, la comparación natural con este inventario es una serie de inventarios rápidos de aves realizados en las cuencas media y baja del río Putumayo desde el año 2007, incluyendo Güeppí (Stotz y Mena Valenzuela 2008), y a lo largo de varios afluentes peruanos del Putumayo, los ríos Algodón (Stotz y Díaz Alván 2010, Stotz et al. 2016), Ere y Campuya (Stotz y Ruelas Inzunza 2013) y Yaguas (Stotz y Díaz Alván 2011). La región del Bajo Caguán-Caquetá tiene una avifauna muy similar a la que puede observarse en el Putumayo. Las principales diferencias en las listas de aves se deben a las diferencias en los hábitats estudiados. Los inventarios del Putumayo se enfocaron en bosques de tierra firme lejos del canal central del río Putumayo, mientras que los campamentos de Bajo Caguán-Caquetá estuvieron en o cerca de las planicies inundables de los ríos Caguán y Caquetá. Además de una serie de especies asociadas con bosques inundados, tuvimos también una serie mucho más extensa de especies asociadas a hábitats secundarios en el inventario de Bajo Caguán-Caquetá de lo que ha sido típico en inventarios rápidos anteriores. Al final de los inventarios de Ere-Campuya y Medio Putumayo-Algodón encontramos muchas de las especies de hábitat secundario y unas cuantas de bosque inundado, en los poblados del río Putumayo de Santa Mercedes y El Estrecho, respectivamente, pero que no fueron registradas en los campamentos durante esos inventarios. En el inventario de Yaguas, el campamento final, Cachimbo, se encontraba a lo largo del bajo río Yaguas y presentaba muchas de las especies de hábitats secundarios y algunas especies de bosque inundado que de otro modo faltaban en los inventarios del Putumayo.

En total, los cinco inventarios del Putumayo registraron 123 especies que no registramos en Bajo Caguán-Caquetá. Esto pareciera ser un gran número, pero es revelador que en Medio Putumayo-Algodón estuvieron ausentes 87 de las especies registradas en los otros cuatro inventarios (Stotz et al. 2016). En nuestra opinión, casi todas las especies observadas en los inventarios del Putumayo probablemente ocurran en la región del Bajo Caguán-Caquetá. Algunas excepciones pueden ser unas cuantas especies asociadas con los hábitats de suelos pobres de las cimas de las mesetas altas que aparentemente no existen en esta región, y unas pocas especies adicionales que pueden alcanzar un límite de distribución en el río Putumayo. El mayor subgrupo de especies del Putumayo que no pudimos encontrar consistió en 31 especies estrictamente de tierra firme. Sin embargo, creemos que esto refleja los hábitats que pudimos examinar en lugar de los hábitats que existen en la región del Bajo Caguán-Caquetá.

En este inventario encontramos 28 especies no halladas en los inventarios realizados en el lado peruano del Putumayo. Estas se dividen principalmente en dos subgrupos: 12 especies asociadas con bosques inundados y 10 especies que usan hábitats secundarios. Ambos hábitats ocurren comúnmente a lo largo del río Putumayo, por lo que esperamos que casi todas las especies que encontramos en el inventario del Bajo Caguán-Caquetá también se encuentren a lo largo del río Putumayo. Las otras especies están dispersas ecológicamente y taxonómicamente, sin formar un patrón obvio. Sin embargo, habían tres especies —Hormiguero Negruzco (*Cercomacroides tyrannina*), Hormiguerito Gorgiamarillo (*Myrmotherula ambigua*) y Pinzón Conirrostro

(*Arremonops conirostris*)— que alcanzaron la región del Bajo Caguán-Caquetá desde el norte o noroeste y pueden no ocurrir tan al sur como el río Putumayo. Se cree que ninguna de ellas ocurre en Perú. Del mismo modo, algunas de las especies de hábitats secundarios se están expandiendo a la región desde el norte (e.g., Garza Silbadora [*Syrigma sibilator*], Coquito [*Phimosus infuscatus*] y Polluela Cienaguera [*Mustelirallus albicollis*]) y todavía no han colonizado el Putumayo fuera del área de Puerto Leguízamo.

Especies de suelos pobres

Aunque es difícil para los ornitólogos entender en pleno los datos de fertilidad del suelo reportados por el equipo geológico en el inventario, parece ser que las tierras altas del Bajo Caguán-Caquetá tienen suelos con una fertilidad relativamente baja, pero no tan baja como las áreas que hemos investigado en el lado peruano del río Putumayo. La avifauna refleja esto. Solo encontramos dos de seis especies identificadas como especialistas de suelos pobres en el inventario rápido de Medio Putumayo-Algodón (Stotz et al. 2016). Estas dos especies Bienparado Rufo (*Nyctibius bracteatus*) y Suelda Gargantiamarilla (*Conopias parvus*) fueron también identificadas como especialistas de suelos de arena blanca por Álvarez Alonso et al. (2013) y como especialistas de suelos pobres en los inventarios Maijuna (Stotz y Díaz Alván 2011) y Ere-Campuya (Stotz y Ruelas Inzunza 2013), cada uno de los cuales tuvo cuatro de las especies especialistas de suelos pobres encontradas en Medio Putumayo-Algodón.

En el inventario Medio Putumayo-Algodón, los observadores encontraron 15 de las 39 especies identificadas como asociadas con hábitats de arena blanca por Álvarez Alonso et al. (2013), en base a un extenso trabajo realizado en hábitats de arena blanca al sur de Iquitos. En el inventario actual, encontramos 11 especies (Tabla 10), todas registradas en Medio Putumayo-Algodón. Solo Bienparado Rufo entre estas especies fue considerado un especialista estricto en suelos de arena blanca. Los otros fueron tratados por Álvarez Alonso et al. (2013) como especialistas facultativos (significativamente más abundantes en arena blanca, pero que ocurren en otros tipos de bosques) o especialistas locales (especialistas en arena blanca en solo algunos sitios y que no muestran especialización en otros sitios).

La asociación de estas especies con suelos pobres no es muy clara en la región del Bajo Caguán-Caquetá. Puede reflejar el hecho de que cerca de Iquitos hay parches de arenas blancas muy pobres en nutrientes dentro de una matriz de suelos más ricos. En la región del Bajo Caguán-Caquetá, por el contrario, la matriz está dominada por suelos de riqueza moderada, y las áreas de suelos pobres no son tan pobres como las arenas blancas cerca de Iquitos o incluso los suelos pobres del drenaje del Putumayo que se derivan de las formaciones Nauta, especialmente Nauta 2 (Stallard 2013).

En los inventarios peruanos del Putumayo, uno de los hallazgos más notables en las áreas de suelos pobres fue un *Herpsilochmus* no descrito, que típicamente ocurriría en los sitios de mayor altitud con suelos muy pobres. Fue más común en una serie de mesetas en el inventario de Maijuna cerca de las cabeceras del río Algodón (Stotz y Díaz Alván 2011). No encontramos algo parecido a estas mesetas en este inventario y parece que no existe nada similar en el paisaje relativamente plano al norte del Caquetá. Sin embargo, al sur del Caquetá, parece haber mesetas igualmente altas que podrían albergar el hábitat que favorece al *Herpsilochmus*. Si el *Herpsilochmus* puede ocurrir allí sigue siendo especulativo. Actualmente la especie solo se ha encontrado en el interfluvio entre Putumayo y Napo. Estos ríos pueden circunscribir su rango, pero las áreas más altas entre Putumayo y Caquetá deben ser investigadas para la especie.

Bandadas mixtas

En otros inventarios, hemos observado un patrón con respecto a las bandadas de especies mixtas en sitios de suelos pobres (O'Shea et al. 2015, Stotz et al. 2016). Las bandadas de sotobosque lideradas por batarás *Thamnomanes* están presentes, pero son menores que el promedio. Las bandadas de dosel independientes no se encuentran en los sitios de suelos pobres y las aves típicas que se agrupan en el dosel se unen a las bandadas del sotobosque. Este fue exactamente el patrón que encontramos en los primeros tres campamentos. En Bajo Aguas Negras, incluso las bandadas de sotobosque eran relativamente raras y las especies que se agrupaban en el dosel estuvieron insuficientemente representadas. Además de los suelos pobres, un par de factores pueden haber contribuido a que las bandadas hayan sido

generalmente débiles en todos los campamentos. En primer lugar, estas bandadas son en realidad un fenómeno forestal de tierra firme y nunca estuvimos en el corazón del bosque de tierra firme. En segundo lugar, las aberturas en el bosque interrumpen las bandadas del sotobosque. Estas bandadas son típicas del bosque cerrado y evitan los claros y los bordes. Los claros asociados con la agricultura y la tala que observamos en todos los campamentos, a excepción de El Guamo, probablemente redujeron el número de bandadas de sotobosque. Estos claros típicamente no afectan negativamente a las especies de dosel hasta que la perturbación se vuelve extrema. Sin embargo, dada la falta de algunos de los líderes estándar de la bandada de dosel, un número reducido de bandadas de sotobosque también puede haber afectado a las especies de bandadas de dosel en estos bosques.

Especies de várzea

Los bosques de várzea se distribuyen a lo largo de ríos más grandes en áreas con un relieve limitado. Ocurren más o menos continuamente a lo largo del Amazonas y algunos de sus principales afluentes. Debido a que la várzea forma una franja forestal más o menos continua, muchas especies de aves de várzea tienen amplias distribuciones. La diversidad de especies de aves en várzea en cualquier sitio dado es también mucho más baja que la típica de los sitios de tierra firme. A pesar de esto, la avifauna de várzea es de gran interés e importancia potencial para la conservación. Muchas especies de várzea son poco conocidas tanto en ecología como en distribución. Debido a que ocurren a lo largo de los ríos principales, muchas han perdido el hábitat debido a la alteración del bosque por la actividad humana.

En este inventario, los bosques de várzea y otras áreas inundadas estacionalmente albergaban algunas de las especies más interesantes y un grupo de especies de posible interés para la conservación, si no de preocupación. De particular interés fue un grupo de cuatro especies encontradas en Bajo Aguas Negras: Batará de Cocha (*Thamnophilus praecox*), Picoplano Ojiamarillo (*Tolmomyias traylori*), Mirla de Várzea (*Turdus sanchezorum*), y Arrendajo Ecuatoriano (*Cacicus sclateri*)

El Batará de Cocha es una especie descrita desde los bordes de los lagos de aguas negras en el lejano lado este de Ecuador, entre los ríos Aguarico y Putumayo.

Más tarde se descubrió que existía en el drenaje del Napo hacia el oeste, al menos hasta La Selva (BirdLife International 2017). En 2016, esta ave se descubrió en Colombia alrededor de varios lagos a lo largo del río Putumayo cerca de Puerto Leguízamo (Coral y Peña, observación personal). Los registros de este inventario en Bajo Aguas Negras amplían el rango en el noroeste de Colombia en unos 26 km. Esta no es una extensión de rango de gran alcance, pero agrega un gran drenaje de río, el Caquetá, a la distribución conocida de esta especie de distribución estrecha, sugiriendo que podría tener un alcance mucho más amplio en Colombia. Las otras tres especies no tienen un rango conocido tan estrecho. El Picoplano Ojiamarillo es conocido en los sitios de várzea dispersos en gran parte del norte de Perú y en el drenaje del Putumayo en Colombia. El Arrendajo Ecuatoriano tiene una distribución bastante amplia pero desigual en el este de Ecuador y en el norte de Perú al sur de Pacaya-Samiria. Se ha encontrado en Colombia cerca de Mocoa y en la Sierra de La Macarena (Fraga 2018). La Mirla de Várzea no fue descrita sino hasta 2011 (O'Neill et al. 2011), y su distribución sigue siendo poco conocida debido a su similitud con la Mirla de Hauxwell (*Turdus hauxwelli*). Los informes más cercanos a la región del Bajo Caguán-Caquetá parecen estar cerca de Leticia, en la Isla Ronda, en el río Amazonas y a lo largo del río Napo, en el norte del Perú (Fjeldsa 2018). Otra especie de várzea que encontramos bien al noroeste de su rango conocido fue el Tororoi Carimanchado (*Hylopezus macularius*). Anteriormente se conocía desde el río Yaguas inferior en el drenaje del Putumayo y a lo largo del bajo Napo. En Colombia, se reportó solo desde cerca de Leticia (McMullen y Donegan 2014).

Varias otras especies asociadas con várzea podrían ocurrir en los bosques inundados a lo largo del lado norte del río Caquetá. No exploramos este hábitat extensamente. El camino desde el río hasta la maloca en Bajo Aguas Negras nos permitió explorar una pequeña parte de una extensa área de bosque inundado en ese sitio. Lo que encontramos, tal como lo hicimos, sugiere que aún queda más por descubrir allí.

AMENAZAS

En la región del Bajo Caguán-Caquetá, como en la mayor parte de la Amazonia, la principal amenaza para la avifauna es el potencial grado de deforestación. Una amenaza secundaria para un puñado de especies es la caza. Actualmente ninguna amenaza es muy grave. La baja densidad de población y el difícil acceso a la región han hecho que la deforestación se limite principalmente a los alrededores inmediatos de los pueblos de la región. En cuanto a la caza, aunque observamos a numerosas personas llevando escopetas a lo largo de senderos cercanos a las comunidades y veredas, también observamos individuos de las especies de aves más sensibles, el Paujil Culiblanco y el Trompetero Aligrís en todos los campamentos, aunque grandes poblaciones solo en El Guamo, donde la presión de caza parece ser casi inexistente. La única especie de ave de caza para la cual esta región podría contener poblaciones muy importantes para la supervivencia global de la especie es el Paujil Moquirrojo (*Crax globulosa*) y no hemos confirmado su presencia continua en la región.

Aunque la deforestación actual en la región es limitada, tanto en el alto Caquetá como en el alto Caguán, la deforestación ha sido extensa. Si la región se vuelve más estable con el proceso de paz, podríamos esperar un crecimiento de la población y una mayor deforestación, especialmente en las inmediaciones de los ríos. Si no existen planes para mantener los bosques, la amenaza de una deforestación extensa en la región es real.

Los bosques inundados estacionalmente cerca de los cursos de los ríos pueden estar en mayor peligro debido a su extensión relativamente pequeña y al hecho de que los suelos son más ricos que en las zonas altas. Entonces, los bosques de várzea y los elementos únicos en esa avifauna, incluyendo el Paujil Moquirrojo (probablemente aún presente en la región), podría ser el grupo de aves más amenazado en la región del Bajo Caguán-Caquetá.

RECOMENDACIONES

Protección y manejo

Garantizar la continuidad de la cobertura boscosa será la estrategia crucial para preservar la avifauna de la región. Evitar la tala comercial o ilegal es el elemento crítico para mantener la cobertura forestal de esta área. La protección formal de los bosques ayudará, pero garantizar que las comunidades que actualmente existen a lo largo del Caguán y el Caquetá mantengan el control sobre los recursos alrededor de sus pueblos, será un componente incluso más importante de esa protección. Esto requerirá no solo acciones para proteger esas tierras, sino también desarrollar medios de vida sostenibles para las personas que viven en el paisaje. La regulación de la presión de la cacería sobre algunas especies de aves de caza requerirá también la participación de las comunidades locales. Estas pueden limitar la caza por parte de personas externas y deberán desarrollar estrategias de manejo para su propia actividad de cacería a fin de mantener poblaciones de aves de caza a largo plazo. Mientras que las poblaciones de todas las aves de caza eran muy numerosas en El Guamo y en menor grado en Orotuya, las aves de caza que se encuentran cerca de las veredas en Peñas Rojas y Bajo Aguas Negras mostraron evidencia de presión de cacería ya que se comprobó que hay un menor número de aves y un comportamiento más asustadizo. El Guamo demostró lo que es posible en la región sin cazar, y puede ser que mantener ciertas áreas alejadas de los ríos como áreas libres de cacería podría proporcionar poblaciones fuente a largo plazo que permitirían a los pobladores continuar teniendo niveles sostenibles de caza cerca de los lugares donde viven.

Inventarios adicionales

Hay muchas oportunidades para realizar inventarios adicionales en esta región. El interesante conjunto de especies encontradas en los bosques inundados en Bajo Aguas Negras y la posibilidad de que el Paujil Moquirrojo aún exista en la región indica que la prioridad más alta en cuanto a los trabajos de investigación de aves serían las áreas de várzea a lo largo de los ríos y las islas boscosas en el Caguán y el Caquetá. Parece que el área cercana a la confluencia de los dos ríos podría ser el área más productiva para ser estudiada. Los inventarios adicionales de aves probablemente deberían centrarse en el terreno más alto donde los bosques de tierra firme están mejor desarrollados. El mayor subconjunto de especies encontradas en nuestros inventarios del Putumayo, pero no en el inventario actual, eran verdaderas especies de tierra firme. Además de confirmar la presencia de muchas de estas especies de tierra firme, los inventarios adicionales nos darían una mejor idea de la abundancia de poblaciones de aves de caza que se encuentren allí y ayudarían a determinar si la estrategia de permitir la cacería cerca de cursos fluviales, pero no en áreas altas

alejadas del los ríos, podrían mantener buenas poblaciones regionales de estas especies de aves de caza.

Aunque el área al sur del río Caquetá se encuentra fuera del área de interés de nuestro inventario rápido, esta contiene una serie de colinas mucho más altas que cualquiera que exista en el lado norte del río. Valdría la pena inspeccionar esas colinas para buscar el Hormiguerito *Herpsilochmus* no descrito que encontramos en nuestros estudios a lo largo del Putumayo en Perú, así como otras especies de aves de suelos pobres que no parecen ocurrir al norte del Caquetá.

MAMÍFEROS

Participantes/Autores: Diego J. Lizcano, Alejandra Niño Reyes, Juan Pablo Parra, William Bonell, Miguel Garay, Akilino Muñoz Hernández y Norberto Rodríguez Álvarez

Objetos de conservación: Especies de grandes depredadores con poblaciones reducidas como lobo de río (*Pteronura brasiliensis*) y grandes primates como la marimba (*Ateles belzebuth*) que son consideradas En Peligro en el ámbito mundial por la UICN (Boubli et al. 2008; Groenendijk et al. 2015) y en Colombia por la Resolución 1912/2007 del Ministerio del Medio Ambiente; especies poco abundantes para la zona como el oso palmero (*Myrmecophaga tridactyla*), considerado como Vulnerable por la UICN (Miranda et al. 2014); poblaciones saludables y aparentemente estables del churuco (*Lagothrix lagotricha*), considerado como Vulnerable por la UICN (Palacios et al. 2008), con una gran longevidad y baja tasa reproductiva que la hacen susceptible a extinciones locales (Lizcano et al. 2014); la danta (*Tapirus terrestris*), Vulnerable ante la UICN, que merece especial atención debido a la baja tasa reproductiva y el consumo y la comercialización de su carne; la boruga (*Cuniculus paca*), los venados colorado y chonto (*Mazama americana* y *M. gouazoubira*) y los armadillos (*Dasypus novemcinctus* y *Dasypus kappleri*); especies poco conocidas y casi amenazadas a nivel internacional como el perro de monte (*Atelocynus microtis*) y el perro de patas cortas (*Speothos venaticus*); el mono volador (*Pithecia milleri*) poco conocido, en estado Vulnerable en el libro rojo de mamíferos de Colombia y con una distribución restringida

INTRODUCCIÓN

El conocimiento detallado del número de especies presentes en un área geográfica es fundamental para la realización de acciones y programas para el uso, protección y conservación biológica. Los inventarios también son indispensables para entender la organización ecológica de especies y para entender cómo mamíferos grandes-medianos y pequeños sobreviven y se adaptan en paisajes modificados por los humanos (Voss y Emmons 1996, Lizcano et al. 2016, Cervera et al. 2016, Ripple et al. 2016).

La composición de mamíferos de la Amazonia colombiana ha sido estudiada detalladamente y de forma continua, principalmente en dos lugares:

- El Centro de Investigaciones Ecológicas La Macarena (CIEM), en el margen oeste del río Duda, en límite con el Parque Nacional Natural Tinigua en el Departamento del Meta, Colombia (2°40' N 74°10' W, 350–400 msnm). El CIEM funcionó como estación biológica de la Universidad de Los Andes en los años ochenta y noventa. En este lugar se estudió a profundidad la ecología y demografía de los primates (Izawa 1993, Nishimura et al. 1996, Stevenson et al. 2000, 2002, Stevenson 2001, Link et al. 2006, Matsuda e Izawa 2008, Lizcano et al. 2014) y adicionalmente se inventariaron y estudiaron otros grupos de mamíferos como murciélagos (Rojas et al. 2004).

- La Estación Biológica Caparú en el Municipio de Taraira, Departamento de Vaupés. En este lugar se estudiaron mamíferos, principalmente primates, en la década de 1990 y 2000 (Defler 1994, 1996, 1999, Palacios y Rodríguez 2001, Palacios y Peres 2005, Álvarez y Heymann 2012) y también otros grupos como mamíferos susceptibles a la cacería (Peres y Palacios 2007), con algunos registros ocasionales de especies raras (Defler y Santacruz 1994) e inventarios de murciélagos (Velásquez 2005).

En menor medida también se han estudiado los mamíferos y sus relaciones ecológicas en la zona cercana a la cuidad de Leticia, en el Departamento de Amazonas, donde se han hecho inventarios usando trampas cámara, se ha estudiado el impacto de su cacería y la capacidad de los mamíferos como dispersores de semillas (Gaitán 1999, Payan Garrido 2009, Acevedo-Quintero y Zamora-Abrego 2016, Castro Castro 2016). Estos tres lugares son excepciones en una región extensa y poco estudiada, en la cual Philip Hershkovitz estuvo realizando colecciones de mamíferos cerca de Florencia, La Tagua, Tres Troncos y el río Consaya en Caquetá y en San Antonio, y el río Mecaya en Putumayo en 1952, colectando 68 especies de mamíferos. Adicionalmente, se han colectado mamíferos en San Vicente del Caguán (Niño-Reyes y Velazquez-

Valencia 2016), el Parque Nacional Chiribiquete (Montenegro y Romero-Ruiz 1999, Mantilla-Meluk et al. 2017) y listados de especies para la zona del piedemonte y la zona baja en el departamento del Caquetá y Putumayo (Ramírez-Chaves et al. 2013, Noguera-Urbano et al. 2014, García Cedeño et al. 2015, Vasquez et al. 2015). Esta investigación tuvo como objetivo desarrollar un inventario rápido de la zona del Bajo Caguán, para identificar sus especies, su riqueza, abundancia y sus principales amenazas.

MÉTODOS

Desarrollamos un inventario rápido de mamíferos en la región del Bajo Caguán-Caquetá entre el 5 y el 25 de abril de 2018. Los sitios evaluados fueron El Guamo, Peñas Rojas, Orotuya y Bajo Aguas Negras (Figs. 2A–D; para una descripción detallada ver el capítulo *Panorama regional y descripción de los sitios visitados*). Para determinar la composición de la comunidad de mamíferos usamos recorridos diurnos y nocturnos en todas las trochas de cada campamento registrando avistamientos, huellas, y demás signos de presencia de mamíferos. También usamos métodos no invasivos como de foto-trampeo y registros de vocalizaciones. Adicionalmente, capturamos murciélagos con redes de niebla.

Recorridos

Tres de nosotros (DJL, JPP y ANR) realizamos caminatas diarias recorriendo al menos una trocha cada uno durante cada día y al menos dos trochas durante la noche para cada campamento. Recorrimos distancias que variaron de 64,5 a 108,7 km (Tabla 11) para un total acumulado de 314,6 km. Iniciamos las caminatas entre las 06:00 y las 11:00 en el día y entre las 18:00 y las 23:00 en la noche, haciendo el recorrido a una velocidad promedio de 1 km por hora. En cada encuentro se registró la especie, el tamaño de grupo y la ubicación a lo largo de la trocha. Adicionalmente, registramos señales de presencia como huellas, heces, madrigueras y vocalizaciones. Para estimar abundancias de animales avistados calculamos el número de avistamientos por 100 km recorridos. Para el caso de los primates calculamos el número de grupos por 100 km recorridos. Los registros fueron complementados con los

Tabla 11. Esfuerzo de muestreo de mamíferos en cada uno de los campamentos visitados durante un inventario rápido de la región del Bajo Caguán-Caquetá, Amazonia colombiana, en abril de 2018.

Método	Campamento				Total
	El Guamo	Peñas Rojas	Orotuya	Bajo Aguas Negras	
Foto-trampeo (# trampas cámara x 24 horas)*	306	12	775	4	1097
Recorridos para observaciones directas y huellas (km recorridos)**	108,7	64,5	69,8	71,6	314,6
Redes de niebla (redes x noche)	3	5	2	2	12

* Esfuerzo total expresado como el número acumulado de trampas cámara por los días que estuvieron activas.

** Incluye el total de kilómetros recorridos en las trochas abiertas para el inventario.

avistamientos realizados por el equipo de la avanzada y los demás integrantes del equipo biológico.

Foto-trampeo

Entre el 16 y el 25 de marzo de 2018, junto con el equipo de avanzada, se instalaron un total de 42 trampas cámara: 17 en El Guamo y 25 en Orotuya. En El Guamo utilizamos cámaras Bushnell HD Trophy Cam de 8 Megapixeles y en Orotuya cámaras Reconyx PC500 Hyperfire Semi-Covert IR. Con el propósito de registrar el mayor número de animales instalamos las cámaras en las trochas o cerca de ellas, en lugares de actividad animal, como por ejemplo caminos, sitios con huellas y árboles con frutos. Las cámaras tienen un sensor infrarrojo que es activado por movimiento y temperatura, fotografiando a los vertebrados terrestres que pasan frente a ellas, registrando además la fecha y hora del evento en cada foto. Las trampas fueron programadas para tomar fotos de manera continua (24 horas al día) activadas por la presencia de animales, con un intervalo de uno o dos segundos entre cada fotografía para de esta manera maximizar el número de fotografías por detección. Las cámaras fueron programadas e instaladas siguiendo como guía las recomendaciones y protocolos de TEAM (2011). Las cámaras fueron instaladas a una altura de 20–50 cm sobre el nivel del suelo dependiendo de las condiciones del sitio de muestreo. En el campamento Orotuya, 9 de las cámaras se instalaron en lado occidental del Caño Orotuya y 16 en el lado oriental del Caño Orotuya, en el interior del Resguardo Indígena Huitorá (Fig. 20).

Todas las cámaras se instalaron con una separación mínima de 500 m entre ellas, para minimizar la autocorrelación espacial en los datos (Royle et al. 2007, Burton et al. 2015), y permanecieron activas durante 31 días, para garantizar cumplir con la presunción de población cerrada que requieren los modelos de ocupación (Rota et al. 2009, Lele et al. 2012, Guillera-Arroita y Lahoz-Monfort 2012). En el campamento Orotuya cubrimos un área de aproximadamente 35 km² en diferentes hábitats, como bosque denso alto de tierra firme y bosque denso alto inundable (Fig. 20), mientras que en el campamento El Guamo el área aproximada fue de 25 km² (Fig. 21).

La identificación de cada especie en las fotografías fue realizada por los autores. La organización de las fotos digitales la realizamos en el programa WildID 0.9.28 (Fegraus et al. 2011) siguiendo los lineamientos y los estándares para datos abiertos de trampas cámara (Forrester et al. 2016). Los datos de las fotografías identificadas fueron archivados como un archivo de texto (csv) y almacenados en el repositorio Zenodo (*https://doi.org/10.5281/zenodo.1285283*). Para evitar la sobre-estimación de la abundancia de los animales que permanecieron frente a la cámara por largo tiempo, consideramos las fotos del mismo animal que se encontraban separadas por menos de una hora de diferencia, como el mismo evento; estos eventos se agruparon por día para cada especie (Rovero et al. 2014, Burton et al. 2015, Rota et al. 2016). Para evaluar el esfuerzo de muestreo, calculamos una curva de acumulación de especies teniendo en cuenta la detectabilidad, siguiendo el método de Dorazio et al. (2006) usando R (R Core Team 2014). Este método tiene la capacidad de incorporar explícitamente el error del proceso de detección de cada una de las especies (Iknayan et al. 2014). Adicionalmente, calculamos la riqueza de mamíferos terrestres medianos y grandes, teniendo en cuenta el número de especies observadas y el valor de la mediana de la distribución de posteriores, siguiendo el

Figura 20. Mapa de localización de las trampas cámara instaladas alrededor del campamento Orotuya y sistema de trochas, antes y durante un inventario rápido de la región Bajo Caguán-Caquetá, Colombia, en abril de 2018.

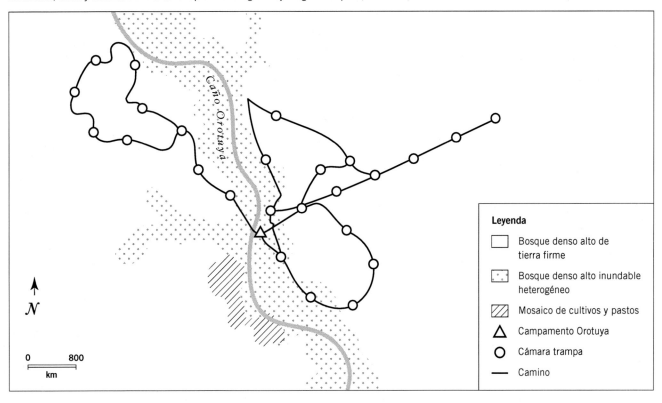

Figura 21. Mapa de localización de las trampas cámara alrededor del campamento El Guamo y sistema de trochas, antes y durante un inventario rápido de la región Bajo Caguán-Caquetá, Colombia, en abril de 2018.

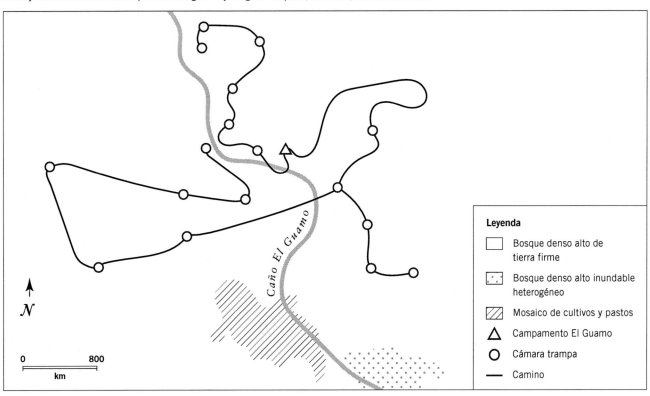

método de Dorazio et al. (2006). Usamos las historias de detección para cada especie, donde uno corresponde a si la especie se registró y cero si no se registró en las trampas cámara cada día. De la misma manera, calculamos la ocupación ingenua de cada especie como la proporción de sitios donde se registró (número de cámaras donde se detectó la especie / total de cámaras) y la ocupación corregida por detectabilidad como una probabilidad de la proporción de los sitios ocupados, producto de la historia de detección en cada sitio de ubicación de la cámara. Combinamos las probabilidades en un modelo de ocupación construido con la función *occu* del paquete Unmarked (Fiske y Chandler 2011) usando R (R Core Team 2017). La función *occu* ajusta un modelo estándar de ocupación, basado en modelos binomiales inflados de ceros (MacKenzie et al. 2006, Bailey et al. 2013). En la función *occu* la ocupación (Ψ) es modelada como un proceso de estado (z_i) del sitio i como:

$$z_i \sim \text{Bernoulli} (\Psi_i)$$

Mientras que la observación (y_{ij}) del sitio i en el tiempo j es modelada como:

$$y_{ij} \mid z_i \sim \text{Bernoulli} (z_i * p_{ij})$$

Donde p corresponde a la probabilidad de detección en el sitio i en el tiempo j. La probabilidad de detección puede ser calculada usando una función de enlace *logit*, en un mecanismo que permite incorporar covariables para explicar la heterogeneidad de la detección en la forma lineal:

$$\text{Logit} (p_i) = \beta_0 + \beta_1 \, x_1$$

Donde β_0 es el intercepto, x_1 la covariable de interés y β_1 el coeficiente de la pendiente para esa covariable. Las covariables que interactúan con la ocupación y la probabilidad de detección permiten explicar mejor su heterogeneidad (Bailey et al. 2013, Kéry y Royle 2015).

Realizamos una curva de rarefacción de especies a partir de los datos de las trampas cámara usando la función rarecurve del paquete vegan (Oksanen et al. 2018) usando el software estadístico R (R Core Team 2017). La función rarecurve calcula el número esperado de especies en una sub-muestra de la comunidad a partir de conteos de individuos que corresponden a los eventos de las cámaras (Heck et al. 1975).

Redes de niebla

Instalamos entre dos y cuatro redes de niebla durante dos días en cada campamento. Se abrieron las redes entre las 18:30 y las 22:30. En El Guamo se instalaron al borde del caño y al interior de bosque. En Peñas Rojas se instalaron cuatro redes en tándem a una altura de 7 m sobre la trocha. En Orotuya se instalaron dos redes al interior del bosque y al borde del caño, mientras que en Bajo Aguas Negras se instalaron a 300 y 500 m de la maloca. Un ejemplar de cada especie capturada fue recolectado para su identificación. Adicionalmente, de cada especie se recolectó una muestra de tejido (músculo y/o hígado) y se preservó en etanol absoluto para posteriores análisis moleculares (Roeder et al. 2004, Philippe y Telford 2006). En campo los ejemplares fueron identificados de forma preliminar con guías y claves (Gardner 2007, Tirira 2007). Los ejemplares y las muestras fueron depositados en el Museo de Historia Natural de la Universidad de la Amazonia (UAM) y fueron identificados hasta especie por comparación con ejemplares en la colección mastozoológica del Instituto de Ciencias Naturales (ICN) de la Universidad Nacional.

La taxonomía utilizada en la lista de especies reportada en este inventario sigue en términos generales Solari et al. (2013), Ramírez-Chaves et al. (2016) y Ramírez-Chaves y Suárez-Castro (2014). Para los primates seguimos a Botero et al. (2010, 2015), Link et al. (2015) y Byrne et al. (2016), para los ungulados a Groves y Grubb (2011) y para los murciélagos a Gardner (2007), Tirira (2007) y Díaz et al. (2011).

RESULTADOS

Especies registradas y esperadas

Registramos un total de 62 especies de mamíferos: 41 grandes y medianos y 21 mamíferos pequeños (2 marsupiales, 1 roedor pequeño y 17 murciélagos). Esta lista representa el 56% de las 110 especies esperadas, compuestas por 44 mamíferos medianos y grandes, más 66 mamíferos pequeños, principalmente roedores y murciélagos. El orden mejor representado en nuestro inventario fue Chiroptera (murciélagos), con 17 especies, seguido de Carnivora con 13 especies y Primates con 10 especies (Apéndice 13).

Las 62 especies registradas representan el 55% de las especies esperadas para el departamento de Caquetá, teniendo en cuenta las listas de mamíferos para Colombia y el departamento (Solari et al. 2013, Ramírez-Chaves y Suárez Castro 2014, Ramírez-Chaves et al. 2016). De los mamíferos grandes y medianos registramos 37 especies, que corresponden al 84% de los mamíferos esperados. Los murciélagos registrados representan el 26% de la diversidad esperada para la región. Esta diversidad está distribuida en 9 órdenes (Tabla 12), 23 familias y 54 géneros. De los mamíferos grandes y medianos el

orden mejor representado fue Carnivora, con 13 especies registradas de las 12 esperadas; con este inventario ampliamos el rango de distribución del olingo (*Bassaricyon alleni*). El tercer orden más rico en especies fue Primates, con 10 especies registradas de las 13 esperadas. En este inventario no pudimos registrar el tití pigmeo (*Cebuella pygmaea*), el bebe leche marrón (*Saguinus fuscicollis*) ni el tití del Caquetá (*Callicebus caquetensis*).

Destacamos la presencia del lobo de río (*Pteronura brasiliensis*), del jaguar (*Panthera onca*), del tigrillo (*Leopardus pardalis*) y del leoncito o yaguarundí (*Puma yagouaroundi*) como especies de depredadores. Especies

Tabla 12. Tasa de encuentro de grupos de primates, avistamientos y señales de presencia de animales registrados durante un inventario rápido de la región del Bajo Caguán-Caquetá, Colombia, en abril de 2018, expresado como observaciones por 100 km.

Especie	El Guamo	Peñas Rojas	Orotuya	Bajo Aguas Negras
Alouatta seniculus	1,087	0	1,449	0
Aotus sp.	0	0	1,449	0
Ateles belzebuth	3,261	3,87	2,898	1,396
Atelocynus microtis	0	0	0	1,396
Bassaricyon alleni	0	0	1,449	0
Bradypus variegatus	0	0,645	0	0
Cheracebus torquatus	0	6,45	0	1,396
Cuniculus paca	1,087	0,645	0	1,396
Dasyprocta fuliginosa	1,087	0	0	1,396
Dasypus kappleri	0	0	1,449	1,396
Dasypus novemcinctus	1,087	0,645	0	0
Didelphis marsupialis	1,087	0	0	0
Eira barbara	1,087	0,645	1,449	0
Lagothrix lagotricha	8,696	0,645	1,449	0
Leopardus pardalis	0	0,645	0	0
Lontra longicaudis	0	0	1,449	0
Mazama americana	4,348	0	0	0
Nasua nasua	0	0,645	0	0
Pecari tajacu	3,261	3,225	2,898	1,396
Pithecia milleri	6,522	0	2,898	2,793
Priodontes maximus	0	0	1,449	0
Pteronura brasiliensis	0	0	1,449	0
Puma concolor	1,087	0	0	0
Saguinus nigricollis	5,435	1,29	1,449	4,189
Sapajus apella	3,261	3,225	43,478	1,396
Sciurus igniventris	2,174	0	0	0
Tapirus terrestris	3,261	1,29	1,449	0
Tayassu pecari	0	0,645	0	0

Figura 22. Curva de acumulación de especies por cada sitio donde se instalaron cámaras, durante el inventario rápido de la región del Bajo Caguán-Caquetá, Colombia, en abril de 2018. La curva se calcula de acuerdo con el método de Dorazio et al. (2006). En la gráfica cada sitio corresponde a una trampa cámara.

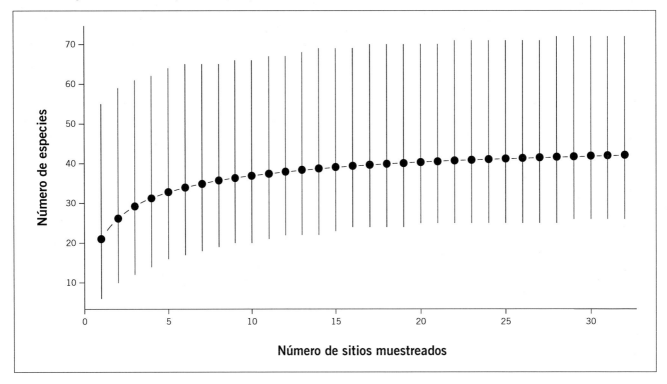

presas para el jaguar como el cerrillo (*Pecari tajacu*) tuvieron una abundancia alta. Con base en las listas de especies nacionales y las especies esperadas reportadas por Map of Life (*http://www.mol.org*) para la región del Bajo Caguán-Caquetá, estimamos que el número de especies esperadas es de 114. Con este inventario ampliamos el rango de distribución de especies como el puercoespín (*Coendou* sp.), el armadillo espuelón (*Dasypus kappleri*), el olingo (*Bassaricyon alleni*) y el oso palmero (*Myrmecophaga tridactyla*), las cuales no estaban reportadas para el departamento de Caquetá (Ramírez-Chaves et al. 2016).

Abundancia y distribución

Las especies más comunes durante los avistamientos fueron algunos primates como el churuco (*Lagothix lagotricha*), el bebe leche (*Saguinus nigricollis*), el chichico (*Saimiri macrodon*) y el cerdo de monte o cerrillo (*Pecari tajacu*). Hubo encuentros directos sobresalientes como el de jaguar (*Panthera onca*) durante la etapa de avanzada, así como encuentros con la comadreja o tayra (*Eira barbara*) en tres de los cuatro campamentos y un encuentro con el perro de monte o zorro (*Atelocynus microtis*)

durante uno de los recorridos diurnos. Adicionalmente, registramos de forma simultánea a dos de los primates más grandes de la Amazonia, churucos y marimbas (*Ateles belzebuth*), y aunque no fueron muy frecuentes, realizamos varios avistamientos de monos voladores (*Pithecia milleri*) desplazándose junto con un grupo de bebe leche y también en compañía de chichicos. Por lo general el tamaño del grupo de los voladores no excedió cuatro individuos.

La comunidad de mamíferos varió entre los campamentos. Orotuya fue el campamento más diverso con 44 especies de mamíferos. Durante los recorridos en Orotuya se observaron churucos, marimbas y bebe leche. El número de especies pudo haber sido mayor por haber tenido mayor número de cámaras durante más días. Las 44 especies en Orotuya estuvieron distribuidas entre los carnívoros y los primates, cada uno con 10 especies. Los avistamientos comunes fueron de marimbas y churucos, mientras que los murciélagos estuvieron representados por ocho especies. Peñas Rojas mostró una diversidad de 20 especies de mamíferos medianos y grandes al igual que El Guamo. Sin embargo, difieren en la diversidad de murciélagos

(2 especies en El Guamo y 11 en Peñas Rojas). En El Guamo el orden Primates estuvo representado por ocho especies. En Bajo Aguas Negras la diversidad fue menor; se registraron 13 especies de mamíferos medianos y grandes y 3 especies de murciélagos.

Trampas cámara

En total obtuvimos 10.373 fotografías, de las cuales 3.646 son de mamíferos. Nuestros datos muestran que con al menos 20 a 25 cámaras la curva de acumulación de especies comienza a saturarse (Figs. 22, 23). Siguiendo el método de Dorazio et al. (2006), la mediana de la distribución posterior de los datos de ocurrencia es de 37 especies. Este valor corresponde al estimado estadístico de especies esperadas de mamíferos que predice el modelo como valor esperado incorporando el error de detección (líneas verticales en la Fig. 22).

En total, se registraron 25 especies en las cámaras de El Guamo y Orotuya. La guara (*Dasyprocta fuliginosa*) fue la más frecuente en las cámaras con 86 eventos, seguida por la boruga (*Cuniculus paca*) con 45 eventos. Algunas especies como el perro de patas cortas (*Speothos venaticus*) fueron registradas con un solo evento (Tabla 13). La ocupación (Ψ) de las especies con siete o más registros varió del 23% en el ocelote (*Leopardus pardalis*) hasta el 87% en la guara (*D. fuliginosa*). Las detectabilidades de las especies fueron, en términos generales, bajas a muy bajas. La especie con mayor probabilidad de detección fue la guara, con un valor de 0,201.

DISCUSIÓN

La comunidad de mamíferos de la región del Bajo Caguán en el departamento de Caquetá difiere de la comunidad de mamíferos del departamento vecino de Putumayo. En el

Figura 23. Curva rarefacción de especies, indicando el número de eventos en el eje horizontal y el total acumulado de especies en el eje vertical. Elaborada a partir de los datos de las trampas cámara del inventario rápido de la región del Bajo Caguán-Caquetá, Colombia, en abril de 2018. La curva se calcula de acuerdo con el método de Heck (1975). En la gráfica cada línea corresponde a una especie.

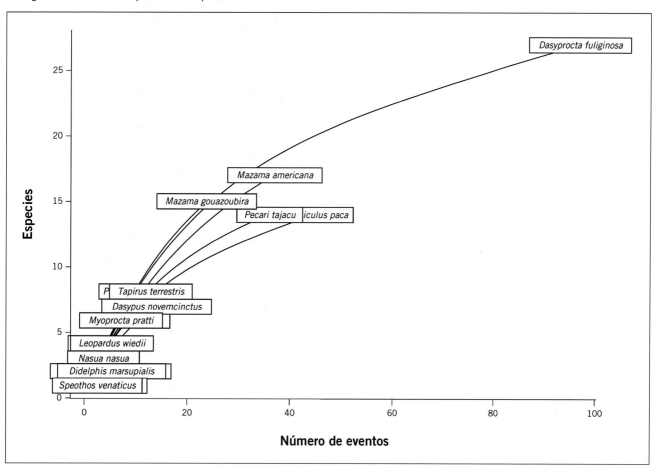

Tabla 13. Listado de especies, número de eventos, ocupación y probabilidad de detección de las especies registradas en las cámaras de los campamentos El Guamo y Orotuya, visitados durante un inventario rápido de la región del Bajo Caguán-Caquetá, Amazonia colombiana, en abril de 2018. Un evento corresponde a las fotografías de la misma especie agrupadas por día. Ψ corresponde a la ocupación real, SE Ψ es el error estándar de Ψ y p la probabilidad de detección. Para las especies con cinco o menos registros no se calculó Ψ.

Especie	Eventos	Ocupación ingenua	Ψ	SE Ψ	Valor p
Dasyprocta fuliginosa	97	0,84375	0,872	0,555	0,201
Cuniculus paca	45	0,4375	0,486	0,38	0,165
Mazama americana	37	0,5312	0,55	0,489	0,12
Pecari tajacu	36	0,4375	0,523	0,403	0,12
Mazama gouazoubira	24	0,46875	0,615	0,51	0,08
Dasypus novemcinctus	14	0,21875	0,27	0,45	0,117
Tapirus terrestris	13	0,25	0,407	0,58	0,05
Dasypus kappleri	12	0,21875	0,327	0,53	0,065
Panthera onca	9	0,25	0,67	0,89	0,022
Leopardus pardalis	7	0,15625	0,236	0,64	0,06
Myoprocta pratti	7	0,1875	0,245	0,87	0,02
Leopardus wiedii	5	0,125	NA	NA	NA
Tayassu pecari	4	0,125	NA	NA	NA
Atelocynus microtis	3	0,0625	NA	NA	NA
Nasua nasua	3	0,09375	NA	NA	NA
Myrmecophaga tridactyla	3	0,0625	NA	NA	NA
Didelphis marsupialis	3	0,0625	NA	NA	NA
Coendou sp.	3	0,03125	NA	NA	NA
Puma concolor	2	0,0625	NA	NA	NA
Cebus albifrons	1	0,03125	NA	NA	NA
Sciurus sp.	1	0,03125	NA	NA	NA
Puma yagouaroundi	1	0,03125	NA	NA	NA
Alouatta seniculus	1	0,03125	NA	NA	NA
Eira barbara	1	0,03125	NA	NA	NA
Speothos venaticus	1	0,03125	NA	NA	NA

departamento de Putumayo se encuentra una gran proporción de ecosistemas de montaña que facilitan la presencia de la boruga de montaña (*Dinomys branickii*), el oso andino (*Tremarctos ornatus*), el venado soche (*Mazama rufina*) y la danta de montaña (*Tapirus pinchaque*) que no están presentes en el Bajo Caguán-Caquetá (Ramírez-Chaves et al. 2013). Adicionalmente, la barrera que impone el estrecho y los rápidos del Araracuara en el río Caquetá podrían estar impidiendo la presencia de delfines de río (*Sotalia fluviatilis, Inia geoffrensis*), y manatíes (*Trichechus inunguis*), los cuales sí están presentes en el río Caquetá, aguas abajo de Araracuara (Eisenberg y Redford 2000). Especies de tierras bajas como oso palmero, la marimba, el churuco

la danta, el lobo de río, el mico volador y el ocelote se comparten con el departamento de Putumayo y también con el norte de la Amazonia peruana (Ramírez-Chaves et al. 2013, Bravo et al. 2016). Más al noroccidente de la región del Bajo Caguán-Caquetá, en el PNN Serranía de Chiribiquete, se comparten la mayoría de las especies de mamíferos. Entre estas están el jaguar, los manaos, cerrillos, dantas, chigüiros (*Hydrochoerus hydrochaeris*) venados, churucos y marimbas (Mantilla-Meluk et al. 2017). Los murciélagos son otro grupo que comparte varias especies entre el Bajo Caguán y el PNN Serranía de Chiribiquete (Montenegro y Romero-Ruiz 1999).

El afloramiento de la Formación Pebas en El Guamo favorece la presencia de salados en esta zona los cuales son usados por los mamíferos para complementar su dieta con minerales y sales que no están presentes en las plantas y frutas que consumen. En El Guamo registramos dos especies de venados, dantas y manaos visitando con frecuencia los salados. Los murciélagos fueron otro grupo que se registró visitando los salados con frecuencia, tal como lo evidencian las trampas cámara. Este comportamiento de los murciélagos visitando los salados con frecuencia también ha sido registrado en la Amazonia peruana, principalmente para consumir el agua que se acumula sobre las arcillas del salado (Bravo et al. 2008). Los salados son lugares de importancia tanto para la fauna como para las comunidades que las usan como lugares estratégicos para cacería. Adicionalmente, en los salados de El Guamo registramos visitantes menos frecuentes como por ejemplo el mono aullador (*Allouatta seniculus*), borugas y mono capuchino cariblanco (*Cebus capucinus*), todos ellos captados por trampas cámara bebiendo el agua de los salados. Este tipo de hábitat es similar al encontrado en el paisaje de las cuencas del Medio Algodón en el Perú (Bravo et al. 2016). Sin embargo, los salados no parecen ser comunes en todos los sitios del Bajo Caguán-Caquetá (ver el capítulo *Geología, suelos y agua*).

Además de la deforestación, las principales amenazas para la comunidad de mamíferos en la zona son la ganadería extensiva, la cacería, la fragmentación de los bosques, el establecimiento de cultivos ilícitos y la comercialización de fauna para tenencia y consumo. Evidenciamos diferencias en el comportamiento de monos churucos, marimbas, monos capuchinos y cerrillos. En los campamentos El Guamo y Peñas Rojas el comportamiento fue más tranquilo y fáciles de observar, que en los campamentos Orotuya y Bajo Aguas Negras. Creemos que este comportamiento puede estar influenciado por las diferencias en la intensidad de la cacería entre las comunidades indígenas y campesinas. El cambio en los patrones de actividad es uno de los comportamientos más fácilmente evidenciables en los mamíferos sometidos a presiones antrópicas (Zapata-Ríos y Branch 2016, Oberosler et al. 2017).

En los diferentes campamentos, los mamíferos mostraron asociación con algunos frutos del bosque. Por ejemplo, en Peñas Rojas los churucos fueron registrados alimentándose de *Iryanthera lancifolia*, *Ficus* sp., *Couma macrocarpa*, *Pouteria* sp. y *Moronobea coccinea*.

Los manaos fueron registrados alimentándose de *Osteophloeum platyspermum*, *Dacryodes chimantensis*, *Oenocarpus bataua* y *Mauritia flexuosa*, y la boruga y guara de *Poraqueiba sericea*.

Comparación con otras investigaciones

Los 62 registros de mamíferos de este inventario contribuyen a mejorar el conocimiento de este grupo para la Amazonia colombiana y amplían el rango de distribución para los puercoespines (*Coendou* sp.), armadillo espuelón (*Dasypus kappleri*), oso palmero (*Myrmecophaga tridactyla*) y olingo (*Bassaricyon alleni*), los cuales no estaban registrados para el departamento del Caquetá. Las 62 especies registradas en tres semanas de muestreo sugieren que la región puede albergar más especies. Mucho del conocimiento de los mamíferos de la Amazonia colombiana ha estado limitado a unas pocas regiones y a colecciones realizadas con anterioridad al 2000 (Polanco-Ochoa et al. 1994, Montenegro y Romero-Ruiz 1999). Consideramos que con mayor tiempo y esfuerzo de muestreo estos números de especies de mamíferos medianos y grandes podrían alcanzar y eventualmente superar los números de especies esperadas para la región.

Murciélagos

El ensamble de murciélagos responde a las características heterogéneas del paisaje a pesar del bajo esfuerzo de muestreo de solo dos noches con redes en cada campamento. Este grupo nos indica que existe una oferta suficiente para mantener esta comunidad diversa en términos funcionales, con registros de todos los gremios: insectívoros, hematófagos, frugívoros, nectarívoros y generalistas. Las especies encontradas hacen parte de la diversidad esperada para el departamento de Caquetá (Solari et al. 2013, Vásquez et al. 2015, Niño-Reyes y Velásquez-Valencia 2016).

Durante el inventario capturamos y registramos murciélagos hematófagos (*Desmodus rotundus* y *Dhillia eucaudata*) en el campamento de Peñas Rojas. Este grupo de murciélagos pueden representar algún riesgo para la comunidad que vive en la zona y podría ser una fuente potencial de conflicto con la ganadería (Voigt y Kelm 2006, Estrada-Villegas y Ramírez 2014, Meyer et al. 2015). La presencia de estas especies está asociada a sistemas de ganadería que favorecen la oferta de recursos para este gremio (Greenhall et al. 1983). La abundancia de especies generalistas del género *Carollia* podría ser un indicador de algún grado de intervención en la región del bajo Caguán-Caquetá, ya que la presencia de los *Carollia* está asociada a la apertura de nuevos claros en los bosques, en los cuales forrajean y dispersan semillas (Fleming 1991, Cloutier y Thomas 1992, Mikich et al. 2003, Voigt et al. 2006, Gallardo y Lizcano 2014).

Trampas cámara

Este inventario hace disponible un set de datos (*https://doi.org/10.5281/zenodo.1285283*) que podría contribuir a mejorar el conocimiento del ensamble de mamíferos de la Amazonia colombiana. Usando trampas cámara logramos registrar grandes depredadores como jaguares y pumas, así como también carnívoros raros y poco estudiados como el zorro de patas cortas (*Speothos venaticus*) con un evento en el campamento de El Guamo y el zorro de orejas cortas (*Atelocynus microtis*) con tres registros independientes en el campamento Orotuya. Adicionalmente, con las cámaras registramos comportamientos interesantes de monos, puercoespines y murciélagos visitando los salados. Los datos proporcionados por este inventario son la línea base a comparar en posteriores estudios, y permiten llenar un vacío de información entre sitios distantes que han sido estudiados con trampas cámara en Yasuní en Ecuador (Salvador y Espinosa 2016, Espinosa y Salvador 2017), el Medio Algodón en el Perú (Bravo et al. 2016), Cocha Cashu en el Perú, Caxiuanã en Brasil y Guyana (Ahumada et al. 2011).

Estado de conservación de los mamíferos de la región del Bajo Caguán-Caquetá

Los registros del orden primates revelan un nuevo panorama para las poblaciones debido a la presencia común de la marimba, el churuco y el volador, ya que por su importancia en el ecosistema indican un buen estado de conservación de estas áreas. Es interesante la similitud con comunidades de mamíferos reportadas para la zona de San Vicente del Caguán (Niño-Reyes y Velásquez-Valencia 2016) ya que aparentemente algunos primates como la marimba, el churuco y el cotudo están manteniendo poblaciones saludables aun en ambientes de rápida modificación, igualmente la oferta que brindan los parches de bosque que aún se encuentran en buen estado siguen permitiendo a corto plazo la presencia de algunas poblaciones.

AMENAZAS

Las principales amenazas a los mamíferos fueron:

Ganadería extensiva

Según el IDEAM (2017) la región del Bajo Caguán-Caquetá comprende una de las zonas con el mayor número de alertas por deforestación en el país. Dicho proceso se da principalmente debido a la actividad ganadera mediante la transformación de bosques en pasturas, por lo que en los periodos 2010–2016 se perdieron 145.507 ha. Este modelo ocasiona la pérdida total del hábitat, al igual que la alteración en la conectividad-movilidad y la composición de especies para el caso de los mamíferos. En cuanto a los mamíferos carnívoros, la alteración de la dinámica de oferta de alimento desencadena una serie de conflictos entre campesinos y felinos, teniendo como resultado la persecución y/o eliminación de los grandes carnívoros por parte de los propietarios del ganado, al percibirlos como una amenaza (Garrote 2012, Peña-Mondragón y Castillo 2013).

Explotación maderera

La extracción de la madera tiene efectos negativos para las poblaciones de mamíferos. El primero es ocasionado por la apertura de trochas para sacar la madera, las cuales permiten la entrada de cazadores a sitios más retirados (Bowler et al. 2014, Camargo-Sanabria et al. 2015). Igualmente, los madereros a fin de abaratar los costos de operación, recurren al consumo de mamíferos silvestres como fuente de proteína animal (Ripple et al. 2016). La extracción selectiva o tala de baja intensidad modifica la estructura del bosque, provocando variaciones en la movilidad de las especies de mamíferos, conduciendo a cambios en la composición de especies y en la oferta alimenticia para los frugívoros. Dichos cambios permiten el ingreso de especies comunes de bosques perturbados, como quirópteros frugívoros de las subfamilias Carollinae y Stenodermatinae (Medellin et al. 2000).

Cacería

La caza en los dos resguardos indígenas visitados durante el inventario se desarrolla durante todo el año. A pesar de que esta tiene una presión fuerte en el territorio, todavía se pueden encontrar animales de mediano a gran tamaño cerca de los asentamientos humanos. La cacería es la principal estrategia de subsistencia para los pobladores amazónicos, pero es también una de las causas principales de las extinciones locales de poblaciones de mamíferos silvestres (Bodmer et al. 1997, Zapata-Ríos et al. 2009, Suárez et al. 2013).

Comercio de fauna

A pesar de las prohibiciones vigentes de ley sobre tráfico de fauna, los ríos Caguán y Caquetá figuran como una de las regiones que más aportan especies de mamíferos al tráfico ilegal y tenencia en el departamento de Caquetá. No existe un censo formal sobre la tenencia de mamíferos en el área, pero de acuerdo con los datos y registros del Hogar de Paso de Uniamazonia, se identificaron las siguientes especies tenidas como mascotas: churuco (*L. lagotricha*), chichico (*Saimiri macrodon*), maicero (*S. apella*), marimba (*A. belzebuth*), boruga (*C. paca*), guara (*D. fuliginosa*) y chigüiro (*H. hydrochaeris*). Existe comercialización de carne de boruga (*C. paca*), danta (*T. terrestris*), los venados (*M. americana* y *M. gouazoubira*) y los dos pecarís (*P. tajacu* y *T. pecari*) en La Tagua y Puerto Leguízamo y un mercado más oculto de colmillos de jaguar (*P. onca*), puma (*P. concolor*) y pecarí hacia el interior del país.

RECOMENDACIONES PARA LA CONSERVACIÓN

Recomendamos trabajar para hacer sostenible el sistema ganadero, pasando de un sistema extensivo a un sistema eco-eficiente, más amigable con el medio ambiente (Lerner et al. 2017). Para ello es preciso adoptar y contextualizar herramientas acordes a la región, como los sistemas agroforestales, silvopastoriles, cercas vivas y árboles dispersos que permitan no solo el beneficio de los mamíferos y la conectividad entre los fragmentos de bosques, sino que mejoren la calidad de las pasturas, la oferta de nutrientes en la dieta, y la eficiencia productiva por unidad de área, para así frenar la ampliación de la frontera agrícola y con ello la presión sobre los bosques (Giraldo et al. 2011).

Si las comunidades indígenas, colonos, campesinos y diferentes usuarios de la biodiversidad dependen en parte de los mamíferos para su bienestar, el uso de estos debe ser sostenible. Para el manejo es recomendable incorporar el monitoreo comunitario local a largo plazo de las poblaciones en áreas donde es posible mantener los programas de estudio y seguimiento. El monitoreo comunitario es una metodología participativa que permite que miembros de las comunidades realicen seguimiento de las poblaciones de animales a través del tiempo en un sitio específico, lo cual permitirá, determinar qué especies hay, en dónde están, y cuántas hay, así como los cambios en sus poblaciones, registros de caza, patrones de producción y estructura de edad de las poblaciones cazadas (Bodmer 1995, Bodmer y Robinson 2004, Naranjo et al. 2004). Esta información ayudará a determinar el uso que se les da a los mamíferos, la cacería y las diferentes presiones que tienen las poblaciones en la región del Bajo Caguán-Caquetá, ayudando a tomar decisiones sobre las estrategias de uso y manejo, y a entender los deseos y realidades de la comunidad. Al mismo tiempo, recomendamos promover la profundización del conocimiento sobre la ecología de las especies, pues es la base para tomar decisiones de manejo de las poblaciones y su hábitat.

Las estrategias de fuente-sumidero implican dividir el territorio de caza en un área fuente, de caza ligera o protección estricta, y un área de caza activa. Este modelo debe ser incluido en iniciativas de conservación en territorios indígenas y en algunas de las áreas protegidas con mayor uso, pues permite disminuir el riesgo de lo imprevisible en la dinámica de las poblaciones en cuanto a los agentes intrínsecos y extrínsecos que las afectan. Es importante establecer zonas de cacería y zonas de conservación y un plan de manejo ambiental en los resguardos. También recomendamos realizar un análisis de los ciclos de vida de los productos de campesinos e indígenas, cadenas verdes de valor, medición de la huella de carbono, sellos de calidad y la factibilidad de los pagos por servicios ambientales y proyectos REDD.

HISTORIA DE OCUPACIÓN Y POBLAMIENTO DE LA REGIÓN DEL BAJO CAGUÁN-CAQUETÁ

Autora: Alejandra Salazar Molano

La historia de colonización y ocupación del paisaje Bajo Caguán-Caquetá (Fig. 24), es, al igual que sus pobladores, diversa y dinámica. Es una historia de resistencia frente a la que colonos, campesinos e indígenas han demostrado ser flexibles y perseverantes. Antiguamente, esta zona fue territorio ancestral del pueblo coreguaje —del río Caguán hacia el oeste— y del Caguán hacia el este, territorio carijona[6], pueblo o segmento de pueblo que, según investigaciones de Amazon Conservation Team-Colombia y Parques Nacionales Naturales, actualmente está en situación de aislamiento en el Parque Nacional Natural (PNN) Serranía de Chiribiquete. Hoy en día, el paisaje Bajo Caguán-Caquetá es el hogar de colonos, campesinos e indígenas uitoto murui muina que han llegado durante el último siglo a causa de diversas dinámicas históricas que nos proponemos contar en este capítulo.

El boom cauchero a finales del siglo XIX en territorio fronterizo entre el Perú y Colombia tuvo al menos cuatro consecuencias fundamentales para la configuración social de este paisaje. La primera fue la esclavitud y el genocidio de gran parte de la población indígena uitoto, cuyo territorio ancestral está en la región La Chorrera-Amazonas. La segunda, aunada a la anterior, fue el éxodo masivo de la población indígena sobreviviente, parte de la cual abandonó sus territorios ancestrales y se desplazó por los cursos de agua; algunos por el río Putumayo abajo hacia Leticia, otros hacia la frontera con el Perú y otros hacia la cuenca del río Caquetá. La tercera consecuencia fue la guerra colombo-peruana, desatada en 1933 debido a disputas territoriales por la extracción del caucho, así como disputas en torno al control de la fuerza laboral indígena. Entre otras consecuencias, la guerra incentivó la llegada de población civil y militar que, finalizado el conflicto, permaneció en el territorio. Uno de los ejes dinamizadores de la colonización fue la construcción de la infraestructura militar, dentro de la cual se encuentra la base naval de Puerto Leguízamo y la base de Tres Esquinas (Vásquez Delgado 2015: 46), proceso tras el cual se crearon algunas de las veredas del río Caquetá, como La Maná y Tres Troncos. Una cuarta consecuencia

fundamental para entender las dinámicas socioeconómicas actuales del territorio llegó con el final del boom cauchero, el cual marcó el comienzo de la economía ganadera. La construcción de trochas para transportar el caucho fue central en el proceso de ocupación y asentamiento en el piedemonte, dado que: i) permitió la conexión del Caquetá con el Huila y con el centro del país, y, en este sentido, se integró el departamento a las dinámicas económicas nacionales, y ii) las trochas se constituyeron en las vías de acceso para la llegada de colonos a la región. Tras el decaimiento de la industria cauchera a comienzos del siglo XX, el Estado adjudicó baldíos a los caucheros y a quienes participaron en la construcción de los caminos. Estos baldíos se convirtieron en fincas ganaderas, dinámica influenciada por los ganaderos huilenses.

Para esa época, Colombia se regía por la Constitución de 1886, en la cual se consideraba a la población indígena como "salvajes que debían ser civilizados". En este contexto el Estado, inspirado en la religión católica como "elemento esencial del orden social de la Nación,"[7] encomendó a las misiones religiosas gobernar a los salvajes y promover la *Civilización*, entendida como la enseñanza de la moral cristiana y la occidentalización de su cultura. Así, misiones capuchinas instalaron internados en lugares estratégicos, en donde impartieron educación primaria a los niños indígenas, estrategia que continuó durante la primera mitad del siglo XX, con fuertes impactos en la pérdida de la cultura de estos pueblos. Una segunda consecuencia de las misiones religiosas fue la consolidación de centros poblados, que iniciaron como centros de acopio de caucho y se formalizaron con la presencia capuchina, como fue el caso Florencia y San Vicente del Caguán.

Finalizando la década de los 40, Colombia inició un periodo de guerra civil conocida como 'La Violencia,' a raíz de la cual muchos pobladores campesinos que habitaban en la región central del país se desplazaron huyendo de la violencia y buscando tierras libres donde asentarse. En este contexto, llegaron muchas familias al departamento del Caquetá, especialmente al piedemonte andino-amazónico, y en menor medida al medio y bajo río Caguán, expandiendo de manera importante la frontera agropecuaria sobre los entonces territorios

---

6   Camilo Andrade de ACT-Colombia, comunicación personal, mayo de 2018.

7   http://www.banrepcultural.org/biblioteca-virtual/credencial-historia/numero-146/estado-y-pueblos-indigenas-en-el-siglo-xix

Figura 24. Las figuras de ordenamiento territorial ambiental en la región del Bajo Caguán-Caquetá, Amazonia colombiana.

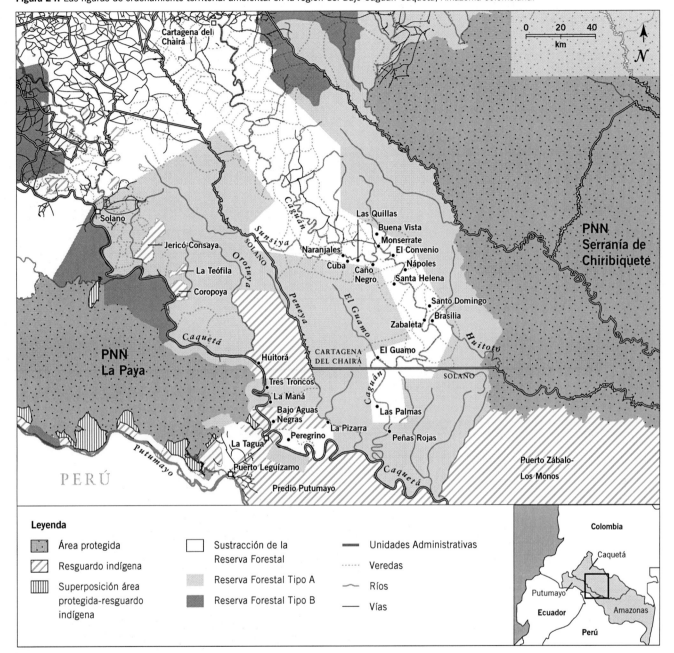

baldíos de la Amazonia colombiana. En la década de los 50 inició el boom de extracción de pieles de animales silvestres (tigrilladas) y de maderas finas, actividades que duraron más de dos décadas y que cubrieron todo el paisaje de referencia, con fuertes impactos sobre los recursos naturales. Sin embargo, no generaron asentamientos permanentes de comunidades campesinas. En esta misma época, los primeros habitantes indígenas murui muina se instalaron en el territorio que hoy conocemos como el Resguardo Indígena Bajo Aguas Negras. En 1959, el Estado declaró las Zonas de Reserva

Forestal Protectoras bajo la Ley 2 de 1959, para el desarrollo de la economía forestal y la protección de los suelos, las aguas y la vida silvestre.

La violencia continuó, entre periodos de calma relativa y periodos de intensidad. Uno de estos picos muy presentes en la memoria de los habitantes actuales del bajo Caguán fue el bombardeo en El Pato (Huila) el 25 de marzo de 1965, acción militar del Ejército Nacional a través de la cual el Gobierno intentaba acabar con el creciente movimiento comunista y la consolidación de las llamadas Repúblicas Independientes, movimiento arraigado ya por esos tiempos en esta zona y fortalecido con la creación de las Fuerzas Armadas Revolucionarias de Colombia (FARC) en 1964. Según Molano (2014), tras el bombardeo, la región se desocupó por los cuatro costados. La mayoría de la población salió río abajo hacia Guacamayas; otra parte desanduvo el camino y regresó a Neiva o a Algeciras -los que, según Molano, pudieron seguir hacia el bajo Caguán[8]; y una minoría cruzó el páramo de Picachos, al oriente, para salir a San Juan de Lozada.

En los años 60–70, el Gobierno inició procesos de colonización dirigida como respuesta ante los problemas agrarios no resueltos en la región andina, intensificados por La Violencia. Así, el Gobierno, en cabeza del entonces llamado Instituto Colombiano para la Reforma Agraria (INCORA), pretendía ampliar la frontera agrícola del país, brindando tierra y asistencia técnica a la población campesina. En este contexto, se implementaron los proyectos Caquetá I (1963–1971), Caquetá II (1972–1980) y el proyecto de colonización militar dirigida de Puerto Leguízamo a La Tagua en 1978 (ver mapa en la Fig. 24). Sin embargo, los procesos de colonización de Caquetá I y II no cumplieron el objetivo de estabilizar a la población campesina. El apoyo técnico y financiero brindado por el Estado impulsó la consolidación de la ganadería extensiva como modelo productivo principal. Además, trajo como consecuencia, dinámicas de concentración de la propiedad del suelo, a costa de la expulsión de los colonos fundadores, quienes debieron reanudar su existencia itinerante avanzando sobre otras zonas de la reserva forestal[9].

Estos procesos dieron como resultado una oleada importante de colonización en el bajo Caguán, que para ese entonces era parte de la Reserva Forestal de la Amazonia. Otra consecuencia importante de las políticas imperantes en ese entonces fue el desmonte (tumbar el bosque nativo) acelerado, dado que un requisito para la titulación era tener el 75% de la posesión sin selva. Aunado a esta corriente migratoria sobre el Caguán, a partir de mediados de la década de los 70, el cultivo, procesamiento y comercialización de la coca con fines ilícitos atrajo pobladores del centro del país, quienes se asentaron en la zona creando caseríos y

veredas. En 1975 se legalizó la primera Junta de Acción Comunal (JAC) del bajo Caguán.

Para la década del 80 había una población importante sobre la cuenca baja del río Caguán, razón por la cual los campesinos solicitaron al INCORA la sustracción de la Reserva Forestal con el fin de legalizar su situación de ocupación del territorio. Así, el 25 de septiembre de 1985 el Instituto Nacional de los Recursos Naturales Renovables y del Ambiente (INDERENA), por solicitud del INCORA, sustrajo 367.500 ha de la Reserva. Dicha sustracción fue inicialmente negada por el INDERENA, debido a la experiencia negativa de los proyectos Caquetá I y II. Sin embargo, la sustracción se realizó gracias al alto grado de organización comunitaria y la conciencia ambiental de las comunidades.[10] En aras de que este nuevo proceso no fracasara como los anteriores, se construyeron acuerdos sobre el aprovechamiento y manejo de los recursos naturales entre las comunidades y las instituciones, entre los que cabe mencionar:

- El manejo de los recursos naturales renovables solo podía hacerse en forma integral, con criterio social y procurando la máxima participación de la comunidad.

- Se establecía una zona limítrofe boscosa de uso comunitario en la cual se otorgarían permisos o concesiones de aprovechamiento forestal a las Juntas de Acción Comunal.

- Se establecían salados como áreas de manejo comunitario no adjudicables individualmente, en los que se haría vigilancia comunitaria para el aprovechamiento de cacería, con el fin de que únicamente se obtuvieran individuos para la subsistencia.

Así mismo, el INDERENA se comprometió a que los proyectos e investigaciones que allí se realizaran estuviesen estrechamente vinculados con la realidad y necesidades de los colonos y las características de los ecosistemas[11]. Este marco legal posibilitaría la formalización de la colonización con condiciones adecuadas para garantizar la salud del territorio y el buen vivir de las comunidades. No obstante, gran parte de estos acuerdos se incumplieron, por razones que se exponen a continuación.

---

8   Comunicación personal, 21 de febrero de 2018.

9   Acuerdo No. 0065 de 1985, "por el cual se practica una sustracción de la reserva forestal".

10   Acuerdo No. 0065 de 1985. Op. Cit.

11   Acuerdo No. 0065 de 1985. Op. Cit.

En los 80 llegaron las FARC a la zona, guerrilla que, ante la falta de presencia sostenida por parte del Estado, se convirtió en un actor clave en la regulación de relaciones sociales, económicas, políticas y culturales. En 1984, el Gobierno del presidente Belisario Betancur y las FARC firmaron el Pacto de La Uribe, en el cual se acordó un cese al fuego bilateral y la búsqueda de una salida política al conflicto armado. Este pacto, que duró dos años, permitió el fortalecimiento de las JAC y propició la presencia de instituciones del Estado en la zona. La situación política del país, aunada a la sustracción de la Reserva Forestal, fueron interpretadas como signos de que el Caguán podía ser un modelo de colonización para el país orientado hacia el desarrollo sostenible. Sin embargo, la ruptura de los acuerdos de paz en 1986 durante el Gobierno de Virgilio Barco truncó la esperanza. El territorio volvió a ser un escenario de confrontación armada, la presencia del Estado se redujo al brazo militar y la estigmatización del campesinado como auxiliador de la guerrilla volvió a estar a la orden del día. En este contexto de marginalidad, la coca volvió a convertirse en la alternativa económica del campesinado, con todo el circulo vicioso que conlleva (fortalecimiento de grupos al margen de la ley, informalidad en la tenencia de la tierra, persecución de ejército y policía, población flotante, prostitución y alcoholismo, entre otros).

Mientras tanto, en el río Caquetá, los pueblos indígenas se organizaban para lograr la creación de los primeros resguardos en la Amazonia colombiana. En 1988, bajo el Gobierno de Barco, se creó el Resguardo Indígena (RI) Predio Putumayo, con una extensión de casi 6.000.000 ha, en beneficio de los grupos indígenas uitotos, boras, andoques, muinanes, mirañas, así como los resguardos Yaigojé, Mirití Paraná, Nonuya Villazul, Andoque de Aduche, Puerto Sábalo Los Monos y Huitorá. Un año antes se había fundado el cabildo de Aguas Negras, declarado resguardo en 1995.

Otro aspecto importante de los 80 fue la declaración del PNN La Paya en 1984 y el PNN Serranía de Chiribiquete en 1989. Estos fueron establecidos como áreas protegidas inalienables, inembargables e imprescriptibles, mediante las cuales el país reservó 1.720.955 ha para la conservación de ecosistemas claves.

La década de los 90 comenzó con la promulgación de una nueva Constitución Política (1991), producto de una movilización y un gran diálogo social que buscaba garantizar el cumplimiento de derechos fundamentales, reconociendo la pluralidad étnica del país y promoviendo la descentralización y la participación de las comunidades. Pero al mismo tiempo, la guerra se agudizó. Auspiciado por el gobierno de los Estados Unidos, el Estado colombiano fortaleció la lucha antisubversiva y la articuló a la política antinarcóticos, razón por la cual aumentó la presencia militar en las llamadas *zonas rojas* (zonas en las que el Estado no tenía el control del territorio, con alta presencia de las guerrillas). También intensificó las fumigaciones con glifosato, con consecuencias negativas sobre las poblaciones campesinas e indígenas del área y sobre el territorio. Tras las fumigaciones, cientos de hectáreas de cultivos de pancoger (que se refiere a la agricultura familiar para garantizar la soberanía alimentaria de las comunidades campesinas) fueron quemadas, fuentes de agua fueron contaminadas y, de la mano de la política antisubversiva, se intensificó la represión hacia los campesinos. Una de las repercusiones fue el aumento de desplazamientos forzados, así como el fortalecimiento de protestas campesinas, tales como las marchas cocaleras en 1996, las cuales propiciaron un fortalecimiento de las formas organizativas comunitarias. Para el caso de Cartagena del Chairá y específicamente para el Caguán, se conformó el *núcleo* como forma asociativa principal que agrupa las JAC.

Adicionalmente, durante la década de los 90, el Estado colombiano adoptó las medidas económicas impulsadas por organismos multilaterales como el Fondo Monetario Internacional y el Banco Interamericano de Desarrollo. En el ámbito agropecuario, estas medidas se orientaron a la liberalización y apertura económica, es decir, hacia el incremento de las importaciones y el desmonte de subsidios a productores agrícolas. Esto condujo a la transformación del modelo de producción agropecuaria y del uso del suelo, que se reflejó en la disminución de cultivos transitorios y el incremento de la actividad ganadera (Balcázar 2003). En la región, el debilitamiento de la producción campesina también incidió sobre el incremento de los cultivos de uso ilícito.

En 1998, se declaró la Zona de Distensión, la cual colindaba directamente con el bajo Caguán (Ver mapa X) e influenció las dinámicas sociales de la zona. Entre las principales consecuencias, se disminuyó la intensidad del conflicto armado hasta 2002, año en el que se rompieron las negociaciones entre las FARC y el gobierno de Andrés Pastrana. En la misma época, el Gobierno de Pastrana acordó, con el gobierno de los Estados Unidos, una estrategia de fortalecimiento militar denominada el Plan Colombia (2000–2015), a través de la cual se incrementó el intercambio en materia militar entre estos dos países (armamento, tecnología, entrenamiento) y se fortaleció la lucha antinarcóticos. Las consecuencias directas para los pobladores de la región Bajo Caguán-Caquetá fueron el recrudecimiento del conflicto armado en la zona, mayor presencia militar y mayor estigmatización hacia los campesinos, quienes fueron señalados con frecuencia como auxiliadores de la guerrilla. Esta estigmatización restringió su libre movilización por el territorio, así como la entrada de alimentos, insumos agrícolas, medicinas y otros artículos de primera necesidad.

Sumado a esto, a partir de 2003, bajo la presidencia de Álvaro Uribe y su política de Defensa y Seguridad Democrática, inició el Plan Patriota que buscó la recuperación del control militar e institucional del sur del país, con énfasis en el Caquetá y Meta. En los fuegos cruzados, los habitantes del Bajo Caguán sufrieron importantes vulneraciones en el marco del derecho internacional humanitario. Un caso conocido sucedió en Peñas Coloradas (ubicado en el Núcleo 2 de Cartagena del Chairá; Fig. 24). Según contaron pobladores de la zona al equipo social en este inventario, fueron víctimas del segundo desplazamiento masivo más grande del país, cuando, en abril de 2003, el Ejército Nacional llevó a cabo una operación militar denominada JM. Con este operativo el Ejército pretendía recuperar el control de la zona que era un bastión clave para la economía de las FARC, quienes, a través del Bloque Sur, controlaban el procesamiento y comercialización de la pasta de coca. Según cuentan algunos habitantes, el ejército entró a Peñas Coloradas y tras capturar a Anayibe Rojas, una importante líder de las FARC conocida como alias 'Sonia', hizo trincheras en las calles del pueblo. La guerrilla, por su parte, anunció a la población civil que iba a atacar la base militar. Según registros de la JAC, en 2004 Peñas Coloradas contaba con dos mil habitantes. Hoy, 13 años después, no hay un solo civil habitando las calles del pueblo. En febrero 15 de 2016, la comunidad de Peñas Coloradas fue reconocida por la Unidad de Víctimas como *comunidad sujeto de reparación*

colectiva. Además de las vulneraciones al derecho internacional humanitario, la presión militar y las fumigaciones incidieron en la disminución de los cultivos de coca y en el fortalecimiento de la economía ganadera, según testimonios recogidos en el inventario. Hoy en día, el Núcleo 2 es una zona predominantemente ganadera, con uno de los índices más altos de deforestación en el país.

En octubre de 2012, bajo el Gobierno de Juan Manuel Santos, se instaló formalmente la mesa de negociaciones entre las FARC y el Gobierno, con el objetivo de finalizar el conflicto armado en Colombia. Las partes duraron cuatro años negociando sobre aspectos medulares para la salida política del conflicto armado, tales como el problema agrario, los cultivos ilícitos, la justicia y la participación política de las FARC, entre otros. No obstante, la guerra entre estos dos ejércitos se mantuvo en los territorios hasta agosto de 2016, fecha en que se firmó el cese bilateral de hostilidades. A partir de este momento la vida de las comunidades se transformó profundamente, ya que no sólo dejaron de estar en medio del enfrentamiento armado, sino que pudieron moverse libremente por el territorio. Disminuyó la estigmatización y los señalamientos y comenzaron a relacionarse de manera distinta con el Estado; se respiraba esperanza entre los moradores de esta región.

Hoy en día las comunidades están construyendo una visión común que propende por el buen vivir y la pervivencia de la cultura y del territorio (ver el capítulo *Encuentro campesino e indígena: construyendo una visión común de la región del Bajo Caguán-Caquetá*). Sin embargo, según aseguran los pobladores, aún no hay una presencia continua del Estado nacional. Adicionalmente, se dice que hay hombres armados que no se acogieron al proceso que intentan ejercer control sobre la zona. En este sentido, la población teme que el río Caguán y el río Caquetá sigan siendo un territorio en disputa y que el cambio de Gobierno en agosto de 2018 afecte la implementación del proceso de paz, con consecuencias devastadoras para la población, como ya sucedió en 1986 y en 2002.

GOBERNANZA TERRITORIAL Y AMBIENTAL DE LAS COMUNIDADES DE LA REGIÓN DEL BAJO CAGUÁN-CAQUETÁ

Autores: Diomedes Acosta, Yudy Andrea Álvarez, Diana Alvira Reyes, Karen Gutiérrez Garay, Nicholas Kotlinski, Ana Lemos, Elio Matapi Yucuna, Theresa Miller, Humberto Penagos, Marcela Ramírez, Alejandra Salazar Molano, Felipe Samper, Darío Valderrama, Arturo Vargas y Carlos Andrés Vinasco Sandoval (en orden alfabético)

Objetos de conservación: La **diversidad social y cultural** representada por comunidades colonas, campesinas e indígenas; la **resiliencia** de los pobladores que les ha permitido hacer frente a las dificultades asociadas al conflicto armado y a la marginalidad; las **organizaciones comunitarias** como Juntas de Acción Comunal, asociaciones campesinas e indígenas de segundo nivel y cabildos indígenas, a través de las cuales dialogan con el Estado y otras organizaciones, generando estrategias comunitarias para el buen vivir; los **instrumentos comunitarios de gestión** del territorio tales como el Plan de Desarrollo Rural y Comunitario del Bajo Caguán, el Plan de Vida del pueblo uitoto y los planes de manejo ambiental, que fortalecen la gobernanza, logran cohesión y unidad de acción; el amplio **conocimiento ecológico tradicional** campesino e indígena manifestado en las artes de cacería y pesca, el uso de productos maderables y no maderables del bosque, la chagra indígena así como los cultivos de pancoger de los campesinos que sostienen su soberanía alimentaria; los **servicios ecosistémicos** que soportan los medios de vida de las comunidades campesinas e indígenas, incluyendo caños, ríos, lagunas y salados, además de suelos y bosques saludables que proveen abundante fauna y flora; y finalmente, los **espacios geográficos asociados a la presencia de grupos étnicos en aislamiento voluntario** ubicados entre el río Caguán y el PNN Serranía de Chiribiquete, un corredor de importancia cultural para los pueblos indígenas amazónicos en general y para los pueblos carijona, coreguaje y uitoto en especial

INTRODUCCIÓN

Este inventario biológico y de caracterización social en la región del Bajo Caguán-Caquetá en el sur occidente del departamento del Caquetá, es el resultado de una iniciativa de diversas instituciones: gubernamentales, no gubernamentales, académicas, organizaciones comunitarias campesinas como las Juntas de Acción Comunal (JAC), asociaciones campesinas e indígenas y cabildos indígenas. La visión detrás del inventario era mantener la conectividad y funcionalidad ecosistémica y cultural entre los parques nacionales naturales Serranía de Chiribiquete y La Paya, y promover los usos sostenibles de los recursos naturales en la región.

La caracterización social se llevó a cabo del 6 al 24 de abril de 2018. Nuestro equipo de trabajo, seis mujeres y seis hombres, fue multicultural e interdisciplinario, compuesto por profesionales de las ciencias sociales y naturales, quienes representaban a instituciones gubernamentales como Parques Nacionales Naturales de Colombia y Corpoamazonia; organizaciones no-gubernamentales (ONG) como Amazon Conservation Team-Colombia (ACT), la Fundación para la Conservación y el Desarrollo Sostenible (FCDS) y un museo de historia natural norteamericano, The Field Museum. Una parte muy importante del equipo estuvo conformada por un indígena matapí yucuna, un líder y una lideresa indígenas murui muina de los Resguardos Indígenas Bajo Aguas Negras y Huitorá, y dos líderes y una lideresa campesinos representando a la Asociación Campesina del Bajo Caguán, la vereda Peregrino y la vereda La Pizarra.

El objetivo del inventario social en la región del Bajo Caguán-Caquetá fue establecer un diálogo sobre el bien común que permitiera identificar fortalezas sociales y culturales, amenazas y oportunidades, así como cursos de acción para la resolución de conflictos socioambientales actuales o potenciales.

Debido a la alta diversidad social de la región, el paisaje fue dividido en tres sub-paisajes que, en su conjunto, constituyen un gran paisaje socioecológico:

1) 16 veredas campesinas del Núcleo 1, Bajo Caguán (municipios de Cartagena del Chairá y Solano);

2) 5 veredas campesinas al margen derecho aguas arriba del río Caquetá (municipio de Solano);

3) 2 resguardos indígenas murui muina (de la familia lingüística uitoto) ubicados a la orilla del río Caquetá (municipio de Solano; Fig. 24).

MÉTODOS

El enfoque metodológico del equipo se estructuró a partir de las fortalezas sociales y culturales, acompañadas de dos conceptos fundamentales: el paisaje y la conservación. Desde allí se propició un espacio de encuentro y reflexión entre campesinos e indígenas acerca del bien común.

Enfoque de fortalezas sociales y culturales

Cuando hablamos de fortalezas sociales y culturales, nos referimos a los conocimientos y prácticas de las comunidades que fundamentan el buen vivir y el manejo sostenible del territorio. En ese sentido, es importante analizar la organización social, los valores culturales, el conocimiento y el uso del territorio, en tanto factores que determinan la capacidad de la población para transformar su entorno y propender por su bienestar.

Este enfoque considera que las fortalezas comunitarias son la base para robustecer la gestión y generar estrategias a favor de la conservación y el uso sostenible de los recursos naturales, contrario a los diagnósticos basados en necesidades, que se enfocan en lo que la gente no tiene (Wali et al. 2017).

Para la caracterización social del inventario rápido del Bajo Caguán-Caquetá, el equipo ajustó la metodología utilizada en inventarios previos realizados por The Field Museum en la Amazonia peruana (p. ej., Alvira Reyes et al. 2016), adicionando al análisis la identificación de amenazas sobre el bien común. Estas amenazas y sus impactos socioambientales, aunadas a la identificación de actores, son importantes para entender los conflictos actuales y potenciales, y así, a partir de los valores sociales y territoriales, plantear su gestión de forma participativa. Esto fortalece la visión de las comunidades sobre el territorio, la organización comunitaria y la interlocución con el Estado.

Finalmente, fue clave para nosotros el concepto de conservación, compuesto por cuatro elementos: **conocer, manejar y usar, restaurar y proteger.** Este concepto así entendido, permite concebir a las poblaciones humanas como parte activa de la conservación y no como amenazas para la misma. Esta es una premisa fundamental para crear estrategias de conservación con las poblaciones locales.

Desarrollo metodológico de los talleres

El inventario social se desarrolló mediante visitas y talleres en los tres sub-paisajes mencionados. En los talleres se realizaron las siguientes actividades:

1) Presentación del inventario biológico y social por parte del equipo;

2) Presentación, por parte de las comunidades, de su instrumento de gestión (p. ej., planes de vida, Plan de Desarrollo Rural y Comunitario, planes de manejo ambiental);

3) Ejercicio de construcción de la visión histórica del territorio a partir de una línea del tiempo, identificando hitos claves como migraciones, desplazamientos, conflictos, llegada de proyectos, fiestas importantes, inundaciones, entre otros, para propiciar reflexiones comunitarias acerca de las fortalezas más importantes de las comunidades a la luz de la historia;

4) Ejercicio de cartografía social con el objetivo de identificar los diferentes usos del suelo (p. ej., fincas, aprovechamiento de madera, bosque, ganadería), proyectos y actores que han intervenido en la región, amenazas y lugares importantes (p. ej., lugares sagrados, lugares de duelo, lugares de peligro/no entrada).

Durante el trabajo se utilizaron diferentes materiales visuales como cartillas, libros de inventarios rápidos anteriores, mapas de la zona, imágenes de las comunidades con las que trabajó el equipo social y de los campamentos de muestreo del equipo biológico, así como guías con fotos de animales y plantas (*http://fieldguides.fieldmuseum.org*). Previamente se consultaron fuentes secundarias.

Comunidades visitadas

Para el sector del Núcleo 1, en el Bajo Caguán, realizamos tres talleres (Fig. 25). El primero fue un taller de medio día en la vereda Monserrate con los líderes de la Asociación Campesina del Bajo Caguán (ACAICONUCACHA), que reúne a las 16 veredas del núcleo, para introducir el inventario social y biológico, su alcance y actividades (Fig. 24). Realizamos un segundo taller, de un día, en Monserrate, al que se invitó a cinco miembros de cada una de las ocho veredas de la parte alta del Núcleo 1 (Naranjales, Cuba, Las Quillas, Caño Negro, Buena Vista, Convenio, Monserrate y Nápoles). Realizamos un tercer taller, de un día, en Santo Domingo, con cinco miembros de cada una de las ocho veredas de la parte baja del Núcleo 1 (Caño Santo Domingo, Zabaleta, Santo Domingo, Brasilia, El Guamo y Peñas Rojas).

Con las comunidades campesinas del río Caquetá se desarrollaron dos talleres de un día cada uno: el primero en la vereda La Maná, donde se invitó a diez personas, incluyendo líderes (hombres y mujeres) y jóvenes de las veredas Tres Troncos, La Maná y La Pizarra. Los representantes de la vereda La Pizarra no asistieron al taller, pero sí llegaron representantes de la vereda El Guamo del bajo Caguán que no se conocían, aun siendo vecinos y compartiendo el bosque; esto permitió territoriales. El segundo taller se realizó en la vereda Peregrino con una importante representación de la comunidad, entre hombres, mujeres y jóvenes.

De la misma manera, visitamos los resguardos indígenas Bajo Aguas Negras y Huitorá. En estos casos, las actividades comenzaron en la noche, en el mambeadero, espacio sagrado de manejo espiritual del territorio y de transmisión de conocimientos, donde se concentra el saber chamánico; continuaron al siguiente día con los ejercicios de línea del tiempo y cartografía social, y terminaron en la jornada en la noche, con el mambeadero de cierre.

Del 21 al 24 de abril se llevó a cabo el *Primer Encuentro entre Campesinos e Indígenas de la región del Bajo Caguán-Caquetá* en la maloca del Resguardo Indígena de Ismuina en Solano, con el objetivo de propiciar un espacio de diálogo y reflexión acerca del bien común, identificar fortalezas y amenazas compartidas, logrando un primer acercamiento a la construcción de una visión común. Este encuentro se realizó con la participación de 75 personas. El último día (24 de abril) se contó con la presencia de representantes de Corpoamazonia, la Alcaldía de Solano y la gobernación del Caquetá, a quienes se les presentó la visión compartida, construida en el marco de este encuentro. Así mismo, este día se unió el equipo biológico y se presentaron los resultados del inventario. Por último, se realizó un baile de cierre para la clausura del evento, de acuerdo con las tradiciones del pueblo murui muina.

En el capítulo *Encuentro campesino e indígena: construyendo una visión común de la región del Bajo Caguán-Caquetá* se describe la metodología y los principales resultados de este evento y sus implicaciones para la conservación y el buen vivir de las comunidades de la región.

DEMOGRAFÍA DE LAS COMUNIDADES DE LA REGIÓN DEL BAJO CAGUÁN-CAQUETÁ

Debido a las dinámicas históricas de ocupación del territorio (ver el capítulo *Historia de ocupación y poblamiento de la región del Bajo Caguán-Caquetá*), la población de la región tiene una importante diversidad social con presencia de colonos, campesinos, indígenas murui muina y afro descendientes (en menor proporción) procedentes de distintas partes del país. Según datos levantados durante el presente inventario, a lo largo de la cuenca baja del río Caguán y la cuenca alta del río Caquetá habitan aproximadamente 1.800 personas (Fig. 25). Se debe aclarar que los datos poblacionales son una aproximación, debido a que no existen cifras oficiales actuales y en algunas veredas solo hubo información sobre el número de familias (Tabla 14, demografía).

El sector del Bajo Caguán, ubicado en los municipios de Cartagena del Chairá y Solano, está conformado por 16 veredas: Naranjales, Cuba, Las Quillas, Caño Negro, Buena Vista, Monserrate, El Convenio, Nápoles, Santa Elena, Caño Santo Domingo, Sabaleta, Santo Domingo, Brasilia, El Guamo, Las Palmas y Peñas Rojas (Fig. 25). Todas las veredas están organizadas en JAC, que, a su vez, están agrupadas en el Núcleo 1[12] de Cartagena del Chairá y son representadas por la Asociación Campesina del Bajo Caguán (ACAICONUCACHA), sobre la cual hablaremos en detalle más adelante.

El Núcleo 1 es el sector con más población, en su mayoría comunidades campesinas con un fuerte arraigo territorial. De acuerdo al censo realizado en 2017 por la ACAICONUCACHA, la población total es de 1.432 habitantes. La vereda más poblada es Buena Vista con 197 habitantes y concentra el mayor número de pobladores en el caserío central; la vereda menos poblada es Zabaleta con 40 habitantes. La ocupación de las veredas es dispersa y en cinco de ellas (Buena Vista, Monserrate, Santo Domingo, El Guamo y Peñas Rojas), la mayor parte de la población se concentra en caseríos (Tabla 14). Según la información geográfica del Plan de Ordenamiento Territorial (POT) y Oficina de Naciones Unidas para la Coordinación de Asuntos Humanitarios (OCHA), el 26% de las veredas están ubicadas en zona de Reserva Forestal de Ley 2da de 1959[13] tipo A y el

---

12 Figura organizativa de segundo nivel que agrupa las JAC de cada vereda.

13 Zonas establecidas mediante Ley Segunda de 1959 para el desarrollo de la economía forestal y protección de los suelos, las aguas y la vida silvestre.

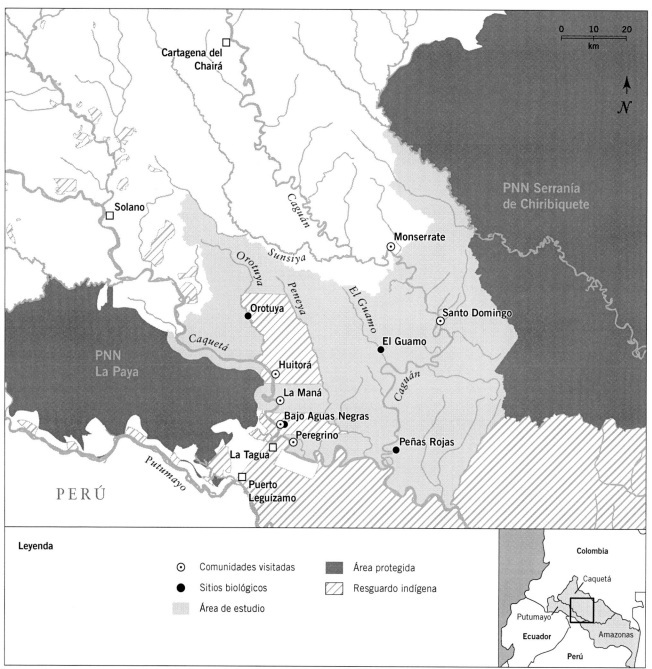

Figura 25. Comunidades y sitios biológicos visitados durante un inventario rápido de la región del Bajo Caguán-Caquetá, Amazonia colombiana, en abril de 2018.

74% en Zona Sustraída[14] de la Reserva Forestal (1985). Según las cifras oficiales, solamente cuatro veredas están ubicadas en su totalidad en Zona Sustraída (Caño Negro, Monserrate, Nápoles y Santo Domingo; Fig. 24). El resto de las veredas, con excepción de Peñas Rojas, para la cual no hay información disponible, tienen una parte de

su área en Zona de Reserva Forestal tipo A, figura de ordenamiento ambiental en la que está prohibido el asentamiento humano, lo cual evidencia una frontera agropecuaria en expansión (Tabla 14).

Por su parte, las **comunidades campesinas asentadas en la margen derecha del río Caquetá aguas arriba**, están organizadas en cinco veredas. Cuatro de ellas, Tres Troncos, La Maná, Isla Grande y La Pizarra,

---

14 Se refiere a levantar la figura jurídica o un área específica de la reserva forestal para el desarrollo de un proyecto, obra o actividad.

se ubican en territorio de Reserva Forestal Tipo A y la otra, Peregrino, en área de sustracción de la Reserva Forestal. En este sector habitan aproximadamente 410 personas. No existe, como en el sector anterior, información oficial actualizada. Las veredas con mayor población son La Maná y Peregrino, con 120 personas y la de menor población es La Pizarra con 40 personas (Tabla 14). Al igual que en el caso de Caguán, los asentamientos son dispersos; solo en el caso de La Maná hay un caserío, donde queda la escuela y algunas viviendas. Es importante mencionar también, que, aunque la mayoría de estas veredas fueron creadas cuando terminó la guerra entre Colombia y el Perú en 1933, la mayor parte de la población actual habita la zona desde las últimas dos décadas. En el caso de La Pizarra, esta fue creada recientemente por familias cuya actividad principal es la extracción de madera.

Las comunidades de **los Resguardos Indígenas Bajo Aguas Negras y Huitorá** pertenecen al grupo indígena uitoto y se identifican como murui muina. Se reconocen como hijos de la coca, el tabaco y la yuca dulce, y de acuerdo a su cosmovisión, son descendientes de *Moo buinaima*, el primer hombre —espíritu sobre la Tierra, creador de todo cuanto existe en ella. El Resguardo Indígena Bajo Aguas Negras, constituido mediante resolución 0052 del 17 de octubre de 1995 con 17.645 ha, está habitado por 16 familias con un total de 84 personas, según información recogida en campo. En la comunidad se encuentran pocas personas de la tercera edad (>65 años). Es importante resaltar este dato, dado que los viejos son quienes poseen el conocimiento ancestral de los clanes. No obstante, el resguardo Bajo Aguas Negras tiene un manejo cultural consolidado, que se refleja, entre otros, en la división tradicional del territorio, según clanes. (Hablaremos de esta forma de organización, en detalle, más adelante).

En el Resguardo Indígena Huitorá, constituido mediante resolución 0022 del 3 de febrero de 1981 con 67.220 ha, la población inscrita es de 150 personas. En los últimos años se ha presentado una disminución en el número de la población, debido a que han tenido que salir a buscar oportunidades de trabajo para su sustento económico. Al igual que en RI Aguas Negras, la mayor cantidad de personas corresponde a jóvenes, con un 37% de la población total. Se evidencia también la presencia de ancianos, lo que permite la transmisión cultural.

ORGANIZACIÓN COMUNITARIA Y GOBERNANZA

Tal y como se explicó en el capítulo *Historia de ocupación y poblamiento de la región del Bajo Caguán-Caquetá*, en esta región han convivido históricamente tres formas de gobierno: la estatal, la de la guerrilla de las FARC (Fuerzas Armadas Revolucionarias de Colombia) y la de las comunidades. La presencia del Estado se ha circunscrito al Ejército y en menor medida a las entidades responsables de garantizar los derechos básicos como salud, educación y vivienda, entre otros. Con respecto a las FARC, desde la década de los 80 fue un actor clave en la regulación de las relaciones sociales, económicas, políticas y en el uso de los recursos naturales, con especial énfasis en el mundo campesino. Durante décadas el orden social se rigió por normas guerrilleras que regulaban la vida social (controlaban los días en los que las tabernas podían abrir, determinaban el precio de la coca, mediaban en peleas entre familia o vecinos, castigaban delitos mayores como violaciones, asesinatos y robos) y regulaban el uso de los recursos naturales (vedas para cacería, número de hectáreas que se podían tumbar cada año, etc.). Frente al manejo de los recursos naturales, es importante mencionar que, desde que los frentes guerrilleros con presencia en la zona se acogieron al proceso de paz, se ha aumentado la deforestación y no hay control a la extracción de recursos naturales, a la tumba y quema del bosque ni a la venta de tierras debido a la ausencia de autoridad; esto viene generando conflictos que las JAC no saben cómo solucionar.

Por último, las organizaciones comunitarias campesinas e indígenas son las más importantes en la región. Ambas son atravesadas por el accionar de otros actores que ejercen relaciones de poder en el territorio, tales como el Estado y la disidencia de la guerrilla de las FARC.

Organización campesina

Actualmente, las comunidades campesinas están organizadas en JAC, forma de participación comunitaria amparada por la Constitución Política de Colombia y regulada por la Ley 743 de 2002. Las JAC, organizaciones de primer nivel, están integradas por miembros de una vereda que se agrupan libremente, eligen sus representantes (presidente, vicepresidente, tesorero,

Tabla 14. Demografía de las comunidades indígenas y campesinas de la región del Bajo Caguán-Caquetá, Amazonia colombiana. Fuentes de información: Fundación para la Conservación y el Desarrollo Sostenible (FCDS); el inventario rápido de la región del Bajo Caguán-Caquetá en abril de 2018.

Denominación	Categoría	Municipio	Cuenca	Población	Área total (ha)	
Naranjales	Vereda	Cartagena del Chairá	Caguán	59	14.581,14	
Cuba	Vereda	Cartagena del Chairá	Caguán	89	4.180,77	
Las Quillas	Vereda	Cartagena del Chairá	Caguán	56	1.866,76	
Caño Negro	Vereda	Cartagena del Chairá	Caguán	62	8.863,68	
Buena Vista	Vereda	Cartagena del Chairá	Caguán	197	12.103,62	
Monserrate	Vereda	Cartagena del Chairá	Caguán	93	7.712,33	
El Convenio	Vereda	Cartagena del Chairá	Caguán	145	8.341,82	
Nápoles	Vereda	Cartagena del Chairá	Caguán	57	4.884,92	
Santa Elena	Vereda	Cartagena del Chairá	Caguán	59	7.199,44	
Caño Santo Domingo	Vereda	Cartagena del Chairá	Caguán	77	3.409,11	
Zabaleta	Vereda	Cartagena del Chairá	Caguán	40	3.833,76	
Santo Domingo	Vereda	Cartagena del Chairá	Caguán	91	3.255,84	
Brasilia	Vereda	Cartagena del Chairá	Caguán	103	7.169,64	
El Guamo	Vereda	Cartagena del Chairá/Solano	Caguán	154	14.958,10	
Las Palmas	Vereda	Cartagena del Chairá/Solano	Caguán	65	8.947,19	
Peñas Rojas	Vereda	Solano	Caguán	85	Sin información	
Peregrino	Vereda	Solano	Caquetá	120	6.126,10	
La Maná	Vereda	Solano	Caquetá	120	11.058,84	
Tres Troncos	Vereda	Solano	Caquetá	80	10.414,67	
La Pizarra	Vereda	Solano	Caquetá	40	37.738,04	
Isla Grande	Vereda	Solano	Caquetá	50	8.424,21	
Bajo Aguas Negras	Resguardo Indígena	Solano	Caquetá	84	17.645,00	
Huitorá	Resguardo Indígena	Solano	Caquetá	150	67.220,00	

LEYENDA

Instrumentos de gestión territorial

NC = Normas de convivencia de la Junta de Acción Comunal

NCBC = Normas de convivencia de la Junta de Acción Comunal y Plan de Desarrollo Rural y Comunitario de las Comunidades Campesinas del Bajo Caguán

PI = Plan Integral de Vida del Pueblo Uitoto del Caquetá y Plan de Manejo Resguardo Bajo Aguas Negras y Resguardo Huitorá

RFA (Área que está en zona de Reserva Forestal Ley Segunda tipo A/) (ha)	Porcentaje del total	Sustracción (Área que está en área sustraída de la Reserva Forestal de Ley Segunda) (ha)	Porcentaje del total	Escuela primaria	Bachillerato	Instrumentos de gestión territorial
7.949,37	55%	6.631,76	45%	Sí	No	NCBC
1.356,75	32%	2.824,02	68%	Sí	No	NCBC
787,99	42%	1.078,76	58%	Sí	No	NCBC
0,00	0%	8.863,68	100%	Sí	No	NCBC
3.799,63	31%	8.303,98	69%	Sí	No	NCBC
0,00	0%	7.712,33	100%	Sí	Sí	NCBC
2.916,52	35%	5.425,30	65%	Sí	No	NCBC
0,00	0%	4.884,92	100%	Sí	No	NCBC
2.366,62	33%	4.832,81	67%	Sí	No	NCBC
163,98	5%	3.245,12	95%	Sí	No	NCBC
313,61	8%	3.520,14	92%	No	No	NCBC
0,00	0%	3.255,84	100%	Sí	No	NCBC
1.713,23	24%	5.456,41	76%	Sí	No	NCBC
5.966,75	40%	8.991,34	60%	Sí	No	NCBC
1.947,48	22%	6.999,70	78%	Sí	No	NCBC
Sin información		Sin información		Sí	No	NCBC
126,84	2%	5.976,74	98%	Sí	No	NC
11.058,84	100%	0,00	0%	Sí	No	NC
10.414,67	100%	0,00	0%	Sí	No	NC
37.738,04	100%	0,00	0%	Sí	No	NC
8.424,21	100%	0,00	0%	Sí	No	Sin información
0,00	0%	0,00	0%	Sí	No	PI
0,00	0%	0,00	0%	Sí	No	PI

secretario, fiscal) y se rigen por un manual de convivencia, construido en el seno de la comunidad. Funcionan mediante comités y la forma principal de toma de decisiones es la Asamblea General.

Estas organizaciones se encargan de generar y mantener las condiciones necesarias para el buen vivir de la comunidad, principalmente a través de tres mecanismos: 1) la gestión con las administraciones locales; 2) la interlocución con la guerrilla y con los grupos armados que se mantienen en la zona en el marco del proceso de paz; y 3) la realización de trabajos comunitarios a través de comités. Aun cuando los comités varían de una vereda a otra, en la región encontramos los siguientes: Educación, Salud, Deporte, Agrario, Derechos Humanos, Mujer, Concilio (resolución de conflictos), Obras Públicas, Medio Ambiente, Cocaleros, Primeros Auxilios y Promarcha (un comité político que no está funcionando). Se financian a través de los aportes que pagan los socios por afiliación ($5.000 pesos), mensualidad ($5.000 pesos) y contribuciones extras para obras públicas o necesidades de la comunidad.

Además de las JAC, existen las Asociaciones de Juntas de Acción Comunal, organizaciones de segundo nivel que agrupan a las JAC. Así mismo, están organizados por núcleos, formas organizativas que surgieron en la época de las marchas cocaleras (1996), como una herramienta para fortalecer a las comunidades y ejercer una mayor interlocución política con el gobierno, tras el no cumplimiento de los acuerdos por parte de Estado.

Las veredas del Bajo Caguán están agrupadas en el Núcleo 1 de Cartagena del Chairá (actualmente hay 17 núcleos), primer núcleo creado en el municipio. En el 2016, conformaron la Asociación Campesina Integral Comunitaria Núcleo 1 Cartagena del Chairá (ACAICONUCACHA), de la cual hacen parte las 16 veredas del Núcleo 1. La misión de ACAICONUCACHA es ser líder en la implementación, el desarrollo y la ejecución de programas, proyectos y servicios técnicos que generen alternativas económicas y bienestar social, contribuyendo al mejoramiento de la calidad de vida y al desarrollo sostenible, a través de cooperación local, nacional e internacional. La Asociación ha formulado con apoyo de la Agencia de la Organización de las Naciones Unidas para los refugiados (ACNUR), el Plan de Desarrollo Rural Comunitario a través del cual enmarcan la interlocución con el Estado y las ONGs (Plan de Desarrollo Rural y Comunitario de las Comunidades Campesinas del Bajo Caguán 2016). En el Plan se describe cómo perciben y quieren el desarrollo para los campesinos y las campesinas del Bajo Caguán y su territorio, a partir de cinco dimensiones: territorio y ambiente, economía y producción, social, cultural y organización comunitaria.

ACAICONUCACHA es la organización a través de la cual actualmente los campesinos y campesinas de Bajo Caguán están concentrando sus esfuerzos e interlocución con los distintos actores que hacen presencia en el territorio. A diferencia de otras organizaciones campesinas y particularmente, de las veredas del río Caquetá, las JAC del Núcleo 1 y ACAICONUCACHA, cuentan con gran participación de lideresas mujeres.

Las veredas a la orilla del río Caquetá están igualmente organizadas en JAC y hacen parte de la Asociación Interveredal de Juntas del Sur de Solano, Caquetá (AIJUSOL). También hacen parte del núcleo de Peñas Blancas y de la Asociación de Juntas del Municipio de Solano (ASOJUNTAS). Es importante aclarar que, aun cuando hacen parte de estas organizaciones de segundo nivel, no tienen relaciones fuertes con estas. Administrativamente, las veredas de Tres Troncos y La Maná hacen parte de la Inspección La Maná de acuerdo al esquema de ordenamiento territorial del municipio de Solano. Las veredas La Maná, Tres Troncos, La Pizarra e Isla Grande, siguiendo el ejemplo de Núcleo 1, conformaron en septiembre de 2018 la Asociación Campesina Agroambiental del río Caquetá, con el objetivo de articularse mejor con el Gobierno y fortalecer su capacidad organizativa.

Es importante recalcar que los líderes comunales tienen una responsabilidad enorme con la comunidad, lo que les implica una dedicación importante de tiempo que como pudo constatar el equipo del inventario, no cuenta con la remuneración económica correspondiente. Esto es positivo, en la medida en que las personas que se postulan para ejercer estos cargos lo hacen motivadas por el bienestar de la comunidad y no por un lucro personal; sin embargo, es notorio que las fincas de estos líderes se encuentran rezagadas con respecto a las del resto de la comunidad, dado que no tienen tiempo suficiente para trabajarlas. Es de resaltar que, durante la realización del inventario, de las 16 Juntas de Acción Comunal de Núcleo 1, 9 tenían presidentes mujeres, lideresas luchadoras que participan activamente por el bien común. Resaltamos la importancia de estas organizaciones comunitarias y el empeño y perseverancia de sus líderes y lideresas dado que, en asocio con la comunidad, son quienes han garantizado históricamente el buen vivir en la región. Toda la infraestructura comunitaria que existe (p. ej., caminos, puentes, escuelas, puestos de salud, muelles) ha sido construida gracias a la gestión y trabajo colectivo de campesinos y campesinas.

Lo mismo sucede con la prestación de derechos básicos como la educación, como se ve en el capítulo *Servicios públicos e infraestructura en la región del Bajo Caguán-Caquetá*. La permanencia del servicio educativo, la alimentación y la presencia de los docentes en la zona es producto de la gestión comunal. Así mismo, la supervivencia de la comunidad durante los años de guerra, fue gracias a la capacidad de trabajar juntos, a la solidaridad y a la resistencia, que hoy siguen sosteniendo el territorio.

Organización indígena

Para el caso de las comunidades indígenas, la organización tiene dos formas, una que se desprende de la ley de origen y otra de la interacción con occidente. La primera es el gobierno propio; se fundamenta en la Ley de Origen que es el legado de preceptos de las palabras sagradas de Ley ancestral (*yétarafue*), palabra entregada a los ancestros a través de la coca y el tabaco (*jíbina y d+ona*), a través de la cual se administra, gobierna, sanciona, forma, orienta y sana. Este sistema de gobierno tiene una estructura tradicional cuyo cuerpo *einamak+* se compone del *eim+e* (cacique, jefe o capitán) y *n+mairama* (sabio consejero), quienes en rituales de formación reciben la orientación de las autoridades espirituales designadas por el hombre-espíritu y líder supernatural *Moo Buinaima* para el pueblo murui muina.

La segunda forma de organización, que convive con la tradicional, es producto de la Colonia y posteriormente, de la República: los distintos modelos occidentales (Colonia, República, Estado) han incidido en las formas organizativas tradicionales del pueblo murui muina. La figura del resguardo y del cabildo son un ejemplo de esta imposición de modos occidentales del gobierno, específicamente de la corona española, que luego fueron ratificados por el Gobierno colombiano con la Ley 89 en 1890.

En la actualidad, los cabildos son conformados por gobernador, secretario, fiscal y tesorero y cuentan con la participación de hombres y mujeres de cada resguardo. En este sentido, para los indígenas, los cabildos son organizaciones de primer nivel. En un segundo nivel se encuentran las Asociaciones de Autoridades Tradicionales Indígenas (AATI), compuestas por varios cabildos. Tanto los cabildos como las AATI suelen generar tensiones con la figura tradicional de gobierno, lo que hace que la forma de organización tradicional se debilite y sea dejada en un segundo plano.

Otro de los factores determinantes que ha debilitado históricamente el gobierno propio es el conflicto armado, dada la imposición violenta de normas externas que interfieren con el derecho a la libre determinación del pueblo murui muina, sumándose a esto el cruce de jurisdicciones en la administración y de aplicación de justicia entre la jurisdicción ordinaria y la indígena propia.

Actualmente, los resguardos indígenas de Bajo Aguas Negras y Huitorá forman parte de la Asociación de Cabildos Uitotos del Alto Río Caquetá (AATI-ASCAINCA). ASCAINCA es la representación legal de las comunidades indígenas murui muina asociadas a través del decreto 1088/1993. La organización participa en procesos de negociación y concertación de planes, programas, proyectos y actividades en beneficio de las comunidades representadas a nivel local, municipal o departamental.

Distinto al Resguardo Indígena Huitorá, el Resguardo Indígena Bajo Aguas Negras está organizado por clanes, forma organizativa tradicional del pueblo uitoto. Hay cinco clanes mayoritarios y tres minoritarios. Cada clan elige su sabedor, que lo representa en las reuniones y otros espacios. Los mayoritarios en orden ancestral son: Clan Chucha (*Geiai*), Clan Tabaco (*Diuni*), Clan Indio Blanco (*Comiriuma*), Clan Culebra (*Jaiuai*) y Clan Boruga (*Imeraiai*); los minoritarios son Clan Platanillo (*Iyoviai*), Clan Tabaco Blanco (*Dioriama*) y Jiyaki Boraima, Clan que representa a la población colona.

USO Y MANEJO DE LOS RECURSOS NATURALES Y ORDENAMIENTO COMUNITARIO DEL TERRITORIO

La dinámica de transformación acelerada del territorio en esta zona es relativamente reciente. Como se vio en el capítulo *Historia de ocupación y poblamiento de la región del Bajo Caguán-Caquetá*, la relación de las poblaciones humanas con su entorno natural ha pasado por distintas fases, que se pueden agrupar en dos grandes momentos: una, en la que primó la extracción de recursos por parte de población foránea sin permanencia ni sentido de pertenencia, relación expresada en actividades como la cauchería y las tigrilladas (cacería de animales silvestres para la venta de sus pieles en mercados internacionales; Payán y Trujillo 2006), o en la extracción de madera y el aprovechamiento comercial de peces y carne de monte. Y otra relación, a partir de la década de los 70, en la que las familias comienzan a asentarse, por lo cual los lazos de pertenencia y arraigo cobran gran relevancia. En ese sentido, hay un interés creciente en que la salud del ecosistema se mantenga en pro del bienestar de las comunidades locales.

En este segundo tipo de relación con el territorio, existen dos variaciones: por una parte, las actividades económicas orientadas hacia la supervivencia y el bienestar de las comunidades en la que se hace uso sostenible de los recursos naturales garantizando un aprovechamiento a largo plazo; y, por otra parte, el uso de los recursos naturales destinados a la comercialización y generación de ingresos económicos, en donde la tendencia es la sobreexplotación y el agotamiento de los recursos. Es importante decir que los principales motores de transformación del ecosistema, como se verá más adelante, están motivados por dinámicas cuyas más fuertes expresiones se encuentran fuera de esta zona. Sin embargo, en el Bajo Caguán-Caquetá se reproducen estas mismas prácticas, a una escala más pequeña.

Actualmente, comienzan a desarrollarse alternativas de manejo sostenible de los recursos naturales orientadas a la generación de ingresos económicos, específicamente relacionadas con el aprovechamiento de productos no maderables del bosque en comunidades indígenas, con la cría de especies menores y con el manejo incipiente de la pesca en lagos y lagunas, por parte de las comunidades campesinas.

Uso sostenible de los recursos naturales

Comunidades indígenas

El uso sostenible de los recursos naturales y el manejo del territorio por parte de las comunidades indígenas están basados en el conocimiento tradicional heredado y adoptado desde su ley de origen (ASCAINCA, plan de vida pueblo Huitoto 2011). Esta relación entre el conocimiento ecológico tradicional y el uso del territorio ha permitido su pervivencia, garantizando la soberanía alimentaria y la economía propia. Asimismo, ha permitido mantener espacios naturales en buen estado de conservación, como lo constató el equipo biológico en los dos puntos de muestreo en los resguardos indígenas.

El conocimiento tradicional del territorio está plasmado en el calendario agroecológico, con el que determinan los tiempos para desarrollar las actividades en los diferentes espacios, de acuerdo a los ciclos de la naturaleza (épocas de creciente y vaciante, de reproducción de animales, de cosecha de frutas, de quema, tumba y siembra, etc.). Este conocimiento se materializa en la chagra, en el uso del río, del bosque y de los recursos naturales para construir infraestructura, tales como la maloca (lugar sagrado), vivienda, puentes y muelles, entre otros. A partir de este, el territorio se organiza y regulan el uso de los diferentes espacios.

En ambos resguardos los territorios están organizados por zonas. Por ejemplo, la zona de producción es el lugar que cada familia tiene asignado para hacer la chagra. Las zonas de reserva o conservación son intocables, al igual que las zonas donde hay sitios sagrados. Entre las zonas de uso común están las áreas de vivienda (donde cada familia tiene asignado su espacio), las zonas de vega para establecer cultivos y las zonas de cacería y pesca, en donde hay sitios sagrados como los salados donde los animales van a chupar tierra y tomar agua con minerales esenciales para su supervivencia. Dentro de las zonas sagradas están la maloca y el mambeadero, donde se genera el pensamiento que se tiene del universo y que dirige el destino de la comunidad. Por último, hay zonas de explotación de madera y zonas para pesca con fines comerciales.

La chagra. La base fundamental de la economía para las comunidades indígenas visitadas es la chagra, un espacio de gran importancia cultural. Allí se aplica el saber ancestral sobre las formas de siembra y el manejo de las semillas. Cada familia cuenta con una o dos chagras de extensiones que varían entre media y una hectárea. En las chagras cultivan y manejan la yuca brava y la dulce (*Manihot esculenta*), que son la base de la alimentación junto con el plátano (*Musa paradisiaca*). Además, se siembran otras plantas alimenticias como caña (*Saccharum officinarum*), piña (*Ananas comosus*), maíz (*Zea maiz*), arroz (*Oryza sativa*), uva caimarona (*Pouroma cecropiifolia*), ají (*Capsicum* sp.), chirimoya (*Annona cherimola*), guacuri (*Platonia insignis*), marañón (*Anacardium occidentale*), guama (*Inga edulis*), batata (*Ipomoea batatas*), cucuy (*Macoubea guianensis*), laurel (*Protium amazonicum*), mafafa (*Xanthosoma robustum*), umari (*Poraqueiba sericea*), mandarina (*Citrus reticulata*), papaya (*Carica papaya*), mango (*Mangifera indica*), entre otras. La chagra también es un lugar muy importante para la reproducción de la cultura y la siembra y cuidado de plantas sagradas como la coca (*Erythroxylum coca*) y el tabaco (*Nicotiana tabacum*), las cuales, según los murui muina, alimentan el espíritu y dan el entendimiento de la cultura tradicional y la palabra de vida (Moisés Castro, Luis Gutiérrez comunicación personal). Para establecer las chagras realizan tumba, quema, siembra, manejo y cosecha, un sistema similar al usado por otros pueblos indígenas de la Amazonia (Alvira Reyes et al. 2016). Después de cosechada, la chagra se mantiene en producción de árboles frutales para luego convertirse en rastrojo y pasar por un proceso de regeneración que permita nuevamente su uso. Así mismo, pudimos observar que el patio o solar alrededor de las casas es un espacio muy importante, manejado por las mujeres para criar especies menores, tener árboles frutales, hortalizas y plantas medicinales.

Ríos y bosques. Otros espacios para el aprovechamiento de los recursos son los ríos, caños y lagunas donde se abastecen de peces y reptiles que representan una fuente importante de proteína para las familias. El monte o los bosques son dispensadores de vida y son los sitios donde habitan los espíritus de los animales y las plantas que protegen a los indígenas (Moisés Castro, comunicación personal). Del monte se obtiene madera para las construcciones de infraestructura familiar y comunal (maloca, vivienda, puentes, muelles), fibras para artesanías y elaboración de objetos utilitarios (canastos, matafrío), frutos comestibles, plantas para uso medicinal y carne de monte (otra fuente de proteína importante; Fig. 26).

En su gran mayoría los productos que se siembran en la chagra y los que se obtienen de los bosques y ríos son utilizados para el consumo de las familias. Los excedentes son comercializados en los botes de comerciantes y en veredas vecinas para adquirir jabón, azúcar, aceite y sal, además para adquirir productos básicos para la educación, la salud y la vivienda, entre otros (Resguardo Aguas Negras 2013, Resguardo Aguas Negras y Equipo Técnico TNC 2014, Resguardo Huitorá 2013, Resguardo Huitorá y Equipo Técnico TNC 2014).

El maíz, sembrado en la vega del río, se vende en La Tagua y Puerto Leguízamo y una pequeña parte de la producción es para consumo. Productos de la chagra, tales como el mambe (polvo de coca), ambil (pasta de tabaco con sal de monte), fariña y ají negro están siendo vendidos, a buen precio, en el mercado, lo que representa un ingreso económico importante para algunas familias. El kilogramo de mambe se vende a $100.000 pesos, un tarro de ambil a $20.000 pesos, 1 kg de fariña a $5.000 pesos y un tarro de 500 ml de ají negro a $30.000 pesos.

El aprovechamiento de productos no maderables del bosque de especies nativas como castaño (*Caryodendron orinocense*), asaí (*Euterpe oleracea*), canangucha (*Mauritia flexuosa*) y milpeso (*Oenocarpus bataua*) es incipiente. Desde hace cuatro años las comunidades, acompañadas por organizaciones no gubernamentales, adelantan esfuerzos de investigación, monitoreo y aprovechamiento, en especial de castaño y palma milpeso, para la producción y comercialización de aceites. En particular, en el resguardo indígena de Huitorá se está experimentando con estas dos especies, que podrían representar una alternativa de producción sostenible para la región cuyos suelos, en la mayoría de los casos, son de baja fertilidad y deben ser manejados mediante el establecimiento de arreglos agroforestales que contribuyan al mantenimiento del suelo y a la conservación de la biodiversidad.

La prioridad de estas comunidades es mantener su cultura, costumbres y conocimientos tradicionales, sin descartar el acoger nuevas tecnologías que complementan sus prácticas y mejoran el manejo de los recursos naturales para garantizar la soberanía alimentaria y la generación de ingresos de las comunidades.

Comunidades campesinas

El uso del territorio por parte de las comunidades campesinas también está determinado por su conocimiento de los ciclos de la naturaleza. Este conocimiento es intergeneracional y se ve representado en el manejo de la finca campesina con cultivos de pancoger, recolección de frutos silvestres, cacería, pesca para el autoconsumo y la utilización de materiales del bosque para la construcción de infraestructura como viviendas, establos, cercas, corrales y muelles. Las comunidades campesinas visitadas tanto en el Bajo Caguán como en el río Caquetá conciben la economía como la forma de trabajar la tierra para producir alimentos para sus familias y de generar ingresos para satisfacer sus necesidades básicas.

En las comunidades campesinas las actividades productivas o de extracción son desarrolladas en las fincas y algunas veces en lo que los pobladores llaman terrenos baldíos, áreas de Zona de Reserva Forestal de Ley Segunda. En los sub-paisajes campesinos los tamaños de las fincas (unidades productivas) van de 13 a 2.000 ha, siendo el área promedio de aproximadamente

Figura 26. Mapa de uso de recursos naturales y las diferentes actividades económicas desarrolladas en la región del Bajo Caguán-Caquetá, Amazonia colombiana. El mapa fue elaborado por representantes de las veredas del Núcleo 1 del Bajo Caguán y de las veredas de La Maná, Tres Troncos y Peregrino del río Caquetá y alimentado con información facilitada por los habitantes de los resguardos indígenas de Huitorá y Bajo Aguas Negras durante el inventario rápido en abril de 2018.

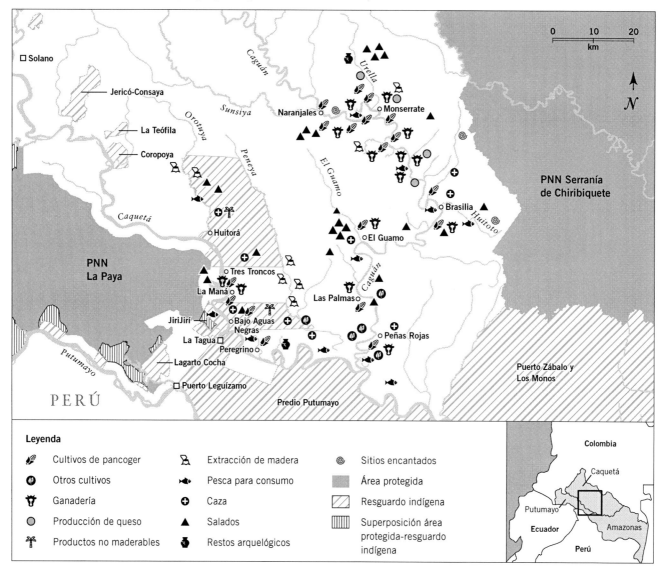

250 ha; el 75% de ellas tiene menos de 300 ha (Pedraza et al. 2017). Las fincas en general cuentan con un 60% de cobertura de bosque, un 37% en pastos y el resto en cultivos (Pedraza et al. 2017).

La actividad agrícola en la finca campesina tiene como práctica la tumba y quema para la siembra de productos de pancoger, como maíz, plátano, yuca, caña, arroz, piña, otros frutales amazónicos y cítricos. Los productos son cultivados a pequeña escala y más del 70% están destinados al autoconsumo y el trueque entre familias. La comercialización de los productos agrícolas se dificulta por los altos costos de transporte, los precios bajos y variables, y la poca demanda. Los productos que se logran comercializar son el maíz, el plátano y en menor medida la yuca; sin embargo, estos son pagados a precios muy bajos que no compensan el trabajo y la inversión que realiza la familia. Por ejemplo, el precio de una carga de maíz puede variar entre $65.000 y $150.000 pesos durante el año, con los precios más altos en junio y julio, y los más bajos en enero y febrero.

Adicionalmente, la mayoría de familias tienen áreas llamadas sementeras que oscilan entre 0,5 a 1 hectárea, donde se puede sembrar 300 colinos de plátano que florecen en un promedio de ocho meses para cosechar el racimo de dos a tres meses después. Como el caso del maíz, el precio del racimo de plátano varía mucho durante el año, entre $10.000–15.000 y $25.000–30.000 pesos. El precio es más alto cuando el río aumenta los niveles y se desborda (junio-julio), dañando la mayoría de las plataneras y generando escasez del producto, mientras los precios bajan cuando el río está bajo y las plataneras son abundantes (enero-marzo).

La pesca en los ríos y lagunas es una actividad importante para las comunidades campesinas de la región y representa una fuente principal de alimento para las familias. Se pesca para autoconsumo o intercambio, utilizando prácticas artesanales con anzuelos y arpones, respondiendo a acuerdos establecidos dentro de las comunidades para regular la actividad. En particular, en las veredas de Peregrino (río Caquetá), Peñas Rojas y Quillas (río Caguán) hay unas lagunas en muy buen estado de conservación que proveen gran abundancia y diversidad de peces para el consumo de las familias (Fig. 26).

La cría de especies menores como gallinas y cerdos, representa una actividad muy importante para asegurar la soberanía alimentaria, así como para generar ingresos económicos. El precio de las gallinas varía entre $25.000 y 30.000 pesos y la arroba de carne de cerdo se vende a $50.000 pesos.

Uso no sostenible de los recursos naturales

Para finales de 2017 la región amazónica (IDEAM 2017), concentró el 65,5% de la deforestación del país, duplicando la superficie deforestada con respecto a 2016. Caquetá fue el departamento con mayor deforestación a nivel nacional con 60.373 ha. y Cartagena del Chairá, el segundo municipio en el departamento, con 22.591 ha, representando el 10,3% de la deforestación nacional. Por su parte, el municipio de Solano ocupó el séptimo puesto en el país con 6.890 ha, el 3% de la deforestación nacional. Tanto Solano como Cartagena del Chairá mostraron un incremento en la superficie deforestada de más del 100% con respecto a lo detectado en 2016 (IDEAM 2017).

Bajo Caguán-Caquetá es un sector que, comparado con las dinámicas municipales, tiene una tasa de deforestación baja. No obstante, al igual que las tendencias nacionales, departamentales y municipales, ha incrementado exponencialmente la velocidad de transformación del territorio a partir de 2016. Tres frentes de deforestación avanzan hacia esta zona: el Núcleo 2

bajando por el río Caguán, los territorios aledaños a la carretera que une Puerto Leguízamo con La Tagua y un tercero bajando por el río Caquetá (Fig. 2C). La praderización y la ganadería extensiva son, según testimonios y observaciones en campo, así como estudios recientes (Pedraza et al. 2017), el mayor motor de la deforestación.

Durante el inventario, pudimos constatar que el área de estudio también se ve fuertemente impactada por la praderización y la ganadería, como principales motores de deforestación. Le siguen, en su orden, los cultivos agrícolas, la coca y por último la extracción selectiva de madera para comercialización y para adecuación de viviendas y construcción de establos u otras infraestructuras productivas (Pedraza et al. 2017). También encontramos que tanto comunidades campesinas como indígenas, en mayor o menor medida, hacen usos no sostenibles de algunos recursos naturales, orientados generalmente hacia la comercialización y generación de ingresos económicos. Entre ellos están la comercialización de carne de monte, la pesca y la extracción de madera.

De forma general, podemos decir que estas prácticas están asociadas a la falta de alternativas económicas, al escaso apoyo del Estado y de otras organizaciones para desarrollar actividades sostenibles, y al bajo control que ejercen las autoridades ambientales para regular el uso de los recursos naturales. Los pobladores nos comentaron que, en épocas anteriores, la guerrilla de las FARC era quien controlaba el orden social en la región y el manejo de los recursos naturales. Había normas estrictas en relación a la cacería, la pesca y la tala de madera, con multas establecidas por incumplimiento. Todo esto estaba escrito en el Manual de Convivencia. Hoy en día todavía existe el Manual de Convivencia, pero reconocen que hay un gran reto para hacerlo cumplir, debido al vacío de autoridad que ha dejado la salida de las FARC y a la ausencia del Estado para establecer acuerdos y mecanismos mutuos de vigilancia y control.

Ganadería extensiva

Esta actividad genera el sustento de la mayoría de las familias campesinas del Bajo Caguán-Caquetá, ha venido reemplazando el cultivo y procesamiento de la coca y se ha convertido en el pilar fundamental de la economía, con un apoyo institucional importante en el departamento. La precaria situación socioeconómica, la ausencia del

Estado, la dificultad de conexión y acceso, y la falta de oportunidades de desarrollo económico sostenibles, son condicionantes para que las comunidades encuentren en la ganadería la forma más *eficiente* de conseguir recursos económicos. A su vez, la praderización es utilizada como forma de ocupación, así como un medio para elevar el precio de la tierra. Es un indicador del dinamismo del mercado de tierras en la región.

La actividad ganadera en unos casos es para carne, en otros es de doble propósito (carne y leche) y en otros casos para cría. Es realizada en praderas con pastos introducidos. Los campesinos nos informaron que el costo de establecer una hectárea de pasto es de aproximadamente $420.000 pesos que incluyen: $300.000 pesos para tumbar una hectárea de monte y $120.000 pesos para sembrar el pasto (se necesitan 3 kg de semilla para una ha de pasto y cada kilogramo de semilla cuesta $40.000 pesos). De acuerdo a la información recopilada en este inventario, cada año (12 meses) se vende una vaca por el valor de un millón de pesos lo cual difícilmente compensa los costos para establecimiento de los potreros, el mantenimiento de estos y el pago de los insumos necesarios para que el animal esté apto para la venta.

Existen cinco modelos para la tenencia de reses, el primero es la adquisición con recursos propios, general-mente capitales limitados; el segundo modelo es 'al avalúo,' en el cual el campesino recibe el ganado a un determinado precio y después de un tiempo, cuando el animal llega al peso de venta, las ganancias son repartidas entre el campesino y el dueño del ganado según lo que se haya pactado. El campesino es el encargado de la sanidad, alimentación y cuidado de los animales, el socio capitalista o dueño del ganado solo pone la inversión. Por ejemplo, el campesino recibe en su terreno un becerro avaluado en $800.000 pesos, le garantiza la alimentación y el cuidado por 24 meses hasta alcanzar un precio de venta de $1.200.000 pesos. Al momento de la venta, el dueño del ganado se queda con el precio inicial del ternero ($800.000 pesos) y el campesino recibe $400.000 pesos por haber cuidado y engordado el novillo. El tercer modelo es 'al partir,' cuando el campesino recibe un cierto número de novillas cargadas/parenteras para ser cuidadas y alimentadas en sus potreros. Entre el campesino y el propietario del ganado se decide con cuantas crías se queda el campesino por haber cuidado de las novillas.

De esta manera y después de un tiempo, el campesino empieza a tener ganado propio. En el cuarto modelo el campesino también adquiere ganado propio a través de un Fondo de Economía Solidaria (FES). Este modelo fue muy popular durante la época de la bonanza de la coca en todo el río Caguán y persiste aún en algunas veredas, en particular en la vereda de El Guamo. En este modelo, cada finquero que produce coca, invierte en el fondo $20.000 pesos por gramo de coca. Con este dinero se compra ganado y por sorteo se le entrega a una familia socia. Por ejemplo, se entregan cuatro vacas cargadas a una familia y después de cuatro años, ellos devuelven cuatro vacas más dos reses, las cuales se le entregan a otra familia socia (Nelly Buitrago com. pers). El quinto modelo es en el que un tercero paga la tumba y quema del monte, así como la siembra de pastos para poner vacas al cuidado del campesino. También nos informaron que los costos de movilización del ganado hacia el mercado son altos, por ejemplo, en el río Caguán el costo de llevar un animal en barco desde Monserrate hasta Cartagena del Chairá es de $60.000 pesos. En el río Caquetá llevar un animal en barco desde el Resguardo Huitorá y las veredas La Maná y Tres Troncos hacia Solano cuesta $25.000 pesos, hacia Puerto Arango $50.000 pesos y hasta La Tagua y luego por tierra hasta Puerto Leguízamo, el costo es de $30.000 pesos.

Para comercializar el ganado legalmente, los finqueros deben contar con un permiso emitido por la entidad competente que es el Instituto Colombiano Agropecuario (ICA), el cual vela por la sanidad y la inocuidad de los alimentos para consumo humano. El ICA cuenta con algunas oficinas en los centros poblados, pero con muy poco personal para atender los requerimientos de la región. Esto hace que en escasas ocasiones cumpla sus funciones y no haya acompañamiento técnico en cada una de las fincas, limitando su control a los puestos establecidos en los centros poblados. Según nos contaron durante el inventario, para movilizar el ganado tienen que tener un permiso del ICA de salubridad, el cual es tramitado por el intermediario, por lo que, en realidad, es un costo incluido en el precio pagado por la movilización del ganado.

En el Bajo Caguán, los campesinos que tienen sus propios animales por lo general implementan el sistema de producción de doble propósito, carne y leche. La leche es utilizada, una pequeña parte para autoconsumo y el resto en la elaboración de queso salado, que es enviado en botes de carga a Cartagena del Chairá o vendido a proveedores menores que lo compran en los puertos de las veredas, principalmente en Monserrate, Santo Domingo y Remolino del Caguán. El precio del queso tampoco es estable pues depende de la demanda de mercadeo en las cabeceras municipales y puede variar de $40.000 a $70.000 pesos la arroba (12,5 kg). Para producir 1 kg de queso se necesitan 80 L de leche y en promedio las vacas de la región producen de 5 a 6 L diarios de leche. Igualmente, se comercializan en los centros poblados los terneros criados en las fincas, con el propósito de ser sacrificados para la venta de carne. Los machos adultos cebados se sacan al mercado en botes. Es importante anotar que las veredas de la parte baja del Caguán no tienen tanto ganado ni potrero en comparación con las de río arriba.

En las veredas de La Maná y Tres Troncos, en el río Caquetá, también se tiene el sistema de doble propósito a pequeña escala. Se produce queso salado para comercializar en el Resguardo Indígena de Huitorá y en la vereda La Maná o llevarlo a Puerto Leguízamo cuando hay suficiente producción para vender. El queso es vendido a $7.000 pesos/kg. Existe, además, un sistema de intercambio o trueque de leche y carne por productos tales como fariña, miel de abejas, ají negro y yuca con el Resguardo de Huitorá. La comercialización del ganado se concentra en la venta de terneros para ceba y el mercadeo con los expendedores de carne de consumo de la misma región. La carne se vende a $50.000–60.000 pesos la arroba.

Aunque la ganadería extensiva es una actividad característica de los campesinos, pudimos constatar que también se presenta, en menor medida, en los dos resguardos indígenas visitados. En Huitorá, nos informaron que hay aproximadamente 50 ha en potrero con pasto brachiaria y cinco familias practican la ganadería (con un total 40 animales). Hay una familia con experiencia de manejo de pastos de corte. En el resguardo Bajo Aguas Negras hay 15 ha de potrero con muy poco manejo y pocos animales (5).

En este contexto, según comprobación visual en campo y testimonios de la comunidad, la actividad ganadera en la región no está generando suficientes recursos económicos a los pequeños y medianos campesinos, por lo cual está primando el fenómeno de praderización. No obstante, es muy importante evidenciar la gran amenaza que se presenta en el río Caguán, donde las comunidades del Núcleo 2 tienen prácticas muy fuertes de ganadería y acumulación de tierra ejerciendo una influencia significativa sobre las dinámicas socioeconómicas del Núcleo 1 (ver un mapa de la deforestación en la Fig. 2C). En este sentido, un tipo de actor clave para entender esta amenaza son los grandes finqueros con capital (terratenientes) que están comprando grandes extensiones de tierra en el Núcleo 1 e incentivando la apertura de nuevos lotes. Este mismo fenómeno se está viendo en las veredas del río Caquetá. Ante la falta de oportunidades económicas, los campesinos trabajan para estos grandes finqueros. Hay testimonios que afirman que también hay capital de la disidencia invertido en esta actividad. Esto está comenzando a causar conflictos de acumulación de la tierra y de sobreutilización de los recursos naturales, en particular en el caño La Ureya y en la vereda El Convenio (Fig. 26). Estas lógicas tienen, entre otras consecuencias, la dinamización de la frontera agropecuaria y la desterritorialización de los campesinos 'antiguos.' Se puede prever que, de continuar esta tendencia, también tendrá efecto sobre la organización comunitaria, tal y como se ha visto en otras zonas como en el departamento del Guaviare, donde la acumulación de tierras está relacionada con el debilitamiento de las JAC, por falta de comuneros (Alvira et al. 2018).

Cacería

La cacería de mamíferos como danta, boruga, chigüiro, gurre y cerrillos para la venta y comercialización de la carne, es una actividad que genera ingresos importantes a las familias. La carne es vendida a los botes de línea, a los madereros o enviada a Solano, La Tagua y Puerto Leguízamo. Nos mencionaron que a pesar de haber acuerdos internos comunales que regulan la cacería, estos no son respetados actualmente. También nos informaron los pobladores del Caquetá y de la bocana del Caguán, que personas ajenas a la comunidad entran a cazar indiscriminadamente en los territorios de las comunidades indígenas y campesinas. Mencionaron que en una noche estas personas pueden cazar hasta 10 animales (normalmente boruga y cerrillo).

Pesca

En las lagunas de la bocana del Caguán (vereda Peñas Rojas) y las del río Caquetá (vereda Peregrino) se presentan conflictos con personas de fuera que entran a pescar con grandes mallas o redes. Estas personas, utilizando el permiso de pesca sobre el río, otorgado por la autoridad competente, la Autoridad Nacional de Acuicultura y Pesca (AUNAP; *http://www.aunap.gov.co/*), entran a las lagunas —donde la ley lo prohíbe— y sacan gran cantidad de peces, que luego venderán en La Tagua y Puerto Leguízamo. Las dos veredas nos informaron que se vienen organizando para evitar esta situación, intentando controlar el ingreso a sus lagunas y prohibiendo el uso de redes y mallas. De igual manera, se han informado acerca de las leyes y regulaciones pesqueras, pero reconocen que es algo muy difícil de controlar cuando la autoridad competente que es la AUNAP está ausente en la región, no ejerce control, no apoya el fortalecimiento de las iniciativas locales de control, ni informa a la población adecuadamente respecto de los permisos de pesca.

Aprovechamiento de madera

Durante el inventario nos informaron y observamos contradicciones e irregularidades frente al aprovechamiento comercial de madera en la región. Una de ellas es que según Corpoamazonia, autoridad ambiental competente, no hay permisos de aprovechamiento vigentes en ninguna parte del área de estudio, ya sea en comunidades indígenas tituladas o en predios de los campesinos. Asimismo, en la Zona de Reserva Forestal tipo A —la categoría más restrictiva de la Reserva Forestal, cuyo objetivo es el mantenimiento de los procesos ecológicos básicos necesarios para asegurar la oferta de servicios ecosistémicos[15]— no se puede dar permiso de aprovechamiento (Rosa Agreda, comunicación personal). Sin embargo, el equipo biológico pudo constatar una gran actividad maderera a lo largo del Caño Orotuya, tanto dentro del Resguardo Indígena Huitorá como en la zona ubicada al frente, en la vereda Orotuya que hace parte de la Zona de Reserva Forestal tipo A (Fig. 25). Los comuneros informaron que allí se había dado un permiso y que la madera era vendida a un comerciante

de Florencia que tiene permisos de aprovechamiento y de movilización de madera a lo largo del río Caquetá. Nos contaron que en la mayoría de los casos se negocia el destronque, es decir, que el dueño de la madera vende el árbol en pie y el maderero corta, saca la madera y negocia los permisos. Por ejemplo, en la vereda Naranjales en el río Caguán, venden la pieza bloque (300 cm^3) de madera a $20.000 pesos colombianos.

En la vereda La Pizarra, según nos contaron algunos pobladores de la cuenca, la actividad económica principal es la extracción de madera. En la vereda Peregrino, los habitantes denuncian que grandes madereros están comprando fincas para sacar madera de los bosques en buen estado de conservación. Durante nuestros recorridos por río, vimos muchas embarcaciones madereras.

Es importante resaltar que tanto campesinos como indígenas aseguran desconocer cuáles son los trámites para hacer aprovechamiento forestal legal (p. ej., dónde se puede, dónde no, cómo hacer un censo, cómo manejar de manera segura la corta de madera, etc.); además afirman, que los costos de estos trámites son muy elevados para las comunidades. En general, el aprovechamiento de madera con fines comerciales es manejado por personas de afuera que tienen el capital, el conocimiento de los procedimientos y hacen acuerdos con las personas locales. Los campesinos denuncian la falta de control por parte de la autoridad ambiental frente a estos grandes madereros y, por el contrario, los excesivos requisitos que solicitan a las familias campesinas para hacer aprovechamiento maderero dentro de sus predios con fines domésticos (construcción de infraestructura especialmente).

Cultivos de uso ilícito

El cultivo de la coca para la producción de pasta base de cocaína ha continuado desde la década del 80, aunque en menor escala. Durante más de dos décadas la coca ha sido el principal sustento económico de las familias campesinas del Caguán. Nos informaron los entrevistados, que el cultivo de la coca se ha reducido en los últimos años, debido a las políticas de erradicación (fumigación), la plaga de un gusano llamado 'gringo' que se come la hoja, el riesgo por ser una actividad ilícita y el elevado costo de los insumos para su procesamiento. En este contexto, la actividad se ha venido sustituyendo por la ganadería, en especial en la parte alta del Núcleo 1 y

---

15 *http://www.minambiente.gov.co/images/ BosquesBiodiversidadyServiciosEcosistemicos/pdf/reservas_forestales/reservas_ forestales_ley_2da_1959.pdf*

en las veredas del Caquetá; En las veredas ubicadas en la parte baja del río Caguán, así como en el caño Peneya, sigue siendo una alternativa económica dada su facilidad para el transporte y el comercio asegurado, sumado a que gran parte de los terrenos en esta zona no son aptos para ganadería.

Nos informaron que cada 50 días una hectárea de coca produce 200 arrobas de hoja que se convierten en 4 kg de base de pasta de cocaína aproximadamente (una arroba es una unidad de medida que equivale a 12,5 kg o 25 libras). Estos 4 kg de pasta base se venden en el mercado a $8.000.000 pesos colombianos y el costo de producción por hectárea es de $3.000.000 pesos. Por lo tanto, esta actividad está dejando una ganancia de $5.000.000 pesos cada 50 días y en promedio, la ganancia anual por hectárea de coca es de $30.000.000 pesos. En adición a esto, la presencia de actores armados ilegales podría representar, como se ha visto en otros momentos de la historia de la región, un fortalecimiento para esta economía ilegal.

Con el proceso de paz, las familias que cultivaban coca para el sustento ven la oportunidad de pasar de una economía ilícita a una economía lícita, posibilitando la reactivación de una región tan golpeada por el conflicto armado y abandonada por el gobierno. En este contexto, dentro del marco del acuerdo de Paz, se está comenzando el plan de sustitución de cultivos ilícitos por parte del Programa Nacional Integral de Sustitución Voluntaria de Cultivos de Uso Ilícito (PNIS)[16] y nos informaron que algunas familias de la región del Bajo Caguán estarán recibiendo prontamente los recursos del Estado para establecer una economía lícita. No obstante, es recomendable un acompañamiento sostenido del PNIS a las familias campesinas con el fin de establecer proyectos productivos lícitos, acordes a la vocación del suelo. En la mayoría de los casos, según las entrevistas realizadas en el inventario, los finqueros quieren invertir la plata de PNIS en ganadería.

Iniciativas de manejo sostenible del territorio

En la región se vienen adelantando varias actividades con el propósito de reducir y evitar la deforestación y promover iniciativas de manejo sostenible del territorio. Varias de estas iniciativas han sido promovidas por el Estado o por ONG. Es muy importante resaltar que tanto los campesinos como los indígenas han desarrollado instrumentos de gestión territorial con miras hacia el manejo sostenible del territorio que brinde bienestar para las comunidades. Los indígenas lo llaman Plan Ambiental del Territorio y los campesinos Plan de Desarrollo Rural Comunitario. Para el desarrollo de ambos planes se contó con un autodiagnóstico comunal, propiciando una reflexión colectiva hacia el futuro. El plan de los indígenas se enmarca dentro del plan de vida del pueblo uitoto murui muina, resultado de un proceso liderado por ASCAINCA, articulado posteriormente con el autodiagnóstico y plan de manejo ambiental apoyados por TNC y ACT. Por su parte, las comunidades campesinas del Bajo Caguán trabajaron mancomunadamente con ACNUR en los últimos tres años, para desarrollar el plan de desarrollo. Recientemente, ACT y TNC acompañan el proceso de implementación a través del proyecto 'Paisajes Sostenibles,' que propende por el establecimiento de proyectos productivos sostenibles en fincas priorizadas, apoyando la micro-conectividad del ecosistema. De la misma manera, en el bajo río Caguán hay un proyecto en marcha del Instituto SINCHI para establecer sistemas agroforestales en las fincas en el que se brindan los plantones de especies maderables para cada una de las fincas y se apoya la producción y comercialización del plátano.

La ONG WWF con apoyo financiero del programa Visión Amazonia, está formando una red de vigías rurales comunitarios en el bajo río Caguán[17]; un proyecto en el cual están trabajando con un grupo proveniente de 15 veredas, desde Naranjales hasta Las Palmas. Ellos han sido capacitados en prevención y manejo de incendios forestales, el uso de GPS, trampas cámara, fotografía digital de flora y fauna local, monitoreo de los usos del suelo de su territorio veredal y ecología de la fauna y flora local.

Asimismo, el programa Visión Amazonia en el pilar 3, Desarrollo Agroambiental, está apoyando a 250 finqueros de varias veredas del Bajo Caguán, con el objetivo de promover prácticas de producción sostenible y alternativas en las fincas ganaderas. Nos informaron que los finqueros involucrados se comprometieron a tecnificar 30 ha de sus fincas ganaderas con sistemas

---

16 http://especiales.presidencia.gov.co/Documents/20170503-sustitucion-cultivos/programa-sustitucion-cultivos-ilicitos.html

17 http://www.minambiente.gov.co/index.php/noticias/3820-con-corresponsabilidad-social-sector-ambiente-contribuye-a-la-prevencion-de-incendios-forestales-en-colombia

silvopastoriles y con el compromiso de no tumbar más bosque, recibiendo incentivos técnicos y monetarios (William Mellizo, comunicación personal). Los líderes del Bajo Caguán mencionaron que su misión es hacer que todas las iniciativas mencionadas anteriormente se articulen a las líneas de acción de su plan de desarrollo rural comunitario.

Por otro lado, en el río Caquetá y en particular en la vereda Peregrino, la GIZ, Cooperación Alemana, el Parque Nacional Serranía de Chiribiquete y la Universidad de la Amazonia, vienen apoyando la iniciativa del manejo y cuidado de las lagunas y sus grandes recursos pesqueros. También presentaron un proyecto a Visión Amazonia para el desarrollo de actividades de ecoturismo el cual entrará en ejecución en agosto del presente año (Antonio Gover, comunicación personal).

El rol de las autoridades ambientales en el aprovechamiento de recursos

Como se ha mencionado anteriormente, las entidades gubernamentales ambientales con competencia en la zona son Corpoamazonia y la AUNAP. Los pobladores afirman que su presencia es débil, inconstante y de poco relacionamiento con las comunidades. No se visita a las comunidades para informar acerca de sus roles, funciones, leyes ambientales y procedimientos para aprovechamiento de recursos naturales. Mencionaron que las principales actividades que ellos han visto de estas autoridades han estado relacionadas con otorgar permisos forestales (Corpoamazonia) y permisos de pesca (AUNAP), sin contar con el conocimiento y apoyo de las autoridades comunales como los cabildos y las Juntas de Acción Comunal. Esta situación ha generado conflictos dentro y entre las comunidades.

La propuesta común para el desarrollo sostenible de la región de las comunidades indígenas y campesinas es que, a pesar de estas limitantes, es importante la articulación entre las organizaciones de base, como las JAC y los cabildos indígenas con las entidades competentes, en la construcción e implementación de los mecanismos necesarios para garantizar que dichas actividades económicas sean desarrolladas bajo unos acuerdos mínimos de protección de los recursos con control y vigilancia comunitaria. Además, la propuesta económica de las comunidades visitadas durante el inventario se orienta a la generación de ingresos a las familias con base en la implementación de iniciativas locales en armonía con sistemas de producción sostenibles acordes a la vocación del territorio, garantizando la seguridad alimentaria y el sustento de los pobladores de la región para mejorar su calidad de vida.

SERVICIOS PÚBLICOS E INFRAESTRUCTURA EN LA REGIÓN DEL BAJO CAGUÁN-CAQUETÁ

Autores: Diomedes Acosta, Yudy Andrea Álvarez, Diana Alvira Reyes, Karen Gutiérrez Garay, Nicholas Kotlinski, Ana Lemos, Elio Matapi Yucuna, Humberto Penagos, Marcela Ramírez, Alejandra Salazar Molano, Felipe Samper, Theresa Miller, Darío Valderrama, Arturo Vargas y Carlos Andrés Vinasco Sandoval (en orden alfabético)

INTRODUCCIÓN

Como se ha mencionado en los capítulos anteriores, la garantía de derechos asociados a la prestación de servicios básicos e infraestructura en la región del Bajo Caguán-Caquetá es bastante limitada. Históricamente, la presencia del Estado en la región se ha caracterizado por la acción del Ejército y los escuadrones antinarcóticos, siendo muy débil su actuar en términos de garantizar los derechos fundamentales. Por esta razón, hay una carencia en el acceso, continuidad y calidad de la prestación de servicios básicos como educación, salud y comunicación, situación que afecta la calidad de vida de los pobladores y que ha tenido por lo menos, tres consecuencias: 1) en el caso de los campesinos, la carencia de programas y proyectos gubernamentales que apunten a garantizar servicios básicos e infraestructura ha motivado a las comunidades a intentar suplir estos vacíos a través de las organizaciones comunitarias, conformando comités encargados de educación, salud, infraestructura y deportes, entre otros, con el objetivo de promover acciones orientadas hacia la gestión y prestación de estos servicios; 2) tanto en campesinos como indígenas, la dificultad para acceder a estos servicios ha incentivado que las personas busquen satisfacer sus necesidades fuera de su vereda o resguardo y, en algunos casos, en otros municipios, factor que incide sobre el despoblamiento de los territorios; 3) una marcada desconfianza de los pobladores frente a la acción del Estado.

A continuación, se presenta la situación de la prestación de servicios básicos en las veredas y resguardos de la región, con énfasis en educación, salud, comunicaciones, vías y energía/electrificación.

SERVICIOS PÚBLICOS E INFRAESTRUCTURA

Educación campesina

La educación en la región del Bajo Caguán-Caquetá es precaria. En términos de cobertura en educación preescolar, básica y media, la oferta en la región es limitada (en Colombia la educación básica abarca la primaria y cinco grados de la secundaria, mientras que la educación media son los dos últimos grados de secundaria). Si bien la mayoría de veredas tienen acceso a la educación básica primaria, la calidad es inadecuada (Tabla 14).

Esto se explica por varias razones: la demora en la contratación de los docentes que retrasa el inicio del año calendario, la falta de continuidad de los docentes, infraestructura inadecuada, pocos escenarios para desarrollar prácticas académicas y deportivas, material didáctico escaso y poco pertinente al contexto, alimentación escolar insuficiente y de mala calidad, sumada a las largas distancias que los niños deben recorrer a diario para llegar a la escuela.

La cobertura de educación básica secundaria y media es escasa y la calidad es muy baja en relación con las cabeceras municipales, lo que marca una tendencia a la no finalización de la educación media y altos niveles de deserción. En términos de acceso a educación superior, los pocos jóvenes que terminan todo el ciclo educativo tienen dificultades para acceder a la oferta universitaria pública debido a dos razones principales: i) los bajos resultados en las pruebas ICFES (pruebas académicas a cargo del Instituto Colombiano para el Fomento de la Educación Superior que miden las habilidades para acceder a educación superior) y ii) porque los padres no cuentan con los recursos económicos para enviar a sus hijos a las universidades privadas o a las universidades públicas que se ubican en centros urbanos.

Las comunidades del Núcleo 1 del Bajo Caguán cuentan con educación preescolar y básica hasta quinto de primaria (Tabla 14). Todas las veredas, con excepción de Zabaleta, tienen escuela y un maestro que asume todos los grados y todas las asignaturas. En la vereda de Monserrate está la sede educativa principal que ofrece educación preescolar y básica hasta noveno grado. A esta institución llegan la mayoría de los niños, niñas y jóvenes de las veredas más cercanas cuando terminan sus estudios de primaria. A pesar de los esfuerzos comunitarios y debido a la baja calidad y falta de continuidad ya mencionadas, es común que los padres manden a estudiar a sus hijos fuera del Núcleo 1, a Remolino del Caguán o hacia las cabeceras municipales donde terminan el ciclo de educación media. Sin embargo, debido a la situación económica predominante en la región, algunos padres no pueden seguir garantizando que sus niños vayan a estudiar y terminan trabajando en las fincas para apoyar la economía de su familia. En la vereda El Guamo funciona un internado que se sostiene gracias a la organización comunitaria, en el cual estudian niños y niñas de las veredas cercanas.

En cuanto a la infraestructura, las escuelas del Bajo Caguán están en muy malas condiciones. En las veredas Caño Negro, Monserrate, Buena Vista, El Convenio, Nápoles, Caño Santo Domingo y El Guamo, las escuelas están construidas en cemento y se encuentran en condiciones regulares; las otras escuelas, la mayoría construidas con el esfuerzo de la comunidad, tienen estructura de madera también en malas condiciones. La vereda Zabaleta no tiene escuela y, por lo tanto, los niños deben hacer largos recorridos, hasta de dos horas por trochas y caminos riesgosos, para ir a estudiar a la vereda vecina de Santo Domingo. Por lo general estas escuelas no cuentan con los servicios básicos como una letrina digna para los estudiantes, ni alimentación escolar de calidad.

Como se mencionó, pocos jóvenes van a la universidad; el acceso a la educación superior se restringe a aquellos cuyos padres tienen buenas condiciones económicas o a quienes deciden trabajar para pagar sus estudios. Entidades como el Servicio Nacional de Aprendizaje (SENA) no garantizan una cobertura permanente y no brindan formación tecnológica en toda la región; solo en la cabecera urbana de Remolino del Caguán el servicio es constante. Los de la parte baja del río Caguán no pueden acudir a este beneficio por falta de comunicación a tiempo y costos de transporte.

En cuanto a la alimentación escolar, está a cargo del programa Programas de Alimentación Escolar (PAE) de la Gobernación del Caquetá. Su ejecución es a través de un operador encargado de hacer llegar los alimentos a cada una de las instituciones en la región, pero el servicio es solo para los grados entre preescolar a tercero de primaria. Varios testimonios confirman que la comida es escasa y de mala calidad.

Las veredas campesinas del río Caquetá cuentan con una escuela cada una y están inscritas al centro educativo Peñas Blancas (La Maná, Tres Troncos, y La Pizarra). La escuela de la vereda Peregrino aún no tiene maestro. Las escuelas en La Maná y Peregrino solo ofrecen educación básica primaria. Para acceder a educación básica secundaria y media los estudiantes deben desplazarse hasta el corregimiento de La Tagua o al municipio de Puerto Leguízamo, Putumayo. Adicionalmente, hay escuelas que quedan lejos (aproximadamente una hora de distancia) de donde viven las familias, por lo que acceden a otras escuelas en las veredas ubicadas al margen derecho del río Caquetá, departamento de Putumayo. Como no existe un internado para estudiantes que viven lejos de la escuela, algunos tienen que caminar dos horas o transportarse en botes medianos para poder asistir a las clases.

La escuela de Peregrino está construida en madera y con techo de hojas de palma, a diferencia de las de Tres Troncos y La Maná construidas en cemento, que además cuentan con comedor y con el Programa de Alimentación Escolar. El centro educativo de Peñas Blancas, en donde se imparte educación básica hasta el grado 9, está encargado de orientar el Proyecto Educativo Institucional (PEI). Es importante destacar que el PEI se encuentra fuera del contexto de las necesidades educativas locales.

A pesar de las condiciones adversas ya descritas, es importante destacar nuevamente que existe un compromiso fuerte de las comunidades para lograr una educación de calidad que se ajuste al contexto de la región, acompañado de esfuerzos importantes en la construcción y mantenimiento de la infraestructura, el funcionamiento de los internados y los programas de alimentación escolar. Es evidente que las comunidades entienden la necesidad de trabajar por una educación que no sólo desarrolle los contenidos básicos, necesarios para acceder a la educación superior, sino que también brinde las herramientas para poder trabajar por el bienestar de sus territorios y de sus comunidades. En este sentido, sobresale la existencia de programas escolares de la conservación de los recursos naturales en las escuelas del Bajo Caguán, donde actualmente se implementan Proyectos Ambientales Escolares y se está formulando un PEI contextualizado y pertinente a las necesidades de los pobladores locales.

Educación indígena

Para los murui muina de los resguardos indígenas de Huitorá y Bajo Aguas Negras la educación tiene muchos significados. Es el arte de aprender para la vida entera y es la palabra del hombre-espíritu y de *Moo Buinama* que se logra a través de la coca, el tabaco y la yuca dulce. Para ellos, educar es orientar, conducir y moldear la vida que conlleva a respetar y vivir la cultura. La educación está basada en dictar y transmitir el conocimiento de generación en generación, a través de la tradición oral. Esta transmisión de conocimiento sucede en espacios como la chagra, el mambeadero y el hogar. Sin embargo, en algunos casos se están olvidando los valores propios de su cultura y según información recogida en el Inventario, las comunidades indígenas afirman que en las escuelas predomina la educación occidental, lo cual ha contribuido a la pérdida de identidad cultural y al debilitamiento de los valores tradicionales, debido en parte a la falta de una perspectiva etnoeducativa dentro del plan curricular.

No obstante, ante el debilitamiento de la enseñanza de la cultura, el idioma y las historias contadas durante el mambeadero en la maloca, las comunidades están promoviendo la interculturalidad en las escuelas, es decir, el diálogo de elementos de conocimiento tradicional y conocimiento occidental.

Parte de las dificultades para ofrecer una educación pertinente con el contexto indígena es la selección de los docentes, pues si bien son las comunidades las encargadas de nombrarlos por contratos de diez meses cada año, no todos los docentes disponibles son bilingües (con excepción del Resguardo Bajo Aguas Negras) y no todos tienen el conocimiento necesario para desarrollar un proyecto etnoeducativo. El sistema educativo actual se hace en el marco de un convenio entre la Secretaría de Educación Departamental y la organización indígena Inga TANDACHIDURU, la cual se encarga de manejar el presupuesto anual de educación de los centros educativos. Dentro de estos contratos la organización se encarga de pagar el salario del maestro, dotación y seguridad social, así como de proveer a los estudiantes de útiles escolares y uniformes. Esta organización también desarrolla capacitaciones y visitas a las sedes educativas indígenas. A su vez, estas escuelas están inscritas a la Institución Educativa Indígena Fortunato Really, ubicada en la comunidad de Coemaní - Resguardado de Puerto Sábalo Los Monos. Esta institución, que funciona como internado, se encuentra a dos días de viaje por el río Caquetá, lo que dificulta las gestiones del rector y demás autoridades competentes, así como el acompañamiento sostenido de la Institución Educativa a las sedes.

En este contexto, los cabildos gestionan las necesidades educativas básicas ante la Alcaldía municipal de Solano; no obstante, la administración municipal tiene limitaciones para garantizar el servicio educativo a las comunidades indígenas. En el caso del RI Bajo Aguas Negras, la escuela tiene deficiencias importantes en infraestructura. Esto se debe a que los proyectos de mejoramiento institucional de infraestructura contemplados en el Plan de Desarrollo Municipal no han tenido asignaciones presupuestales suficientes y la formulación y gestión de proyectos ha quedado en manos de las mismas autoridades de las comunidades, sin encontrar para esta tarea un apoyo o asesoría suficiente de parte de la dirección de la institución educativa, de la Secretaría de Educación Municipal y de la Alcaldía.

La cobertura educativa en estas sedes oscila entre niños de 5 a 17 años para la modalidad de básica primaria de primer a quinto grado. El promedio general de edad de los estudiantes de las dos sedes indígenas (Huitorá y Bajo Aguas Negras) es de 15 años. En algunos casos, los niños son enviados a estudiar a sedes educativas campesinas en veredas ubicadas al margen izquierdo del río Caquetá aguas arriba, en el departamento del Putumayo. Esta situación afecta el propósito de desarrollar un proyecto de etnoeducación, dado que la baja cantidad de estudiantes matriculados dificulta la gestión de procesos etnoeducativos. Al terminar los estudios de básica primaria, algunos jóvenes son enviados a las cabeceras municipales de La Tagua, Puerto Leguízamo, Solano y Florencia, para culminar el ciclo de educación media.

Los jóvenes que deciden continuar sus estudios profesionales, ya sea en las universidades o en el SENA, han sido apoyados económicamente por las comunidades con el compromiso que al graduarse de profesionales continúen apoyando sus comunidades y sus distintas actividades. Sin embargo, en el último año la comunidad se niega a seguir apoyando a dichos jóvenes porque algunos no regresaron debido, en parte, a la falta de oportunidades laborales para desarrollar sus profesiones.

Así mismo, organizaciones como la Organización Nacional de Pueblos Indígenas de la Amazonia Colombiana (OPIAC), Asociación de Cabildos Uitotos del Alto Río Caquetá (ASCAINCA) y el vicariato de Puerto Leguízamo implementan programas de capacitación para los líderes indígenas en formulación de proyectos de gobernabilidad y etnoeducación, entre otros, para que ayuden al fortalecimiento de los procesos organizativos de las comunidades.

Por último, en 2018 las autoridades del Resguardo Indígena Huitorá y la Uniamazonia firmaron un convenio de colaboración que permitirá el desarrollo de proyectos y/o actividades de carácter académico, investigativo y pedagógico para fortalecer las capacidades tanto de los habitantes del resguardo como de los estudiantes de la Universidad.

Salud y medicina

Con respecto al servicio de salud, no hay centros de salud en funcionamiento en ninguna de las veredas y resguardos de la zona. Los hospitales más cercanos están ubicados en las cabeceras municipales. En Cartagena del Chairá hay un hospital de tercer nivel, el cual es de mala calidad. En Florencia y Puerto Leguízamo también hay hospitales en los que se puede realizar exámenes especializados, pero el alto costo del desplazamiento hacia estos lugares es un factor limitante para muchas personas. En el caso del Núcleo 1 en el río Caguán, en las veredas de Santo Domingo y Monserrate existe infraestructura abandonada y un bote ambulancia, conseguidos con esfuerzo de las Juntas de Acción Comunal (JAC). El centro de salud más cercano queda en Remolino del Caguán y no tiene condiciones adecuadas para brindar atención.

En los resguardos indígenas la medicina tradicional es fuerte y es a la que más acuden los pobladores. Según la cosmovisión del pueblo murui muina, no existe la división entre cuerpo y espíritu (alma y mente). Esto ha significado que las nociones de bienestar que manejan no sólo se centren en el cuerpo sino también involucran la espiritualidad. Para hablar de salud en las comunidades indígenas, es necesario entender cómo está organizada la cosmovisión y de qué manera es posible que esta contribuya al bienestar del pueblo. Los conocimientos tradicionales, conocidos como palabra sagrada o palabra de consejo (*don del yétarafue*) fueron transmitidos por el hombre-espíritu y líder supernatural *Moo Buinaima* a través de los cuatro sabios espirituales (*Yua Buinama, Z+k+da Buinaima, Noin+ Buinaima* y *Menigu+ Buinaima*).

Las palabras sagradas son fundamentales para el mundo y la existencia del pueblo murui muina, con ellas se puede dar buen consejo y buena enseñanza. La capacidad de usar estas palabras es reservada a los que tienen un corazón (*komek+*) y pensamiento (*kue rafue*) libres de toda energía negativa; o sea, para los que tienen buena salud y se sienten bien. La salud depende de las costumbres tradicionales que incluyen la cura de los curadores, a través del uso de la coca, el tabaco y las danzas rituales de sanación que dirigen los abuelos sabedores.

Es importante destacar que las comunidades indígenas de ambos resguardos entienden que la medicina tradicional se puede relacionar con la medicina occidental y que el diálogo entre las dos formas de ver y entender el cuerpo puede unir fuerzas para mejorar las condiciones de salud. En este sentido, los habitantes de los Resguardos Indígenas de Huitorá y Bajo Aguas Negras hacen uso de la medicina tradicional y de la medicina occidental. En caso de enfermedad grave, acuden a los centros de salud u hospitales en las cabeceras municipales de Solano y Puerto Leguízamo.

El Resguardo Indígena Huitorá cuenta con promotora de salud. No obstante, el centro de salud está abandonado, razón por la cual la promotora atiende a los pacientes en su casa. Teniendo en cuenta la complementariedad entre la medicina tradicional y la medicina occidental y el uso de ambos tipos de medicina que, como vimos, ya se está dando en los territorios indígenas, es importante trabajar para el desarrollo de un modelo de salud intercultural que permita fortalecer la articulación y el diálogo, mejorando tanto la dotación e infraestructura de los centros de salud, como los conocimientos y habilidades de los promotores.

En términos de afiliación a las Empresas Promotoras de Salud (EPS), encargadas de intermediar entre los usuarios y los centros médicos que brindan atención a los miembros de las comunidades indígenas y campesinas,

econtramos: Asmet Salud, Coomeva, Salucoop o Ensannar, aunque en muchas ocasiones, son atendidos a través del Sistema de Selección de Beneficiarios para Programas Sociales (SISBEN), un sistema para brindar atención a población en condición de pobreza o vulnerabilidad.

Comunicaciones

Con respecto a servicios de telefonía celular e internet, la cobertura en el territorio es baja. En el Núcleo 1 del Bajo Caguán hay una antena de Comcel en la comunidad de Remolino del Caguán, con cobertura en las veredas de Naranjales y Cuba. También hay servicio de internet a través de un Kiosco Vive Digital y COMPARTEL en Santo Domingo. En Monserrate hay una antena artesanal donde se puede comprar minutos para hacer llamadas. Referente a comunicaciones en las veredas campesinas en el río Caquetá, debido a la cercanía a centros poblados hay señal celular pero no es estable y no hay cobertura en todo el territorio. En La Maná existe un Kiosco Vive Digital pero no funciona por falta de mantenimiento. La falta de acceso a servicios de comunicación fue identificada por las comunidades como una amenaza debido a que esto los mantiene aislados y poco informados.

Hace tiempo cuando era más difícil la comunicación de telefonía, se recurría a mensajes en la emisora Marina estéreo, a cartas enviadas en los deslizadores que cubren la ruta de Puerto Arango a La Tagua y a los toques del manguare. Hoy en día el resguardo de Huitorá cuenta con un Kiosco Vive Digital, muy usado para la comunicación, las fotocopias de documentos e internet. En algunas zonas del resguardo Bajo Aguas Negras, especialmente al borde de río, entra señal de telefonía móvil, dada su cercanía a La Tagua.

Vías

En todos los sub-paisajes que visitamos, el principal medio de acceso es fluvial a través de los ríos Caguán o Caquetá. La mayoría de la población se transporta en canoas o botes con remo o motor pequeño artesanal (que se llama 'peque'). Adicionalmente, las comunidades han construido trochas o pequeños caminos para comunicarse entre veredas y fincas. Algunas trochas cruzan caños donde las comunidades han hecho puentes rústicos para poder cruzar. En época de invierno, estas trochas son intransitables debido a que crecen los caños y se inundan.

Un limitante importante para la movilidad en la zona es el alto costo de combustible y aceite para motores de botes. El precio de un galón de gasolina varía entre $8.500–10.000 pesos y en algunos casos en veredas lejanas a centros poblados el precio puede llegar hasta $25.000 pesos. Para ahorrar combustible, las personas prefieren viajar usando peques, pero el viaje se puede demorar hasta cuatro veces más que usando un motor grande. Dados estos limitantes, no es común que las personas transiten frecuentemente largas distancias, en general, solo lo hacen en casos de emergencia.

En el Núcleo 1, además de los botes y canoas de las personas de la comunidad, hay una línea en lancha rápida que opera desde Cartagena del Chairá hasta el centro poblado de Santo Domingo los días miércoles, viernes y domingo, con un cupo de 18 pasajeros y un precio que oscila entre $90.000 y 110.000 pesos dependiendo de la vereda. La frecuencia de la línea no es suficiente para satisfacer las necesidades de las comunidades, como el acceso a servicios de salud y la comercialización de productos. Durante el verano (la época seca en los meses de octubre, noviembre y diciembre) el caudal del río Caguán se reduce, dificultando el paso de lanchas y botes. Así mismo, el viaje desde Santo Domingo hacia Cartagena del Chairá puede demorar hasta 10 horas, luego si se quiere llegar a Florencia son cuatro horas más por vía terrestre, donde la mitad del camino está en muy malas condiciones desde Cartagena del Chairá hasta Paujil.

Las comunidades de Las Palmas, El Guamo y Peñas Rojas en el bajo río Caguán se comunican con mayor frecuencia con La Tagua, ya que subir hasta Cartagena del Chairá es demasiado lejos y costoso, y utilizan sus propios botes o canoas. Igual sucede con las comunidades campesinas de Peregrino, Isla Grande y La Pizarra que están sobre el río Caquetá y aguas abajo de La Tagua.

Desde La Tagua sale diariamente una línea hacia Puerto Arango (a 20 minutos de Florencia vía terrestre) subiendo por los ríos Caquetá y el Orteguaza; son ocho horas navegando, pasando por el resguardo Aguas Negras, las veredas de La Maná, Tres Troncos, el resguardo Huitorá y el centro poblado de Solano. Respecto a vías terrestres, en la zona del bajo río Caguán hay una brecha (trocha pequeña donde solo pueden transitar durante el verano motos, caballos o gente a pie) de Monserrate a Cartagena del Chairá, la cual recorre una distancia de 35 km. Así mismo, hay una carretera de 22 km (asfaltada en regulares condiciones) con tráfico constante de motocarros, taxis y camiones que une La Tagua en el río Caquetá con Puerto Leguízamo en el río Putumayo, muy importante para las comunidades cerca de la bocana del Caguán, la zona de La Tagua y el resguardo de Huitorá pues la ciudad de Puerto Leguízamo es centro de comercio, salud y educación.

La principal vía de acceso a los Resguardos Indígenas Bajo Aguas Negras y Huitorá es el río Caquetá. Adicionalmente, existe un camino entre los resguardos a una distancia de cuatro horas a pie. Desde la orilla del río Caquetá al centro de acopio y la escuela del Resguardo Indígena Bajo Aguas Negras, hay una distancia a pie, de una hora, atravesando un cananguchal de 1 km, a través de un paso construido con palmas tiradas en el suelo, redondas y lisas, que hacen difícil y riesgoso el paso. Desde la escuela parten los caminos a cada una de las viviendas, que se encuentran dispersas en este resguardo. En tiempo de invierno se puede llegar en canoa desde la orilla del río Caquetá hasta la escuela. En contraste en el Resguardo Indígena Huitorá todas las casas de los pobladores están muy cerca de la orilla del río Caquetá, agrupadas alrededor de una cancha multideportiva. Así mismo, existe un camino que comunica este Resguardo con la vereda Orotuya, a una distancia de aproximadamente dos horas caminando. También hay puentes que comunican con las veredas de Tres Troncos y La Maná.

Energía y electrificación

Las comunidades de la región tanto campesinas como indígenas no cuentan con servicio de energía estable. Algunas familias tienen plantas solares o diésel, pero no hay redes de amplia cobertura. En esta zona no hay proyectos a corto plazo para colocar redes. Hay iniciativas pequeñas para paneles solares. En la actualidad Corpoamazonia gestiona una propuesta que reunió firmas para la instalación de paneles solares. Las familias consideran importante la energía para la conservación de los alimentos, alumbrado de sus viviendas y para actividades productivas como establecer cercas electrificadas para la ganadería.

Las comunidades del Núcleo 1 del Bajo Caguán no cuentan con redes de energía eléctrica. En las veredas de Caño Negro, Santa Elena, Monserrate, Buena Vista, El Convenio y Puerto Nápoles se desarrolló un programa de cobertura de paneles solares a través de un proyecto con la empresa generadora de energía Gendecar en convenio con el Ministerio de Minas y Energía. Aunque se hizo en las seis veredas no cubrió a todos los hogares, especialmente los de la zona rural. Es importante destacar que en las veredas que tienen energía, el servicio no funciona todo el día.

En las veredas en el río Caquetá, solamente La Maná cuenta con planta diésel, las otras veredas no tienen, aunque algunas familias tienen planta solar propia. Entretanto los Resguardos Indígenas de Bajo Aguas Negras y Huitorá no cuentan con servicio de energía eléctrica. El Resguardo Indígena Bajo Aguas Negras tiene una planta eléctrica que funciona con gasolina y solo se utiliza para actividades en la escuela. Algunas familias en el resguardo Huitorá tienen planta, pero no funciona todo el día y se usa para actividades puntuales como reuniones grandes en la maloca de noche.

CONCLUSIONES Y RECOMENDACIONES

Como se pudo observar, la deficiencia en la prestación de servicios básicos no favorece el cumplimiento de los derechos de las comunidades, por lo que, en algunos casos, incentiva a que las personas abandonen los territorios en búsqueda de mejores opciones. No obstante, como se señaló en la introducción y en capítulos anteriores, esto también ha llevado a que las comunidades fortalezcan su organización y tomen la iniciativa para mejorar esta situación.

En relación con el acceso y la calidad de la educación, es importante continuar avanzando en el proceso de actualización de los PEI para que respondan a las necesidades del contexto y, en el caso indígena, vincular el conocimiento tradicional en el diseño e implementación del plan curricular.

Para el tema de salud, es indispensable aunar esfuerzos en el desarrollo de un modelo de salud intercultural, donde se fortalezca la articulación entre la medicina tradicional y la medicina occidental. Aunque la medicina tradicional es fuerte en los resguardos indígenas, la prestación de servicios de medicina occidental es aún deficiente. Por una parte, es importante mejorar las condiciones de infraestructura y dotación de los centros de salud, así como mejorar los conocimientos y habilidades de los promotores de salud.

Por otra parte, recomendamos que los miembros de las comunidades se afilien a una misma EPS, esto facilitaría la gestión y atención a la población pues a mayor número de usuarios mayor presión para la focalización de la atención en salud.

Por último, relacionado con las dinámicas de oferta de las instituciones gubernamentales a nivel local, observamos que la priorización de programas y proyectos gubernamentales responde a una lógica clientelista más que a un enfoque de garantía de derechos. Dicha situación, aunque no es particular de esta región y se presenta en muchas regiones de Colombia, resulta en una limitación importante para la prestación de servicios en la región del Bajo Caguán-Caquetá. Es así que, según cuentan las comunidades, las administraciones locales priorizan los programas y proyectos para las comunidades que, durante la época electoral, hayan apoyado a los candidatos ganadores, dejando por fuera del ejercicio de priorización a aquellas comunidades que hayan apoyado a sus contrincantes. Esta lógica clientelista es uno de los principales obstáculos para el acceso a servicios básicos y la garantía de derechos fundamentales. Ante esta situación, recomendamos fortalecer el ejercicio de veeduría ciudadana y la participación de las comunidades en la formulación, implementación y seguimiento a la inversión pública a través de los espacios de participación diseñados con este fin. Un ejemplo de esto es la participación en la formulación de los planes municipales de desarrollo (que se deben articular con los instrumentos de gestión comunal tales como el Plan de Vida del pueblo uitoto del Caquetá, los planes de manejo ambiental de los resguardos indígenas y el plan de desarrollo rural y comunitario de las comunidades del Bajo Caguán) y en las asambleas de rendición de cuentas que determina la ley.

ENCUENTRO CAMPESINO E INDÍGENA: CONSTRUYENDO UNA VISIÓN COMÚN DE LA REGIÓN DEL BAJO CAGUÁN-CAQUETÁ

Autores: Alejandra Salazar Molano, Felipe Samper, Diana Alvira Reyes, Elio Antonio Matapi Yucuna, Karen Gutiérrez Garay, Marcela Ramírez, Darío Valderrama, Ana Lemos, Arturo Vargas, Carlos Andrés Vinasco Sandoval, Nicholas Kotlinski, Humberto Penagos, Diomedes Acosta, Yudy Andrea Álvarez y Theresa Miller

INTRODUCCIÓN

¿Cómo construir una visión común del territorio, cuando está habitado por más de 1.500 personas provenientes de distintos lugares, con conocimientos y costumbres diferentes, y que no se conocen entre sí? Esta pregunta fue la clave para proponer un **encuentro campesino e indígena** como cierre del inventario social. El encuentro se realizó entre el 21 y el 24 de abril de 2018 en la maloca del Resguardo Indígena Ismuina en Solano, donde se reunieron 75 delegados de los dos resguardos y las 19 veredas que participaron en el inventario.

El propósito de este espacio fue conocerse, dado que nunca antes campesinos del Caguán, del Caquetá y los indígenas se habían sentado juntos a pensar su territorio y a construir una visión compartida que permita proteger este gran paisaje y mejorar sus condiciones de vida. Para lograrlo, primero trabajamos con los representantes de las comunidades campesinas (21 de abril), luego con los indígenas (22 de abril) y finalmente nos reunimos todos (23 de abril). Estos tres espacios se orientaron hacia la identificación de fortalezas y amenazas comunes, con base en el trabajo realizado en los talleres previos con las comunidades en el marco del inventario social, así como en la elaboración de propuestas. El último día (24 de abril), los delegados de las comunidades presentaron el trabajo realizado ante representantes de Corpoamazonia, la Alcaldía de Solano y la Gobernación del Caquetá.

El encuentro se cerró con un gran baile tradicional indígena, que es un espacio de sanación para que haya armonía en el mundo, y cuando se dice mundo para los pueblos indígenas es todo, selva, ríos, animales y gente. De manera general el baile es vida; el enfermo se sana, el que tiene problemas los arregla, la producción crece y los niños y jóvenes aprenden. Este baile, como cierre ritual del inventario, se realizó para celebrar y abrir el camino del relacionamiento del mundo y de la convivencia con las personas.

Hablar sobre el territorio, compartir la importancia que este tiene para cada uno, la forma en que lo usan, su visión de conservación y las principales amenazas que sobre él se ciernen, permitió elaborar propuestas conjuntas que, partiendo de las fortalezas, apuntan a mitigar las amenazas y a avanzar hacia el mejoramiento de las condiciones de vida de las comunidades y la salud del territorio. Este trabajo no sólo aporta al fortalecimiento organizativo de las comunidades, sino que permite a las entidades responsables tomar decisiones sobre el territorio y hacerlo de manera informada y en coordinación con las comunidades. A continuación, recogemos el trabajo conjunto realizado por las delegaciones de las comunidades. Primero presentamos las fortalezas, luego las amenazas comunes identificadas y finalmente las propuestas desarrolladas.

FORTALEZAS COMUNES INDÍGENAS Y CAMPESINAS

La primera fortaleza común es el **arraigo territorial y el sentido de pertenencia de las comunidades.** Los campesinos e indígenas llegaron a este territorio a través de múltiples migraciones (ver el capítulo *Historia de ocupación y poblamiento de la región del Bajo Caguán-Caquetá*) provenientes de otros lugares del país. Generación tras generación, han sabido permanecer en condiciones muchas veces adversas debido a la guerra y el aislamiento, construyendo un fuerte arraigo y sentido de pertenencia para cuidar y proteger sus territorios (ver los capítulos *Gobernanza territorial y ambiental de las comunidades de la región del Bajo Caguán-Caquetá* y *Servicios públicos e infraestructura en la región del Bajo Caguán-Caquetá*).

Relacionada con la anterior, las comunidades identifican como soporte fundamental para el buen vivir **el alto grado de solidaridad y capacidad de diálogo entre vecinos y comunidades.** La gente trabaja en minga (trabajo colectivo) para mantener la infraestructura comunitaria, así como también trabajan entre vecinos o entre familias, en predios o chagras privadas. Así mismo, es importante resaltar que todos los habitantes de una vereda o resguardo conocen perfectamente quiénes componen la comunidad. Este conocimiento mutuo funciona como un mecanismo de seguridad y control social.

El arraigo territorial y la solidaridad han sido el motor de la **capacidad organizativa de las comunidades**, las cuales cuentan con organizaciones comunitarias fuertes, tanto a nivel local (cabildos y Juntas de Acción Comunal) como a nivel regional (Asociación de Autoridades Tradicionales Indígenas [AATIs], Núcleo, Asociación de Juntas de Acción Comunal, Organizaciones Campesinas; ver el capítulo *Gobernanza territorial y ambiental de las comunidades de la región del Bajo Caguán-Caquetá*). **Los líderes y lideresas comprometidos con el bienestar de la población** hacen realidad la gestión de las prioridades comunitarias y la defensa del territorio, lo que ha permitido alcanzar unas condiciones de bienestar que la débil presencia del Estado no ha garantizado, así como enfrentar los retos de vivir en una región periférica y uno de los epicentros del conflicto armado en el país.

El arraigo y la capacidad organizativa de las comunidades en cabeza de líderes y lideresas, han sido fundamentales en la construcción de acuerdos comunitarios de uso de recursos naturales a través de los cuales se rigen las JAC, así como de los **instrumentos de planificación y gestión comunitaria**. Estos instrumentos son consensos comunitarios donde se establecen formas de uso y manejo de los recursos, así como una visión a corto, mediano y largo plazo de la población y el territorio. En este sentido, las comunidades indígenas cuentan con planes de manejo ambiental y el plan de vida del pueblo murui muina, y la Asociación Campesina del Núcleo 1 del Bajo Caguán con el Plan de Desarrollo Rural Comunitario.

El **conocimiento profundo que poseen las comunidades sobre el territorio** ha sido indispensable en la construcción de dichos instrumentos, así como en su capacidad para hacer uso de los recursos según los ciclos de la naturaleza, los calendarios ecológicos utilizados para siembra, caza, pesca y el tratamiento de enfermedades.

Entre todas las fortalezas comunes para los campesinos e indígenas una de las más importantes es el río, fuente de vida que provee alimento y permite la comunicación entre las comunidades. **Los ríos Caquetá y Caguán** forman parte de los recursos naturales de uso común que, junto con el bosque y la fauna, han permitido que campesinos e indígenas se asienten, pervivan y permanezcan en el territorio.

Las comunidades coinciden en que su buen vivir está estrechamente relacionado con el buen manejo de los recursos naturales. También saben que habitan un territorio megadiverso, tanto en el aspecto biológico como en el cultural, que están en el corazón de la conectividad ecológica y espiritual entre los PNN La Paya y Serranía de Chiribiquete y que su preservación es importante para las generaciones actuales y futuras que lo habitan, así como para la población mundial. En ese sentido, una fortaleza importante es la **disposición compartida de trabajar por la protección del territorio**.

Por último, campesinos e indígenas señalaron que el **proceso de paz** entre el Gobierno y la guerrilla de las FARC es una oportunidad que permite mejorar la vida de la gente en un territorio que, durante décadas, ha sido estigmatizado a causa del conflicto armado. La implementación de los acuerdos de La Habana ayudaría a quitar ese estigma, lo que, junto a la llegada de instituciones al territorio, abre la posibilidad de acceder a programas gubernamentales y no gubernamentales, avanzar hacia la garantía de derechos y la prestación de servicios básicos, así como hacia la implementación de las líneas de gestión identificadas en los instrumentos de planificación y gestión comunitarios.

En este contexto, las comunidades reconocen que se deben aprovechar y potenciar las fortalezas comunes para poder enfrentar las amenazas existentes, abordadas en la siguiente parte.

AMENAZAS COMUNES

Una de las amenazas más importantes para el buen vivir es **la deficiente garantía de derechos fundamentales de la población por parte del Estado**, especialmente en salud, educación, vivienda digna y libre movilización, así como en el acceso a servicios como acueducto y alcantarillado, recreación, deporte y comunicaciones. Históricamente, la relación con el Estado no sólo se ha caracterizado por la deficiencia en la garantía de derechos sino también por la vulneración de los mismos, dado que su presencia ha sido esencialmente militar y marcada por la lucha antisubversiva y antinarcóticos (ver el capítulo *Historia de ocupación y poblamiento de la región del Bajo Caguán-Caquetá*). Esto ha tenido como una de sus principales consecuencias una desconfianza mutua entre el Estado y la población civil. Para los pobladores, esta relación ha fomentado la existencia de **prejuicios y señalamientos como guerrilleros, cocaleros e ilegales** por vivir en un territorio catalogado durante años como zona roja, estigmatización identificada como una amenaza a la vida e integridad de la población civil.

En este orden de ideas, señalan que hay un **desconocimiento de la realidad de las comunidades por parte del Estado.** Esto se evidencia en la falta de información oficial sobre el territorio: no hay censos actualizados de población, así como tampoco información cartográfica detallada sobre los límites de las veredas, entre otros vacíos. Este desconocimiento redunda en las dificultades que tiene el Gobierno para llevar programas y proyectos acordes a las necesidades de las comunidades. Esta situación es aún más grave dado que, según los líderes, las entidades gubernamentales toman decisiones sobre el territorio sin la participación efectiva de las comunidades, teniendo como resultado la implementación de proyectos que no mejoran la calidad de vida de la población pues no están alineados con sus prioridades. En este sentido, la **falta de planeación participativa** es identificada como una amenaza que dificulta la garantía de los derechos fundamentales.

Un ejemplo muy sentido por la gente, e identificado en el marco del inventario como una amenaza importante, es la falta de acceso a una educación de calidad. En opinión de los líderes, las deficiencias en el servicio educativo tienen como consecuencia el **debilitamiento del sentido de pertenencia en los jóvenes** relacionado con tres factores: por una parte, la educación primaria es de mala calidad (infraestructura, permanencia de los docentes, materiales educativos, pertinencia curricular) por lo cual no está ayudando a formar una generación comprometida con su entorno; la escasa o nula oferta de educación secundaria se suma a lo anterior propiciando que los jóvenes quieran salir de la región en búsqueda de un mejor futuro; y derivado de esto, los pocos jóvenes que terminan sus estudios secundarios, técnicos y, en menor proporción, superiores, no regresan a sus territorios por **la falta de oportunidades laborales.**

En este contexto, los territorios, tanto campesinos como indígenas, se están quedando sin jóvenes, lo cual dificulta el relevo generacional. En el mundo indígena, esto amenaza la transmisión de conocimiento tradicional y la pervivencia de la cultura. En el mundo campesino,

además de la pérdida cultural, tiene como consecuencia la dinamización del mercado de tierras, dado que la economía campesina depende de la mano de obra familiar. Cuando los jóvenes abandonan el territorio y sus padres envejecen, no hay quién trabaje la tierra, por lo que optan por vender sus fincas y desplazarse hacia los centros poblados; esto, sumado a la falta de seguridad jurídica de la tierra, promueve **la llegada de personas nuevas al territorio** que buscan apropiarse de grandes extensiones de tierras, fomentando el desbosque, la praderización y la ganadería extensiva.

Las comunidades señalaron que la **falta de alternativas económicas sostenibles** es un factor crítico, pues hace que la población en general sea vulnerable a la presión económica de personas que vienen de afuera con intereses extractivos, que no respetan los consensos comunitarios. Esta dinámica de despoblamiento territorial refuerza la insuficiencia en la prestación de servicios básicos por parte del Estado, debido a que no hay una densidad poblacional que justifique la priorización de programas y proyectos gubernamentales. Así mismo, debilita las estructuras organizativas comunitarias, ya que reduce el número de afiliados e impide la formación de nuevos líderes.

Parte importante de por qué las comunidades campesinas son vulnerables a la llegada de personas nuevas al territorio es por **la falta de seguridad jurídica de la tierra** que les impide el acceso a créditos bancarios y, en algunas ocasiones, a proyectos productivos impulsados por instituciones. Para el caso campesino, gran parte de las fincas que se encuentran en el área de sustracción de la Zona Reserva Forestal (Bajo Caguán y vereda Peregrino; Fig. 24) no cuentan con títulos de propiedad sobre la tierra, a pesar de estar asentados hace más de cuatro décadas. A su vez, las veredas que se ubican dentro de la Zona de Reserva tipo A (río Caquetá) tampoco tienen títulos dado que en esta zonificación están prohibidos los asentamientos (Tabla 14). En el caso de las comunidades indígenas, además de reconocer que la inseguridad jurídica sobre los territorios cmpesinos es una amenaza compartida porque afecta los recursos naturales de uso común, incide sobre la falta de claridad en los linderos con algunas de las veredas del río Caquetá (La Maná, Tres Troncos y La Pizarra). Adici onalmente, existen expectativas de ampliación de los resguardos hacia sus territorios tradicionales.

Figure 27. Mapa de las coberturas de la tierra en la region del Bajo Caguán-Caquetá en los municipios de Solano y Cartagena del Chairá, Caquetá, Colombia. Los datos de cobertura son del año 2016. Fueron generados por el Sistema de Monitoreo a la Deforestación (IDEAM 2017) y procesados en el marco de este inventario.

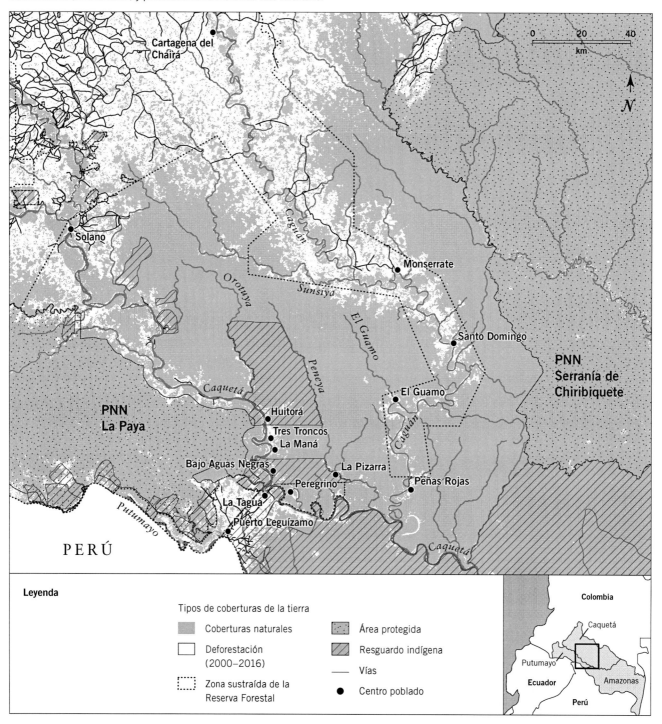

Sumado a lo anterior, la **debilidad en el control y vigilancia de las autoridades ambientales** encargadas de adjudicar licencias y regular el uso de los recursos naturales, permite la expansión dinámica de la frontera agropecuaria y el uso no sostenible de recursos como la madera, la pesca y la fauna silvestre. Las comunidades campesinas e indígenas indican que las licencias de extracción maderera y de pesca se adjudican sin la participación de las comunidades, son muy vulnerables a la corrupción y que, en muchas ocasiones, estas actividades se realizan fuera de las áreas adjudicadas (ver el capítulo *Gobernanza territorial y ambiental de las comunidades de la región del Bajo Caguán-Caquetá*).

La debilidad en el control y vigilancia por parte de las autoridades, la **debilidad en el monitoreo, control y vigilancia del territorio por parte de las comunidades locales y la falta de articulación entre estas y las autoridades ambientales** hacen más fácil que personas que llegan de afuera hagan un uso indebido de los recursos. Así mismo, el no respaldo de las autoridades hacia la vigilancia comunitaria pone en riesgo la integridad física de los líderes que intentan regular el uso de estos recursos. Adicionalmente, tanto campesinos como indígenas reconocen que la falta de un monitoreo comunitario impide conocer adecuadamente el impacto del mal uso de los recursos naturales.

Todo lo anterior confluye sobre una de las amenazas compartidas más apremiantes para las comunidades: **la deforestación** (Figs. 2C, 27). Campesinos e indígenas señalan que la deforestación está siendo potenciada por algunas de las amenazas que ya se mencionaron, como el incremento de la ganadería extensiva, la tala ilegal, la falta de alternativas económicas para la población local, la debilidad en el control y vigilancia por parte de las autoridades ambientales y las acciones promovidas por entidades gubernamentales que toman decisiones sobre el territorio sin tener en cuenta la participación de las comunidades. Adicionalmente, las comunidades señalan que la deforestación más preocupante es la que sucede a nivel regional, donde la autoridad ambiental no ejerce un control efectivo sobre grandes finqueros. La deforestación en el Núcleo 2 de Cartagena del Chairá, así como en la zona de Puerto Leguízamo-La Tagua, y en tercer lugar la ganadería extensiva por los ríos Orteguaza y Caquetá, están afectando los recursos naturales, así como incentivando dinámicas sociales que ponen en riesgo la integridad de las comunidades, sus organizaciones comunitarias y su visión de buen vivir.

Junto a la deforestación, la **contaminación de los ríos** es una amenaza que afecta la salud de los ecosistemas y el bienestar de la población. Como lo indican las comunidades, se ha visto un incremento en la contaminación producto de la minería ilegal con mercurio en el Caquetá, el vertimiento de sustancias químicas utilizadas en el procesamiento de base de coca, el mal manejo de residuos sólidos y de aguas negras provenientes de los centros poblados.

Articulado a esto, las comunidades identifican que **la posibilidad de que el Gobierno apruebe concesiones de hidrocarburos** es una amenaza para la integridad y pureza de los ríos, así como para las relaciones sociales y el bienestar de la comunidad. La región del Bajo Caguán-Caquetá es considerada por la Agencia Nacional de Hidrocarburos como un área de exploración y explotación disponible.

Por último, las comunidades consideran que el **cambio climático** es una amenaza común importante: observan alteraciones en los ciclos de la naturaleza y, por lo tanto, en sus calendarios ecológicos y productivos, incluyendo el cambio en la duración e intensidad de la época de lluvias y de verano.

PROPUESTAS CONJUNTAS PARA CONSERVAR LA DIVERSIDAD BIOLÓGICA Y CULTURAL Y EL BIENESTAR DE LAS COMUNIDADES

Tenido en cuenta todo lo anterior, buscando disminuir las amenazas y potenciar las fortalezas, las delegaciones de campesinos e indígenas llegaron a las siguientes **propuestas**.

Propusieron **la creación de una mesa interinstitucional para la región del Bajo Caguán-Caquetá, con participación de representantes de todas las comunidades que hacen parte del paisaje y las autoridades competentes.** En dicha mesa, las comunidades consideran que se debe plantear una agenda de trabajo a través de la cual se definan acciones y procesos que permitan disminuir algunas de las amenazas principales. Así mismo, esta mesa será el espacio para hacer un plan de trabajo en torno a la propuesta liderada por Corpoamazonia de construir un área protegida regional de uso sostenible con participación directa de las comunidades. El espacio de una mesa interinstitucional aprovechará la fuerza organizativa de las comunidades y la existencia de los instrumentos de planificación y gestión comunitaria.

Frente a la falta de seguridad jurídica sobre la tierra y atendiendo a la fortaleza de contar actualmente con una mayor presencia de las instituciones gubernamentales producto de los acuerdos de paz, y la posibilidad de implementar proyectos productivos sostenibles, las comunidades proponen **avanzar en los procesos de titulación de territorios campesinos y en la ampliación de los resguardos indígenas.** Sumado a esto y en articulación con las entidades de Gobierno responsables, las comunidades señalan la necesidad de avanzar en **la verificación y clarificación de linderos** a partir de recorridos de reconocimiento territorial, actualización de cartografía oficial y mesas de trabajo, con la participación de las comunidades y del Gobierno. Las comunidades señalaron que estas mesas de trabajo requieren la participación de funcionarios calificados y con capacidad de decisión, pues tendrían el objetivo de coordinar las acciones de las entidades gubernamentales responsables y hacer seguimiento al cumplimiento de los acuerdos.

Consideran de gran importancia **el control de la deforestación** por parte de las autoridades, atendiendo los siguientes principios:

1) Transparencia en los procesos;

2) Atención efectiva de las denuncias locales con verificación en terreno;

3) Promoción de proyectos productivos sostenibles orientados a la generación de recursos económicos para la población;

4) Coordinación con las JAC y cabildos para otorgar licencias de aprovechamiento forestal o pesquero;

5) Mayor regulación por parte de las autoridades para ejercer control sobre grandes deforestadores, como los terratenientes, ganaderos y grandes madereros; y

6) Permanencia en el territorio de personal calificado para ejercer control y vigilancia sobre tumba y quema, pesca, tráfico de fauna silvestre y madera.

En este contexto, las comunidades propusieron trabajar en conjunto con las veredas campesinas, los resguardos indígenas, el Ministerio de Agricultura y otras agencias gubernamentales y organizaciones de la sociedad civil **para desarrollar e implementar nuevas prácticas y técnicas agrícolas sostenibles,** con el fin de asegurar el bienestar de las comunidades locales, promoviendo la diversificación de la agricultura, asegurando la soberanía alimentaria de la población local y disminuyendo así la presión sobre los bosques.

También proponen buscar formas conjuntas entre autoridades ambientales y la comunidad para hacer **monitoreo, control y vigilancia** sobre el uso de los recursos naturales.

Finalmente, **las comunidades exigen que se garantice el cumplimiento de los derechos fundamentales** a la salud, la educación, la vivienda digna y la paz, así como que se facilite la oferta de servicios sociales, en particular servicios de comunicación, notaría y registro y el acceso a la justicia, entre otros.

CONSIDERACIONES FINALES

Las comunidades campesinas e indígenas, como se ha visto a lo largo de los cuatro capítulos sociales, tienen una capacidad organizativa y un arraigo territorial importante, condiciones fundamentales que permiten pensar y ejecutar proyectos que tiendan a la protección del territorio y la garantía de los derechos fundamentales de la población. En este orden de ideas, la planeación participativa entre comunidades y entidades gubernamentales y no gubernamentales es la forma correcta de actuar en un territorio diverso y de alta complejidad.

Así, como equipo social del inventario creemos que es importante abordar la planeación participativa desde varios ámbitos:

1) Fortalecer el diseño e implementación de los instrumentos de planificación y gestión comunitarios, propendiendo por lograr mayor apropiación de la comunidad en general y afinando las líneas de acción a corto, mediano y largo plazo;

2) Propiciar espacios de trabajo entre campesinos e indígenas con el objetivo de, a partir de un análisis comparativo de estos instrumentos, identificar puntos de encuentro y posibles diferencias que permitan construir rutas de acción complementarias y conjuntas; y

3) Armonizar, mediante estrategias efectivas de trabajo articulado, los instrumentos de gestión gubernamentales con los comunitarios.

Esto implica que en el proceso de planificación gubernamental se tengan en cuenta los consensos sociales sobre la visión de territorio que están plasmados en los instrumentos comunitarios. De manera complementaria, esta armonización también implica que las comunidades tengan en cuenta las figuras de ordenamiento territorial y los usos permitidos en estas, así como las propuestas programáticas, con el objetivo de identificar posibles sinergias y visiones opuestas que tendrán que ser conversadas.

En este sentido, la construcción de lo público no sucede solamente a través del diálogo de instrumentos de planificación: sucede en la interlocución entre vecinos, en la construcción de la cotidianidad, en el ejercicio de compartir aspiraciones, prácticas y conocimientos. Se trata de resignificar lo público como un bien común que, aunque beneficia a todos, también se ve afectado por decisiones individuales.

Por esto, el manejo sostenible de los recursos naturales de uso compartido implica la construcción de acuerdos sociales al interior y entre las comunidades, fortaleciendo la capacidad de interlocución con el Estado y la cohesión social. Es una condición no sólo para lograr la pervivencia sino el buen vivir de las comunidades y la salud del territorio.

Fechas del trabajo: 6 al 24 de abril de 2018

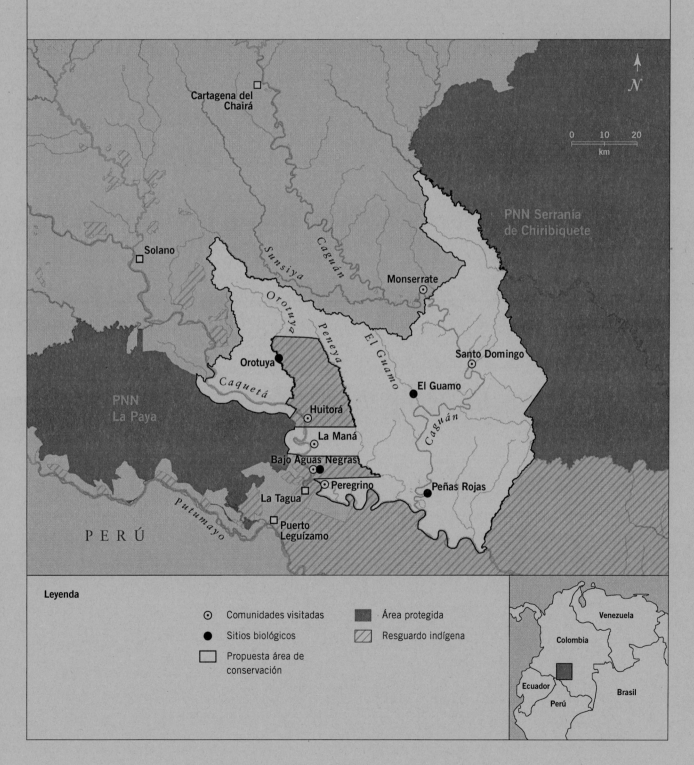

Leyenda

⊙   Comunidades visitadas   ▨   Área protegida

●   Sitios biológicos   ▤   Resguardo indígena

☐   Propuesta área de
      conservación

Kat Icha Jeniei

Ka+ uaido rafue fanuñuafue jae ka+ uzutia+ macagobe áto, moto kaimani ar+ iido muido Chiribiquete motomo, Caguan era+ fuedo dano duíde

Daje iche kamani achaiche, amazonia colombiana, J+aiche iche Cagua.

Ka+ comuicha imani, ka+ íchanomo mena iche aichoche nokaedo macaja jazi ka+ enoga

Racucha naizo iñede Chiribiquete mono, paya naízona, na+ izaina+ nona amena+a+ iite

Jorai na+ iite 90 km vizik+ jazik+ aichue.

Caguan benona uaine 16 d+ga na+ra+ ímak+ donano ra+najano kamani, 5 d+ga jobe racucha na+ afe

Motomo mena Murui miuna ranajanomo, na+e motomo kom+n+a+ íñede iad+ mare ua+e íte.

Racucha uruk+ d+bei marena íñede, rakucha uruk+ naie d+beimo mare +n+a mare rafue anado bie yógazi mare uaina rede, daje izoide afezikt jazikt

Uruk+ marena it+no ka+ rafue na+ra+ mozioide naga na+r+, monifue

Jazik+ eo mare ka+ ch+iyano, kamani caguan donache ab+ izik+ ka+ jaz+t+mo najeri ka+ amaga iñed+mo baichana ka+ joniaño amazonas colombiana donano

Amazonia da+naz+mo +na eachue en+e mareñede en+e beit+ka+

Eimo d+ga jazik+mo najeri ite j+a+ buina+k+ uiuk+ najeri ite, iemo PNN Chiribiquete – la payamo mare monifue na+zo

---

Ka+ ichano (oomate) rafeno

Amena+a+ 790 d+gana vait+kat

Okina+ 706 d+ga

Amena+ 2.000 d+gana

In+ei iitena kue jana+de, okaina+ 1.125 ka+ ichano.

Amena+

Ch+k+teko

Ar+ buinaima uruk+

Ab+ zonod+no

Feed+no

Chivad+no eichue, faka+de bin+emo cana uamo n+maira fid+na

Kamani ab+ caguan ab+ jazik+mo ma+namo da aamani d+ga formación beiga jeia+ n+nomo jaiñ+ zakob+, k+nere,

komue konichie echik+no nogora n+bia+

Jeie en+e konich+e, en+e mareñede, meereide, keeiriede, janore, jia+rede ,juzerede

Aamedu+kore d+ga nok+e jokoka jeieijakaje en+ena eroide

Idú anomo d+ga jain+ beite, bie entemo mare ichtno matjtchino íñede eo amedu echiktno jat coacade ríchena mareñede uri íchano íñede naino, ente mare íchano, chtina uai íñede

Jae kat matjta izoi vicha eo jazikt jifonodote ntfo kat víche, Jae vatna kat monifue uaina iite

Biz+k+do fot+ mare ja+noi

Ja+noi j+a+tue fa+eide oígore enoide jiochera mareñede, iedo muidoma jaiñ+mo jinod+mok+.

Naajeri amena+a+	Janori ja+noi janor+en+e uicha d+ga imak+ joremado eroidemak+
	Bin+emo cana uaimo n+maira fid+mo jazikmo in+korako jaid+no jazik+ jaichano eroidia+mo
	En+e ja+noi d+ga, d+ga en+ ichanamak+ od+mak+
	Ananedú imani joaich+ ichekera+ ab+ izik+ nabezik+mo neere gur+re adare cor+re, puerto sábalo los monos ab+ izik+ izai jiat perumo,Loretomo daje izai k+nere ja+noi jako fuiñede.
	PNN payamona Chiribiquete moto izik+ naie uiñua uaido ketaka nona +ntkorako íchanomo amedet+mak+ fekochena k+ona d+ga t+buire guamo donano ícha izai jazik+ i+e eichona+a+ j+ko onodobei, em+rai, donikona, k+ona
Amena+e	Naie rafuemo 790 d+gana kega ,724 d+ga f+norichena, 1.000mona d+ga amena+ joreño ot+mak+ iad+ kudúmani janorede anoi icha.
	10 d+ga amena mamek+ úñochera, daje amenajae keikade, daje rait+ño ba+ ente émododo z+bade ie beit+mak+.
	Finodochena, mena amena Colombia iena mamenochera daje rait+k+ño, caqueta iena mamenochena.
	Jae ket+ mak+ iaiad+ bie jazik+ amanate nia marena unoñede

Amena+e (continuación)	Camani muido d+beche era+d+beche amena+e mamek+ ket+mak+ mei+a, Uitoto menache jazik+ amena mia uinoñede daje izaide, peneya jazik+ iedo muidona j+a+nodo.
Ch+k+a+.	25 ichano chik+a+ ot+mak+ idu muido ichekena anadu ichekena eichu jorai, Guamo, orotuya iche caguan era+ konchik+ Jazik+ erocha rafue najeri eroiga ja+noi uzerede, enena k+oide ja+noi, ja+noi jit+rede iñede. Najeri kega ch+k+t+ko 139 d+ga ja+cuide, 250 na i+e izoide 35/kega amazonia colombiana donano, 49/camani fue, 8 d+ga kega f+nodochena, 60/ peru, putumayo, guaviares kegana k+oide J+a+e ch+tiko marerechena naik+to+ chova, +m+ño, jizinoño, +ama, kafada. Caguan ero+mo ebire janoreide ch+k+a+ beit+mak+ pergrinomo achoebirede káfada ot+mak+ fékachena fákada keiñerechena ícha iza rafue jónechena. Jorei uñochena konima chotika+ d+ga ch+k+a íchari r+chena na+ra+ iena okeina buineizai dajena imak+ kajechéna mayo-junio ch+k+t+kod+ j+neidia+.
Jabod+buinaiza+ ab+ zonod+no	97 D+ga kega jabod+, ab+ zonod+no, 55 d+ga ar+ jabod+ buineza+, 45 d+ga zonod+no, 19 d+ga jero, 15 d+ga jokozona, 6 d+ga meniño, 2 d+ga na+ma; jabod+ buinaiza+, ab+ zonod+no danomo ananedu jorai fueno beíga anedu raiíñede. 105–145 jabod+ buinaiza+ ite izoide, 85–115 ab+ zonod+no ite izoide. D+ga jabod+ buinaiza+ komo j+naid+ baít+mak+ Colombia iena d+ga komue ab+ zónod+no beít+mak+, caqueta iena mema beit+mak+ daje ab+na jarire meniño nia keñega bizik+mo, nok+ deícha muido ka+ keñega. Kaegamona mena ite iad+ jacabo muñegano, 7 d+ga jabod+ buinaiza+ ab+ zonod+no r+chéna mare, j+a+e daafo mare mano ríchena.
Fed+no	Jitoma ar+ bíchano d+bei eicho fed+no biet+mak+ duez+ki ei ra+ jazik+ eo eikazik+. Caguan era+ - caqueta era+ d+biemo 525 d+ga kegamono, 4 d+ga en+korako ka+ eroizai chamu, 385 d+ga kega ka+ jaicha d+nor+, 12 d+ga obeit+ka+ in+korako f+nod+mak+mo, 9 d+ga beit+mak+ najeri, 406 d+ga ite bie jazik+mo eícho fed+no ícha, mare jazik+ imak+ íchena aneduna eroñed+ka+ meido+ motodo eo makarit+ka+ daje izoi iche íchekena ab+do eo makad+ka+, meido+ motodo eo makarit+ka+ daje izoi íchekera ab+do eo makad+ ka+ daman+ +n+rakomo kom+n+ íchanono kokod+ka+ eo jazik+ t+d+mak+ eo íchanono kakad+ka+ iad+ echo fed+no k+od+ka+, 20 d+ga jia+e ie da rak+a+ r+ite zichi ananedumo ite joraifuemo ite, Ecuadormo ite, Putumayomo ite, leguizamomo ite j+a+no mona bite zichi.

Eichokeina janokeina mono+ chíbad+no

Mena keina daje amani d+ke keina na+zodo jaid+ka+, mónaro na+ona 4 +n+korakomo naga rui ka+jaia eroida kega naimak+ ua, e+fe naomak+ +n+rako naga +n+korakomo eniedomo makad+no chíbad+no ka+ kiaruido 2y 25 j+fia+ ora joreño jonet+ka+ na+ona mena joiji net+ ka+ ch+ñia+ óchena, 26 d+ga ket+ka+, 41 d+ga eichokeina janokeina chíbad+no, 21 d+ga ch+de jiza okeina chíbad+no.

100 d+ga najeri ite izoide, 44 d+ga eichue janorei, 66 d+ga ch+de jiza, 13 d+ga ch+k+z+ r+t+no, 10 d+ga ado ch+od+no, 16 d+ga ch+nin+a+, 4 d+ga caqueta iena kega jucu fuiak+, nonokueño erño.

Chabad+nomo eicho jazik+ f+ia, ichuidote, raua, jazik+ bote okeina feka jarue iad+ acho, okeina ite amazonia izoi eo jochan+a+ beit+ka+ jem+n+a+ joman+a+, jiziñ+a+ áchomo ron+a+, eiza+, edo+ma+a+ jitoreka+a+, j+ad+a+ juekuri, jazik+ku bie jazik+mo eicho kuirad+ ite rirad+ ite aado chiod+no dánomo it+mak+.

Colombiano 10 d+ga kegano ichuidote, 12 d+ga j+a+ziemo ichuid+gamak+ jitorok+ño beinño, jochan+a+, dóbochi jia+ziemo.

Caguanmo era+ d+bene, caquetamo d+bene jazik+mo baiga chíbad+no eo mare, eichomak+ ka+ enochena.

Naga na+ra+ ichano

Kjena bai eo mare bizik+mo naie ba+mo +na jitereide rafue jeia+ n+nomo bie jazik+, carijona coreguaje íchazik+, meino Colombia j+a+no bit+no naie meinona icha írainomo, 20 f+emona.

Colombia-peru d+ga donano ga+i nanomo kajuemo ma+j+e fakai, Murui janóziena bit+mak+ kamani ab+mo rid+mak+

1933mo d+ga Colombia fa+rikon+ daje izoi kajuemo ma+j+d+no, Colombia- perumo furicha faka+ 40 motomo daje colombia ik+rafue d+ga rakucha eizid+mak+, kamani ab+mor id+mak+ marena imak+ íche.

60 y 70 motomo Colombia racucha izie anadonomo riakana bie caqueta iena orede, taguamo fa+rikon+ ícha uai iemona rakucha izie komuide, 80mo jibiemo ma+j+na fakai echue rakucha+ ride caguan era+mo, 90mo fa+rikon+ FARC d+ga ik+rafue chót+mak+ proceso de paz dona uei birui marena ka+ íchena.

Bien jazik+ 4 d+ga boga, ka+ kom+n+ en+e RF ley 2 de 1959 area sustraída y PNN kom+n+ íchena. Bajo caguan era+ rakucha na+ra+ zonamo sustraída 16 vereda ícha 1492 d+gamak+, acción comunal marena danomo it+mak+, 2017mo ACAICONUCACHA marena imak+ rafue jonet+mak+ rakucha d+ga na+chena.

Benoite kom+n+ ma+j+d+mak+ monifue iena eichuena juraría+na to+d+mak+, eo mare ma+j+na uaina ite, rai jibie r+ñed+mak+, imak+ íchanomo en+ed+ rabe nia keñega.

Naajeri amena+a+ (continuación)	*Camanimo murui muina na+ra+ ite* 1981mo huitora ícha en+e, 67.320 h rabemo kega biruido, 170 d+gam+e ícha 1995mo agua negra ícha en+e 17.645 h rabemo kega biruido, 85 d+gam+e ícha Bien en+e ka+ komuicha uaido ch+iga jazik+ monifue ícha izoi ka+ cheiga *Kamani ab+mo ite rakucha* 100 d+gazuru rakucha ite, 4 d+ga mare it+mak+, 3 Reserva forestalmo ite, área sustraídamo daje ite nanorid+mo amena+mo ma+j+de okeina fekade, birui monifuena ma+j+d+mak+ fekachena, en+e ícha rabe kechenamo komek+ facaode, kaga rafuemo na+ra+ ka+mare íchana k+od+ka+ ab+ imak+ d+ga. Are it+nod+ga ka+d+ ña+ñed+ka+ ka+ kom+n+mo, rakucha marena iñed+o enenari izoide, ismuina ananekomo ka+ ga+richamo uiñot+ka+mo daje mareñena ícha uai, ie muido ka+ enochena komek+ fakad+ka+ bie jazik+
Birui ka+ íchano	2016mo corpoamazonia nache jazik+ uiñuamo komek+ fakade caguan era+ d+bezik+, naie jazik+ enoche uai erochena nia iñede rakucha kanua uai.
Enoche raa	01 90% nia najeri ite jazik+, 02 paya- Chiribiquetemo ite amena+a+ ite okeina+, íchekera+, kajena na+zona ite 03 ka+ komuicha rafue uai rakuchja uai d+ga ite 04 zafire ja+kodeit+no eicho okeina íchano ma+j+ana mareñede 05 eicho chik+e okeina ite ka+ monifuena ite
Enochena ka+ jitaikano	01 Ka+ komen+ rakucha d+ga are ka+ at+che rafue uai jazik+ énoche eroikana 02 Ícha izoi monifuemo ma+j+na uai uruk+ ar+ komuichena 03 2016 kegano proceso de paz donano muca+ d+ga na+che uaina ite ik+rafue jofo janore jaide 04 PNN, resguardoit+no jazik+ ka+ enochena kanode
Ichuire it+no	01 Caguan moto izik+ jazik+ ebena t+ede 02 Rakucha d+bei en+e ch+na uai iñede ka+mo duide na+zo, raizei kaidañega 03 Rakucha d+ga ka+ jonega uai iñede jazik+mo 04 Jazik+mo ite kai +nocheno nia uñoñega 05 Mare íche uai jobiñen+a bizik+mo ite na+ra+ ab+do ik+rafuena ite

Konima fakadua

01 Bie jazik+ rafue uai marena ka+ jonech+no

02 780.000 hectareamo enoche ch+iche uai caguan era+ d+bene dazik+na naino ite na+ra+ d+ga

03 Rakucha ícha kom+n+ ché ícha+kom+n+ d+ga bie jazik+ enochena uai danomo jenóchena

04 Bizik+ ka+ enochena ukube ka+ jechócheno

05 Acuerdo de pazmo ka+ en+e ch+ichena gobiernomo mamenoga rafue

Fechas del trabajo: 6 al 24 de abril de 2018

Leyenda

⊙ Comunidades visitadas

● Sitios biológicos

☐ Propuesta área de
   conservación

Área protegida

Resguardo indígena

Ka+ uaido rafue faniñuafue

Jae ka+ usut+a+ makagobe a+o faibemanimona ato camani ar+ muido yak+zi Chiribiquete idumona Caguan era+ fuedo duid+zik+. Amazonia colombiana faibemani Caguan da+namanimo n+ ka+ noiyek+ comuya namani. Bie ka+ da+nazik+mo mena, namani da+na ka+ r+ina makara mani r+ama íoo iñede, iedo CHIRIBIQUETE mona –PAYA da+nanomo na+ iya izoi nana amenik+ riyen+k+ foraiya+ nia ite 90 km fuedo comuiya jazik+na it+no.

Caguan d+benemo 16 d+ga r+ama Uruk+ ra+nano ite faibemanimo 5 d+ga r+ama Uruk+ afe k+g+mo mena Murui muina Uruk+ ra+nano ite, bie ayozik+mo f+go na+ra+ iñede iad+ d+ga comuya jebuya ñuera uai ite.

R+ama Uruk+ d+venemona ñue in+a uaina duk+de rafue ando vie jogazik+ nue uiñua uaina da+i deide daje izoi afezik+ yaguedua uaina da+i duk+de.

Sitios visitados

Kana uaimo n+maira fid+no meiñuano

Caguan da+mani ab+ izik+
Guamo da+nazik+ jofok+
Peña roja da+nazik jofok+

Caquetá da+mani ab+ izik+
Orotuya da+nazik+ jofok+
Bajo agua negra da+nazik+ jofok+

Uruk+ uai da+d+no meiñoga na+ra+

Caguan datmani ab+ izik+ (Cartagena del chaira da+nano)
Monserrate da+nano
Santo domingo da+nano

Caquetá da+mani ab+ izik+ (solano da+nano)
Bajo agua negra Uruk+
La mana da+nano
Hitora Uruk+
Peregrino da+nano

Abril 20 mona 23 mo nagazie uieyecomo it+no solano da+nano isnuina ananakomo da+riyano, vizik+ comue ñue y+ina uaimo dane comek+ facano ar+ comue comuiya rafue jonega.

Afe mey 24 de abrilmo nane r+ama iya+com+n+ d+ga ka+ comek+ ifue jonega. Daje monado naga n+mairan+ 150 d+ga makmo ka+ nag+mo eroigano ua rafuena it+no. Afemona florenciamo daje n+mairan+ 25,26 monamo ga+rid+mak ka+ri ñuefuena

	fuenid+due jak+duafue it+no eroyano ñue ar+ ka+ rafue ñue biyano joniano jta+ma fakadoga.
Viniri naga rama it+no kana da+na rafua	Joyan+k+ ayue, faca+e buinai Uruk+, fede Uruk+, amenaik+, viniri ar+ comuiyano, Iyad+no.
Na+ra+ viekoco k+okaide	Uruk+mo ñue fuena it+no, culturles ca+ rafuena ít+no na+ra+ y+ina uai n+etede ka+ na+ra+, monifue uaina iyano Dan+ ka+ nag+ma iya izoi ñue y+inano uai.
Cana n+maira uaino nai rafuena it+no	Iñed+o vaita ka+ joniono ka+ jazik+ naga rafakaduano kamani aaba Caguan da+naye ab+ ít+k+, kamani Caguan da+naye ab+ ít+k+ nagaro fakaduano joniano , iñed+o vaita ka+ joniano, amazonia colombiana da+nano. Amazonia da+nazik+ +ere áyue en+e va+t+ka+ f+go inoñedo iad+ jazik+mo cana uai iya j+a+ buinai Uruk+ ñue cana uai iedoñue ite meita, PNN chiribiquetemo, paya da+nanomo ñue cana gobena namerede. Ca+ iyano fakadua rafuemo, amenaik+mo **790 d+gano vait+ka+ ikuru, joyan+k+mo 706 g+ga vait+ka+**. *Amena+ 2.000 d+ga iteno janaide joyan+k+ 1.125 ka+ iyano.*

Amenaik+	*790*
Chomun+a+	*139*
Ar+ buinai Uruk+	*55*
Ab+ zonod+no	*42*
Fede Uruk+	*408*
Ñoid+no, faku+de ayue.	

Vin+emo cana uaimo n+maira fid+mo	Jazik+mo +n+kobako jaid+no jazik+ eroid+a+mo en+e, ja+noi d+ga. D+ga en+e iyano k+o d+mak+ due ji+re ja+noi, due ji+re en+e uiyano, dan+ ia+ imak+ ra+ edo eroiyena. Kamani ab+, Caguan ab+ jazik+mo, fa+g+anomo da aamani d+ga beiga jaia+d+nomo, zurui, k+nere, jirueb+. Kued+no: koniy+, eyik+no, nogora, ñ+bia+. Ja+aid+ en+e, coniy+e, riziyena f+go nede marede, rozirede, j+a+reoide, jizirede, uzerede ñuera en+ena it+no caifone dumo iye ab+ nad+mo d+ga nk+e jokoko meita, jaia en+ena erode afe anamo d+ga zuruiya+ veiite. Bieie en+e +ere ja+kodaite; bieie en+emo ñue iy+no ta+j+y+no iñede iere aredu eyik+no ja+kodaite riyena nueñede daje izoi iy+no iñede afen+e ñue iyena, y+ina uai iñede.

Vin+emo cana uaimo n+maira fid+mo (continuación)	Jae ka+ ta+j+na izoi d+ga amenaik+ j+fanodo +d+ka+ n+eda+i afeno meiduamo komek+ fakado komue ta+j+no fue joneit+ka+, jae va+na ka+ monifue uaino iite. Vizik+do tok+tuia+ nana ñuera ñuerede ja+noi, tonede uaigobe k+pide iad+ ñuera jiroyena joyan+k+ jiroyena f+enide, iedo zurui ja+noi jiro d+a+, jorod+mak+.
Ivate amen+a+	bie jazik+mo ja+j+na d+no vait+k+a+ aidu kamairena tik+ furiñena da+nano makurie, bie amena+ zafireie en+ed+no judumani zafire izoi otoi. Ananedu imani joraiya+ iyet+a+ k+ra+a+, nabezik+mo neere, gur+re yar+no k+nere, kor+re, Puerto sábalos los monos, ab+ izik+ izoi otoi, j+a+ purumo loretomo daje iza otoi k+nere ja+noi jaka fuiñede. PNN payamona, Chiribiquete k+ga+ jazik+ na+ nia uiñua uaido y+iga, naga +n+korako iyanomo ame det+a+ fekayena k+ona d+ga mogobai gokore. Guamo da+nanomo iya izoi otoi ite jega+ri j+ko onodobei jem+a+ makurino k+ona.
Amena+	Afe rafuemo 790 d+gana kuega ta+j+emo, 724 d+ga f+noriyeno, 1000 mona d+ga amena jano ot+mak+ iad+ kudumani amena+d+, 10 d+ga amena kuet+a+ uñoyena daje f+go iñede ieda ra+t+ k+g aba+ en+e emodo zokade tokade+e+ ie bait+mak+ f+nodoyena menanu Colombia iena maneyena, da amena caqueta iena. Jae fakadaga k+t+mak+ ia iad+ jazik+ amena+ f+go onoñega, ie kamani kaifofeye, fuir+feye amena+ ie namek+ kuet+mak+, meiza Uitoto da+naye jazik+ amena onoñega daje izoi itoi, peneya iedo j+a+fo afe jazi.
Chamun+a+	25 iyano d+ga chamun+a+ ot+mak+, idu k+ga+ iyezue iyekuera, ana idu joraiya+. Nana k+oide ja+noi uzerede, uzerena k+ode, nate jazik+ eroiga fakadumo ja+noi jizirede iñade. Naga chamun+a+ ite, 139 d+ga ja+kuena, 250 n+a ite jano+de iziode, 35% ja kuega. Amazonia colombiana da+nanomo 49%, kamani fue 8 d+ga kuega f+nodoñena, 60% peru, putumayo, guaviaremo kuega noiek+oide. J+a+e chamu r+yena ñuera nuik+ yoba +m+go , juzi, terobeño, iama, kuiribu rozia ik+ Caguan era+mo, chamuru ebierede janorede bait+mak+, peregrinomo ayo ebirede kariba roziak+ ot+mak+ fekayena, kairibu roziak+ iya izoi itoi afe to+yena rafue joneye fuinoyena, joreiya+ uiñoyena konimo yot+ka+, d+ga chamuiya na+ra+ r+yena d+ga joyan+k+ buina+ dájena imak+ kayena, mayo y juniomo chamun+a+ j+b+d+a+.
Jabod+ buinai ab+zonod+no	97 D+ga buina+ ab+ zonod+no, 55 d+ga ar+ jab+do buinaiza+ uruk+, 42 ab+ zonod+no, 19 d+ga joiza+ jeyon+a+, 15 d+ga zomen+a+, 6 d+ga menoza+, 2 d+ga zema.

Jobod+ buinza+, ab+ zonod+no donomo ananedu joraiya+ fuemo boiga, ar+ned+ f+go iñede, 105–145 ab+ zonod+no ite izoide, 85–115 ad+ zonod+no ite izoide. D+ga jabod+ buinaiza+ komo j+nadie bait+mak+, Colombia iena d+ga komue ab+ zonoid+ bait+mak+, caqueta iena mena bait+mak+, da abuna jarirede meniño nia kueñega bie jazik+mo baiga nok+ baiona f+go kueñega, kuegama k+mona mena izeiad+ jaka bu manega, 7 d+ga jobod+ buinazo+ ab+ zonod+no r+yena ñuera, j+ano manuena ñuera.

Fede uruk+

Jitoma ar+ biyano d+benemo d+ga aiyo ite fed+no bie t+mak+, dueredezik+, ka+ jazik+ +ere a+kazik+. Caguan era+ caqueta era+ d+benemo 525 d+ga kuegamona, 4 d+ga +n+korako ka+ eroizayomo, 388 d+ga kuega jaiya d+nori, 12 d+ga bait+ka+ +n+korako, 8 d+ga f+nod+makimo,

8 d+ga bait+ka+ nate baigano, 408 d+ga ite. Bie jazik+mo ayo fed+no ite, bie jazik+ f+go ñuera imak+ iyana ar+nedu eroiñed+ ka+ meido+, k+ga+do are makad+ka+ daje iyekuera, iyezue abado mak+d+ka+, ayo fed+no bait+ka+.

20 d+ga j+a+e ie da rak+a+ r+te b+t+y+ko, ananedumo ite jorai fuemoite, ecuadormo ite, putumayomo ite, leguizamona bite rak+a+ r+t+y+ko.

Ayo ocaina fakaikaina mono+ ñoid+no

Mena kaino daamani d+ga kaino iodo jai d+k+a+ monari na+ona, 4 +n+korakomo nagarui ka+ jaia d+no eroido kuega, apenamak+ uai afemak+ un+rano, naga +n+rako en+edo makád+no, ñoid+no ka+ kuiaruido 2 y 25 jifia+ joreno jonet+mak+, na+ona mena joiji net+ka+ y+nin+a+ oyena,

62 d+aga kuet+ka+, 41 d+ga ayokaina faika+de ño+d+no, 21 d+ga ji+rede ñoid+no, 110 d+ga nanaite izoide, 44 ayue fakaide, 66 ji+rede, 13 d+ga y+k+a+ r+t+no, 26 y+ni+a+ y+niza+, 4 d+ga caqueta iena kuega, juku fuiak+ nonokueño eneño. Ñoid+no ayo jazik+ t+ano jak+dua uaina ite, jazik+ bote, r+yen+a+ fekano iadu ayo reye ite amazonia izoi

D+ga joya bait+ka+, jem+n+a+, jomun+a+, eiza+, edo+k+a+, jotobok+no, zuruma, jukukuri, jazik+ j+ko, bie jazik+ ayo okoye guiye ite, danomo y+od+no it+mak+.

Colombiamo 20 d+ga kuegano jak+do ano ite, 12 d+ga j+aziemo, jak+duamok+ jotobok+, bainaga, joya, doboy+ j+a+ziemo caguan era+ d+bene caqueta d+bene jazik+mo baigano noid+no ñue it+mak+ ayomak+ enoyena.

Naga na+ra+ iyano

Cana uai iya iad+ ie ba+mo uruk+ nabede uaina 5 it+no, ja+a+ n+nomo bie jazik+ carijona, coreguaje iyazik+ meino, Colombia j+anemona bit+no iemok+no it+no ira+nomo, 20 f+mona, Colombia, peru d+ga danomo ga+nonomo kajuemo ta+ j+nomo, damo k+rie d+o iyanomo biyano bie kamani ab+mo ra+no d+mak+.

1933 d+ga Colombia fa+rikon+ daje izoi kajuemo ta+g+dono, Colombia-peru fuibiya yezika, 40 mona Colombia ik+rafue +ko+nia d+ga rakuya d+no kamani ab+no duk+d+a+ ñue iyena

Naga na+ra+ iyano
(continuación)

60-70 mona Colombia rakuya izie anadonomo ba+z+ duya rafue, caquetamo mamenote, caguanmo fa+r+kon+ iya uai afemona rakuya izie komuide, 80 mo jibiemo ta+j+na yezika ayo rakuya duk+na ojomona fa+bikon+ FARC d+ga ik+rafue yot+mak+, proceso de paz da+na aui birui ñue ka+ iyena

Bie jazik+ 4 d+ga voga,resguardo ka+ iya en+e, área sustraidamo kom+n+ iyena. Rakuya iyano daamo boyod+ga, zona sustraídamo 16 vereda iya, 1492 d+ga mak+d+a+ junta acción comunalmo daje ñue it+mak+, 2017mo ACAICONUCACHA Ñuena rafue jonet+mak+ rakuya d+ga uriyena bajo caguan era+ rakuya no+ra+.

Benomo ite cm+n+ ta+j+ d+mak+ monifue iena ayo jurubia+na to+d+mak+ ñu eta+j+na uaino ite jibie f+go biñed+mak+, imak+ iyano in+e rabed+ nia kuenega.

Kamani ab+mo ite Murui muina na+ra+ 1981 mo huitira iyena en+e rabe kuega afe en+e 67.320 h, 170 d+ga itemak+, 1995mo baja agua negra iyano en+e rabe cuega afe en+e 17.645 h, 85 d+ga it+mak+.

Bie en+e ka+ komuiya uaido y+iga jazik+ monifue iya izoi ka+ y+iga, camani ab+no ite rakuya

100 d+ga zura racuya ite, 4 d+ga t+ezie ñue it+mak+ nono bit+no ta+j+d+mak+ riye chamu, amena d+ga fecade birui monifue oroikono ta+j+d+a i+a iya en+e raye kuyena komek+ fakad+a+, kuega rafuemo na+ra+ ka+mare iyano k+od+mak+ ab+ imak+ d+ga, j+kait+no d+ga úriñed+ka+, ka+ komek+mo rakuyamo ñue iñed+no enerie jo+d+no k+oide ñue iñed+no. Iad+ ismuina ananekomo ka+ garoyanomo erod+kamo daje iñena iya uai iode bie jazik+ caguan camani d+ga.

Birui ka+ iyanp

2016mo corpoamazonia afe jazik+ uiñuaimo komek+ fakade, caguan ab+ imak+ ñue d+bezik+ enoyeno uai jonek+mak+ nia rakuya uai kanuano nia iñede, 90% d+ga nia ite nazik+, 2 paya PNN chiribiquetemo amena ite reyen+a+, iyekuera iyefue cana uai ite, 3 rakuya ka+ kom+n+ d+ga ka+ komuiya uai rakuya d+na, 4 ja+koda ite zafire, ayo reyen+a ta+jeyeno f+go ñede, 5 ayo chanu reye ite ca+ monifue ite.

Enuai enoyena ka+ jitikonp

01 Ka+ kom+n+ rakuya d+ga ar+ ka+ at+ye rafue uai jazik+ enoye eroikana.

02 Iya izoi monifue ta+j+na uai uruk+ ar+ komuyeno.

03 2016mo kuegano proceso de paz danomo

04 PNN, resguados it+no jazik+ enoyena kanode.

Jak+re it+no

01 Caguan dafezik+ erea+zik+ jazik+ ebeno t+ed+mak+

02 Rakuya debene nia j+iyana uai iñede ka+mo duid+no en+eio ka+ danego.

03 Rakuya d+ga ka+ jonega uai iñede jazik+mo .

| | 04 | Jazik+mo ite ra ka+ onoñeno taj+yeno. |
| | 05 | Ñue iyena uai jobinia bit+k+mo ite na+ra+ ab+do ik+rafueno ite. |

Konima faduana	01	Bie jazik+ uai ñue ka+ joneye.
	02	780.000 h enoye y+iye uai caguan era+ d+bene dazik+ afeno ite na+ra+ ite d+ga.
	03	Rakuya iya+ com+n+ kai iya+ kom+nani d+ga bie jazik+ enoyena uai danomo joneyena.
	04	Bizik+ enoyena ukube ka+ jenoyena
	05	Acuerdo de pazmo ka+ en+e gobierno mamenoga rafue ar+ ka+mo da monaitaye.

ENGLISH CONTENTS

[*Color Plates pages 37–60*]

196   Participants

201   Institutional Profiles

206   Acknowledgments

211   Mission and Approach

212   Report at a Glance

223   Why Bajo Caguán-Caquetá?

224   Conservation Targets

227   Assets and Opportunities

229   Threats

233   Recommendations

237   Technical Report

237   Regional Panorama and Description of Sites Visited

Biological Inventory

245   Geology, Soils, and Water

260   Flora and Vegetation

266   Fishes

272   Amphibians and Reptiles

281   Birds

289   Mammals

Social Inventory

300   A History of Human Settlement and Occupation in the Bajo Caguán-Caquetá Region

305   Environmental and Territorial Governance in the Bajo Caguán-Caquetá Region

322   The State of Public Services and Infrastructure in the Bajo Caguán-Caquetá Region

327   A Summit of *Campesino* and Indigenous Peoples to Build a Shared Vision for the Bajo Caguán-Caquetá Region

335   Appendices

336   (1)   Pre-inventory overflight

343   (2)   Topography and geology, El Guamo campsite

344   (3)   Topography and geology, Peñas Rojas campsite

345   (4)   Topography and geology, Orotuya campsite

346   (5)   Topography and geology, Bajo Aguas Negras campsite

348   (6)   Soils and sediments, lab results

354   (7)   Water samples

360   (8)   Vascular plants

384   (9)   Fish sampling stations

388   (10) Fishes

400   (11) Amphibians and reptiles

408   (12) Birds

436   (13) Mammals

443   Literature Cited

455   Published Reports

Diomedes Acosta
social inventory
Vereda La Pizarra
Caquetá, Colombia

Yudy Andrea Álvarez Sierra
social inventory
Corpoamazonia
Mocoa, Colombia
ingforestyudy@hotmail.com

Diana (Tita) Alvira Reyes
coordination, social inventory
Science and Education
The Field Museum
Chicago, IL, USA
dalvira@fieldmuseum.org

Jennifer Ángel Amaya
geology, soils, and water
Corporación Geopatrimonio
Bogotá, Colombia
jangel@geopatrimonio.org

Wilmar Bahamón Díaz
technical advisor
Amazon Conservation Team-Colombia
Florencia, Colombia
wybahamon@actcolombia.org

William Bonell Rojas
camera traps
Wildlife Conservation Society
Bogotá, Colombia
wbonell@wcs.org

Pedro Botero
geology, soils, and water
Fundación para la Conservación y
    el Desarrollo Sostenible
Bogotá, Colombia
guiaspedro@gmail.com

Rodrigo Botero García
technical advisor
Fundación para la Conservación y
    el Desarrollo Sostenible
Bogotá, Colombia
rbotero@ fcds.org.co

Wilfredo Cabrera Chany
local scientist
Resguardo Indígena Bajo Aguas Negras
Caquetá, Colombia

Juan Carlos Cano Guaca
local scientist
Vereda Peñas Rojas
Caquetá, Colombia

Moisés Castro
spiritual guidance
Resguardo Indígena Bajo Aguas Negras
Caquetá, Colombia

Adilson Castro López
local scientist
Resguardo Indígena Bajo Aguas Negras
Caquetá, Colombia

Diego Castro Trujillo
local scientist
Resguardo Indígena Huitorá
Caquetá, Colombia

Jorge Luis Contreras-Herrera
plants
Universidad Nacional de Colombia
Bogotá, Colombia
jlcontrerash@unal.edu.co

Brayan Coral Jaramillo
birds
Fundación Kindicocha
Sibundoy, Putumayo, Colombia
coraljaramillo25@gmail.com

Marco Aurelio Correa Munera
plants
Jardín Botánico Uniamazonia y
    Herbario HUAZ
Universidad de la Amazonia
Sistema Departamental de Áreas
    Protegidas del Caquetá
Florencia, Colombia
marcorreamunera@gmail.com

Lesley S. de Souza
fishes
Science and Education
The Field Museum
Chicago, IL, USA
ldesouza@fieldmuseum.org

Álvaro del Campo
coordination, field logistics, photography
Science and Education
The Field Museum
Lima, Peru
adelcampo@fieldmuseum.org

Wilmer Fajardo Muñoz
local scientist
Resguardo Indígena Bajo Aguas Negras
Caquetá, Colombia

Jorge Furagaro
field logistics
ASCAINCA
Solano, Colombia
jfuragaro@gmail.com

Carlos Garay Martínez
local scientist
Resguardo Indígena Huitorá
Caquetá, Colombia
carlosgaray1712@gmail.com

Luis Antonio Garay Martínez
local scientist
Resguardo Indígena Huitorá
Caquetá, Colombia

Sandro Justo "Miguel" Garay Martínez
local scientist
Resguardo Indígena Huitorá
Caquetá, Colombia
sandrojusto22@gmail.com

Julio Garay Ortiz
local scientist
Resguardo Indígena Huitorá
Caquetá, Colombia

Luis Antonio Garay Ortiz
spiritual guidance
Resguardo Indígena Bajo Aguas Negras
Caquetá, Colombia

Jorge Enrique García Melo
fishes
Universidad del Tolima
Universidad de Ibagué
Ibagué, Colombia
biophotonature@gmail.com

Elías García Ruiz
local scientist
Resguardo Indígena Huitorá
Caquetá, Colombia

Delio Gaviria Muñoz
local scientist
Resguardo Indígena Huitorá
Caquetá, Colombia

Karen Indira Gutiérrez Garay
social inventory
Resguardo Indígena Huitorá
Caquetá, Colombia
karengar1107@hotmail.com

Nicholas Kotlinski
cartography, data management,
   social inventory
Science and Education
The Field Museum
Chicago, IL, USA
nkotlinski@fieldmuseum.org

Verónica Leontes
coordination, general logistics
Fundación para la Conservación y
   el Desarrollo Sostenible
Bogotá, Colombia
vleontes@ fcds.org.co

Ana Alicia Lemos
social inventory
Science and Education
The Field Museum
Chicago, IL, USA
alemos@fieldmuseum.org

Diego J. Lizcano
mammals
The Nature Conservancy-Colombia
Bogotá, Colombia
dj.lizcano@gmail.com
diego.lizcano@tnc.org

Josuel "Joselo" Lombana Lugo
local scientist
Vereda El Guamo
Caquetá, Colombia

Carlos Londoño
field logistics
Centro de Investigación de la
   Biodiversidad Andino-Amazónica
Universidad de la Amazonia
Florencia, Colombia
hominivorax410@gmail.com

Carolina López
social inventory
WWF-Corpoamazonia
Mocoa, Colombia
apregpiedemonte2@wwf.org.co

Ferney Lozada Imbachi
local scientist
Resguardo Indígena Huitorá
Caquetá, Colombia

Javier A. Maldonado-Ocampo
fishes
Departamento de Biología,
   Facultad de Ciencias
Pontificia Universidad Javeriana
Bogotá, Colombia
maldonadoj@javeriana.edu.co

Elio Antonio "Wayu" Matapi Yucuna
coordination, social inventory
Fundación para la Conservación y
   el Desarrollo Sostenible
Bogotá, Colombia
ematapi@fcds.org.co
upichia@hotmail.com

Elvis Matapí Rodríguez
field assistant, geology
Bogotá, Colombia
elvismatapi20@gmail.com

Guido F. Medina-Rangel
amphibians and reptiles
Universidad Nacional de Colombia
Bogotá, Colombia
gfmedinar@unal.edu.co

Tatiana Menjura
communications
Fundación para la Conservación y
   el Desarrollo Sostenible
Bogotá, Colombia
tmenjura@fcds.org.co

William Mellizo
general logistics, technical advisor
Vereda El Convenio
Asociación de Comunidades Campesinas
   Núcleo 1
Caquetá, Colombia
asociacioncampesinabajocaguan@
   gmail.com

Italo Mesones Acuy
field logistics
Facultad de Ciencias Forestales
Universidad Nacional de la
   Amazonia Peruana
Iquitos, Peru
italomesonesacuy@yahoo.com.pe

Theresa L. Miller
editing
Science and Education
The Field Museum
Chicago, IL, USA
tmiller@fieldmuseum.org

Carmenza Moquena Carbajal
local scientist
Vereda Peñas Rojas
Caquetá, Colombia

Akilino "Kiri" Muñoz Hernández
local scientist, camera traps
Resguardo Indígena Bajo Aguas Negras
Caquetá, Colombia

Alejandra Niño Reyes
mammals, camera traps
Museo de Historia Natural UAAP
Centro de Investigación de la
    Biodiversidad Andino-Amazónica
Universidad de la Amazonia
Florencia, Colombia
alejandra.vtab@gmail.com

María Olga Olmos Rojas
logistics
Fundación para la Conservación y
    el Desarrollo Sostenible
Bogotá, Colombia
olga.olmos@fcds.org.co

Roberto Ordóñez
technical and spiritual advisor
ASCAINCA
Solano, Colombia
robertya25@yahoo.es

Robinson Páez Díaz
local scientist
Vereda El Guamo
Caquetá, Colombia

Edwin Paky Barbosa
field logistics
Universidad de la Amazonia
Florencia, Colombia
pakybarbosa@gmail.com

Juan Pablo Parra Herrera
mammals
Amazon Conservation Team-Colombia
Facultad de Ciencias Agropecuarias
Universidad de la Amazonia
Florencia, Colombia
juanfauna@gmail.com

Humberto Penagos Torres
social inventory
Vereda Peregrino
Caquetá, Colombia

Flor Ángela Peña Alzate
birds
Parque Nacional Natural La Paya
Puerto Leguízamo, Colombia
flordjf@gmail.com

Régulo Peña Perez
local scientist
Resguardo Indígena Bajo Aguas Negras
Caquetá, Colombia

Nigel Pitman
editing
Science and Education
The Field Museum
Chicago, IL, USA
npitman@fieldmuseum.org

Marcela Ramírez Muñoz
social inventory
Vereda Caño Negro
Asociación de Comunidades Campesinas
    Núcleo 1
Caquetá, Colombia
asociacioncampesinabajocaguan@
    gmail.com

Marcos Ríos Paredes
plants
Herbario Amazonense AMAZ
Universidad Nacional de la
    Amazonia Peruana
Iquitos, Peru
marcosriosp@gmail.com

Hernán Darío Ríos Rosero
local scientist
Resguardo Indígena Huitorá
Caquetá, Colombia

Heider Rodríguez
local scientist
Resguardo Indígena Bajo Aguas Negras
Caquetá, Colombia

Norberto Rodríguez Álvarez
local scientist, camera traps
Resguardo Indígena Bajo Aguas Negras
Caquetá, Colombia

Héctor Reynaldo Rodríguez Triana
local scientist
Vereda Peñas Rojas
Caquetá, Colombia

Adriana Rojas Suárez
cartography
Fundación para la Conservación y
    el Desarrollo Sostenible
Bogotá, Colombia
arojas@ fcds.org.co

José Ignacio "Pepe" Rojas Moscoso
field logistics
Pepe Rojas Birding LLC
Máncora, Peru
pepereds@gmail.com

Diana Ropaín Alvarado
general logistics
Fundación para la Conservación y
    el Desarrollo Sostenible
Bogotá, Colombia
dropain@ fcds.org.co

Alberto Ruiz Angulo
local scientist
Resguardo Indígena Bajo Aguas Negras
Caquetá, Colombia

Diego Huseth Ruiz Valderrama
amphibians and reptiles
Centro de Investigación de la
    Biodiversidad Andino-Amazónica
Universidad de la Amazonia
Florencia, Colombia
diegoye_19@hotmail.com

Alejandra Salazar Molano
coordination, social inventory
Fundación para la Conservación y
    el Desarrollo Sostenible
Bogotá, Colombia
asalazar@fcds.org.co

Erwin Alexis Saldarriaga Vargas
local scientist
Resguardo Indígena Huitorá
Caquetá, Colombia

Felipe Samper Samper
technical advisor, editing
Amazon Conservation Team-Colombia
Bogotá, Colombia
fsamper@actcolombia.org

Edgar Sánchez
local scientist
Vereda El Guamo
Caquetá, Colombia

Jairo Sánchez Ardila
local scientist
Vereda El Guamo
Caquetá, Colombia

Jesús Emilio "Jhon Jairo" Sánchez Pamo
local scientist
Vereda Peñas Rojas
Caquetá, Colombia

Silvio Ancisar "Juan" Sánchez Pamo
local scientist
Vereda Peñas Rojas
Caquetá, Colombia

Hernán Serrano
geology, soils, and water
Fundación para la Conservación y
  el Desarrollo Sostenible
Bogotá, Colombia
haserrano@yahoo.com

Johan Sebastian Silva Parra
local scientist
Vereda El Guamo
Caquetá, Colombia

Héctor Fabio Silva Silva
field logistics
Amazon Conservation Team-Colombia
Solano, Colombia
hsilva@actcolombia.org

Douglas F. Stotz
birds
Science and Education
The Field Museum
Chicago, IL, USA
dstotz@fieldmuseum.org

Luisa Téllez
comunications
Fundación para la Conservación y
  el Desarrollo Sostenible
Bogotá, Colombia
ltellez@fcds.org.co

Silverio Tera-Akami
field assistant
Puerto Santander
Caquetá, Colombia

Michelle E. Thompson
amphibians and reptiles
Science and Education
The Field Museum
Chicago, IL, USA
mthompson@fieldmuseum.org

Darío Valderrama
social inventory
Gobernador
Resguardo Indígena Bajo Aguas Negras
Caquetá, Colombia

Lorenzo Andrés Vargas Gutiérrez
technical advisor
Plan de Desarrollo con Enfoque
  Territorial (PDET)
Florencia, Colombia
lorenzoandresvg@gmail.com

Arturo Vargas Pérez
social inventory
Parque Nacional Natural Serranía de
  Chiribiquete
Florencia, Colombia
dujin_vargas@yahoo.com

Richard Villarruel Cano
local scientist
Vereda El Guamo
Caquetá, Colombia

Carlos Andrés Vinasco Sandoval
social inventory
Amazon Conservation Team-Colombia
Florencia, Colombia
cvinasco@actcolombia.org

Corine F. Vriesendorp
coordination, plants
Science and Education
The Field Museum
Chicago, IL, USA
cvriesendorp@fieldmuseum.org

Tatzyana Wachter
general logistics
Science and Education
The Field Museum
Chicago, IL, USA
twachter@fieldmuseum.org

COLLABORATORS

Indigenous reserves

Huitorá, Municipality of Solano

Bajo Aguas Negras, Municipality of
  Solano

Veredas (Campesino communities)

Naranjales, Municipality of Cartagena
  del Chairá

Cuba, Municipality of Cartagena
  del Chairá

Las Quillas, Municipality of Cartagena
  del Chairá

Caño Negro, Municipality of Cartagena
  del Chairá

Monserrate, Municipality of Cartagena
  del Chairá

Buena Vista, Municipality of Cartagena
  del Chairá

El Convenio, Municipality of Cartagena
  del Chairá

Santa Elena, Municipality of Cartagena
  del Chairá

Puerto Nápoles, Municipality of
  Cartagena del Chairá

Zabaleta, Municipality of Cartagena
  del Chairá

Caño Santo Domingo, Municipality of
  Cartagena del Chairá

Brasilia, Municipality of Cartagena
  del Chairá

Santo Domingo, Municipality of
  Cartagena del Chairá

El Guamo, Municipality of Cartagena
  del Chairá

Las Palmas, Municipality of Solano

Peñas Rojas, Municipality of Solano

La Maná, Municipality of Solano

Tres Troncos, Municipality of Solano

Peregrino, Municipality of Solano

La Pizarra, Municipality of Solano

Isla Grande, Municipality of Solano

Local governments

Municipality of Cartagena del Chairá

Municipality of Solano

Caquetá government

Secretary of Land Use and Planning
  (Secretaría de Planeación y
  Ordenamiento Territorial)

Armed forces of Colombia

Twelfth Brigade, National Army

Civil society organizations

Corporación Geopatrimonio

Academic institutions

University of Tolima

University of Ibagué

International cooperation

German Corporation for International
  Cooperation GmbH

United Nations High Commissioner for
  Refugees (UNHCR)

The Field Museum

The Field Museum is a research and
educational institution with exhibits open
to the public and collections that reflect the
natural and cultural diversity of the world.
Its work in science and education—exploring the past and present to shape a future
rich with biological and cultural diversity—is organized in four centers that
complement each other. The Keller Science
Action Center puts its science and
collections to work for conservation and
cultural understanding. This center focuses
on results on the ground, from the
conservation of tropical forest expanses
and restoration of nature in urban centers,
to connections of people with their cultural
heritage. Education is a central strategy of
all four centers: they collaborate closely to
bring museum science, collections, and
action to its public.

The Field Museum
1400 S. Lake Shore Drive
Chicago, IL 60605–2496 USA
1.312.922.9410 tel
www.fieldmuseum.org

**Foundation for Conservation and
Sustainable Development (FCDS)**

FCDS is a non-governmental organization
dedicated to promoting integrated land use
that achieves both environmental
protection and sustainable development as
peace is restored in Colombia.

FCDS brings together geographic, legal,
social, and environmental information to
promote closer coordination in institutional decision-making between different
levels of government and to encourage the
participation of social stakeholders.
Among the primary topics that FCDS
focuses on are land use, sustainable
development in rural areas, the resolution
of socio-environmental conflicts, and
environmental protection.

The foundation is staffed with experts in a
variety of fields who have many years of
experience and a deep knowledge of the
various regions of Colombia.

FCDS
Carrera 70C, No. 50–47
Barrio Normandía
Bogotá, D.C., Colombia
57.1.263.5890 tel
fcds.org.co
contacto@fcds-doi.org

Government of the Department of Caquetá

Caquetá's departmental government
applies and enforces the state constitution,
laws, decrees, and ordinances, and directs
and coordinates the administration of the
department. It oversees and promotes
integrated development in the department,
and coordinates national services in its role
as a delegate of the President of Colombia.
The departmental government's mission is
to improve the quality of life of Caquetá
residents by promoting social and
economic development at the municipal
level via plans, policies, programs, and
projects designed with the criteria of
equity, solidarity, and environmental
sustainability; with the active participation
of the regional, national, and international
communities; and in sync with the needs of
our department. Our vision is of large-
scale advances in regional integration and
socioeconomic development based on a
green economy that preserves the
department's biodiversity, ecosystem
services, and lakes and rivers, in a culture
of inclusivity, participation, and peace that
guarantees the rights of each and every
Caqueteño and Caqueteña.

Gobernación del Caquetá
Calle 15, Carrera 13, Esquina
Barrio El Centro
Florencia, Colombia
57.8.435.3220 / 57.8.435.1488 tel
www.caqueta.gov.co

Corporation for the Sustainable Development of Southern Amazonia

CORPOAMAZONIA's mission is "To conserve and manage the environment and its renewable natural resources, promoting an understanding of the natural potential contained in biological, physical, cultural, and landscape diversity, and guiding the sustainable harvest of resources by facilitating community participation in environmental decision-making."

The corporation's vision for the southern portion of the Colombian Amazon is of "A socially, culturally, economically, and politically cohesive region with a value system that respects equity, harmony, respect, tolerance, coexistence, survival, responsibility, and a sense of place; conscious and proud of the value of its ethnic, biological, cultural, and landscape diversity, and with the knowledge, capacity, and autonomy to make responsible decisions about resource use and to guide investments that lead to an integrated development which satisfies needs and meets aspirations for a higher quality of life."

CORPOAMAZONIA
Carrera 17, No. 14–85
Mocoa, Putumayo, Colombia
57.8.429.5267 tel
www.corpoamazonia.gov.co

Amazon Conservation Team-Colombia

Amazon Conservation Team is a non-profit organization that has worked for two decades to conserve tropical forests and strengthen the local communities who live in them, based on an understanding that forest health and community well-being go hand in hand. To achieve this mission, ACT applies three strategic tactics in its work in Colombia, Surinam, and Brazil: ensuring the protection of territory, strengthening local community governance, and developing alternatives for sustainable management.

In Colombia, ACT uses a number of contextual strategies to protect biodiversity and strengthen indigenous culture in cooperation with traditional communities. To protect ecosystems, ACT has focused on encouraging regional conservation corridors and sustainable resource use.

ACT-Colombia
Calle 29, No. 6–58, Of. 601, Ed. El Museo
Bogotá, D.C., Colombia
57.1.285.6950 tel
www.amazonteam.org/programs/colombia

Colombian Park Service

Parques Nacionales Naturales de Colombia is a Special Administrative Unit of the Colombian government with administrative and financial autonomy and a jurisdiction throughout Colombia, as established by Article 67 of Law 489, passed in 1998. The park service was created during the process of national restructuring formalized on 27 September 2011 by Decree No. 3572, and is charged with administering and managing the country's National Park System as well as overseeing the National Protected Areas System. The Colombian park service is a central-level body within the country's Ministry of the Environment and Sustainable Development.

Parques Nacionales Naturales de Colombia
Calle 74, No. 11–81
Bogotá, D.C., Colombia
57.1.353.2400 tel
www.parquesnacionales.gov.co

ACAICONUCACHA

Asociación Campesina de Núcleo 1 de Bajo Caguán

The Bajo Caguán *Campesino* Association was established in 2016 to represent 16 *campesino* communities that are organized politically as Núcleo 1 on the lower Caguán River. ACAICONUCACHA aspires to be a leader that leverages local, national, and international cooperation to promote development and to implement programs, projects, and technical services that create economic alternatives and social well-being that help improve quality of life in Núcleo 1 and ensure the sustainable development of natural resources.

President: William Mellizo
Cartagena del Chairá and Solano
Caquetá, Colombia
*asociacioncampesinabajocaguan@
gmail.com*

ASCAINCA

Asociación de Cabildos Uitoto del Alto Río Caquetá

The Association of Uitoto Councils on the Upper Caquetá River is a Uitoto indigenous organization that represents four indigenous reserves—El Quince, Coropoya, Huitorá, and Bajo Aguas—and the Ismuina Council (Cabildo), all of which are located in Colombia's Caquetá department. Established in 1993 by Decree 1088, ASCAINCA advocates at local, municipal, departmental, national, and international levels for the protection, well-being, and advancement of these communities, and to promote the values and principles of Uitoto culture. ASCAINCA is affiliated at the regional level with the Organization of Indigenous Peoples of Amazonian Colombia (OPIAC) and at the international level with the Coordination of Indigenous Organizations in the Amazon Basin (COICA).

President: Roberto Ordoñez Benavidez
Solano
Caquetá, Colombia
robertya@yahoo.es

The Nature Conservancy

The Nature Conservancy is a global environmental organization that works to protect the lands and waters on which all life depends. Guided by science, we create innovative, practical solutions to address the our planet's biggest, most important challenges so that both nature and people can thrive together.

TNC has more than 400 offices worldwide and works in more than 72 countries, where we strengthen cooperation between local communities, governments, the private sector, and other partners.

The Nature Conservancy
Calle 67, No. 7–94, Piso 3
Bogotá, D.C., Colombia
57.1.606.5837 tel
*www.nature.org/en-us/about-us/
where-we-work/latin-america/colombia/*

Proyecto Corazón de la Amazonia (GEF)

'Forest conservation and sustainability in the Heart of the Amazon' is a Colombian government initiative promoting the environmental, cultural, and economic sustainability of the Colombian Amazon in partnership with social organizations, farmers, and indigenous authorities. As one of the first steps in the Amazonia Vision Program, its purpose is to improve governance and promote sustainable land use to reduce deforestation and conserve biodiversity in Colombia's Amazonian forests.

The project aims to prevent deforestation across an area of 9.1 million ha while ensuring the livelihoods of *campesino* and indigenous communities. The project is active in the departments of Caquetá, Guaviare, and southern Meta, where it complements activities of the REM Program and other sustainable development initiatives implemented in the Amazon by the government of Colombia.

Proyecto Corazón de la Amazonia is funded by the Global Environment Facility (GEF) and implemented by the World Bank. The executing partners are the Ministry of Environment and Sustainable Development (MADS), the Colombian parks service (PNN), the Institute of Hydrology, Meteorology, and Environmental Studies (IDEAM), the Amazon Scientific Research Institute (SINCHI), and Patrimonio Natural.

Corazón de la Amazonia
Avenida Calle 72, No. 12–65, Piso 6
Bogotá, D.C., Colombia
57.1.756.2602 tel
www.corazonamazonia.org

University of Amazonia

The Universidad de la Amazonia is a public university administered by the government of Colombia and established by Law 60 of 1982 to contribute to the development of the country's Amazonian region. The university is committed to building the human talent needed to address the challenges of the third millennium by providing a broad, high-quality, democratic education at the undergraduate, graduate, and continuing education levels that builds scientific foundations, develops research skills, encourages problem-solving that matters to the region and the country, and consolidates a value system of ethics, solidarity, coexistence, and social justice.

University of Amazonia
Faculty of Basic Sciences
Carrera 11, No. 5–69, Barrio Versalles
- Sede Centro
Florencia, Caquetá, Colombia
57.4340861 tel
fcienciasua@uniamazonia.edu.co

Pontificia Universidad Javeriana

Founded by the Society of Jesus in 1623, the Pontificia Universidad Javeriana is a Catholic university recognized by the Colombian state whose objective is to serve mankind, especially in Colombia, by seeking to build a more civilized, educated, and just society, inspired by the values of the gospel. The university provides an integral education of people, human values, and the development and spread of science and culture, and it actively contributes to the development, guidance, judgment, and constructive transformation of society.

The university excels at teaching, research, and service, as a university that is integrated into a country of many regions, with a global and interdisciplinary perspective. It proposes: the integrated education of people who stand out for their human, ethical, academic, professional qualities, and for their social responsibility; and the creation and development of knowledge and culture from a critical, innovative perspective to help build a society that is fair, sustainable, inclusive, democratic, neighborly, and respectful of human dignity. This text is from Agreement No. 576 of the University Executive Board, 26 April 2013.

Pontificia Universidad Javeriana
Carrera 7, No. 40–62
Bogotá, D.C., Colombia
57.1.320.8320 tel
www.javeriana.edu.co

National University of Colombia

As Colombia's leading national university, the Universidad Nacional de Colombia provides equitable access to the Colombian educational system, offers the country's largest portfolio of academic programs, and trains competent and socially responsible professionals. The university contributes to the construction and renovation of Colombia while researching and enriching the country's cultural, natural, and environmental heritage. As such, the university advises the nation regarding scientific, technological, cultural, and artistic matters via a fully autonomous program of academics and research.

According to the institutional mission defined by Extraordinary Decree 1210 of 1992, the National University of Colombia seeks to strengthen the national character by coordinating national and regional projects that advance the country's social, scientific, technological, artistic, and philosophical disciplines. As a public university, it provides each and every Colombian citizen admitted with an equitable undergraduate and graduate education of the highest quality that recognizes a diversity of academic and ideological interests and that is complemented by the university's strategy for well-being, which is a fundamental aspect of its teaching, research, and extension work.

Universidad Nacional de Colombia
Carrera 45, No. 26–85, Edificio Uriel Gutiérrez
Bogotá, D.C., Colombia
57.1.316.5000 tel
www.unal.edu.co

Wildlife Conservation Society

WCS protects wildlife and wild places around the world. We do it with science, global conservation programs, and education, and by managing the largest network of zoos on Earth, led by the emblematic Bronx Zoo in New York City. Together, these activities promote changes in people's attitudes towards nature and help us all imagine a harmonious coexistence with wildlife. WCS is committed to this mission because it is essential for the integrity of life on Earth.

Primary office in Colombia:
Avenida 5 Norte, No. 22N–11
Barrio Versalles
Cali, Valle del Cauca, Colombia
57.2.486.8638 tel

Bogotá office:
Carrera 11, No. 86–32, Oficina 201
Bogotá, D.C., Colombia
57.1.390.5515 tel
colombia@wcs.org

World Wildlife Fund-Colombia

WWF works for a living planet, with the mission of stopping the degradation of the planet's natural environment and building a future in which humans live in harmony with nature, by conserving the world's biological diversity, ensuring that the use of renewable resources is sustainable, and promoting the reduction of pollution and wasteful consumption.

WWF began conservation work in Colombia in 1964 and opened a Program Office there in 1993. WWF-Colombia's work integrates action at different scales, from the local to the international, in priority landscapes in the ecoregions of northern Amazonia, the Orinoco basin, the Andes, and the Pacific. WWF-Colombia envisions a country in which protecting representative ecosystems goes hand in hand with satisfying the needs and aspirations of local communities and of future generations.

Primary office in Colombia:
Carrera 35, No. 4A–25
Cali, Valle del Cauca, Colombia
57.2.558.2577 tel

Bogotá office:
Carrera 10 A, No. 69A–44
Bogotá, D.C., Colombia
57.1.249.7422 tel
www.wwf.org.co

ACKNOWLEDGMENTS

Acknowledgment: The action of expressing or displaying gratitude or appreciation for something. The dictionary definition of the word fails to express the immense gratitude we feel towards the large circle of friends and collaborators who helped make this inventory possible. Your months and months of hard work and your persistence through thick and thin made this dream a reality.

First and foremost we would like to thank the Foundation for Conservation and Sustainable Development (FCDS), our main partner in this inventory. FCDS's vision of a rapid inventory of the Bajo Caguán-Caquetá region to secure a conservation corridor between La Paya and Serranía de Chiribiquete national parks originated with FCDS executive director Rodrigo Botero and was brought to fruition by his extraordinary staff: Pedro Botero, Alberto Carreño, María Fernández, Alejandra Laina, Verónica Leontes, Elio Matapi 'Wayu', Olga Olmos, Harold Ospino, Carmen Pineda, Adriana Rojas, Diana Ropaín, Alejandra Salazar Molano, Rocío Saltarén, Hernán Serrano, Luisa Téllez, Adriana Vásquez, and Tatiana Menjura.

We want to shine a special light on the tireless work of Verónica Leontes, without whom we simply cannot imagine an inventory in Colombia. Even her nickname, "Super Vero," is insufficient to explain how she was able to magically produce an aircraft for our entire team in a matter of hours, while at the same time helping us organize all the logistics to establish a last-minute campsite, and without ever losing her friendly disposition and broad smile. Thank you!

Likewise, Diana Ropaín of FCDS put her excellent logistical skills to work so that everything went smoothly during our stay in the field. Thanks to her incredible attention to detail and organizational superpowers, our meeting in Solano and the post-inventory writing phase in Florencia were successes. We thank Diana with all our heart for her professionalism and patience with the whole team.

Amazon Conservation Team (ACT) also played a leading role in this inventory. The ACT-Colombia team helped us identify conservation targets and carry out planning meetings in April 2017 and January 2018, both of which went a long way towards making our dream of this inventory come true. We would like to thank ACT-Colombia director Carolina Gil Sánchez, Felipe Samper for all the terrific editing in Florencia during the writing phase, Wilmar Bahamón, coordinator of programs in the middle Caquetá River, Carlos Vinasco and Juan Pablo Parra for the deep knowledge and dedication they brought to the rapid inventory, and Hector Fabio Silva for logistical support.

We also thank William Mellizo, president of the Bajo Caguán Campesino Association (ACAICONUCACHA), for the extraordinary support he provided throughout the complicated inventory process. Likewise, we want to highlight the invaluable participation of Nelly Buitrago, Marcela Ramírez, and all the local scientists in the Bajo Caguán.

We benefited from the valuable participation of ASCAINCA, thanks both to its president Roberto Ordóñez and to the support of Jorge Gabriel Furagaro Kuetgaje, Sandro Justo Garay, Carlos Garay, Clemencia Fiagama, and cultural coordinator Carlos Armando Jipa Castro. In addition to their professionalism, our ASCAINCA partners made a strong personal commitment that helped us build an effective team.

Corpoamazonia was a key institution in planning and carrying out the inventory, through its general director Luis Alexander Mejía Bustos, Rosa Edilma Agreda Chicunque of the Subdirectorate for Planning and Environmental Regulations, Gustavo Torres, and Iván Melo. Since the participation of Jonh Jairo Mueses-Cisneros in inventories in the Peruvian Amazon with The Field Museum we have dreamed of the moment when we could partner with Corpoamazonia. His persistence made this dream a reality.

We thank the Caquetá departmental government, especially Governor Álvaro Pacheco Álvarez and Lorenzo Vargas, for the support they provided throughout the planning and execution of the inventory.

At the Colombian parks service we thank General Director Julia Miranda Londoño. We are indebted to Diana Castellanos, Madelaide Morales, Pablo Rodríguez, Carlos Páez, Ayda Cristina Garzón (Head of Chiribiquete National Park), Arturo Vargas, and Lorena Valencia (La Paya National Park) for logistic support in La Tagua, and to Doña Flor Peña.

Our sincere thanks also goes to Doris Ochoa, Luz Adriana Rodríguez, and Pablo Rodríguez of the Corazón de la Amazonia team for their unbending commitment to work in the Bajo Caguán-Caquetá region.

During the inventory we obtained electrifying wildlife photos thanks to the camera traps that were kindly loaned to us by the Wildlife Conservation Society-Colombia. We thank scientific director Germán Forero-Medina for allowing our use of the cameras and for permitting William Bonell to join the team.

We are indebted to the WWF-Colombia team, and especially to Ilvia Niño Gualdrón, for their invaluable support during the inventory. Likewise, we want to thank Karina Monroy of the German Corporation for International Cooperation, who always had key information to share during our various meetings in Florencia. We also thank the Corporación Geopatrimonio for strengthening the geology team, and José Ismael Peña Reyes, dean of the Engineering Faculty of the National University of Colombia.

As we were preparing for the inventory in 2017, it was extremely valuable to receive input from the United Nations High Commission for Refugees in Florencia, and especially the support and advice offered by Jovanny Salazar.

The University of Amazonia (Uniamazonia) was a very important partner in this rapid inventory. We are very grateful to Rector Gerardo Antonio Castrillón Artunduaga for supporting our formal institutional agreement, for encouraging the active participation of university scientists in this study, and for loaning us camera traps. We also thank Professor Alexander Velásquez for his support.

Once again we thank the Pontificia Universidad Javeriana for its participation in the inventory. We are especially indebted to Executive Director and Vice-Rector for Research Luis Miguel Renjifo.

Carlina Segua, general manager of Aeroser, provided crucial support for our work by handling the logistics for our overflight, and for orchestrating a DC-3 to transport the biological and social teams from Villavicencio and Florencia to Puerto Leguízamo on the Putumayo, our jumping-off point for the inventory. We also thank the crack pilot Eliodoro Álvarez, who once again gave us a birds-eye view of the vast study area in his Cessna 203 during the pre-inventory overflight.

Almost all of the travel we did during the inventory, both the biological and social teams, was by river. We thank Efren Bañol García, Henry Alberto Niño Vidal 'Comanche,' and Jorge Furagaro, who orchestrated the flotilla of boats that got us to our study sites along the Caguán, Caquetá, Orotuya, and Orteguaza without delay. We are also grateful to the boat drivers Edwar Benavides 'Cacique,' Breiner Candelo 'Niche,' William Castellanos, Luis Antonio Garay, Sandro Justo Garay 'Miguel,' Delio Gaviria, Wilson Cabrera 'Pereza,' Jimmy Rentería, Jhon Fresman Rico, and Erwin Alexis Saldarriaga for piloting us along these rivers with a perfect safety record.

Jhon Gilbert Chavarro Bahos 'Caquetá' deserves his own acknowledgments section. Caquetá worked with us from the earliest stages of the inventory planning, and made sure we always had some way to cover the 22-km road between Puerto Leguízamo and La Tagua. Caquetá was also a constant help with the daunting logistics of supplying our teams with food and gear. Likewise, we relied on Jhon Freddy Patiño Giraldo during our many visits to Florencia for ferrying us around the city and for storing our gear in his home, not to mention feeding us with cheese, snacks, and empanadas. We are so grateful that Freddy helped us find adequate care for a patient with a serious health crisis whom we brought to Florencia from Monserrate.

The many residents of local towns and communities who joined our teams in the field know so much about the forest—they are extraordinary local scientists. They constantly surprised us with the wilderness know-how that allowed them to build campsites from scratch, using a mix of materials from both the city and the forest, which is clearly a kind of natural hardware store for them. We were so lucky to work side by side with Carlos Aranzales, Andrés Camargo, Carlos Alberto Cabrera, Wilfredo Cabrera, Juan Carlos Cano, Adilson Castro, Diego Castro, Mildred Chany, Tanit Chany, Celmira Cruz, Wilmer Fajardo, Ángel Farirama, Carlos Garay, Luis Antonio Garay, Julio Garay, Elías García, Delio Gaviria, Diana Gaviria, Diego Gómez 'Perú,' Luis Holman, Lucila Jiménez, Edilson Ladino, Manuel Leiton, Josue Lombana 'Joselo,' Bersabel Londoño, Wilson López, Dago Lozada, Ferney Lozada, Cristobal Manjarrés, Cristian Merchan, Gerson Merchan, Miller Monjes, José Guillermo Monroy, Carmenza Moquena, Akilino Muñoz 'Kiri,' Cristian Muñoz, Leonel Murcia, Robinson Páez, Régulo Peña, Arnulo Perafan, José Elky Pulecio, Hernán Darío Ríos, Héctor Reynaldo Rodríguez, Heider Rodríguez, Norberto Rodríguez, Alba Lucía Ruiz, Alberto Ruiz, Carlos Enrique Sánchez, Edgar Sánchez, Jairo Sánchez, Jesús Emilio Sánchez, Yuli Sánchez, Sebastián Silva, María Isabel Soto, Arlinson Vargas, Luis Alejandro Vargas, Robinson Villa, Wilson Villa, and Richard Villarroel.

The leaders of the Murui Muina communities—Moisés Castro, cacique of Bajo Aguas Negras, and Luis Antonio Garay Ortiz, cacique of Huitorá—welcomed our team into their indigenous worldview and provided effective spiritual guidance with mambe in their malocas so that our field work would go off without a hitch.

There's a saying in Latin America: "full belly, happy heart." We were lucky to have a crack team of cooks during both the advance work and the inventory itself. Celmira Cruz and Yuli Sánchez of El Guamo; Alba Lucía Ruiz, María Isabel Soto, and Bersabel Londoño of Peñas Rojas; Diana Gaviria and Yeritza Farirama "Yeri" of Hiutorá; and Mildred Chany and Tania Chany of Bajo Aguas Negras kept our bellies full and our hearts content throughout the inventory with delicious and hearty meals prepared in rustic field kitchens.

The geology team thanks all of the other participants for turning the rapid inventory into one long and fascinating conversation full of questions and observations. We are grateful to the community of El Guamo, and especially to Doña Nelly and 'El Llanero' for making us welcome at the Finca Buenos Aires during our days on the Caguán River. We thank all the communities who helped with the soil sampling and are especially indebted to Alexis Saldarriaga and Luis Garay of the Huitorá Indigenous Reserve; to Wilfredo Cabrera, Régulo Peña, and Wilmer Fajardo of the Bajo Aguas Negras Indigenous Reserve; to entomologist Carlos Londoño of the advance team, who accompanied us during field work at Bajo Aguas Negras; and to Elvis Matapí for his company and his help in creating the soil profiles. Once again we are pleased to thank Julio César Moreno of the Terrallanos Laboratory in Villavicencio for expediting the analysis of our soil and sediment samples.

The botany team offers their most sincere thanks to the many institutions that supported our participation in the inventory; the University of Amazonia and its director Dr. Gerardo Castrillon Artunduaga; the director of IAP; the indigenous and campesino communities, specifically Huitorá and Bajo Aguas Negras; Elias Fajardo, Robinson Paez, Wilmer, Adilson, and Juan Cuellar; Don Carlos Cano and Don Julio Cuellar and Marcela in Peñas Rojas; and Doña Nelly Buitrago in El Guamo. We thank the logistics and administrative teams at the Field Museum, and especially the forest and rivers, for getting us in and out safely.

The ichthyology team expresses their most sincere thanks to the local scientists who helped them in this inventory: Edgar Sánchez, Johan Sebastián Silva Parra (El Guamo), Carmenza Moquena Carbajal, Hector Reynaldo Rodríguez Triana (Peñas Rojas), Julio Garay Ortiz (Orotuya), Alberto Ruíz Angulo, Heider Rodríguez, and Regulo Peña Pérez (Bajo Aguas Negras). Lesley de Souza thanks Caleb McMahan, Collection Manager for Fishes at the Field Museum, for his help preparing the field gear. Jorge E. García thanks Daniel Alfonso Urrea and Giovany Guevara (Biology Department, University of Tolima), and Miguel Moreno Palacios (Environmental Administration Program, University of Ibagué), for institutional support, and Juan Gabriel Arbornóz (IAvH), Carlos DoNascimiento (IAvH), Ricardo Britzke, Marina Barreira Mendoça, and Luís J. García Melo for help confirming taxonomic identifications. Javier A. Maldonado thanks Consuelo Uribe Mallarino, Vice Chancellor of Research, and Concepción Judith Puerta, Dean of the Faculty of Sciences at the Pontificia Universidad Javeriana, for encouraging him to participate in the inventory. Javier also thanks Saul Prada, Cintia Moreno, Jhon Zamudio, and Alex Urbano from the Ichthyology Lab of the Department of Biology at the Pontificia Universidad Javeriana for their invaluable help in preparing material.

The herpetology team thanks Wilmar Fajardo Muñoz, Josuel 'Joselo' Lombana Lugo, Carlos Londoño, Carmenza Moquena Carbajal, Hernán Darío Ríos Rosero, Jesús Emilio 'Jhon Jairo' Sánchez Pamo, and Edgar Sánchez for their help in the field. We also thank Marco Rada for confirming the identification of Hyalinobatrachium cappellei and Mariela Osorno-Muñoz for sharing information on previous surveys carried out in the region by the SINCHI Institute.

The ornithology team thanks everyone who orchestrated the logistics that made this inventory possible. We are very grateful to the leaders and other members of the communities for receiving us with such great kindness, and for their interest in conserving their territories. Brayan Jaramillo and Flor Peña thank Corine, Lorena Valencia, and Álvaro del Campo for giving them the opportunity to participate in this inventory and for their great leadership, and Doug Stotz for sharing all of his knowledge. We thank all the other biologists, as well as the social team, for carrying out such effective work in the communities.

The mammalogy team thanks Norberto Rodriguez 'Pelufo' and Akilino Muñoz 'Kiri' for their help installing camera traps in Orotuya, and Richard Villa Ruel and Edgar Sánchez for their help installing camera traps in El Guamo. We also thank Miguel Garay for his good company and for his help recovering the camera traps at Orotuya. The camera traps at Bajo Aguas Negras were kindly installed by Norberto Rodríguez, with the guidance of Álvaro del Campo and Carlos Andrés Londoño. We thank the guides and local scientists who assisted us during the field work: Miguel Garay, Jhon Jairo Cuellar, Alberto Ruiz Angulo 'Beto,' and Regulo Peña Pérez.

The social inventory team would like to offer a very special thanks to the community leaders Marcela Ramírez Muñoz, Karen Gutiérrez Garay, Darío Valderrama, Humberto Penagos Torres, and Diomedes Acosta, whose support and good company throughout the inventory made our community visits so successful.

We are deeply grateful to all of the community members in the Bajo Aguas Negras and Huitorá indigenous reserves, and in the veredas of Monserrate, El Guamo, Santo Domingo, La Maná, and Peregrino for their wonderfully kind hospitality. Likewise we thank the communities of Naranjales, Cuba, Las Quillas, Caño Negro, Buena Vista, El Convenio, Nápoles, Santa Elena, Caño Santo Domingo, Zabaleta, Brasilia, El Guamo, Las Palmas, Peñas Rojas, Tres Troncos, and La Pizarra for taking active part in the community workshops.

At the Bajo Aguas Negras Indigenous Reserve we thank Arelis López, Marisol Valderrama, Grandmother Clemencia, and Lady López for feeding us during our stay. We are especially indebted to Grandmother Clemencia and to Don Lucho for inviting us into their maloca, and to Chief Moisés for allowing us to use the main maloca.

In Monserrate we thank Luz Mery Andrade, César Andrade, Leonor Vargas Castillo, Alfonso Cediel, Vitelio, and his wife for their generous hospitality and for the great care they showed in preparing our food in the preliminary visits and during the inventory. We are grateful to Sra. Viviana Lozano for being so welcoming during our stay at her hotel. We thank Professor Luis Antonio Valencia, director of the Monserrate Educational Institution, as well as his staff of teachers, for allowing us to use the school for our workshops—and also for taking active part in the workshops. We offer special thanks to Professor Washington Góngora for his kindness and his willingness to let us use his cell phone service so that we could stay in touch with our families during our visits to Monserrate.

At El Guamo we are delighted to thank Maribel Cruz and Luzdedo Chate for their help and cooking. We owe Doña Nelly Buitrago an especially warm thanks for her openness, generosity, and insight into the history and on-the-ground reality of the Bajo Caguán-Caquetá region. Thank you, Doña Nelly, for inspiring, encouraging, and building a shared vision of sustainability and peace not only among residents of the Caguán and Caquetá rivers, but also for those of us who visit from afar and have fallen in love with the region.

In Santo Domingo we would like to thank Blanca Mery Cardona, Tiberio Páez, Gabriela Correa, Sol Yalile Rico, Alejandro Medina Suárez, and Andrea Bustos for their kindness and for feeding us during our stay.

In the Huitorá Indigenous Reserve we are grateful to Grandmother María, Indira Garay, and Cecilia Molina for their care in preparing food during the advance work and the inventory. Likewise, we thank Señora Indira for her hospitality, and for inviting us to stay in her lovely house. Thanks to Grandmother María and Señora Marina for inviting us to their garden plots and showing us the diversity of plants they cultivate there.

In Peñas Rojas we thank Maria Isabel Soto, Paula Andrea Cano, Lorena Ladino, Carmen Moquema, and Marina Trejos, who kept us well fed during our visit to the community. In Peregrino we are grateful to Doña Clemencia Fiagama and Leidy Johana Castro, who cooked for us, and the Penagos Torres family, who generously invited us to stay in their house.

The social team also wants to thank our boat drivers, Breiner Candelo 'Niche' and William Castellanos, who not only transported us all over the region during the inventory but also showed superhuman patience and strength in handling all of our gear and baggage at each stop.

A special acknowledgment goes to Gabriel Armando, parish priest of the Sagrado Corazón de Jesús Church in La Tagua, and to Padre Gabriel Armando and Padre José María Córdoba Rojas of the Puerto Leguízamo Parish. They generously provided us space to work in La Tagua and Solano, both during and following the inventory.

We are especially appreciative of Roberto Ordoñez, president of ASCAINCA, and of his executive board, who helped us reach one of the inventory's signature achievements: the summit between indigenous and *campesino* residents of the Bajo Caguán-Caquetá region. Roberto believed wholeheartedly in this dream and proposed that the summit take place in the *maloca* of the Ismuina Indigenous Reserve in Solano. Our deepest thanks to everyone who worked with us to make the dream a reality, especially to Adriana Ordoñez and her family, who were in charge of feeding everyone who attended the meeting. Roberto and the board of ASCAINCA also organized the dance that closed the meeting; we are so grateful to ASCAINCA's Secretary of Culture, the dancers, and everyone who prepared *caguana* and *mambe* that night.

Thank you to Argemiro Ruiz and his wife for welcoming the *campesinos* from the Caguán River and showing them around the Ismuina Indigenous Reserve in Solano. Thanks to their generosity we visited four *malocas* in one afternoon and learned a little more about the richness of Murui Muina culture.

The following people, companies, and institutions supported our work in a variety of key times and places. In Florencia: the staff of the Hotel Royal Plaza, who gave us not only room and board but a conference room where we wrote the first draft of this report, and the University of Amazonia, which allowed us to use a university auditorium for our presentation of the inventory results. In Solano: Jhon Jairo Rodríguez and Mirtha Núñez of the Hostal Amazónico; Doña Mercedes of the Hotel Regina, where we loved the family-style environment and the staff's excellent hospitality towards our *campesino* guests; Julio César Vásquez Gonzáles and Elsa Murillo Criollo of the Centro Pastoral, where most of the biological and social teams stayed; Rosa Villegas Sandoval of the Doña Rossy restaurant, for her masterful cooking and great service; Rodrigo Díaz, representative of indigenous affairs, for opening the mayoral auditorium on a weekend so that we could meet with the representatives of *campesino* communities. In Puerto Leguízamo: Juancho and Pilar Díaz, and John Díaz, the beyond-courteous staff of the Hotel La Casona de Juancho; Fernando Pantoja at the Supermercado La 20; Isaías Bastidas at the Depósito-Ferretería Jireh; Gloria Rojas at the Droguería La Economía; Jorge Ospina at the Papelería El Poche; Luis Alfonso Ruiz, who helped to transport our gear; Rafael Franco and his charismatic *chiva* truck, which carried most of the team to La Tagua; and Emilse Herrera of the Parrilla y Sabor Restaurant. In La Tagua: Milton Rodolfo Díaz at the gas station; the staff of the Hotel Heliconia; and Inés Castro, who received us so kindly in her restaurant. In Bogotá: the always-helpful staff of the Hotel Ibis; Liliana Bocanegra of BEA Soluciones for making the inventory t-shirts; Diego Escobar, who drew the charming tapir and its baby on the t-shirts; and Don Adonaldo Cañón, our favorite driver in the entire city.

Year after year, inventory after inventory, Costello Communications in Chicago goes the extra mile to ensure that the all-encompassing work of our large and diverse team is summarized in the graceful volume you hold. Once again we are immensely grateful to Jim Costello, Dan Walters, Todd Douglas, and Rachel Sweet.

Nicholas Kotlinski of The Field Museum was in charge of preparing the maps and other geographic information for this inventory, together with Adriana Rojas at FCDS. Many thanks to both of them for the huge amount of work—and patience, especially with the rest of the team's habit of requesting endless tweaks to the same map. Nic was also part of the social team, and he provided invaluable tech and cartographic support during the write-up of the report and the presentation of results in Florencia.

Our ability to get things done in the field relies in large part on the unconditional institutional support of our team in Chicago. As always, Amy Rosenthal, Ellen Woodward, Tyana Wachter, Meganne Lube, and Kandy Christensen eagerly took on whatever was required to ensure we had all we needed and to solve the problems that emerged along the way. Likewise, the Field Museum's Dawn Martin, Juliana Philipp, Le Monte Booker, Phillip Aguet, Lori Breslauer, and Jolynn Willink were key members of our team even though they stayed in the Windy City. In Chicago the social team thanks Aasia Castañeda for her graphic design support, making posters and flyers for the inventory.

Our team's lodestar has always been and will continue to be Debra Moskovits, the founder of the rapid inventory program at the Field Museum. Debby's immeasurable legacy and her deep love for tropical forests are reflected in the symbolic presentation of the 'Moskovits Award' to the team members who manage to walk, like Debby always does, every meter of every trail at every campsite we visit during an inventory.

This rapid inventory was made possible through the generous support of an anonymous donor, the Bobolink Foundation, the Hamill Family Foundation, Connie and Dennis Keller, the Gordon and Betty Moore Foundation, and the Field Museum. We owe a special thanks to Richard Lariviere, president and CEO of the Field Museum, for his strong and long-standing support of the rapid inventory program.

The goal of rapid inventories—biological and social—is to catalyze effective action for conservation in threatened regions of high biological and cultural diversity and uniqueness

Approach

Rapid inventories are expert surveys of the geology and biodiversity of remote forests, paired with social assessments that identify natural resource use, social organization, cultural strengths, and aspirations of local residents. After a short fieldwork period, the biological and social teams summarize their findings and develop integrated recommendations to protect the landscape and enhance the quality of life of local people.

During rapid biological inventories scientific teams focus on groups of organisms that indicate habitat type and condition and that can be surveyed quickly and accurately. These inventories do not attempt to produce an exhaustive list of species or higher taxa. Rather, the rapid surveys 1) identify the important biological communities in the site or region of interest, and 2) determine whether these communities are of outstanding quality and significance in a regional or global context.

During social inventories scientists and local communities collaborate to identify patterns of social organization, natural resource use, and opportunities for capacity building. The teams use participant observation and semi-structured interviews to quickly evaluate the assets of these communities that can serve as points of engagement for long-term participation in conservation.

In-country scientists are central to the field teams. The experience of local experts is crucial for understanding areas with little or no history of scientific exploration. After the inventories, protection of natural communities and engagement of social networks rely on initiatives from host-country scientists and conservationists.

Once these rapid inventories have been completed (typically within a month), the teams relay the survey information to regional and national decision-makers who set priorities and guide conservation action in the host country.

Dates of fieldwork: 6–24 April 2018

Cartagena del Chairá

Solano

Serranía de Chiribiquete National Park

Monserrate

Sunsiya

Caguán

Orotuya

Peneya

Orotuya

Caquetá

El Guamo

Santo Domingo

El Guamo

Huitorá

Caguán

La Maná

Bajo Aguas Negras

Peregrinos

La Tagua

Peñas Rojas

Putumayo

PERU

Puerto Leguízamo

La Paya National Park

Legend

⊙ Communities visited

● Biological sites

☐ Proposed conservation area

▨ Protected area

▨ Indigenous reserve

Venezuela

Colombia

Ecuador

Peru

Brazil

Región	In Colombia's Amazonian department of Caquetá, two grand rivers meander through a vast lowland forest plain nestled between the Andes to the west and the Chiribiquete uplift to the east. One is the largest river in the Colombian Amazon, the Caquetá, and the other one of its primary tributaries, the Caguán. Unreachable by road from the rest of the country, the region between these rivers still maintains more than 90% of its forest cover, as well as important aquatic habitats. This unbroken expanse of forests, rivers, and lakes forms a biological corridor of 90 km between two national parks in the Colombian Amazon: La Paya to the west and Serranía de Chiribiquete to the east.
	The Bajo Caguán-Caquetá region is sparsely populated (<1 person/km^2) but rich in cultural diversity. The 16 rural communities (*veredas*) on the lower Caguán are home to *campesino* farmers who first began settling in the watershed in 1950. A short distance away on the upper Caquetá are two large indigenous reserves (*resguardos indígenas*) of the Murui Muina people, as well as five *campesino* communities. Although the 2016 peace accords offer an opportunity to construct a new vision for the region, they have also accelerated the pace of the deforestation fronts that threaten the forests of the lower Caguán basin.

Sites visited	**Campsites visited by the biological team:**

Caguán watershed

El Guamo	6–10 April 2018
Peñas Rojas	11–15 April 2018

Caquetá watershed

Orotuya	16–19 April 2018
Bajo Aguas Negras	20–23 April 2018

Sites visited by the social team:

Caguán watershed (Municipality of Cartagena del Chairá)

Vereda Monserrate	8–9 April 2018
Vereda Santo Domingo	10–11 April 2018

Caquetá watershed (Municipality of Solano)

Bajo Aguas Negras Indigenous Reserve	6–7 and 12–13 April 2018
Vereda La Maná	14–15 April 2018
Huitorá Indigenous Reserve	16–17 April 2018
Vereda Peregrino	18–19 April 2018

On 20–23 April representatives of the *campesino* and indigenous communities that took part in the inventory gathered in the traditional longhouse (*maloca*) in the

Sites visited (continued)	Ismuina Indigenous Reserve in Solano to strengthen ties and discuss their shared vision for protecting this landscape and improving quality of life. On 24 April *campesino* and indigenous leaders presented that shared vision to government officials.

On 24 April the social and biological teams presented preliminary results of the inventory to a crowd of 150 in Solano. On 25–26 April the teams met in Florencia to analyze the threats, assets, opportunities, and recommendations for conservation and for improved quality of life.

Biological and geological inventory focus	Geomorphology, stratigraphy, hydrology, and soils; flora and vegetation; fishes; amphibians and reptiles; birds; large and medium-sized mammals

Social inventory focus	Social and cultural assets; history; governance, demography, economy, and natural resource management systems

Main biological results	This is the first study to focus on the biodiversity of the lower Caguán River, and it helps fill a long-standing information gap in the Colombian Amazon. We found a megadiverse Amazonian landscape where nutrient-poor soils harbor rich wildlife populations, and where an unbroken forest canopy and healthy aquatic ecosystems still serve as a functioning biological corridor between the La Paya and Serranía de Chiribiquete national parks.

During the inventory **we recorded 790 species of plants and 706 species of vertebrates.** We estimate that the region harbors 2,000 species of vascular plants and more than 1,125 species of vertebrates.

	Species recorded during the inventory	Species estimated for the region
Vascular plants	790	2,000
Fishes	139	250
Amphibians	55	105–145
Reptiles	42	85–115
Birds	408	550
Large and medium-sized mammals	41	44
Small mammals	21	66
Total number of vascular plant and vertebrate species	**1,496**	**3,125–3,155**

Geology, soils, and water	The Bajo Caguán-Caquetá region belongs to the Caguán-Putumayo sub-Andean sedimentary basin, which is considered the northern extension of the Oriente and Marañón basins of Ecuador and Peru. During the inventory we conducted a physiographical analysis of the landscape via field observations of geological formations, soils, and water bodies at the campsites visited by the biological team. Field work was

complemented by lab analyses of the soil and water samples we collected, and by a review of existing data for the region (maps, satellite and radar images, reports, etc.).

Three primary geological formations were observed in the field. The Pebas Formation (mudstones, coal layers, concretions with pyrite, carbonate mudstones, and limestones with bivalves) occupies more than half of the Bajo Caguán-Caquetá region, dominating the uplands in the east and northeast. The Caimán Formation (poorly consolidated conglomerates and sandstones with a ferruginous matrix) occupies roughly a third of the landscape, also mainly in the uplands. The remainder of the landscape, along rivers and creeks, consists of recent floodplain deposits (sands and clays); this formation occupies 22% of the area.

Soils derived from the Pebas Formation tend to be clayey, with a low to moderate nutrient content. These are heavy, acidic, reddish to grayish soils with concretions of iron and manganese oxides measuring 2–5 mm. Soils on terraces and slopes have been weathered or correspond to the upper Pebas. At deeper cuts we found soils with basic pH and high-conductivity waters that function as salt licks. Soils derived from the Caimán Formation are reddish, nutrient-poor, and similar to those derived from the Pebas. They are distinguished from Pebas soils by containing gravel-sized quartz fragments, and are generally loamier. Floodplain soils are shallow (<20 cm). Erosion outpaces sedimentation on this landscape, which means that soils here are highly susceptible to large-scale erosion and removal.

The region's red, easily erodible, and relatively nutrient-poor soils, especially those located higher on the landscape, are not easily managed. In general, this is a landscape that is easily disturbed and degraded. Consequently, we recommend a shift from current land use (logging, large-scale cattle ranching) to more soil-friendly systems, such as agroforestry or combinations of farming, forestry, and ranching.

The water that drains the landscape is light-colored and translucent, and occasionally muddy in some creeks. Conductivity is very low (4–28 µS/cm), marking these waters as very pure, with a low dissolved salt load. This makes it easy to identify salt licks and other areas with a high concentration of dissolved salts, where conductivity can be 20 times higher (572 µS/cm). Field measurements show streams and rivers to be slightly acidic (pH 5–6), with an acidity comparable to that of rainwater (5.5); the water around saltlicks is neutral to slightly alkaline (pH 7–8) due to its higher content of dissolved salts from Pebas Formation rocks.

Vegetation

The region's vegetation falls into two broad types: upland forests and floodplain forests. Upland forests occupy more than 80% of the study area, on the Pebas and Caimán formations, where dominant tree species include *Oenocarpus bataua*, *Clathrotropis macrocarpa*, *Pseudolmedia laevis*, *Dialium guianense*, and *Hevea guianensis*. The treelet *Leonia cymosa* was common in the understory at all four campsites. Most of the

Vegetation (continued)	dominant species we observed in the uplands are typical of poor-soil forests in western Amazonia, such as those in the Putumayo watershed to the south.
	Seasonally flooded forests occur in strips along rivers, lakes, and creeks. Some are dominated by the palms *Bactris riparia* or *Euterpe precatoria*. Others are riparian forests associated with permanent or seasonal water bodies. These formations are similar to floodplain forests farther down the Caquetá, in the municipality of Solano and in the Puerto Sábalo-Los Monos indigenous reserve, and similar to floodplain forests in Peru's Loreto region. There are relatively small patches of forest associated with oxbow lakes, as well as small, always-wet *cananguchal* swamps dominated by the palm *Mauritia flexuosa*.
	The continuous corridor of forest between La Paya and Serranía de Chiribiquete national parks remains intact, though its conservation condition varies from place to place. Every campsite we visited had man-made clearings from selective logging or abandoned croplands. The best-preserved forest was at El Guamo, where we saw immense individuals of valuable timber species such as *Cedrelinga cateniformis*, *Cedrela odorata*, and *Hymenaea oblongifolia*.
Flora	Via field observations and collections, we recorded 790 species of vascular plants during the inventory. In total we collected 724 botanical specimens and took more than 1,000 field photos. We estimate the regional flora at approximately 2,000 species. This is impressive plant diversity, although perhaps lower than that documented farther south in floristically similar forests (Putumayo, Loreto). For example, we observed few representatives of the families Myristicaceae, Chrysobalanaceae, and Lauraceae, which are hyperdiverse elements in forests farther south.
	We recorded at least 10 plant species that deserve special conservation attention, including 9 that are globally or nationally threatened. Thirty-one species recorded during the rapid inventory are potentially new records for Colombia, and several more are potentially new records for Caquetá. One tree species (*Crepidospermum* sp.) may be new to science.
	Despite our best efforts during the inventory, the flora of this area of Colombia remains poorly known. Botanical research in Caquetá has focused on the lower and upper Caquetá basin, leaving the Bajo Caguán-Caquetá region a floristic information gap. It is an especially high priority to study the forests of the Huitoto and Peneya watersheds, which are geologically and topographically different from the areas we visited.
Fishes	We sampled fish communities at 25 stations in the 4 campsites. The primary habitats were upland and floodplain streams; we also sampled large oxbow lakes, the main river channels of El Guamo Creek and the Orotuya River, and the sandy beach along the lower Caguán. All of the water bodies we saw during the inventory had white water, with the exception of one clearwater stream; our understanding is that there are no black waters in the study area.

One hundred and thirty-nine fish species were recorded during the inventory. The order Characiformes was the most important, followed by Siluriformes, Cichliformes, and Gymnotiformes. We estimate the total fish fauna in the region at ~250 species—which is 35% of the fish species currently known from the Colombian Amazon and 49% of the species recorded for the Caquetá-Japurá watershed. Eight of the species we recorded may be new to science. Approximately 60% of the species recorded during the inventory have also been recorded on prior rapid inventories in the Peruvian Putumayo basin. The list also includes some species associated with the Guaviare River basin, such as those in the genera *Ituglanis* and *Schultzites*.

Some of the species recorded are locally important food fish, like *Prochilodus nigricans*, *Brycon cephalus* and *B. whitei*, *Pygocentrus*, *Serrasalmus*, *Pseudoplatystoma tigrinum*, *Myloplus*, *Metynnis*, *Crenicichla*, and *Pterygoplichthys*. On the lower Caguán River we noted some small-scale harvesting of ornamental fishes. Similar harvests are occurring in the town of Peregrino, on the Caquetá, where they focus on armored catfish in the genus *Panaque*. While the ornamental fish trade is a potential economic alternative for the region, management plans are needed to avoid exhausting the resource.

Based on field observations and conversations with local inhabitants, we recommend special care for the region's oxbow lakes. These harbor healthy populations of a number of fish species that are an important source of food for both communities and wildlife. Lakes are also important site for fish reproduction. Because the inventory fell at the start of the rainy season, we collected a large number of species with females in advanced stages of gonadal maturity. This indicates that we were close to spawning season, which local people told us falls in May-June.

Amphibians and reptiles

We recorded 97 species of herpetofauna: 55 amphibians and 42 reptiles. Amphibia was represented by frogs and toads (the order Anura). Cecilians (Gymnophiona) and salamanders (Caudata) were not recorded, but three species are expected in the region. The inventory documented all of the reptile orders: 19 snakes, 15 lizards, 6 turtles, and 2 crocodiles. Amphibians and reptiles were best represented in flooded forests, where they were associated with lentic habitats, and least diverse in upland forests. We estimate a regional herpetofauna of 105–145 amphibian species and 85–115 reptiles.

There was an especially high diversity of arboreal amphibians at the start of the breeding season. Especially interesting records include the frogs *Boana alfaroi*, *Dendropsophus shiwiarum*, and *Hyalinobatrachium cappellei*, new records for Colombia, three new frog species for the department of Caquetá (*Pristimantis variabilis*, *Scinax funereus, and Scinax ictericus*), and multiple specimens of *Platemys platycephala*, a rarely seen turtle that had not been previously recorded in the study area. We were surprised by the low abundance of species in the genera *Pristimantis* and *Anolis*, which are typically important in western Amazonia. It may be that the rainy weather throughout the inventory reduced the number of sightings in these groups.

Amphibians and reptiles (continued)	Two of the species recorded during the inventory are classified as globally Vulnerable (*Chelonoidis denticulatus* and *Podocnemis expansa*), and several others are listed in CITES appendices (dendrobatids, boids, caimans, and turtles). At least seven species of amphibians and reptiles are eaten by local communities (*Dendropsophus* spp., *Leptodactylus pentadactylus*, *Osteocephalus* spp., *Caiman crocodilus*, *Paleosuchus* spp., *Chelonoidis denticulatus*, and *Podocnemis* spp.), and some are used in traditional medicine (*L. pentadactylus* and *Rhinella marina*).
Birds	We found an avifauna typical of northwestern Amazonia, featuring species that specialize on poor-soil forests and healthy populations of game birds. At the 4 campsites we recorded 388 of the 525 species that we estimate for the region of Bajo Caguán-Caquetá. Additionally, we found 12 species during river travel between the campsites and 8 species during the construction of the campsites, for a total of 408 species.
	The number of species recorded is high, in large part due to the high diversity of habitat types. While we did not visit areas of *tierra firme* forest with high hills, we did visit a large range of forest types, open areas, and aquatic habitats. Forests at three of the campsites showed signs of significant disturbance. The clearings at these sites yielded a lower diversity and abundance of understory birds, but a higher diversity and abundance of canopy birds. The current level of disturbance does not seem severe enough to have diminished total bird diversity in the region.
	We recorded approximately 20 range extensions. One was *Thamnophilus praecox,* an antbird restricted to oxbow lakes and *várzea* floodplain forests in northeastern Ecuador and southeastern Colombia. Previously this species was only known in Colombia near the Putumayo River, in the municipality of Puerto Leguízamo. We found a number of other species typical of *várzea* floodplain forest outside of their known distribution ranges, such as *Hylopezus macularius*, *Tolmomyias traylori*, *Turdus sanchezorum*, and *Cacicus sclateri*, as well as *tierra firme* species formerly only known from southwestern Colombia.
	While we did not record any threatened bird species, we did observe some guilds with reduced populations due to human activity. These include game birds like Salvin's Curassow (*Mitu salvini*) and Blue-throated Piping Guan (*Pipile cumanensis*). Macaw populations (*Ara* spp.) were not large. It is not clear if this is due to anthropogenic activities or a lack of favorable habitat in the region.
Mammals	We walked daily and nightly transects along all the trails at the four campsites, with two or three repetitions each, to sample most vegetation types and other habitats for mammals. In each transect we recorded sightings, vocalizations, tracks, and burrows. We installed 2–25 camera traps in each camp to record terrestrial mammals, and monitored 2 mist nets for 2 nights at each camp to capture bats.

We recorded 62 species—41 large and medium-sized mammals and 21 small mammals (marsupials, small rodents, and bats)—out of a total of 110 estimated species (44 large and medium and 66 small). The most diverse order was Carnivora (13 species), followed by Primates (10) and Chiroptera (16). Of the recorded species, four species showed range extensions within the department of Caquetá: porcupine (*Coendou* sp.), greater long-nosed armadillo (*Dasypus kappleri*), eastern lowland olingo (*Bassaricyon alleni*), and giant anteater (*Myrmecophaga tridactyla*).

The primary threats to mammal populations in the region are habitat loss due to extensive cattle ranching and illegal crop cultivation, hunting, landscape fragmentation, and the bushmeat trade. Despite these threats, the diversity found in this inventory was high compared with other regions of Amazonia. At three of the four campsites, we found a high abundance of white-bellied spider monkeys (*Ateles belzebuth*), woolly monkeys (*Lagothrix lagotricha*), tufted capuchins (*Cebus apella*), and black-mantled tamarins (*Saguinus nigricollis*), as well as collared peccaries (*Pecari tajacu*) and white-lipped peccaries (*Tayassu pecari*). The presence of these species, together with ocelot (*Leopardus pardalis*), jaguar (*Panthera onca*), puma (*Puma concolor*), giant river otter (*Pteronura brasiliensis*), tapir (*Tapirus terrestris*), and especially bush dog (*Speothus venaticus*) and short-eared dog (*Atelocynus microtis*), suggests that the forest offers enough food to maintain a rich ensemble of primates, carnivores, herbivores, and generalists. Likewise, we recorded bats in all of the feeding guilds (insectivores, frugivores, nectarivores, and vampires). However, the abundance of the genus *Carollia* in one of the sites shows some level of disturbance.

Ten of the species we recorded are considered to be threatened in Colombia and 12 are threatened globally. Threatened species include giant river otter, Endangered at the national and international levels; giant armadillo (*Priodontes maximus*) and white-bellied spider monkey, Endangered in Colombia; and giant anteater, considered Vulnerable at the national and international levels. Populations of these mammals in the Bajo Caguán-Caquetá region are large and healthy, making them key conservation targets.

Human communities

In addition to its biological diversity, this region is also of high socio-cultural importance. Although this is the ancestral territory of the Carijona and Coreguaje indigenous peoples, much of the region's current population arrived from elsewhere in Colombia over the past 120 years. During the rubber boom in the late nineteenth century, some Uitoto communities in the Peru-Colombia border region were displaced from their ancestral territories and settled along the Caquetá River. A few decades later, some Colombian soldiers who fought in the Colombia-Peru war of 1932–1933 settled there afterwards, together with some rubber tappers. At the end of the 1940s, *campesinos* fleeing the violence in the central region of the country (known as *La Violencia*) came to the department of Caquetá in search of land.

During the 1960s and 1970s, the Colombian government promoted colonization of the Caquetá piedmont and a colonization project in La Tagua, through which some of

Human communities
(continued)

today's *vereda* settlements were established. In the 1980s, the coca boom accelerated migration from central Colombia toward the Bajo Caguán. By the 1990s, a decade of *de facto* control by FARC guerrillas led to open war in the region, made worse by the government's fight against narco-traffickers. This created a tense environment marked by frequent human rights violations of the *campesino* and indigenous populations. Today, the peace process is a symbol of hope for the region's inhabitants—one that allows them to build a shared vision of the future based on the persistence and well-being of people, cultures, and the landscape.

The region is currently divided into four land use designations: two indigenous reserves (*Resguardos Indígenas*), a Forest Reserve, an area formerly within the Forest Reserve but subsequently withdrawn from it, and two national parks. Settlements are only permitted in the indigenous reserves and in the former Forest Reserve area. To analyze the social landscape, we divided it into three sub-regions:

Campesino *communities of the Bajo Caguán*

The 16 campesino *veredas* of Núcleo 1, located in the former Forest Reserve area, have a population of 1,432. They are organized through communal action councils (*Juntas de Acción Comunal* or JACs), which are their formal liaisons with higher levels of government and which establish agreements (*acuerdos de conviviencia*) to administer territory and resolve conflicts. In 2016 Núcleo 1 established the Campesino Association of the Bajo Caguán (ACAICONUCACHA), through which the communities have constructed a participatory plan of rural community development. The plan is an important instrument by which communities identify their principal assets and express their thoughts and desires surrounding their well-being.

Economic activities in these *veredas* are based on traditional agricultural production to meet basic subsistence needs and extensive cattle ranching. This latter activity has become the fundamental pillar of the economy, as it has a great deal of institutional support in the department. Coca cultivation and the production of a key ingredient of cocaine (*pasta base*) have continued since the 1980s, although on a smaller scale. The current vision of these communities is to develop a model of sustainable farming that incorporates cultivars that guarantee food sovereignty, and to convert extensive cattle ranching to a more sustainable model that helps restore and conserve the land. For this vision to be achieved, it is important that the Colombian government support processes to formalize land ownership. Although the majority of Núcleo 1 is located in the former Forest Reserve, where human occupation is permitted, few residents have title to their farms.

Murui Muina indigenous communities on the Caquetá River

The Huitorá Indigenous Reserve was established in 1981, with an area of 67,320 ha, and it currently has a population of 170. The Bajo Aguas Negras Indigenous Reserve was established in 1995 with an area of 17,000 ha and has a population of 85. Both communities practice traditional land management, based on knowledge passed down for generations and rooted deep in their culture. These traditional practices see natural resources in these forests, rivers, and lakes as a source of food sovereignty and as the foundation of communities' subsistence economies. Traditional knowledge and land management have not only allowed these indigenous peoples to persist and thrive, but have also helped maintain healthy natural resource stocks.

Campesino *communities along the Caquetá River*

Approximately 100 families live in these 5 *veredas*, 4 of which are located in the Forest Reserve and one of which is in the former Forest Reserve. The first settlers arrived with aspirations for commercial-scale logging, hunting, and fishing. Today the communities depend on subsistence agriculture, commercial maize farming, and cattle ranching. These communities are extremely interested in legalizing their territorial claims so that they can access government programs and social services.

In spite of mounting deforestation pressure in the Bajo Caguán-Caquetá region, all three sub-regions still possess large areas of healthy forest that allow the communities living here to thrive. These forests are at risk from extractive economic activities like commercial logging and hunting, as well as development models, like large-scale cattle ranching, that are unsuitable for the region's poor and fragile soils.

During the inventory we observed that communities maintain strong relationships with their closest neighbors, but do not know or have contact with more distant communities. In addition, we repeatedly heard that the challenges faced by *campesino* communities are very different from those faced by indigenous communities. Our stakeholder workshop in the Ismuina *maloca* at Solano helped vanquish this misconception, as communities discovered a great deal of common ground. The region's forests and rivers, residents' determination to make a good life in this place, and the strength of their communities are shared assets that will help *campesino* and indigenous communities work together to build a sustainable future for the Bajo Caguán-Caquetá region.

Current status	In 2016 the Bajo Caguán-Caquetá region was designated a regional conservation priority by Corpoamazonia, the regional environmental authority in this area of Colombia. The region is also highlighted in a presidential initiative to create several million hectares' worth of new protected areas in Colombia. But in spite of the region's visibility in governmental agendas, and despite promises of support for long-abandoned regions in the recently signed peace agreements, our field work revealed that government staff and services have yet to arrive in large areas of the Bajo Caguán-Caquetá region. Much land use in the region does not heed regulations, and a major deforestation front in the middle Caguán is advancing inexorably towards the lower Caguán. During the inventory, local communities showed a strong commitment to conserving this landscape. Conserving it via a regional conservation area will require a similarly strong, immediate, and long-term commitment on the part of the state.

Major conservation targets	01	Megadiverse forests covering more than 90% of the area
	02	A natural corridor that connects the plant, animal, and aquatic communities of two Amazonian parks: La Paya and Serranía de Chiribiquete
	03	*Campesino* and indigenous communities with a rich social and cultural diversity, a profound knowledge of the landscape, and a dedication to this place
	04	Poor, fragile soils that support rich biological communities but will not survive intensive agriculture or cattle ranching
	05	Healthy fish, bird, and mammal populations that provide bushmeat and food sovereignty for local populations
Principal assets for conservation	01	Well-organized *campesino* communities and indigenous reserves with local and regional leadership, where plans and management tools are being formulated and implemented based on a clear vision of conserving the landscape
	02	A diversity of economic activities with low environmental impact, and traditional practices that guarantee food sovereignty for *campesino* and indigenous communities
	03	The 2016 peace accords, which have made it easier for these communities to engage and coordinate with each other and other entities, as well as reducing violence
	04	The proximity of national parks and indigenous reserves, both of which can help strengthen conservation initiatives
Main threats	01	Rapidly advancing deforestation fronts, especially in the middle and lower Caguán, and around La Tagua
	02	Irregular land use and land rights, and confusion surrounding territorial boundaries
	03	A stark disconnect between stakeholders, policies, and plans at the national, regional, local, and community levels
	04	A lack of information about natural resource harvests in the region
	05	Uncertainty among the local population regarding the implementation of the peace accords and the possibility that the region might fall back into war, isolation, and abandonment by the state
Principal recommendations	01	Formalize and legalize land use in the region via a formal registry of rural lands (*saneamiento predial, catastro rural multiproposito*).
	02	Create a 779,857-ha regional protected area for conservation and management in the Bajo Caguán-Caquetá region, in close coordination with the local population.
	03	Develop a model that allows environmental authorities and the local population to co-manage the protected area, and strengthen the capacity of both to do so.
	04	Seek and secure long-term financing for the area.
	05	Implement the peace accords, making rural land reform a priority.

Why Bajo Caguán-Caquetá?

Over the last 100 years, refugees from across Colombia have sought shelter in one of the country's most remote Amazonian outposts: the Bajo Caguan-Caquetá region. The Murui Muina indigenous people arrived from the Putumayo basin in the early 1900s after fleeing the atrocities of the rubber boom. Sixty years later, *campesino* people walked hundreds of kilometers to escape the violence in the Colombian Andes. Today, some 2,500 *campesino* and indigenous people make their home here. They feel an intense connection to these lands, and an unwavering sense of solidarity with their communities. They have lived through heartbreaking cycles of violence: for the last three decades, the area has been a no-go zone occupied by the FARC-EP guerillas. Their story, and the story of the nearby forests, is one of persistence.

That persistence matters for conservation because it is precisely this area of the Amazon basin that offers the greatest promise for maintaining a forested corridor from the Andes to the mouth of the Amazon River. The still-unbroken forest of the Bajo Caguán-Caquetá connects the wetlands and upland forests of La Paya National Park to the west with the spectacular sandstone uplifts of Chiribiquete National Park to the east. Our inventory revealed plentiful tapirs, jaguars, and white-lipped peccaries, animals that are threatened elsewhere in the Amazon and that need large home ranges to maintain their populations.

Most importantly, *campesino* and indigenous people in Bajo Caguán-Caquetá have a consensus vision on the need to maintain standing forest, and simultaneously provide for their well-being and ways of life. With a newly signed peace accord, there is a growing feeling of hope—and a tremendous opportunity to construct a new regional conservation model with direct use by local people in the nearly one million hectares of forests of the Bajo Caguán-Caquetá.

Decision makers need to move quickly. In the dry season, smoke engulfs the middle and upper Caguán River and the upper Caquetá River, and three deforestation fronts are steadily advancing towards the Bajo Caguán-Caquetá. For the indigenous and *campesino* people of the Bajo Caguán-Caquetá who have lived beyond the reach of government services for far too long, the time is now.

Conservation in the region

CONSERVATION TARGETS

01 **A natural ecological corridor that links the plant and animal communities of two important national parks in the Colombian Amazon**—Serranía de Chiribiquete and La Paya—and that maintains the natural flow of animals, seeds, and ecological processes between them, thanks to:

- **Standing forests that cover more than 90% of the landscape**, including the only stretch of the Caguán River along which the forests have not been impacted by large-scale deforestation

- **A 50-km stretch of unbroken forest cover stretching from one park to the other**, within which the forest canopy has remained intact in every type of land use: indigenous reserves, the Reserva Forestal, and the area officially removed from the Reserva Forestal

- **Healthy aquatic ecosystems (large and medium-sized rivers, streams, and lakes in the Caguán and Caquetá watersheds)** that allow aquatic wildlife to migrate between the two parks, and to migrate from the large lowland rivers up into headwater creeks in the Andes

02 **Well-preserved plant and animal communities**, including significant populations of species typically vulnerable to fishing and hunting pressure:

- **Healthy populations of mammals and gamebirds**, especially primates, peccaries, Salvin's Curassow (*Mitu salvini*), and Pale-winged Trumpeter (*Psophia crepitans*); these populations have been impacted around some settlements, but we found evidence of healthy populations across immense stretches of forest between the Caguán, Peneya, Orotuya, and Caquetá rivers

- **Healthy populations of at least 18 commonly eaten fish species**, which are a primary source of food for local communities (Appendix 10)

- **Healthy populations of at least 59 fish species that are valued as ornamentals** (Appendix 10); some ornamental species of the genera *Corydoras* and *Panaque* are already being harvested in the region's streams and rivers

- **Still-significant populations of valuable timber tree species, despite intensive selective logging in certain places**; remnant adult individuals of these species, which are valuable sources of seeds for future programs to replant and restore timber populations

- **At least nine amphibian and reptile species that are eaten or used for traditional medicine in local communities** (*Dendropsophus* spp., *Leptodactylus knudseni*, *L. pentadactylus*, *Osteocephalus* spp., *Caiman crocodilus*, *Paleosuchus* spp., *Chelonoidis denticulatus*, *Podocnemis* spp., and *Rhinella marina*)

03 **Landscape features that are especially important for wildlife:**

- **The Caguán and Caquetá rivers**, which harbor a complete spectrum of aquatic habitats:

  - Headwater streams in *tierra firme* forest, with exceptionally pure water

  - Large tributary rivers like the Peneya and Orotuya, dozens of kilometers long

  - Enormous floodplains with well-preserved lakes, streams, and forest cover

  - Intact riverbeds and riverbanks, untouched by dredging projects

- **The oxbow lakes near the junction of the Caguán and Caquetá rivers,** a critically important habitat for reproduction for many fish species that are eaten by local communities, such as black prochilodus (*Prochilodus nigricans*), *sábalos* (*Brycon cephalus* and *B. whitei*), *puños* (species in the genera *Pygocentrus* and *Serrasalmus*), tiger sorubim (*Pseudoplatystoma tigrinum*), *garopas* (species in the genera *Myloplus* and *Metynnis*), pike cichlids (*Crenicichla*), and janitor fish (*Pterygoplichthys*)

- **Scattered salt licks on the landscape,** which offer important nutrients for vertebrates and which are hotspots for hunters

04 **A diverse and little-known flora and fauna,** with at least three fish species new to science discovered during the inventory

05 **Ecosystem services that are valuable for Colombia and for the department of Caquetá**

- **Enormous stocks of aboveground carbon in the region's standing forests** (Asner et al. 2012), with a significant economic value for Reducing Emissions from Deforestation and Forest Degradation (REDD+) programs

- Rivers and lakes that people use for drinking water, and that are the primary way to travel between communities

06 **At least 53 plant and animal species considered globally threatened,** or whose trade is restricted under the CITES Convention (CITES 2018):

- **Two mammal species considered Endangered** (giant river otter [*Pteronura brasiliensis*] and white-bellied spider monkey [*Ateles belzebuth*]), **five considered Vulnerable** (giant armadillo [*Priodontes maximus*] lowland tapir [*Tapirus terrestris*], white-lipped peccary, [*Tayassu pecari*], common woolly monkey [*Lagothrix lagotricha*], and giant anteater [*Myrmecophaga tridactyla*]), and **five considered Near Threatened** (margay [*Leopardus wiedii*], jaguar

[*Panthera onca*], short-eared dog [*Atelocynus microtis*], bush dog [*Speothos venaticus*], and Neotropical otter [*Lontra longicaudis*]; UICN 2018);

- **Twenty-seven mammal species listed in CITES Appendices I, II, or III** (CITES 2018);

- **Four bird species considered Vulnerable** (*Agamia agami*, *Patagioenas subvinacea*, *Ramphastos tucanus*, and *Ramphastos vitellinus*) and **seven considered Near Threatened** (*Odontophorus gujanensis*, *Psophia crepitans*, *Spizaetus ornatus*, *Celeus torquatus*, *Pyrilia barrabandi*, *Amazona amazonica*, and *Amazona farinosa*; UICN 2018)

- **Two reptile species considered Vulnerable** (the turtles *Podocnemis expansa* and *Chelonoidis denticulatus*; UICN 2018);

- **Thirteen species of dendrobatid frogs, boas, caimans, and turtles listed on CITES Appendix II** (CITES 2018)

- **One fish species considered Vulnerable** (tiger sorubim [*Pseudoplatystoma tigrinum*]; UICN 2018)

- **At least nine plant species considered globally threatened** (two Endangered and seven Vulnerable; UICN 2018)

07 **At least five species of plants and animals considered threatened in Colombia,** according to Resolution No. 192 of 2014 of the Ministry of the Environment and Sustainable Development:

- **Four mammal species considered Vulnerable** (jaguar [*Panthera onca*], giant anteater [*Myrmecophaga tridactyla*], Neotropical otter [*Lontra longicaudis*], and white-bellied spider monkey [*Ateles belzebuth*]; MADS 2014);

- **One plant species considered Endangered** (the tree *Cedrela odorata*; MADS 2014)

08 **At least one vertebrate considered endemic to Colombia:**

- The *pez corredora* fish (*Corydoras reynoldsi*), endemic to the Caquetá River

01 **A vast expanse of lowland forest** traversed by rivers, creeks, and streams and scattered with complexes of lakes and wetlands, which represents **the last chance of maintaining connectivity** between La Paya and Serranía de Chiribiquete national parks, of ensuring the long-term survival of their diverse flora and fauna, and of guaranteeing the cultural persistence and well-being of local communities, as well as the voluntarily isolated indigenous groups living in the southwestern portion of Serranía de Chiribiquete National Park

02 *Campesino* **and indigenous communities with a deep knowledge of the region, a strong sense of belonging, powerful organizational skills, and great solidarity between residents**, all of which are powerful drivers of healthy and vibrant communities and landscapes

03 **The indigenous Murui Muina people and their dynamic culture** distinguished by the use of sacred plants like tobacco, coca, and sweet manioc, as well as by traditional land use and spiritual practices

04 **A diversity of traditional and environmentally friendly techniques for farming and natural resource harvests** (farm plots, crop rotation, native seeds, agroecological calendars) that guarantee food security for local communities

05 **Towns and indigenous reserves with strong community organizational structures at the local and regional levels**, which they use to regulate community life and to interact with the government and other organizations. The male and female community leaders are committed to maintaining the high quality of life in these communities and the integrity of their communal lands. It is worth noting that in the Núcleo 1 *campesino* communities on the lower Caguán River women occupy many of the leadership positions even though most residents are men.

06 **Local communities with planning and management tools in the process of being implemented**, such as resource management plans, life plans, participatory rural appraisals (*diagnósticos participativos*), *campesino* development plans, and methods for resolving disputes (*manuales de convivencia*). These tools give communities:

- A shared vision and shared goals in the short, medium, and long term, based on social dialogue

- A set of known issues or problems

- Well-defined management practices to address problems and achieve planned goals

- Up-to-date information regarding the status of communities and the region.

07 **Regional policies, coordinating meetings (*espacios de concertación*), and governmental planning and land tenure bodies** that provide opportunities to protect forests, maintain connectivity, and guarantee the well-being of communities, including:

- Environmental boards (*mesas ambientales*) and permanent coordinating boards (*mesas permanentes de concertación*) at the national and regional levels

- The department of Caquetá's Integrated Public Policy for Indigenous Affairs

- Management plans for Serranía de Chiribiquete and La Paya national parks

- Development plans (*planes de desarrollo*) and land use plans (*planes de ordenamiento territorial*) of the municipalities of Solano and Cartagena del Chairá

08 **A high-priority opportunity for conservation that is recognized at local, regional, and national levels,** and an excellent opportunity for *campesinos* and indigenous peoples to work collaboratively towards conservation, management, and sustainable practices, and to build together a new model of participatory conservation in a landscape isolated by decades of war

09 **The ongoing peace process,** which has allowed community members to move freely around the region, made it possible for government agencies and non-governmental organizations to work in the region, and given residents a clear view of their rights

For more than three decades the Bajo Caguán-Caquetá region has been a hotspot of the Colombian civil war, notable for the near-absence of the Colombian government and the near-complete isolation of its inhabitants. The signing of the 2016 peace agreement and the subsequent departure of the FARC guerrillas resulted in a lawless vacuum and a significant increase in deforestation. This dynamic poses a serious threat to the Bajo Caguán-Caquetá region—not only to the last corridor of standing forest between the La Paya and Serranía de Chiribiquete national parks, but also to the *campesino* and indigenous communities that live here. Three deforestation fronts are of special concern: the largest, which is advancing downriver from the upper Caguán watershed; a second front advancing down the upper Caquetá; and a third front expanding around Puerto Leguízamo and La Tagua (Fig. 2C). Below we describe the main threats facing the region.

01 **An extremely remote area, isolated for decades by armed conflict** and characterized by:

  - **A near-absence of Colombian government authorities and services**

  - **Little to no enforcement by environmental authorities** regarding the use and management of natural resources, which results in a disorganized expansion of farmland and pastures

  - **Little guarantee of fundamental rights** of the local population to health care, education, adequate housing, and free transit, as well as limited access to social services such as communications, water and sewage treatment, and cultural centers

  - **Little reason for young people to stay in the region** due to the lack of high schools and jobs

  - **Prejudiced views of local residents as guerrillas, coca growers, or criminals,** because they live in a region that was designated for years as a 'red zone'

02 **Alarming deforestation** in the region, accelerated by the lack of enforcement caused by the peace process, which threatens local communities and forests, and exacerbates soil erosion. Deforestation in the region has several drivers:

  - **Local, regional, and national policies** that encourage large-scale ranching

  - **No restrictions or enforcement to prevent ranching** on unsuitable soils

  - **A large number of outsiders** arriving in the region and seeking to buy large blocks of land, clear the forest, plant pasture, and set up large cattle ranches

- **An increase in illegal logging** in the region (unpublished data, IDEAM 2018) due to limited government control over timber licenses and the lack of land use planning

- **A lack of economic alternatives for local people**, which increases their vulnerability to pressure by outsiders who offer to pay them to clear forest and establish new pastures, and which contributes to the quick and unplanned expansion of ranches and farmland

03 **Uncertain land tenure and little clarity regarding territorial boundaries,** which leads to:

- **Settlements located inside the Reserva Forestal zone** (La Maná, Tres Troncos, La Pizarra, and Orotuya), some of them established more than 50 years ago, where residents have no title to their land. This limits their quality of life because it prevents them from participating in government programs or acquiring loans to invest in their farms.

- **Settlements that have no land title** despite being located in the area officially removed from the Reserva Forestal (Núcleo 1 and Peregrino)

- **Confusion regarding the borders of settlements and indigenous reserves**, which generates conflicts between communities and makes it hard for communities to control and monitor their lands

- **A lack of adequate official maps of the region**

04 **Limited coordination between stakeholders, policies, and regulations at the national, regional, local, and community levels**, which limits the effectiveness of governance, reduces the well-being of local communities, and is most evident in:

- **National policies that disregard on-the-ground conditions**, realities, and land use trends

- **Government planning and land use practices that are out of sync with local planning** and land use practices

- **Decisions made about the region at the national and departmental levels without the voice of local communities**, or input based on on-the-ground conditions

- **Weak coordination among government agencies and non-governmental organizations** when taking action or implementing policy in the region

- **Communities with a poor understanding of the structure and function of the Colombian government**, which hampers communication, management, and decision-making

05 **A lack of knowledge about and enforcement and monitoring of local natural resource use**, with potentially negative consequences for the populations of some plant and animal species, as well as for the well-being of local communities:

- **Commercial timber extraction** (e.g., *achapo* [*Cedrelinga cateniformis*], *perillo* [*Couma macrocarpa*], and *polvillo* [*Hymenaea* sp.]), especially in the Huitorá Indigenous Reserve along the Orotuya River and along the Caño Esperanza near the town of El Guamo

- **Ornamental fish harvests** (*Corydoras* spp. in the Bajo Aguas Negras Indigenous Reserve and the *campesino* community of Peregrino)

- **Commercial harvests of food fish** in the oxbow lakes near the mouth of the Caguán River (Laguna Limón, Laguna La Culebra, Laguna Peregrino), caught with fishing methods that are prohibited by communal agreements. The primary food fish are black prochilodus (*Prochilodus nigricans*), red-tailed brycon (*Brycon cephalus*), *puños* (*Pygocentrus, Serrasalmas*), tiger sorubim (*Psendoplatystoma tigrinum*), *botellos* (*Crenicichla*), *cuchas* (species in the genera *Hypostomus, Panaque*, and *Pterygoplichthys*), and *garopa* (*Myloplus metynnis*).

- **Commercial harvests of game species of mammals, reptiles, and birds**, including lowland tapir (*Tapirus terrestris*), lowland paca (*Cuniculus paca*), red brocket (*Mazama americana*), gray brocket (*Mazama gouazoubira*), collared peccary (*Pecari tajacu*), white-lipped peccary (*Tayassu pecari*), nine-banded armadillo (*Dasypus novemcinctus*), greater long-nosed armadillo (*Dasypus kappleri*), common woolly monkey (*Lagothrix lagotricha*), South American river turtles (*Podocnemis unifilis* and *P. expansa*), and curassows (*Mitu salvini*)

06 **A permitting process for logging and fishing** that is marked by a **lack of enforcement by the relevant authorities, a lack of dialogue and coordination** with local Community Action Boards (*Juntas de Acción Comunal*) and indigenous reserves, **local complaints of corruption**, and costly and lengthy procedures that make it **difficult for local communities to obtain licenses**

07 **Gold mining dredges on the Caquetá River that pollute the water, pose a threat to human health** because of mercury pollution, and introduce **social and cultural practices** that negatively impact local residents

08 **Natural soil erosion processes** that are exacerbated by deforestation and by agricultural and ranching practices not suited for the landscape. This erosion **alters natural drainages** and **rapidly impoverishes soils**; soils damaged over a decade or two may take more than 250 years to recover.

Threats (continued)

09 **Deep uncertainty felt by local residents about the implementation of the peace agreement**, and a real possibility that the region could return to a state of war, isolation, and abandonment by the Colombian government

10 **Oil and gas concessions that would threaten the integrity and purity of the region's rivers**. The Bajo Caguán-Caquetá region is currently open to the establishment of hydrocarbon concessions, and neighboring areas are already being explored for oil and gas.

Our rapid inventory in the Bajo Caguán-Caquetá region was the first concerted exploration of this landscape, and it was carried out by a multidisciplinary team of biologists, geologists, social scientists, and members of local communities. More than 90% of the landscape is covered by forest; there are a number of *campesino* settlements along the Caquetá and Caguán rivers, and two indigenous Murui Muina reserves on the Caquetá. During the inventory, and for the first time ever, *campesino* and indigenous communities gathered in the town of Solano to share their long-term vision for the landscape and for their lives in it. The summit revealed a strong consensus to conserve and manage the region in a collaborative fashion, via cooperation among communities, the Colombian government, and non-governmental organizations. It also highlighted the urgency of halting the active deforestation fronts and the importance of ensuring the well-being of everyone who lives in the region.

Below we outline **our recommendations for establishing a regional conservation area of 779,857 ha in the Bajo Caguán-Caquetá region that allows direct use by the indigenous and *campesino* communities who live there**. In parallel with the implementation of a formal process for establishing regional protected areas, it is essential to resolve key tensions regarding land tenure, to address expectations for expanding indigenous reserves, and to reach a consensus on community boundaries with the relevant authorities. To ensure close coordination with local residents, it is necessary to create a new permanent mechanism for coordination in the form of an inter-institutional and community working group (*mesa de diálogo interinstitucional y comunitaria*). This board should include regional and local authorities, as well as representatives of all the indigenous and *campesino* communities in the region. In addition to our recommendations for protecting and managing the region, we also suggest some priorities for future inventories, research, and monitoring.

PROTECTION AND MANAGEMENT

As mentioned above, all of our recommendations depend on **the establishment of a working group (*mesa de diálogo*) composed of local and regional stakeholders, as well as representatives of local communities**. This group should ensure close coordination with local residents and should move forward with the following recommendations:

01 **Resolve land tenure issues in the region (*catastro rural multipropósito*)** by reaching consensus with local residents on borders, redrawing the area removed from the Reserva Forestal to reflect current occupation patterns, formalizing the settlements located within the Reserva Forestal (La Maná, Tres Troncos, La Pizarra, and Orotuya) via resource use agreements (*acuerdos de uso común*), and evaluating the proposals to expand the existing indigenous reserves.

02 **Establish a regional conservation area devoted to protecting and managing the Bajo Caguán-Caquetá region, in close collaboration with local residents.** The new area should be established in a way that respects the aspirations of local communities, builds on existing community instruments for planning and management, and encourages new instruments for planning and management in communities that currently lack them. The goals of the new conservation area are:

- **To establish a conservation corridor and maintain connectivity** of forests, ecosystems, and ecological and evolutionary processes between the Serranía de Chiribiquete and La Paya national parks

- **To ensure the long-term presence of environmental and ecosystem services** that benefit people at local, regional, and national scales

- **To protect biodiversity and create a safe haven** for species that are threatened elsewhere in the Amazon basin

- **To stop the expansion of farmland and ranchland and to stabilize land use**

- **To protect the traditional territory of the Murui Muina peoples** settled in the Huitorá and Bajo Aguas Negras indigenous reserves, and thereby help maintain their culture

- **To promote the creation of regional protected areas in the Amazon**, with the direct participation of local communities.

- **Establish conditions for the long-term survival of peoples** in voluntary isolation by protecting the lands between the Caguán River and Serranía de Chiribiquete NP.

03 **Develop a model of co-management and co-administration for the area that involves government environmental authorities and local community organizations,** and that:

- **Defines a coordinating and administrative body** with representatives from local and regional authorities.

- **Establishes clear zones** for human settlements, managed use, and strict protection, **which take into account the land use aptitude of soils and are compatible with the zoning and management of the adjacent national parks.**

- **Draws up agreements regarding the use and management of the area** based on existing community agreements and a respect for indigenous and *campesino* knowledge and culture.

- **Develops mechanisms for community patrols** backed by local authorities.

- **Prohibits the granting of logging and fishing licenses within the area** and promotes **community forestry management** which includes non-timber forest product harvests and sustainable fisheries management.

- **Develops a novel program of monitoring and patrolling** that links information gathered through community monitoring with information gathered via remote sensing with the goal of making informed decisions and implementing adaptive management in the area.

04 **Strengthen the capacity of the regional environmental authority, Corpoamazonia, to manage regional conservation areas and to co-manage areas with local residents; simultaneously strengthen local governance to support the administration and coordination of the new conservation area** (see recommendation 2).

05 **Seek and ensure long-term financing for the conservation area**, potentially through payment for environmental services programs, international cooperation agencies, or as part of the larger strategy to finance protected areas throughout Colombia (Herencia Colombia).

06 **Implement the peace agreements** signed by the Colombian government and the FARC in August 2016 in Havana, Cuba, and ratified by the Colombian congress in December 2016, **giving priority to agreements regarding integrated rural land reform.**

07 **Work in cooperation** with rural communities, indigenous reserves, the Ministry of Agriculture, other governmental agencies, and non-governmental organizations **to develop and implement new agricultural practices and methods,** with the goal of **guaranteeing the well-being of local communities, promoting diversified agriculture, assuring the food security of the local population, and thereby reducing pressure on the region's forests.**

08 **Guarantee the fundamental human rights** of health care, education, housing, and peace, and facilitate the provision of social services in the Bajo Caguán-Caquetá region, especially communications, public notaries, and access to justice.

Technical Report

REGIONAL PANORAMA AND DESCRIPTION OF SITES VISITED

Authors: Corine Vriesendorp and Nigel Pitman

SHORT REGIONAL OVERVIEW

Introduction

With a watershed larger than that of the United Kingdom (267,730 km²), the Caquetá River is Colombia's largest Amazonian river (Goulding et al. 2003). One of the Caquetá's largest tributaries is the Caguán River, whose 14,530-km² watershed has its origins in the slopes of the eastern cordillera of the Andes, in northern Caquetá Department. Both rivers are majestic in scale. Just before the Caguán meets the Caquetá, after traveling more than 600 km on its own, its channel measures 250–300 m across. At the same place, the Caquetá measures 400–700 m across. These are typical lowland Amazonian rivers: meandering, with white waters (i.e., carrying a heavy load of suspended sediment), and with water levels that vary drastically between rainy and dry seasons.

The focus of the rapid inventory was a remote, roadless area of forested wilderness measuring 800,000 ha, in the lowlands of Caquetá Department (Figs. 2A–D). The area is located between the unprotected savannas of the Yarí River to the north, the spectacular rocky outcrops of Serranía de Chiribiquete National Park (NP) to the east, the flooded habitats of La Paya NP to the southwest, and the Predio Putumayo Indigenous Reserve to the south. Our study area included the lower course of the Caguán, between the town of Monserrate and its junction with the Caquetá; a 150-km stretch of the Caquetá River, running upriver from its junction with the Caguán to the municipality of Solano; and a vast expanse of forest between the Caquetá, the Caguán, and the southwestern border of Serranía de Chiribiquete NP.

Conservation context and the peace process

This area—which we call the Bajo Caguán-Caquetá region in this report—has high conservation value because its intact forest cover maintains a natural corridor stretching 90 km between two national parks in the Colombian Amazon (Figs. 2C, 12). There are currently three deforestation arcs advancing towards the Bajo Caguán-Caquetá region, which are, in descending order of importance: an arc descending the Caguán River, a second arc advancing along the Puerto Leguízamo-La Tagua road, and a third arc descending the Caquetá River (Fig. 2C and Appendix 1). Our rapid inventory aims to provide technical, biological, and socio-cultural information that helps stop further deforestation in the region. Part of that strategy is to support the creation of a regional conservation area that makes sense to local residents and that allows for direct use of natural resources by both *campesino* and indigenous communities.

Most of the Bajo Caguán-Caquetá region is designated as a Forest Reserve according to the Second Law (*Reserva Forestal de Ley Segunda*), a Colombian land use category that seeks to maintain standing forest and that does not permit human settlement. There are two types of Forest Reserve: Type A, a stricter category, and Type B, a less strict category (Fig. 24). The rest of the landscape is designated as *área sustraída*: lands that originally belonged to the Forest Reserve but that were removed from that designation to allow human settlement in 1985. Two other important land use designations occur in the region, and both of them share a border with the proposed regional conservation area: national parks (Serranía de Chiribiquete, with 4,268,095 ha, and La Paya, with 422,000 ha), and indigenous reserves or *resguardos indígenas* (Resguardo Indígena Huitorá, with

67,220 ha, and Resguardo Indígena Bajo Aguas Negras, with 17,645 ha).

For decades the remote Bajo Caguán-Caquetá region has been a stronghold of the FARC-EP guerrilla movement, with little to no Colombian government presence. The 12th, 13th, 14th, and 48th fronts of the FARC were active here, together with the Teófilo Forero mobile column, and they exerted a strong military control over the region. Consequently, outside actors, including researchers and scientists, were not allowed into the region. Following the signing of the peace accord in August 2016 and its ratification by the Colombian congress in December 2016, the area began to open to scientists and other outside actors.

Geology, hydrology, and climate

Geology and hydrology

The Bajo Caguán-Caquetá region is located between the eastern range of the Colombian Andes and the Guiana Shield outcrops of Chiribiquete. The Caquetá is born in the Andes, in the peatlands of the Peñas Blancas páramo, next to the Páramo de las Papas and near the border of Huila and Cauca departments at 3,900 masl elevation. The Caguán originates farther to the north, on the slopes of the Eastern Cordillera, south of Los Picachos National Park at an approximate elevation of 2,800 masl. The two rivers descend the Andes in near perpendicular fashion, the Caquetá from west to east and the Caguán from north to southeast, until a geological fault near the village of Brasilia forces the Caguán to turn south and join the Caquetá.

The area is marked by a series of faults and lineaments running either from NW-SE or SW-NE. Other areas of the western Amazon in Peru and Ecuador have experienced substantial redistribution of sediments by mega alluvial fans (e.g., the Pastaza), but those large-scale processes of soil deposition and redistribution do not appear to have occured in the Bajo Caguán-Caquetá region. The region is marked by strict geological controls, both because of the proximity of the Andes and the Chiribiquete uplift, but also because of neotectonic activity. Most of the rivers in the region have smaller flood plains and fewer meanders than similar rivers in Peru and Ecuador.

Millions of years ago, the Bajo Caguán-Caquetá region and much of western Amazonia were covered in shallow water as part of a giant paleo-wetland or paleo-lake known as Pebas. A connection appeared in northern Colombia and Venezuela between Lake Pebas and the Atlantic Ocean, resulting in a mix of marine waters and mollusks and freshwater wetlands. This history is reflected in the fossilized mollusks found in the Pebas soils of the Bajo Caguán-Caquetá region and across much of western Amazonia.

There are three major soils types in the Bajo Caguán-Caquetá region. Much of the area is covered in a variety of clays derived from the lower and middle and upper layers of the Pebas Formation. These three layers vary significantly in their fertility. Salt licks, which are critical for wildlife, are derived from the much more fertile clays of the lower Pebas. Much more acidic clays are found in the upper Pebas. All Pebas soils tend to be poorly drained. As in other parts of western Amazonia, salt licks provide hugely important resources for wildlife in the Bajo Caguán-Caquetá region. Although they are relatively scarce on the landscape, they are well known both by wildlife and by human hunters.

The high terraces on the landscape feature the other common soil in the region, a sandier and much more recent deposit dating from the Plio-Pleistocene and known as the Caimán Formation. The rest of the landscape, along rivers and streams, is covered by recently deposited floodplain soils We did not find any evidence of the sandier soils derived from the Nauta Formation that are often deposited on top of the Pebas formation in the Peruvian Putumayo watershed and across much of the Peruvian department of Loreto. Neither did we see evidence of white sand soils, such as those that occur around the rock outcrops of Serranía de Chiribiquete NP or in isolated patches south of the Napo River in Loreto.

The rivers and streams of the Bajo Caguán-Caquetá region have light-colored or transparent waters that are slightly turbid in some rivers, where they have a muddy look. Despite this appearance they have low to very low conductivity (4–28 µS/cm), which classifies them as very pure waters with a low content of dissolved salts. This makes it easy to distinguish waters associated with salt licks and other areas where the water and soils have a high concentration of dissolved salts, since the conductivity in those areas reaches 572 µS/cm, fully 20 times higher than elsewhere on the landscape. The pH measurements we took in the field classify the river and stream water as slightly acidic (5–6) and similar to rainwater (5.5). Waters collected in salt licks were neutral or slightly alkaline (7–8) due to the effect of the salts.

Climate

There are three weather stations close to our study area: Cuemani, Remolinos de Caguán, and Puerto Leguízamo (IDEAM 2018, IGAC 2015). Temperature hardly varies throughout the year, ranging from 28 to 31.5 °C (Fick and Hijmans 2017). Annual precipitation varies from 2,695 to 4,196 mm, with a maximum in June (~380 mm) and minima in December-January (~120–180 mm).

Although the rainy season should have begun in March, the year we carried out the rapid inventory seemed to be drier than normal. Our inventory took place in April 2018, during a slow transition between a long dry season and the start of the rainy season. We saw very few rainy days in the field, and had the impression that rainy season was only truly beginning as we were leaving. The long dry season had some unexpected consequences, especially for fishes, amphibians, and reptiles; in those groups we recorded fewer animals than expected. Some common species were very rare or absent altogether (e.g., *Pristimantis* frogs and *Anolis* lizards, both represented by very few individuals and species, and low-conductivity streams in which there were no fish).

A more detailed and technical description of the physical landscape can be found in the chapter *Geology, soils, and water.*

Previous studies

Because of the long armed conflict that has wracked this part of the Colombian Amazon, very little scientific research has been carried out in the Bajo Caguán-Caquetá region. There are a few notable exceptions, such as the decades of work by the SINCHI Institute, including efforts to carry out the National Forestry Inventory. Other examples include the work of Tropenbos in the middle Caquetá/Araracuara, research by Puerto Rastrojo, the National University of Colombia, and others in Serranía de Chiribiquete NP, and other initiatives of a handful of researchers who have succeeded in working in the region despite the risks. The Universidad de la Amazonia in Florencia has carried out some studies in the Bajo Caguán-Caquetá region, especially in the

Huitorá Indigenous Reserve and the town of Peregrino. The German development agency (GIZ) has also worked in Peregrino, and in 2017–2018 multiple non-governmental organizations worked with *campesino* and indigenous residents along the Caquetá and Caguán rivers. These include Amazon Conservation Team-Colombia, The Nature Conservancy, Fondo Acción, and World Wildlife Fund. Despite these heroic efforts, vast expanses of the Colombian Amazon remain poorly known. As the peace process moves forward and security becomes less of an issue in the region, we expect to see a surge in research and significant advances in our understanding (Regalado 2013).

The first study we know about for the Bajo Caguán-Caquetá region is a 1952 expedition by Philip Hershkovitz, an American mammalogist at the Field Museum. In January and February of that year Hershkovitz and his field assistants stayed at the house of Sr. Rafael Quiroga in Tres Troncos, where they collected more than 150 mammal, bird, and reptile specimens currently deposited at the Field Museum.

SOCIAL INVENTORY SITES

The study area lies within two municipalities of the department of Caquetá: Cartagena del Chairá, with a population of 34,953, and Solano, with a population of 25,054 (DANE 2018).

The social inventory team focused on an area where towns (called *veredas* in Colombia) and indigenous reserves overlap with the proposed protected area (Fig. 2A). We worked in three sectors:

- 16 *veredas* of Núcleo 1 on the lower Caguán River, with a population of ~1,373;

- 5 *veredas* on the banks of the Caquetá River, with a population of 410; and

- 2 indigenous Murui Muina (belonging to the Huitoto peoples) communities in the Huitorá and Bajo Aguas Negras indigenous reserves, with approximately populations of 150 and 84, respectively.

Current residents of this region arrived at different times in the past. The first *campesino* and Murui Muina residents migrated—and in the case of the indigenous residents, were forced to migrate—to the Caquetá region at the end of the 19th century and the beginning of the

20th century due to the rubber boom. Some *campesinos* settled along the Caquetá following the Peru-Colombia war in 1933. The first *campesinos* settled the lower Caguán River starting in the 1970s, attracted by government policies promoting colonization and the economic boom around coca cultivation in the 1980s. The pro-colonization policies also encouraged some *campesino* families to settle along the Caquetá river in the 1970s.

Our team of social scientists worked with 16 *veredas* in Núcleo 1, 3 *veredas* on the Caquetá River, and the 2 indigenous reserves. Approximately 200 people participated in the workshops we carried out with those communities, including leaders (men and women) and young people. In addition to the workshops, we organized the first summit between *campesino* and indigenous residents of the Bajo Caguán-Caquetá region in Solano, in the *maloca* (traditional indigenous longhouse) of the Ismuina Indigenous Reserve. Seventy-five people attended the summit, including indigenous residents, *campesino* residents, and representatives of governmental institutions such as Corpoamazonia, the Solano mayor's office, and the departmental government of Caquetá.

The communities we visited during the social inventory are described in detail in the chapters *A history of human settlement and occupation in the Bajo Caguán-Caquetá region, Environmental and territorial governance in the Bajo Caguán-Caquetá region, The state of public services and infrastructure in the Bajo Caguán-Caquetá region*, and *A summit of campesino and indigenous peoples to build a shared vision for the the Bajo Caguán-Caquetá region.*

BIOLOGICAL INVENTORY SITES

The biological team worked at four campsites: two near *campesino* settlements along the Caguán River and two inside indigenous reserves along the Caquetá River, upstream from its confluence with the Caguán. These sites were selected with the goal of sampling the greatest diversity of habitat types in the Bajo Caguán-Caquetá region. We succeeded in visiting most habitats along the two main rivers and along two tributaries: Orotuya and El Guamo.

The next sections offer a detailed description of the four campsites, followed by a brief discussion of the

habitats that we were not able to sample and that are priorities for future inventory work.

EL GUAMO CAMPSITE

Dates: 6–10 April 2018

Coordinates: 00°15'08.6" N 74°18'19.6" W

Elevational range: 180–200 masl

Short description: Upland and floodplain forest on an 18-km trail system around a temporary campsite on the northern bank of the El Guamo River, a clear-water tributary of the lower Caguán River. Approximately 6 km NNW of the *vereda* El Guamo and 3.5 km NW of Richard's *finca*.

Administrative units: Municipality of Cartagena del Chairá, Department of Caquetá, Colombia

Hydrographic context: Caguán Hydrographic Zone, Río Caguán Bajo Hydrographic Subzone (IDEAM 2013)

Distance to the other campsites: 37 km to Peñas Rojas, 52 km to Orotuya, 45 km to Bajo Aguas Negras

---

Our first campsite was located on a small north-bank tributary of the lower Caguán: the Caño El Guamo (*caño* means creek or small river; Figs. 2A–D). The small town of El Guamo, population 154, is located at the mouth of the creek. Our campsite was ~6 km NNW of the town and ~3.5 km from the nearest farm. The town and creek take their name from the common name of a tree in the genus *Inga* that grows abundantly along the creek (*Inga vera*; voucher MC10104). It is worth noting that the El Guamo appears on some official maps with two alternative names: Añucu and Añaku. We did not hear these names used in the field.

The El Guamo is a clear-water creek measuring about 8 m across in the place where we camped. Despite its considerable size, it was not possible to reach the campsite by boat during the inventory due to the low water levels resulting from a late start to the rainy season. When we established the campsite the water level was even lower, and the team had to reach camp on foot. A horse helped carry our gear and supplies to Bimbo's farm, which was about 2.7 km from the town. We set up the campsite 3.5 km NW of Bimbo's farm. Both the El Guamo and its tributaries, which drain the surrounding hills and terraces, are strongly incised and have a boxy appearance due to their nearly vertical banks and flat, muddy bottoms.

This was apparently the first time that residents of El Guamo (and any scientist) had visited this place. The reason is that for decades the FARC guerrillas did not allow anyone to enter the forest beyond Richard's farm. Even so, during the inventory community members showed impressive natural history knowledge of trees and wildlife.

We explored 18 km of trails at this campsite. The trails led through riparian forest, forest on low and seasonally flooded terraces, and upland hill forest, and past seasonal ponds. The hills here were rounded and not very high; the highest points on the landscape here were just 20 m above the lowest. The hills here do not form a large block of uplands on the landscape, but rather an archipelago of hills within a larger matrix of lower streams and floodplains (Appendix 2). Tall forest dominated the uplands here, and the following tree species were very common: the palm *Oenocarpus bataua*, *Clathrotropis macrocarpa*, *Pseudolmedia laevis*, *Dialium guianensis*, and *Hevea guianensis*. Two treelets—*Leonia cymosa* and an unidentified *Rinorea*—were common in the upland forest understory. These seven species were common in upland forest at all four campsites.

Upland forest at this campsite sits on the Pebas Formation. Soils are deep, reddish, loamy-clayey to clayey, and nutrient-poor. The streams that drain the uplands had clear to light-colored water with a pH of 5.5–6 and very low conductivity, as low as 20 µS/cm. (The Caimán Formation, which is also associated with upland areas in the broader study area, was not present at this campsite but was seen farther up the Caguán River, about 35 km away, near the Huitoto Creek. Our geology team visited that location briefly during two trips they made during our stay at El Guamo to sample soils and water along the lower Caguán.)

The lower areas that are influenced by flooding of the El Guamo and its tributaries were dominated by tall forest on alluvial soils. We explored two small ponds that are connected to the El Guamo during rainy season. Each measured ~80 m² in size and sat ~50 m from the creek.

Plant and animal diversity at El Guamo were moderate, and many of the plant species we recorded there are indicators of poor soils. Despite the campsite's proximity to a town, both vegetation and wildlife here were in excellent shape. We saw some enormous high-value timber trees like *cedro achapo* (*Cedrelinga cateniformis*), tropical cedar (*Cedrela odorata*), *polvillo* or *tamarindo* (*Hymenaea oblongifolia*), and *marfil* (*Simarouba amara*). The forest seemed to be full of monkeys, including common woolly monkey (*Lagothrix lagotricha*) and white-bellied spider monkey (*Ateles belzebuth*) whose inquisitive behavior indicated that they had seen little or no hunting. There were many ticks at this campsite, also a sign of abundant wildlife. Small rodents were extremely common; numerous biologists on the team commented that they had never seen so many at any other site.

We visited three salt licks at this campsite. All of them were located in low, muddy depressions in the uplands. The salt licks measured ~20 m² and were surrounded by steep walls into which the animal that visit the licks had carved deep trails. Vegetation in the salt licks varied from an open clearing with *Bactris riparia* and sedges to much denser, more closed vegetation. Water here had high conductivity (125 and 525 µS/cm), and a pH reaching 8. The three salt licks fall along a line trending ENE-WSW, which suggests that some other formation could have been exposed in these salt licks due to the movement of a linear geological fault. Only one of the local scientists told us that he had hunted at these salt licks.

Three weeks before the biological team arrived we installed 17 camera traps at this campsite. Some were set up near the salt licks and others around animal tracks or burrows.

PEÑAS ROJAS CAMPSITE

Dates: 11–15 April 2018

Coordinates: 00°04'43.2" S 74°15'44.8" W

Elevational range: 165–185 masl

Short description: Upland forest, floodplain forest, and
cultivated areas on a 20-km trail system around the
finca of Sr. Juan Carlos Cano, on the eastern bank of the
Laguna La Culebra. Approximately 2.5 km SSW of the
vereda Peñas Rojas and 6 km N of the confluence of
the Caguán and Caquetá rivers.

Administrative units: Municipality of Solano, Department
of Caquetá, Colombia

Hydrographic context: Caguán Hydrographic Zone,
Río Caguán Bajo Hydrographic Subzone (IDEAM 2013)

Distance to the other campsites: 37 km to El Guamo,
74 km to Orotuya, 42 km to Bajo Aguas Negras

Our second campsite was located in the lowermost
stretch of the Caguán River, 2.5 km from the town of
Peñas Rojas (an hour-and-a-half walk) and just 6 km
upriver from the confluence of the Caguán and the
Caquetá (Figs. 2A–D). We camped in the *finca* of
Sr. Juan Carlos Cano, on the banks of a large lake in
the Caguán floodplain.

The Laguna La Culebra is a 4 km-long U-shaped
oxbow lake (an old stretch of the Caguán River). When
the Caguán is high, a canal connects the river and the
lake and the *finca* can be reached by boat. When the
river is low, it is separated from the lake by 350 m of
floodplain forest.

Our campsite was located in the transition zone
between the broad floodplain of the Caguán and Caquetá
to the west and south, and a series of upland terraces to
the northeast. We explored 19.5 km of trails at this site
to visit the upland terraces and seasonally flooded areas,
including small swamps dominated by palms and the
riparian forest bordering the oxbow lakes. We also
sampled disturbed forest and pastures close to the *finca*.

The upland terraces are drained by clear-water
streams and have reddish, clayey soils that are probably
derived from the Pebas Formation. Beyond our trail
system to the northeast are upland terraces that our
geologists believe are associated with the Caimán
Formation, based on their sampling of similar formations
on the banks of the Caguán River near the town of

Peñas Rojas. We suspect that these Caimán Formation
terraces are very similar to those we have visited in the
Peruvian portion of the Putumayo watershed (Pitman
et al. 2004, 2011, Gilmore et al. 2010). At this campsite
the geologists also sampled some sites associated with
the Caimán Formation in the lower stretch of the Peneya
River, whose mouth is 20 km from the confluence of the
Caguán and Caquetá.

In addition to Laguna La Culebra, we visited two
other oxbow lakes in the area: Laguna Bolsillo del Cura
(an old stretch of the Caguán River, like La Culebra) and
Laguna Limón (an old stretch of the Caquetá River).
These lakes were bordered by intact riparian forest, with
the exception of the small farm where we made camp.
All of the biological teams visited La Culebra and Limón.
The fish team spent one night at the Laguna Limón,
where they caught some black prochilodus (*Prochilodus
nigricans*) nearly 45 cm long, as large as has ever been
reported in the scientific literature. The ichthyological
team also sampled a number of white-water streams, as
well as a sandy beach on the Caguán itself.

At the most distant points from the *finca* (~5 km
away), the forest seemed quite well-preserved. Closer to
the farm, much of the forest had been subject to selective
logging; we observed some cut individuals of *achapo*
(*Cedrelinga cateniformis*) that were hollow. Hunting
was common; every night we heard gunshots of hunters
probably hunting lowland paca (*Cuniculus paca*).
This was the only campsite located on a farm and we
observed some animals characteristic of pastures or
disturbed areas, such as vampire bats (*Desmodus* sp.)
and Andean Lapwings (*Vanellus resplendens*) flying over
the lake and walking among the cows. We also saw signs
of a wild fauna that remains healthy. For example,
we observed a group of giant river otters (*Pteronura
brasiliensis*) in Laguna La Culebra. In two nights of bat
sampling we recorded 12 species belonging to several
ecological guilds, including bats that feed on nectar,
fruits, and insects. Mosquitoes and flies of all sizes were
abundant at this campsite, but in contrast to El Guamo
we saw very few ticks.

We do not find salt licks at this campsite. Stream
conductivities were slightly lower than those measured
at El Guamo (≤17 µS/cm) and the streams had sloping
banks instead of a boxy. We did not set up camera traps
at this campsite before the inventory, but we installed

four cameras on our first day here and operated them for three days and nights.

The most mysterious feature of this campsite was a sound that several researchers heard at night while they were watching the mist nets for bats. It resembled an electric buzzing and came from the swollen forest streams. Although several people heard it, and we made a recording of the sound, no one was able to identify it.

OROTUYA CAMPSITE

Dates: 16–20 April 2018

Coordinates: 00°21'37.9" N 74°45'49.5" W

Elevational range: 167–214 masl

Short description: Upland and floodplain forest on a 14-km trail system around a temporary clearing inside the Huitorá Indigenous Reserve, on the eastern banks of the Orotuya River. Approximately 18 km NNE of the community of Huitorá and 8 km S of the reserve's northern border.

Administrative units: Municipality of Solano, Department of Caquetá, Colombia

Hydrographic context: Caquetá Hydrographic Zone, Río Rutuya Hydrographic Subzone (IDEAM 2013)

Distance to the other campsites: 52 km to El Guamo, 74 km to Peñas Rojas, 42 km to Bajo Aguas Negras

---

The third camp was located on the eastern banks of the Orotuya[1] River, a large tributary of the Caquetá, about 18 km north of the confluence of the Orotuya and Caquetá in a straight line (Figs 2A–D). Reaching the camp from the community of Huitorá at the mouth of the Orotuya required a 4-hour boat trip. Near camp the river was still impressively big, measuring 20 m wide.

The lands east of the Orotuya River are inside the Huitorá Indigenous Reserve (67,220 ha), while those to the west of the river belong to the *campesino* town of Orotuya. During our visit, the eastern and western banks offered a stark contrast. Both in the field and in satellite images of the area, it was very evident that the reserve side of the river is dominated by standing forest

while the opposite side is mostly cut forests and pastures. Our campsite was located on the eastern banks, inside the reserve, and three of the four trails we established were as well. The fourth trail explored lands to the west of the river. On the day the biological team started to travel up the Orotuya River, residents of the town of Orotuya stopped us and asked us not to use the fourth trail. After recovering the camera traps we had installed there, we respected their request.

The three trails on the eastern side of the river totaled 13.7 km and crossed the floodplain of the Orotuya River before reaching low hill forest. Between the time the advance team worked here and the time the biological team arrived the river had risen several meters, and it rose at least another meter while we were there. Some of the trails were flooded chest-deep, and by the last day riverwater had already begun to flood our camp.

Our geologists consider Orotuya to be a mixed-water river, since its watershed includes the Pebas Formation, the Caimán Formation, and some palm swamps. The primary soils in the floodplain were heavy, poorly-drained clays. The primary soils in the uplands were deep, reddish, loamy-clayey, and derived from the upper portion of the Pebas Formation, which generates the poorest soils. The upland streams had clear waters with very low conductivity (<10 µS/cm). We did not observe any salt licks in this camp, but the people of Huitorá told us that there is a massive one, measuring >10 ha, several kilometers from their community.

The forest at this campsite was similar to that at El Guamo, but primates were less frequent and formed smaller groups. We saw little wildlife at this camp, with the exception of mammals. The 21 camera traps we installed captured photos of tapir, jaguar, puma, ocelot, jaguarundi, short-eared dog, and giant anteater. As at El Guamo, sightings of small rodents were frequent. Few plants were flowering on the trail system, but many were flowering along the Orotuya. In a single day on the river the botanists collected a huge impressive number of fertile specimens (90), including the same *Inga vera* tree that El Guamo is named after.

The most alarming finding at this campsite was evidence of widespread logging within the Huitorá Indigenous Reserve. At many places along the trails we found felled trees, cut boards, and logging trails used to transport timber to the river. Although these impacts

---

1 The Orotuya is labeled as the Rutuya in some maps (e.g., IDEAM 2013, Google Maps) and according to residents of the Huitorá indigenous reserve the name's etymology is complex. Orotuya means 'golden creek' in the Coreguaje language. This may be, however, a modern version of the river's original name, Rutuya. We were told that 'rutuya' in Coreguaje is the name of a native plant whose seeds are poisonous for fish, and that the river got that name when people noticed dead fish in it during the fruiting season of that plant, which grows on the riverbanks. We have not determined which plant this is.

were more evident near the river, where we counted >10 stumps and a number of logging trails, they were also obvious at the most distant points in our trail system (>5 km from the river). The felled trees were *polvillo* (*Hymenaea oblongifolia*) and *achapo* (*Cedrelinga cateniformis*). We noted some natural regeneration (seedlings and saplings) of *Hymenaea* but none for *Cedrelinga*; the clearings caused by logging were dominated by common pioneer trees such as *Cecropia sciadophylla*, *C. distachya*, and *Pourouma minor*. Amazon Conservation Team-Colombia has been working with Huitorá to establish a communal greenhouse, and during our visit one of the local scientists who accompanied us, Elías Gaviria, collected seedlings of the timber tree *marfil* (*Simarouba amara*) for a reforestation project.

BAJO AGUAS NEGRAS CAMPSITE

Dates: 21–23 April 2018

Coordinates: 00°00'04.7" S 74°38'41.7" W

Elevational range: 170–200 masl

Short description: Upland forest, flooded *Mauritia flexuosa* palm swamp, and disturbed forests on a 13-km trail system around the central settlement of the Bajo Aguas Negras Indigenous Reserve, on the eastern (northern) bank of the Caquetá River.

Administrative units: Municipality of Solano, Department of Caquetá, Colombia

Hydrographic context: Caquetá Hydrographic Zone, Middle Caquetá Hydrographic Subzone (IDEAM 2013)

Distance to the other campsites: 45 km to El Guamo, 42 km to Peñas Rojas, 42 km to Orotuya

Located almost exactly on the equator (which is ~100 m from the *maloca*), this campsite was centered around one of the two *malocas* in the Bajo Aguas Negras Indigenous Reserve. To get there, we walked ~2 km from the banks of the Caquetá River. Half of the trail traversed a swamp dominated by the palm *Mauritia flexuosa*, via a walkway made of *Mauritia* logs. When the Caquetá River is high, this swamp is flooded up to 4 m deep and it is nearly possible to reach the *maloca* by boat.

This campsite was included in the inventory at the last minute, at the request of the inhabitants of Bajo

Aguas Negras. Our advance team quickly established a 13-km trail system composed of both new and existing trails. These trails crossed a landscape of disturbed forests and regrowth of various types: some abandoned manioc plantations, some that had been selectively logged, and others with agroforestry projects (e.g., a plantation of the *umarí* fruit tree [*Poraqueiba sericea*]). Beyond these disturbed forests the trails entered some better-conserved forest and crossed a terrace with the sandy soils of the Caimán Formation—a habitat we did not see at any other campsite.

We were also able to work in the palm swamps, a rare habitat in the Colombian Amazon compared to the large expanses of *Mauritia flexuosa*-dominated forest in the Peruvian and Ecuadorian Amazon, and one we did not sample well at the other campsites. During our visit the swamp was underwater and full of aquatic plants like *Eichhornia crassipes*. Seasonal flooding by the sediment-rich waters of the Caquetá River means that this is not a peat bog in the strict sense, and it shares many attributes with *várzea* forest. In fact, many of the bird species recorded in this swamp are more typical of *várzea* forest than of palm swamps.

One of our trails led north from camp to a beautiful stream known as Caño Peregrinos. This stream drains an area of upland forest and empties into a lake in the floodplain of the Caquetá near the town of Peregrino. During our visit it was about 12 m wide, and it looked like it could rise about 3 m more during rainy season.

The name Aguas Negras ('black waters' in Spanish) generated some confusion among our team. It refers to a tributary of the Caquetá that begins as a stream with clear and transparent waters, but that turns dark near its confluence with the Caquetá, due to an influx of tannin-rich water from the palm swamp. Even there, however, it is not a black-water river. We did not sample any black-water streams or rivers during the inventory and we suspect that they do not exist in the study area.

Of the four campsites we visited, this one had the smallest populations of timber species. Game bird populations were also smaller, but we did observe them here. Residents of the indigenous reserve organize their year around an ecological calendar, and several of their observations helped us to understand the landscape. For example, when we mentioned how scarce fish were, they told us that there are fish in the streams between

Table 1. Climate of the Bajo Caguán-Caquetá region of Amazonian Colombia, based on data recorded at three stations in the surrounding area. The Remolinos del Caguán station has been inactive since July 2015. Sources: IDEAM 2018, IGAC (2014, 2015).

Station	Elevation (masl)	Mean temperature (°C)	Mean precipitation (mm/year)
Cuemaní	137	26.6	4,196
Remolinos del Caguán	200	25.9	2,695
Puerto Leguízamo	147	26.3	2,992

December and February, and fish in the palm swamp in June, and that fishing is difficult at other times of the year. They also mentioned that the best time to find snakes is after the fruits of the rubber trees (*Hevea*) burst, which probably happens during the driest time of the year.

Residents of Bajo Aguas Negras recognize seven different soils in the area, including a clay that they use as an antibacterial medication. Based on the soil attributes here we expected to see the understory palm *Lepidocaryum tenue*, known in Colombia as *puy* and in Peru as *irapay*. Local scientists told us that this plant does not grow in Bajo Aguas Negras, but does grow in the Puerto Sábalo Los Monos Indigenous Reserve, 50 km farther down the Caquetá River, and just outside our study area. Reaching the salt lick closest to the *maloca* requires a walk of at least three hours, and we were not able to visit it during our visit. We did not set up trap cameras at this campsite.

Sites not visited

We were not able to sample a few important habitats during the rapid inventory. For example, we had originally planned to establish a campsite on the Caño Huitoto, near the town of Brasilia on the lower Caguán. Our overflight and a review of satellite images had revealed some landscape features there that are rare elsewhere in the study area: a large terrace north of the Huitoto, drained by a curious system of parallel streams that run north to south (see overflight point 14 in Appendix 1), and a complex of swamps and possibly peatlands (overflight point 15).

During the planning phase of the inventory, residents of the lower Caguán recommended against establishing a campsite on the Huitoto, and we took their advice. Because we did not collect any information in the field on that northeastern sector of the original Corpoamazonia polygon—specifically the region

between the Caguán and Yarí rivers, close to the border of Serranía de Chiribiquete NP—we consider it a priority for future inventories. Other priorities are 1) sites farther from towns in the high terraces of the Caimán Formation, 2) lakes and associated environments along the Yarí River, and 3) the high hills between the Yarí and the Caгúan.

GEOLOGY, SOILS, AND WATER

Authors: Pedro Botero, Hernán Serrano, Jennifer Ángel-Amaya, Wilfredo Cabrera, Wilmer Fajardo, Luis Garay, Carlos Londoño, Elvis Matapí, Régulo Peña, and Alexis Saldarriaga

Conservation objects: Salt licks or *salados* where the soils and water have high levels of salts and provide nutrients to the birds and mammals that visit these sites, which makes them important for both ecotourism and hunting; well-developed but nutrient-poor soils that support both complex ecosystems and the subsistence crops of *campesino* and indigenous communities, and that are vulnerable to erosion when the forest is cut; pure, high-quality streams and rivers that provide drinking water and the only way to travel between communities; the stratigraphic sections of the Pebas and Caimán formations around El Guamo and the Peneya and Umancia rivers, which are of special interest to geologists because they constitute the best outcroppings of these rocks in the plate 486 area, and which merit official designation as part of Colombia's geological heritage due to their scientific and paleontological importance

INTRODUCTION

Climate, hydrology and geology

The rapid geological inventory sites are located in the lower basins of the Caguán, Orotuya, and Peneya rivers, which are tributaries of the middle Caquetá watershed and which shape the landscape of this northwestern portion of the Amazonian plain (Figs. 2A–D). There are no weather stations in the area. However, data from three stations in the surrounding area (Table 1) suggest that the climate of the study area can be classified according to the Köppen-Geiger system as Tropical rainforest climate (Af), with a monomodal rainfall regime. Maximum precipitation occurs in June (~380 mm) and minimum in December-January (~120–180 mm; IGAC 2014, 2015). The location of the stations is presented in Figure 14.

The Caquetá is one of the largest rivers in the Amazon, with an average flow of 9,540 m³/s. It has a simple regime, reaching a maximum of 15,370 m³/s in June and a minimum of 4,826 m³/s in February. The Caquetá basin covers 99,974 km², as measured up to the Puerto Córdoba station. The Caguán is an average-sized river for Colombia, which has one of the largest freshwater river networks on Earth. The average flow of the lower Caguán is 388.1 m³/s (ENA 2014). The water in these rivers is considered to be 'white' due to their large load of suspended particles, neutral to slightly acidic pH, low transparency, highly productive fish communities, and the periodic renewal of floodplain soils (Corpoamazonia 2011).

While the upper watersheds of the Caquetá and Caguán rivers are rather average based on water quality indicators, the middle Caquetá and the lower Caguán show low sediment production, low variability in flow, and limited effects of anthropogenic pressure (ENA 2014). In other words, water quality there is high and water is abundantly available.

The Bajo Caguán-Caquetá region is located in the Amazon sedimentary basin, and specifically in the Caguán-Putumayo basin. Very few geological studies have been carried out in the area. However, official geographical maps at a 1:100,000-scale were recently published (486-Peña Roja and 470-Peñas Blancas plates; SGC 2015), and these include the inventory area. These plates identify at least three geological formations of poorly-consolidated sedimentary rocks and sediments that make up the alluvial deposits and terraces of the main rivers. Table 2 summarizes the characteristics of the primary geological units in the study area.

The oldest geological unit is the Pebas Formation, which originated in the Miocene (20–6.5 Ma), when a marine intrusion from the north gave rise to a vast lake or brackish marsh. This formation has also been observed on rapid inventories in Peru, such as the Medio Putumayo-Algodón inventory (Stallard and Londoño 2016).

To analyze physiographic and soil conditions in the study area, we followed the methodology described by Botero and Villota (1992) and applied in the Physiographic Landscapes of Orinoquia-Amazonia Project (IGAC 1999). We took the general key of that study and adapted it to the particular conditions of the Bajo Caguán-Caquetá area. The most complete soil study carried out to date in the Department of Caquetá is IGAC (2014). It is important to note that the soil surveys conducted during the rapid inventory provide data for an area that was previously an edaphic black hole (Fig. 14).

Table 2. Attributes of the geological units in the Bajo Caguán-Caquetá region, in the southwestern corner of the Colombian Amazon.

Geological unit and age	Lithology/Composition	Geological interpretation	Geomorphology
Alluvial deposits Q2al;Q2alb; Q2alm (Holocene: 10,000 years ago until present)	Silts and ochre-colored sands	Floodplains of present-day meandering rivers	Low plains subject to flooding
Terraces Q1t (Pleistocene)	Muddy sands with gravel	Alluvial origin associated with the dynamics of the main rivers (Caquetá and Caguán)	Flat, elevated topography
Caimán Formation Q1c (Pleistocene: 2.6 Ma* to 100,000 years ago)	Muds, sands, and sandy gravels with oxidation in the form of iron oxides. Clasts of quartz and sedimentary, metamorphic, and volcanic rocks	Sedimentation of Andean material in alluvial fan conditions	Medium to high terraces with rounded tops and short, concave slopes
Pebas Formation n2n4p; n2n4ob; Nin3or (*Miocene, 23 to 6.5 Ma**)	Gray carbonaceous mudstone, layers of coal and gypsum, concretions with pyrite, carbonate mudstone, and limestone with fossil bivalves	Sedimentation in coastal marsh conditions with a marine connection	Rolling hills

* Millions of years ago

Figure 14. The location of soil surveys carried out during the April 2018 rapid inventory of the Bajo Caguán-Caquetá region, Colombia, and those carried out previously in the department of Caquetá by IGAC (2014). The map also shows the closest weather stations to the inventory area.

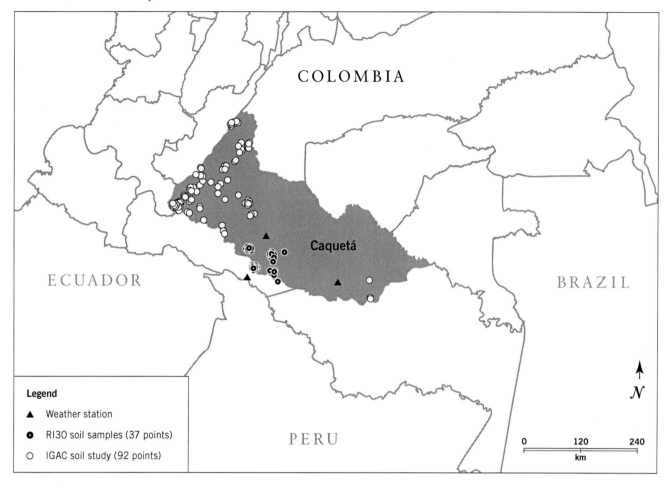

Historical geology: The Great Lake Pebas

Recent work on the geological history of the Amazon has shown that the northwestern portion of the current Amazon basin was covered by a vast marine flood. This flood formed an expanse of marshes with some brackish influence known as Lake Pebas, which covered the eastern *llanos* and Caguán-Putumayo basins in Colombia, most of eastern Ecuador, the Marañón basin in Peru, and the Solimões basin in Brazil. This shared history generated an expanse of sediments that make up the Pebas Formation. These material originated a variety of materials, from limestone to coal, but mainly gray mudstones with a high iron content.

Hoorn et al. (2010) described three events in the Amazon region, alternating from lake conditions to episodes of fluvial and marine influence. Jaramillo et al. (2017) identified two events of marine ingression or

flooding in the eastern *llanos* and Amazon/Solimões basins, when the ocean invaded the continent from the Atlantic, from the north-east. The first ingression, during the early Miocene, lasted 0.9 million years (18.1–17.2 Ma) and the second, during the middle Miocene, lasted 3.7 million years (16.1–12.4 Ma). Figure 15 shows a schematic of that great marine ingression, when the present-day Bajo Caguán-Caquetá region was underwater but in close proximity to unflooded areas, in a system that likely resembled coastal marshes.

Later, during the Miocene-Pliocene, the rise of the eastern Andes increased erosion in montane areas. As a result, braided rivers transported sediments in the form of fans, carrying debris flow and muds to the lowlands, and giving rise to the materials that make up the Caimán Formation. The culminating event of this period was the closing of the connection between the Amazon and the

Figure 15. A schematic of Lake Pebas, created by a marine incursion from the Atlantic during the middle Miocene, 16.1–12.4 Ma. The camps visited during the rapid inventory and the present-day borders of Colombia are included as a reference. When Lake Pebas existed the Andean mountain range was not fully developed, and the area was a mixture of lowlands and isolated mountain peaks. Adapted from Hoorn and Wesselingh (2010).

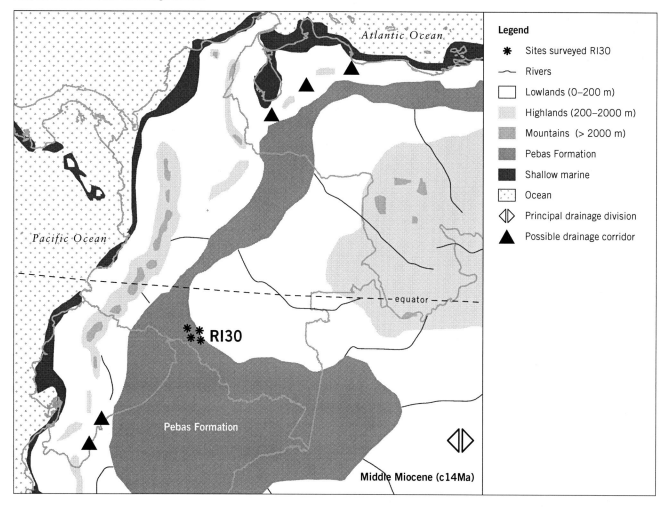

Caribbean. The sedimentation environment was typically continental-fluvial, with high rainfall: a configuration fairly similar to the present, in which sediments are transported from the mountains to the lowlands.

METHODS

The rapid inventory of the geology, soils, and water of the Bajo Caguán-Caquetá region focused on four campsites: El Guamo, Peñas Rojas, Orotuya, and Bajo Aguas Negras (Figs. 2A–D). We also visited the mouth of the Caño Huitoto on the Caguán River, some outcrops in the Umancia sector of the Caquetá and Peneya rivers, in order to have a more complete overview of regional soil and water composition (see the chapter *Regional panorama and description of sites visited*).

In advance of the inventory we consulted official geological maps at scales of 1:100,000 (plates 486 and 470; SGC 2015) and 1:1,000,000 (Gómez et al. 2015). Likewise, we used satellite images to reach a preliminary interpretation of physiographic features on the landscape.

During the inventory three geological units were surveyed, sampled, measured, and observed (Fig. 3D). Our exploration of the area relied on the campsite trails as well as the main rivers and their tributaries. The geology and soils team was accompanied by a field assistant (occasionally two) who were local inhabitants or who helped open the campsite trails. At each point where we made observations or collected soil and water samples, we recorded the geographical coordinates and the elevation in meters using a Garmin GPS with the WGS84 projection system.

Table 3. Methods used in the determination of the textural and compositional parameters of soil samples collected during a rapid inventory of the Bajo Caguán-Caquetá region of Amazonian Colombia in April 2018.

Analysis	Methods used
Texture	Bouyoucos
pH	Potentiometry, 1:1 water:soil ratio
Organic matter	Walkley-Black, volumetric
Cation exchange capacity	Ammonium acetate, pH 7, volumetric
Available phosphorus	Bray II, colorimetric
Exchangeable bases (Ca, Mg, K, Na)	Atomic absorption, ammonium acetate, pH 7
Exchangeable aluminum	Potassium chloride, 1 N (Yuang), volumetric
Determination of Cu, Fe, Mn, Zn	Atomic absorption
Determination of S (sulfur)	Monocalcium phosphate method, 0.008 m
Determination of B (boron)	Colorimetric method

Structural features such as stratifications, lineaments, fractures, and faults were measured with a compass that provided the inclination angle of the plane and the azimuth degrees from north. Some lineaments probably associated with tectonic activity were interpreted based on a Digital Elevation Model (DEM) with a 5-m resolution (Fugro Earth Data Inc. 2008) and GeoSAR radar data.

To describe lithology or material type we used a geological hammer and a 10x loupe. To sample soils, we chose sites representative of the landscape features and the types of materials present. At each sampling point we removed the vegetation and dug a pit (or a trench if the site was on a slope). If the site was flat, we used a Dutch Edelman auger which removed soil samples every 20 cm to a depth of 2 m. Soil samples were placed on a tarp in order of extraction. Based on observed characteristics such as color, texture, plasticity, and grain size, soil horizons were identified and assigned a denomination (type A, B or C). Color was determined *in situ* using a color table for soils (Munsell Color Company 1954). The field data were entered into forms to ensure that no information was omitted.

During the rapid inventory we visited a total of 76 stations to describe landscapes, materials, and other environmental features, and to collect and describe soil and sediment samples. We collected 120 soil samples at 33 sites, as well as 3 sediment samples from the salt licks at the El Guamo campsite. Soil samples were sent to the Terrallanos soils laboratory in Villavicencio to determine percent sand, silt, and clay, pH, macronutrients (Ca, Mg, K, Na, P), and micronutrients (Fe, Cu, Zn, Mn, B, S; Table 3). The salt lick samples were analyzed via X-ray

diffraction at the Bogotá campus of the National University of Colombia in order to determine the mineralogy of the clays.

To characterize water types we analyzed rivers, creeks, and other drainages found along the trails and elsewhere around the campsites. We recorded features such as channel width, riverbed composition, bank height, water table depth, water appearance, and approximate flow. We measured some physical and chemical parameters of surface waters *in situ* (pH, electrical conductivity [CE], redox potential [ORP], and temperature [T]) at 33 points. pH was measured with indicator strips (on a scale of 1 to 14, with an accuracy of 0.5). CE, ORP, and T were measured with two portable multi-parametric meters (ORPTestr10 and ECTestr11 + from Eutech Instruments®). To complement the analysis and to associate water chemistry with the materials that each water sample drained, semi-quantitative chemical tests were carried out to determine the presence of soluble ions in the aqueous medium (Fe^{2+}, Fe^{3+}, $SO_4=$, Cl^-, Al^{3+}) both in the riverbed sediment and in some of the soil horizons (Fe^{2+}, Fe^{3+}), using a chemical reagent kit designed by Gaviria (2015), including hydrochloric acid (HCl) to dissolve solids in the case of soils and sediments.

RESULTS AND DISCUSSION

Geology: Materials and tectonics

At the four campsites we identified four geological units with their respective weathering profiles or soils. Figure 3D shows the geological map of the Bajo Caguán-Caquetá region and the sites visited during the inventory, based on the official geological map (plates 486 and 470; SGC 2015). These units are distinguished by their origin, by the type of soils they generate, and by the characteristics of the waters that drain them. The most important difference is related to salty or brackish waters.

In the vicinity of El Guamo, Peñas Rojas, and La Pizarra (Peneya River) we observed outcrops of the Pebas Formation. Especially evident was the middle portion of the formation, which appears as a sequence of layers of gray mudstones, limestones (micrites) with fossilized mollusks, with 30-cm thick layers of coal containing fossil wood and pyrite concretions (iron sulfide; Figs. 3F–H). Our analysis of a sample of coal from the Pebas Formation revealed high Fe and S content, as well as a slightly smaller but significant amount of Mn, all of which affect the characteristics of the soils derived from this geological formation. Calcium levels were low but magnesium levels were high, and it contained small amounts of phosphorus and aluminum. Silt was abundant and the pH was extremely acidic (1.3).

On the floodplain of the Caguán River, we studied soils at the mouth of the Caño Huitoto and in the Aguas Negras sector. These soils were characterized by pebble-sized quartz fragments. The parent material was inferred to be the Caimán Formation, which is composed of gravel fragments and sands eroded during the process of uplift of the Eastern Cordillera and transported east, where it buried marine-origin rocks of the Pebas Formation.

The Peñas Rojas camp was located almost exactly at the place where the Caguán and Caquetá sediments meet. Satellite images make it clear that after the Caguán passes the town of Peñas Rojas, sedimentation increases due to the influence of the larger Caquetá River. The Caquetá can partially dam the Caguán, producing more sediments in areas of Vegones and more abandoned oxbow lakes. The low floodplains formed by the Caguán are extensive, but also influenced by the Caquetá. These areas have relatively young soils, with slow drainage and heavy loamy clay-silty and argillaceous textures.

The constant uplift of the Eastern Cordillera drove a phase of greater deformation during the Miocene-Pliocene (Van der Hammen et al. 1973, Hoorn et al. 2010), when deep fractures or faults were generated and foothills sediments formed fluvio-torrential fans that gave rise to the Caimán Formation. The drainage pattern and the direction of the primary rivers are controlled by very straight NW- and NE-running lineaments, as seen along the Peneya and Caguán rivers, and especially around Caño Huitoto. These lineaments can be generated by faults or deep fractures, which separate and push upwards blocks or terraces, with current elevations of up to 200 masl. They also play a large role in determining soil erosion and the presence of salt licks, by exposing geological units that contain salts. As a result, both topography and river dynamics are subjected to some structural control due to these lineaments, such that meandering rivers become locally straight.

From 120,000 years ago until the beginning of the Holocene, the area experienced a dry climatic period during which the vegetation was probably savanna. These conditions had a strong oxidizing effect on exposed materials and led to the formation of weakly permeable soils with a dense network of streams of low incision capacity that finished molding the topography of mounds.

The current morphology and the variety of types of Pleistocene-Holocene sedimentary deposits are the result of the final adjustments of the Andean uplift, as well as recent dynamics, which are influenced in some cases by human activity such as deforestation and agriculture.

Description of the primary landscapes

Based on the physiographic analysis carried out at a 1:100,000 scale, we distinguished and mapped several units belonging to the Amazon Physiographic Province. Table 4 shows the general physiographic legend for the Bajo Caguán-Caquetá region. Maps of the physiographic landscape units around the four rapid inventory campsites are provided in Appendices 2–5.

Within the subprovince of sedimentary basins of Andean rivers (S) we found three large landscapes, each of which is described below.

SD: FLUVIAL-DELTAIC PLAINS, DISSECTED, OF MIOCENE-PLIOCENE AGE, MOSTLY CORRESPONDING TO THE PEBAS FORMATION

This large landscape occupies the greatest area in the mapped area, from 0°26′ to 0°06′ North and from 74°01′ to 74°50′ West. It covers a much larger area in Colombia and has not been well mapped in the country due to a lack of field work.

The only landscape defined within this large landscape was SD2. It is distinguished by the form of its terrain, which is a result of the dissection of the terrace. In some cases, this results in finely and regularly rolling hills (SD1). At our study site the undulations between hills are fine to medium in size and homogeneous, as it is described in the main legend of the geological map. This landscape is drained by a vast number of streams and rivers, ranging from very large rivers like the Caquetá to large rivers like the Caguán to small rivers like the Peneya, Orotuya, El Guamo, and Peregrino. All of these are strongly influenced in their make-up by the limestones and clays of the Pebas Formation. In some places, the levels of exchangeable cations in the soils, and the levels of sulfur, are higher than in most other Amazonian regions of Colombia.

Another result of the influence fluvial-deltaic sedimentation and occasional somero seas are salt licks, which are an extremely source of nutrients for wildlife.

Table 4. A general physiographic legend for the Bajo Caguán-Caquetá region of Colombian Amazonia. The physiographic province is the Amazonian Mega-Sedimentation Basin. This legend is based on the more general legend in IGAC (1999).

Physiographic subprovince	Primary landscape	Landscape and lithology	Sub-landscape
PERICRATONIC STRUCTURAL TERRACE CORRESPONDING TO THE *SALIENTE* OF GUAVIARE, VAUPÉS, AND CAQUETÁ, WITH A PARTIAL TERTIARY FLUVIAL-LACUSTRAL LAYER (**E**)	STRUCTURAL TERRACES COVERED BY FLUVIO-DELTAIC SEDIMENTS, RIVER AND LAKE, PRIMARILY PEBAS (**EE**)	Terraces and low slopes (**EE1t***)	Undifferentiated
		Slopes and medium terraces (**EE2**)	Undifferentiated
		Slopes, superficial slopes and intermediate rounded slopes (**EE3**)	High (**EE31**)
			Low (**EE32**)
		Extensive plains and cliffs; strongly dissected intermediate surfaces (**EE4**)	More dissected (**EE41**)
			Less dissected (**EE42**)
		Rolling surfaces with high terraces, slightly or moderately dissected (**EE5**)	Undifferentiated
		Complex of structural surfaces with outcrops (**EE6**)	High (**EE61**)
			Low/high complex (**EE62/ES33**)
		High and extensive surfaces; slightly rolling, sometimes flat, weakly dissected (**EE7**)	Undifferentiated
		Rivers, creeks, and large drainages (**EE8**)	Undifferentiated
	FLOODPLAINS-EROSIONAL PLAINS OF DARK-WATER AMAZON RIVERS (*ARENAS DE LA PLATAFORMA*) (e.g., Tajisa River; Alto Itilla) (**EV**)	Smaller floodplains (**EV4**)	Undifferentiated
		Structural erosional valleys (**EV5**)	Undifferentiated
	ASSOCIATION OF AMAZONIAN PLAINS (E AND S), WITH THE ALTILLANURA (A) AND CRATON (C) COVERED BY LAYERS OF PEBAS (**ES**)	Association of plains and slopes in Amazonian microbasins with the Altillanura (**ES1**)	Undifferentiated
		Association of Amazonian slightly rolling plains composed of thin layers of tertiary sediments over a Precambrian substrate (**ES2**)	Undifferentiated
		Association of Amazonian rolling hills and plains composed of thick layers of tertiary sediments over a Precambrian substrate (**ES3**)	Hilltops (**ES31**)
			Slopes (**ES32**)
			Highly dissected slopes (**ES33**)
		Areas with poor drainage (**ES7**)	Low (**ES71**)
			Intermediate (**ES72**)
			High (**ES73**)

* Transitional between Orinoco savanna and Amazonian forest

Physiographic subprovince	Primary landscape	Landscape and lithology	Sub-landscape
SEDIMENTARY BASINS OF ANDEAN RIVERS AND TRIBUTARIES, INCLUDING THE LOWER APAPORIS RIVER (S)	FLUVIAL-DELTAIC PLAINS, DISSECTED; MIOCENE-PLIOCENE COVERED BY LAYERS OF PEBAS (SD)	Erosional watersheds with fine, very homogeneous undulations (SD1)	Undifferentiated
		Microbasins and erosional slopes with fine to intermediate undulations, homogeneous; influenced by recent erosion-alluvial deposition and structural control; mudstones and siltstones with thin layers of sandstone; Miocene-Pleistocene, locally covered by Holocene sandstones and gravels (SD2)	Low (SD21)
			Intermediate (SD22)
			High (SD23)
	OLD DISSECTED FLUVIAL TERRACES WITH VARYING DEGREES OF STRUCTURAL CONTROL; PLIO-PLEISTOCENE (SF)	Medium-sized erosional basins, rolling hills of claystones and siltstones intercalated with Tertiary sandstones (SF5)	Undifferentiated
		Low erosional basins, slightly hilly, of siltstones and claystones intercalated with Tertiary sandstones (SF9)	Undifferentiated
	ALLUVIAL PLAINS OF MUDDY-WATER MEANDERING AMAZONIAN RIVERS, LOCALLY LINEAR AND RECTANGULAR WITH STRUCTURAL CONTROL; PLEISTOCENE-HOLOCENE (SN)	Floodplain of the Caquetá River (SN1)	Caño Peregrino, swamps, small tributaries (SN10)
			Current floodplains (SN11)
			Intermediate terraces (SN12)
			High terraces (SN13)
		Floodplain of the Caguán River (SN2)	Current floodplains, lakes, swamps, levees (SN21)
			Low terraces (SN22)
			High terraces (SN23)
			High structural terraces (SN24)
	ALLUVIAL PLAINS OF MIXED-WATER AMAZONIAN RIVERS (TUNIA, YARÍ, PENEYA, SUNCIYA, RUTUYA, CAMUYA, OROTUYA) (SC)	Floodplain of the Yarí River (SC1)	Floodable levees-swamps-basins-aquifers-oxbow lakes-river edges (SC11)
			Low terraces and levees (SC12)
		Floodplain of the Tunia River (SC2)	Floodable levees-swamps-basins (SC21)
			Low terraces and levees (SC22)
		Floodplain of the Peneya River (SC3)	Undifferentiated
		Floodplain of the Caguán River (SC4)	Floodable levees-swamps-basins (SC41)
			Low terraces and levees (SC42)
		Floodplain of the Rutuya River (SC5)	Floodable levees-swamps-basins (SC51)
			Low terraces (SC52)
		Floodplain of the Camuya River (SC6)	Undifferentiated
		Floodplain of the Orotuya River (SC7)	Undifferentiated
		Floodplain of smaller rivers and tributaries (SC8)	Undifferentiated

This landscape is divided into three sub-landscapes: low, medium, and high. Due to a lack of time and the difficulty of traveling in the study area, we only visited the medium and high.

SN: Alluvial plains of meandering, muddy (white-water) Andean rivers that are locally straight and rectangular due to structural control, dating to the Pleistocene-Holocene

This large landscape encompasses two main landscapes: the Caquetá River (SN1) and the Caguán River (SN2). We call rivers that originate in the Eastern Cordillera of the Andes and travel for hundreds of kilometers across the Colombian Amazon 'Amazonian muddy-water rivers.' The main characteristic of these rivers is their large load of sediments brought from their headwaters in the Andes, where the main erosional processes operate.

In other areas of the Amazon (e.g., in Peru), these rivers are referred to as white-water rivers. However, sedimentation is the primary erosional process in the Bajo Caguán-Caquetá region. The reason may be related to the process of tectonic lifting occurring throughout the region. We observed evidence of neotectonics, especially at Caño Huitoto, where these structural terraces still show the previous bed of the Caguán River.

Downriver from the Tres Esquinas air force base the Caquetá River begins to meander more and has a larger volume, thanks to the input of the Orteguaza River. The main colonization front peters out here, and farther downriver the clearings become smaller and more scattered. We see a different pattern on the Caguán River, where significant colonization continues downriver from Monserrate, nearly all the way to the town of Peñas Rojas. Our general thinking about this difference is that the land along the Caguán River is better suited to agriculture or ranching, while the areas along the Caquetá are less well-drained and vulnerable to flooding. This difference in colonization is unexpected given the greater size of the Caquetá, its greater capacity for transportation, and its closer proximity to Florencia, the capital of Caquetá, and to La Tagua-Puerto Leguízamo, which are the primary cities in the region. The colonization pattern could also reflect better fishing in the Caquetá.

In the field and in the satellite images we noticed a preference for colonizing the highest areas on the landscape, such as old terraces. Although these are more vulnerable to erosion and mass movement, settlers prefer them because their soils are more apt for agriculture, cattle ranching, and roads. These high areas are more common along the Caguán, while low areas are more common along the Caquetá.

Soils of the alluvial plain of the Caquetá River sub-landscape (SN1)

Sub-landscape SN10: Floodplains and swampy areas along small tributaries. To describe these soils we sampled the Peregrino and Peregrinito rivers. Drainage of these soils varies from poor to moderate, with abundant silt, as in the floodplains of the Caguán River. The Ultisol[2] of the Peregrino River differs from the other Ultisols of the other floodplains along the Caquetá River in its loamy and not very clayey texture. This suggests that this small alluvial valley has seen significant sedimentation which has affected the soils, giving them a greater silt content and a more tannish or yellowish color, without nodules of iron or manganese or variegated patches of reds and grays.

Sub-landscape SN11: Floodplains. Levees. In this sub-landscape we described a soil classified as a Fluventic Endoaquept: poorly drained and underwater during large flood events. This soil also contains a large amount of silt and shows little difference from the soils of sub-landscape SN10.

These sediments along the Caquetá River contain significant quantities of silt. The silt is not fresh, but rather from older, re-transported soils. For that reason, it has very low fertility and lacks the higher nutrient levels that are common in other Colombian floodplains (e.g., the Cauca, Magdalena, or Atrato).

Sub-landscape SN12: Medium terraces. Here we described a soil classified as an Aquult due to its poor drainage and gray coloration with large spots in the sub-surface horizons, which place it with the Endoaquults. While these are terraces of medium height, their flat-concave relief and the high content of sub-surface clay mean that rainwater does not drain well; the landscape conditions reflect saturated soils.

---

2 USDA-NCRS-Keys to Soil Taxonomy. 2014. Washington.

Sub-landscape SN13: High terraces. This sub-landscape is dominated by Ultisols (Udults). These are highly developed soils whose sub-surface horizons show an accumulation of clays that have been transported from surface horizons. This is typically a sign of soils that have evolved for thousands of years. These soils have an udic moisture regime, which means that plants growing in them do not see drought conditions for more than two months each year, but instead always have enough water to grow. The near-permanent moisture leaches the soil and removes cations like Ca, Mg, K, Na, making it more acid and less fertile.

The Typic Paleudults developed from parent materials of the Caimán Formation are reddish like some soils derived from the Pebas Formation. They are distinguished by the presence of quartz pebbles and micas that indicate their fluvial origin. Where these Ultisols have been exposed by deforestation for cattle ranching, accelerated erosion quickly appears.

In the colluvium derived from the high terraces we found a soil (AN-S-09; see Appendix 6) that had been renewed by the addition of colluvium and which we classified as an Inceptisol (Typic Dystrudept). It had low SIC capacity, low saturation of bases, and high levels of some lesser elements. This may indicate that they are sediments that had been previously weathered, leached, and re-transported to the place we saw them, where they have yet to develop the characteristics of an Ultisol, i.e., processes of eluviation-iluviation that generate well-defined argillic horizons (Bt). They appear to be young soils (Inceptisols), but with some characteristics inherited from a parent material with very low natural fertility.

The analyses carried out on the organic materials in the O horizons of soils under intact forest on these terraces made it clear that they can enrich the surface A horizons. Likewise, it is clear that destroying the standing forest that produces this material will also destroy a substantial amount of the elements that give some nutrients to this low-nutrient mineral soil below it, which has very low natural fertility under Amazonian conditions.

Soils of the Caguán River floodplain sub-landscape (SN2)

Sub-landscape SN21: Current floodplains, swamps, vegas, and small tributaries. In this unit we detected high quantities of recent alluvial silt, which indicate recent sedimentation by the river. Elemental levels are slightly higher than in similar situations elsewhere; this also suggests recent sedimentation. This is one of the few sites in the entire Bajo Caguán-Caquetá region where sedimentation is more important than erosion.

This zone also has some 'decapitated' soils in which the lower horizons are found debajo del superficial. These correspond to soils that are older than the current surface and that were uncovered by the erosion of the surface horizons. Organic matter levels are very high in the first horizon and moderate to low in the lower horizons. These soils are extremely acidic in all of the horizons. Phosphorus levels are high, strongly suggesting human influence from farm plots. Otherwise fertility is typically low.

Sub-landscape SN22: Low terraces and vegones. This landscape is composed of loamy to loamy-clayey soils in the order Ultisol (Udults). In some cases (GS-S-09) we see a bisecuencia of soils. The upper layer measures 0–75 cm thick and the lower layer anywhere from 75 cm to more than 200 cm. The lower layer is a very old, cemented soil that was probably formed under drier climatic conditions (cementation). The upper layer, somewhat younger, was formed primarily under current climatic conditions or under conditions that were wetter and probably warmer.

There are also 'decapitated' soils that are sandier and which we classified as Dystrudepts on top of heavy clays from earlier soils.

Sub-landscape SN23: High terraces. We did not make field observations of these soils.

Sub-landscape SN24: High structural terraces. On this terrace we described a soil classified as a Typic Paleudult. It is a little less acidic than the other paleudults, probably because it was derived *in situ* from the parent material. However, it has extremely low nutrient levels (i.e., a low exchange complex). Levels of the lesser elements are also lower than those of Ultisols developed from Pebas Formation materials.

SC: Floodplains of meandering Amazonian rivers of mixed or intermediate waters (white, light, and dark), with local structural control, of Holocene age

These floodplains are associated with the Tunia, Yarí, Peneya, Sunciya, Rutuya, Camuya, Orotuya, and El Guamo streams. These streams are characterized by their small size and by draining sediments of the Pebas Formation, which gives them special features such as a lack of coarse sediments. The soils are mainly loamy-clayey to loamy-silty. In some places, however, they come into contact with sediments of the Caimán Formation, which do have thick sands and gravel.

This unit was mapped as two different landscapes, but with little justification: SC7 (floodplain of the Orotuya River) and SC8 (floodplain of the El Guamo River). The soils of the two landscapes are very similar (Dystrudepts). (No sub-landscapes were described because the mapped and studied areas were so small.)

In these Inceptisols the very low fertility indicates how little recent sedimentation has occurred in these floodplains. It also suggests that these sediments are actually quite old and have lost their original fertility after undergoing two or three cycles of weathering-erosion-sedimentation:

- First cycle: Weathering of the rocks of the Eastern Cordillera. Erosion and transport to the piedmont.

- Second cycle: Additional weathering-pedogenesis-leaching-erosion and transport to the interior of the Amazon basin.

- Third cycle: Weathering-pedogenesis-leaching to the current state of very low fertility.

Although the geomorphological position is one of flooded vegas, this physiographic unit originated through erosion. This means that no strong sedimentation occurs in the current floodplains in this region, as it does in other floodplains in Colombia (e.g., Cauca-Magadalena). Therefore, some soils here may be old and very poor in nutrients (Ultisols) while in similar regions they might be Inceptisols or Entisols.

The low levels of organic carbon underneath intact forest indicate the low fertility of the soil, the rapid decomposition of fallen leaves and branches, and the absorption of the resulting products back into the forest.

Because it is a closed cycle, soils lose their limited nutrients when the forest above them is destroyed, since erosion prevails over sedimentation in these floodplains.

We made some observations to verify the very little sedimentation that is occurring in these floodplains. Only the first 20 cm are from current sedimentation; below that are old buried soils, in which a very obvious feature is cementation and the presence of iron and manganese nodules and concretions. In addition, as shown by the laboratory analyses, there are strong increases in levels of sulfur and sometimes boron that come from materials of the Pebas Formation.

Description of soils *(enirue)* in the Pebas and Caimán formations

Soils derived from the Pebas Formation tend to be heavy or dense clay soils with a reddish or grayish coloration *(ellicie/jiñoraci[3])*, with 2–5-mm concretions of iron oxides and manganese and with moderate to low nutrient levels. Appendix 6 includes descriptions of texture and chemical composition of the soils we sampled.

The soils of the upper layers of the Pebas Formation (SD23) have a strong brown to reddish-brown coloration with gray patches in the lower horizons. Because these surfaces are dissected, with deep cuts in the drainages, there are salt licks and outcrops of the Pebas Formation in the lowest parts of the landscape, with high levels of coal, peat, limestone, and sand. These materials have high concentrations of sulfur, iron, and manganese. Soil texture ranges from loamy at the surface to clayey in the B horizon, and sands are not common.

The soils in the middle portions of the Pebas Formation (SD22) are typically reddish with gray patches at depth. They are loamy-clayey Ultisols (Paleudults) near the surface and heavy clays, with significant concentrations of iron and manganese in the lower horizons. They are very acidic, with moderate levels of organic matter, covered by dense native forests on rolling terrain. While the natural fertility of these soils is very low, they sometimes show very high levels of lesser elements like sulfur, iron, and manganese.

The soils of the Caimán Formation are also reddish. They are distinguished by the presence of pebble-sized quartz fragments, and are generally loamy. Finally, the

---

3   In the Murui language *ellicie* (sl) means red earth or clay; *jiñoraci* (s) means green clay ready for pottery.

Table 5. Physical and chemical attributes of water measured in rivers and streams during a rapid inventory of the Bajo Caguán-Caquetá region, Amazonian Colombia, in April 2018. Each geological unit shows associated sediments, soils, and vegetation. Detailed pH and conductivity data are given in Appendix 7.

Lithology/ Geological unit	Stream and river water			Associated sediments and soils	Associated vegetation
	pH	C.E. µs/cm	O.R.P Mv		
Mudstones of the Pebas Formation	5–6	6–26	364–415	Clayey and poorly drained, with nodules of Fe and Mn oxides	Dense forest
Limestones of the Pebas Formation	7–8	112–578	358–376	Clayey	Dense forest
Gravels and sands of the Caimán Formation	5–6	5–10,7	374–432	Loamy-sandy	Forest
Alluvial deposit of the modern-day Caguán River	6	17–21	395–406	Clayey-silty	Floodable riparian forest

soils in the smaller valleys of the Orotuya and other streams that drain the Pebas Formation (SC7 and SC8) were described and analyzed in the floodplains of the Orotuya and El Guamo, in flooded vegas under well-preserved forests. The primary processes in these surfaces are erosional and include the undercutting of riverbanks, laminar erosion on surfaces, and mass erosion in the high cliffs along the river. These are thin soils (<20 cm), which suggests that erosion is more important than sedimentation in these environments. It also classifies these soils as very vulnerable to erosion and mass movement, all of which intensify when forest cover is lost. The texture of these soils is mostly loamy-clayey and loamy-silty. They are distinguished by low pH, moderate levels of organic matter, and moderate to low natural nutrient levels.

Hydrological aspects and water quality (*ille* [small rivers]/ *imani* [big rivers])

At all four campsites we analyzed waters in the main streams and rivers, as well as in some drainages that seem to be temporary, associated with rainfall and/or areas that are flooded during the 'conejeras.' Of the main streams and rivers we sampled the El Guamo and Huitoto in the Caguán watershed, and the Peneya, Orotuya, Aguas Negras, and Peregrinos in the Caquetá watershed.

The inventory took place at the beginning of the rainy season, when water levels were rising in streams and rivers. The communities and the advance team told us that the rains only started to be frequent around 14 April 2018, when we were at the Peñas Rojas campsite. This is confirmed by IDEAM data showing precipitation of 300–400 mm for the region in April 2018, which is slightly above the historic mean (1981–2010)[4]. During the inventory we also saw strong rainfall at the Orotuya and Bajo Aguas Negras campsites, which increased the water level in the primary rivers, made river travel easier, increased soil saturation, and flooded some areas.

These streams and rivers typically have a low flow with moderate velocity and a shallow gradient. The waters are white, clear or lightly turbid or muddy-looking. The pH values measured in streams and other drainages did not vary much outside the range of 5–6. This classifies them as meteoric waters, slightly acidic and essentially a product of rainfall (which has a pH of 5.5).

The low potentials for oxide-reduction (358–432 mV) classify these waters as transitional and disposed towards the accumulation of organic matter, as in *cananguchales* (swamps dominated by the palm tree *Mauritia flexuosa*) and peat bogs.

These waters had low to very low conductivity (4–28 µS/cm), which classifies them as very pure waters or waters with a low content of dissolved salts or electrolytes. The only exception were the salt licks, where both the water and soil have high salt concentrations. The conductivity of water in salt licks reaches 572 µS/cm, i.e., 20 times higher than in streams and other drainages.

Temperature regulates the solubility of salts and gases. For example, oxygen concentrations decrease when temperature increases. Our measurements were made in daytime hours and sunny conditions, when water bodies are at their warmest. However, the range of our field measurements (23.2–27.3 °C) classifies the region's water as cool.

---

4   IDEAM's monthly climate reports: *http://www.ideam.gov.co/web/tiempo-y-clima/*

Measured parameters and detailed descriptions of the waters sampled at the four camps of this rapid inventory can be found in Appendix 7.

Table 5 summarizes the measurements taken in the field.

The waters we studied and described in this inventory are white (or muddy) to mixed (white, light, and dark). We did not see any black waters, as defined for the Amazon region, i.e., exceptionally acidic water that drains landscapes formed by thoroughly leached quartz sands. We consider these waters mixed because they typically drain sediments from the Pebas and Caimán Formations and acquire attributes from both, resulting in a slightly turbid mix with intermediate to low conductivity. These waters also mix locally with water from palm swamps, which have high levels of organic acids that give them a characteristic dark color and acidic pH. It is these attributes that give the Bajo Aguas Negras Reserve its name. In reality, however, these waters are strongly influenced by the Caquetá River and should be considered mixed.

Figure 16 shows a scatterplot of conductivity (i.e., the quantity of dissolved solids) and acidity of the water sampled during the Bajo Caguán-Caquetá inventory, in comparison with those of the waters sampled in previous rapid inventories in Amazonian Peru, where the Pebas Formation also occurs (Stallard and Londoño 2016). These data make it possible to determine which waters drain which materials, via the amount of nutrients that dissolve or 'enrich' the water. Conductivity values of 10–30 µS/cm reflect the partial dilution of Pebas Formation rock, which provides elements such as iron, calcium, carbonates, and sulfates. In areas where the gravels and sands of the Caimán Formation and the alluvial deposits of the Caguán and Caquetá rivers emerge, waters have lower nutrient levels and are therefore less conductive (<10 µS/cm). In the lower watersheds of the Peneya, Orotuya, and Caguán rivers, these attributes are mixed.

In general, the increased rainfall and overall wet conditions during the rapid inventory had a diluting effect on the water and homogenized its chemical composition, and also made the measured pH similar to that of rainwater (~5.5). However, the chemical footprint of the Pebas Formation rocks is distinguishable, especially in areas where salt licks are present.

Salt licks

Indigenous Uitoto knowledge recognizes *cuere*, places where "animals converge to drink the 'milk' that emerges from the land." These salt licks have been studied in several regions of the Amazon. In Peru they are known as *collpas* and are also associated with rocks of the Pebas Formation (Montenegro 2004).

Three salt licks were identified, described, and sampled during the inventory, all of them at the El Guamo campsite. Three soil surveys were made in the adjacent area as a control. All of the sample soils were analyzed to determine their chemical composition. Water was sampled in situ to determine physical and chemical attributes. See Appendices 6 and 7 for detailed results.

The salt licks had a diameter of 4–50 m and a pool of water 10–50 cm deep, in depressions 1.6–10 m deep with poor drainage. The pH of the mud in the salt licks was less acidic (6.3) than that of the adjacent soil (5.9). Salt lick muds had a higher concentration of calcium, magnesium, potassium, and sodium, and especially sulfur, zinc, manganese, iron, and copper. Salt licks occur where processes of natural dissection have cut down to a lower horizon of the Pebas Formation, which is composed of limestone with fossils of marine mollusks and some layers of peat. When these are exposed to water the rock dissolves and nutrients are transported to the depressions where they become concentrated.

The salts concentrated in the salt licks originate in the rocks of the Pebas Formation, which are mudstones that contain minerals such as calcite ($CaCO_3$; 56%), pyrite (FeS2; 4–5.7%), gypsum ($CaSO_4$; 0.8%), and layers of coal or lignites that contribute salts to the water in the form of sulfates and carbonates. They also contribute ions such as iron, calcium, and sodium, as verified by the mineralogical analysis of the sludge collected in the salt licks and analyses in the field. Calcite predominates in salt lick 2, where Pebas Formation rocks with bivalve-type marine shells were observed (Fig. 3H). Quartz is the main component of all the samples collected (21–76%), since it is not a mineral that dissolves easily in water.

The most common clays in the salt lick were, in order of importance, kaolinite (5.6–8.6%), illite (5.9–8.7%), and montmorillonite (3.8–5%). Clay minerals are the most common products of the weathering processes that transform the original mineral rock, 'degrading' and

Figure 16. Field measurements of pH and conductivity of water samples from the Bajo Caguán-Caquetá region of Amazonian Colombia, compared with data from other rapid inventories in Amazonian Peru where the Pebas Formation is present (Stallard and Londoño 2016). The gray areas represent water samples measured in past inventories in Peru, and are divided into five groups: 1) acidic black waters with low pH, associated with saturated quartz sand soils and peat bogs; 2) low-conductivity waters associated with the Nauta Formation; 3) much more conductive waters with an intermediate pH that drain the Pebas Formation; 4) white waters originating in the Andes; and 5) high-conductivity waters associated with salt licks. The waters of the Bajo Caguán-Caquetá region cluster between pure waters with very low conductivity (<10 µS/cm) and acidic pH (5) associated with the Caimán Formation and clear waters of low conductivity (10–20 µS/cm) and slightly acidic pH (6) that drain the Pebas Formation and the alluvial deposits. Three measurements were taken in the salt licks, where conductivities between 100 and 578 µS/cm reflect waters that concentrate Pebas Formation salts.

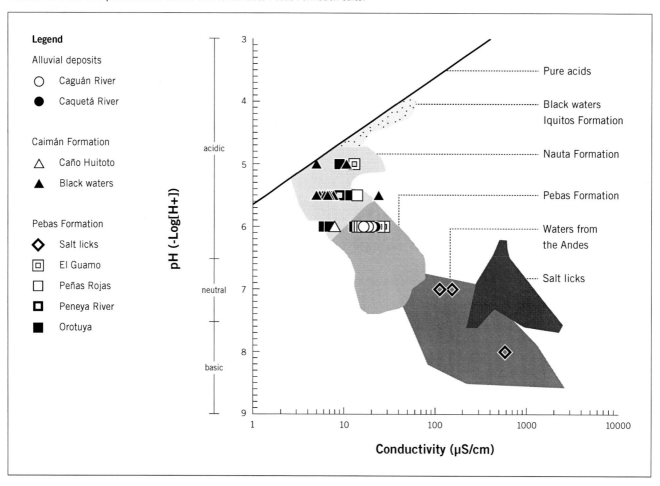

Table 6. Summary of conservation objectives, threats, opportunities, and recommendations related to geology, hydrology, and soils for the Bajo Caguán-Caquetá region of Amazonian Colombia.

Conservation targets	Threats	Opportunities	Recommendations
Salt licks	Deforestation	Organized *campesino* and indigenous communities, such as the Bajo Aguas Negras and Huitorá indigenous reserves, and the *campesino* community of El Guamo	Map salt licks on the landscape
Soils	Erosion and mass movement		Study and protect stratigraphic sections as potential geological heritage
Water quality	Chemical pollution through mining spills		
Type stratigraphic sections	Loss of connectivity		

dissolving them so that the chemical elements become available for the soil and water through a process of mineralization. Using digestion as a metaphor for weathering, the Uitoto explain these materials as the 'feces' of other rocks, whose chemistry and structure have been transformed. In the traditional Amazonian cultures medicinal clays are commonly used to treat stomach ailments; recent research has also attributed them antibacterial function (Londoño 2016). Kaolinite, as the most common clay mineral, is used in traditional medicine to relieve indigestion, cleanse toxins, and heal other conditions, and is a common ingredient in pharmaceutical products such as anti-diarrhea medicine, skin creams, and anti-inflammatory lotions (Carretero 2002). Although we did not document these practices in the Bajo Aguas Negras and Huitorá reserves, where they have apparently been lost, they remain part of traditional Uitoto knowledge in other parts of the Amazon.

In general, soils derived from the younger geological units—the Caimán Formation and Alluvial Deposits—do not provide many dissolved solids to water. Around El Guamo in the Caguán River basin and in the Huitorá Reserve, where the relief is deeply dissected possibly due to deep fractures or faults, the Pebas Formation is exposed and salt licks are common.

Waters that drain the Pebas Formation have a conductivity of 10-26 µS/cm, and a slightly acidic pH of 6. Salt licks originate because the dissolution of some mineral components of these rocks contributes salts to the water, raising conductivity to 500 µS/cm and pH to 7–8. At El Guamo the salt licks we studied were aligned in a northeasterly direction, which is also the leading direction of lineaments in the area, which control the alignment of the Caguán, Peneya, Orotuya, El Guamo, and Huitoto rivers.

The analyses of the muds from the salt licks indicate that they are much more fertile than typical soils in the region (Paleudults and some Dystrudepts). The same applies to the waters, which are typically low in electrolytes elsewhere in the region. It is thus very natural that wildlife visit these sites to complement their poor diet. It is worth noting, however, that salt licks are very important when they are conserved inside an Amazonian forest, and that they lose their usefulness completely when that forest is cleared for cattle ranching.

THREATS, OPPORTUNITIES, AND RECOMMENDATIONS

Local populations rely on three main livelihoods to make money: logging, large-scale cattle ranching, and coca planting. If this continues to be the case, the region cannot be expected to support people's economic needs over the medium term. It is not currently possible to predict what acreage will be necessary to meet the needs of recent settlers, settled *campesinos*, or indigenous people in *resguardos* in such a way that they can begin to build capital. As the population grows, the need for land does too. In 10 or 20 years land to sustain socially and economically healthy populations will be scarce, given the current degradation of some areas on the landscape. It is thus urgent to study environmentally friendly alternatives to current land use that, in the best scenario, also require smaller properties.

While we did not see them during the inventory, we heard reports of gold mining using dredges and mercury. This kind of mining is unregulated, and generates serious pollution that threatens water quality, ecosystem health, and the health of residents. Mining occurs on the El Guamo River and especially on the Caquetá River, in the dry season.

On the Colombian map of hydrocarbon concessions, the Bajo Caguán-Caquetá region appears as a basin that is mature and available for exploration. It has not been offered in the rounds to date and no exploration activities have started. Near the municipal capital of Solano, close to the PNN La Paya, the Tacacho (Phase I) and Samichay (suspended) exploration contracts were signed in 2009 and 2011, respectively. It would appear that the Bajo Caguán-Caquetá region is seen as having low potential as an oil-producing region, and hydrocarbons do not constitute a threat to the area's aptitude for forestry and conservation.

FLORA AND VEGETATION

Authors/participants: Marco A. Correa Munera, Corine F. Vriesendorp, Marcos Ríos Paredes, Jorge Contreras Herrera, Robinson Páez Díaz, Elías García Ruiz, Adilson Castro López, and Juan Cuellar

Conservation objects: Standing forest that still covers >90% of the region, contains megadiverse plant communities, and represents a significant stock of aboveground carbon; *cananguchales*, swamp forests dominated by the palm *Mauritia flexuosa*, on the banks of the Caquetá and Caguán rivers, which contain important underground carbon deposits; valuable timber species (e.g., *Cedrela odorata, Cedrelinga cateniformis, Couma macrocarpa, Hymenea oblongifolia, Simarouba amara*) that are threatened in other parts of the Colombian Amazon; mature trees that are key sources of seeds for reforestation projects; species used by *campesino* and indigenous communities, and other species that are economically important because of their fruits, fibers, use as construction materials, or medicinal value; plant species that occur in the Bajo Caguán-Caquetá region and not in adjacent protected areas (La Paya and Serranía de Chiribiquete national parks)

INTRODUCTION

Colombia's forests are considered among the world's most diverse, with recent reports suggesting they contain >25,000 species of vascular plants (Bernal et al. 2016). Botanical studies of the Colombian Amazon had their start in the nineteenth century trips of von Martius and Spruce, and advanced in the twentieth century with the work of Schultes and later Dutch research associated with the Araracuara Corporation and Tropenbos (Cárdenas et al. 2009). These research efforts focused on the region downstream from Araracuara, or the so-called Middle Caquetá.

The 2000s saw a new collaborative effort among institutions, including Colombia's Amazonian Institute of Scientific Research (SINCHI) and the University of the Amazon, to learn more about the plants and vegetation upstream of Araracuara. As part of this effort, botanists carried out a project on non-timber forest products in the towns of Jerusalén, Los Estrechos, and Coemaní (Correa et al. 2006a). The HUAZ herbarium at the University of Amazonia was established in 2004 to build knowledge of the regional flora and to increase capacity in Caquetá department (Correa et al. 2006b). The herbarium's work has focused on the municipalities of Florence, Montañita, Morelia, Belen de los Andakies, El Paujil, and El Doncello; more recently

they have started exploratory work in municipalities like Puerto Milan and San José del Fragua.

This rapid inventory represents an important step forward in exploring the plants of the lower Caguán River and of a part of the Caquetá River that had been off-limits to institutions and researchers during Colombia's long conflict.

METHODS

The botanical team collected plant specimens at four campsites: El Guamo, Peñas Rojas, Orotuya, and Bajo Aguas Negras. For more details about the individual campsites, see Figs. 2A–D and the chapter *Regional panorama and description of sites visited*. Each day we walked 4–8 km, making observations on flora and vegetation, describing habitats, and collecting fertile specimens (i.e., those with flowers, fruits, sori, or strobili). We also collected some sterile specimens to augment the holdings of the HUAZ herbarium. For fertile collections, we collected 3–5 duplicates, depending on the availability of material. The vast majority of collections were photographed before pressing with a view to their use in presentations and field guides (*https://fieldguides. fieldmuseum.org/*). Plants were described, pressed, and treated with methanol in the field, and then transported to the HUAZ herbarium where they were dried and added to the permanent collection.

Collected plants were identified by comparing them to reference collections at the HUAZ, COL, MEX, and MO herbaria, by reviewing specialized literature, and by querying databases such as TROPICOS, of the Missouri Botanical Garden, and the Field Museum's botanical databases (*https://collections-botany.fieldmuseum.org*; *https://plantidtools.fieldmuseum.org*). Duplicates of the specimens will be deposited at the Colombian Amazonian Herbarium (COAH) at the SINCHI Institute in Bogotá and at the herbarium of the Field Museum (F).

To determine which species may represent new records for the flora of Colombia, we compared our list of species recorded during the rapid inventory with the list of vascular plants of Colombia (Ulloa Ulloa et al. 2018). Species that are not listed by Ulloa Ulloa et al. (2018) and that do not have any Colombian records in the SiB Colombia database (*http://datos.biodiversidad.co*) were considered potentially new to Colombia.

RESULTS

Flora

During the rapid inventory we collected 724 botanical specimens and recorded a total of 114 families, 374 genera, and 790 species or morphospecies. Of these 790, 4 were only identified to family and 74 to genus; 90% of the specimens were identified to species. We recorded 339 species at El Guamo, 395 at Peñas Rojas, 332 at Orotuya, and 300 at Bajo Aguas Negras (see the complete checklist in Appendix 8). The families with the greatest number of species were Fabaceae (70), Rubiaceae (44), Arecaceae (33), Melastomataceae (30), Burseraceae (29), Moraceae (28), and Annonaceae (24). Based on our experience and on previous studies, we estimate that Bajo Caguán-Caquetá region harbors ~2,000 species of vascular plants, including trees, shrubs, grasses, and lianas. The epiphytic flora remains poorly studied, despite the fact that some taxa are reported in this study.

Thirty-one of the species recorded during the rapid inventory are potentially new records for the flora of Colombia (Appendix 8). One of the trees we collected at El Guamo is potentially new to science (*Crepidospermum* sp. nov.).

Some of the recorded species are globally or nationally threatened. Nine have been classified by the IUCN (2018) as globally threatened (two Endangered and seven Vulnerable; Appendix 8). *Zamia ulei* is considered Near Threatened by the IUCN and belongs to a group of plants that has its own conservation plan in Colombia (Lopez-Gallego 2015). Just one of the species we recorded is considered threatened in Colombia: the Endangered timber tree *Cedrela odorata*.

We observed populations of some high-value timber species such as *Cedrelinga cateniformis*, *Couma macrocarpa*, and *Hymenaea oblongifolia*. We also saw strong evidence along the Orotuya River, both on the side belonging to the town of Orotuya and on the side within the Huitorá Indigenous Reservation, that these species are currently being logged in the region.

Vegetation and habitats

During the rapid inventory the botanical team identified three broad vegetation types: floodplain forests (which covers 25–30% of the landscape), upland or *tierra firme* forest (70%), and secondary vegetation (2–5%). These three types can be distinguished roughly in satellite images (Fig. 2C). The first two vegetation types had seven habitats, which varied according to soil type and topography; these are described in the next sections.

Floodplain forests

This type of vegetation covers 25–35% of the study area and is associated with stream- and riverbanks, as well as floodplains, oxbow lakes, *palmichales* (floodplain areas dominated by the palm *Bactris riparia*), and *cananguchales* (swamps dominated by the palm *Mauritia flexuosa*). Here we briefly describe plant composition in four important habitats: *vega* (levee) forests, seasonal floodplain forests, forests on poorly drained and dissected terraces, and mixed palm forests.

<u>Vega forests.</u> These forests grow along rivers and streams in the study area. Although we did not collect in these forests along the Caquetá and Caguán rivers, during boat trips between campsites we observed a forest dominated by large trees (up to 35 m) including *Ceiba pentandra* (ceiba), *Ficus insipida* (caucho, lechero), several species of *Parkia* (guarangos) and *Inga* (guamos), *Guadua angustifolia* (guadua), *Iriartea deltoidea* (cachona), *Socratea exorrhiza* (zancona, macana), *Astrocaryum jauari* (yavarí, guará), *A. chambira* (chambira), *Euterpe precatoria* (asaí), *Cecropia sciadophylla*, *C. membranacea*, and *C. ficifolia* (yarumo, guarumo).

Vega forests in the study area grow on washed soils with little leaf litter and few nutrients, due to the scarcity of minerals in the acidic water. Flooding in the rainy season means that this vegetation is submerged up to 3 m for much of the year. Trees in these forests reach heights of up to 30 m, the most visible being *Macrolobium acaciifolium* and *M. multijugum* (Fabaceae); *Inga* spp. (Fabaceae); *Parkia pendula* and *P. multijuga* (Fabaceae): *Vismia macrophylla*; and some palms such as *Euterpe precatoria* and *Astrocaryum jauari*, as well as two bamboo species: *Guadua angustifolia* and *G. incana* (present only at Orotuya). A similar composition was reported by Correa et al. (2006), in the Puerto Sábalo Los Monos Indigenous Reserve, ~40 km down the Caquetá River from the mouth of the Caguán.

<u>Seasonal floodplain forests.</u> This type of vegetation was found on the floodplains of rivers and streams, growing in poorly drained clay soils that are waterlogged during

much of the year. Here water levels reach up to 5 m. The soils have a thin layer of leaf litter (~3 cm), accompanied in some cases by *Rhynchospora* grasses and *Selaginella*. Common trees in this forest are *Macrolobium acaciifolium*, *Parkia pendula*, *P. multijuga* (*guarangos*), and *Pterocarpus amazonum* (all Fabaceae), which have developed extensive surface roots to prevent their toppling in high winds. Trees in these riparian areas had many epiphytes (with the most at El Guamo); *Aechmea* and *Anthurium* were common, as well as orchids and lianas in the genera *Bauhinia* and *Machaerium*. The undergrowth is open, with a few small trees in the genus *Tachigali*.

Forests on poorly drained and dissected terraces. These grow in the v-shaped ravines that drain the dissected terraces with small streams whose levels fluctuate with rainfall events. These streams are only permanent in the rainy season, and turn into temporary pools in the dry season; their beds are mud and leaf litter. The vegetation in these ravines is dominated by *Miconia* shrubs, accompanied by *Costus*, *Cyclanthus*, *Calathea*, *Besleria*, and *Cyathea*; along their edges we found trees like *Socratea exorrhiza* and *Virola* sp.

Mixed palm forests in flooded areas. These forests are dominated by one or two species of palms, which share the habitat with a number of other tree and shrub species. We found three types in the study area. The first are known as low *palmichales*, which are dominated by the *corozo* palm (*Bactris riparia*); they also contain a few individuals of *asaí* (*Euterpe precatoria*) and *Psychotria* shrubs. We saw low *palmichales* at El Guamo and Peñas Rojas, where they formed small linear patches.

We saw the second type in a small wet area at Bajo Aguas Negras that was dominated by *Euterpe precatoria*. *Astrocaryum chambira*, *Vismia*, and *Mabea* grew along its edge.

The third type occurred in strips of waterlogged areas within forests, where individuals of *Mauritia flexuosa* were very common, and accompanied by other elements. The largest population of this palm was found at Bajo Aguas Negras, where a 1,500-m trail from the edge of the Caquetá River to the mainland passes through this *cananguchal*. Although it is dominated by *M. flexuosa*, there are also several other species of trees and shrubs, as well as a number of aquatic plants. The waters in this forest are dark-colored, as a result of the decomposition of the leaf litter that gives it tannins. Apparently this forest has standing water year-round; its coloration varies with rainfall and floodwaters from the Caquetá River. Maps suggest that this is a small abandoned river channel where a small population of *M. flexuosa* has established. Here we recorded the herb *Cuphea melvilla* and the aquatic plants *Echinodorus occidentalis*, *Pontederia subovata*, and *Montrichardia linifera*.

Upland or tierra firme *forests*

Upland forests cover ~70% of the region. Topography is variable, from rolling hills at El Guamo to well-drained flat terraces at Peñas Rojas, where we studied them along the path that led from camp to the El Limón lake complex.

Soils on these terraces are mostly derived from the Pebas Formation. In a few places they are derived from the Caimán Formation, e.g., on slopes at Laguna Negra. Upland forests on these two formations shared many of the same large tree species. They are described below.

Upland forest on rolling or dissected terraces. This forest dominated most campsites and trails. It grows on rolling hills and dissected terraces drained by v-shaped ravines with small to medium-sized trees. The soils are clay-loam and low in nutrients with little sedimentation, derived from the Pebas and Cachicamo-Caíman formations.

On the highest hills and small terraces the leaf litter was no more than 10 cm thick. The canopy was dominated by very large trees that were easily identified, since many are commercial timber species. Fabaceae was represented by *Cedrelinga cateniformis* (cedro achapo) of up to 30 m, *Parkia velutina*, *P. nitida* (*guarangos* and *lloviznos*), and *Clathrotropis macrocarpa* (*fariñero*). Meliaceae was represented by *Guarea macrophylla* (*bilibi*) and *Cedrela odorata* (tropical cedar, observed only at El Guamo), and Lauraceae by *Ocotea javitensis* (*medio comino*) and *Ocotea* sp. (*comino*). Other important species were *Osteophloeum platyspermum* (*cabo de hacha*), *Moronobea coccinea* (*gomo, breo*; consumed by several species of birds, mainly parrots, who are the pollinators; Vicentini and Fisher 2006), *Aspidosperma spruceanum* (*costillo*), *Pseudolmedia laevis* (*lechechiva*), *Minquartia guianensis* (*ahumado*), *Protium sagotianum*, *P. robustum*, *P. hebetatum*, *P. heptaphyllum* (*copal, anime, incenso*), and *P. amazonicum*, as well as several species of *Inga* (*guamos*) and *Eschweilera* (*cargueros*).

Common understory species were *Virola sebifera* (*sangretoro*), *Oxandra xylopioides* (*golondrino*; prized as firewood for cooking), *Cyathea* sp. (tree fern), *Leonia glycycarpa*, *L. cymosa*, *L. crassa*, *Potalia elegans*, *Crepidospermum prancei*, *C. rhoifolium*, *Guarea fistulosa*, several species of *Piper*. Abundant canopy palms were *Oenocarpus bataua* (*milpe, milpesos*), *Oenocarpus minor* (*ibacaba*), and *Iriartea deltoidea* (*pona, cachona*), and important understory palms were *Astrocaryum gynacanthum* (*chuchana*) and several species of *Geonoma*.

Slopes in these forests have a lower vegetation, with trees that reach 15–20 m. Soils in these areas were especially poor, washed by runoff in the rainy season, and the leaf litter was <5 cm thick.

Upland forests on well-drained terraces. These are forests on mostly flat terrain, observed at every campsite. At El Guamo, Orotuya, and Bajo Aguas Negras they grew on small terraces, but the best example was near Peñas Rojas on the left bank of the Caguán River. These forests were taller and had little to no waterlogging, except in gullies. Trees here reached up to 35 m tall and included *Cedrelinga cateniformis*, *Pouteria* sp., *Micropholis guayanensis*, *Chrysophyllum sanguinolentum*, *Minquartia guianensis*, *Apeiba aspera*, *A. tibourbou* (*peine de mono, esponjillo*), *Dialium guianense* (*tamarindo*), *Hymenaea oblongifolia* (*algarrobo, polvillo*). Many of the tree species occurred in both upland forests, where their abundances were slightly different.

We never recorded the understory palm *Lepidocaryum tenue* (*carana* or *puy*), and indigenous and *campesino* residents told us they had never seen it either. They told us that it does occur farther down the Caquetá River; this was corroborated by Correa et al. (2006), who reported it from the Puerto Sábalo Los Monos Indigenous Reserve.

Secondary vegetation

These patches of forest include small natural clearings that are opened by treefalls and colonized by fast-growing pioneer species like *Cecropia sciadophylla* and *C. ficifolia*. We saw other clearings associated with selective logging, already in some cases regrown with shrubs and fast-growing trees. In this region it is common for settlers to extract the high-value timber and then fell the remaining forest for pasture and cattle ranches.

We also observed two *rastrojos*, areas of secondary vegetation growing in fallow or abandoned cropland. This was most common at Bajo Aguas Negras, where there were also tree plantations of *umari* (*Poraqueiba sericea*) and *madroño* (*Garcinia* sp.) near the maloca.

The conversion of forest to pasture along the Caguán River, and on the high terraces along the Caquetá and Orotuya rivers was apparent during our boat travel. Deforestation has increased in recent years. This is a byproduct of the peace agreements, since the *guerrilla* groups stationed in the area for decades had kept deforestation to a minimum.

Conservation status

Forests in the Bajo Caguán-Caquetá region are threatened by three deforestation fronts: one descending the Cagúan River, one descending the Caquetá, and one along the road that connects Puerto Leguízamo with La Tagua. Nevertheless, the Bajo Caguán-Caquetá region still has the vast majority of its forest cover intact. Although our campsites were near towns, we still found timber trees that had not been logged. The best-conserved forest we visited was at El Guamo, while the forest most impacted by recent logging was Orotuya, despite its location within the Huitorá Indigenous Reserve and far from towns. Both the Peñas Rojas and Bajo Aguas Negras campsites were very close to human settlements; they nonetheless had areas of well-preserved forest mixed with a mosaic of crops and secondary forests in abandoned cropland.

DISCUSSION

Comparison with other forests in western Amazonia

Along a 700-km floristic transect from the base of the Ecuadorian Andes to the Peru-Brazil border, Pitman et al. (2008) reported a marked transition from tree communities associated with richer, Andean-derived soils (e.g., Villa Muñoz et al. 2016), to tree communities associated with poorer soils of the Amazon interior (e.g., Vásquez-Martínez 1997, Ribeiro et al. 1999). During the rapid inventory of the Bajo Caguán-Caquetá region we assessed whether these forests have more affinities with the former or the latter. The answer is mixed. Although the flora in this region of Colombia resembles the flora reported for the Peruvian Putumayo basin, especially the Ere-Campuya-Algodón (Dávila et al. 2013) and Medio Putumayo-Algodón (Torres-Montenegro et al. 2016) regions, it also shows some affinities, albeit lesser, with the floras of Yasuní National Park in Ecuador and Güeppí-Sekime NP in Peru (Vriesendorp et al. 2008). It is important to note that some characteristic elements of the poor-soil Peruvian flora, such as white sands or very acidic waters, such as black waters, are not found in the Bajo Caguán-Caquetá. We did not find any evidence of black waters in the region, nor white sands, nor their associated floras.

The vegetation patterns we observed in the field reflect the geological diversity of the region, and with each inventory in the western Amazon we have a clearer picture of how these interact. Broadly speaking, forests of the Peruvian Putumayo basin grow on two main geological formations—Pebas and Nauta—as well as a smaller Plio-Pleistocene formation, and these three formations are vital for understanding floristic composition. In the Bajo Caguán-Caquetá we saw a great range of variation in the Pebas Formation, no Nauta Formation, and a good deal of the Caimán Formation, which seems to be similar to the Plio-Pleistocene terraces in Peru.

An important difference between the Caimán Formation in the Bajo Caguán-Caquetá and the Plio-Pleistocene terraces in Peru is that the terraces in Peru are scattered 'islands' that form an archipelago along the Putumayo River, with records in the Maijuna Kichwa Regional Conservation Area (García-Villacorta et al. 2010), the Ampiyacu-Apayacu RCA (Vriesendorp et al. 2004), and Yaguas National Park (García-Villacorta et al. 2011). In contrast, the Caimán Formation in the Bajo Caguán-Caquetá region is extensive. In addition, although the flora growing on the Caimán Formation has some affinities with the flora of Plio-Pleistocene soils in Peru, there are also unique elements on each landscape.

We see a similar pattern with the Pebas Formation, which is scarce in Peru but extensive in Colombia. In the Bajo Caguán-Caquetá region, however, the Pebas Formation shows so much variation—from nutrient-rich soils around salt licks to nutrient-starved soils—that the poorest soils in the Colombian Pebas resemble soils derived from the Nauta Formation in Peru. As a result, although there is no Nauta Formation in the Bajo Caguan-Caquetá, and although the Nauta Formation dominates the landscape in Peru, the forests share many affinities due to the poor-soil conditions of the upper parts of the Pebas Formation in Colombia.

Habits, habitat and phenology

The vast majority of the species we collected and observed are woody shrubs and trees (85%); 14% were herbs and 1% lianas. Nearly all of the species were terrestrial, with just 4% epiphytic and 1% strictly aquatic. A couple of the herbs were tree-sized: turriago (Phenakospermum guyannense) and the bamboo guadua (Guadua incana) a relatively new species described and reported from the Amazonian piedmont (Londoño and Zurita 2008).

Common emergent trees included Cedrelinga cateniformis, tamarindillo (Dialium guianense), guarangos (Parkia velutina, P. multijuga, P. nitida), guamo (Inga psittacorum), almendro (Caryocar glabrum), and almendrón (Dipteryx oleifera). Because of their size, these trees dominate some sectors and represent good candidates as seed trees that can support reforestation programs.

Other frequent canopy trees included Protium altsonii, fariñero (Clathrotropis macrocarpa), sangre toros (Virola divaricata, V. elongata, V. calophylla, and Osteophloeum platyspermum), Pouteria spp., Micropholis sp., and Oenocarpus bataua. Frequent in the understory were Coussarea sp., Palicourea nigricans, tree ferns (Cyathea macrosora), and fish-tail palms (Geonoma spp.). The herbaceous layer had various species of calatheas (Calathea micans, Monotagma secundum), guarumo (Ischnosiphon spp.), and heliconias (Heliconia velutina, H. lourteigiae, and H. stricta, among others). Some poor-soil areas in floodplains were covered by Selaginella and Trichomanes.

Palms

Arecaceae stand out due to its varied growth habits and frequent use by local communities. The most common tree palm was milpes (Oenocarpus bataua), whose fruits are harvested for oil, milk, or juice; whose leaves are used to make cargo bags; and whose stems are used in construction and to cultivate mojojoi beetle larvae. The cachuda palm (Iriartea deltoidea) is used in construction and to make rafts. Other useful palms are zancona (Socratea exorrhiza), cumare (Astrocaryum chambira), A. jauari, and A. standleyanum. Three ecologically important species are *canangucha* (*Mauritia flexuosa*), which in addition to forming *cananguchales* has edible fruits and trunks used as bridges, *asaí* (*Euterpe precatoria*) with edible fruits and wood used in construction, and *chontaduro* (*Bactris gasipaes*), with edible fruits.

Notable shrubby palms are *puy* or fish-tail palms (*Geonoma* spp.), *palmichas* or *corosillos* (*Bactris riparia*, *B. simplicifrons*, and *B. maraja*), and *milpesillo* (*Oenocarpus minor*), a cespitose species with great ornamental potential. In the lianescent palm genus *Desmoncus*, we recorded *D. mitis*, *D. polyacanthos*, and *D. giganteus*. We recorded only two stemless palms: *Attalea insignis* and *Astrocaryum acaule*.

Roughly half of the species we observed were in some reproductive state. Twenty percent had flowers or floral buds and 30% had fruits (immature, mature, or old). Fewer than 1% had sori or strobili.

Of the species with fruits, a number are important food sources for wildlife. These include *membrillo* or *mula muerta* (*Gustavia augusta*), eaten by rodents like paca (*Cuniculus paca*) or black agouti (*Dasyprocta fuliginosa*); *sangretoro* (*Osteophloeum platyspermum*), eaten by woolly monkeys (*Lagothrix lagotricha*) and peccaries (*Pecari tajacu*), as well as large birds like toucans, parrots, and macaws. Also eaten by woolly monkeys are several species of (*Pouteria*), *manguillo* (*Moronobea coccinea*), and *Iryanthera lancifolia*.

Notable records

Highlighting notable species is a challenge, since there are multiple different ways to decide that a species is important. Here we decided to consider several aspects, among them rarity and restricted distribution, use by people, and threat status. Notable species include the following:

- *Zamia ulei* (MC 9718, MC10248). This cycad was seen at El Guamo and Bajo Aguas Negras, but only three individuals were detected. The Bajo Aguas Negras community reported a medicinal use of this plant, and agreed that it is rare and difficult to find.

- *Cedrelinga cateniformis*, a valuable timber tree in high demand, with healthy adult individuals most notable at El Guamo and Peñas Rojas. The individuals we saw at Orotuya and Bajo Aguas Negras camps were smaller,

and at Orotuya we found recently cut logs abandoned in the forest because they were hollow.

- *Couma macrocarpa* is another timber species in high demand, with edible fruits and reportedly medicinal sap. The population appeared to have been harvested at El Guamo, where a single juvenile was observed, even though this forest has not seen commercial logging. At the other campsites fertile adults were observed.

- *Hymenaea oblongifolia* is also a large timber tree in high demand. The largest individual was observed at El Guamo. Very few individuals were observed at the other campsites.

- *Oenocarpus bataua* is a solitary arboreal palm that was present in all the camps. It may be the most abundant tree in the region. Populations were healthy and reproductive. With fruits that yield oil and milk, this species has potential as a non-timber forest product.

- *Parkia velutina*, *P. multijuga*, and *P. nitida* are giant emergent trees with commercially valuable wood. These species are included in most logging licenses granted by Corpoamazonia.

- *Cedrela odorata* is a high-value timber tree considered Endangered in Colombia and Vulnerable globally. It is practically extinct in the Bajo Caguán-Caquetá region, due to excessive logging. We only saw trees of this species at El Guamo.

RECOMMENDATIONS FOR CONSERVATION

- Maintain forest connectivity between Serranía de Chiribiquete and La Paya national parks. It is essential to freeze deforestation for cattle ranches and keep the forest standing, especially in the best-preserved areas. It is especially key to preserve forests along rivers, lakes, and streams.

- Establish permanent plots where communities can monitor biodiversity, to generate valuable scientific information for a region that is still poorly known.

- Georeference seed trees that can provide germplasm for propagation, with a view to reforesting pastures in neighboring areas.

- Implement economic activities based on the sustainable use of biodiversity, such as the palms

Oenocarpus bataua and *Mauritia flexuosa*, which can be harvested without cutting the individual. Facilitate methods to harvest and transform natural products, and support management plans and entrepreneurship to ensure sustainable economic benefits.

FISHES

Authors: Lesley S. de Souza, Jorge E. García-Melo, Javier A. Maldonado-Ocampo, Edgar Sánchez, Johan Sebastián Silva Parra, Carmenza Moquena Carbajal, Héctor Reynaldo Rodríguez Triana, Julio Garay Ortiz, Alberto Ruíz Ángulo, Heider Rodríguez, and Régulo Peña Pérez

Conservation targets: Well-preserved riparian habitat along rivers, creeks, and lakes, at risk due to increased deforestation in the region; oxbow lakes and creeks associated with *tierra firme* forests along the lower río Caguán and upper río Caquetá, threatened by overfishing and lack of connectivity between the inundated forests and main river channels for migration of fish species; oxbow lakes at the confluence of the ríos Caguán and Caquetá, critical breeding and spawning habitat for several important food fish species like black prochilodus (*Prochilodus nigricans*), sábalos (*Brycon cephalus* and *B. whitei*), puños (species in the genera *Pygocentrus*, *Serrasalmus*), tiger sorubim (*Pseudoplatystoma tigrinum*), garopas (species in the genera *Myloplus*, *Metynnis*), pike cichlids (*Crenicichla*) and janitor fish (*Pterygoplichthys*); ornamental species in the genera *Corydoras* and *Panaque*, at risk of over-harvests in the creeks and rivers of the region

INTRODUCTION

Efforts are ongoing to quantify the ichthyofauna of Colombia and current estimates suggest 1,494 species of freshwater fishes (Do Nascimiento et al. 2017). Despite the tremendous amount of fish diversity, as compared to all of North America with just over 1,200 species, many gaps still remain in ichthyological surveys, including portions of the Caquetá and Caguán rivers in the Colombian Amazon. The Amazon Fish Project currently reports 497 species for the Caquetá River, where collections have been concentrated in the lower Caquetá, and 9 species for the Caguán River, from the upper stretches of the drainage (Amazon Fish Database 2016; *http://www.amazon-fish.com/es*). There is no information about fishes at the confluence of the Caguán and Caquetá rivers (Fig. 17), which lies at a convergence of Andean and Amazonian fauna, thus draining a unique landscape in the pan-Amazon context.

Near Puerto Leguízamo the Caquetá River is only 19 km from the Putumayo River, many of whose Peruvian tributaries have been surveyed for fishes over the last decade (Hidalgo and Olivera 2004, Hidalgo and Rivadeneira-R. 2008, Hidalgo and Sipión 2010, Hidalgo and Ortega-Lara 2011, Maldonado-Ocampo et al. 2013, Pitman et al. 2016). These watersheds run parallel, draining the headwaters of the Amazon basin, and geological evidence suggests historical connections between the two river systems. Headwater ecosystems are important for both permanent fish communities and migratory fish species that use headwater systems to complete their life cycle before returning downstream, as far as the mouth of the Amazon River (Barthem et al. 2017). Additionally, headwater systems are integral to the maintenance of the biological integrity of river networks (Meyer et al. 2007).

Fish in the lower Caguán and the Caquetá serve as an important part of the diet and economy of *campesino* and indigenous people in the region (Salinas and Agudelo 2000). A growing market in Puerto Leguízamo has increased pressure on the poorly-known fish fauna of these rivers. A series of oxbow lakes have become overfished, threatening vital nurseries for several fish species. Various species popular in the ornamental fish trade are also harvested in the area, but little is known about the impact on their populations.

As rapid deforestation, overfishing, gold mining, and colonization advance along the Caguán and Caquetá, there is a sense of urgency for a better understanding of the fish diversity in the region. Fish collections in these headwater drainages will further our understanding of Amazonian fishes, filling an important gap, and will likely uncover new species and range extensions for Colombia. The aim of this inventory was to provide a thorough examination of the fish fauna in the lower Caguán and Caquetá for local stakeholders and managers to aid in conserving the region's freshwater ecosystems.

METHODS

Study sites and sampling

This inventory was conducted over 18 days of fieldwork (6–23 April 2018) in the Bajo Caguán-Caquetá region of Colombia, where we sampled a total of 25 stations at 4 campsites: El Guamo (9 stations), Peñas Rojas (8),

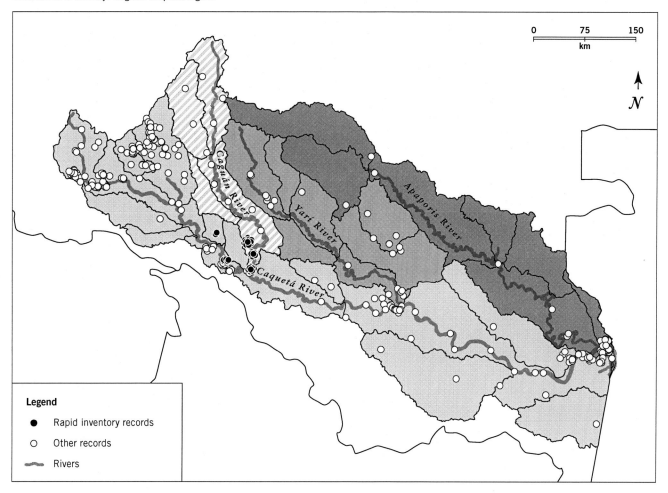

Orotuya (4), and Bajo Aguas Negras (4). For more details about the individual campsites, see Figs. 2A–D and the chapter *Regional panorama and description of sites visited*.

Fishes were collected by a variety of methods using seines, gill nets, cast net, hand line, and by hand. Sampling was done at the beginning of the rainy season for this region and we collected during the day and at night. Habitats sampled included main river channels, creeks, ephemeral streams, and lakes; the habitats we sampled most thoroughly were creeks in *tierra firme* and inundated forests (Appendix 9). All habitats had clear or white water; we did not observe any black water during the inventory. We obtained geographic coordinates at each station using a handheld GPS and documented each station with a photograph.

Each fish species was photographed with a small aquarium using the Photafish System (García-Melo 2017)

in the field to capture live coloration and aid in the identification of fishes. Individuals were identified and sorted using current taxonomic keys and some were identified by experts of the group with photographs and preserved specimens. Valid names were confirmed using the *Catalog of Fishes* (Eschmeyer et al. 2018). Fishes were preserved with 10% formalin then transferred to 75% ethanol. Tissue samples were taken from select species (Appendix 10) and preserved in 95% ethanol for further genetic analysis. All 1,426 specimens were deposited in the Lorenzo Uribe Uribe S. Museo Javeriana de Historia Natural (MPUJ), Field Museum of Natural History (FMNH), and Museo de Historia Natural UAM de la Universidad de Amazonia (UAM) fish collections.

Additionally, species were categorized based on conservation status (González et al. 2015, Waldrón et al. 2016), endemism (Machado-Allison et al. 2010), migratory behavior (Usma-Oviedo et al. 2013), and use in the aquarium trade (Ortega-Lara 2016). Associations between sites were analyzed using a similarity analysis based on presence and absence in the software program PAleontolgical STastistics (PAST 3.14; Hammer et al. 2001).

RESULTS

Our rapid inventory of the Bajo Caguán-Caquetá region of Colombia resulted in 1,190 collected individuals belonging to 139 species, 34 families, and 8 orders (see Appendix 10 for the full species list). This increases the total number of fish species known from the Caquetá from 497 to 513, and the total number of fish species known from the Caguán from 9 to 148.

The most diverse orders were Characiformes (57.6%) and Siluriformes (27.3%), with 80 and 38 species, respectively. Cichliformes ranked third with 11 species (7.9%). Gymnotiformes, Cyprinodontiformes, Clupeiformes, Synbranchiformes, and Beloniformes were represented by fewer than 10 species (Table 7). The most diverse families were Characidae with 45 species (32%), Cichlidae with 11 species (7.9%), and Loricariidae with 9 species (6.4%). The species most commonly collected at all sites were in the genera *Hemigrammus*, *Hyphessobrycon*, and *Knodus*, followed by *Pyrrhulina* and *mojarras* in the genus *Apistogramma*.

Eight species were identified as possibly new to science, in the genera *Hyphessobrycon, Ancistrus, Paracanthopoma, Astyanax, Denticetopsis, Gladioglanis, Bujurquina,* and *Crenicichla. Gladioglanis anacanthus* and *Bujurquina hophrys* are likely new records for Colombia. We also collected at least two species that are new records for the Caguán and Caquetá drainages: *Tyttobrycon* sp. and *Corydoras* cf. *aeneus*. We identified several species that are conservation targets in the region: black prochilodus (*Prochilodus nigricans*), *sábalos* (*Brycon cephalus* and *B. whitei*), *puños* (species in the genera *Pygocentrus* and *Serrasalmus*), tiger sorubim (*Pseudoplatystoma tigrinum*), *garopas* (species in the genera *Myloplus* and *Metynnis*), pike cichlids (*Crenicichla*), and armored catfish or *cuchas* (*Pterygopli-chthys* and *Panaque*), and *corredoras* (species in the genus *Corydoras*, including one species endemic to the Caquetá River, *Corydoras reynoldsi*). Eighteen species were identified as important for

consumption in the Bajo Caguán-Caquetá region. *Pseudoplatystoma tigrinum*, an important food fish for local people that is widespread in the region, is listed as Vulnerable on the IUCN Red List (Mojica et al. 2012). Fifty-nine of the species we recorded are used as ornamental fishes in Colombia.

The composition of the ichthyofauna at the four sites we visited in the Bajo Caguán-Caquetá region was similar, despite the lower abundances at the last two campsites. Due to the onset of the rainy season, rising water levels made it difficult to collect in the Orotuya and Peñas Rojas campsites. A comparison between the species lists from the Bajo Caguán-Caquetá region and from a rapid inventory of the Ere-Campuya-Algodón region in the Peruvian Putumayo basin resulted in 60% of the species shared between drainages. Fifty species in the Bajo Caguán-Caquetá list were not found in the Ere-Campuya-Algodón list, and were primarily Siluriformes (especially Trichomycteridae and Callichthyidae).

We observed that the majority of fishes collected were in an advanced stage of gonadal development and with eggs. This marked the beginning of their reproductive period. Local residents told us that fish typically release their eggs in May-June.

DISCUSSION

Despite the limitations of sampling fish communities at the onset of the rainy season, we collected an impressive diversity of fishes in the Bajo Caguán-Caquetá region. The area we collected for the rapid inventory encompassed <3% of the Caguán and Caquetá River drainages, yet we collected over the predicted estimates for the entire 282,260-km^2 drainage. Estimates from Amazon Fish Project suggest 115–300 species in these drainages, which we consider an underestimate (Fig. 18). These predictions are based on previous collections more than 50 years ago and exclude new access to a once restricted region of Colombia. In addition, the presence of migratory fishes, spawning fishes, new species, and ornamental species indicate a healthy fish population also reflective of a healthy ecosystem.

Key habitats and species

Oxbow lakes of the region contained several fish species important for consumption to *campesino* and indigenous people in the landscape. Lake communities were dominated by *Prochilodus nigricans, Pseudoplatystoma tigrinum, Ageneiosus inermis,* and *Serrasalmus rhombeus.* Specimens of *Prochilodus nigricans* were of notable size, >25 cm, and found in large numbers. Of particular note is the prevalence of many fish species in advanced stages of gonadal development with eggs ready to spawn. These oxbow lakes function as nurseries for several fish species and are of high concern for local people due to imposing threats primarily from illegal fishing and overfishing. Lack of proper management and fishing regulations in these oxbow lakes further comprise the integrity of fish populations. Also of note are *Pseudoplatystoma tigrinum,* locally referred to as 'pintadillo', which are a common food fish and listed as Vulnerable by the IUCN.

Creeks throughout the study area revealed 59 species with potential for the ornamental fish trade. A popular ornamental fish in the genus *Corydoras* were found in large numbers, including *Corydoras reynoldsi,* which is endemic to Colombia and specifically the Caquetá drainage. Currently there are no threats for these species to be exploited, but the high value in the market should be considered to protect these unique fishes. Creeks in this region varied slightly. Due to the onset of the rainy season, deeper into the forest many creeks were ephemeral with very clear water and fewer fishes. We surmise that fishes had not yet reached these recently filled creek beds in the forests.

The Caguán and Caquetá rivers traverse a landscape that support tremendous fish diversity as well as indigenous and *campesino* communities who depend on them. Many large catfish species (e.g., *Brachyplatystoma, Pseudoplatystoma, Pinirampus*) are important food fish and also require long distance migration to the headwaters of these rivers to complete their reproductive cycle. The location of this inventory is only part of the distance they travel and those seen on this inventory from fishermen and markets were only passing through on their destination upriver. As deforestation and mining became rampant along these drainages the integrity of these river systems are at risk and thus the whole basin.

Regional context

Fishes collected in the Bajo Caguán-Caquetá region during this inventory revealed remarkable affinities to that of the Ere-Campuya-Algodón region of the Peruvian Putumayo, ~200 km SE (Maldonado-Ocampo et al. 2013). Of the 139 species collected, 60% were shared with Ere-Campuya-Algodón, including one new species to science only known from these localities: *Hyphessobrycon* sp. nov. Despite differences in the underlying geology (Nauta vs. Pebas/Caimán formations), the Putumayo and Caquetá share nutrient-poor soils and low conductivity waters. Also comparable with Ere-Campuya-Algodón were the low abundances of fishes yet high diversity of fishes, which appear to be related to the low nutrient levels resulting in low availability of food resources for fish to feed on, like periphyton and macroinvertebrates.

Freshwaters of the Bajo Caguán-Caquetá region form the arteries and veins within the matrix of communities from Núcleo 1. Every aspect of their livelihoods are

Table 7. Richness and abundance of fish collected at four sites during a rapid inventory of the Bajo Caguán-Caquetá region of the Colombian Amazon in April 2018.

Order	Number of species	% of total species	Number of individuals	% of total individuals
Characiformes	80	57.6	931	78.2
Siluriformes	38	27.3	130	10.9
Cichliformes	11	7.9	97	8.2
Gymnotiformes	5	3.6	17	1.4
Cyprinodontiformes	2	1.3	6	0.5
Clupeiformes	1	0.7	1	0.1
Synbranchiformes	1	0.7	2	0.2
Beloniformes	1	0.7	6	0.5
Total	139	100.0	1,190	100.0

Figure 18. Species richness in the Amazon basin, according to the Amazon Fish Project. The Bajo Caguán-Caquetá region is highlighted with a circle.

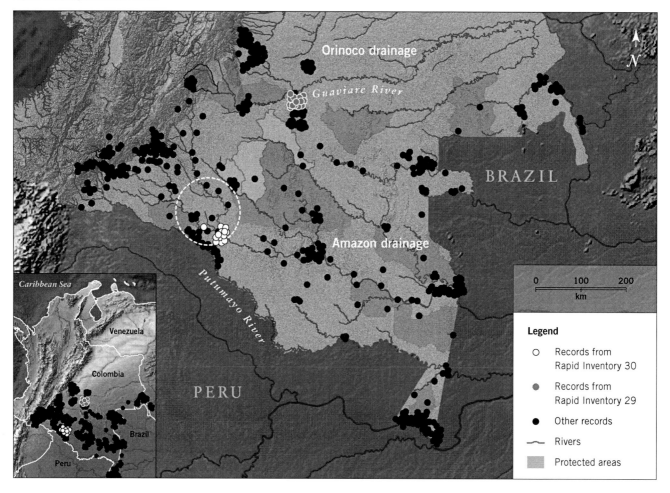

connected to the natural resources provided by the rivers and forests, where fish are an important resource for food security especially to *campesinos* and indigenous people living along the river. In this inventory we recorded fish diversity that reflect a well-preserved yet fragile landscape generating a sense of urgency to safeguard this region from the accelerating rates of deforestation that is advancing along the headwaters. Furthermore, the Bajo Caguán-Caquetá forms an important bridge between ecosystems of two national parks in the Colombian Amazon: La Paya and the newly expanded Serranía de Chiribiquete. These drainage networks traverse a complex landscape from the black water wetlands of La Paya to the high gradient streams of Chiribiquete with tributaries from both Amazon and Orinoco rivers, where this unique mosaic of habitats contributes to the tremendous biodiversity in this part of the Colombian Amazon.

THREATS

We find the results of this inventory encouraging, in part because they help fill a lacuna of information regarding fish diversity in the region. However, we also observed some serious threats to the integrity of the main aquatic ecosystems here (rivers, creeks, lakes, oxbow lakes, and palm swamps) and to the fish communities they harbor:

- *Overfishing in lentic ecosystems.* Unsustainable harvests may reduce stocks of economically important food fish and disrupt the trophic chain in these aquatic ecosystems, especially in Lake La Culebra and Lake Limón. These are breeding areas for *sábalos* (*Brycon*), prochilodus (*Prochilodus*), *blanquillos* (*Pseudoplatystoma*), and *jetones* (*Ageneiosus*).

- *The rapid advance of deforestation.* At the local scale, deforestation can increase the amount of sediment entering water bodies and disrupt the input of food resources in creeks from the riparian forests, which is critical in creeks that drain poor soils like those derived from the Caimán Formation.

- *Sand extraction and gold mining.* If these practices arrive in the Bajo Caguán-Caquetá region they will have strong negative impacts on abiotic conditions in aquatic ecosystems, on habitats that are important to fishes, and on human health (due to mercury pollution).

- *A lack of institutional oversight.* Both *campesino* and indigenous communities expressed concern regarding the inconsistent presence of agencies such as Colombia's National Authority on Aquaculture and Fishing (AUNAP), which should strengthen monitoring and enforce regulations regarding both commercial and subsistence fishing.

- *Ornamental fish harvests.* These harvests are just beginning in the area. However, given the proximity of Puerto Leguízamo, where they are better established, poorly planned or managed harvests in the Bajo Caguán-Caquetá region could affect economically valuable species such as *corredoras* (*Corydoras*), *cuchas* (*Panaque, Pterygoplichthys, Ancistrus*), *sardinas* (*Hyphessobrycon, Hemigrammus, Astyanax*), and *mojarras* (*Apistogramma*).

- *Loss of traditional knowledge.* Historically, people in the Bajo Caguán-Caquetá region have had strong connections to fish communities. We noted some concern among older residents regarding the potential loss of these connections in younger generations, which would pose a threat to the traditional respect for and management of aquatic resources.

- *Pollution in the upper watershed.* The last decades have seen an explosion of deforestation, colonization, and settlement in the upper portion of the Caguán watershed. There is genuine concern among the communities of the lower Caguán regarding how these environmental impacts (e.g., sewage and trashed dumped in the river by towns upstream) will affect the health of their aquatic ecosystems. They could have significant negative impacts on fishing in the lower Caguán.

RECOMMENDATIONS FOR CONSERVATION

There are excellent opportunities for conserving water quality in the lakes, rivers, and streams that drain the Bajo Caguán-Caquetá region. The excellent state of these ecosystems is highly valued by both indigenous and *campesino* residents, and they are passionate about protecting them. In some areas, this pride and sense of place are reflected in a series of regulations for managing fishing. Based on the impressive size of the food fish we caught during the inventory (prochilodus, sábalo, and blanquillo), these community strategies are working and represent a major asset. They should be supported by government agencies via long-term programs to monitor fishing in the lower Caguán basin.

All efforts to conserve fishes in the region should actively involve local communities. Based on our field observations and conversations with local scientists we offer the following recommendations:

- Strengthen protection of lakes in the region. These lakes harbor healthy, important populations of a number of fish species that represent a valuable food source for both people and wildlife. They are also critical areas for breeding.

- Carry out a more complete inventory of the fishes of the main channel of the Caguán River, where high water preventing us from sampling well during the inventory. Further inventory is also needed for the main tributaries of the Caguán during dry season (December-February).

- Carry out research on the basic biology of food fish (Appendix 10), especially migratory species, to monitor their populations and generate information that is directly useful for both residents and environmental authorities.

- Regulate ornamental fish harvests. This is a high priority, since unregulated harvests can lead to population crashes and local extinctions. This is especially important for the species that we only recorded at a single sampling station and that may be new to science.

AMPHIBIANS AND REPTILES

Authors: Guido F. Medina-Rangel, Michelle E. Thompson, Diego H. Ruiz-Valderrama, Wilmar Fajardo Muñoz, Josuel Lombana Lugo, Carlos Londoño, Carmenza Moquena Carbajal, Hernán Darío Ríos Rosero, Jesús Emilio Sánchez Pamo, and Edgar Sánchez

Conservation targets: A diverse and well-conserved community of amphibians and reptiles associated with *tierra firme* and flooded forests; new species records for Colombia: *Boana alfaroi*, *Dendropsophus shiwiarum* and *Hyalinobatrachium cappellei*; new species records for the department of Caquetá, including *Pristimantis variabilis* and *Scinax funereus*, and a range extension for *Scinax ictericus*; rare species or species that are poorly represented in field surveys or museum collections: *Boana nympha*, *Callimedusa tomopterna*, *Ceratophrys cornuta*, *Micrurus hemprichii*, *Micrurus langsdorffi*, *Platemys platycephala*, *Rhinella ceratophrys*, and *Rhinella dapsilis*; the turtles *Chelonoidis denticulatus* and *Podocnemis expansa*, listed as Vulnerable (VU) on the IUCN Red List, along with numerous species of dendrobatid frogs, boas, caimans, and turtles listed in CITES Appendix II; at least eight species of amphibians and reptiles used for food and traditional medicine by local communities (*Dendropsophus* spp., *Leptodactylus knudseni*, *Leptodactylus pentadactylus*, *Osteocephalus* spp., *Caiman crocodilus*, *Paleosuchus* spp., *Chelonoidis denticulatus*, and *Podocnemis* spp.)

INTRODUCTION

Thirty to 50% of all species of amphibians and reptiles are found in the Neotropics (Urbina-Cardona 2008), making conservation of neotropical landscapes critical for the conservation of herpetofauna. Amphibians and reptiles, in turn, provide important ecosystem services to neotropical forests such as nutrient cycling, seed dispersal, and pest control (diseases and agricultural pests), and have important direct human uses as food and medicine (Valencia-Aguilar et al. 2013). These ecosystem services make amphibians and reptiles indispensable for the conservation of neotropical landscapes and for the local communities that reside in these landscapes.

The Bajo Caguán-Caquetá region is located in northwest Amazonia, is a strategic corridor between two national parks—Serranía de Chiribiquete and La Paya—and is a region with high potential for conserving neotropical amphibians and reptiles and the ecosystem services they provide. There is limited information on the herpetofauna in the Bajo Caguán-Caquetá region, as well as for the whole department of Caquetá. The few published studies that exist include department-level species lists (Suárez-Mayorga 1999, Castro 2007,

Lynch 2007, Pérez-Sandoval et al. 2012), a rapid color photo guide (Cabrera-Vargas et al. 2017), articles on the diversity and composition of amphibians (Osorno-Muñoz et al. 2010, Arriaga-Villegas et al. 2014, Rodríguez-Cardozo et al. 2016), new records of amphibians (Malambo et al. 2013, 2017), a study on snake community assemblages (Cortes-Ávila and Toledo 2013), information on Serranía de Chiribiquete NP published by Colombia Bio (Suárez-Mayorga and Lynch 2018), and a single study on the crocodilians and turtles of the Caguán and Caquetá rivers (Medem 1969).

Most previous studies on amphibians and reptiles in Caquetá have focused on the Amazonian piedmont, and little is known about the diversity and ecology of amphibians and reptiles in the lowlands of Caquetá. The lack of information in the lowlands is a general trend for all of the Colombian Amazon and the few studies that have been conducted are from sites far from the Bajo Caguán-Caquetá. One paper reports on the ecology of the herpetofauna of the Putumayo piedmont (Betancourth-Cundar and Gutiérrez-Zamora 2010), an area adjacent to the department of Caquetá. Lynch and Vargas-Ramírez (2000) provide a list of amphibian species and discuss ecological aspects of that community in the department of Guainía. Other studies focus on the distribution of amphibians in the lowlands and piedmont of the Colombian Amazon (Mueses-Cisneros 2005, Lynch 2008, Malambo-L. and Madrid-Ordóñez 2008, Acosta-Galvis et al. 2014). Renjifo et al. (2009) published a list of amphibians and reptiles of the Inírida Fluvial Confluence between the departments of Guainía and Vichada. Mueses-Cisneros and Caicedo-Portilla (2018) published on the diversity and ecology of the herpetofauna of the Serranía La Lindosa, in the department of Guaviare, where other studies have reported geographic range extensions and new species records (Medina-Rangel and Calderón-Escobar 2013, Murphy and Jowers 2013, Köhler and Kieckbusch 2014, López-Perilla et al. 2014, Medina-Rangel 2015, Calderón-Espinosa and Medina-Rangel 2016). Two studies compile information about the amphibians and reptiles present in the trinational La Paya-Cuyabeno-Güeppí-Sekime corridor of protected areas (Colombia, Ecuador, and Peru; Acosta-Galvis y Brito 2016, Brito y Acosta-Galvis 2016), and Medem (1960) reported on the biogeography of crocodilians and turtles of the Amazonas, Putumayo and

Caquetá rivers. There are only two published studies on the use of herpetofauna by Amazonian indigenous communities (amphibians: Bonilla-González [2015], reptiles: Estrada-Cely et al. [2014]).

The ecology and fauna of the department of Caquetá are poorly known, and they also face high rates of deforestation (Fig. 2C). This forest loss is fast enough that it has the potential to eradicate the region's biota and ecosystems before they can even be identified. As a result, inventories that provide basic information and involve local and departmental stakeholders in decision-making and the implementation of effective conservation strategies are vital to conserving forests in the region. Here, we present the results of amphibian and reptile surveys conducted during a rapid inventory of the Bajo Caguán-Caquetá region on 7–22 April 2018. We studied the composition and abundance of the herpetofauna, report new species records and range extensions, highlight species that are threatened or listed in CITES, and make recommendations for the conservation of amphibians and reptiles in the region.

The main objective of the inventory was to quickly evaluate the diversity, ecological value, and uses of the amphibian and reptile communities of the Bajo Caguán-Caquetá region. With this information we identify conservation targets that provide a foundation, together with the information provided by the other inventory teams, for the establishment of a conservation area at the local, regional, and national levels, which involves local inhabitants within the management and sustainable development plans.

METHODS

We conducted amphibian and reptile surveys in flooded forest, *tierra firme* (upland) forest, and riparian forest at four campsites: 1) El Guamo, 7–10 April, 2) Peñas Rojas, 12–14 April, 3) Orotuya, 17–19 April, and 4) Bajo Aguas Negras, 21–22 April 2018. For a detailed description of the campsites see Figs. 2A–D and the chapter *Regional panorama and description of sites visited*.

To find, observe, and capture amphibians and reptiles we carried out diurnal and nocturnal sampling along the trails created before the inventory at each campsite. To collect specimens we conducted time-constrained visual encounter surveys, which is an effective method for

recording the most species possible during rapid assessments of amphibian and reptile communities (Crump and Scott 1994, Rodda et al. 2007).

Surveys lasted ~4 hours and the trail distance sampled measured ~2 km. We calculated survey effort in person-hours (e.g., a 4-hour survey with 4 participants = 16 person-hours). Total survey effort per campsite was 116 person-hours in El Guamo, 60 person-hours in Peñas Rojas, 76 person-hours in Orotuya, and 64 person-hours in Bajo Aguas Negras.

We conducted diurnal and nocturnal visual encounter surveys based around trails that were previously established for the inventory. We focused our search within 15 m of each side of the trail, walking slowly and carefully searching all microhabitats utilized by amphibians and reptiles (tree and ground cavities, leaf litter, vegetation, tree buttresses, and around streams and permanent and ephemeral ponds). We also took note of species that were detected by vocalizations. We conducted one additional nocturnal survey by boat in Laguna La Culebra at campsite Peñas Rojas (7.5 person-hours). We also recorded opportunistic encounters (i.e., observations of amphibians and reptiles outside of surveys and observations by other members of the rapid inventory team); these were confirmed via photos or specimens.

We captured amphibians and reptiles by hand, except for venomous snakes, in which case we used snake tongs. For every individual observed, we recorded the species, sex (when possible), microhabitat and perch height where it was found, and any interesting behavior. We took photographs of all species before preserving them as specimens. Photographs were used to make a rapid color field guide for amphibians and reptiles of the Bajo Caguán-Caquetá region (Medina-Rangel et al. 2018), available online at *https://fieldguides.fieldmuseum.org/ guides/guide/1059*. We collected up to two specimens of each frog, toad, lizard, and small-to-medium-sized snake species at each site, and euthanized and fixed the specimens using standard techniques (chlorobutanol soak for amphibians and cardiac injection of lidocaine for reptiles; Cortez et al. 2006, McDiarmid et al. 2012). We deposited 168 voucher specimens in the Museo de Historia Natural Universidad de la Amazonia, Colombia (UAM-H). Amphibian and reptile specimens were fixed in 10% formalin solution and preserved in 70% alcohol solution. Our taxonomic classification is based on Frost (2018) for amphibians and Uetz et al. (2018) for reptiles.

We calculated the number of species expected in the region based on Pérez-Sandoval et al. (2012), Map of Life (*https://mol.org*; Jetz et al. 2012), and SiB Colombia (*https://sibcolombia.net*). We classified the habitat of each species (terrestrial, aquatic, arboreal) by where we observed species the most during surveys. To determine threat category we used lists published by IUCN (2017) and CITES (2017).

To estimate species richness of amphibians and reptiles in the study area, we developed a rarefaction and extrapolation curve (Chao et al. 2014). We also used sampling coverage curves to estimate the percentage of completeness achieved by our inventory and to estimate how much more sampling would be necessary to record the total number of species. This analysis estimates the proportion of the total number of individuals in a community that belong to the species recorded in the sample (Chao and Jost 2012). We used the InexT R package (Hsieh et al. 2016) and used 500 bootstraps to create 95% confidence intervals.

RESULTS

Composition and characterization of the herpetofauna

We observed a total of 97 species: 55 amphibians and 42 reptiles. We observed ~40% of the 138 amphibian species expected for the department of Caquetá, and ~37% of the 114 reptile species expected for the department.

In the class Amphibia the only order we recorded was Anura, with a total of 9 families and 20 genera (Appendix 11). The most species-rich family observed was Hylidae (26 species), followed by Leptodactylidae (10). For the class Reptilia, we observed three orders (Crocodylia, Squamata, and Testudines), with a total of 15 families and 31 genera (Appendix 11). The best-represented reptile families in the inventory were Colubridae with 11 species and Dactyloidae with 4.

We observed 675 individuals (384 amphibians and 291 reptiles). The most abundant amphibian species were *Scinax funereus* (35), *Osteocephalus* sp. 1 (27), *Leptodactylus mystaceus* (26), *Rhinella margaritifera* (26), and *Phyllomedusa vaillantii* (20). The most

abundant reptiles were *Caiman crocodilus* (94), *Podocnemis expansa* (50), and *Podocnemis unifilis* (26).

Most of the amphibian and reptile species encountered during the inventory are broadly distributed across the Amazon basin. Almost 22% are widespread throughout the Amazon. About 65% of species are known from two or three ecoregions, such as Orinoquia, the Amazonian piedmont, and the Guiana Shield, while <14% are known from a few localities outside of our study area (Appendix 11).

Richness and sampling coverage

For the four campsites, we estimate that increasing sampling effort to 99% could yield up to 130 species—approximately 72 amphibians and 58 reptiles.

Our sampling was more complete for amphibians than reptiles. For amphibians, with 384 individuals, we estimated a sample coverage of 96%. For reptiles, with 291 individuals, we estimated a sample coverage of 92% (Fig. 19).

It is likely that the herpetofauna species richness in the region surveyed is much higher than observed during the inventory. As previously mentioned, species richness can potentially reach up to 138 for amphibians and around 114 for reptiles. Considering the number of species we observed, the estimated richness, the scarcity of studies in and around the region, and the scarcity of other information available (Pérez-Sandoval et al. 2012, Jetz et al. 2012, SIB-IAvH 2017, Suárez-Mayorga and Lynch 2018), and the fact that some species expected to occur in the department of Caquetá are unlikely to be found in the inventory study area because of specific microhabitat associations (e.g., elevation), we estimate a total of 125 ±20 amphibian species and 100 ±15 reptile species for the Bajo Caguán-Caquetá region. Our estimates and confidence intervals are approximate and based on the factors listed above. The large confidence intervals reflect how little is known about the area's amphibian and reptile community. It is possible that these estimates are conservative and underestimate the true number of herpetofauna species in the Bajo Caguán-Caquetá region.

Figure 19. a) Sample coverage of amphibian and reptile communities studied 7–22 April 2018 at four rapid inventory campsites in the Bajo Caguán-Caquetá region of the Colombian Amazon. Solid lines represent species observed during the inventory. b) Observed and estimated species richness of amphibians and reptiles sampled 7–22 April 2018 at four rapid inventory campsites in the Bajo Caguán-Caquetá region of the Colombian Amazon. Dotted lines represent extrapolations. Shaded grey regions indicate 95% confidence intervals generated by bootstrapping (500 bootstraps).

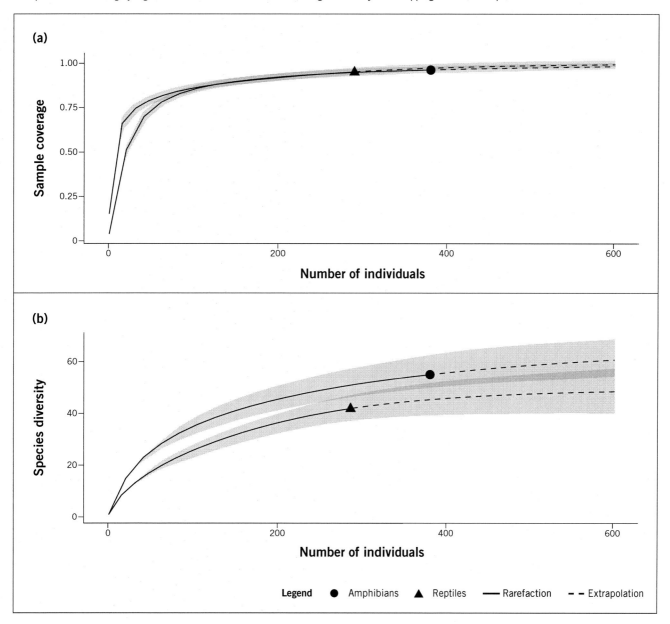

Table 8. Similarity of reptile and amphibian composition between campsites surveyed during a rapid inventory of the Bajo Caguán-Caquetá region of Amazonian Colombia in April 2018. Percent similarity of reptiles is on the lower left, percent similarity of amphibians is on the upper right.

	El Guamo	Peñas Rojas	Orotuya	Bajo Aguas Negras
El Guamo	–	23	16	11
Peñas Rojas	27	–	14	13
Orotuya	18	25	–	17
Bajo Aguas Negras	21	25	15	–

Table 9. Number of amphibian and reptile individuals, species, and unique species recorded at a single campsite for each site surveyed during a rapid inventory of the Bajo Caguán-Caquetá region of Amazonian Colombia in April 2018.

	El Guamo			Peñas Rojas			Orotuya			Bajo Aguas Negras		
	Abundance	Richness	Unique	Abundance	Richness	Unique	Abundance	Richness	Unique	Abundance	Richness	Unique
Amphibians	61	23	4	119	28	3	84	28	10	115	24	6
Reptiles	30	18	7	132	21	9	34	14	5	11	10	3
Caimans	3	1	0	93	2	0	7	1	0	1	1	0
Lizards	14	8	4	23	8	4	6	2	1	3	2	2
Snakes	11	8	3	15	10	5	17	8	2	6	6	1
Turtles	2	1	0	1	1	0	4	3	2	1	1	0

Habitat associations

We recorded amphibians and reptiles in all habitats surveyed: flooded forest, *tierra firme* forest, and riparian forest.

We observed numerous amphibian species associated with ephemeral and permanent ponds beginning reproductive season behaviors (e.g., calling and amplexus). These included *Osteocephalus* spp., *Phyllomedusa* spp., *Boana* spp., *Dendropsophus* spp., and *Scinax* spp., all arboreal species (some of them canopy specialists), as well as some terrestrial species like *Leptodactylus* spp. We were surprised to record such low numbers of some species that are very typical of amphibian assemblages in the lowland Amazon basin, such as species with direct development (e.g., *Pristimantis* spp.). Also striking was the lack of fossorial frogs (e.g., Microhylidae) and species from the other two amphibian orders (Caudata and Gymnophiona).

We found a number of viable egg masses and tadpoles of the amphibian species *Hyalinobatrachium cappellei, Boana cinerascens, Leptodactylus* spp., and *Dendropsophus* spp. We also observed individuals of *Allobates femoralis* transporting tadpoles on their backs. Although more than eight of the inventory days had intense rain, we recorded numerous daytime calls of species in the families Aromobatidae and Dendrobatidae, and nighttime calls of species in the families Hylidae and Leptodactylidae.

Our reptile observations were dominated by caiman in oxbow lakes and streams during nocturnal surveys, and numerous turtles (*Podocnemis* spp.) and *Iguana iguana* basking along the shorelines of the rivers and streams during the brief moments of sun that occurred during the inventory. There was a low abundance of lizards and snakes. Many of the lizards that were recorded, such as *Anolis* sp., were often in a dark color phase, making them hard to detect. Reptiles sometimes enter a dark color phase in low light conditions. The change in color helps with body temperature regulation, since darker colors have less reflectance, permitting the animal to absorb more heat.

We mainly detected snakes at night, foraging or sleeping in the leaf litter as well as in low and mid-levels of vegetation, and high in the canopy. The venomous snakes we recorded mainly used low strata such as the leaf litter, where they were active at night, and in some cases vegetation near or over water as recorded for *Bothrops atrox*. We only recorded one fossorial snake, *Amerotyphlops* cf. *minuisquamus*, that was found by the pre-inventory team at the Peñas Rojas campsite. We detected the tortoise *Chelonoidis denticulatus* active in the leaf litter, and the turtles *Mesoclemmys gibba* and *Platemys platycephala* in small ponds in the forest.

Many other large species typical of Amazonian reptile assemblages were not detected in the inventory, such as species in the Hoplocercidae family and large arboreal lizards such as *Anolis punctatus* and *Polychrus marmoratus*.

Comparison among study sites

Some species were shared among campsites. In general, however, there was low similarity in species composition between sites (Table 8). This suggests a high complementarity of the herpetofauna between the different camps sampled.

El Guamo campsite

This site had the highest survey effort. We recorded 91 individuals of 41 species (Table 9). Eleven species were only found at this campsite: *Chironius* sp., *Cnemidophorus lemniscatus*, *Dendropsophus brevifrons*, *Eunectes murinus*, *Gonatodes concinnatus*, *Kentropyx pelviceps*, *Micrurus langsdorffi*, *Phyllomedusa tarsius*, *Scinax garbei*, *Teratohyla midas*, and *Trachycephalus typhonius*. The most abundant species were the frogs *D. brevifrons* and *P. tarsius*; the other species were present in low abundances.

Peñas Rojas campsite

This site had the lowest survey effort. We observed 251 individuals of 49 species (Table 9). Twelve species were unique to the campsite: *Amerotyphlops* cf. *minuisquamus*, *Anolis transversalis*, *Arthrosaura reticulata*, *Boana alfaroi*, *Dendropsophus parviceps*, *Erythrolamprus typhlus*, *Gonatodes humeralis*, *Kentropyx calcarata*, *Helicops angulatus*, *Leptophis ahaetulla*, *Scinax cruentommus*, and *Spilotes pullatus*. The most abundant species were *Caiman crocodilus*, *Scinax funereus*, and *Osteocephalus* sp. 1; the other species were present in low abundances.

Orotuya campsite

We observed 118 individuals of 42 species (Table 9). Fifteen species were only recorded at this campsite: *Ameerega* sp., *Chironius scurrulus*, *Chelus fimbriata*, *Dendropsophus sp.*, *Lithodytes lineatus*, *Mabuya* sp., *Mesoclemmys gibba*, *Osteocephalus leprieurii*, *Osteocephalus* sp. 2, *Osteocephalus yasuni*, *Philodryas argentea*, *Pristimantis altamazonicus*, *Pristimantis variabilis*, *Ranitomeya variabilis*, and *Scinax* sp. The most abundant species were *Rhinella margaritifera* and *Leptodactylus pentadactylus*; the other species were present in low abundances.

Bajo Aguas Negras campsite

We observed 126 individuals of 34 species (Table 9). Nine species were unique to the campsite: *Anolis ortonii*, *Boana punctata*, *Callimedusa tomopterna*, *Dendropsophus sarayacuensis*, *Gonatodes* sp., *Leptodactylus knudseni*, *Leptodactylus rhodomystax*, *Micrurus hemprichii*, and *Osteocephalus* aff. *deridens*. The most abundant species were *Leptodactylus mystaceus* and *L. rhodomystax*; the other species were present in low abundances.

Use and customs associated with herpetofauna

Indigenous and *campesino* communities have strong attachments to wildlife, in the form of perceptions, uses, and other customs. The common denominator for many snakes, frogs, lizards, turtles and crocodiles is use as medicine or food, and persecution due to fear or the idea that they bring bad omens (Appendix 11). Below we describe some uses and customs of the local peoples with respect to the herpetofauna of the region.

Food

At least eight species of amphibians and reptiles are eaten by local communities, including:

- Some frogs in the genus *Dendropsophus* that were cooked at the Peñas Rojas campsite. They are typically fried during the season that these frogs are hyper-abundant, or eviscerated and added to soups with local seasoning.

- Two large leptodactylids, *Leptodactylus knudseni* and *Leptodactylus pentadactylus* (known locally as 'juanboy'), are regularly eaten by indigenous communities. They are prepared in a soup with chile pepper, stewed together with yuca and plantain along with various local spices cultivated in the communities. Occasionally these frogs are also fried.

- Some species in the genus *Osteocephalus* are eaten, usually at the peak of reproductive season when they are hyper-abundant (and frequently audible in nearby ponds). A large number of individuals are added to soups. We primarily heard about this custom at the Orotuya and Bajo Aguas Negras campsites. These frogs are captured by making a pitfall trap (a hole in the ground with very slippery and steep walls) next to ponds where they are heard calling. The smooth walls of the trap prevent the frogs from escaping and make for easy collection the next day.

- At least two species of caiman, *Caiman crocodilus* and *Paleosuchus* spp., are prized for their meat. Principally the tail is consumed, fried or stewed with manioc and plantain, and seasoned with typical ingredients from the region. We heard this custom at all the campsites visited. At the Bajo Aguas Negras we were told that juvenile caiman are eaten in a chile-flavored soup.

- We only recorded consumption of the turtle *Chelonoidis denticulatus* at the Orotuya campsite. Consumption is occasional, when they are opportunistically encountered in the forest. The plastron is opened using an axe, and the turtle is partially eviscerated and cooked in its own carapace, seasoned with local ingredients and chile pepper. The eggs of this turtle are considered delicious and rich in protein, and are much sought-after.

- At all of the campsites we recorded consumption of at least two species in the genus *Podocnemis*, which are hunted for their meat and eggs. They are occasionally captured in fishing nets and eaten. Residents organize hunts for the eggs mainly at the height of the dry season, when nesting beaches are easily identified and eggs easily harvested.

Medicinal and other traditional uses

We were able to document at least three species of frogs, as well as some snakes, that are used in traditional medicine in *campesino* and indigenous communities. At Bajo Aguas Negras we also documented some common names of amphibians and reptiles in the Nipõde dialect, as well as Spanish common names used by the *campesino* and indigenous communities. We briefly document the cosmogony and beliefs regarding the presence and abundance of snakes in the Bajo Aguas Negras Indigenous Reserve.

- *Leptodactylus pentadactylus* and *L. knudseni* are used to treat problems with the appendix. The frogs are cut open, eviscerated, washed, and boiled in two cups of water until the liquid is reduced to half the amount; it is then strained. The patient is laid down and their feet tied. They drink the liquid at room temperature and are then hung upside down by their feet for five minutes. This relieves the pain and cures the patient. We documented this treatment at Peñas Rojas.

- Milk excreted from glands of the toad Rhinella marina is used to treat stomach ailments. The milk is diluted in boiling water infused with certain leaves, and drunk. This recipe is used in Peñas Rojas.

- Some frogs, likely from the family Dendrobatidae and some from the family Phyllomedusidae, are applied to the skin to treat puncture wounds by spines or other skin problems. This treatment clears the infection and, in cases where there is still a foreign object in the wound, helps expel the object. This treatment is used at Bajo Aguas Negras.

- In the Bajo Aguas Negras reserve, venomous snakes (and some non-venomous species that are perceived to be venomous by communities) are used for anti-venom, to cure people from venomous snake bites. Bile from the liver is mixed with special herbs, prayed over in special rituals, and given to patients to drink.

- The Nipõde dialect names for amphibians and reptiles we documented in Bajo Aguas are: snakes in general (jayõ), frogs in general (jangõ), lizards in general (tõme), the tortoises *Chelonoidis* spp. (juri), toads and large frogs such as *L. pentadactylus* or *L. knudseni* (nopongõ), *Podocnemis* turtles (menigõ), caiman (tema), fer-de-lances, *Bothrops* spp. (ibama o graudõ), bushmaster, *Lachesis muta* (monaire), anacondas or large boas (nuyõ), and coral snakes (egõmo).

- In general local residents are fearful of and cautious around amphibians and reptiles, although as noted above a number are used for food and medicine. In some communities such as Bajo Aguas Negras, herpetofauna play a role in some aspects of cosmogony. For example, the flowering season of rubber trees (*Hevea guianensis*) is thought to be associated with an increased abundance of snakes.

Notable records

Species observed for the first time in Colombia

- *Boana alfaroi* GFM 2127. A frog in the Hylidae family, group *Hypsiboas albopunctatus* complex *calcaratus*. In a recent revision of the *Boana calcarata* and *Boana fasciatus* complexes, Caminer and Ron (2014) described four new species, including *B. alfaroi*. Therefore, it is likely that some of the previous records of *B. fasciatus* in Colombia may really be *B. alfaroi*. Nevertheless, our record is the first to confirm the occurrence of this species in Colombia. *Boana alfaroi* has a creamy white to light brown dorsum, dark brown spots or blotches on flanks, large calcar on heel absent but small tubercle on heel present. We observed one individual at the Peñas Rojas campsite.

- *Hyalinobatrachium cappellei* GFM 2048 and 2206. A frog in the Centrolenidae family. Until our observation, the species was known to be distributed in the Guiana Shield and Amazon basin of Brazil (Simões et al. 2012). Dorsally, the frog is green with large diffuse yellow spots and small dark melaophores. The pericardium is transparent (heart visible) or white, snout is truncated in dorsal and lateral view, and the tympanum is not visible. We found one individual at the El Guamo campsite, and one male guarding egg masses under a leaf over a stream at the Bajo Aguas Negras campsite.

- *Dendropsophus shiwiarum.* GFM 2209 and 2219. A frog in the *Dendropsophus microcephalus* group of the Hylidae family. The description of the species was made based on specimens from the eastern Amazon lowlands of Ecuador by Ortega-Andrade and Ron (2013). Previously known from eastern Ecuador (Napo, Orellana, Pastaza and Sucumbíos provinces; Ortega-Andrade and Ron 2013). Dorsal coloration is light brown, pink or coppery to reddish, lighter towards the posterior third of the body, with or without reddish-brown spots or a spot in the shape of an inverted triangle in the scapular region. Venter is immaculate white, ventral and hidden surfaces of thighs translucent fleshy white, vocal sac bright yellow. We found one male calling at the Peñas Rojas campsite, and one male perched on a leaf of a tree adjacent to a stream at the Bajo Aguas Negras campsite.

Range extensions

- *Pristimantis variabilis.* A small frog in the Craugastoridae family with variable dorsal coloration. The groin has a large yellow spot that extends to the anterior proximal surface of the thighs and is ventrally confluent (or almost confluent). It is previously known from the Amazonas (Lynch 1980, Lynch and Lescure 1980, Acosta 2000) and Putumayo (Lynch 1980, Ruiz et al. 1996, Acosta 2000, Lynch 2007) departments of Colombia, as well as Ecuador, the western Amazon basin of Brazil, and eastern Peru. Our observation is the first for the department of Caquetá.

- *Scinax funereus.* A frog in the Hylidae family with green-brown dorsum with dark, irregular spots, granular skin, and long snout. The groin and hidden surfaces of thighs are yellow or pale green with brown spots. It is distributed in the upper Amazon basin in Ecuador, Peru, Acre, Brazil (Frost 2018), and Colombia, where previous observations were restricted to the department of Amazonas (Lynch 2005). Our observations are the first for the department of Caquetá, extending the geographic distribution >635 km to the west.

- *Scinax ictericus.* A medium-sized frog in the Hylidae family. Nocturnal coloration is pale yellow with dark markings; in the day the dorsum is light brown with dark markings, flanks are cream with dark spots. The groin and hidden parts of the thighs are dark brown. Ventral coloration is yellow. It is distributed in the Purús and Madre de Dios watersheds in Peru east into Acre, Brazil, and northeastern Bolivia (Frost 2018). In Colombia it has previously been recorded at only one locality in the Amazonian piedmont, in the northwest of the departament of Caquetá (Suárez-Mayorga 1999). Our observations extend the distribution >200 km to the east, into Colombia's Amazonian lowlands.

DISCUSSION

We recorded a well-conserved community of amphibians and reptiles. Amphibians were more diverse than reptiles. It is likely that the beginning of the rains favored the observation of frogs at the start of their reproductive explosion; we recorded many species and individuals in the temporary pools that form on the *tierra firme* terraces (Duellman 2005). Because of soil conditions, many temporary ponds form in the same place annually, and many frogs likely return to the same pond every year to reproduce. For other species, there is a decrease in abundance and presence at the beginning of the rainy season (Duellman 2005). Patterns are different for reptiles. The decrease in sunny conditions at the start of the rainy season depresses reptile activity considerably (Huey et al. 2009), lowering detection rates and giving the false impression that they are not very diverse in the area.

Humidity and temperature are key factors that affect the activity and distribution of amphibians and reptiles (Bertoluci 1998). A decrease in temperature can affect both amphibian species and reptiles. Many reptile species are active or passive thermoregulators that are affected in one way or another by the decrease in solar radiation. Several continuous days of rain decrease activity and therefore probability of detection. Changing to darker and more cryptic skin coloration is a strategy used to store enough energy to activate when necessary, in addition to allowing amphibians and reptiles to hide from potential predators effectively (Huey et al. 2009).

It it also worth noting that the species richness recorded on the inventory may have been influenced by the flood pulses which are typical of many places in the Amazon, and which affect the composition of many habitats temporarily (Costa et al. 2018). There is a seasonal movement of terrestrial vertebrate species between adjacent habitats (Martin et al. 2005, Costa et al. 2018) resulting from the mosaic of changing resources available between flooded and non-flooded areas. Therefore, we recommend more sampling in different seasons within the study region for a more complete picture of the species assemblage.

Our results agree with those found in other studies in the Amazon basin; amphibians are more diverse than reptiles (Rodríguez and Duellman 1994, Rodríguez 2003, Duellman 2005, Vogt et al. 2007, Ávila-Pires et al. 2010, Waldez et al. 2013). We did not observe species endemic to the area, however, despite the fact that many other studies in the Amazon have recorded numerous species with restricted distributions. It seems that the assemblage of species in the Bajo Caguán-Caquetá region is composed of species with broad distributions. Again, more extensive inventories over time may reveal the presence of endemic species, since many rare species are only detected with greater sampling effort.

Hylidae and Leptodactylidae were the most species-rich families, a trend recorded in previous studies in the lowlands. This trend has been attributed to the fact that these species have multiple reproductive modes and many are associated with permanent and temporary bodies of water (Duellman 1988). Cáceres-Andrade and Urbina-Cardona (2009) reported similar results to our study, with Hylidae showing the greatest number of species and individuals, followed by Leptodactylidae and Bufonidae. *Tierra firme* forests tend to have larger numbers of arboreal amphibians, such as Hylidae species (Waldez et al. 2013). However, upland and the floodplain forests

had many elements in common, which is similar to what has been recorded at several sites in the Amazon (Bertoluci 1998, Duellman 2005, Waldez et al. 2013).

We estimate amphibian richness at 120 ± 20 species, and reptile richness at 100 ± 15 species. These numbers are lower than those recorded in other inventories in neighboring areas, in the southern basin of the Putumayo River along the border with Peru (Lynch 2007, von May and Venegas 2010, von May and Mueses-Cisneros 2011, Venegas and Gagliardi-Urrutia 2013, Chávez and Mueses-Cisneros 2016). That area seems be very diverse in amphibian species, surpassing sites such as Leticia where high richness is estimated for amphibians (140 spp.; Lynch 2007). Unlike these sites, the area we surveyed in the Bajo Caguán-Caquetá region did not show such a high habitat diversity as, for example, Medio Putumayo-Algodón (Chávez and Mueses-Cisneros 2016).

However, more exhaustive surveys and ecological studies are necessary to understand the dynamics of the *tierra firme* and flooded forests of the Bajo Caguán-Caquetá region. Many aspects remain unknown. For example, it is important to understand why at this specific time of the year key elements of the lowland herpetofauna appear almost absent, such as the frogs with direct development in the genus *Pristimantis*. In a study by Osorno-Muñoz et al. (2010), *Prisimantis* spp. were not highly abundant but were present, as in other studies in the center and margins of the Amazon basin (Bertoluci 1998, Duellman 2005, Waldez et al. 2013, Chávez and Mueses-Cisneros 2016). It is also noteworthy that we did not detect species of the family Microhylidae, a group of frogs common in Amazonian *tierra firme* assemblages (Waldez et al. 2013, Chávez and Mueses-Cisneros 2016), even though the forests had a good layer of leaf litter that is ideal habitat for species of this family.

We detected a high turnover of species, which suggests that although diversity is not as high as expected, there is still a lot more to explore and a need for more sampling across different seasons to fully understand the true richness, abundance, and composition of this amphibian and reptile community.

THREATS

We identified three main threats for amphibians and reptiles in the Bajo Caguán-Caquetá region:

- Hunting pressure suffered by some reptile species, such as the caiman *Caiman crocodilus* and *Paleosuchus palpebrosus*, the tortoise *Chelonoidis denticulatus*, and the turtle *Podocnemis expansa*, which are commonly eaten by *campesino* and indigenous communities without consideration of reproductive cycle, life history, or sexual maturity when harvesting eggs and individuals.

- High human-induced mortality of snakes (venomous and non-venomous), driven by a lack of knowledge and the fear of a whole group of organisms, most of which present no threat to people.

- Habitat loss directly influences amphibian and reptile species due to their ecological requirements. For example, increased temperature, increased wind exposure, changes in available microhabitats, and lower availability of oviposition and nesting sites can cause thermal stress and desiccation, affect reproduction, and increase susceptibility to disease.

CONSERVATION RECOMENDATIONS

We advocate for the urgent protection of these well-conserved *tierra firme* and flooded forests, with the direct participation of the local communities, in order to successfully protect amphibian and reptile communities, as well as other taxa, and to promote the connectivity of forested landscapes and the animal communities residing within these forests.

We recommend training workshops focused on the identification of venomous and non-venomous snakes, and the development of field guides and informative posters about living in harmony with snakes.

It is necessary to carry out research aimed at understanding the dynamics of the amphibian and reptile communities in order to better understand fluctuations in structure; this would allow a better understanding of population dynamics and associations with habitats and microhabitats in the region. These studies should be conducted across seasons and over a longer sampling period.

We recommend focused research on particular groups, such as *Pristimantis* spp., and studies that take advantage of the presence of rare species such as *Platemys platycephala*, *Boana alfaroi*, *Hyalinobatrachium cappellei*, *Dendropsophus shiwiarum*, *Scinax funereus*, and *Scinax ictericus*, in order to understand aspects of their ecology and population biology in the Colombian Amazon.

It is important to develop and implement management and conservation plans for the turtle species eaten by local communities: *Chelonoidis denticulatus*, *Podocnemis expansa*, and *P. unifilis*. The goal of these plans is the sustainable use of this resource by local people which allows these species to thrive over the long term in the Bajo Caguán-Caquetá region.

We recommend continuing to develop management and conservation plans for the lower Caguán watershed, whose waters are critical habitats for the reproduction of many species of amphibians and reptiles.

BIRDS

Authors: Douglas F. Stotz, Brayan Coral Jaramillo, and Flor A. Peña A.

Conservation targets: Cocha Antshrike (*Thamnophilus praecox*) and other species of *várzea* forests; large eagles (*Spizaetus*, *Harpia*, *Morphnus*); large-bodied frugivores (pigeons, toucans, trogons, etc.) for their importance as dispersers of canopy trees; populations of game birds, especially Salvin's Curassow (*Mitu salvini*) and Gray-winged Trumpeter (*Psophia crepitans*), and possibly Wattled Curassow (*Crax globulosa*), if it still occurs in region; four species considered globally threatened

INTRODUCTION

The birds of Colombia's middle and lower Caquetá River, and those of the lower Caguán drainage, have not been well surveyed. Because of the region's remoteness and control by guerrillas for many years (see the chapter *Regional panorama and description of sites visited*) there is no recent published information on its birds. The Putumayo drainage in Peru and the area around Puerto Leguízamo, Colombia, provide the most relevant comparison to the avifauna of the Bajo Caguán-Caquetá region. A number of rapid inventories have been done in the Peruvian Putumayo (e.g., Stotz and Pequeño 2004, Stotz and Mena Valenzuela 2008, Stotz and Díaz Alván

2010, Stotz and Díaz Alván 2011, Stotz and Ruelas Inzunza 2013, Stotz et al. 2016), which is now relatively well surveyed. In addition, mostly amateur birdwatchers have contributed thousands of sightings in forested areas in the vicinity of Puerto Leguízamo, Colombia, to E-bird (*https://ebird.org/home*); these include some sites within La Paya National Park. There remains relatively little data from the upper Caquetá or Caguán river basins above the area surveyed on this inventory, except for the uppermost portion of the drainage where the character of the forest is quite different and there is substantially more deforestation (see for example Marín Vásquez et al. 2012).

Chiribiquete National Park is immediately to the east of the area we surveyed. It is a huge area that has not been well surveyed. Álvarez et al. (2003) provide a list of 355 species known from the park. Realistically, there are probably more than 500 species of birds that regularly occur within the park boundaries. A bird survey of a plateau within the Chiribiquete complex (Stiles et al. 1995) found 77 species, including a number of species typical of the Guianan region and not previously known so far west. Most importantly, they discovered a new species of hummingbird (Stiles 1996), Chiribiquete Emerald (*Chlorostilbon olivaresi*), that remains known only from the upper elevations of Chiribiquete.

METHODS

We studied the birds of the Bajo Caguán-Caquetá region during visits to four campsites: four days at the El Guamo campsite (7–10 April 2018, 81.5 hours of observation), four days at the Peñas Rojas campsite (12–15 April 2018, 72 hours), three days at the Orotuya campsite (17–19 April 2018, 50.5 hours), and three days at the Bajo Aguas Negras campsite (21–23 April 2018, 56 hours). We also recorded birds during boat trips between camps, along the Caguán and Caquetá rivers. For a detailed description of the study sites surveyed during this rapid inventory, see Figs. 2A–D and the chapter *Regional panorama and description of sites visited*.

At each campsite we walked the trails looking and listening for birds. We typically surveyed the trails in two groups, with Peña and Stotz working together and Coral alone. At each campsite we walked all of every trail at least one time, in order to cover all of the available habitats. Surveys began before dawn or later in the

morning and lasted until mid-afternoon. Each day we walked between 6 and 12 km, depending on the length of the trails, the weather, bird activity levels, and available habitats. Some bird observations were made by other researchers on the rapid inventory, or by members of the advance team that built the campsites roughly a month before our arrival.

Our list of birds (Appendix 12) follows the sequence, taxonomy, nomenclature, and English names of Remsen et al. (2018). Based on the total number of individuals of each species recorded each day by Stotz and Coral, we placed each species into one of four categories of relative abundance, at each campsite. These were: 1) *common*, for birds recorded daily and with 10 or more individuals per day; 2) *fairly common*, for birds recorded daily, with fewer than 10 individuals per day; 3) *uncommon*, for birds recorded more than twice at a campsite, but not recorded daily; and 4) *rare*, for birds recorded once or twice at a campsite.

RESULTS

At the four campsites we found 388 species of birds. Boat trips along the Caquetá and Caguán rivers added an additional 12 species. Observations by members of the advance teams (especially at the Peñas Rojas campsite) added an additional eight species to the list. This gives a total of 408 species recorded within the region during the inventory work. We estimate that the region probably contains about 550 species of birds on a regular basis; expected range maps prepared by the IUCN Bird Specialist Group predict 560 (BirdLife International 2018).

Species richness at the camps surveyed

The four camps surveyed during this inventory differed substantially in habitats present and in the degree of human intervention. The first camp, El Guamo, had the least disturbed forests, but limited habitat diversity. The main water body was a moderate-sized stream, and there was no truly inundated forest. Parts of the trail system traversed true *tierra firme* forest. We found 241 species at this camp.

At Peñas Rojas, the second camp, we found 290 species (plus an additional 8 recorded by the advance team). Although the forest here was more disturbed than at El Guamo and had far less variability, an area of pasture and other secondary habitats plus a large oxbow lake provided habitats not available at El Guamo and accounted for the much larger number of bird species found.

At Orotuya, the third campsite, we recorded the lowest number of bird species (180). A number of factors led to this. This was the first camp in which we had only three days to survey, having had four days at both El Guamo and Peñas Rojas. Additionally, rain every morning negatively impacted bird activity, and on one day the rain continued for much of the day. Parts of the trail system were inaccessible due to flooding, and Stotz was unable to go to the field on one day during our time at the camp. While these factors impacted the observed number of species negatively, Orotuya seemed to be truly less diverse that was El Guamo. The low number of species was not simply a reflection of logistical issues impacting the number of species.

Our final camp, at Bajo Aguas Negras, was also only surveyed for three days. Nonetheless, its 252 species ranked second in diversity to Peñas Rojas. As at Peñas Rojas, habitat diversity beyond upland forest made a large contribution to the number of species found at this site. The large area of pasture was much older than the smaller pasture at Peñas Rojas and had a much more complete set of the species associated with secondary habitats. Also, the flooded forest of the *cananguchal* (*Mauritia* palm swamp) at Bajo Aguas Negras contained a relatively large and distinctive avifaunal element that did not exist at any of the other three campsites.

Range extensions

The region surveyed during this inventory has not received much attention, and we found a number of species where our records extended their known range. These species fell mostly into three classes: species known from along the Putumayo River but not known as far north as the Caquetá drainage, species of mainly Guianan distribution that extended farther southwest than previously known, and a set of species associated with *várzea* forests discussed below. Besides these species where the range was extended in some direction, there was an even larger number of species for which specific records exist for surrounding areas to the south, west, and north, and sometimes east, but not for the middle and lower Caquetá. The expectation is that

essentially all species with such a known distribution will eventually be found in the survey area.

Poor-soil species

During this inventory we encountered two of the six species found on the Medio Putumayo-Algodón rapid inventory and considered to be poor-soil specialists (Rufous Potoo [*Nyctibius bracteatus*] and Yellow-throated Flycatcher [*Conopias parvus*]; Stotz et al. 2016). We also found some more widespread, less specialized species that are nonetheless associated with poor soils (Álvarez Alonso et al. 2013), such as Pearly Antshrike (*Megastictus margaritatus*), and Citron-bellied Attila (*Attila citriniventris*; see Table 10 for complete list). All of these poor-soil species are also found in the more extensive areas of poor soil in the Putumayo basin.

Várzea species

One group of species that stood out during this inventory were those associated with *várzea* forests (i.e., floodplain forests along whitewater rivers). The greatest diversity of *várzea* species were found at Bajo Aguas Negras in a large inundated area between the Caquetá River and the village that served as our campsite. We regularly covered this flooded area, which was dominated by *Mauritia* palms, via the 1-km trail from the port on the river to the village. Along this trail, in addition to a suite of species associated specifically with palms, we encountered several species only found in *várzea* habitats. These included four species which represented significant range extensions: Cocha Antshrike (*Thamnophilus praecox*), Orange-eyed Flycatcher (*Tolmomyias traylori*), Varzea Thrush (*Turdus sanchezorum*), and Ecuadorian Cacique (*Cacicus sclateri*). One other *várzea*-inhabiting species, Spotted Antpitta (*Hylopezus macularius*), was found during the inventory in low-lying forests between the Laguna de la Culebra and the Caguán River, at the Peñas Rojas campsite, but was not found at Bajo Aguas Negras.

Besides these species, there were several other species in this area that are associated with flooded forest habitats and that were not encountered elsewhere on the inventory, including Black-collared Hawk (*Busarellus nigricollis*), Plumbeous Antbird (*Myrmelastes hyperythra*), and Buff-breasted Wren (*Cantorchilus leucotis*). Throughout the inventory we regularly found a diverse array of species that are not restricted to forests that are flooded for months at a time, but are associated with low-lying areas that flood at least occasionally. These species are indicated with the habitat designation of I (inundated forests) in Appendix 12.

Wattled Curassow (*Crax globulosa*) is a globally endangered species of *várzea* forest found mainly on river islands in western Amazonia. Hershkovitz collected a specimen at Tres Troncos in Jan 1952 (Blake 1955). Tres Troncos is approximately 15 km from our Bajo Aquas Negras camp. The species has recently been found on several river islands in the lower Caquetá River (Alarcón-Nieto and Palacios 2005), well to the southeast of our survey area. However, these records suggest that, at least formerly, Wattled Curassow may have occurred along the length of the lower and middle Caquetá River. There have been no surveys of the appropriate habitat in this region since the time of Hershkovitz, but local people did not mention the species to us, so it is possible that it has been extirpated from the region because of hunting.

Mixed-species flocks

Mixed-species flocks are typically a prominent feature of Amazonian forest sites. This was not the case on the current inventory, where none of the surveyed sites had a typical set of mixed-species flocks. The standard understory flocks in Amazonian forest are led by *Thamnomanes* antshrikes and have a fairly standard core of 6–10 species, with other species joining occasionally. Standard canopy flocks are often led by *Lanio* tanagers; these have much more variable flock membership, including various tanagers, flycatchers, furnariids, vireos, antbirds, and members of other families. This flock structure has been characterized well by Munn and Terborgh (1979) at Manu National Park in southeastern Peru, and Powell (1985) near Manaus, Brazil, but has been found throughout lowland Amazonia (Stotz 1993).

At El Guamo, understory flocks were common but were generally small in size, with fewer than ten species. Independent canopy flocks were not found at El Guamo, and many typical canopy-flock species were rare or absent. This includes Fulvous Shrike-tanager (*Lanio fulvus*), often a canopy-flock leader, which was not encountered at any site on this inventory. However, some canopy-flock species did join understory flocks from time to time, especially Yellow-throated Antwren (*Myrmotherula ambigua*), Forest Elaenia (*Myiopagis gaimardii*), and Dusky-capped Greenlet (*Pachysylvia hypoxantha*). At Peñas Rojas and Orotuya, understory flocks were similar but yet smaller, with generally six to eight species. There were more canopy-flock birds, but as at El Guamo, these birds joined understory flocks rather than creating independent canopy flocks.

At Bajo Aguas Negras the flocking system was even weaker. In three days of field work there, Stotz observed only one understory flock of six species, although both species of *Thamnomanes* antshrikes were heard calling in the forest with some regularity. Canopy-flock species were present in small numbers, but were not associated with any flocks.

Migration

The timing of the inventory in April was late for many boreal migrants to still be in South America, and early for most austral migrants to have made it to Amazonia. Nonetheless, during the inventory, we found 11 species of long-distance boreal migrants from North America and two species of austral migrants from southern South America. The boreal migrants included one shorebird, Spotted Sandpiper (*Actitis macularius*); one hawk, Osprey (*Pandion haliaetus*); three flycatchers: Eastern Wood Pewee (*Contopus virens*), Sulphur-bellied Flycatcher (*Myiodynastes luteiventris*), and Eastern Kingbird (*Tyrannus tyrannus*); a vireo, Red-eyed Vireo (*Vireo olivaceus*); three swallows: Bank Swallow (*Riparia riparia*), Barn Swallow (*Hirundo rustica*), and Cliff Swallow (*Petrochelidon pyrrhonota*); a thrush, Gray-cheeked Thrush (*Catharus minimus*); and a warbler, Blackpoll Warbler (*Setophaga striata*). The two austral migrants were both flycatchers—Crowned Slaty Flycatcher (*Empidonomus aurantioatrocristatus*), and Fork-tailed Flycatcher (*Tyrannus savana*)—like almost all of the austral migrants that reach Amazonia.

Despite the fact that many of the expected migrants were not encountered during the inventory, several species were seen regularly. Red-eyed Vireo, Eastern Wood Pewee, Eastern Kingbird, and Fork-tailed Flycatcher were fairly common or common at one or more camps. Diversity and abundance of migrants was highest at Peñas Rojas, where the lake, an area of pasture, and significant disturbance in the forest created ideal conditions for migratory birds. Because of the secondary habitats and aquatic habitats around the large rivers, we anticipate that

Table 10. Birds classified as specialists on white-sand forest recorded during a rapid inventory of the Bajo Caguán-Caquetá region of Amazonian Colombia in April 2018, showing the habitats in which we found them. Where two habitats are listed, the species was more common in the first. List and specialization classes follow Álvarez Alonso et al. (2013).

Species	Specialization type	Habitat
Clavaris pretiosa	Local	Flooded forest
Nyctibius bracteatus	Strict	*Tierra firme*, flooded forest
Trogon rufus	Facultative	*Tierra firme*
Galbula dea	Facultative	*Tierra firme*, flooded forest
Hypocnemis hypoxantha	Facultative	*Tierra firme*
Megastictus margaritatus	Facultative	*Tierra firme*
Sclerurus rufigularis	Facultative	*Tierra firme*
Conopias parvus	Local	*Tierra firme*
Ramphotrigon ruficauda	Facultative	*Tierra firme*, flooded forest
Attila citriniventris	Local	*Tierra firme*, flooded forest
Dixiphia pipra	Facultative	*Tierra firme*, flooded forest

there are good numbers of boreal migrants in the region during the heart of the period of residence in South America (October to March). This contrasts with the areas surveyed on the Putumayo inventories, which clearly had few boreal migrants. We expect the Bajo Caguán-Caquetá region might have as many as 25 regularly occurring boreal migrants.

Game birds

Large-bodied game birds (guans, curassows, trumpeters, and tinamous) were present at all four camps. Differences in abundances of individual species across camps appeared to reflect hunting pressure. However, at none of the camps did it appear that hunting pressure was severe. That being said, there were clearly larger populations of game birds at El Guamo, where there had been no hunting over at least the last two decades. The most hunting-sensitive species are probably Salvin's Curassow (*Mitu salvini*), Blue-throated Piping-Guan (*Pipile cumanensis*), and Pale-winged Trumpeter (*Psophia crepitans*). All were most common at El Guamo. The curassow was not found at Bajo Aguas Negras, and the piping-guan was not found at either Orotuya or Bajo Aguas Negras.

One species we did not encounter was Nocturnal Curassow (*Nothocrax urumutum*). This species is characteristic of *tierra firme* forest. Because it is active at night, it does not receive much attention from hunters and persists in areas long after most other game birds

have been lost. We think our failure to find this species is explained by the limited amount of true *tierra firme* forest we were able to explore, and the fact that our camps were generally distant from *tierra firme* forest.

Threatened species

We encountered a small number of species that are listed as globally threatened (4) or near threatened (7) by the IUCN (Appendix 12). It does not appear that most of these species require specific steps for their protection in the Bajo Caguán-Caquetá region. If forest cover remains largely intact and hunting pressure is not augmented by commercialization of game meat, we see no reason that all of the region's avifauna cannot maintain sustainable populations.

DISCUSSION

Comparisons with Putumayo drainage inventories

Geographically, the natural comparison to this inventory is a series of rapid bird inventories done in the middle and lower Putumayo basin since 2007, including Güeppí (Stotz and Mena Valenzuela 2008), and along several Peruvian tributaries of the Putumayo, the Algodón (Stotz and Díaz Alván 2010, Stotz et al. 2016), Ere and Campuya (Stotz and Ruelas Inzunza 2013), and Yaguas rivers (Stotz and Díaz Alván 2011). The Bajo Caguán-Caquetá region has an avifauna very similar to that seen along the Putumayo. The main differences in the bird lists are due to differences in the habitats surveyed.

The Putumayo inventories were focused on *tierra firme* forests far from the main channel of the Putumayo River, while the Bajo Caguán-Caquetá campsites were in or near the floodplains of the Caquetá and Caguán rivers. Besides a number of species associated with inundated forest, we also had a much more extensive set of species associated with secondary habitats on the Bajo Caguán-Caquetá inventory than has been typical of previous rapid inventories. At the end of the Ere-Campuya and Medio Putumayo-Algodón inventories we found many of the secondary habitat species and a few of the inundated forest species at the towns of Santa Mercedes and El Estrecho, respectively, along the Putumayo River, but they were not recorded at the campsites on these inventories. On the Yaguas inventory, the final camp, Cachimbo, was along the lower Yaguas River and had many of the secondary habitat species and some inundated forest species that otherwise were missing from the Putumayo inventories.

In total, the five Putumayo inventories recorded 123 species that we did not record in Bajo Caguán-Caquetá. This seems like a large number, but it is telling that Medio Putumayo-Algodón missed 87 of the species recorded on the other 4 inventories (Stotz et al. 2016). In our opinion, nearly all of the species seen on the Putumayo inventories probably occur in the Bajo Caguán-Caquetá region. Exceptions might be a few species associated with the poor-soil habitats on the tops of the high tablelands that do not appear to exist in this region, and a few additional species that may reach a distributional boundary at the Putumayo River. The biggest subset of species from the Putumayo that we failed to find were 31 strictly *tierra firme* species. However, we believe this reflects the habitats we were able to survey rather than the habitats that exist in the Bajo Caguán-Caquetá region.

On this inventory we found 28 species not found on the Peruvian Putumayo inventories. These fall primarily into two subgroups: 12 species associated with inundated forests and 10 species that use secondary habitats. Both habitats occur commonly along the Putumayo River, so we expect that nearly all of the species found on the Bajo Caguán-Caquetá inventory also occur along the Putumayo River. The other species are scattered ecologically and taxonomically, forming no obvious pattern. However, there were three species—

Tyrannine Antbird (*Cercomacroides tyrannina*), Yellow-throated Antwren (*Myrmotherula ambigua*) and Black-striped Sparrow (*Arremonops conirostris*)— that reach the Bajo Caguán-Caquetá region from the north or northeast and may not occur as far south as the Putumayo River. None of them are known to occur in Peru. Likewise, a few of the secondary habitat species are spreading into the region from the north (e.g., Whistling Heron [*Syrigma sibilator*], Bare-faced Ibis [*Phimosus infuscatus*], and Ash-throated Crake [*Mustelirallus albicollis*]) and have not colonized the Putumayo away from the Puerto Leguízamo area yet.

Poor-soil species

Though it is difficult for ornithologists to make sense of the soil fertility data reported by the geological team on the inventory, it appears that the upland areas in Bajo Caguán-Caquetá have soils that are relatively low in fertility, but not as low as the areas we have surveyed on the Peruvian side of the Putumayo River. The avifauna reflects this. We found only two of the six species identified as poor-soil specialists on the Medio Putumayo-Algodón rapid inventory (Stotz et al. 2016). These two species, Rufous Potoo (*Nyctibius bracteatus*) and Yellow-throated Flycatcher (*Conopias parvus*) were also identified as white-sand soil specialists by Álvarez Alonso et al. (2013), and as poor-soil specialists on the Maijuna (Stotz and Díaz Alván 2011) and Ere-Campuya (Stotz and Ruelas Inzunza 2013) inventories, each of which had four of the species of poor-soil specialists found at Medio Putumayo-Algodón.

On the Medio Putumayo-Algodón inventory, observers found 15 of the 39 species identified as associated with white-sand habitats by Álvarez Alonso et al. (2013), based on extensive work done in white-sand habitats south of Iquitos. On the present inventory, we found 11 such species (Table 10), all of which were found on Medio Putumayo-Algodón. Only Rufous Potoo among these species was considered a strict specialist on white sand soils. The others were treated by Álvarez Alonso et al. (2013) as facultative specialists (significantly more abundant on white sand, but occurring in other forest types) or local specialists (white sand specialists at only some sites and showing no specialization at other sites).

The association of these species with poor soils is not very clear in the Bajo Caguán-Caquetá region. It may reflect the fact that near Iquitos there are patches of very nutrient-poor white sands within a matrix of richer soils. In the Bajo Caguán-Caquetá region, by contrast, the matrix is dominated by soils of only moderate richness, and poor-soil areas are not as poor as the white sands near Iquitos or even the poor soils in the Putumayo drainage that are derived from the Nauta formations, especially Nauta 2 (Stallard 2013).

In the Peruvian Putumayo inventories, one of the most notable finds in poor-soil areas was an undescribed *Herpsilochmus* that typically occurred on the highest elevation sites with very poor soils. It was most common on a series of tablelands on the Maijuna inventory near the headwaters of the Algodón River (Stotz and Díaz Alván 2011). We encountered nothing like these tablelands on this inventory and it appears that nothing similar exists in the relatively flat landscape north of the Caquetá. However, south of the Caquetá, there appear to be similarly high tablelands that could harbor the habitat that the *Herpsilochmus* favors. Whether the *Herpsilochmus* might occur there remains speculative. Currently the species has only been found in the interfluvium between the Putumayo and Napo. These rivers may circumscribe its range, but the higher areas between the Putumayo and Caquetá should be surveyed for the species.

Mixed-species flocks

On other inventories we have noted a pattern regarding mixed-species flocks at poor-soil sites (O'Shea et al. 2015, Stotz et al. 2016). Understory flocks led by *Thamnomanes* antshrikes are present, but smaller in size than average. Independent canopy flocks are not found at poor-soil sites and typical canopy-flocking birds join understory flocks. This was exactly the pattern we encountered at the first three camps. At Bajo Aguas Negras, even understory flocks were relatively rare, and canopy-flocking species were underrepresented. A couple of factors besides poor soils may have contributed to the generally weak flocks at all of the camps. First, these flocks are really a *tierra firme* forest phenomenon and we were not ever in the heart of *tierra firme* forest. Second, openings in the forest disrupt understory flocks. These flocks are typical of closed forest and avoid openings and edges. The clearings associated with agriculture and logging that we observed at all the

camps, except for El Guamo, likely reduced the number of understory flocks. These openings do not typically negatively affect canopy species until the disturbance becomes extreme. However, given the lack of some of the standard canopy-flock leaders, a reduced number of understory flocks may have also affected the canopy-flock species in these forests.

Várzea species

Várzea forests are distributed along larger rivers in areas with limited relief. They occur more or less continuously along the Amazon and some of its major tributaries. Because *várzea* forms a more or less continuous belt of forest, many *várzea* bird species have wide distributions. The diversity of bird species in *várzea* at any given site is also much lower than is typical of *tierra firme* sites. Despite this, the *várzea* avifauna is of great interest and potential conservation importance. Many *várzea* species are poorly known in both ecology and distribution. Because they occur along major rivers, many have lost habitat because of alteration of the forest by human activity.

On this inventory, *várzea* forests and other seasonally inundated areas had some of the most interesting species and a suite of species of potential conservation interest, if not concern. Of particular interest were a set of four species found at Bajo Aguas Negras: Cocha Antshrike (*Thamnophilus praecox*), Orange-eyed Flycatcher (*Tolmomyias traylori*), Varzea Thrush (*Turdus sanchezorum*), and Ecuadorian Cacique (*Cacicus sclateri*).

Cocha Antshrike is a species described from the edges of blackwater lakes in far eastern Ecuador, between the Aguarico and Putumayo rivers. It was later found to occur in the Napo drainage west to at least La Selva (BirdLife International 2017). In 2016, it was discovered in Colombia around several lakes along the Putumayo River near Puerto Leguízamo (B. Coral and F. Peña, personal observation). The records on this inventory at Bajo Aguas Negras extend the range in Colombia northwest about 26 km. This is not a large range extension, but it adds a major river drainage, the Caquetá, to the known distribution of this narrowly distributed species, and suggests that it could have a much broader range in Colombia. The other three species do not have as narrow a known range. Orange-eyed Flycatcher is known from *várzea* sites scattered over much of northern Peru and from the Putumayo drainage in Colombia. Ecuadorian Cacique has a fairly broad but patchy distribution in eastern Ecuador and in northern Peru south to Pacaya-Samiria. It has been found in Colombia near Mocoa and at Sierra de La Macarena (Fraga 2018). The Varzea Thrush was only described in 2011 (O'Neill et al. 2011), and its distribution remains poorly known because of its similarity to Hauxwell's Thrush (*Turdus hauxwelli*). The reports nearest to Bajo Caguán-Caquetá appear to be near Leticia on Isla Ronda in the Amazon River, and along the lower Napo River in northern Peru (Fjeldsa 2018). Another *várzea* species that we found well northwest of its known range was Spotted Antpitta (*Hylopezus macularius*). It previously was known from the lower Yaguas River in the Putumayo drainage and along the lower Napo. In Colombia, it has been reported only from near Leticia (McMullen and Donegan 2014).

A number of other species associated with *várzea* could occur in the flooded forests along the north side of the Caquetá River. We did not explore this habitat extensively. The trail from the river to the *maloca* at Bajo Aguas Negras allowed us to explore a tiny part of an extensive area of flooded forest at that site. That we found as much as we did suggests that more remains to be discovered there.

THREATS

In the Bajo Caguán-Caquetá region, as in most of Amazonia, the main threat to the avifauna is the potential for deforestation. A secondary threat for a handful of species is hunting. Currently neither threat is very severe. The low population density and difficult access to the region has made deforestation mostly limited to the immediate environs of villages in the region. As far hunting is concerned, although we observed numerous people carrying shotguns along trails near the villages, we also observed some individuals of the most sensitive bird species, Salvin's Curassow and Gray-winged Trumpeter at all camps, but only large populations at El Guamo where hunting pressure appears to be almost nonexistent. The only species of gamebird for which this region could contain very important populations for the global survival of the species is Wattled Curassow (*Crax globulosa*), and we have not confirmed its continued presence in the region.

Although current deforestation in the region is limited, in both the upper Caquetá and upper Caquán, deforestation has been extensive. If the region becomes more stable with the peace process, we would expect growing populations and more deforestation, especially in the immediate vicinity of the rivers. If plans are not in place to maintain the forests, the threat of extensive deforestation in the region is real.

The seasonally-flooded forests near the river courses may be most greatly at risk because of their relatively small areal extent and the fact that the soils are richer than in upland areas. So the *várzea* forests and the unique elements in that avifauna, including Wattled Curassow (likely still present in the region), could be the most threatened set of bird species in the Bajo Caguán-Caquetá region.

RECOMMENDATIONS

Protection and management

Ensuring continued forest cover will be the crucial strategy for preserving the region's avifauna. Avoiding commercial or illegal logging is the crucial element of keeping the region's forest cover. Formal protection of the forests will help, but ensuring the communities that currently exist along both the Caguán and the Caquetá maintain control over the resources around their villages will be an even more important component of that protection. This will require not just actions to protect those lands, but developing sustainable livelihoods for the people who live in the landscape.

Regulation of hunting pressure on a few species of game birds will require engaging the local communities as well. They can limit hunting by outsiders and will need to develop management strategies for their own hunting to maintain populations of game birds over the long term. While populations of all game bird populations were very large at El Guamo and to a lesser degree at Orotuya the game birds near villages at Peñas Rojas and Bajo Aquas Negras showed evidence of hunting pressure with smaller numbers of birds, and more skittish behavior. El Guamo showed what is possible in the region without hunting, and it may be that maintaining areas away from the rivers as free of hunting could provide long-term source populations that would enable villagers to continue sustainable levels of hunting close to where they live.

Additional inventories

There are many opportunities for additional inventories in this region. The interesting suite of species found in inundated forests at Bajo Aguas Negras and the possibility that Wattled Curassow still exists in the region indicate that the highest priority for avian surveys would be areas of *várzea* along the rivers and on forested river islands in both the Caguán and the Caquetá. It seems like the area near the confluence of the two rivers might be the most productive area to survey. Additional bird inventories probably should focus on the highest ground where *tierra firme* forests are best developed. The largest subset of species found on our Putumayo inventories, but not on the current inventory, were true *tierra firme* species. Besides confirming the presence of many of these *tierra firme* species, additional inventories would give us a better sense of the abundance of game bird populations there and help in determining whether a strategy of allowing hunting near river courses, but not in upland areas away from the rivers could maintain good regional populations of these gamebird species.

Although the area south of the Caquetá River is outside the area of interest of our rapid inventory, it contains a series of hills much higher than anything that exists on the north side of the river. It would be worth surveying those hills to look for the undescribed *Herpsilochmus* antwren we found on our surveys along the Putumayo in Peru, as well as other poor-soil bird species that do not appear to occur north of the Caquetá.

MAMMALS

Participants/Authors: Diego J. Lizcano, Alejandra Niño Reyes, Juan Pablo Parra, William Bonell, Miguel Garay, Akilino Muñoz Hernández, and Norberto Rodríguez Álvarez

Conservation targets: Species of large predators with reduced populations, such as giant river otter (*Pteronura brasiliensis*), and large primates like white-bellied spider monkey (*Ateles belzebuth*) which are classified as globally Endangered by the IUCN (Boubli et al. 2008; Groenendijk et al. 2015) and in Colombia by Resolution 1912/2007 of the Ministry of the Environment; species that are rare in the region, such as giant anteater (*Myrmecophaga tridactyla*), considered globally Vulnerable by the IUCN (Miranda et al. 2014); healthy and apparently stable populations of common woolly monkey (*Lagothrix lagotricha*), considered globally Vulnerable by the IUCN (Palacios et al. 2008), with a longevity and low reproductive rate that make it susceptible to local extinctions (Lizcano et al. 2014); the globally Vulnerable lowland tapir (*Tapirus terrestris*), which deserves special attention due to its low reproductive rate and its use as food and bushmeat; lowland paca (*Cuniculus paca*), brown and gray brocket deer (*Mazama americana* and *M. gouazoubira*) and armadillos (*Dasypus novemcinctus* and *D. kappleri*); poorly known species that are globally Near Threatened such as short-eared dog (*Atelocynus microtis*) and bush dog (*Speothos venaticus*); the poorly known Miller's saki (*Pithecia milleri*), range-restricted and classified as Vulnerable in Colombia's red book of mammals

INTRODUCTION

Detailed knowledge regarding the number of species that occur in a specific area is a fundamental prerequisite of actions for their use, protection, and conservation. Inventories are also vital for understanding the ecological organization of communities and for understanding how small, medium, and large mammals survive and adapt to landscapes modified by humans (Voss and Emmons 1996, Lizcano et al. 2016, Cervera et al. 2016, Ripple et al. 2016).

The mammal communities of Amazonian Colombia have received detailed, long-term attention primarily at two sites:

- The La Macarena Ecological Research Center (CIEM), on the western banks of the Duda River and the border of Tinigua National Park in Meta Department (2°40' N 74°10' W, 350–400 msnm). CIEM was operated as a biological station in the eighties and nineties by the Universidad de Los Andes. It was the site of detailed studies of primate ecology and demography (Izawa 1993, Nishimura et al. 1996,

Stevenson et al. 2000, 2002, Stevenson 2001, Link et al. 2006, Matsuda and Izawa 2008, Lizcano et al. 2014), and of inventories and studies of other mammal groups like bats (Rojas et al. 2004).

- The Caparú Biological Station in the Municipality of Taraira, in Vaupés Department. In the 1990s and 2000s Caparú was a focal point for studies of mammals, especially primates (Defler 1994, 1996, 1999, Palacios and Rodríguez 2001, Palacios and Peres 2005, Álvarez and Heymann 2012) and mammals susceptible to hunting (Peres and Palacios 2007). Some rare species were recorded at the station (Defler and Santacruz 1994) and a bat inventory carried out (Velásquez 2005).

Mammals and their ecological relationships have been studied to a lesser extent around the city of Leticia, in Amazonas Department, where camera trap studies have been carried out, hunting impacts have been quantified, and the role of mammals in seed dispersal has been studied (Gaitán 1999, Payan Garrido 2009, Acevedo-Quintero and Zamora-Abrego 2016, Castro Castro 2016). These three sites are the exceptions in a vast and little-studied region. In 1952, Philip Hershkovitz collected 68 species of mammals near Florencia, La Tagua, Tres Troncos, and along the Consaya River in Caquetá, in San Antonio, and along the Mecaya River in Putumayo. Mammal collections have also been made in San Vicente del Caguán (Niño-Reyes and Velásquez-Valencia 2016) and Serranía de Chiribiquete National Park (Montenegro and Romero-Ruiz 1999, Mantilla-Meluk et al. 2017), and species lists are available for the foothills and lowlands of Caquetá and Putumayo departments (Ramírez-Chaves et al. 2013, Noguera-Urbano et al. 2014, García Cedeño et al. 2015, Vasquez et al. 2015). In carrying out a rapid inventory of the Bajo Caguán-Caquetá region, our objective was to record species, estimate their richness and abundance, and identify threats.

METHODS

We carried out a rapid inventory of mammals in the Bajo Caguán-Caquetá region on 5–25 April 2018. The campsites we studied were El Guamo, Peñas Rojas, Orotuya, and Bajo Aguas Negras (Figs. 2A–D; for a detailed site description see *Summary of biological and social inventory sites*). To determine the composition of the mammal community, we walked day and night on all the trails of every camp, recording sightings, tracks, and other signs of mammals. We also used non-invasive methods such as camera-trapping and records of mammal calls. We sampled bat comunities with mist nets.

Walking surveys

Each day at every campsite three of us (DJL, JPP, and ANR) took walks along at least one trail each during the day and along at least two trails during the night. We walked between 64.5 to 108.7 km at each campsite (Table 11), for an accumulated total of 314.6 km. We started daytime walks between 06:00 and 11:00 and nighttime walks between 18:00 and 23:00, and walked at an average speed of 1 km per hour. Whenever we encountered a mammal, we recorded species, group size, and location along the trail. We also recorded mammal sign such as footprints, feces, burrows, and calls. To estimate the abundances of animals we sighted, we calculated the number of sightings per 100 km sampled. In the case of primates, we calculated the number of groups per 100 km sampled. Our records were complemented with sightings made by the advance team and by other members of the biological team.

Camera-trapping

On 16–25 March 2018, during the advance team's work, we installed a total of 42 camera traps: 17 in El Guamo and 25 in Orotuya. In El Guamo we used Bushnell HD 8 Megapixel Cams and in Orotuya Reconyx PC500 Hyperfire Semi-Covert IR cameras. In order to register the greatest number of animals, we installed the cameras on or near trails, in places with clear animal activity, such as roads, places where tracks were common, and fruiting trees. The cameras have an infrared sensor that is triggered by movement and temperature to photograph terrestrial vertebrates that pass in front of them; they also recording the time and date of each photo. The cameras were programmed to take pictures 24 hours a day when activated by animals, with an interval of one or two seconds between each photograph in order to maximize the number of photographs per detection. We programmed and installed the cameras using the recommendations and protocols of TEAM (2011) as a

Table 11. Sampling effort for mammals in each of the campsites visited during a rapid inventory of the Bajo Caguán-Caquetá region of Amazonian Colombia in April 2018.

Method	Campsite				Total
	El Guamo	Peñas Rojas	Orotuya	Bajo Aguas Negras	
Camera-trapping (# camera traps/24 hours)*	306.0	12.0	775.0	4.0	1097.0
Walking surveys for direct observations and tracks (km walked)**	108.7	64.5	69.8	71.6	314.6
Mist nets (nets/night)	3.0	5.0	2.0	2.0	12.0

* Total effort expressed as the number of camera traps multiplied by the number of days they were active.

** The total number of kilometers walked along the trails opened for the inventory.

guide. The cameras were installed at 20–50 cm above the ground, depending on the conditions at each site. At the Orotuya campsite, 9 cameras were installed to the west of the Orotuya River and 16 to the east, inside the Huitorá Indigenous Reserve (Fig. 20).

Cameras were installed with at least 500 m between them, to minimize spatial autocorrelation in the data (Royle et al. 2007, Burton et al. 2015). They remained active for 31 days to satisfy the assumption of a closed population that occupation models require (Rota et al. 2009, Lele et al. 2012, Guillera-Arroita and Lahoz-Monfort 2012). At the Orotuya campsite, we covered an area of ~35 km² in different habitats, such as tall, dense upland forest and tall, dense flooded forest (Fig. 20). At the El Guamo campsite the area sampled was ~25 km² (Fig. 21).

Species captured in the photographs were identified by the authors. The digital photos were organized in the WildID 0.9.28 program (Fegraus et al. 2011) following the guidelines and standards for open camera trap data (Forrester et al. 2016). The data of the identified photographs were archived as a text file (csv) and stored in the Zenodo repository (*https://doi.org/ 10.5281/zenodo.1285283*). To avoid over-estimating the abundance of animals that remained in front of the camera for a long time, we considered photos of the same animal separated by less than an hour to be the same event. These events were grouped by day for each species (Rovero et al. 2014, Burton et al. 2015, Rota et al. 2016). To evaluate our sampling effort, we prepared a species accumulation curve that took detectability into account, following the method of Dorazio et al. (2006) using R (R Core Team 2014). This method explicitly incorporates detection error for each species (Iknayan et al. 2014). Additionally, we calculated the species

richness of medium and large terrestrial mammals captured by the cameras, taking into account the number of species observed and the value of the median of the posterior distribution, following the method of Dorazio et al. (2006). We used detection histories for each species, where a value of 1 indicates that the species was recorded on a given day and a value of 0 indicates it was not. Additionally, we calculated the raw occupation of each species as the proportion of sites where the species was recorded (number of cameras that recorded the species/total number of cameras) and occupation corrected for detectability as a probability of the proportion of occupied sites, based on the detection history at each camera site. We combined these probabilities into an occupancy model built with the *occu* function of the *Unmarked* package (Fiske and Chandler 2011) using R (R Core Team 2017). The *occu* function fits a standard occupation model, based on inflated binomial models of zeros (MacKenzie et al. 2006, Bailey et al. 2013). In the *occu* function, occupation (Ψ) is modeled as a state process (z_i) of site i such as:

$$z_i \sim \text{Bernoulli } (\Psi_i)$$

While the observation (y_{ij}) of site i at time j is modeled as:

$$y_{ij} \mid z_i \sim \text{Bernoulli } (z_i * p_{ij})$$

Where p is the probability of detection at site i at time j. Probability of detection can be calculated using a *logit* link function, in a mechanism that allows on to incorporate covariables to explain the heterogeneity of detection in a linear form:

$$Logit\ (p_i) = \beta_0 + \beta_1\ x_1$$

Where β_0 is the intercept, x_1 the covariable of interest, and β_1 is the coefficient of the slope for that covariable. The covariates that interact with occupation and probability of detection allow us to better explain their heterogeneity (Bailey et al. 2013, Kéry and Royle 2015).

We created a species rarefaction curve from the camera trap data using the *rarecurve* function of the *vegan* package (Oksanen et al. 2018) in R (R Core Team 2017). The *rarecurve* function calculates the expected number of species in a sub-sample of the community by counting individuals that correspond in this case to camera events (Heck et al. 1975).

Mist nets

We installed 2–4 mist nets for two days at each campsite. The nets were opened between 18:30 and 22:30. At El Guamo they were installed at the edge of the river and in the forest interior. At Peñas Rojas four nets were installed together at a height of 7 m above the trail. At Orotuya, two nets were installed inside the forest and at the edge of the river, while in Bajo Aguas Negras they were installed 300 and 500 meters from the *maloca*. We collected one specimen of each captured species for identification. In addition, we collected a tissue sample (muscle and/or liver) of each species and preserved it in pure ethanol for subsequent molecular analysis (Roeder et al. 2004, Philippe and Telford 2006). In the field, we made preliminary identifications of the specimens using field guides and keys (Gardner 2007, Tirira 2007). Specimens and samples were deposited in the Museum of Natural History of the Universidad de la Amazonia (UAM), and identified to species by comparing them with specimens in the mammal collection of the Institute of Natural Sciences (ICN) of the National University of Colombia.

The list of species recorded in this inventory mostly follows the taxonomy of Solari et al. (2013), Ramírez-Chaves et al. (2016), and Ramírez-Chaves and Suárez-Castro (2014). For primates we followed Botero et al. (2010, 2015), Link et al. (2015), and Byrne et al. (2016); for ungulates Groves and Grubb (2011); and for bats Gardner (2007), Tirira (2007), and Diaz et al. (2011).

RESULTS

Recorded and expected species

We recorded a total of 62 mammal species: 41 large and medium-sized mammals and 21 small mammals (2 marsupials, 1 small rodent, and 17 bats). This accounts for 56% of the 110 species expected for the area: 44 large and medium-sized mammals and 66 small mammals, mostly rodents and bats. The best represented order in our inventory was Chiroptera (bats), with 17 species, followed by Carnivora with 13 species and Primates with 10 species (Appendix 13).

The 62 recorded species represent 55% of the species expected for Caquetá Department, based on mammal lists for Colombia and Caquetá (Solari et al. 2013, Ramírez-Chaves and Suárez Castro 2014, Ramírez-Chaves et al. 2016). We recorded 37 species of large and medium-sized mammals, which represent 84% of the expected species. Recorded bats represent 26% of expected diversity for the region. That diversity is distributed across 9 orders, (Table 12), 23 families, and 54 genera. Among large and medium-sized mammals the most diverse order was Carnivora; we recorded 13 species and only 12 were expected; with this inventory we extended the distributional range of olingo (*Bassaricyon alleni*). The third most diverse order was Primates, for which we recorded 10 of the 13 species expected. We did not record pygmy marmoset (*Cebuella pygmaea*), saddleback tamarin (*Saguinus fuscicollis*), or Caquetá titi monkey (*Callicebus caquetensis*), which are expected to occur in the region.

Notable predators recorded during the inventory include giant river otter (*Pteronura brasiliensis*), jaguar (*Panthera onca*), ocelot (*Leopardus pardalis*), and jaguarundi (*Puma yagouaroundi*). Jaguar prey species like collared peccary (*Pecari tajacu*) were very abundant. Based on national species lists and lists of expected species downloaded from Map of Life (*http://www.mol.org*) for the Bajo Caguán-Caquetá region, we estimate the total number of expected species at 114. With this inventory we extended the distributional range of prehensile-tailed porcupines (*Coendou* sp.), greater long-nosed armadillo (*Dasypus kappleri*), olingo (*Bassaricyon alleni*), and giant anteater (*Myrmecophaga tridactyla*), which had not previously been reported for the department of Caquetá (Ramírez-Chaves et al. 2016).

Figure 20. Map of the camera traps installed on the trail system of the Orotuya campsite before and during a rapid inventory of the Bajo Caguán-Caquetá region of Colombia in April 2018.

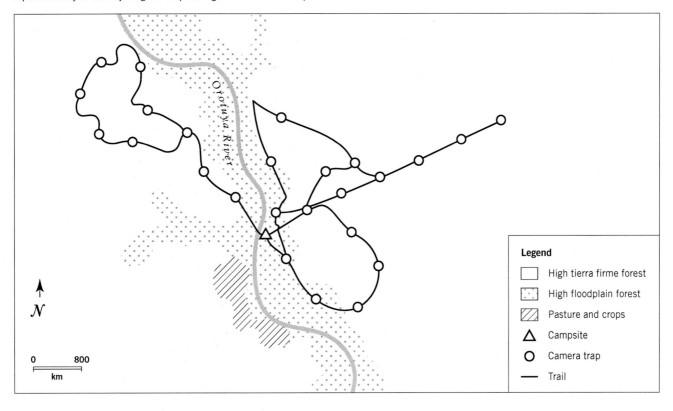

Figure 21. Map of the camera traps installed on the trail system of the El Guamo campsite before and during a rapid inventory of the Bajo Caguán-Caquetá region of Colombia in April 2018.

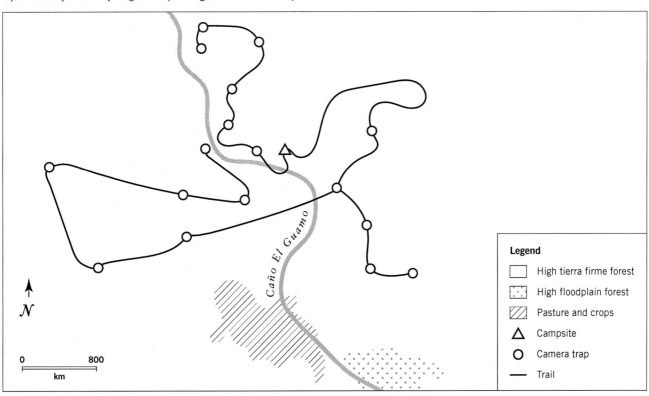

Figure 22. Species accumulation curve for every site where a camera trap was installed during a rapid inventory of the Bajo Caguán-Caquetá region of Colombia in April 2018. The curve was created using the method of Dorazio et al. (2006). Each dot in the graph represents a single camera trap.

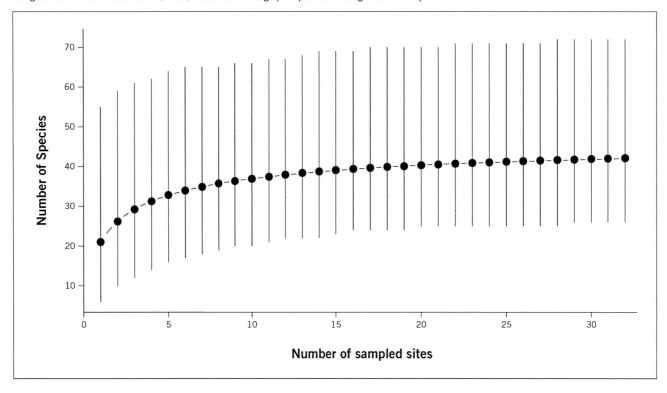

Abundance and distribution

The most commonly sighted species along the trails were primates like common woolly monkey (*Lagothrix lagotricha*), black-mantled tamarin (*Saguinus nigricollis*), Ecuadorean squirrel monkey (*Saimiri macrodon*), and collared peccary (*Pecari tajacu*). We had a direct sighting of jaguar (*Panthera onca*) during the advance work, sightings of tayra (*Eira barbara*) in three of the four campsites, and an encounter with a short-eared dog (*Atelocynus microtis*) during a daytime survey. We also recorded two of the largest Amazonian primates at the same time—common woolly monkey and white-bellied spider monkey (*Ateles belzebuth*). Although they were not frequent, on multiple occasions we saw Miller's saki (*Pithecia milleri*) traveling together with a group of black-mantled tamarin and also in the company of Ecuadorean squirrel monkey. In general, Miller's saki group size did not exceed four individuals.

The mammal community varied between campsites. Orotuya was the most diverse campsite, with 44 mammal species. During trail surveys at Orotuya we observed common woolly monkey, white-bellied spider monkey,

and black-mantled tamarin. The total number of species may have been higher than the other campsites because more camera traps were operating for a longer period. The 44 species recorded at Orotuya included 10 carnivores and 10 primates. The most commonly sighted species were white-bellied spider monkey and common woolly monkey, and we recorded eight bat species. At both Peñas Rojas and El Guamo we recorded 20 species of large and medium-sized mammals. However, bats were represented by 11 species at Peñas Rojas and just 2 at El Guamo. At El Guamo we recorded eight primate species. At Bajo Aguas Negras mammal diversity was lower: 13 species of large and medium-sized mammals and 3 species of bats.

Camera traps

We obtained a total of 10,373 photographs, of which 3,646 were of mammals. Our data show that with 20–25 cameras the species accumulation curve begins to level off (Figs. 22, 23). Based on methods in Dorazio et al. (2006), the mean posterior distribution of the occurrence data is 37 species. This represents an estimate of the expected number of mammal species predicted by the model, taking detection error into account (vertical lines in Fig. 22).

A total of 25 species were recorded by the cameras at El Guamo and Orotuya. Black agouti (*Dasyprocta fuliginosa*) was the most frequently photographed species (86 events), followed by lowland paca (*Cuniculus paca*; 45 events). Some species, like bush dog (*Speothos venaticus*), were recorded just once (Table 13). The occupation (Ψ) of species with seven or more records varied from 23% in ocelot (*Leopardus pardalis*) to 87% in black agouti (*D. fuliginosa*). In general, species detectability was low to very low. The species with the highest detectability was black agouti, with a value of 0.201.

DISCUSSION

The mammal community of the Bajo Caguán-Caquetá region differs from that in the neighboring department of Putumayo. Putumayo has a significant amount of montane habitat that harbors species such as pacarana (*Dinomys branickii*), spectacled bear (*Tremarctos ornatus*), dwarf red brocket (*Mazama rufina*), and mountain tapir (*Tapirus pinchaque*), none of which are present in the Bajo Caguán-Caquetá (Ramírez-Chaves et al. 2013). Likewise, the Araracuara rapids on the Caquetá River may serve as a barrier to river dolphins (*Sotalia fluviatilis*, *Inia geoffrensis*) and manatees (*Trichechus inunguis*), which do occur in the Caquetá below Araracuara (Eisenberg and Redford 2000). Lowland species such as giant anteater, white-bellied spider monkey, common woolly monkey, lowland tapir, giant river otter, Miller's saki, and ocelot are shared with Putumayo Department and northern Amazonian Peru (Ramírez-Chaves et al. 2013, Bravo et al. 2016). Most species are also shared with Serranía de Chiribiquete National Park, to the northeast. These include jaguar, white-lipped peccary, collared peccary, lowland tapir, capybara (*Hydrochoerus hydrochaeris*), deer, common woolly monkey, and white-bellied spider monkey (Mantilla-Meluk et al. 2017). Many bat species also occur both in our region and in Chiribiquete (Montenegro and Romero-Ruiz 1999).

Outcropping of the Pebas Formation in El Guamo has created salt licks there which are used by mammals to complement their diet with salts and minerals that are not present in the plants and fruits that they consume. In El Guamo we recorded two species of brocket deer, tapir, and white-lipped peccary making frequent visits to the salt licks. Bats were also commonly seen visiting the salt licks, as evidenced by camera trap photos. This behavior has been documented in Amazonian Peru, where bats mostly visit salt licks to drink the water that accumulates in them (Bravo et al. 2008). Salt licks are important resources both for wildlife and for the local communities, who use them as strategic hunting sites. At the El Guamo salt licks we recorded some other less frequent visitors including Venezuelan red howler monkey (*Allouatta seniculus*), lowland paca, and white-headed capuchin monkey (*Cebus capucinus*), all of them photographed drinking salt lick water. These salt licks are similar to those found on the Medio Algodón watershed in Peru (Bravo et al. 2016), but they do not appear to be common throughout the Bajo Caguán-Caquetá region (see *Geology, soils, and water*).

In addition to deforestation, the primary threats to the mammal community of the region are large-scale cattle ranching, hunting, forest fragmentation, illicit crops, and the wildlife trade for bushmeat or pets. We noted different behaviors at different campsites for common woolly monkey, white-bellied spider monkey, white-headed capuchin monkey, and collared peccary. At El Guamo and Peñas Rojas animals were more relaxed and easier to observe than at Orotuya and Bajo Aguas Negras. We think this behavior may reflect different hunting intensities between *campesino* and indigenous communities, since changed activity patterns are one of the most obvious behaviors in animals subjected to human pressure (Zapata-Ríos and Branch 2016, Oberosler et al. 2017).

At the campsites we visited mammals showed some associations with specific fruits. At Peñas Rojas common woolly monkeys were recorded feeding on fruits of *Iryanthera lancifolia*, *Ficus* sp., *Couma macrocarpa*, *Pouteria* sp., and *Moronobea coccinea*. White-lipped peccaries were recorded eating *Osteophloeum platyspermum*, *Dacryodes chimantensis*, *Oenocarpus bataua*, and *Mauritia flexuosa*, and lowland paca and black agouti were recorded eating *Poraqueiba sericea*.

Table 12. Encounter rate (number of groups recorded/100 km for primates, number of individuals and sign recorded/100 km for other species) of species recorded during a rapid inventory of the Bajo Caguán-Caquetá region of Amazonian Colombia in April 2018.

Species	El Guamo	Peñas Rojas	Orotuya	Bajo Aguas Negras
Alouatta seniculus	1.087	0	1.449	0
Aotus sp.	0	0	1.449	0
Ateles belzebuth	3.261	3.87	2.898	1.396
Atelocynus microtis	0	0	0	1.396
Bassaricyon alleni	0	0	1.449	0
Bradypus variegatus	0	0.645	0	0
Cheracebus torquatus	0	6.45	0	1.396
Cuniculus paca	1.087	0.645	0	1.396
Dasyprocta fuliginosa	1.087	0	0	1.396
Dasypus kappleri	0	0	1.449	1.396
Dasypus novemcinctus	1.087	0.645	0	0
Didelphis marsupialis	1.087	0	0	0
Eira barbara	1.087	0.645	1.449	0
Lagothrix lagotricha	8.696	0.645	1.449	0
Leopardus pardalis	0	0.645	0	0
Lontra longicaudis	0	0	1.449	0
Mazama americana	4.348	0	0	0
Nasua nasua	0	0.645	0	0
Pecari tajacu	3.261	3.225	2.898	1.396
Pithecia milleri	6.522	0	2.898	2.793
Priodontes maximus	0	0	1.449	0
Pteronura brasiliensis	0	0	1.449	0
Puma concolor	1.087	0	0	0
Saguinus nigricollis	5.435	1.29	1.449	4.189
Sapajus apella	3.261	3.225	43.478	1.396
Sciurus igniventris	2.174	0	0	0
Tapirus terrestris	3.261	1.29	1.449	0
Tayassu pecari	0	0.645	0	0

Comparisons with other research

The 62 species recorded in this inventory improve our understanding of mammal communities in the Colombian Amazon and extend the distributional ranges of prehensile-tailed porcupines (*Coendou* sp.), greater long-nosed armadillo (*Dasypus kappleri*), giant anteater (*Myrmecophaga tridactyla*), and eastern lowland olingo (*Bassaricyon alleni*), which had not been previously recorded for the department of Caquetá. That we recorded 62 species in three weeks of work suggests that the region harbors many more species. Much of what we know about the mammals of Amazonian Colombia comes from a small number of sites and collections made before 2000 (Polanco-Ochoa et al. 1994, Montenegro and Romero-Ruiz 1999). With more time and effort, we believe that the number of large and medium-sized mammal species recorded here will reach and eventually surpass the number of species expected for the region.

Bats

The bat community reflects the heterogeneous nature of the landscape, despite the low sampling effort of just two nights of mist-netting at each campsite. The results suggest that the landscape has everything needed to

Table 13. Number of events, occupation, and detection probability of species recorded by camera traps at the El Guamo and Orotuya campsites during a rapid inventory of the Bajo Caguán-Caquetá region of Amazonian Colombia in April 2018. One event corresponds to all photographs of a given species on a given day. Ψ = actual occupation, SE Ψ = standard error of Ψ, and p = detection probability. We did not calculate Ψ for species with five or fewer records.

Species	Events	Raw occupation	Ψ	SE Ψ	*p*-value
Dasyprocta fuliginosa	97	0.84375	0.872	0.555	0.201
Cuniculus paca	45	0.4375	0.486	0.38	0.165
Mazama americana	37	0.5312	0.55	0.489	0.12
Pecari tajacu	36	0.4375	0.523	0.403	0.12
Mazama gouazoubira	24	0.46875	0.615	0.51	0.08
Dasypus novemcinctus	14	0.21875	0.27	0.45	0.117
Tapirus terrestris	13	0.25	0.407	0.58	0.05
Dasypus kappleri	12	0.21875	0.327	0.53	0.065
Panthera onca	9	0.25	0.67	0.89	0.022
Leopardus pardalis	7	0.15625	0.236	0.64	0.06
Myoprocta pratti	7	0.1875	0.245	0.87	0.02
Leopardus wiedii	5	0.125	NA	NA	NA
Tayassu pecari	4	0.125	NA	NA	NA
Atelocynus microtis	3	0.0625	NA	NA	NA
Nasua nasua	3	0.09375	NA	NA	NA
Myrmecophaga tridactyla	3	0.0625	NA	NA	NA
Didelphis marsupialis	3	0.0625	NA	NA	NA
Coendou sp.	3	0.03125	NA	NA	NA
Puma concolor	2	0.0625	NA	NA	NA
Cebus albifrons	1	0.03125	NA	NA	NA
Sciurus sp.	1	0.03125	NA	NA	NA
Puma yagouaroundi	1	0.03125	NA	NA	NA
Alouatta seniculus	1	0.03125	NA	NA	NA
Eira barbara	1	0.03125	NA	NA	NA
Speothos venaticus	1	0.03125	NA	NA	NA

support a functionally diverse bat community. This is reflected by the fact that we recorded bat species in all of the guilds: insectivores, hematophagous bats, frugivores, nectarivores, and generalists. The species we recorded are all expected for the department of Caquetá (Solari et al. 2013, Vásquez et al. 2015, Niño-Reyes and Velásquez-Valencia 2016).

At the Peñas Rojas campsite we captured and recorded vampire bats (*Desmodus rotundus* and *Dhillia eucaudata*). This group of bats represents a potential risk for the human community in the region, and can be a source of conflict for cattle-ranching (Voigt and Kelm 2006, Estrada-Villegas and Ramírez 2014, Meyer et al. 2015). Indeed, these species are associated with cattle ranching, which provides them abundant opportunities to feed (Greenhall et al. 1983). The abundance of generalist species in the genus *Carollia* could also be an indicator of disturbance in the Bajo Caguán-Caquetá region, since *Carollia* bats are associated with newly opened forest clearings, where they forage and disperse seeds (Fleming 1991, Cloutier and Thomas 1992, Mikich et al. 2003, Voigt et al. 2006, Gallardo and Lizcano 2014).

Camera traps

The camera trap dataset from this inventory is available online at *https://doi.org/10.5281/zenodo.1285283*, where we hope it will contribute to a better understanding of the mammal communities of Amazonian Colombia. Our camera traps captured large predators like jaguars and pumas, as well as rare and little-known carnivores like

Figure 23. A species rarefaction curve showing number of events on the horizontal axis and total accumulated species number on the vertical axis. This figure was made with data from camera traps from a rapid inventory of the Bajo Caguán-Caquetá region of Colombia in April 2018. The curve was calculated following Heck (1975). Each line in the graph corresponds to one species.

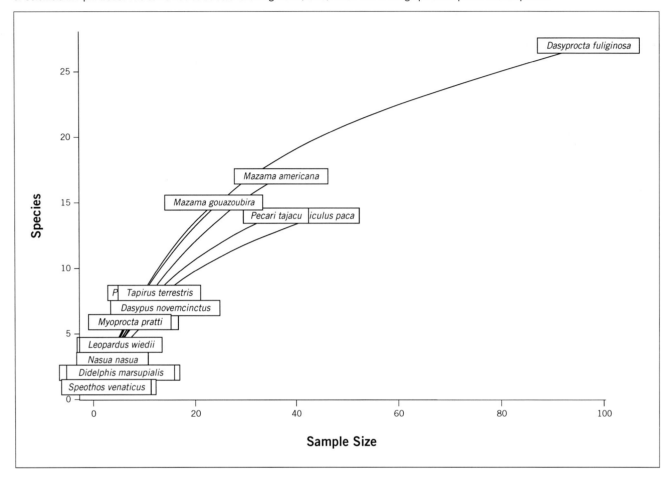

bush dog (*Speothos venaticus*; one event at El Guamo) and short-eared dog (*Atelocynus microtis*; three independent events at Orotuya). The cameras also recorded some interesting behavior by primates, porcupienes, and bats visiting the salt licks. The data from this inventory serve as a baseline against which latter studies can compare. They also fill an information gap between distant sites that have been studied using camera traps, such as Yasuní in Ecuador (Salvador and Espinosa 2016, Espinosa and Salvador 2017), the Medio Putumayo-Algodón region of Peru (Bravo et al. 2016), Cocha Cashu in Peru, Caxiuanã in Brazil, and Guyana (Ahumada et al. 2011).

Conservation status of mammals of the Bajo Caguán-Caquetá region

Our field work provides an instructive glimpse at the status of primate populations. Our frequent encounters with white-bellied spider monkey, common woolly monkey, and Miller's saki, which are keystone species susceptible to human influence, suggest a healthy conservation status in the Bajo Caguán-Caquetá region. We see an interesting similarity between the communities we studied and those reported from the San Vicente del Caguán region (Niño-Reyes and Velásquez-Valencia 2016), since some primates like white-bellied spider monkey, common woolly monkey, and Venezuelan red howler monkey seem to have maintained healthy populations even in habitats undergoing rapid change. Likewise, patches of forest that are still in good condition allow some of these populations to persist over the short term.

THREATS

The primary threats to mammals in the region are:

Large-scale cattle ranching

According to IDEAM (2017), the Bajo Caguán-Caquetá region has one of the highest frequencies of deforestation alerts in all of Colombia. Deforestation is common in the region as the landscape is transformed from standing forest to cattle pasture. In 2010–2016 the total area of forest lost was 145,507 ha. Ranching leds to a total loss of forest habitat, and also alters connectivity, mobility, and species composition of mammal communities. The arrival of cattle also alters the prey availability for carnivores, leading to a series of conflicts between large cats and *campesinos*. These conflicts often result in the persecution and/or elimination of large carnivores by cattle ranchers, who see them as a threat (Garrote 2012, Peña-Mondragón and Castillo 2013).

Logging

Logging has negative impacts on mammal populations. Logging roads make it easier for hunters to reach remote areas (Bowler et al. 2014, Camargo-Sanabria et al. 2015), and logging teams themselves hunt mammals for food in order to reduce the cost of their work in the field (Ripple et al. 2016). Selective or low-intensity logging changes forest structure, and thus alters mobility patterns in mammals, drives changes in species composition, and changes food availability for frugivores. These changes facilitate the arrival of species that are common in disturbed forests, such as frugivorous bats in the subfamilies Carollinae and Stenodermatinae (Medellín et al. 2000).

Hunting

Hunting is a year-round activity in the two indigenous reserves we visited during the inventory. Although this has strong impacts on mammals, large and medium-sized mammals are still found close to the settlements. Hunting is a vital subsistence strategy for Amazonian populations, but it is also a leading cause of local extinctions of wild mammals (Bodmer et al. 1997, Zapata-Rios et al. 2009, Suárez et al. 2013).

Wildlife trade

Despite existing regulations prohibiting wildlife trade, the Caguán and Caquetá watersheds are one of the primary sources of illegal mammal trade and holding in the department of Caquetá. There is no formal census of mammal tenencia in the area, but Hogar de Paso at the Universidad de la Amazonia has recorded the following species being kept as pets: common woolly monkey (*L. lagotricha*), Ecuadorean squirrel monkey (*Saimiri macrodon*), Margarita Island capuchin (*S. apella*), white-bellied spider monkey (*A. belzebuth*), lowland paca (*C. paca*), black agouti (*D. fuliginosa*), and capybara (*H. hydrochaeris*). Bushmeat of the following species is sold in La Tagua and Puerto Leguízamo: lowland paca (*C. paca*), lowland tapir (*T. terrestris*), deer (*M. americana* and *M. gouazoubira*), and the two peccaries (*P. tajacu* and *T. pecari*). There is also a black market for jaguar (*P. onca*), puma (*P. concolor*), and peccary teeth that extends to other regions of Colombia.

RECOMMENDATIONS FOR CONSERVATION

We recommend moving towards sustainable cattle ranching, by replacing the large-pasture model with a more efficient and environmentally friendly system (Lerner et al. 2017). Doing so will require adopting and adapting tools such as agroforestry and silvo-pastoral systems, living fences, and scattered trees that not only benefit mammals and maintain connectivity between forest fragments, but also improve pasture quality, increase the nutrients in cattle diet, and boost the productive efficiency per unit area, thus stopping the advance of the agricultural frontier and its pressure on these forests (Giraldo et al. 2011).

Where indigenous communities, colonists, and others depend in part on mammals to maintain a high quality of life, their use of those mammals should be sustainable. Managing mammal populations will require local, long-term, community-level monitoring of mammal populations in places where it is possible to establish stable research programs. Community monitoring is a participatory method that allows residents to track the animal populations of a given site across time, and thus determine which species occur there, where they are located, how large their populations are, and how hunting populations, the hunting pressure they face, and their demographics change over time (Bodmer 1995, Bodmer and Robinson 2004, Naranjo et al. 2004). This information will help determine how animals are being used, and how they are affected by hunting and other impacts in the Bajo Caguán-Caquetá region. In turn, that information will help communities make decisions about strategies to use and manage mammal populations so that they can meet their needs and desires. It is also important that we develop a better understanding of the ecology of these species, which is needed to make good decisions about managing their populations and their habitat.

Source-sink strategies zone hunting territories into two separate areas: a source area where hunting is occasional or prohibited altogether, and a sink area where most hunting is done. This model should be applied as part of conservation initiatives in indigenous territories and protected areas that allow hunting, because it allows one to temper unpredictable population dynamics that are affected by intrinsic and extrinsic factors. Establishing hunting zones and conservation zones, as well as an environmental management plan, is important for the indigenous reserves. We also recommend carrying out a life-cycle analysis of the products sold by *campesinos* and indigenous residents, with a view to implementing green supply chains, measurement of carbon footprints, certification programs, and payments for environmental services and REDD.

A HISTORY OF HUMAN SETTLEMENT AND OCCUPATION IN THE BAJO CAGUÁN-CAQUETÁ REGION

Author: Alejandra Salazar Molano

The history of colonization and occupation of the Bajo Caguán-Caquetá landscape (Fig. 24) is as diverse and dynamic as the people who live there. It is a story of resilience, in which settlers, *campesino*, and indigenous communities have shown great perseverance. The area west of the Caguán River was historically the ancestral territory of the Coreguaje indigenous people, while the area to the east belonged to the Carijona. The Carijona are currently living as peoples in voluntary isolation in Serranía de Chiribiquete National Park, according to research by Amazon Conservation Team-Colombia and

the Colombian parks service.[5] Today, the Bajo Caguán-Caquetá region is home to colonists, *campesinos*, and indigenous Uitoto Murui Muina peoples who arrived over the past century due to a variety of historical events explored in this chapter.

The rubber boom arrived in the borderlands between Peru and Colombia towards the end of the 19th century, bringing with it at least four major changes for people on the landscape. The first was the enslavement and genocide of a large part of the indigenous Uitoto population, whose ancestral territory is the La Chorrera-Amazonas region. The second, caused by the first, was the mass exodus of the surviving indigenous population, some of whom abandoned their ancestral territories and migrated elsewhere by river. Some escaped down the Putumayo River to Leticia, others towards the border with Peru, and still others to the Caquetá watershed. The third change brought by the rubber boom was the 1933 Colombian-Peruvian war, sparked by disputes over rubber territories and the control of indigenous labor. Among other things, war brought an influx of soldiers and civilians who remained in the region after the conflict ended. One driver of this wave of colonization was the construction of a naval base in Puerto Leguízamo, a military base in Tres Esquinas, and other bases (Vásquez Delgado 2015: 46) which spurred the establishment of *vereda* settlements along the Caquetá River, including La Maná and Tres Troncos. A fourth occurrence that sheds light on the region's current socio-economic dynamic is the end of the rubber boom, which marked the beginning of the cattle economy. Trails built to transport rubber facilitated the settlement of lands along the base of the Andes, since they: 1) connected the Caquetá and Huila rivers, and connected the Caquetá to the rest of Colombia, thereby integrating the region into the national economy; and 2) were used by colonists to arrive in the region. After the end of the rubber boom in the early 20th century, the Colombian government awarded vacant lands to rubber tappers and workers who helped build the trails. These lands were converted to cattle ranches, due in part to the influence of ranchers from Huila.

At that time Colombia was governed by the Constitution of 1886, which considered the indigenous population to be "savages who should be civilized."

---

5   Camilo Andrade of ACT-Colombia, personal communication, May 2018.

In this context, the Colombian government, inspired by Catholicism as an "essential element of the social order of the Nation,"[6] entrusted religious missions with the responsibility of governing the 'savages' and promoting *civilization*, which was understood as the teaching of Christian morals and the westernization of indigenous cultures. To fulfill this duty, Capuchin missions built boarding schools in strategic locations, to provide elementary schooling for indigenous children. This strategy continued through the first half of the 20th century, and resulted in the significant loss of indigenous cultural traditions. The religious missions also led to the transformation of remote rubber outposts into towns and cities formalized by the presence of Capuchin missionaries. This is the case of Florencia and San Vicente del Caguán.

In the late 1940s Colombia entered a period of civil war known as 'La Violencia' (The Violence), which displaced a large number of *campesinos* from the central region of the country. Some of the families who fled the violence in search of other land arrived in the department of Caquetá, especially the Andean-Amazonian piedmont, and to a lesser extent in the middle and lower stretches of the Caguán River. This wave of settlement significantly expanded Colombia's agricultural frontier, pushing it into the then-vacant lands of the Amazon. In the 1950s, a booming market arose for animal skins (known as the *tigrilladas*) and hardwood timber. The hunting and logging spurred by the boom continued for over two decades across the Bajo Caguán-Caquetá region. These booms had significant impacts on the region's natural resources; however, they did not result in permanent *campesino* settlements. Around this same time, the first Murui Muina settled in the territory we now know as the Bajo Aguas Negras Indigenous Reserve. In 1959, the Colombian government declared much of the region a Protected Forest Reserve Zone under Law 2 of 1959, slated for forestry and the protection of the soils, water, and wildlife.

The violence continued, however, with alternating periods of intensity and relative calm. One violent episode that is ever-present in the memory of current inhabitants of the lower Caguán is the bombing of El Pato, a town in Huila department, by the Colombian army on 25 March 1965. The bombing was intended to destroy the growing communist movement and the consolidation of the so-called Independent Republics, a movement that had already taken root in the area at that time and that was strengthened by the creation of the Revolutionary Armed Forces of Colombia (FARC) in 1964. According to Molano (2014), after the bombing inhabitants of El Pato fled in all directions. Most people fled by river towards Guacamayas; others left by road and returned to Neiva or to Algeciras (some of these, according to Molano, continued on to the lower Caguán)[7]; and a few crossed the Picachos *páramo* to the west, towards San Juan de Lozada.

In the 1960s and 1970s, the Colombian government began to promote the colonization of the region, in response to unresolved land tenure issues in the Andean region of the country that had intensified due to La Violencia. The Colombian Institute for Agrarian Reform (INCORA) was a government agency that aimed to expand the agricultural frontier of the country, providing land and technical assistance to the *campesino* population. INCORA oversaw the colonization projects Caquetá I (1963–1971) and Caquetá II (1972–1980), as well as the 1978 military colonization project from Puerto Leguízamo to La Tagua (Fig. 24). However, these projects did not meet their objective of stabilizing the *campesino* population. The technical and financial assistance provided by the government consolidated large-scale cattle ranching as the primary economic activity. These colonization projects resulted in the concentration of land ownership and the displacement of the founding settlers, who moved on to other areas of the Forest Reserve.[8]

These processes resulted in a wave of colonization in the Bajo Caguán, which at that time was designated as Amazonian Forest Reserve. Another important consequence of the prevailing policies was increased deforestation, since a requirement of land titling was that three-quarters of the property be cleared. Adding to this wave of migration by the mid-1970s was the illegal practice of growing, processing, and selling coca. This attracted people from central Colombia, who settled in the area and created towns and *veredas*. In 1975, settlers

---

6   http://www.banrepcultural.org/biblioteca-virtual/credencial-historia/numero-146/estado-y-pueblos-indigenas-en-el-siglo-xix

7   Molano, personal communication, February 2018.

8   Acuerdo No. 0065 de 1985, "by which a subtraction of the forest reserve is practiced".

Figure 24. Environmental land use zoning categories in the Bajo Caguán-Caquetá region of Amazonian Colombia.

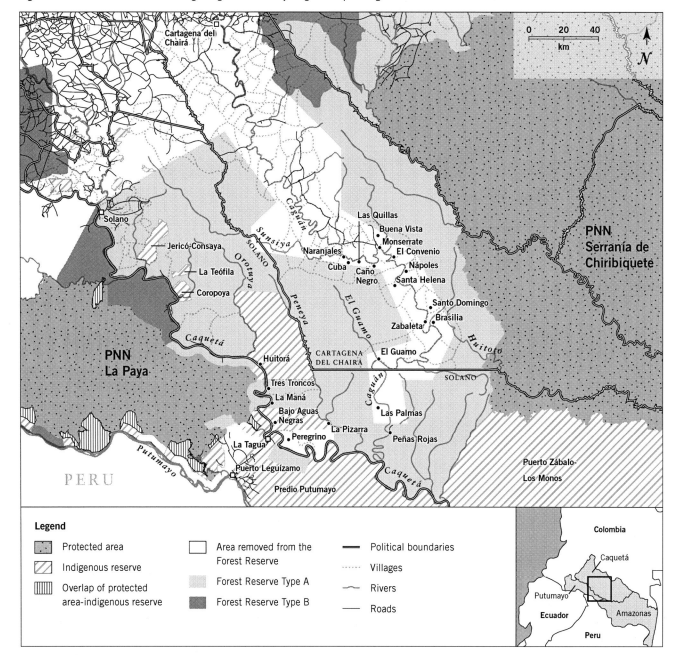

formed the first Community Action Board (*Junta de Acción Comunal*, or JAC) in the lower Caguán.

By the 1980s there was a significant population living on the lower Caguán, and these *campesinos* requested that INCORA remove the Forest Reserve designation so that their presence would be legal. On 25 September 1985, the National Institute of Renewable Natural Resources and the Environment (INDERENA), at the request of INCORA, did remove 367,500 ha from the Reserve. The petition had initially been denied by INDERENA, owing to the negative experience of the Caquetá I and II projects. However, the removal was completed thanks to the high level of organization and environmental awareness shown by the communities.[9] To ensure that the new process would not fail like the previous ones, agreements between the communities and the government were drawn up regarding natural resource use and management. These included:

9   Acuerdo No. 0065 de 1985. Op. Cit

- The management of renewable natural resources would be done in an integrated fashion, with a consideration of social impacts and a basis in broad community involvement.

- Areas of communal forest were mapped, and JACs would be granted logging permits or concessions to work in these areas.

- Salt licks would be managed by communities (not by individuals), with communities responsible for monitoring hunting and enforcing a ban on commercial hunting.

At the same time, INDERENA promised to ensure that projects and research carried out in the region were closely linked to residents' needs, and to the characteristics of the local ecosystems.[10] This legal framework was intended to formalize colonization and provide an official setting to guarantee the well-being of the landscape and the communities. However, many of these agreements never took force, for reasons explained below.

In the 1980s the FARC arrived in the region. In the absence of a sustained government presence, the guerrilla group became a key player in regulating social, economic, political, and cultural relations. In 1984 the government of President Belisario Betancur and the FARC signed the La Uribe Pact, in which they agreed to a bilateral ceasefire and agreed to work towards a political solution to the armed conflict. This pact, which lasted two years, allowed for the strengthening of the JACs and a greater governmental presence in the lower Caguán. The political situation of the country, together with the removal of the Forest Reserve designation, were seen as signs that the Caguán could serve as a model for the country of colonization oriented toward sustainable development. However, the breakdown of the peace agreements in 1986 under President Virgilio Barco's government destroyed these hopes in the region. Armed conflict returned, all government institutions except the army vanished, and *campesino* communities were once again branded as supporters of the guerrillas. Marginalized again, the *campesino* communities turned their focus to coca and fell prey the vicious cycle it entails (e.g., the rise of criminal gangs, unlicensed land tenure, conflict with the army and the police, an unrooted population, prostitution, and alcoholism).

Meanwhile, in the Caquetá watershed, indigenous communities were organizing to establish the first indigenous reserves in the Colombian Amazon. In 1988, under Barco's government, the nearly 6 million-ha Predio Putumayo Indigenous Reserve was created to benefit the indigenous Uitoto, Bora, Andoque, Muinane, and Miraña peoples. Other indigenous reserves were also established: Yaigojé, Mirití Paraná, Nonuya Villazul, Andoque de Aduche, Puerto Sábalo Los Monos, and Huitorá. The Bajo Aguas Negras Council (*cabildo*) had been created the year before, and Bajo Aguas Negras was eventually declared an indigenous reserve in 1995.

Another important event of the 1980s was the declaration of the La Paya and Serranía de Chiribiquete national parks, in 1984 and 1989, respectively. With these permanent and inviolable protected areas, the country had set aside 1,720,955 ha for the conservation of key ecosystems.

The early 1990s saw the enactment of a new Political Constitution (1991), the result of a large-scale social movement and national debate that sought to guarantee fundamental human rights, recognize the country's ethnic plurality, and promote decentralization and community participation. Yet at the same time, the civil war worsened. With the support of the United States government, the Colombian government intensified anti-guerrilla efforts and combined them with an anti-narcotics policy, increasing military presence in so-called 'red zones' (areas of Colombia over which the government had no control, and where guerrillas were concentrated). The government also escalated glyphosate fumigations (to kill coca crops), which had negative impacts on *campesino* and indigenous residents of the Bajo Caguán-Caquetá region, and on the land itself. After the fumigations, hundreds of hectares of *campesino* subsistence crops were burned and water bodies poisoned. As the anti-subversive policy took hold, the repression of *campesino* communities intensified. These policies increased forced displacements, but they also strengthened *campesino* organizations via protests such as the *cocalero* marches in 1996. In the case of Cartagena del Chairá and especially the Caguán, this led to the creation of the *núcleos* as the main mechanism for organizing the JACs.

Also during the 1990s Colombia adopted economic policies encouraged by multilateral organizations such as the International Monetary Fund and the Inter-American

10 Acuerdo No. 0065 de 1985. Op. Cit.

Development Bank. In the agricultural sector, these policies were oriented towards economic liberalization, i.e., an opening towards foreign markets, increased imports, and the dismantling of subsidies to farmers. This led to a transformation of farming and land use in Colombia, which was reflected in a decline in subsistence crops and a boom in cattle ranching (Balcázar 2003). In the Bajo Caguán-Caquetá region, the weakening of subsistence farming among *campesinos* gave a further boost to illicit crops such as coca.

In 1998, a Demilitarized Zone (*Zona de Distensión*) of 42,000 km^2 was declared directly adjacent to the lower Caguán, and it had a strong impact on communities. The armed conflict died down until 2002, when negotiations between the FARC and the government of President Andrés Pastrana broke down. At the same time, Pastrana's government reached an agreement with the U.S. government, known as Plan Colombia, to strengthen the Colombian military. Plan Colombia (2000–2015) increased military cooperation between the two countries (including arms, technology, and training) and intensified the war on drugs. The direct consequences of this for the inhabitants of the Bajo Caguán-Caquetá region were the worsening of the armed conflict, a heavier military presence, and greater pressure on *campesino* communities, who were frequently marked as supporters of the guerrillas. This stigmatization restricted the free movement of residents in the region and blocked the entry of food, farming supplies, medicine, and other essential items.

In 2003 President Álvaro Uribe and his Defense and Democratic Security policy implemented the Patriot Plan (*Plan Patriota*), whose goal was to reestablish military and institutional control of southern Colombia, especially Caquetá and Meta. This worsened an already precarious situation. Caught in the crossfire, residents of the Bajo Caguán region suffered significant human rights violations. A well-known case occurred in Peñas Coloradas (located in Núcleo 2 in Cartagena del Chairá; Fig. 24). During the rapid inventory, residents told the social science team that in April 2003 they were victims of the second largest displacement in the country when the Colombian army carried out an operation known as JM. The army was seeking to regain control of the area, which was an economic bastion of the FARC, whose Southern Bloc oversaw the processing and sale of coca

paste. Residents told us that the army entered Peñas Coloradas and, after capturing the important FARC leader Anayibe Rojas, aka Sonia, dug trenches in the streets of the town. The guerrillas responded by attacking the army base. According to JAC records, the population of Peñas Coloradas in 2004 was 2,000 inhabitants; today, 13 years later, not a single civilian lives in the town. On 15 February 2016, the Colombian Victims Unit recognized Peñas Coloradas as a community that deserved communal reparations. In addition to these violations of international human rights, military pressure and fumigations slashed coca cultivation and boosted ranching, according to interviews carried out during the inventory. Today *Núcleo* 2 is dominated by cattle ranches and has one of the highest deforestation rates in Colombia.

In October 2012, under the government of President Juan Manuel Santos, negotiations between the FARC and the government were formally established, with the aim of ending the armed conflict in Colombia. The parties spent four years negotiating key political aspects of the armed conflict, such as the agrarian problem, illicit crops, justice, and political participation of the FARC. However, the two armies remained on a war footing in the region until August 2016, when the bilateral ceasefire was signed. That event marked a profound transformation in the lives of the communities. Not only were they free from war, but they were also able to move freely throughout the region. The stigmatization of community members diminished as they began to interact with the government in a new way, and hope once again flourished among the inhabitants of the region.

Today communities are building a shared vision of the future that focuses on the well-being and survival of their diverse cultures and territories (see the chapter *A summit of* campesino *and indigenous peoples to build a shared vision for the Bajo Caguán-Caquetá region*). However, residents told us there is still no sustained government presence in the region, and that armed men who do not accept the peace accord are trying to exercise control over the area. As a result, people fear that the Bajo Caguán-Caquetá region will remain disputed territory, and that the change in government in August 2018 will disrupt the peace process, with the same devastating consequences for local residents seen in 1986 and 2002.

ENVIRONMENTAL AND TERRITORIAL GOVERNANCE IN THE BAJO CAGUÁN-CAQUETÁ REGION

Authors: Diomedes Acosta, Yudy Andrea Álvarez, Diana Alvira Reyes, Karen Gutiérrez Garay, Nicholas Kotlinski, Ana Lemos, Elio Matapi Yucuna, Theresa Miller, Humberto Penagos, Marcela Ramírez, Alejandra Salazar Molano, Felipe Samper, Darío Valderrama, Arturo Vargas, and Carlos Andrés Vinasco Sandoval (in alphabetical order)

Conservation targets: The **social and cultural diversity** of colonist, *campesino*, and indigenous communities; the **great resilience** of the region's inhabitants, which has allowed them to persist in the face of pressures related to the armed conflict and their socio-political marginalization; **community organizations** such as the Community Action Boards (JACs), *campesino* and indigenous associations, and indigenous *cabildos*, through which communities interact with the government and other organizations to create community strategies for well-being; **community territorial management planning documents** such as the Rural Community Development Plan of the Lower Caguán, the life plan of the Uitoto people, and environmental management plans, which support community governance and strengthen the social fabric; the vast **traditional ecological knowledge** possessed by both *campesino* and indigenous communities, as seen in hunting and fishing, use of timber and non-timber forest products, indigenous farm plots (*chagras*), and subsistence *campesino* farms that provide food sovereignty; **ecosystem services** that support the *campesino* and indigenous way of life, including streams, rivers, lakes, salt licks (*salados*), healthy soils and forests, and abundant plants and animals; the **areas inhabited by indigenous communities in voluntary isolation**, located between the Caguán River and Serranía de Chiribiquete National Park, an important cultural corridor for indigenous Amazonian communities in general and for the Carijona, Coreguaje, and Uitoto groups in particular

INTRODUCTION

This biological and social inventory of the Lower Caguán-Caquetá in the southwestern region of the department of Caquetá was the initiative of numerous institutions: governmental, non-governmental, academic, *campesino* community organizations such as the Community Action Boards (JACs), *campesino* and indigenous associations, and indigenous councils (*cabildos*). The motivating goal of the inventory was to maintain the cultural and ecological connectivity and diversity between the Serranía de Chiribiquete and La Paya National Parks, and to promote sustainable natural resource use in the region.

The social science inventory took place on 6–24 April 2018. Our team of six women and six men was multicultural and interdisciplinary, composed of social scientists and other scientists from governmental institutions including the Colombian parks system and Corpoamazonia, and non-governmental organizations (NGOs) including the Amazon Conservation Team-Colombia (ACT), the Foundation for Conservation and Sustainable Development (FCDS), and a US-based natural history museum, the Field Museum. Indigenous and *campesino* community members were an especially important part of the team, including a Matapí Yucuna indigenous person, one male and one female indigenous Murui Muina leader from the Bajo Aguas Negras and Huitorá indigenous reserves, as well as two male and one female *campesino* leader representing the *Campesino* Association of the Lower Caguán, from the *campesino* communities of Peregrino and La Pizarra.

The goal of the social inventory of the Bajo Caguán-Caquetá region was to establish a dialogue about community well-being that enabled community members to identify social and cultural assets, threats, and opportunities, as well as courses of action to resolve current and potential socio-environmental conflicts.

Due to the high social diversity in the region, the inventory team divided it into three sub-regions that together constitute a diverse socio-ecological landscape:

1) 16 *campesino* settlements or villages (*veredas*) of *Núcleo* 1, on the lower Caguán (in the municipalities of Cartagena del Chairá and Solano);

2) 5 *campesino* settlements located on the southern banks of the Caquetá River, upriver from the Caguán (in the municipality of Solano); and

3) 2 indigenous reserves of the Murui Muina people (belonging to the Uitoto linguistic family) located on the banks of the Caquetá (in the municipality of Solano; Fig. 24).

METHODS

Our methods focus on identifying social and cultural assets, and are grounded in two fundamental concepts: landscape and conservation. With that foundation, the team created an opportunity for both *campesino* and indigenous communities to reflect on the concept of social, cultural, and environmental well-being.

Social and cultural assets-based approach

By social and cultural assets we mean community knowledge and practices that are the foundation of well-being and sustainable land management. In this sense, it is important to analyze social organization, cultural values, and territorial knowledge and land use as factors that determine the capacity of a population to transform their surroundings and promote their well-being.

This assets-based approach considers community strengths or assets as the basis for strengthening management and creating strategies for conservation and the sustainable use of natural resources, in contrast to needs-based approaches that focus on what people lack (see Wali et al. 2017).

For the social inventory of the Bajo Caguán-Caquetá region, the team modified the methodology used in previous rapid inventories carried out by the Field Museum in the Peruvian Amazon (e.g., Alvira Reyes et al. 2016) to include the identification of threats to well-being. These threats and their socio-environmental impacts, coupled with the identification of regional actors, are important for understanding current and potential conflicts, and for proposing participatory solutions based on social and environmental values. This strengthens community organization, the communities' vision of their territory, and dialogue with the government.

The concept of conservation played a key part in our approach. We considered four elements of conservation: **knowledge, use and management, restoration, and protection.** Understood in this way, the concept of conservation allows one to think of human communities as an active part of conservation rather than as threats to the environment. This is the fundamental premise upon which conservation strategies with local populations can be developed.

Methodology developed in workshops

This social inventory was carried out through visits to and workshops in the three sub-regions mentioned above. The following activities were undertaken in the workshops:

1) An introduction to biological and social inventories, by our team;

2) A presentation by communities on their management plans (e.g., life plans, the Rural Community Development Plan, environmental management plans);

3) An activity in which community members created a timeline of key moments in the region's history, including migrations, displacements, conflicts, the arrival of projects, important festivals or rituals, and natural disasters like floods in order to promote reflection of community assets in light of historical events; and

4) A mapping exercise that aimed to identify different types of land use (e.g., farming, logging, non-timber forest product harvests, cattle ranching), projects and stakeholders who have worked in the region, threats, and important places (e.g. sacred spaces, areas of conflict, dangerous areas).

During these activities, the team used a variety of materials including booklets, previous rapid inventory reports, maps of the area, photographs of the communities where the social team worked, photographs of the biological inventory sites, as well as field guides with photos of plants and animals (*http://fieldguides.fieldmuseum.org*). Prior to the inventory, the team reviewed relevant background and supplementary literature.

Communities visited

We carried out three workshops in *Núcleo* 1 on the lower Caguán (Fig. 25). The first was a half-day workshop in the village of Monserrate with the leaders of the *Campesino* Association of the Bajo Caguán (ACAICONUCACHA), which brings together the 16 villages of *Núcleo* 1, to introduce the social and biological inventory and describe its scope and activities (Fig. 24). Next we conducted a second, day-long workshop in Monserrate to which we invited five residents of each of the eight villages in the upper portion of *Núcleo* 1 (Naranjales, Cuba, Las Quillas, Caño Negro, Buena Vista, Convenio, Monserrate, and Nápoles). We convened a third, day-long workshop in Santo Domingo, to which we invited five residents of each of the eight villages from the lower portion of *Núcleo* 1 (Caño Santo Domingo, Zabaleta, Santo Domingo, Brasilia, El Guamo and Peñas Rojas).

We held two day-long workshops with the *campesino* communities along the Caquetá River. The first workshop took place in the village of La Maná, to which we invited ten people, including leaders (both women and men) and youth from the villages of Tres Troncos, La Maná, and La Pizarra. The representatives from La Pizarra did not attend the workshop, but representatives from El Guamo on the lower Caguán did. They had never met their neighbors despite sharing a forest, and their attendance enriched the workshop by providing a better understanding of the communities' territorial aspirations. The second workshop was convened in Peregrino with a representative cross-section of the community that included women, men, and young people.

We also held workshops in the Bajo Aguas Negras and Huitorá indigenous reserves. In these instances, fieldwork began at night in the *mambeadero*, a sacred space of spiritual territorial management and transmission of knowledge, especially shamanic knowledge. The workshops then continued the following day with the timeline and social mapping activities, and ended the following evening with a closing *mambeadero* ceremony.

On 21–24 April 2018, we held the First Summit of Campesino and Indigenous Communities in the Bajo Caguán-Caquetá Region in the longhouse (*maloca*) of the Ismuina Indigenous Reserve in Solano. The goal of the summit was to create an opportunity for talking about and reflecting on well-being, identifying shared assets and threats, and beginning to build a shared vision of the future. Seventy-five people participated in this summit. On 24 April, the last day of the summit, representatives from Corpoamazonia, the mayor's office of Solano, and the government of the department of Caquetá attended. Community members presented the shared vision they had built during the summit to these representatives. On the same day, the biological team presented the preliminary results of their inventory. The summit closed with a dance, in accordance with indigenous Murui Muina traditions.

The chapter *A summit of* campesino *and indigenous peoples to build a shared vision for the the Bajo Caguán-Caquetá region* describes in greater detail the meeting's methods, main results, and implications for the conservation and well-being of communities in the region.

DEMOGRAPHY OF THE COMMUNITIES OF THE BAJO CAGUÁN-CAQUETÁ REGION

Because of its history of settlement and occupation (see the chapter *A history of human settlement and occupation in the Bajo Caguán-Caquetá region*), this region has a diverse population that includes settlers, *campesinos*, Murui Muina indigenous peoples, and a small number of Afro-Colombians from different parts of the country. According to information obtained in the inventory, approximately 1,800 people live along the lower Caguán River and the upper Caquetá River (Fig. 25). It is important to note that these population numbers are approximate because up-to-date official statistics do not exist for the region, and some villages only have information on the number of families residing there (Table 14).

On the lower Caguán, in the municipalities of Cartagena del Chairá and Solano, there are 16 villages (*veredas*): Naranjales, Cuba, Las Quillas, Caño Negro, Buena Vista, Monserrate, El Convenio, Nápoles, Santa Elena, Caño Santo Domingo, Sabaleta, Santo Domingo, Brasilia, El Guamo, Las Palmas, and Peñas Rojas (Fig. 24). All of the villages are organized by JACs that together form *Núcleo* 1 of Cartagena del Chairá and are represented by the *Campesino* Association of the Bajo Caguán (ACAICONUCACHA), which we discuss in more detail below.

Núcleo 1[11] is the highest-populated of the three sub-regions, and most *campesino* communities there have strong ties to the land. According to the census carried out in 2017 by ACAICONUCACHA, there is a total population of 1,432. The largest village is Buena Vista, most of whose 197 inhabitants live in a central town. The least-populated village is Zabaleta, with 40 inhabitants. Settlement is scattered, and in Buena Vista, Monserrate, Santo Domingo, El Guamo and Peñas Rojas most of the population is concentrated in hamlets (Table 14). According to geographical information from the POT (Land Use Plan) and the United Nations Office for the Coordination of Humanitarian Affairs (OCHA), 26% of the villages are located in the Type A Forest Reserve (established under the 2nd Law of 1959) and 74% are located in the area removed from the Forest Reserve in 1985 (see the chapter *A history of human settlement and*

---

11 This refers to an organizational figure that groups together the Community Action Boards (JACs) from each village.

occupation in the Bajo Caguán-Caquetá region).
According to official statistics, only four villages are
located entirely within the removed zone: Caño Negro,
Monserrate, Nápoles, and Santo Domingo (Fig. 24).
The rest, with the exception of Peñas Rojas, for which no
information is available, are partially located in the Type
A Forest Reserve, a land use category in which human
occupation is prohibited. Their presence in Type A
reflects the spread of agriculture and ranching (Table 14).

For their part, the *campesino* **communities settled on
the right bank of the Caquetá River** are organized into
five *veredas*. Four of these—Tres Troncos, La Maná,
Isla Grande, and La Pizarra—are located in the Type

Figure 25. Communities and biological sites visited during a rapid inventory of the Bajo Caguán-Caquetá region of
Amazonian Colombia in April 2018.

A Forest Reserve,[12] while Peregrino is located in the zone removed from the Forest Reserve.[13] Approximately 410 people reside in this sub-region. Unlike the lower Caguán, up-to-date official information on the population of this sub-region does not exist. The villages with the highest population are La Maná and Peregrino, with ~120 people each, and the least-populated village is La Pizarra, with 40 inhabitants (Table 14). As on the Caguán, these settlements are scattered and only La Maná has a central town where the school and some houses are located. It is also important to mention that although most of these villages were created following the 1933 war between Colombia and Peru, most of the current population has inhabited the region for the past two decades. La Pizarra village was created more recently by families whose primary work is logging.

The communities of the Bajo Aguas Negras and Huitorá indigenous reserves belong to the indigenous Uitoto group and identify as Murui Muina. In accordance with their cosmology, they identify as children of coca, tobacco, and sweet manioc, and are descendants of *Moo Buinaima*, the first supernatural person-spirit on earth who created everything that exists. The Bajo Aguas Negras Indigenous Reserve was created through Resolution 0052 on 17 October 1995. It has an area of 17,645 ha and is currently home to 16 families with a total population of 84, according to information collected during the inventory. Few community members are elderly (>65 years old), an important fact since it is typically elders who have ancestral knowledge. However, the Bajo Aguas Negras reserve has consolidated cultural management that is reflected in, among other things, the traditional division of the territory into clans (discussed in more detail below).

The Huitorá Indigenous Reserve, created by Resolution 0022 on 3 February 1981 with an area of 67,220 ha, has a population of ~150. Population has been falling over the past few years, since many people have had to leave the reserve in search of work. As in the Bajo Aguas Negras reserve, most of the population is young, with young people constituting 37% of the total. Older people also live here, which allows for cultural knowledge transmission across generations.

COMMUNITY ORGANIZATION AND GOVERNANCE

As explained in the previous chapter (*A history of human settlement and occupation in the Bajo Caguán-Caquetá region*), historically three types of government have co-existed in the region: the Colombian government, the FARC (Revolutionary Armed Forces of Colombia) guerrillas, and the local communities. Government involvement has been dominated by the army, with a minimal presence of the governmental agencies responsible for guaranteeing basic rights like healthcare, education, and housing. Since the 1980s, the FARC have been a key player in regulating social, economic, and political life and natural resource use, especially for the *campesino* communities. For decades, norms established by the guerrillas kept the social order. The FARC decided which days bars could open, set the price of coca, mediated conflicts between families and neighbors, punished minor crimes (including sexual assault, murder, and theft), and controlled natural resource use, including regulating hunting areas and the number of hectares that could be cleared for agriculture each year. It is important to note that since the guerrillas in the Bajo Caguán-Caquetá embraced the peace process, deforestation has increased and there is currently no enforcement or regulation of natural resource harvests, forest clearing, or land sales. This has created conflicts that the JACs do not know how to resolve.

Campesino and indigenous community organizations are the most important in the region. Both are affected by the actions of other stakeholders with power in this part of Colombia, such as the government and the dissident FARC guerrillas.

Campesino organization

Currently, *campesino* communities are organized into JACs, a kind of community body recognized by the Colombian constitution and regulated by Law 743 of 2002. The JACs are made up of the members of a village who meet freely, elect their representatives (president, vice-president, treasurer, secretary, and prosecutor [*fiscal*]), and are governed by written rules (*manual de convivencia*) established by the community. JACs function through committees, and decisions are primarily made via general assembly.

---

12 This area was established by the Second Law of 1959 to stimulate a forestry-based economy and to conserve soils, rivers, and wildlife.

13 This refers to a specific area of the forest reserve slated for the development of a particular project, work, or activity.

Table 14. Demographic information about the indigenous and *campesino* communities of the Bajo Caguán-Caquetá region of Amazonian Colombia. Sources: Fundación para la Conservación y el Desarrollo Sostenible (FCDS); the rapid inventory of the Bajo Caguán-Caquetá region in April 2018.

Name	Category	Municipality	Watershed	Population	Total area (ha)	
Naranjales	*Vereda*	Cartagena del Chairá	Caguán	59	14,581.14	
Cuba	*Vereda*	Cartagena del Chairá	Caguán	89	4,180.77	
Las Quillas	*Vereda*	Cartagena del Chairá	Caguán	56	1,866.76	
Caño Negro	*Vereda*	Cartagena del Chairá	Caguán	62	8,863.68	
Buena Vista	*Vereda*	Cartagena del Chairá	Caguán	197	12,103.62	
Monserrate	*Vereda*	Cartagena del Chairá	Caguán	93	7,712.33	
El Convenio	*Vereda*	Cartagena del Chairá	Caguán	145	8,341.82	
Nápoles	*Vereda*	Cartagena del Chairá	Caguán	57	4,884.92	
Santa Elena	*Vereda*	Cartagena del Chairá	Caguán	59	7,199.44	
Caño Santo Domingo	*Vereda*	Cartagena del Chairá	Caguán	77	3,409.11	
Zabaleta	*Vereda*	Cartagena del Chairá	Caguán	40	3,833.76	
Santo Domingo	*Vereda*	Cartagena del Chairá	Caguán	91	3,255.84	
Brasilia	*Vereda*	Cartagena del Chairá	Caguán	103	7,169.64	
El Guamo	*Vereda*	Cartagena del Chairá/ Solano	Caguán	154	14,958.10	
Las Palmas	*Vereda*	Cartagena del Chairá/ Solano	Caguán	65	8,947.19	
Peñas Rojas	*Vereda*	Solano	Caguán	85	No information	
Peregrino	*Vereda*	Solano	Caquetá	120	6,126.10	
La Maná	*Vereda*	Solano	Caquetá	120	11,058.84	
Tres Troncos	*Vereda*	Solano	Caquetá	80	10,414.67	
La Pizarra	*Vereda*	Solano	Caquetá	40	37,738.04	
Isla Grande	*Vereda*	Solano	Caquetá	50	8,424.21	
Bajo Aguas Negras	Indigenous Reserve	Solano	Caquetá	84	17,645.00	
Huitorá	Indigenous Reserve	Solano	Caquetá	150	67,220.00	

LEGEND

Land management tools

NC = Community Handbook for Coexistence

NCBC = Community Handbook for Coexistence of the Community Action Board and the Rural and Community Development Plan of the *Campesino* Communities of the Lower Caguán

PI = The Integrated Life Plan of the Uitoto Peoples of Caquetá and the Bajo Aguas Negras and Huitorá Indigenous Reserve Management Plans

RFA (Area in ha that is inside the Type A Forest Reserve) (ha)	Percentage of the total	Sustracción (Area in ha in the area removed from the Forest Reserve) (ha)	Percentage of the total	Elementary school	High school	Land management tools
7,949.37	55%	6,631.76	45%	Yes	No	NCBC
1,356.75	32%	2,824.02	68%	Yes	No	NCBC
787.99	42%	1,078.76	58%	Yes	No	NCBC
0.00	0%	8,863.68	100%	Yes	No	NCBC
3,799.63	31%	8,303.98	69%	Yes	No	NCBC
0.00	0%	7,712.33	100%	Yes	Yes	NCBC
2,916.52	35%	5,425.30	65%	Yes	No	NCBC
0.00	0%	4,884.92	100%	Yes	No	NCBC
2,366.62	33%	4,832.81	67%	Yes	No	NCBC
163.98	5%	3,245.12	95%	Yes	No	NCBC
313.61	8%	3,520.14	92%	No	No	NCBC
0.00	0%	3,255.84	100%	Yes	No	NCBC
1,713.23	24%	5,456.41	76%	Yes	No	NCBC
5,966.75	40%	8,991.34	60%	Yes	No	NCBC
1,947.48	22%	6,999.70	78%	Yes	No	NCBC
No information		No information		Yes	No	NCBC
126.84	2%	5,976.74	98%	Yes	No	NC
11,058.84	100%	0.00	0%	Yes	No	NC
10,414.67	100%	0.00	0%	Yes	No	NC
37,738.04	100%	0.00	0%	Yes	No	NC
8,424.21	100%	0.00	0%	Yes	No	No information
0.00	0%	0.00	0%	Yes	No	PI
0.00	0%	0.00	0%	Yes	No	PI

These organizations are responsible for creating and maintaining the necessary conditions for community well-being, primarily by: 1) managing the area through local administration; 2) maintaining a dialogue with the guerrilla and armed groups that remain in the area as part of the peace process; and 3) carrying out communal work via committees. Although committees vary from one village to another, they are typically: Education, Health, Sports, Agriculture, Human Rights, Women, Conflict Resolution, Public Works, Environment, Coca Farmers, First Aid, and Promarcha (a public committee that is not currently functioning). They are financed through membership dues (5,000 Colombian pesos), monthly payments (5,000 pesos), and additional contributions for public works or community needs.

In addition to the JACs, there are also Community Action Board Associations, umbrella organizations that group together the JACs. The associations are organized by *núcleos*, which are multi-village organizations that developed during the *cocalera* marches in 1996 as a tool to strengthen communities and improve dialogue with the government, after the government had broken the peace agreements.

The villages of the lower Caguán together form *Núcleo* 1 of Cartagena del Chairá (which currently has 17 *núcleos*); this was the first *núcleo* in the municipality.

In 2016, the Integrated *Campesino* Community Association of *Núcleo* 1 (ACAICONUCACHA) was formed to represent the 16 villages in *Núcleo* 1. The mission of ACAICONUCACHA is to be a leader in developing and implementing programs, projects, and technical services that generate economic alternatives and social well-being for communities, improving quality of life and sustainable development through local, national, and international cooperation. With the support of the United Nations' High Commissioner for Refugees (UNHCR), the association created a Rural Community Development Plan through which serves to guide its interactions with the government and with NGOs (Plan de Desarrollo Rural y Comunitario de las Comunidades Campesinas del Bajo Caguán 2016). In the plan, communities describe how they envision development for the *campesinos* of the lower Caguán in five key themes: territory and environment, economy and production, social life, culture, and community organization.

ACAICONUCACHA is the organization through which *campesinos* are currently coordinating their work and interaction with the various stakeholders in the region. Unlike other *campesino* organizations, and especially those of the villages on the Caquetá River, the JACs of *Núcleo* 1 and ACAICONUCACHA include significant participation by female leaders.

The villages on the banks of the Caquetá River are also organized into JACs and are part of the Inter-Village Board Association of Southern Solano, Caquetá (AIJUSOL). They are also part of the Peñas Blancas *núcleo* and the Board Association of the Municipality of Solano (ASOJUNTAS). It is important to clarify that, although the JACs from the Caquetá belong to these organizations, they do not have strong relationships with them. Administratively, the villages of Tres Troncos and La Maná are part of the Inspección La Maná, in accordance with the municipality of Solano land use plan. Following in the footsteps of *Núcleo* 1 on the lower Caguán, in September 2018 the villages of La Maná, Tres Troncos, La Pizarra, and Isla Grande formed the *Campesino* Agro-Environmental Association of the Caquetá River, with the goal of improving collaboration with the government and strengthening their organizational capacity.

It is important to emphasize that community leaders carry enormous responsibilities, and it was clear during

the social inventory that they are not well-compensated for their work. This is positive insofar as the people who apply to be in these positions are motivated by a desire to help the community rather than personal gain; however, leaders' farms are notably less productive than those of the rest of the community, because they do not have enough time to work on them. It is also worth noting that during the inventory 9 of the 16 Community Action Boards from *Núcleo* 1 had female presidents, strong leaders who work actively for community well-being. We feel that these community organizations and their leaders are very important. It is they who, in partnership with community residents, have maintained community well-being in the region. All of the communal infrastructure that exists (e.g., roads, bridges, schools, health clinics, docks) has been constructed thanks to the collective management and work of *campesino* community members.

The same can be said of basic services, as described in the chapter *The state of public services and infrastructure in the Bajo Caguán-Caquetá region*. Schools, school meals, and the presence of teachers in the region are all the result of community management. Likewise, the very survival of these communities through years of war speaks to their capacity to work together in solidarity and resistance, and this continues to underpin the territory today.

Indigenous organization

Indigenous community organization in the region takes two forms: one based on their traditional Law of Origin (*Ley de Origen*) and the other based on interactions with the West. The former drives their self-organization. The Law of Origin is comprised of precepts found in the sacred words of Ancestral Law (*yétarafue*), which were given to the ancestors through coca and tobacco (*jíbina* and *d+ona*), which govern, sanction, guide, and heal the community. This system of government has a traditional structure (*einamak+*) composed of an *eim+e* (chief or leader) and an *n+mairama* (wise advisor), who receive ritual training from spiritual authorities designated by the supernatural leader *Moo Buinaima*.

The second kind of organization, which coexists with the traditional kind, is a product of Western models of governance as expressed throughout Colombia's history—as a colony, republic, and nation-state. This history has influenced the traditional organizational forms of the Murui Muina people. The indigenous reserve and indigenous *cabildos* (leadership councils) are examples of how Western modes of governance have been imposed on the indigenous population, first by the Spanish empire, and then later by the Colombian government via Law 89 in 1890.

Currently, *cabildos* consist of a governor, secretary, prosecutor (*fiscal*), and treasurer, and include the participation of men and women from each reserve. In this sense, for indigenous peoples, the *cabildos* are similar to the JACs. As with the *campesino* associations that group together JACs, there are Associations of Traditional Indigenous Authorities (AATIs) that group together multiple *cabildos*. Both the *cabildos* and the AATIs tend to generate tension with traditional spiritual community leaders, which has caused the traditional form to lose prominence.

One factor that has historically weakened traditional indigenous government is Colombia's civil war, as the imposition of external norms by violent means has interfered with the rights and free self-determination of the Murui Muina peoples. The overlapping jurisdictions of traditional indigenous and Western authorities in the application and administration of justice has further complicated governance in these communities.

Currently, the Bajo Aguas Negras and Huitorá indigenous reserves are part of the Association of Uitoto *Cabildos* of the Upper Caquetá River (AATI-ASCAINCA). ASCAINCA is the legal representation of the indigenous Murui Muina communities, and was created through Decree 1088/1993. This organization negotiates and develops local, municipal, or department-level plans, programs, projects, and activities that benefit the communities it represents.

Unlike the Huitorá Indigenous Reserve, Bajo Aguas Negras organizes itself by clans, a traditional organizational form of the Uitoto people. There are five majority and three minority clans. Each clan chooses its leader (*sabedor*, or 'wise person') who represents them in meetings and other spaces. The majority clans in ancestral order are the Chucha Clan (*Geiai*), the Tobacco Clan (*Diuni*), the White Indian Clan (*Comiriuma*), the Snake Clan (*Jaiuai*), and the Boruga Clan (*Imeraiai*). The three minority clans are Little Plátano Clan (*Iyoviai*), the White

Tobacco Clan (*Dioriama*), and the Jiyaki Boraima Clan, which represents the settler population.

NATURAL RESOURCE USE AND MANAGEMENT, AND COMMUNITY LAND USE PLANNING

The accelerated transformation of land use in this region is relatively recent. As seen in the chapter *A history of human settlement and occupation in the Bajo Caguán-Caquetá region*, the relationship between human communities and their environment has gone through distinct phases that can be grouped into two key moments. First, people from outside the region extracted resources without establishing permanent settlements or a sense of belonging. This was related to the rubber industry, the *tigrilladas* (the hunting of wild animals to sell their skins in international markets; see Payán and Trujillo 2006), logging, fishing, and the bushmeat trade. A new relationship with the environment developed beginning in the 1970s as families began to settle in the region, and develop strong ties with and a sense of belonging to the land. Due to this new dynamic, there is a growing interest in maintaining the health of the ecosystem for the well-being of local communities.

There are two variations of this new relationship: one reflects economic activities required for the survival and well-being of local communities that are environ-mentally sustainable, guaranteeing long-term use; the other focuses on generating income, and shows a tendency to over-exploit and deplete natural resources. It is important to point out that landscape transforma-tions are primarily motivated by economic dynamics that originate outside the region, as will be seen below. However, these unsustainable practices are reproduced on a smaller scale in the Bajo Caguán-Caquetá region.

Communities are starting to develop alternatives by which sustainable management of natural resources can generate a profit. Leading examples are non-timber forest products in indigenous communities and small-animal husbandry and managed fishing in lakes by *campesino* communities.

Sustainable natural resource use

Indigenous communities

Indigenous communities' sustainable natural resource use and territorial management are based on traditional knowledge that has been passed down for generations and is based on the Murui Muina Law of Origin (ASCAINCA 2011). This relationship between traditional ecological knowledge and territorial use has allowed for community survival, guaranteed food sovereignty, and fostered an independent economy. At the same time, it has maintained the natural landscape in good condition, as observed by the biological team at the two sites they visited in indigenous reserves.

Indigenous traditional knowledge of the environment and territory is embodied in the agro-ecological calendar, which determines the appropriate times to undertake specific activities in different spaces following natural cycles (seasons of high and low waters, animal reproduction, harvesting native fruits, slashing-and-burning, planting, etc.). This knowledge is made manifest in the *chagra* (farm), in the use of the river, forest, and natural resources to build infrastructure such as the *maloca* (a sacred space), houses, bridges, walls, among other items. Through traditional knowledge, indigenous communities are able to organize and regulate the use of diverse territorial spaces.

In both indigenous reserves, the territories are organized by zones. For example, the production zone is where each family has an assigned space to make their *chagra*. The reserved or conservation zones are prohibited, as are zones where there are sacred sites. There are also common zones that are areas for housing (where each family has their assigned space), riverine areas to grow crops, and zones for hunting and fishing, as well as sacred sites such as the salt licks (*salados*) where animals go to lick the earth and drink water imbued with minerals essential to their survival. The *maloca* and the *mambeadero* are part of sacred sites, where the knowledge of the universe is generated that directs the community's destiny. Lastly, there are logging zones and commercial fishing zones.

The farm (chagra). The fundamental economic base of the indigenous communities visited is the farm (*chagra*), a space of great cultural, economic, and ecological significance. There, indigenous community members apply their ancestral planting, harvesting, and seed management knowledge. Each family has one or two farms that vary between ½ to 1 ha in size. Families cultivate and manage bitter and sweet manioc (*Manihot*

esculenta), which are the staple food crops along with plantain (*Musa paradisiaca*). Additionally, they grow other food crops such as sugarcane (*Saccharum officinarum*), pineapple (*Ananas comosus*), maize (*Zea maiz*), rice (*Oryza sativa*), caimarona grape (*Pouroma cecropiifolia*), *ají* chili (*Capsicum* sp.), custard apple (*chirimolla*; *Annona cherimola*), bacuri (*guacuri*; *Platonia insignis*), cashew (*Anacardium occidentale*), ice-cream-bean (*guama*; *Inga edulis*), sweet potato (*Ipomoea batatas*), cucuy (*Macoubea guianensis*), laurel (*Protium amazonicum*), capote (*mafafa*; *Xanthosoma robustum*), umari (*Poraqueiba sericea*), mandarin orange (*Citrus reticulata*), papaya (*Carica papaya*), and mango (*Mangifera indica*), among others. The farm is an important space for cultural transmission and for growing the seeds of sacred plants such as coca (*Erythroxylum coca*) and tobacco (*Nicotiana tabacum*). According to the Murui Muina, these plants feed the spirit and give knowledge of traditional culture and the words of life (Moisés Castro and Luis Gutiérrez, personal communication). The communities practice swidden or slash-and-burn cultivation, in which they slash and burn the farm plots, and plant, manage, and harvest the crops, a system similarly used by other indigenous peoples throughout Amazonia (Alvira Reyes et al. 2016). After the harvest, families continue to use the plot to harvest fruit from fruit trees planted there, and then the plots are left to lie fallow in order to regenerate and be used again. Likewise, the backyards and areas surrounding houses are important spaces to cultivate plants on a smaller scale. Women manage these backyard gardens to grow smaller crops, fruit trees, vegetables, and medicinal plants.

Rivers and forests. Other spaces that are important for natural resource use and management are the rivers, streams, and lakes where fish and reptiles live, which represent an important protein source for families. The forests are life-giving and are the places where spirits of animals and plants that protect indigenous peoples live (Moisés Castro, personal communication). Wood is obtained from the forest to construct the longhouse (*maloca*), houses, bridges, and walls, as are fibers to make handicrafts and everyday objects (baskets, manioc graters). In addition, the forest provides edible fruits, medicinal plants, and bush meat, another important food source (Fig. 26).

The majority of the foodstuffs that are grown in the *chagra* and that are obtained from the forests and rivers are used for subsistence. Surpluses are sold in market boats and in neighboring villages and families typically use the proceeds to buy soap, sugar, oil, and salt, as well as to purchase required supplies for education, health, and housing, among other items (Resguardo Aguas Negras 2013, Resguardo Aguas Negras y Equipo Técnico TNC 2014, Resguardo Huitorá 2013, Reguardo Huitorá y Equipo Técnico TNC 2014).

For example, maize that is grown near the riverbank is typically sold in La Tagua village or Puerto Leguízamo, leaving a small portion left for the family's own consumption. Farm products such as *mambe* (coca powder), *ambil* (tobacco paste made with forest salt), *fariña* (toasted manioc flour), and *ají negro* (black chili) are being sold in markets at good prices. These products represent an important source of income for some indigenous families. One kilogram of *mambe* is usually sold for $100,000 Colombian pesos, a jar of *ambil* for $200,000 pesos, 1 kg of *fariña* for $5,000 pesos, and a 500-ml jar of *ají negro* for $30,000 pesos.

Harvesting non-timber forest products for sale is an incipient activity, including native species such as the taque nut (*castaño*; *Caryodendron orinocense*), açaí fruits (*Euterpe oleracea*), *canangucha* palm fruits (*Mauritia flexuosa*), and *milpeso* palm fruit (*Oenocarpus bataua*). In 2014, with the support of NGOs, communities began researching and monitoring the harvesting of non-timber forest products, especially of taque nut and *milpeso* palm fruit, for the production and commercialization of oils. The Huitorá Indigenous Reserve in particular are experimenting with these two species, which could represent a sustainable economic alternative in a region in which the soils are typically of low fertility and should be managed through agroforestry activities that contribute to soil maintenance and biodiversity conservation.

These indigenous communities' priority is to maintain their culture, customs, and traditional knowledge without discarding new technologies that complement their practices and improve natural resource management to guarantee food sovereignty and income generation.

Campesino *communities*

Campesino communities' natural resource use is also based on their knowledge of natural cycles. This knowledge is intergenerational and is represented in the management of *campesino* farms (*fincas*) and the subsistence cultivation of *pancoger* crops, the gathering of wild fruits of the forest, hunting, and fishing. It can also be seen in the use of forest products for building infrastructure including housing, stables, fences, corrals, and walls. The *campesino* communities visited in the Bajo Caguán and the Caquetá understand the economy as their way of working the land to produce food for their families and generate income to satisfy their basic needs.

Productive or extractive activities in these *campesino* communities are undertaken in farm plots and occasionally in what locals call 'empty lands' (*territorios baldíos*), areas of the Forest Reserve Zone. In the two *campesino* sub-regions studied in this inventory, the sizes of farm plots (in terms of productive units) vary between 13 and 2,000 ha, with a median size of ~250 ha. Around 75% of these plots are smaller than 300 ha (Pedraza et al. 2017). In general, farm plots contain around 60% forest, 37% pasture, with the remainder consisting of cultivars (Pedraza et al. 2017).

Campesinos also utilize slash-and-burn cultivation methods to grow *pancoger* crops on their farms; these include maize, plaintain, manioc, sugarcane, rice, pineapple, citrus, and other Amazonian fruits. The products are grown on a small scale and more than 70% are for subsistence and exchange between families. The commercialization of agricultural products is difficult due to the high cost of transportation, low and variable prices, and low demand. *Campesinos* manage to sell maize, plantain, and manioc to a lesser extent; however, these are typically sold for very low prices that do not compensate for the work and investment undertaken by the *campesino* family. For example, one bushel of maize can vary between $65,000 and $150,000 pesos through-out the year, with the highest prices in June and July, and the lowest in January and February.

Additionally, the majority of families maintain areas called *sementeras* that are around ½-1 ha in size, where they can grow 300 rows of plantain that flower within around eight months and can be harvested two or three months later. As with maize, the price of a bunch of

Figure 26. Natural resource use map depicting economic activities in the Bajo Caguán-Caquetá region of Amazonian Colombia, as drawn by residents of the communities of Núcleo 1 del Bajo Caguán and the communities of La Maná, Tres Troncos, and Peregrino on the Caquetá River, and enriched with information from the inhabitants of the Bajo Aguas Negras and Huitorá indigenous reserves during the rapid inventory in April 2018.

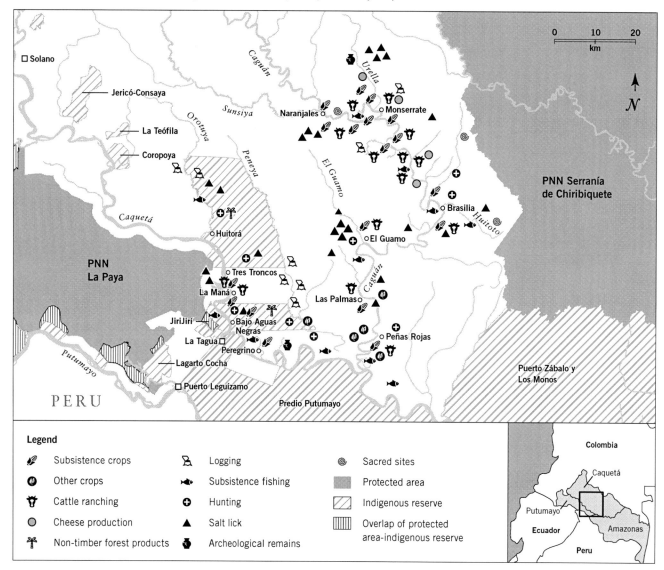

plantains varies greatly throughout the year, between $10,000 and $15,000 pesos and $25,000 and $30,000 pesos. The price is highest when the river rises and overflows (June–July), damaging most of the plantain plantations and creating scarcity, while the prices fall when the river is low and plantain trees are abundant (January–March).

Fishing in the rivers and oxbow lakes is an important activity for the *campesino* communities of the region and represents a primary food source for families. Community members fish for subsistence or exchange, using artisanal practices with hooks and harpoons in

order to comply with agreements established within the communities to regulate the activity. In particular, the villages of Peregrino (Caquetá River), Peñas Rojas, and Quillas (Caguán River), there are some oxbow lakes that have been conserved and provide families with an abundance and diversity of food fish (Fig. 26).

Raising smaller livestock such as chickens and pigs is also an important economic activity to ensure food security as well as to generate income. The price of chickens varies from $25,000 to 30,000 pesos and an *arroba* of pork (12.5 kg) can be sold for $50,000 pesos.

Unsustainable natural resource use

By the end of 2017, 65.5% of deforestation in Colombia was occurring in the Amazon region (IDEAM 2017), doubling the area deforested in 2016. Caquetá was the department with the highest level of deforestation in the country, with 60,373 ha deforested and Cartagena del Chairá, the second municipality in the department, with 22,591 ha deforested, representing 10.3% of deforestation nationally. For its part, the municipality of Solano came in seventh in the country with 6,890 ha deforested, or 3% of total national deforestation. Both Solano and Cartagena del Chairá saw more than twice the amount of area deforested in 2017 versus 2016 (IDEAM 2017).

Compared to these municipalities, the Bajo Caguán-Caquetá region has a low deforestation rate. However, similar to national, departmental, and municipal trends, the rate of transformation of the territory has increased exponentially since 2016. Three fronts of deforestation are advancing toward the region: one from *Núcleo 2*, extending down the Caguán River, another along the road between Puerto Leguízamo with La Tagua, and a third extending down the Caquetá River (Fig. 2C). The conversion of land into pasture and extensive cattle ranching are the biggest drivers of deforestation in the region, according to testimonies and observations in the field, as well as recent studies (Pedraza et al. 2017).

During the inventory, we could verify that the area of study has been impacted severely by conversion of land to pasture and cattle ranching as the primary drivers of deforestation. Other drivers are, in order of importance, agriculture, coca, and lastly selective logging for sale and for housing, constructing stables, and other infrastructure (Pedraza et al. 2017). Additionally, we found that both *campesino* and indigenous communities unsustainably use natural resources to a greater or lesser extent. These unsustainable activities are generally oriented toward commercialization and income generation. Among these, the commercialization of wild game meat, fish, and logging is occurring.

In general, these practices are associated with a lack of economic alternatives, the limited support of the State and other organizations to develop sustainable activities, and the low control exercised by environmental authorities to regulate natural resource use. Villagers informed us that previously, FARC guerrillas controlled the social order and natural resource use in the region. There were strict rules regarding hunting, fishing, and logging, with fines established for non-compliance. All of this was written in the Community Handbook of Coexistence (*Manual de Convivencia*). The handbook still exists today, but community members recognize that enforcing it is challenging, due to the lack of authority left by the FARC's departure and the absence of the State to establish mutual agreements and mechanisms for monitoring and control.

Extensive cattle ranching

Cattle ranching supports the subsistence of the majority of *campesino* families in the Bajo Caguán-Caquetá. It has replaced the cultivation and processing of coca to become the fundamental pillar of the economy with important institutional support from the departmental government. The limited socioeconomic conditions, the absence of the State, the difficulty of access to the region, and the lack of sustainable economic development opportunities lead communities to regard cattle ranching as the most *efficient* form of obtaining economic resources. At the same time, land conversion to pasture is used as a way to occupy a territory, as well as a way to increase the value of the land. Conversion of land to pasture is an indicator of the dynamic land market in the region.

Cattle ranching is sometimes undertaken for meat, in other cases for meat and milk, and in still others for raising livestock. Ranching is done in meadows (*praderas*) with introduced pasture grass. *Campesino* community members informed us that the cost of establishing one hectare of pasture is approximately $420,000 Colombian pesos, which includes $300,000 pesos to cut down the forest and $120,000 pesos to plant the pasture (3 kg of seed are necessary for 1 ha of pasture and 1 kg of seed costs $40,000 pesos). According to the information compiled in this inventory, each year (every 12 months) a cow is sold for around $1 million pesos, which hardly compensates for the costs of establishing and maintaining pastures and livestock.

There are five models for cattle ownership in the region. The first is the acquisition of the animal with one's own resources, which is limited in the region. The second model is known as *al avalúo* ('based on appraisal'), in which the *campesino* receives the cattle at a certain price and after a time, when the animal reaches its sale weight, the profits are distributed between the *campesino* and the cattle owner as per prior agreement. The *campesino* is responsible for the health, feeding, and care of the animals, and the capitalist partner or owner of the cattle only puts in the initial investment. For example, if a *campesino* farmer receives a calf valued at $800,000 pesos on his land, he guarantees the feeding and care of the animal for 24 months until it reaches a sale price of $1.2 million pesos. At the time of sale, the cattle owner keeps the initial price of the calf ($800,000 pesos) and the *campesino* receives $400,000 pesos for having cared for and fattened the animal. The third model is known as *al partir* ('split profits'), when the *campesino* farmer receives a certain number of cattle to be cared for and fed in his paddocks. The *campesino* and the cattle owner decide how many cattle the *campesino* can keep for having cared for the animals. In this way, after a while the *campesino* begins to have his own cattle stock. In the fourth model, the *campesino* farmer also acquires his own livestock through a solidarity economy fund (FES). This model was very popular during the coca boom that occurred throughout the Caguán River, and persists in some villages, especially in El Guamo. In this model, each farmer who produces coca invests $20,000 pesos in the solidarity economy fund per gram of coca. With this money, cattle are purchased and are given to a family through a lottery system. For example, four pregnant cows are delivered to a family. After four years, they return four cows and two steers, which are given to another family (Nelly Buitrago, personal communication). The fifth model is where a third party pays for the slashing and burning of the forest vegetation as well as the planting of pasture to place the cattle in the *campesino*'s care. Community members informed us that the costs of transporting livestock to market are high. For example, on the Caguán River, the cost of bringing an animal by boat from Monserrate to Cartagena del Chairá is $60,000 pesos. On the Caquetá River, taking an animal by boat from the Huitorá Indigenous Reserve and the villages of La Maná and Tres Troncos to Solano costs $25,000 pesos, while taking it to Puerto Arango costs $50,000 pesos and to La Tagua and then by land to Puerto Leguízamo costs $30,000 pesos.

In order to legally sell cattle, farmers must have a permit issued by the appropriate entity, which in this case is the Colombian Agricultural and Livestock Institute

(ICA), which ensures the health and safety of food for human consumption. The ICA has some offices in the region's towns and cities but very little staff to meet the requirements of the region. This means that the organization rarely fulfills its functions due to a lack of technical support for farms and the fact that enforcement is limited to established posts in populated centers. According to information collected during the inventory, to move cattle it is necessary to have a health certificate from the ICA that is processed through an intermediary, which in reality is a cost included in the prices paid for transporting livestock.

In the Bajo Caguán, *campesinos* who have their own animals usually produce both meat and milk. A small part of the milk is consumed for subsistence, and the rest is made into salted cheese, which is sent by boat to Cartagena del Chairá or sold to smaller suppliers who buy it in *veredas*, primarily in Monserrate, Santo Domingo, and Remolino del Caguán. The price of cheese depends on the demand in municipal capitals. It can vary between $40,000 and $70,000 pesos for one *arroba* (12.5 kg). To produce 1 kg of cheese requires 80 L of milk, and cows in the region produce on average 5–6 L of milk per day. Likewise, calves reared on farms are sold in towns to be slaughtered for meat. Fattened adult males are sent to market by boat. It is important to note that the villages on the lower part of the Caguán do not have as much livestock or pastures compared with those upstream.

In the villages of La Maná and Tres Troncos, on the Caquetá River, meat and milk are produced on a small scale. Salted cheese is produced in the Huitorá Indigenous Reserve and in La Maná, and then taken to Puerto Leguízamo for sale. The cheese is sold for $7,000 pesos/kg. There is also a system of exchange of milk and meat for products such as *fariña*, honey, *ají negro*, and manioc with the Huitorá reserve. Calves are also sold for fattening, and adults are sold for meat. The meat is typically sold for $50,000–$60,000 pesos per *arroba* (12.5 kg).

Although extensive cattle ranching is a common activity in *campesino* communities, we could see during the inventory that it also occurs in the two indigenous reserves we visited, albeit to a lesser extent. In Huitorá, community members informed us that there are approximately 50 ha of pasture with *Brachiaria* grass in the reserve, and that five families practice cattle ranching with a total of 40 animals. One family also has experience managing perennial high-protein grasses. In the Bajo Aguas Negras reserve, there are 15 ha of paddock with very little management and only 5 animals.

Based on field observations and interviews with community members, cattle ranching in the region is not generating sufficient income for small and medium-sized farmers, which is why the conversion of forest to pasture is prevailing. However, it is very important to highlight that the greatest threat to the Caguán River comes from the activities of *Núcleo* 2 communities, which have very strong cattle ranching and land accumulation practices that are exerting a significant influence on the socioeconomic dynamics of the communities of *Núcleo* 1 (see a map of deforestation in Fig. 2C). In order to understand this threat, it is important to identify the large-scale landowners with capital who are buying large tracts of land in *Núcleo* 1 and encouraging the opening of new lots. The same phenomenon can be seen in the villages of the Caquetá River. In the absence of economic opportunities, the *campesinos* work for these large landowners. People we spoke with said that there are also dissidents with capital involved in this activity. This is beginning to cause land accumulation conflicts and the overuse of natural resources, particularly along the La Ureya stream and in El Convenio (Fig. 26). Among other consequences, these activities result in the expansion of the agriculture and livestock frontier and land-grabbing from *campesinos* with long-standing ties to the region. If this trend continues, it will also affect community organization, as has been seen in other areas such as the department of Guaviare, where the accumulation of land is related to the weakening of the Community Action Boards (JACs) due to a lack of community members (Alvira et al. 2018).

Hunting

The hunting of mammals like tapir, lowland paca, capybara, black agouti and collared peccary for sale as bushmeat is an activity that generates significant income for families in the region. The meat is sold to regularly-scheduled boats or to loggers, or is sent to Solano, La Tagua, or Puerto Leguízamo. Community members informed us that while internal communal agreements that regulate hunting exist, these are not currently

respected. The inhabitants of the Caquetá and the mouth of the Caguán also informed us that people from outside come to hunt indiscriminately in the territories of indigenous and *campesino* communities. They mentioned that in one night these people can hunt up to ten animals (lowland paca, collared peccary).

Fishing

In the oxbow lakes at the mouth of the Caguán River (near the town of Peñas Rojas) and on the Caquetá River (near the town of Peregrino), there are conflicts with people from outside who come to fish with large nets. Armed with permits to fish on the river, issued by AUNAP (National Authority of Aquiculture and Fishing; *http://www.aunap.gov.co/*), these people enter the lakes—where fishing is prohibited—and remove large quantities of fish that they then sell in La Tagua and Puerto Leguízamo. These two villages informed us that they are organizing themselves to solve this problem; they intend to control access to the lakes and prohibit the use of large nets. Similarly, they have educated themselves on fishing laws and regulations, but they recognize that they are very difficult to enforce when the competent authority, AUNAP, is absent from the region, does not exercise enforcement itself, does not support local enforcement initiatives, and does not adequately inform the population about fishing permits.

Logging

During the inventory community members told us about some irregularities with respect to commercial logging in the region. According to Corpoamazonia, the government agency that regulates logging in the region, there are no valid logging permits anywhere in the study area, either within titled indigenous communities or in *campesino* community lands. Likewise, logging is prohibited in the Forest Reserve Zone Type A, the most restrictive category of Forest Reserve, intended to preserve basic ecological processes and ecosystem services[14] (Rosa Agreda, personal communication). However, the biological team observed significant logging along the Orotuya River, both within the Huitorá Indigenous Reserve and to the west of it, in the village of Orotuya, within in the Forest Reserve Zone Type A (Fig. 24).

---

14 *http://www.minambiente.gov.co/images/BosquesBiodiversidadyServiciosEcosistemicos/ pdf/reservas_forestales/reservas_forestales_ley_2da_1959.pdf*

Community members told us that a permit had been granted for the area and that the timber was being sold to a merchant from Florencia who has permission to log and transport timber along the Caquetá River. They told us that in most cases logging is negotiated, that is, that the owner of the land sells the standing tree and the logger cuts it down, removes the timber, and negotiates the permits. For example, in the town of Naranjales on the Caguán River they sell 300-cm^3 blocks of wood for $20,000 Colombian pesos.

In Pizarra, according to some residents of the region, logging is the main livelihood. In Peregrino, inhabitants complained that large-scale loggers were buying farms in order to extract timber from well-preserved forests. During our river trips we saw many logging boats.

It is important to note that both *campesinos* and indigenous communities told us that they are unaware of the appropriate procedures to cut down wood legally (e.g., where logging is allowed or prohibited, how to carry out a forest inventory, and how to manage logging in a safe manner). They also told us that the cost of these procedures is very high for the communities. In general, it is outsiders with capital and knowledge of the procedures who manage commercial logging, and who make agreements with locals. The *campesinos* complained about the lack of enforcement of these large-scale loggers by the environmental agency, and about the excessive regulations for *campesino* families to log within their own lands (especially for house-building).

Illicit crops

Begun in the 1980s, the cultivation of coca and the production of *pasta base* (the crude extract of coca leaf and the base of cocaine) persists today, although on a smaller scale. For more than two decades, coca was the foundation of the *campesino* economy on the Caguán. Interviewees told us during the inventory that coca cultivation had declined in recent years due to eradication policies (fumigation), a worm pest called 'gringo' that eats coca leaves, the risk associated with illegality, and the high cost of the materials needed for processing. Coca cultivation has been replaced by cattle ranching, especially in the upper part of *Núcleo* 1 and in the villages along the Caquetá. In the villages on the lower Caguán River, as well as on the Peneya River, coca cultivation is still present due to the ease of transport,

because there is a secure market, and because much of the land in these areas is not suitable for raising cattle.

We were told that every 50 days, 1 ha of coca produces around 200 *arrobas* (12.5 kg) of leaves that can be converted to ~4 kg of *pasta base*. These 4 kg are sold on the market for $8 million pesos, and the cost of production per hectare is $3 million pesos. This results in a profit of $5 million pesos every 50 days. On average, the annual profit per hectare of coca is $30 million pesos. The presence of armed groups in the region helps bolster this illegal economy, as has been the case in other moments of the region's history.

The peace process has given coca-growing families hope that they can shift to legal livelihoods and thereby rehabilitate a region badly damaged by the civil war and a lack of government presence. The peace agreements include a plan for replacing illicit crops, as part of the National Program for the Voluntary Substitution of Illicit Crops (PNIS).[15] We were told that some families in the lower Caguán will soon receive government support to establish legal economic activities. It is important that PNIS support *campesino* families over the long term in order to establish legal and economically stable projects that are in accordance with the region's land uses. In most cases, according to our interviews during the inventory, farmers are hoping to invest the PNIS funds in livestock.

Sustainable land management initiatives

A number of projects are being developed in the region to reduce or halt deforestation, and to promote sustainable management. Many of these initiatives have been promoted by the Colombian government or by NGOs. It is important to note out that both *campesino* and indigenous communities have developed land management planning documents oriented toward a sustainable development that supports community well-being. The indigenous communities have an Environmental Land Management Plan (*Plan Ambiental del Territorio*) and the *campesino* communities have a Rural Community Development Plan (*Plan de Desarrollo Rural Comunitario*). To create both these plans, communities carried out a community-wide survey (*autodiagnóstico*) that allowed them to collectively

---

15 http://especiales.presidencia.gov.co/Documents/20170503-sustitucion-cultivos/
programa-sustitucion-cultivos-ilicitos.html

reflect on the future they want. The indigenous communities' plan forms part of the life plan of the Murui Muina Uitoto people, which was created through a process led by ASCAINCA, including an *autodiagnóstico* and an environmental management plan supported by The Nature Conservancy (TNC) and ACT. The *campesino* communities of the lower Caguán worked with the UN High Commissioner for Refugees (ACNUR) over the past three years to develop their development plan. Recently, ACT and TNC tracked the implementation process through a project known as 'Sustainable Landscapes,' which aims to establish the production of sustainable products in priority farms. Similarly, on the lower Caguán River SINCHI has a project to establish agroforestry systems in farms, part of which involves providing seedlings of timber species, and a project to boost the production and sale of plantains.

World Wildlife Fund (WWF), with financial support from the program Visión Amazonia, is forming a network of community monitors on the lower Caguán that includes 15 villages from Naranjales to Las Palmas[16]. The communities have been trained in preventing and fighting forest fires, GPS, installing camera traps, land use monitoring, digital photography and the ecology of the local flora and fauna.

As part of its Environmental Agriculture Development plan, Visión Amazonia is also providing support to 250 farmers from a number of towns on the lower Caguán so that they can implement sustainable production practices and alternatives to cattle ranching. We were told that the farmers involved in the program have promised to convert 30 ha of their cattle ranches to silvopastoral systems and to refrain from cutting down more forests, and that they are receiving both technical and monetary support (William Mellizo, personal communication). Leaders in the lower Caguán noted that their ambition is to ensure that all of these initiatives connect to the goals outlined in their rural community development plan.

Meanwhile, on the Caquetá River, and especially in the town of Peregrino, the German Corporation for International Cooperation, Serranía de Chiribiquete National Park, and the University of Amazonia are supporting an initiative to manage and care for the fish communities in oxbow lakes. Communities in this region have also requested support from Visión Amazonia to develop ecotourism, and that support is said to have begun in August 2018 (Antonio Gover, personal communication).

The role of environmental authorities in natural resource management

As previously mentioned, the governmental environmental agencies in the region are Corpoamazonia and AUNAP. Inhabitants of the region told us that their presence is weak and unpredictable, and that their work is poorly connected to the needs of communities. They do not visit the communities to inform community members about their work, or about environmental laws and the permits needed for natural resource use. Community members mentioned that what they have mostly seen these authorities do is grant forestry permits (Corpoamazonia) and fishing permits (AUNAP), and that they do both without taking into account the knowledge of communal authorities, including indigenous *cabildos* and *campesino* JACs. This has generated conflicts within and between communities.

Despite these limitations, indigenous and *campesino* communities believe that sustainable development in the region depends on collaboration between government authorities and community-level organizations such as the *cabildos* and JACs. An especially important goal is to develop and implement mechanisms to guarantee that economic activities are subjected to consensus regulations enforced by community monitoring. The communities we visited during the inventory also envision a local economy that allows local families to make a living via sustainable production systems that are in harmony with the region's land use. These initiatives should guarantee food security and allow inhabitants of the region to improve their quality of life.

16 http://www.minambiente.gov.co/index.php/noticias/3820-con-corresponsabilidad-social-sector-ambiente-contribuye-a-la-prevencion-de-incendios-forestales-en-colombia

THE STATE OF PUBLIC SERVICES AND INFRASTRUCTURE IN THE BAJO CAGUÁN-CAQUETÁ REGION

Authors: Diomedes Acosta, Yudy Andrea Álvarez, Diana Alvira Reyes, Karen Gutiérrez Garay, Nicholas Kotlinski, Ana Lemos, Elio Matapi Yucuna, Theresa Miller, Humberto Penagos, Marcela Ramírez, Alejandra Salazar Molano, Felipe Samper, Darío Valderrama, Arturo Vargas, and Carlos Andrés Vinasco Sandoval (in alphabetical order)

INTRODUCTION

As noted in the previous chapters, basic services and infrastructure are very limited in the Bajo Caguán-Caquetá. Historically, government presence in the region has been restricted to army and anti-narcotic squads, and even fundamental human rights have not been guaranteed. The result has been a very weak provision of basic services in the region, including education, health, and communication. This situation affects the quality of life of the area's inhabitants and has had at least three major consequences. First, in the case of *campesino* communities, the lack of government programs and projects aimed at guaranteeing basic services and infrastructure has motivated communities to attempt to fill these gaps through community organizations (e.g., committees responsible for education, health, infrastructure, and sports) that promote activities related to the management and provision of these services. Second, in both *campesino* and indigenous communities, the difficulty of accessing basic services has encouraged community members to seek services outside of their *vereda* or reserve, and in some cases in other municipalities, which has caused the region's population to decline. Third, the lack of basic services has generated a marked distrust of the government and its actions by the local population.

In this chapter we describe the current state of basic services in the towns and indigenous reserves of the region, with a special emphasis on education, health, communications, transportation, and energy.

PUBLIC SERVICES AND INFRASTRUCTURE

Education in *campesino* communities

Education is deficient throughout the Bajo Caguán-Caquetá region. Access is limited for preschool, basic, and middle education (in Colombia, basic education covers elementary school and five grades of secondary education, while middle education is the two last grades of secondary school). Although most of the *veredas* have access to basic education, it is of poor quality (Table 14).

The deficiency has many causes. Delays in hiring teachers postpone the beginning of the school year, and teachers often switch schools between academic years. Exacerbating the situation are inadequate infrastructure, limited opportunities to develop academic and sports programs, a scarcity of teaching materials that pertain to local realities, school meal programs that are insufficient and of poor quality, as well as the long distances that children must travel daily to get to school.

Basic and middle education are scarce and much poorer in quality that in the municipal capitals. Graduation rates are low and drop-out rates are high in the region. The few students who do graduate have difficulties getting into public universities, for two main reasons: i) low scores on their ICFES tests (college-readiness tests by the Colombian Institute for the Promotion of Higher Education); and ii) because parents do not have the money to send their children to cities to study at a university.

The communities of *Núcleo 1* on the lower Caguán have preschool and basic education up to the fifth grade (Table 14). All of the *veredas*, with the exception of Zabaleta, have schools and a teacher who teaches all the grades and subjects. The largest school is in the town of Monserrate, which offers preschool and basic education up to ninth grade. Most students from nearby *veredas* attend this school when they finish primary school. Because community efforts have failed to improve the quality and continuity of education at this school, it is common for parents to send their children to complete their middle education outside of *Núcleo* 1, to Remolino del Caguán or to the municipal capitals. However, some parents cannot afford to send their children to school, and students instead end up working on farms to help support their families. In the town of El Guamo there is a boarding school supported by community organization, where children from nearby towns study.

School infrastructure in the lower Caguán region is very limited. In the towns of Caño Negro, Monserrate, Buena Vista, El Convenio, Nápoles, Caño Santo Domingo, and El Guamo, school houses are made of cement and in reasonably good condition; other schools in the region, most of which were built by the communities themselves, are made of wood and in poor condition. Zabaleta does not have a school and its children have to travel long distances—up to two hours—on risky trails and roads to study in the neighboring town of Santo Domingo. In general, these schools lack basic services such as adequate bathrooms or school lunch programs.

As mentioned above, few young people go to college. Access to higher education is restricted to those whose parents are able to support them economically or those who work their way through college. Agencies like the National Learning Service (SENA) do offer their services throughout the region; they are only reliably accessible in Remolino del Caguán. Students in the lower Caguán cannot access these services due to limited communication and the high cost of transportation.

The Caquetá government's School Food Programs (PAE) are responsible for providing meals in the area's schools. The program provides meals via an operator who is responsible for delivering food to each school, but the service is only for preschool until third grade. Several interviewees told us during the inventory that the food is scarce and of poor quality.

Campesino towns on the Caquetá River (La Maná, Tres Troncos, and La Pizarra) each have a school, and these schools are affiliated with the central school at Peñas Blancas. The school in Peregrino does not yet have a teacher. Schools in Peregrino and La Maná only offer basic primary education. To access basic secondary and middle education, students must travel to La Tagua or Puerto Leguízamo. Some schools are so far from students' homes (~1 hour) that students instead attend school in towns on the right bank of the Caquetá River, in the department of Putumayo. Since there is no boarding school for students who live far from the school, some need to walk two hours or travel by boat to attend classes.

The school in Peregrino is made of wood with a thatched palm roof, while those of Tres Troncos and La Maná are made of cement, have a lunchroom, and receive meals from the School Food Program. The school in Peñas Blancas, which goes up to ninth grade, is responsible for leading the Institutional Educational Project (PEI). However, the PEI has limited relevance to the educational needs of these communities.

Despite these adverse conditions, it is important to emphasize communities' strong commitment to offering students a high-quality education that makes sense in the regional context, and the significant efforts they have made to build and maintain infrastructure, operate boarding schools, and deliver school meal programs. It is clear that communities understand the value of an education that not only teaches the basic skills needed to go to high school and college, but also provides the tools that students need to be able to improve the well-being of their lands and their communities. In this regard, it is worth highlighting the school programs on the conservation of natural resources in schools of the lower Caguán, where School Environmental Projects are currently being implemented and a new PEI is being developed that relates to the needs of the local population.

Indigenous education

For the Murui Muina communities of the Huitorá and Bajo Aguas Negras indigenous reserves, education has many meanings. It is the art of life-long learning, and it is the word of the supernatural being Moo Buinama that can be grasped through coca, tobacco, and sweet manioc. For these indigenous communities, to educate is to guide, lead, and mold one's life in a way that is respectful of the culture. Education is based on the traditional oral transmission of knowledge from generation to generation. This transmission of knowledge occurs in garden plots, in the longhouse (*maloca*) where the *mambeadero* ritual occurs, and at home. However, in some cases community members are forgetting cultural values. According to interviews with indigenous community members during the inventory, the Western educational system prevalent in their schools has contributed to a loss of cultural identity and a weakening of traditional values, owing in part to the lack of an ethno-educational perspective within the school curriculum.

Despite the decline in transmission of cultural knowledge, including weakening knowledge of indigenous language and the traditional storytelling during the *mambeadero* ritual in the *maloca*, these communities are promoting interculturality in the local schools by encouraging a dialogue between elements of traditional and Western knowledge.

Part of the difficulty in offering an education that has relevance for indigenous students is teacher selection. Although the communities are responsible for hiring teachers via 10-month contracts each year, not all of the candidates are bilingual (with the exception of those in the Bajo Aguas Negras Reserve) and some of them lack the skills to develop an ethno-educational project. The current educational system was created within the framework of an agreement between the Secretary of Departmental Education and the indigenous organization Inga TANDACHIDURU, which is responsible for managing the annual educational budgets of local schools. Within these contracts, the indigenous organization is responsible for paying the teacher's salary, endowment, and social security provision, as well as providing students with school supplies and uniforms. It also develops training initiatives and visits indigenous schools. In turn, these schools are registered with the Fortunato Really Indigenous Educational Institution, located in the Coemaní community in the Puerto Sábalo Los Monos indigenous reserve. This institution, which functions as a boarding school, is located two days' travel down the Caquetá River. That distance makes it difficult for its staff to provide sustained support to schools in neighboring indigenous reserves.

Given these limitations, indigenous leaders (cabildos) coordinate their communities' basic educational needs via the municipal mayor's office in Solano. That administration also has limitations in guaranteeing educational services to indigenous communities. For example, the school in the Bajo Aguas Negras indigenous reserve needs serious infrastructure improvements. This is because the projects designed to implement those improvements, as outlined in the Municipal Development Plan, have not had sufficient budgets, and have been overseen by community authorities without sufficient support from the Fortunato Really Indigenous Educational Institution, the Municipal Educational Secretary, or the mayor's office.

The region's schools take children ages 5 to 17 for basic primary education from first to fifth grade. The average age of students in the two indigenous reserves (Huitorá and Bajo Aguas Negras) is 15. In some cases, children are sent to study in campesino villages farther up the Caquetá River, in the department of Putumayo. This limits initiatives to develop an ethno-educational focus, due to the lower number of enrolled students. After finishing basic primary school, some students are sent to La Tagua, Puerto Leguízamo, Solano, and Florencia to finish their education.

Students who decide to continue their studies, whether at college or in the SENA, have received financial support from their communities, with the agreement that upon graduating they support their communities however they can. In the past year the community stopped this program because some students did not return. This is due in part to the lack of work opportunities in the communities.

Organizations such as the National Organization of Indigenous Peoples of the Colombian Amazon (OPIAC), the Association of Uitoto Leaders (Cabildos) of the Upper Caquetá River (ASCAINCA), and the vicariate of Puerto Leguízamo are implementing capacity-building programs for indigenous leaders. These focus on developing governance and ethno-educational projects, among others, to help strengthen community organization.

In 2018 the leaders of the Huitorá Indigenous Reserve and Uniamazonia signed a collaborative agreement to develop academic, research, and teaching projects, as well as activities to build capacity among both reserve inhabitants and university students.

Health and medicine

There are no functioning health clinics in any of the veredas or indigenous reserves in the area. The closest hospitals are located in municipal capitals. In Cartagena del Chairá there is a low-quality hospital. In Florencia and Puerto Leguízamo there are also hospitals in which specialized exams can be done, but the high cost of traveling to these towns is a limiting factor for many people. The Núcleo 1 villages of Santo Domingo and Monserrate on the Caguán River have an abandoned clinic and ambulance boat, which were obtained through the efforts of the Communal Action Boards (JACs). The nearest health center is in Remolino del Caguán, and even that does not have the resources to provide adequate care.

Traditional medicine remains important in the indigenous reserves, where it is the primary source of healthcare for community members. According to the cosmology of the Murui Muina peoples, there is no division between the body and the spirit (considered to be the soul and the mind). This means that Murui Muina conceptions of well-being are not only focused on the body but also spirituality. Discussing health and healthcare among indigenous communities requires an understanding of how their cosmology is organized and in what way these understandings of the world contribute to community well-being. Traditional knowledge, known as sacred words or words of advice (*don del yétarafue*) were originally transmitted by the supernatural man-spirit leader Moo Buinaima through four spiritual sages (Yua Buinama, Z+k+da Buinaima, Noin+ Buinaima, and Menigu+ Buinaima).

These sacred words are fundamental to the worldview and existence of the Murui Muina people, for they allow one to give good advice and teach others. The capacity to use these words is reserved for those who have a heart (*komek+*) and thoughts (*kue rafue*) free of any negative energy; that is, for those who are in good health and feel well. One's health depends on traditional customs, healing by traditional healers through the use of coca and tobacco, and traditional curative dances led by wise elders.

It is important to note that the indigenous communities of both reserves understand that traditional medicine can be combined with Western medicine, and that a dialogue between the two approaches to understanding the body and health can improve health. Indeed, the inhabitants of the Huitorá and Bajo Aguas Negras indigenous reserves do use both traditional and Western medicine. They treat serious illnesses at health clinics and hospitals in the municipal capitals of Solano and Puerto Leguízamo.

Huitorá has a community health worker (*promotor*). Because the reserve's health clinic has been abandoned, the *promotor* sees patients at home. Given that indigenous communities recognize the complementarity of traditional and Western medicine and use both, it is important to develop an intercultural healthcare model that improves the capacity of the health clinics, including the skills and knowledge of community health workers.

Members of indigenous and *campesino* communities in the region are registered with a number of Health Promoting Companies (EPS), which are responsible for mediating between medical centers that provide care and their users. These include Asmet Health, Coomeva, Salucoop, and Ensannar. In many cases, community members are served through the System for the Selection of Social Program Beneficiaries (SISBEN), which provides assistance to vulnerable and impoverished communities.

Communication

Cellphone and internet coverage in the area is poor. In *Núcleo* 1 of the Bajo Caguán, there is a Comcel antenna in Remolino del Caguán that covers the towns of Naranjales and Cuba. There is also internet service through a Vive Digital and COMPARTEL kiosk in the town of Santo Domingo. In Monserrate, there is a homemade antenna where one can buy minutes to make calls. Villages on the Caquetá River have cellular service due to their proximity to cities, but the connection is unstable and does not cover the entire area. The village of La Maná has a Vive Digital kiosk, but it was broken during our visit. Communities in the region identified the lack of access to communication as a threat, since it keeps them isolated and ill-informed.

In the past, when telephone communication was more difficult, community members would send messages through the Marina radio station and letters via the motorboat that covered the route from Puerto Arango to La Tagua village. Indigenous communities also communicated through drums made of tree trunks (*manguares*). Huitorá currently has a Vive Digital kiosk that is frequently used for communication, internet, and photocopying documents. In some areas of the Bajo Aguas Negras reserve, especially near the riverbank, there is cellular service owing to its proximity to La Tagua.

Transportation

The primary way to reach the places we visited during the inventory is by boat, via the Caguán and Caquetá rivers. Most people travel in canoes or boats, with paddles or small homemade engines (called *peques*). Communities have built trails or small roads to connect the villages and nearby farms. Some trails cross waterways and streams where communities have made rustic bridges to cross. In the winter, these trails are impassable because the streams rise and flood.

An important limitation of movement in the area is the high cost of fuel and oil for motorboat engines. The price of a gallon of gasoline varies between $8,500 and 10,000 Colombian pesos, and in some distant villages the price can reach $25,000 pesos. To save fuel, people prefer to use small boats (*peques*), but they can take up to four times longer than boats with an outboard motor. Given these limitations, community members do not commonly travel long distances unless in cases of emergency.

In *Núcleo* 1 a speedboat runs between Cartagena del Chairá and Santo Domingo on Wednesdays, Fridays, and Sundays. It carries 18 passengers and charges between $90,000 and 110,000 pesos depending on the village. The service is too infrequent to meet the communities' needs, including healthcare and taking their products to market. During the summer months (the dry season in October, November, and December), lower water levels make travel more difficult for speedboats and motorboats. The trip from Santo Domingo to Cartagena del Chairá can take up to ten hours. From there to Florencia it is another four hours by land; for half of the route (Cartagena del Chairá-Paujil) the road is in very bad condition.

The towns of Las Palmas, El Guamo, and Peñas Rojas on the lower Caguán are more frequently in contact with La Tagua, since it is too far and costly to reach Cartagena del Chairá using their own motorboats and canoes. The same situation exists for the *campesino* communities of Peregrino, Isla Grande, and La Pizarra, which are located downstream of La Tagua on the Caquetá River.

A boat leaves La Tagua daily en route to Puerto Arango (20 minutes from Florencia by land), up the Caquetá and Orteguaza rivers. The journey takes eight hours, and passes the Bajo Aguas Negras reserve, the villages of La Maná and Tres Troncos, the Huitorá reserve, and Solano. On the lower Caguán River there is a *brecha* (a small trail that can only be traversed by motorcycle, horse, or on foot during the summer) along which one can travel the 35 km from Monserrate to Cartagena del Chairá. Likewise, there is a 22-km road (asphalt and in decent condition) connecting La Tagua on the Caquetá with Puerto Leguízamo on the Putumayo; this has a constant traffic of moto-taxis, taxis, and trucks. This road is important to communities near the mouth of the Caguán, La Tagua, and the Huitorá reserve, since Puerto Leguízamo is a center of commerce, education, and healthcare.

The main way to reach the Bajo Aguas Negras and Huitorá indigenous reserves is via the Caquetá River. A trail also connects the reserves; it takes four hours to walk from one to the other. It is about an hour's walk from the Caquetá riverbank to the Bajo Aguas Negras village center and school. The route includes 1 km of swamp palm forest (*cananguchal*), which makes the walk difficult and risky. Trails lead from the school to

each of the houses, which are scattered throughout the reserve. In the winter months (the rainy season), it is possible to travel by canoe from the Caquetá to the school. In contrast, in Huitorá all the houses are grouped around a soccer field and are close to the banks of the Caquetá. A road also connects Huitorá with Orotuya, which is a two hours' walk away, and bridges lead to Tres Troncos and La Maná.

Energy and electricity

Both *campesino* and indigenous communities in the region have unreliable electricity. Some families have solar panels or diesel generators in their houses, but there are no extensive electrical networks nor are there plans in the short term to construct them. Some small initiatives exist to install solar panels. Corpoamazonia currently manages a project that has gathered signatures to install solar panels in the area. Families value electricity to preserve food, light their houses, and for electric fences for cattle ranching.

The communities of *Núcleo* 1 in the Bajo Caguán do not have any electrical networks. A solar panel program was developed in Caño Negro, Santa Elena, Monserrate, Buena Vista, El Convenio, and Puerto Nápoles through a project with the power company Gendecar, in coopeartion with the Ministry of Mines and Energy, but the project did not cover all households, especially those in rural areas. It is important to note that of the villages that do have electricity, the service does not function throughout the day.

Of the towns on the Caquetá River, only La Maná has a diesel power plant. In the other villages, some families have their own solar panels. Bajo Aguas Negras and Huitorá do not have electricity either. Bajo Aguas Negras has a gas-driven generator that is only used for school activities. Some families in Huitorá have a generator, but it is not on all day and is only used for specific activities such as large meetings in the *maloca* at night.

CONCLUSIONS AND RECOMMENDATIONS

As can be seen, the lack of access to basic services impedes the fulfillment of the rights of communities in the region, and in some cases, this lack of services leads to families abandoning their lands in search of better opportunities elsewhere. However, as mentioned above and in previous chapters, the deficiencies in public services has also led communities to strengthen their internal organization and take the initiative to improve their situation.

With respect to access to quality education, it is important to continue advancing the process of updating the PEI in order to respond to communities' specific contexts and needs. In the case of the indigenous communities, it is necessary to connect traditional knowledge and its transmission to the development and implementation of school curriculum.

For healthcare, it is essential to support efforts developing an intercultural health model in which the connections between traditional and Western medicine are strengthened. Although traditional medicine is strong in the indigenous reserves, there remains a lack of access to Western medical services. It is vital to improve infrastructure and endowment of health centers in the region, as well as improve the knowledge and skills of community health workers.

Additionally, we recommend that community members become affiliated with the same EPS, as this would facilitate the management and attention to the population, since the greater number of users, the greater pressure to focus on healthcare in the region.

Lastly, in relation to the dynamics of government institutions at the local level, we have observed that the prioritization of government programs and projects responds to a clientelist logic rather than an approach that focuses on the guarantee of basic rights to the population. Although this situation is not unique to this region and is evident in many areas throughout Colombia, it results in an important limitation to access to basic services in the Bajo Caguán-Caquetá region. Thus, according to communities, local administrations prioritize community programs and projects that, during the electoral cycle, have been supported by the winning candidates, leaving out communities who supported their opponents. This clientelist logic is one of the main obstacles to access to basic services and the guarantee of fundamental rights to communities in the region. Given this situation, we recommend strengthening the exercise of citizen oversight and community participation in the formulation, implementation, and monitoring of public investment through participatory spaces designed for this purpose. This includes community participation in accountability assemblies as determined by law, and in the formulation of municipal development plans, which should connect to community management documents such as the life plan of the Uitoto people of the Caquetá, the environmental management plans of the indigenous reserves, and the community development plan of the communities of the Bajo Caguán.

A SUMMIT OF *CAMPESINO* AND INDIGENOUS PEOPLES TO BUILD A SHARED VISION FOR THE BAJO CAGUÁN-CAQUETÁ REGION

Authors: Alejandra Salazar Molano, Felipe Samper, Diana Alvira Reyes, Elio Antonio Matapi Yucuna, Karen Gutiérrez Garay, Marcela Ramírez, Darío Valderrama, Ana Lemos, Arturo Vargas, Carlos Andres Vinasco Sandoval, Nicholas Kotlinski, Humberto Penagos, Diomedes Acosta, Yudy Andrea Alvarez, and Theresa Miller

INTRODUCTION

How does one build a shared vision of the future for a landscape that is inhabited by more than 1,500 people—people with different cultures, different settlement histories, and little to no knowledge of each other? This crucial question inspired us to conclude the social portion of the rapid inventory with a *campesino* **and indigenous summit**. The summit was held on 21–24 April 2018 in the *maloca* (traditional longhouse) of the Ismuina Indigenous Reserve, in Solano, and was attended by 75 representatives of the 2 indigenous reserves and the 19 villages that participated in the inventory.

The goal of the summit was for everyone to get to know each other, given that *campesinos* from the Caguán and Caquetá had never before sat down with their indigenous neighbors to reflect on the landscape they both live in and to build a shared vision to protect it while improving living conditions for its residents. To achieve this goal, our team worked with representatives of the *campesino* communities on 21 April, then with indigenous representatives on 22 April, and finally with both on 23 April. Throughout the summit we focused on identifying shared assets and threats, based on the work done previously in workshops with communities during the social inventory. Another focus was on drafting proposals for action. On the last day of the summit (24 April), community representatives presented the results of our discussions to delegates from Corpoamazonia (the regional environmental authority), the Solano mayor's office, and the departmental government of Caquetá.

The summit closed with a traditional indigenous dance, which is traditionally a healing ceremony that promotes harmony in the world, which to indigenous peoples encompasses not just people but also forests, rivers, and animals. In a general sense, these dances are life itself; whoever is sick is healed, whoever has problems has them fixed, harvests increase, and children and young people learn. As a ritual closing ceremony for the inventory, the dance celebrated relationships between people and with the broader world, and helped smooth the path towards peaceful coexistence.

The summit provided an opportunity for people to talk about the region and to share how important it is to each of them, how they use it, what their vision of conserving it is, and what threats it faces. This made it possible for them to draft joint proposals that leverage the region's assets to mitigate threats, improve the quality of life of communities, and secure the overall well-being of the landscape. This work not only helps strengthen community organization, but also makes it possible for authorities to make decisions about the landscape in an informed manner and in coordination with communities. Below we report on the work done by community representatives during the summit. We first describe the regional assets they identified, then outline shared threats, and finally summarize the resulting proposals for action.

ASSETS SHARED BY INDIGENOUS AND *CAMPESINO* COMMUNITIES

The first shared asset is **communities' strong sense of place and of belonging.** Both *campesinos* and indigenous peoples arrived in the region via migration (see the chapter *A history of human settlement and occupation in the Bajo Caguán-Caquetá region*) from other parts of Colombia. They have persisted here for generations, in often adverse conditions exacerbated by war and isolation, and in doing so have built a strong sense of place and belonging to care for and protect their land (see the chapters *Environmental and territorial governance in the Bajo Caguán-Caquetá region* and

The state of public services and infrastructure in the Bajo Caguán-Caquetá region).

Communities also see **a high degree of cooperation among neighbors and communities, together with a capacity for dialogue,** as the foundation of the good lives they lead. People work in *mingas* (communal work teams) to maintain community infrastructure, and help their neighbors and families maintain private farm plots (*chagras*). It is also important to note that the residents of *veredas* and *resguardos* know who belongs to their communities; this communal knowledge reinforces security and social control.

This cooperation and sense of place underlie **communities' strong capacity to organize themselves.** There are strong community organizations both at the local level (town councils [*cabildos*] and Community Action Boards [*Juntas de Acción Comunal*, or JACs]) and at the regional level (the Association of Traditional Indigenous Authorities [AATIs], town partnerships (*núcleos*), Community Action Board Associations, and *campesino* organizations; see the chapter *Environmental and territorial governance in the Bajo Caguán-Caquetá region*). **Male and female leaders who are committed to the well-being of their communities** manage community priorities and defend community territory. This has allowed them to achieve a good quality of life despite the near-absence of Colombian government services, and to face the challenges of life in a remote region that has historically been an epicenter of Colombia's armed conflict.

Because of this sense of place and the organizational capacity of communities headed by male and female leaders, communities have established formal community agreements regarding natural resource use; these are overseen by the JACs and guided by **community planning and management documents.** These are consensus-based community agreements that establish how resources should be used and managed, and that lay out short-, medium-, and long-term visions for the future of the land and of the people who live there. For example, the indigenous communities have drawn up environmental management plans and a life plan for the Murui Muina people, while the *Campesino* Association of the Bajo Caguán Núcleo 1 has drawn up a Rural Community Development Plan (*Plan de Desarrollo Rural Comunitario*).

The **deep knowledge that communities possess about their lands** has been essential in drafting these planning documents. This includes communities' capacity for harvesting resources in accordance with natural cycles, the ecological calendars they use for sowing, hunting, and fishing, and the way they treat disease.

Of all the assets shared by *campesinos* and indigenous people, one of the most important is the river, a life-giving resource that provides food and facilitates travel between communities. Like the region's forest and wildlife, **the Caquetá and Caguán rivers** are shared natural resources without which it would not have been possible for *campesinos* and indigenous people to settle, survive, and persist in the region.

Communities agree that their good quality of life depends strongly on the effective management of natural resources. They also know that they inhabit a region that is biologically and culturally megadiverse, and that lies at the heart of an ecological and cultural corridor between La Paya and Serranía de Chiribiquete national parks. They know that preserving this region is crucial for the present and future generations that live here, and crucial for the world. In that sense, an important strength is the **shared determination to work for the region's conservation.**

Lastly, *campesinos* and indigenous residents see **the peace process** between the Colombian government and the FARC guerrilla movement as an opportunity to improve the lives of people in a region that has been stigmatized for decades because of the armed conflict. The implementation of the Havana agreements should help remove that stigma. As outside institutions and agencies arrive in the region, residents will have opportunities to access governmental and non-governmental programs, to secure guaranteed rights and government services, and to implement the management priorities identified in the community planning and management documents.

For all of these reasons, communities are very aware of the need to leverage their shared assets to address threats to the region, which are described in the next section.

SHARED THREATS

One of the most pressing threats to quality of life in this region is the **unreliable guarantee of people's fundamental rights by the Colombian government,** especially with regards to health, education, adequate housing, and freedom of movement, as well as access to services such as drinking water and sewage treatment, recreation, sports, and communications. Historically, the region's relationship with the government has been marked not only by a limited guarantee of rights but also by human rights violations, given that the government presence in recent years has been fundamentally military in nature and focused on anti-guerrilla and anti-narcotics efforts (see the chapter *A history of human settlement and occupation in the Bajo Caguán-Caquetá region*). One primary consequence of this is a mutual distrust between the government and the civilian population. The region's history has encouraged **misconceptions and accusations that residents are rebels, coca farmers, and criminals** because they live in a region that was long considered a 'red zone.' This represents a threat to residents' life and dignity.

Residents note that **the government does not have an understanding of on-the-ground conditions in the communities.** This is clear from the scarcity of official information about the region. For example, there has not been an updated population census for years and there are no detailed maps of town limits. These gaps make it hard for the government to deliver programs and projects that address the needs of the communities. Community leaders say that the situation is even worse, in that government agencies make decisions about the region without the effective participation of the communities. The result are projects that do not improve people's quality of life because they are not aligned with people's priorities. In this sense, the **lack of participatory planning** was identified as a threat that hinders the guarantee of fundamental rights.

An example that is strongly felt by residents of the region and that was identified as a major threat during the inventory is the lack of access to a high-quality education. Leaders blame the region's poor educational infrastructure for a **weakening sense of belonging among young people.** There are three important points to mention here. First, primary education in the region is of low quality (i.e., limited infrastructure and educational materials, high turnover of teachers, few connections between the curriculum and young people's lives in the region), which explains why it is not helping to train a generation committed to the environment. Second, the scarcity or absence of high school education compounds young people's desire to leave the region in search of a better future. Finally, the few young people who do graduate from high school, technical school, or more rarely from university, do not return to the region because **jobs there are scarce.**

As a result, both *campesino* and indigenous communities are running out of young people. This dynamic makes generational turnover difficult, and in indigenous communities it threatens the transmission of traditional knowledge and cultural survival itself. In *campesino* communities, in addition to cultural erosion, the out-migration of young people has revitalized the land market, given that the *campesino* economy depends on family labor. When young people leave the region and their parents grow old, there is no one to work the farms. Parents choose to sell their farms and move to cities; this, in addition to the uncertain land tenure, **brings new people to the region** who seek to appropriate large areas of land, convert the forest to pasture, and establish large-scale cattle ranches.

The communities point out that the **lack of sustainable economic alternatives** is a critical factor, since it leaves residents vulnerable to economic pressure exerted by outsiders with extractive agendas who do not respect community consensuses. The region's shrinking population reinforces the inadequate provision of basic government services, since the low population density means that delivering programs and projects is not a high priority for the government. It also weakens community organization by reducing the number of active participants in community management and making it hard to train new leaders.

An important reason why rural communities are vulnerable to the arrival of new people is the **lack of legal land tenure** that blocks their access to bank loans and, in some cases, to farming or ranching projects promoted by agencies. Many of the *campesino* farms located in the area that was officially removed from the Forest Reserve (towns along the lower Caguán, and the town of Peregrino; Fig. 24) do not have title to their land, despite

having been settled more than four decades ago. Likewise, towns located within the Type A Reserve Zone (along the Caquetá River) also lack titles, since human settlements are prohibited in that designation (Table 14). This affects indigenous communities too, partly because insecure land tenure in *campesino* lands affects shared natural resources, and partly because it causes uncertainty around the places where indigenous lands border towns along the Caquetá River (La Maná, Tres Troncos, and La Pizarra). Indigenous residents are also interested in expanding the size of their reserves so that they cover more of their traditional territories.

This is exacerbated by the **limited enforcement and monitoring capabilities of the environmental agencies** charged with granting licenses and regulating natural resource use in the region; this allows the agricultural frontier to expand unchecked and for unsustainable harvests of timber, fish, and wildlife to continue unchallenged. *Campesino* and indigenous communities told us that logging and fishing licenses are granted without consulting the communities, that the process is vulnerable to corruption, and that in many cases 'legal' harvests are carried out outside of their legally designated areas (see the chapter *Environmental and territorial governance in the Bajo Caguán-Caquetá region*).

Weak monitoring and enforcement by government authorities, **weak monitoring and enforcement by local communities, and the lack of coordination between the two** make it easier for outsiders to harvest resources illegally. Likewise, the lack of government support for community monitoring means that leaders who do try to regulate resource use must risk their lives to do it. Both *campesinos* and indigenous residents recognize that the lack of community monitoring means that they lack adequate information about how poor harvest practices impact natural resources.

All of the above factors drive **deforestation**, one of the most urgent shared threats that communities face (Figs. 2C, 27). *Campesinos* and indigenous residents note that deforestation is related to the spread of large-scale cattle ranching, illegal logging, the lack of economic alternatives for local residents, weak enforcement and monitoring by environmental authorities, and the tendency of government agencies to make decisions about the region without asking for community input. Communities also say that the most worrisome

Figure 27. Land cover map of the Bajo Caguán-Caquetá region in the municipalities of Solano and Cartagena del Chairá, Caquetá, Colombia. Land cover data are from 2016. Data were generated by the Deforestation Monitoring System (IDEAM 2017) and processed for the purpose of this rapid inventory.

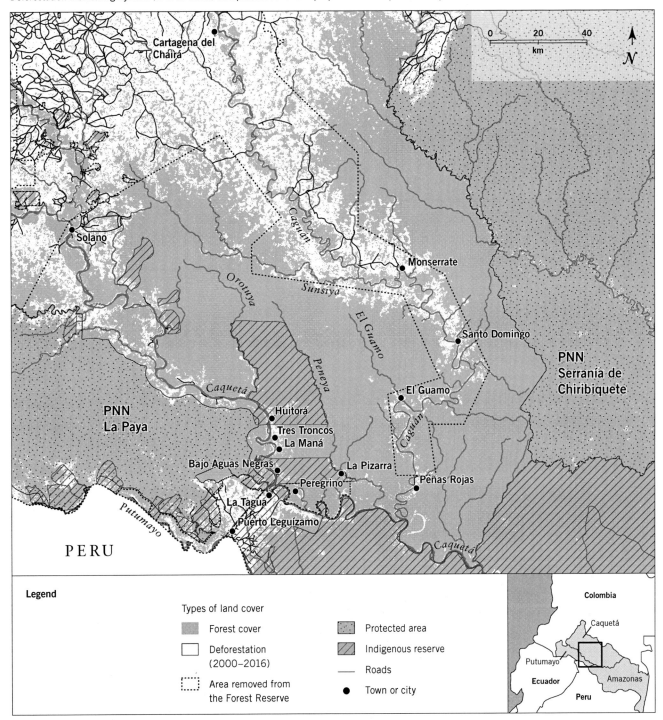

deforestation is that occurring at the regional level, since it reflects the inability of environmental authorities to control large landowners. Deforestation in *Núcleo 2* of Cartagena del Chairá, deforestation around Puerto Leguízamo-La Tagua, and deforestation associated with large cattle ranches along the Orteguaza and Caquetá rivers are degrading natural resources and encouraging social dynamics that threaten community integrity, community organizations, and people's vision for a good life.

Like deforestation, **river pollution** threatens both ecosystem health and human well-being. The communities told us that river pollution has increased due to illegal mining with mercury on the Caquetá River, spills of chemicals used to process coca paste, and the inadequate processing of solid waste and sewage from cities.

Communities also see the **possibility that the government may approve oil and gas concessions** as a threat to rivers, social conditions, and community well-being. The Bajo Caguán-Caquetá region is considered by Colombia's National Hydrocarbon Agency as a potential area of exploration and production.

Finally, communities consider **climate change** to be an important shared threat. They have observed changes in natural cycles, in their ecological calendars, and in their farming and fishing schedules, including changes in the duration and intensity of the rainy and dry seasons.

JOINT PROPOSALS TO CONSERVE BIOLOGICAL AND CULTURAL DIVERSITY AND COMMUNITY WELL-BEING

With the goal of curtailing the threats and building on the assets described in previous sections, *campesino* and indigenous representatives drafted the following **proposals**.

They proposed creating an **inter-institutional working group for the Bajo Caguán-Caquetá region, composed of representatives of all the communities in the region and the relevant government authorities.** In the communities' opinion, the agenda of this working group should be oriented towards identifying direct actions that can address some of the main threats. Likewise, this working group will draw up a work plan around Corpoamazonia's proposal to establish a regional protected area that allows sustainable use of natural resources with direct participation by communities. The inter-institutional working group will build on the organizational assets of the communities and on existing community planning and management documents.

Given the insecure status of land tenure in the region, the increased presence of government agencies as a result of the peace agreements, and opportunities to implement sustainable farming projects, the communities propose **to expedite the process of titling *campesino* lands and expanding indigenous reserves.** In addition, and in coordination with the relevant government agencies, the communities highlight the need for land surveys that can **ground-truth and clarify boundaries** and update official maps and working groups, with the participation of both communities and the government. Communities point out that to be effective these working groups will require the participation of well-trained officials with real decision-making power, since they will need to coordinate the actions of various government agencies and enforce agreements.

Communities feel it is crucial that authorities **halt the advance of deforestation** in the region, by:

1) Being transparent in their actions;

2) Addressing local complaints with on-the-ground verification;

3) Promoting sustainable projects that yield economic benefits for residents;

4) Coordinating with the JACs and *cabildos* when granting logging and fishing licenses;

5) Improving government regulation to control large-scale deforesters, such as large landowners, ranchers, and loggers; and

6) Stationing trained personnel in the region to monitor and enforce laws regarding forest clearing and burning, fishing, and wildlife and timber trafficking.

The communities propose to coordinate work between *campesino* communities, indigenous reserves, the Ministry of Agriculture, and other government agencies and non-governmental organizations **to develop and implement new sustainable agricultural practices and techniques** that ensure the well-being of local communities, diversify agriculture, and ensure food sovereignty for local residents, thus reducing pressure on forests.

They also propose cooperation between environmental authorities and communities to **monitor, control and enforce** natural resource use.

Finally, **communities demand that their fundamental rights** to health, education, adequate housing and peace be guaranteed, and that they receive better access to public services like communications, notary public and registries, and access to the justice system.

CONCLUSIONS

As shown throughout the four social chapters in this volume, *campesino* and indigenous communities in the Bajo Caguán-Caquetá region have a strong capacity for organizing themselves and a profound sense of place, both of which provide an excellent foundation on which to develop and take action to protect the landscape and guarantee residents' fundamental rights. Because this foundation exists, participatory planning with communities, governmental, and non-governmental organizations is the best way to act in this diverse and highly complex landscape.

The social inventory team therefore recommends that any participatory planning includes mechanisms that:

1) Strengthen the design and implementation of community planning and management documents, with the goals of achieving greater community participation and specifying actions to be taken in the short, medium and long terms;

2) Promote opportunities for *campesino* and indigenous residents to collaborate, with the aim of identifying shared goals and possible conflicts that allow them to plan coordinated action, based on a comparative analysis of these documents; and

3) Coordinate government management plans with community management plans, through an effective strategy of collaboration.

The government planning process should take into account communities' consensus-based vision for the region, as laid out in the community plans. A cooperative approach also means that communities should take into consideration existing land use categories and the activities that are allowed in them, as well as the government's development plans, with the aim of identifying both potential synergies and conflicting visions that require discussion.

Finally, it is important to recognize that building a public vision of the future does not only happen via planning documents: it happens in conversations between neighbors, in the moments that make up people's day-to-day lives, and in the process of sharing aspirations, practices, and knowledge. It is a question of redefining the public vision as a common good that benefits everyone and that is impacted by individual decisions.

For this reason, sustainably managing shared natural resources will require social agreements within and between communities that strengthen the social fabric and improve residents' capacity for working with the government. These agreements are vital to ensure not only the survival of communities, but a good life for people and the region they live in.

Apéndices/Appendices

Sobrevuelo previo al inventario

Autora: Corine Vriesendorp

Introducción

Diez meses antes del inventario rápido, el 26 de mayo de 2017, se realizó un sobrevuelo de la región del Bajo Caguán-Caquetá con el fin de evaluar el estado de los bosques en la zona e identificar puntos de interés para el inventario biológico. En el sobrevuelo participaron Rodrigo Botero (Fundación para la Conservación y el Desarrollo Sostenible), Lorenzo Vargas (Gobernación del Caquetá), Edgar Otavo (Corpoamazonia) y Álvaro del Campo y Corine Vriesendorp (The Field Museum).

Antes del sobrevuelo seleccionamos algunos puntos de interés, basándonos en una revisión de mapas e imágenes satelitales. Estos puntos fueron escogidos para ilustrar el rango de variación de los hábitats dentro y alrededor del área, y para asegurarnos de visitar los frentes de colonización y puntos de deforestación más relevantes. El plan de vuelo se realizó en dos tramos, dada la necesidad de recargar combustible:

Tramo 1: Villavicencio-La Macarena, pasando por los puntos 1–6, 14–24, 26–31 (08:00–12:25)

Tramo 2: La Macarena-Florencia, pasando por los puntos 7–9 (14:00–15:30)

(Por cuestiones de tiempo y clima, los puntos 10, 11, 13 y 25 no fueron visitados.)

Observaciones del sobrevuelo

Desde el aire observamos hábitats de interés biológico que merecen ser investigados en el terreno para entender bien su valor para la conservación en Colombia, al igual que importantes frentes de colonización en el paisaje, probablemente promovidos por distintos actores, que amenazan la integridad de una potencial área de conservación en el Bajo Caguán-Caquetá.

Hábitats de interés biológico

Existen dos grandes extensiones de bosque que parecen estar todavía en buen estado de conservación. La más grande está ubicada entre el río Peneya y el bajo río Caguán en los sectores sur y oeste de nuestra área de interés. La menor extensión, con una presión de colonización más fuerte, está ubicada entre los ríos Yarí y Caguán y el lindero del Parque Nacional Natural (PNN) Serranía de Chiribiquete; ésta indica que la ventana de oportunidad de proteger el espacio entre el Yarí y el Caguán se está cerrando rápidamente.

Los puntos que sobresalieron en el sobrevuelo fueron:

- **Punto 5:** Las lagunas y zonas de inundación en el río Yarí.

- **Puntos 4, 6–10:** El tributario sin nombre al sur del río Yarí que drena las colinas más altas (~350–420 msnm) de la potencial área de conservación en la región del Bajo Caguán-Caquetá. De interés particular son los bosques que crecen en las colinas, igual que los pequeños complejos de lagunas a lo largo de la parte bajo del tributario.

- **Puntos 14 y 15:** La gran terraza al norte de la quebrada Huitoto, drenada por un sistema de quebradas paralelas que corren de norte a sur (punto 14). Aquí son de particular interés los bosques que crecen en las terrazas altas al norte de la quebrada, los bosques en las colinas al sur de la quebrada, las comunidades acuáticas en las quebradas paralelas, y la relación de esos tres ecosistemas con el complejo de pantanos y posibles turberas (punto 15) en la quebrada Huitoto, justo al otro lado del lindero con el Parque Nacional Natural Serranía de Chiribiquete.

- **Puntos 16–22:** Las grandes madreviejas en la planicie del río Caquetá y la transición entre la planicie inundable y los bosques de colinas, igual que los extensos cananguchales (pantanos dominados por la palmera *Mauritia flexuosa* o en algunos casos por la palmera *Mauritiella armata*), en la planicie del río Caquetá y alrededor de la bocana del Caguán. Merece

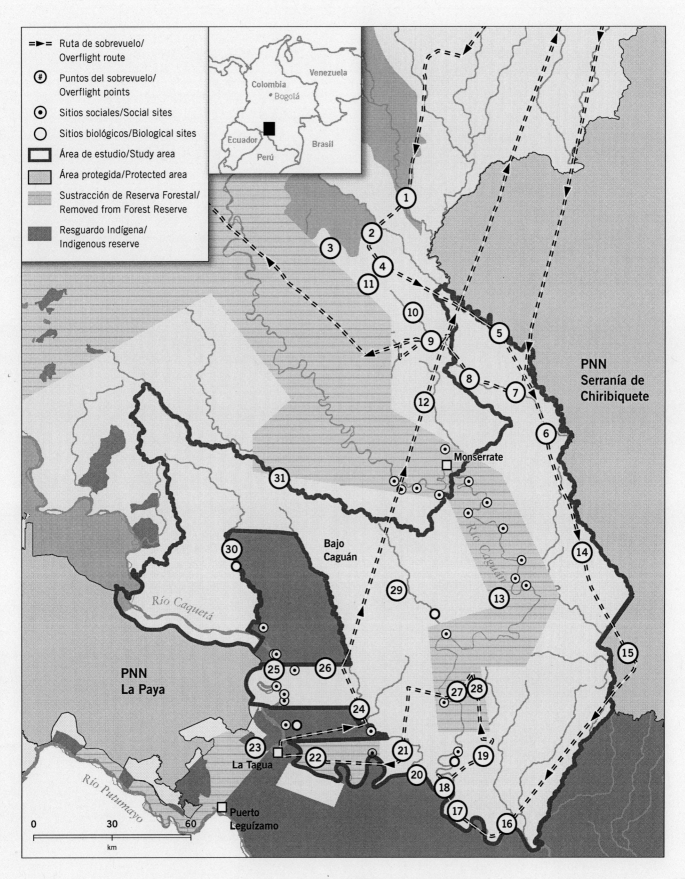

=►= Ruta de sobrevuelo/
Overflight route

(#) Puntos del sobrevuelo/
Overflight points

⊙ Sitios sociales/Social sites

○ Sitios biológicos/Biological sites

▭ Área de estudio/Study area

▭ Área protegida/Protected area

Sustracción de Reserva Forestal/
Removed from Forest Reserve

Resguardo Indígena/
Indigenous reserve

Colombia
Bogotá
Venezuela
Ecuador
Perú
Brasil

PNN
Serranía de
Chiribiquete

Monserrate

Río Caguán

Bajo
Caguán

Río Caquetá

PNN
La Paya

La Tagua

Río Putumayo

Puerto
Leguízamo

0   30   60
km

ser evaluada la profundidad de la capa de materia orgánica en estos pantanos para entender la magnitud de su contribución al almacenamiento de carbono por debajo del suelo.

- **Puntos 20–21, 24, 30**: Los bosques y hábitats acuáticos alrededor del río Peneya, incluyendo su planicie de inundación, y los bosques que crecen en las colinas aledañas. Son de interés especial: 1) las colinas medianas en el alto Peneya, 2) las terrazas en el medio Peneya, y tal vez lo más interesante, 3) el bajo Peneya (que desemboca en el Caquetá y no en el Caguán), el encuentro de las planicies de los ríos Caquetá, Caguán y Peneya, las pequeñas lagunas en el bajo Peneya y la transición entre el bosque y la planicie de río.

Principales frentes de deforestación y colonización

El sobrevuelo reveló un frente de colonización muy activo alrededor de las sabanas del Yarí, especialmente en el río Camuya (unos 30 km al norte del polígono propuesto de Bajo Caguán). En el Camuya vimos docenas de inmensos potreros recientes (~50–200 ha) con techos nuevos de zinc brillando bajo el sol. Esta deforestación ejerce una fuerte presión sobre la propuesta ampliación del PNN Serranía de Chiribiquete, al igual que un área potencial para la conservación en la región del Bajo Caguán-Caquetá. Hacia el sur de las sabanas de Yarí, entre el caño Los Lobos y las mismas sabanas, observamos una deforestación muy particular: claros regulares de aproximadamente media hectárea abiertos cada 2 km. Estos claros aparentemente no han sido establecidos al lado de algún río, sino siguiendo un rumbo recto parecido a una línea sísmica. No estamos seguros del objetivo, pero parece ser un esfuerzo deliberado de parcelar la zona para la colonización, y de apropiarse de la tierra de nadie entre la colonización existente en el Alto Cuemaní II y la deforestación rampante al sur de las sabanas del Yarí.

Los otros frentes de deforestación y colonización evidentes son:

1) El área sustraída en el Bajo Caguán, donde están asentadas las comunidades que conforman el Núcleo 1. Esta deforestación está permitido por ley,

pero es importante notar que en los últimos meses se ha acelerado en esta zona.

2) El río Yarí y el río Cuemaní II, al lado de los cuales hay deforestación reciente, poniendo presión sobre el PNN Serranía de Chiribiquete, igual que sobre un área potencial para la conservación en la región del Bajo Caguán-Caquetá.

3) Un conjunto de quebradas tributarias que drenan del este hacia el Bajo Caguán, especialmente los caños Caribaya, Peña Negra, Cay, Nápoles, Huitoto, Sabaleta, Sucio y Guala. En esta zona la colonización ya está saliendo del área sustraída y penetrando el área de interés del Bajo Caguán-Caquetá.

4) El río Sunsiya, un tributario de la margen occidental del medio Caguán, donde hay un gran frente de colonización con deforestación dentro de nuestra área de interés.

5) Deforestación incipiente en el caño El Guamo, un caño afluente que drena del oeste hacia el Bajo Caguán. Esta deforestación pondría en peligro la integridad del bloque de bosque más extenso dentro de la región del Bajo Caguán-Caquetá.

Otros tres elementos llamaron nuestra atención durante el sobrevuelo. Uno fue un claro o parche de bosque en regeneración en el punto 29. Al verlo, pensamos que podría haberse tratado de algún campamento de las FARC que habría sido bombardeado en el pasado. Después, durante el inventario, fuimos informados de que esa área fue hace décadas un pastizal donde pastaban las mulas de la guerrilla.

El segundo punto de interés fue un elemento muy linear que parece extender se desde la quebrada El Billar hacia el punto 9. Esto podría tratarse una vía, o podría ser un elemento natural del paisaje. Durante el sobrevuelo hicimos varios intentos de confirmar la presencia de una vía en ese tramo pero notuvimos éxito. Tampoco conseguimos observar alguna razón natural que pudiese explicar el elemento linear.

El tercer punto de interés fue un complejo de parches pequeños de deforestación alejado del río Peneya, en el punto 26, donde encontramos varios claros abandonados, aparentemente de plantaciones antiguas de coca.

Conclusiones

Durante el sobrevuelo observamos deforestación dentro de y cerca al área de interés y la presión por causa de esa deforestación se ha acelerado en los últimos meses. También observamos importantes elementos biológicos y extensiones intactas de bosques que representan una oportunidad enorme de frenar el avance de la deforestación y consolidar un corredor de conservación entre los PNNs La Paya y Serranía de Chiribiquete.

El próximo reto es conversar sobre estas observaciones, amenazas y oportunidades en el ámbito local, incluyendo consultas con las autoridades locales en los municipios de Cartagena de Chiará y Solano, y una visita a las veredas en el Bajo Caguán para entender sus realidades y aspiraciones y analizar las posibles sinergias con un área de conservación. Es clave elaborar una estrategia sobre el proceso consensuado entre todos los actores principales en la zona (agencias gubernamentales, ONGs, poblaciones locales indígenas y campesinas, entre otros).

Pre-inventory overflight

Author: Corine Vriesendorp

Introduction

On 26 May 2017, ten months before the rapid inventory, we flew over the Bajo Caguán-Caquetá region in a small plane to assess the status of forests there and to survey sites that might make sense to visit during the biological inventory. Participating in the overflight were Rodrigo Botero (Fundación para la Conservación y el Desarrollo Sostenible), Lorenzo Vargas (Department of Caquetá), Edgar Otavo (Corpoamazonia), and Álvaro del Campo and Corine Vriesendorp (The Field Museum).

Before the overflight we selected a number of waypoints to visit, based on a review of maps and satellite images. These points were selected to ensure that we saw a representative sample of habitats and biological features on the landscape, or to ensure that we visited key deforestation hotspots. The flight plan consisted of two routes, with a stop for refueling in between:

Route 1: Villavicencio-La Macarena, passing over waypoints 1–6, 14–24, and 26–31 (08:00–12:25)

Route 2: La Macarena-Florencia, passing over waypoints 7–9 (14:00–15:30)

(Due to limited time and poor weather, waypoints 10, 11, 13, and 25 were not visited.)

Observations from the overflight

From the air we observed a number of biologically interesting habitats that merit on-the-ground exploration to clarify their value for conservation. We also observed some active colonization fronts in the region. These fronts are probably associated with a variety of different stakeholders, and it is clear that they threaten the integrity of a potential conservation area in the Bajo Caguán-Caquetá region.

Biologically interesting habitats

There are two vast expanses of forest in the region that appear to be in very good condition. The larger is located between the Peneya River and the lower Caguán River, in the southern and western portions of our area of interest. The smaller is located between the Yarí and Caguán rivers and the border of Serranía de Chiribiquete National Park. The smaller expanse of forest faces more intense pressure from colonists, indicating that the window of opportunity for protecting the area between the Yarí and the Caguán is closing rapidly.

The most interesting waypoints we flew over were:

- **Waypoint 5**: Lakes and flooded areas along the Yarí River.

- **Waypoints 4, 6–10**: An unnamed tributary south of the Yarí River that drains the highest elevations (~350–420 masl) of the potential Bajo Caguán-Caquetá conservation area. Hilltop forests here are of special interest, as are the small lake complexes along the lower stretches of the tributary.

- **Waypoints 14 and 15**: A large terrace to the north of the Huitoto River, drained by a network of parallel streams running from north to south (waypoint 14). Of particular interest here are the forests growing on the high terraces to the north of the river, the forests growing on the hills to the south of the river, the aquatic ecosystems in the parallel streams, and the relationship between these three habitats and the complex of swamps (possibly peatlands; waypoint 15) along the Huitoto River, right outside the border of Serranía de Chiribiquete National Park.

- **Waypoints 16–22**: Large oxbow lakes on the floodplain of the Caquetá River and the transition between the floodplain and the upland forest, including the large *cananguchales* (swamps dominated by the palm *Mauritia flexuosa* or in some cases the palm *Mauritiella armata*) on the floodplain of the Caquetá River and around the mouth of the Caguán. The thickness of the peaty organic substrate in these swamps should be measured to assess their contribution to below-ground carbon stocks.

- **Waypoints 20–21, 24, 30**: Forests and aquatic habitats along the Peneya River, including its floodplain, and forests growing on nearby hills. Of special interest are: 1) medium-sized hills along the upper Peneya, 2) terraces in the middle Peneya, and 3) perhaps the most interesting, the lower Peneya (which flows into the Caquetá rather than the Caguán), especially the meeting between the Caquetá, Caguán, and Peneya floodplains, the small lakes along the lower Peneya, and the transition between the forest and floodplain.

Primary deforestation and colonization fronts
The overflight revealed a very active colonization front around the Yarí savannas, especially along the Camuya River (~30 km north of our study area). On the Camuya we saw dozens of huge new pastures (~50–200 ha), as well as houses with new zinc roofs gleaming in the sun. This deforestation puts a great deal of pressure on the proposed expansion of Serranía de Chiribiquete National Park, as well as the potential conservation area in the Bajo Caguán-Caquetá region. South of the Yarí savannas, between the Caño Los Lobos and the savannas themselves, we noticed a peculiar pattern of

deforestation: regular half-hectare clearings spaced every 2 km. These clearings do not appear to have been established along a river, but rather are aligned along a perfectly straight line. We do not know why these clearings were established. It appears to be a deliberate effort to parcel up the region for colonization, and to take control of the no man's land lying between the existing colonization along the Alto Cuemaní II and the advancing deforestation south of the Yarí savannas.

The other obvious deforestation and colonization fronts are:

1) The area along the lower Caguán that was formerly within the Forest Reserve but subsequently removed from it, now occupied by the communities of *Núcleo* 1. The deforestation here is legal, but it is important to note that it has accelerated in recent months.

2) The Yarí and Cuemaní II rivers, along which some recent deforestation is putting pressure on Serranía de Chiribiquete National Park; it is also a threat to any potential conservation area in the Bajo Caguán-Caquetá region.

3) A collection of small tributaries that drain from the east into the lower Caguán, especially the Caribaya, Peña Negra, Cay, Nápoles, Huitoto, Sabaleta, Sucio, and Guala creeks. Colonization here has moved out of the area removed from the Forest Reserve and is encroaching on the area of conservation interest in the Bajo Caguán-Caquetá region.

4) The Sunsiya River, a west-bank tributary of the middle Caguán, where there is a large colonization and deforestation front inside our area of interest.

5) Incipient deforestation along the El Guamo Creek, a small tributary that drains from the west into the lower Caguán. This deforestation threatens the integrity of the largest block of forest in the Bajo Caguán-Caquetá region.

Three other features drew our attention during the overflight. One was a clearing or patch of regenerating forest at waypoint 29. We hypothesized that it may have been a FARC campsite that was bombed in the past.

Puntos del sobrevuelo, su longitud y latitud, y una breve descripción./
Locations and observations of overflight waypoints.

Punto/ Waypoint	Longitud/Longitude	Latitud/Latitude	Descripción/Description
0	73°37'02,532" W	04°09'48,834" N	Villavicencio
1	74°22'34,051" W	01°11'34,021" N	Caño Los Lobos/Los Lobos Creek
2	74°26'21,050" W	01°07'28,080" N	Deforestación en el río Cuemaní II/Deforestation along the Cuemaní II River
3	74°33'00,347" W	01°04'18,037" N	Deforestación en la quebrada Animas/Deforestation along Animas Creek
4	74°25'53,774" W	01°02'14,782" N	Colinas altas en la cuenca del río Cuemaní/High hills in the Cuemaní watershed
5	74°08'09,865" W	00°52'16,189" N	Lagunas del río Yarí/Lakes along the Yarí River
6	74°03'10,947" W	00°39'48,404" N	Codo en el Sur Yarí/Bend on the Sur Yarí River
7	74°06'25,170" W	00°44'58,576" N	Laguna en el Sur Yarí/Lake on the Sur Yarí River
8	74°13'22,812" W	00°47'13,357" N	Clarito verde en el Sur Yarí/Green clearing in the Sur Yarí watershed
9	74°17'33,702" W	00°52'20,507" N	Alto Sur Yarí/Upper Sur Yarí River
10	74°21'22,781" W	00°55'55,880" N	¿Trocha?/Trail or road?
11	74°27'19,498" W	00°58'41,894" N	Divisoria del alto Sur Yarí-Caguán/Border between the upper Sur Yarí and Caguán watersheds
12	74°19'09,081" W	00°43'54,722" N	Deforestación en un afluente del río Cay/Deforestation in a tributary of the Cay River
13	74°09'06,851" W	00°16'51,310" N	Colinas en la cuenca del río Caguán/Hills in the Caguán watershed
14	73°57'02,073" W	00°19'07,330" N	Drenajes paralelos/Parallel creeks
15	73°50'54,205" W	00°09'20,906" N	Chiribiquete y áreas de inundación de la quebrada Huitoto/Chiribiquete and flooded areas along Huitoto Creek
16	74°08'50,170" W	00°13'43,668" S	Laguna "Pez Lámpara"/"Lamp Fish" Lake
17	74°16'28,914" W	00°11'05,193" S	Boquita de la laguna La Culebra/Mouth of La Culebra Lake
18	74°17'09,504" W	00°08'10,806" S	Boca del río Caguán/Mouth of the Caguán River
19	74°10'22,434" W	00°03'59,547" S	Cananguchal en el caño Limón/Mauritia swamp along Limón Creek
20	74°21'12,236" W	00°06'24,762" S	Bocana del Peneya/Mouth of the Peneya River
21	74°23'01,675" W	00°04'47,242" S	Tres charcos/Three ponds
22	74°35'04,556" W	00°03'48,314" S	Lagunas en el Peregrinos/Lakes along the Peregrinos River
23	74°41'40,743" W	00°04'18,725" S	Vía Puerto Leguízamo-La Tagua/Puerto Leguízamo-La Tagua road
24	74°28'00,075" W	00°00'21,710" S	Chagras en el Peneya/Farm plots along the Peneya River
25	74°40'38,975" W	00°06'58,548" N	Islas Tres Troncos/Islands at Tres Troncos
26	74°33'40,691" W	00°07'19,401" N	Coca en el Peneya/Coca crops along the Peneya
27	74°15'53,301" W	00°03'53,430" N	Laguna larga en el río Caguán/Long lake along the Caguán River
28	74°12'44,269" W	00°06'41,941" N	Colinas en el Caguán II/Hills along the Caguán II
29	74°22'31,167" W	00°15'36,014" N	Chagra o claro producido por un ventarrón/Farm plot or downburst clearing
30	74°33'20,672" W	00°19'50,974" N	Alto Peneya/Upper Peneya
31	74°31'29,223" W	00°30'28,702" N	Colinas en el alto Peneya/Hills in the upper Peneya
32	75°36'09,390" W	01°36'36,575" N	Florencia

Later, during the inventory, we were told that decades ago the FARC used the area as pasture for mules.

The second point of interest was a very straight feature that seems to extend from the El Billar Stream to waypoint 9. This could be a road, or it could be a natural element of the landscape. During the overflight we made repeated attempts to spot a road in the area, but were unsuccessful. We found no natural explanation for the linear feature either.

The third point of interest was a complex of small deforested patches away from the Peneya River, at waypoint 26. These are apparently the remains of coca plantations that were abandoned years ago.

Conclusions

The overflight revealed deforestation in and around our area of interest, and made it clear that deforestation has accelerated in recent months. During the overflight we also spotted valuable biological assets and expanses of intact forest that still represent an excellent opportunity to stop encroaching deforestation and to consolidate a conservation corridor between La Paya and Serranía de Chiribiquete national parks.

The next step is to discuss these observations, threats, and opportunities with people at the local level, via meetings with municipal authorities in Cartagena de Chiará and Solano, and a visit to communities along the lower Caguán, in order to better understand conditions on the ground, learn more about residents' aspirations, and to identify synergies for a future conservation area. The crucial step is developing a strategy for a consensus-based process that involves all of the primary stakeholders in the region (government agencies, NGO's, indigenous communities, *campesino* communities, and others).

Unidades de paisaje, campamento El Guamo/
Topography and geology, El Guamo campsite

Mapa de unidades de paisaje fisiográfico en el campamento El Guamo, mostrando los transectos estudiados y la ubicación
de muestras de suelos y aguas recogidas durante un inventario rápido de la región del Bajo Caguán-Caquetá, Amazonia
colombiana, en abril de 2018. El equipo geológico fue conformado por Pedro Botero, Hernán Serrano y Jennifer Angel-Amaya./
A map of the topographic and geological features in the vicinity of the El Guamo campsite, showing the transects studied and
the location of soil and water samples taken during a rapid inventory of the Bajo Caguán-Caquetá region of Amazonian Colombia
in April 2018. The geological team included Pedro Botero, Hernán Serrano, and Jennifer Angel-Amaya.

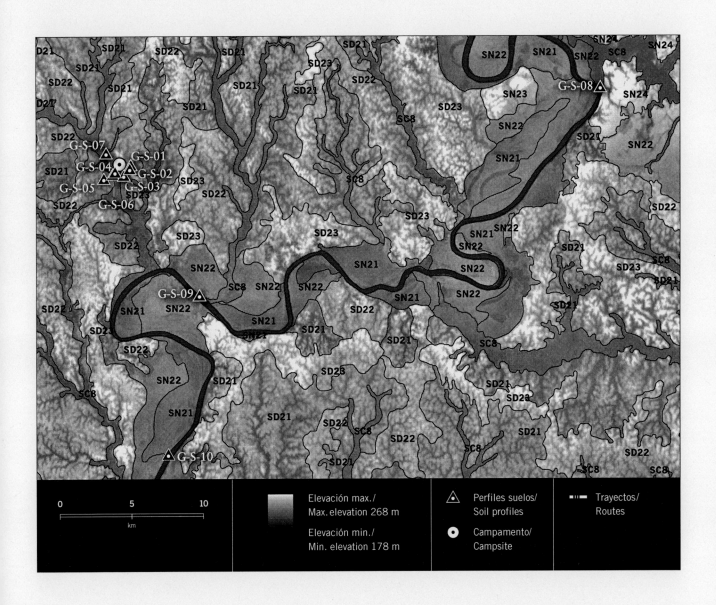

Unidades de paisaje, campamento Peñas Rojas/
Topography and geology, Peñas Rojas campsite

Mapa de unidades de paisaje fisiográfico en el campamento Peñas Rojas, mostrando los transectos estudiados y la ubicación de muestras de suelos y aguas recogidas durante un inventario rápido de la región del Bajo Caguán-Caquetá, Amazonia colombiana, en abril de 2018. El equipo geológico fue conformado por Pedro Botero, Hernán Serrano y Jennifer Angel-Amaya./ A map of the topographic and geological features in the vicinity of the Peñas Rojas campsite, showing the transects studied and the location of soil and water samples taken during a rapid inventory of the Bajo Caguán-Caquetá region of Amazonian Colombia in April 2018. The geological team included Pedro Botero, Hernán Serrano, and Jennifer Angel-Amaya

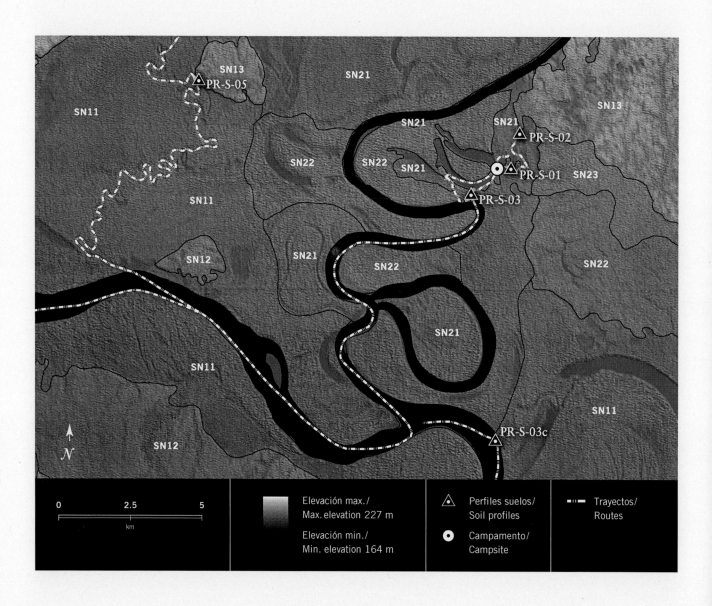

Unidades de paisaje, campamento Orotuya /
Topography and geology, Orotuya campsite

Mapa de unidades de paisaje fisiográfico en el campamento Orotuya, mostrando los transectos estudiados y la ubicación de muestras de suelos y aguas recogidas durante un inventario rápido de la región del Bajo Caguán-Caquetá, Amazonia colombiana, en abril de 2018. El equipo geológico fue conformado por Pedro Botero, Hernán Serrano y Jennifer Angel-Amaya./ A map of the topographic and geological features in the vicinity of the Orotuya campsite, showing the transects studied and the location of soil and water samples taken during a rapid inventory of the Bajo Caguán-Caquetá region of Amazonian Colombia in April 2018. The geological team included Pedro Botero, Hernán Serrano, and Jennifer Angel-Amaya..

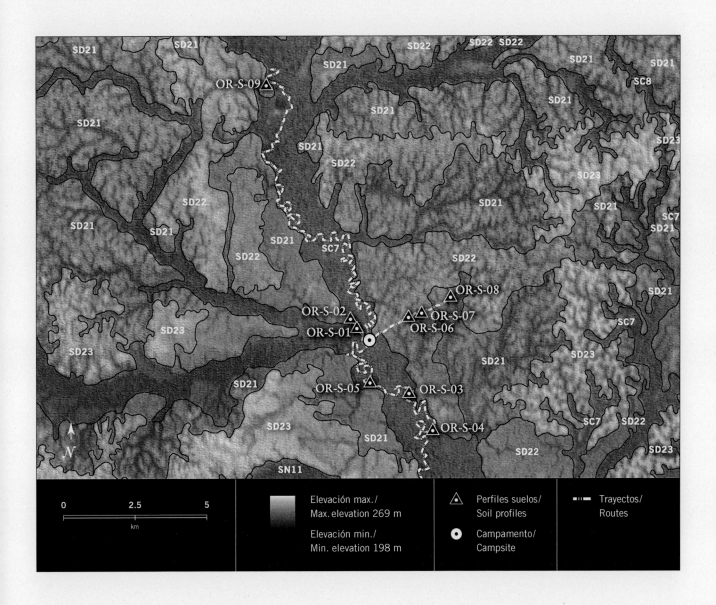

Unidades de paisaje, campamento Bajo Aguas Negras/
Topography and geology, Bajo Aguas Negras campsite

Mapa de unidades de paisaje fisiográfico en el campamento Bajo Aguas Negras, mostrando los transectos estudiados y l a ubicación de muestras de suelos y aguas recogidas durante un inventario rápido de la región del Bajo Caguán-Caquetá, Amazonia colombiana, en abril de 2018. El equipo geológico fue conformado por Pedro Botero, Hernán Serrano y Jennifer Angel-Amaya./A map of the topographic and geological features in the vicinity of the Bajo Aguas Negras campsite, showing the transects studied and the location of soil and water samples taken during a rapid inventory of the Bajo Caguán-Caquetá region of Amazonian Colombia in April 2018. The geological team included Pedro Botero, Hernán Serrano, and Jennifer Angel-Amaya.

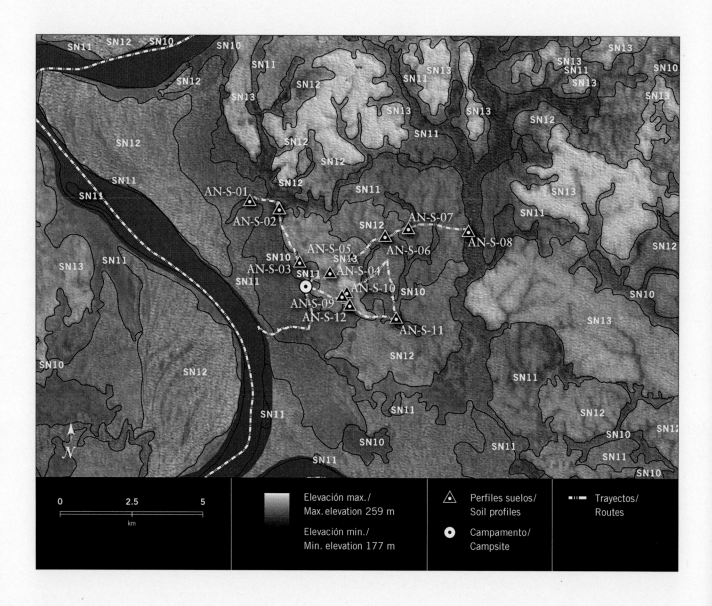

Suelos y sedimentos, resultados de análisis de laboratorio/Soils and sediments, lab results

Resultados de los análisis de laboratorio de las muestras colectadas por Pedro Botero, Hernan Serráno y Jennifer Ángel Amaya durante un inventario rápido de la región del Bajo Caguán-Caqueta, Caquetá, Colombia, del 6 al 24 de abril de 2018. Los análisis se llevaron a cabo en el Laboratorio de Suelos Terrallanos en Villavicencio, Meta, Colombia. / Laboratory analysis of soil and sediment samples collected by Pedro Botero, Hernan Serrano, and Jennifer Ángel Amaya during a rapid inventory of the Bajo Caguán-Caquetá region in Caquetá, Colombia, on 6–24 April 2018. The analyses were carried out at the Terrallanos Soils Laboratory in Villavicencio, Meta, Colombia.

Número laboratorio/Lab number	Perfil/ Profile	Horizonte/ Horizon	Profundidad/ Depth (cm)	Textura Bouyoucos/ Bouyoucos texture (%)			Rango textural/ Textural range	Carbono orgánico/ Organic carbon	pH	P Disponible/ Available P	Al
				Arena/ Sand	Limo/ Silt	Arcilla/ Clay		(%)	1:1	(ppm)	(meq/100g)
703	GS-01	A	0–10	34	44	22	F	2.35	4.6	2.30	2.00
704	GS-01	AB	10–50	26	30	44	Ar	0.94	4.5	1.10	9.00
705	GS-01	B1t	50–70	28	22	50	Ar	0.88	4.6	0.30	14.00
706	GS-01	B2t	70–90	24	26	50	Ar	0.52	4.9	0.30	13.60
707	GS-01	Cg	>90	24	26	50	Ar	0.47	4.8	0.30	10.80
708	GS-02	A/Ob	150–180	34	8	58	Ar	0.88	5.9	69.70	0.00
709	GS-04	A	0–30	36	30	34	FAr	0.76	4.6	0.30	6.40
710	GS-04	ABp	30–90	36	26	38	FAr	0.58	4.8	1.50	7.00
711	GS-04	ABb	90–130	32	24	44	Ar	0.47	4.8	0.30	8.00
712	GS-04	Bb	130–160X	32	24	44	Ar	0.58	4.6	0.70	7.60
713	GS-05	A	0–17	46	44	10	F	2.47	3.7	3.50	5.20
714	GS-05	A2	17–40	36	38	26	F	0.94	4.3	0.30	5.00
715	GS-05	Bt	40–60	34	36	30	FAr	0.76	4.4	2.70	5.60
716	GS-05	Bt2	60–80	34	26	40	Ar	0.58	4.8	2.30	6.80
717	GS-05	Bc	80–100X	32	24	44	Ar	0.52	5.0	3.10	9.20
718	GS-06	A1	0–60	48	34	18	F	0.76	4.6	1.90	5.00
719	GS-06	A2	60–100	32	40	28	FAr	0.76	4.6	0.70	7.80
720	GS-06	B	100–225	30	50	20	FL	0.52	5.0	3.90	6.20
721	GS-07	B2	60–80	24	40	36	FAr	0.41	5.0	0.40	5.00
722	GS-08	A1	0–30	50	40	10	F	1.41	4.3	1.10	3.00
723	GS-08	A2	30–55	42	40	18	F	0.64	4.5	1.10	4.00
724	GS-08	AB	55–100	38	32	30	FAr	0.41	5.0	2.70	4.40
725	GS-08	B1	100–135	36	28	36	FAr	0.41	4.8	0.70	4.00
726	GS-08	B2	135–150X	36	30	34	FAr	0.29	4.6	0.40	3.80
727	GS-09	A1	0–25	56	36	8	FA	0.94	3.6	3.10	3.20
728	GS-09	A2	25–50	36	42	22	F	0.52	4.8	0.40	5.00
729	GS-09	AB1	50–75	52	28	20	F	0.52	4.8	0.70	6.00
730	GS-09	2AB2	75–115	36	36	28	FAr	0.47	5.2	0.40	6.60
731	GS-09	2B1	115–160	50	32	18	F	0.23	5.2	0.70	4.60
732	GS-09	2B2	160–200X	52	32	16	F	0.23	5.2	0.70	4.00
733	GS-10	A1	0–43	46	44	10	F	1.05	4.4	3.50	4.00
734	GS-10	A2	43–90	30	56	14	FL	0.52	4.9	1.10	6.00

Complejo de cambio/ Exchange complex (meq/100 g)						Elementos menores/ Trace elements (ppm)					
CIC/CEC	BT	Ca	Mg	K	Na	Cu	Fe	Mn	Zn	B	S
17.0	6.87	5.00	1.60	0.20	0.07	1.05	116.87	77.50	2.25	0.33	5.34
18.5	6.00	4.60	1.20	0.15	0.05	0.60	22.50	19.37	0.50	0.11	5.91
25.0	4.76	3.00	1.40	0.20	0.16	0.30	33.75	0.85	0.15	0.09	6.48
23.5	3.93	2.90	0.80	0.17	0.06	0.35	30.62	2.20	0.70	0.18	0.51
25.0	12.72	9.40	3.00	0.24	0.08	0.45	20.85	3.10	1.45	0.16	0.51
24.0	34.10	29.60	4.10	0.25	0.16	6.30	54.37	19.37	3.30	0.11	186.15
12.5	0.39	0.20	0.10	0.05	0.04	0.45	47.50	64.37	0.40	0.04	0.51
13.0	0.39	0.20	0.10	0.06	0.03	0.40	68.12	93.75	0.30	0.11	0.51
15.0	0.32	0.20	0.03	0.06	0.03	0.45	29.37	74.37	0.20	0.09	3.14
16.5	0.40	0.20	0.10	0.06	0.04	0.50	41.87	29.37	0.25	0.02	3.68
16.0	0.43	0.20	0.10	0.09	0.04	1.10	373.12	29.37	0.45	0.80	11.32
11.0	0.30	0.20	0.02	0.04	0.04	0.45	60.62	9.37	0.35	0.02	1.02
11.5	0.37	0.20	0.10	0.04	0.03	0.35	52.50	15.62	0.30	0.02	3.14
14.5	0.31	0.20	0.03	0.05	0.03	0.30	30.62	6.87	0.40	0.02	2.60
18.0	0.35	0.20	0.03	0.08	0.04	0.15	8.80	13.12	0.25	0.11	2.60
10.0	0.39	0.20	0.10	0.05	0.04	1.20	60.00	62.50	1.45	0.11	0.51
15.0	0.40	0.20	0.10	0.06	0.04	1.25	8.75	90.00	1.15	0.09	2.07
12.0	0.51	0.30	0.10	0.07	0.04	1.05	14.37	4.37	0.85	0.18	7.65
14.0	2.71	2.40	0.20	0.06	0.05	0.65	15.00	43.75	0.60	0.11	18.09
10.0	0.31	0.20	0.03	0.04	0.04	0.45	82.50	21.25	0.55	0.09	1.54
12.5	0.18	0.10	0.03	0.03	0.02	0.25	96.87	16.25	0.30	0.09	0.51
11.5	0.17	0.10	0.03	0.02	0.02	0.05	98.75	20.00	0.20	0.07	0.51
10.0	0.17	0.10	0.02	0.02	0.02	0.05	11.87	26.87	0.15	0.02	1.02
10.0	0.44	0.20	0.10	0.09	0.05	0.10	7.50	21.25	0.15	0.07	8.24
12.5	1.70	1.00	0.10	0.44	0.15	0.85	137.50	46.87	1.85	0.16	5.34
12.5	0.45	0.30	0.10	0.03	0.02	0.70	8.12	50.62	0.55	0.13	0.51
15.0	0.46	0.30	0.10	0.04	0.02	0.45	35.00	38.75	0.90	0.09	0.51
16.5	0.57	0.30	0.20	0.04	0.03	0.30	63.75	27.50	0.85	0.07	1.02
10.0	1.29	0.20	1.00	0.05	0.04	0.10	36.25	27.50	1.05	0.04	0.51
10.5	1.52	0.40	1.00	0.05	0.07	0.10	15.62	32.50	0.90	0.07	1.02
13.0	0.93	0.50	0.30	0.10	0.03	0.70	131.87	42.50	1.25	0.13	7.65
13.5	1.11	0.40	0.60	0.06	0.05	0.45	21.25	47.50	0.90	0.09	2.07

LEYENDA/LEGEND

Rango textural/Textural range

Ar   = Arcilloso/Clayey

F   = Franco/Loamy

FA   = Franco-arenoso/Loamy-sandy

FAr = Franco-arcilloso/Loamy-clayey

FArA = Franco-arcilloso-arenoso/ Loamy-clayey-sandy

FL   = Franco-limoso/Loamy-silty

**Suelos y sedimentos, resultados
de análisis de laboratorio/Soils
and sediments, lab results**

Número laboratorio/Lab number	Perfil/ Profile	Horizonte/ Horizon	Profundidad/ Depth (cm)	Textura Bouyoucos/ Bouyoucos texture (%)			Rango textural/ Textural range	Carbono orgánico/ Organic carbon	pH	P Disponible/ Available P	Al
				Arena/ Sand	Limo/ Silt	Arcilla/ Clay		(%)	1:1	(ppm)	(meq/100g)
735	GS-10	2B1	125–215X	40	40	20	F	0.41	5.3	1.50	6.00
736	GUAMO 01	SALADO 1	SUPERFICIAL	60	28	12	FA	5.10	4.9	7.40	0.00
737	GUAMO 02	SALADO 2		56	34	10	FA	1.80	6.3	25.30	0.00
738	GUAMO 03	SALADO 3		60	28	12	FA	2.70	6.0	6.50	0.00
739	GR-04	AFLORAMIENTO CARBON		26	72	2	FL	1.20	1.3	27.60	36.90
740	AN-S-01	A	0–15	30	44	26	F	2.11	5.1	7.90	2.00
741	AN-S-01	B1	15–60	28	48	24	F	0.23	5.0	1.50	7.00
742	AN-S-01	B2	60–95	28	46	26	F	0.64	4.4	1.90	6.00
743	AN-S-01	Cg	95–140X	26	46	28	FAr	0.52	4.7	2.70	7.60
744	AN-S-02	A	0–15	46	26	28	FArA	1.05	4.6	1.10	3.00
745	AN-S-02	B1	15–50	40	24	36	FAr	0.76	4.6	0.40	4.00
746	AN-S-02	B2	50–70	38	18	44	Ar	0.47	4.7	0.70	4.60
747	AN-S-03	A	0–15	36	48	16	F	1.52	4.6	10.30	2.00
748	AN-S-03	B1	15–50	32	42	26	F	0.47	4.4	1.90	3.60
749	AN-S-03	B2	50–80	28	32	40	Ar	0.47	4.5	0.70	6.80
750	AN-S-03	B3	80–120X	30	26	44	Ar	0.47	4.2	2.30	7.00
751	AN-S-04	A	0–20	54	34	12	FA	1.52	4.0	3.50	3.00
752	AN-S-04	AB	20–35	50	28	22	F	0.88	4.4	1.10	3.00
753	AN-S-04	B1	35–70	40	26	34	FAr	0.52	4.6	1.10	3.00
754	AN-S-04	B2	70–110X	38	16	46	Ar	0.52	4.7	1.50	5.00
755	AN-S-07	A	0–40	52	32	16	F	1.82	4.4	2.30	2.80
756	AN-S-07	AB	40–65	48	32	20	F	0.52	4.5	1.10	3.00
757	AN-S-07	B1	65–90	30	34	36	FAr	0.35	4.5	0.70	4.80
758	AN-S-07	B2	90X	–	–	–	–	–	–	–	–
759	AN-S-08	A	0–20	52	30	18	F	1.52	3.7	5.20	4.60
760	AN-S-08	B1	20–90	34	44	22	F	0.70	4.4	2.30	5.00
761	AN-S-08	B2	90–125	30	46	24	F	0.52	4.6	4.80	5.00
762	AN-S-09	A	0–20	64	18	18	FA	1.00	4.8	3.50	1.20
763	AN-S-09	AB	20–45	60	20	20	FArA	0.78	4.4	1.90	2.20
764	AN-S-09	B1	45–80	60	27	13	FA	0.52	3.8	2.30	2.80
765	AN-S-09	B2	80–110	64	12	24	FArA	0.41	4.0	1.50	2.60
766	AN-S-10	A	0–35	64	10	26	FArA	1.30	3.3	3.90	3.00
767	AN-S-10	AB	35–50	56	14	30	FArA	0.83	3.9	9.80	2.80
768	AN-S-10	B1	50–80	50	10	40	ArA	0.72	4.0	1.90	3.20
769	AN-S-10	B2	80–110X	50	10	40	ArA	0.52	4.1	1.10	3.00
770	AN -GPS	O	–	–	–	–	Orgánico/ Organic	18.90	3.4	33.50	4.40
771	OR-S-01	A	0–31	32	30	38	FAr	0.93	4.1	2.30	7.60
772	OR-S-01	AB	31–65	28	20	52	Ar	0.72	4.7	1.90	10.00
773	OR-S-01	B	65–101	30	22	48	Ar	0.72	4.6	2.30	10.80

Suelos y sedimentos, resultados
de análisis de laboratorio/Soils and
sediments, lab results

Complejo de cambio/ Exchange complex (meq/100 g)						Elementos menores/ Trace elements (ppm)					
CIC/CEC	BT	Ca	Mg	K	Na	Cu	Fe	Mn	Zn	B	S
15.00	1.76	0.60	1.00	0.08	0.08	0.15	30.00	71.87	1.15	0.04	8.84
30.50	20.87	15.60	4.00	0.27	1.00	2.15	471.25	138.75	6.60	0.84	606.51
20.00	19.93	18.20	1.40	0.21	0.12	4.90	287.50	156.87	6.10	0.09	322.04
17.50	7.24	5.70	1.20	0.19	0.15	3.00	584.37	123.75	4.20	0.43	113.19
20.00	3.03	0.10	2.90	0.01	0.02	10.70	5020.00	237.50	35.00	3.79	6634.16
18.00	3.41	2.80	0.40	0.17	0.04	1.60	356.25	192.50	1.85	0.23	7.06
13.00	0.54	0.30	0.10	0.11	0.03	0.50	16.25	39.37	0.80	0.11	2.07
14.50	0.62	0.40	0.10	0.09	0.03	1.20	50.00	35.62	1.45	0.04	1.02
12.50	0.50	0.30	0.10	0.08	0.02	0.60	3.75	5.62	0.65	0.18	0.51
10.00	0.98	0.80	0.10	0.05	0.03	0.60	42.50	3.75	0.25	0.25	0.51
10.00	0.54	0.30	0.20	0.02	0.02	0.25	44.37	26.87	0.20	0.28	1.02
10.00	0.35	0.20	0.10	0.03	0.02	0.05	31.87	6.25	0.30	0.20	0.51
7.00	0.79	0.20	0.40	0.15	0.04	0.15	259.37	14.37	0.20	0.40	0.51
7.00	0.38	0.20	0.10	0.05	0.03	0.05	21.25	7.50	0.70	0.18	1.02
11.50	0.37	0.20	0.10	0.05	0.02	0.05	33.12	10.00	0.35	0.20	0.51
12.50	0.39	0.20	0.10	0.06	0.03	0.05	23.75	5.00	0.40	0.18	1.02
10.00	0.64	0.20	0.30	0.11	0.03	0.15	206.25	5.00	1.40	0.33	1.54
7.50	0.32	0.10	0.10	0.03	0.09	0.20	40.62	1.87	0.40	0.08	1.02
9.50	0.26	0.10	0.10	0.04	0.02	0.25	12.50	6.87	0.45	0.16	0.51
13.50	0.26	0.10	0.10	0.03	0.03	0.05	26.25	13.12	0.35	0.13	2.07
12.50	0.44	0.20	0.10	0.08	0.06	0.45	191.87	4.37	0.35	0.71	1.02
7.50	0.25	0.10	0.10	0.02	0.03	0.45	38.75	12.50	0.20	0.08	0.51
9.50	0.36	0.20	0.10	0.03	0.03	0.45	20.00	21.87	0.55	0.06	1.54
–	–	–	–	–	–	–	–	–	–	–	–
14.50	0.40	0.20	0.10	0.08	0.02	0.55	83.12	55.62	1.85	0.28	1.02
11.50	0.37	0.20	0.10	0.04	0.03	0.55	35.00	9.37	0.35	0.02	1.54
11.00	0.28	0.10	0.10	0.04	0.04	0.60	34.37	1.87	0.70	0.16	0.51
7.50	1.54	0.20	0.50	0.82	0.02	0.40	201.87	8.75	0.70	0.30	1.02
6.75	0.80	0.20	0.01	0.57	0.02	0.55	61.25	1.15	0.30	0.28	28.51
6.50	0.55	0.20	0.10	0.23	0.02	0.65	63.12	1.85	0.10	0.20	21.07
7.00	0.28	0.20	0.01	0.06	0.01	0.55	5.00	0.95	0.15	0.23	11.95
10.00	0.40	0.20	0.01	0.05	0.14	0.55	165.62	0.60	0.55	0.30	9.45
8.50	0.14	0.10	0.01	0.02	0.01	0.75	32.50	0.50	0.40	0.25	25.91
9.50	0.23	0.10	0.10	0.02	0.01	0.40	38.75	1.20	0.30	0.25	13.92
10.00	0.16	0.10	0.01	0.03	0.02	0.25	11.87	1.05	0.10	0.18	12.60
47.50	4.11	0.90	0.70	2.43	0.08	2.60	412.50	57.75	5.90	1.02	26.51
21.00	0.74	0.40	0.20	0.12	0.02	1.30	15.62	128.75	0.65	0.98	7.06
22.50	0.44	0.20	0.10	0.12	0.02	1.15	65.00	84.37	0.35	0.68	2.60
23.00	0.46	0.20	0.10	0.12	0.04	0.75	30.00	23.12	0.30	0.51	1.54

LEYENDA/LEGEND

Rango textural/Textural range

Ar = Arcilloso/Clayey

F = Franco/Loamy

FA = Franco-arenoso/Loamy-sandy

FAr = Franco-arcilloso/Loamy-clayey

FArA = Franco-arcilloso-arenoso/ Loamy-clayey-sandy

FL = Franco-limoso/Loamy-silty

**Suelos y sedimentos, resultados
de análisis de laboratorio/Soils
and sediments, lab results**

Número laboratorio/Lab number	Perfil/Profile	Horizonte/Horizon	Profundidad/Depth (cm)	Textura Bouyoucos/Bouyoucos texture (%)			Rango textural/Textural range	Carbono orgánico/Organic carbon	pH	P Disponible/Available P	Al	
				Arena/Sand	Limo/Silt	Arcilla/Clay		(%)	1:1	(ppm)	(meq/100g)	
774	OR-S-01	BCg	101–120X	22	28	50	Ar	0.52	4.1	1.90	10.20	
775	OR-S-02	A	0–35	46	34	20	F	0.78	4.2	1.50	4.00	
776	OR-S-02	AB	35–70	40	36	24	F	0.67	4.0	1.90	4.40	
777	OR-S-02	Bt	70–135X	40	32	28	FAr	0.46	4.4	2.30	5.00	
778	OR-S-03	A	0–30	60	30	10	FA	1.40	3.9	7.40	2.80	
779	OR-S-03	AB	30–60	58	28	14	FA	0.62	4.4	1.90	3.00	
780	OR-S-03	Bb	60–120	56	28	16	FA	0.52	4.6	6.10	2.60	
781	OR-S-03	2B/2C	120–130	46	34	20	F	0.52	4.7	1.10	3.60	
782	OR-S-04	A	0–30	34	42	24	F	1.00	4.2	3.10	5.40	
783	OR-S-04	AB	30–65	26	36	38	FAr	0.52	4.3	1.10	8.00	
784	OR-S-04	B	65–120	26	38	36	FAr	0.52	4.2	3.10	7.00	
785	OR-S-04	2C	130–300X	30	40	30	FAr	0.52	4.5	1.90	7.60	
786	OR-S-06	A	0–15	38	48	14	F	1.35	4.0	3.10	3.80	
787	OR-S-06	AB	15–35	34	44	22	F	0.67	4.1	7.40	5.00	
788	OR-S-06	B1	35–60	36	34	30	FAr	0.78	4.3	1.10	6.00	
789	OR-S-06	B2	60–170	42	36	22	F	0.62	4.5	1.10	6.00	
790	OR-S-06	Cg	170–260X	44	32	24	F	0.52	5.4	3.50	0.40	
791	OR-S-08	A	0–25	40	46	14	F	1.14	4.1	1.90	3.80	
792	OR-S-08	B1	25–90	34	30	36	FAr	0.83	4.4	3.10	7.00	
793	OR-S-08	B2	90–110X	50	48	2	FA	0.73	4.4	1.50	5.60	
794	OR-S 09	A	0–20	46	38	16	F	1.71	4.2	3.90	4.60	
795	OR-S 09	B1	20–60	34	26	40	Ar	1.04	4.1	2.30	5.40	
796	OR-S 09	B2	60–145	40	28	32	FAr	0.62	4.6	1.50	4.80	
797	OR-S 09	B3	200–300X	50	30	20	F	0.93	4.2	1.90	4.20	
798	PR-S-01	A	0–18	40	40	20	F	3.64	3.4	9.80	6.80	
799	PR-S-01	AB1	18–60	38	40	22	F	1.30	4.0	1.90	8.00	
800	PR-S-01	B1	70–90	36	34	30	FAr	1.04	4.2	2.30	8.40	
801	PR-S-01	BC	90–125X	32	32	36	FAr	0.78	4.3	1.50	8.60	
802	PR-S-02	A	0–10	50	24	26	FArA	12.04	4.0	32.60	8.00	
803	PR-S-02	AB	10–40	38	20	42	Ar	1.56	4.3	10.30	8.60	
804	PR-S-02	B1	40–60	26	14	60	Ar	1.04	4.3	1.90	8.60	
805	PR-S-02	B2	60–100	30	24	46	Ar	0.30	4.3	5.60	13.60	
806	PR-S-02	Ab	100–120X	28	28	44	Ar	0.70	4.3	5.60	10.80	
807	PR-S-03	A	0–30	66	22	12	FA	0.10	5.7	1.90	0.01	
808	PR-S-03	B1	30–100	70	24	6	FA	0.10	5.9	3.90	0.04	
809	PR-S-03	B2	100–170	26	22	52	Ar	0.10	5.1	3.10	10.00	
810	PR-S-05	A1	0–20	48	42	10	F	1.20	4.0	119.20	3.00	
811	PR-S-05	A2	20–50	46	38	16	F	0.60	3.9	102.30	3.20	
812	PR-S-05	B1	50–120X	34	22	44	Ar	1.40	4.1	11.30	5.00	

Suelos y sedimentos, resultados de análisis de laboratorio/Soils and sediments, lab results

Complejo de cambio/ Exchange complex (meq/100 g)						Elementos menores/ Trace elements (ppm)					
CIC/CEC	BT	Ca	Mg	K	Na	Cu	Fe	Mn	Zn	B	S
23.50	0.52	0.20	0.10	0.15	0.07	0.65	38.12	60.00	0.25	0.38	1.02
10.00	0.25	0.20	0.01	0.03	0.01	0.55	153.75	0.55	0.60	0.20	5.91
12.00	0.27	0.20	0.01	0.03	0.03	0.35	140.62	0.65	0.15	0.20	6.48
11.50	0.16	0.10	0.01	0.04	0.01	0.30	37.50	0.35	0.40	0.35	0.51
12.50	1.34	0.70	0.40	0.18	0.06	0.45	185.62	130.62	1.65	0.28	7.06
8.00	0.88	0.50	0.30	0.06	0.02	0.30	76.87	14.37	0.65	0.40	7.06
8.00	1.20	0.80	0.30	0.06	0.04	0.35	23.12	33.12	0.60	0.09	1.02
11.00	1.39	0.90	0.40	0.07	0.02	0.75	53.75	48.75	0.70	0.13	6.48
13.00	0.27	0.20	0.01	0.04	0.02	0.35	115.00	3.75	0.35	0.65	0.51
16.00	0.37	0.20	0.10	0.05	0.02	0.30	53.12	8.75	0.30	0.25	0.51
13.50	0.29	0.20	0.01	0.06	0.02	0.65	43.12	0.10	0.25	0.13	0.51
14.50	0.62	0.40	0.10	0.11	0.01	0.60	5.70	1.05	0.30	0.28	13.25
11.00	1.31	0.40	0.10	0.09	0.02	0.70	38.75	18.75	0.80	0.11	4.78
12.00	0.52	0.30	0.10	0.07	0.05	0.85	7.50	33.80	0.30	0.23	3.68
13.00	0.60	0.40	0.10	0.09	0.01	0.95	9.37	26.87	0.25	0.30	3.68
13.00	0.90	0.70	0.10	0.11	0.03	0.90	48.75	11.25	0.60	0.20	2.60
18.00	11.00	8.90	1.70	0.26	0.15	0.55	4.37	56.87	0.55	0.09	7.65
12.00	0.26	0.10	0.10	0.05	0.01	0.65	66.87	26.25	0.60	0.80	8.24
16.00	0.21	0.10	0.01	0.09	0.01	0.35	6.25	2.05	0.20	0.23	0.51
15.00	0.21	0.08	0.02	0.10	0.01	0.40	10.00	1.70	0.15	0.25	3.13
13.00	0.41	0.20	0.10	0.09	0.02	0.75	205.00	6.30	1.15	0.28	10.06
19.00	0.26	0.10	0.10	0.05	0.01	0.45	37.50	6.25	0.15	0.11	1.54
14.00	0.28	0.10	0.10	0.06	0.02	0.10	15.00	0.25	0.25	0.20	8.84
8.50	0.39	0.20	0.10	0.08	0.01	0.25	51.87	19.37	0.10	0.30	4.23
18.00	0.83	0.40	0.20	0.21	0.02	0.80	364.37	11.87	0.65	0.77	9.45
15.00	0.27	0.10	0.10	0.06	0.01	1.00	88.12	3.12	0.20	0.59	0.51
15.00	0.22	0.10	0.06	0.05	0.01	0.50	34.37	41.25	0.35	0.30	2.07
15.00	0.25	0.10	0.06	0.07	0.02	0.50	11.87	20.00	0.25	0.30	2.07
30.00	2.26	1.50	0.50	0.23	0.03	0.75	431.87	52.50	2.90	0.62	4.78
25.00	0.53	0.30	0.10	0.11	0.02	0.65	41.25	25.00	0.40	0.51	2.07
22.50	0.47	0.20	0.10	0.14	0.03	0.25	23.75	23.12	0.30	0.35	0.51
24.00	0.51	0.20	0.10	0.12	0.09	0.40	60.00	6.87	0.20	0.18	0.51
21.00	0.31	0.10	0.10	0.08	0.03	0.70	29.37	28.12	0.10	0.06	0.51
12.50	5.75	3.90	1.70	0.09	0.06	0.20	37.50	61.87	0.85	0.04	4.23
10.00	6.33	3.20	3.00	0.10	0.03	0.10	13.12	55.00	0.40	0.02	2.60
25.00	2.78	1.40	1.20	0.16	0.02	0.60	28.75	30.62	1.05	0.09	2.07
14.00	0.39	0.20	0.10	0.08	0.01	0.95	77.50	4.37	0.30	0.84	11.31
10.00	0.34	0.20	0.10	0.03	0.01	0.65	16.87	46.25	0.10	0.06	5.34
12.50	0.51	0.20	0.10	0.14	0.07	0.30	18.75	3.35	0.45	0.02	3.68

LEYENDA/LEGEND

Rango textural/Textural range

Ar = Arcilloso/Clayey

F = Franco/Loamy

FA = Franco-arenoso/Loamy-sandy

FAr = Franco-arcilloso/Loamy-clayey

FArA = Franco-arcilloso-arenoso/ Loamy-clayey-sandy

FL = Franco-limoso/Loamy-silty

Muestras de agua/Water samples

Datos de agua colectados durante un inventario rápido de la región del Bajo Caguán-Caquetá, en el departamento de Caquetá, Colombia, del 7 al 24 de abril de 2018, por Pedro Botero, Hernan Serrano y Jennifer Angel Amaya./ Water data collected during a rapid inventory of the Bajo Caguán-Caquetá region, in Colombia's Caquetá department, on 7–24 April 2018 by Pedro Botero, Hernan Serrano, and Jennifer Ángel Amaya.

ID	Sitio/Site	Nombre/Name	Tipo/Type	Litología subyacente (Unidad geológica)/ Underlying lithology (Geological unit)	Fecha/ Date MM/DD/AA MM/DD/YY	Hora/ Time	Latitud/ Latitude	
Sub-Cuenca Río Caguán (Caguán sub-basin)								
1	El Guamo	Salado/Saltlick 1	Léntico/Lentic	Lodolitas y calizas (Formación Pebas)/ Mudstones and limestones (Pebas Formation)	4/7/2018	9:37	00°15'17,2" N	
2	El Guamo	Salado/Saltlick 2	Léntico/Lentic	Lodolitas y calizas (Formación Pebas)/ Mudstones and limestones (Pebas Formation)	4/7/2018	11:35	00°15'10,4" N	
3	El Guamo	Salado/Saltlick 3	Léntico/Lentic	Lodolitas y calizas (Formación Pebas)/ Mudstones and limestones (Pebas Formation)	4/7/2018	13:10	00°14'57,8" N	
4	El Guamo	Trocha/Trail 1	Drenaje/Drainage	Lodolitas grises (Formación Pebas)/ Gray mudstones (Pebas Formation)	4/7/2018	14:22	00°15'05,0" N	
5	El Guamo	Trocha/Trail 3	Drenaje/Drainage	Lodolitas grises (Formación Pebas)/ Gray mudstones (Pebas Formation)	4/8/2018	10:34	00°14'54,5" N	
6	El Guamo	Laguna/Lake	Léntico/Lentic	Lodolitas grises (Formación Pebas)/ Gray mudstones (Pebas Formation)	4/8/2018	13:36	00°15'11,8" N	
7	El Guamo	Meandro abandonado/ Abandoned river bend	Léntico/Lentic	Lodolitas grises (Formación Pebas)/ Gray mudstones (Pebas Formation)	4/8/2018	14:12	00°15'37,2" N	
8	El Guamo	Caño El Guamo (campamento/at camp)	Caño/Small river	Lodolitas grises (Formación Pebas)/ Gray mudstones (Pebas Formation)	4/8/2018	15:00	00°15'11,5" N	
9	Brasilia	Caño Huitoto	Caño/Small river	Gravas y arenas (Formación Caimán)/ Gravels and sands (Caimán Formation)	4/10/2018	11:52	00°17'39,1" N	
10	Brasilia	Río Caguán	Río/River	Arcillas (Depósito aluvial actual)/Clays (Modern-day alluvial deposit)	4/10/2018	12:00	00°17'09,3" N	
11	Peñas Rojas	Trocha/Trail	Caño/Small river	Lodolitas grises (Formación Pebas)/ Gray mudstones (Pebas Formation)	4/12/2018	8:50	00°04'42,0" S	
12	Peñas Rojas	Trocha/Trail	Caño/Small river	Lodolitas grises (Formación Pebas)/ Gray mudstones (Pebas Formation)	4/12/2018	11:24	00°04'42,7" S	

Longitud/ Longitude	Elevación/ Elevation (msnm/masl)	Ancho/ Width (m)	Profundi- dad del agua/ Water depth (m)	Altura ribera/ Bank height (m)	Tempera- tura/ Tempera- ture (°C)	pH	Conductividad/ Conductivity (µS/cm)	Potencial redox/ Redox potential (ORP mV)	Material del lecho/ Riverbed material	Apariencia del agua/ Water ap- pearance	Corriente/ Current
74°17'49,2" W	175	8	0.10	1.6	–	7.0	153.0	358	arc	cla	len-nul
74°17'50,7" W	190	4	0.20	n.a.	23.6	8.0	578.0	376	lod	cla	len-nul
74°18'01,2" W	203	50	0.50	n.a.	24.7	7.0	112.0	369	lod	tur	len-nul
74°18'05,3" W	183	1.5	0.45	2.5	–	6.0	23.0	364	arc	tur	len
74°18'34,8" W	184	3	0.15	0.6	–	5.0	13.0	395	lod	cla	len
74°18'30,5" W	175	50	2–3	n.a.	–	6.0	26.0	394	arc	lit	len-nul
74°18'32,3" W	175	15	0.60	2.0	–	6.0	21.0	393	arc	lit	len
74°18'18,3" W	169	12	3–4	1.6	–	6.0	18.0	394	arc	tur	mod
74°03'43,8" W	179	15	3–4	n.a.	27.0	6.0	8.0	374	are	osc	rap
74°03'49,7" W	177	50	n.a.	n.a.	27.3	6.0	21.0	395	arc	lit	rap
74°15'34,9" W	152	6	0.60	2.0	25.6	6.0	15.0	365	lod	lit	len
74°14'56,8" W	154	8	1.50	2.5	26.4	6.0	16.0	407	lod	lit	len

LEYENDA/LEGEND

Material del lecho/Riverbed material
gra = Grava/Gravel
are = Arena/Sand
arc = Arcilla/Clay
lod = Lodo (arena + limo)/ Mud (sand + silt)
afl ro = Afloramiento rocoso/ Rocky outcrop

Apariencia del agua/Water appearance
cla = Clara/Clear
gri = Gris/Gray
lit = Ligeramente turbia/ Slightly cloudy
tur = Turbia/Cloudy
osc = Oscura/Dark

Corriente/Current
len = Lenta/Slow
len-nul = Lenta a nula/ Slow to none
mod = Moderada/Moderate
rap = Rápida/Fast

ID	Sitio/Site	Nombre/Name	Tipo/Type	Litología subyacente (Unidad geológica)/ Underlying lithology (Geological unit)	Fecha/ Date MM/DD/AA MM/DD/YY	Hora/ Time	Latitud/ Latitude	
13	Peñas Rojas	Trocha/Trail	Caño/Small river	Lodolitas grises (Formación Pebas)/ Gray mudstones (Pebas Formation)	4/12/2018	12:48	00°05'25,5" S	
14	Peñas Rojas	Trocha/Trail	Drenaje/Drainage	Lodolitas grises (Formación Pebas)/ Gray mudstones (Pebas Formation)	4/13/2018	7:50	00°04'30,6" S	
15	Peñas Rojas	Laguna La Culebra	Léntico/Lentic	Arcillas (Depósito aluvial actual)/Clays (Modern-day alluvial deposit)	4/13/2018	11:31	00°04'42,9" S	
16	Peñas Rojas	Río Caguán	Río/River	Arcillas (Depósito aluvial actual)/Clays (Modern-day alluvial deposit)	4/14/2018	14:47	00°08'16,5" S	
Sub-Cuenca Río Peneya (Peneya sub-basin)								
17	La Pizarra	Río Peneya	Caño/Small river	Lodolitas grises (Formación Pebas)/ Gray mudstones (Pebas Formation)	4/15/2018	10:18	00°01'35,2" S	
Sub-Cuenca Río Orotuya (Orotuya sub-basin)								
18	Resguardo Huitorá	Trocha/Trail 4	Caño/Small river	Lodolitas grises (Formación Pebas)/ Gray mudstones (Pebas Formation)	4/17/2018	8:30	00°21'51,6" N	
19	Orotuya	Tributario del Orotuya/ Tributary of the Orotuya	Caño/Small river	Lodolitas grises (Formación Pebas)/ Gray mudstones (Pebas Formation)	4/17/2018	14:10	00°21'25,7" N	
20	Resguardo Huitorá	Trocha/Trail 1	Drenaje/Drainage	Lodolitas grises (Formación Pebas)/ Gray mudstones (Pebas Formation)	4/18/2018	8:12	00°22'00,0" N	
21	Resguardo Huitorá	Trocha/Trail 1	Drenaje/Drainage	Lodolitas grises (Formación Pebas)/ Gray mudstones (Pebas Formation)	4/18/2018	9:16	00°22'05,0" N	
22	Resguardo Huitorá	Río Orotuya	Río/River	Lodolitas grises (Formación Pebas)/ Gray mudstones (Pebas Formation)	4/19/2018	11:00	00°21'38,0" N	
Cuenca Río Caquetá (Caquetá sub-basin)								
23	Umancia	Río Caquetá	Río/River	Gravas y arenas (Formación Caimán)/ Gravels and sands (Caimán Formation)	4/14/2018	10:39	00°12'14,1" S	
24	Bajo Aguas Negras	Caño Aguas Negras	Caño/Small river	Gravas y arenas (Formación Caimán)/ Gravels and sands (Caimán Formation)	4/21/2018	9:01	00°01'00,8" N	
25	Bajo Aguas Negras	Caño/Small river	Caño/Small river	Gravas y arenas (Formación Caimán)/ Gravels and sands (Caimán Formation)	4/21/2018	10:04	00°00'48,5" N	
26	Bajo Aguas Negras	Caño/Small river	Caño/Small river	Gravas y arenas (Formación Caimán)/ Gravels and sands (Caimán Formation)	4/21/2018	11:11	00°00'14,0" N	
27	Bajo Aguas Negras	Drenaje/Drainage	Caño/Small river	Gravas y arenas (Formación Caimán)/ Gravels and sands (Caimán Formation)	4/21/2018	11:28	00°00'00,3" N	
28	Bajo Aguas Negras	Caño/Small river	Caño/Small river	Gravas y arenas (Formación Caimán)/ Gravels and sands (Caimán Formation)	4/22/2018	9:54	00°00'19,7" N	

Longitud/ Longitude	Elevación/ Elevation (msnm/masl)	Ancho/ Width (m)	Profundi- dad del agua/ Water depth (m)	Altura ribera/ Bank height (m)	Tempera- tura/ Tempera- ture (°C)	pH	Conductividad/ Conductivity (µS/cm)	Potencial redox/ Redox potential (ORP mV)	Material del lecho/ Riverbed material	Apariencia del agua/ Water ap- pearance	Corriente/ Current
74°15'07,3" W	151	5	0.90	2.0	26.5	5.5	14.0	408	arc	cla	len
74°15'34,5" W	157	3	0.40	2.5	25.3	6.0	14.0	407	arc	lit	len
74°15'45,8" W	163	30	n.a.	4.0	25.0	6.0	17.0	406	arc	cla	len-nul
74°17'04,1" W	164	50	n.a.	n.a.	26.8	6.0	19.0	404	arc	tur	mod
74°23'13,2'	159	30	n.a.	3.0	25.8	5.5	9.0	394	arc	cla	mod
74°45'59,5" W	180	7	1.80	1.6	23.4	5.5	11.0	412	are	cla	mod
74°46'06,8" W	175	15	3.00	3.0	24.6	6.0	6.0	414	arc, aflo ro	osc	mod
74°45'10,5" W	220	3	0.15	1.2	23.2	6.0	13.0	412	lod	cla	mod
74°44'56,0" W	203	1	0.10	n.a.	23.6	5.0	9.0	–	lod	cla	len
74°45'48,1" W	164	30	8.00	2.0	23.6	6.0	7.0	415	lod	lit	mod
74°17'13,5" W	154	300	n.a.	6.0	26.6	6.0	23.0	402	are	tur	rap
74°39'23,2" W	170	6	2–3	2.0	–	5.5	7.4	405	arc	lit	rap
74°39'02,9" W	164	3	0.30	n.a.	24.2	5.5	5.6	417	are	cla	len
74°38'47,1" W	179	3	0.30	n.a.	24.4	5.0	10.7	–	are, arc	osc	len
74°38'40,7" W	173	2.5	0.30	1.0	24.3	5.0	5.0	–	gra, are	cla	mod
74°38'00,5" W	176	3	0.45	n.a.	24.4	5.5	7.5	–	are	cla	mod

LEYENDA/LEGEND

Material del lecho/Riverbed material
gra = Grava/Gravel
are = Arena/Sand
arc = Arcilla/Clay
lod = Lodo (arena + limo)/ Mud (sand + silt)
afl ro = Afloramiento rocoso/ Rocky outcrop

Apariencia del agua/Water appearance
cla = Clara/Clear
gri = Gris/Gray
lit = Ligeramente turbia/ Slightly cloudy
tur = Turbia/Cloudy
osc = Oscura/Dark

Corriente/Current
len = Lenta/Slow
len-nul = Lenta a nula/ Slow to none
mod = Moderada/Moderate
rap = Rápida/Fast

ID	Sitio/Site	Nombre/Name	Tipo/Type	Litología subyacente (Unidad geológica)/ Underlying lithology (Geological unit)	Fecha/ Date MM/DD/AA MM/DD/YY	Hora/ Time	Latitud/ Latitude	
29	Bajo Aguas Negras	Caño Peregrinitos	Caño/Small river	Gravas y arenas (Formación Caimán)/ Gravels and sands (Caimán Formation)	4/22/2018	11:17	00°00'41,7" N	
30	Bajo Aguas Negras	Caño Peregrinos	Caño/Small river	Gravas y arenas (Formación Caimán)/ Gravels and sands (Caimán Formation)	4/22/2018	12:00	00°00'37,7" N	
31	Bajo Aguas Negras	Trocha/Trail 4	Caño/Small river	Gravas y arenas (Formación Caimán)/ Gravels and sands (Caimán Formation)	4/23/2018	8:12	00°00'13,4" S	
32	Bajo Aguas Negras	Trocha/Trail 4: 800 m	Drenaje/Drainage	Gravas y arenas (Formación Caimán)/ Gravels and sands (Caimán Formation)	4/23/2018	10:20	00°00'02,6" S	
33	Bajo Aguas Negras	Caño/Small river	Caño/Small river	Gravas y arenas (Formación Caimán)/ Gravels and sands (Caimán Formation)	4/23/2018	10:28	00°00'00,1" N	
34	Bajo Aguas Negras	Cananguchal/*Mauritia* palm swamp	Léntico/Lentic	Gravas y arenas (Formación Caimán)/ Gravels and sands (Caimán Formation)	4/24/2018	6:51	00°00'34,7" S	

**Muestras de agua/
Water samples**

Longitud/ Longitude	Elevación/ Elevation (msnm/masl)	Ancho/ Width (m)	Profundi-dad del agua/ Water depth (m)	Altura ribera/ Bank height (m)	Tempera-tura/ Tempera-ture (°C)	pH	Conductividad/ Conductivity (μS/cm)	Potencial redox/ Redox potential (ORP mV)	Material del lecho/ Riverbed material	Apariencia del agua/ Water ap-pearance	Corriente/ Current
74°37'05,9" W	177	6	0.50	n.a.	24.8	5.5	7.0	419	are, car	cla	mod
74°36'40,3" W	176	10	2.50	2.5	25.0	5.5	7.0	418	are, car	gri	rap
74°38'16,1" W	158	3	0.30	0.4	23.5	5.5	7.0	432	are	cla	mod
74°38'01,6" W	169	2.5	0.15	n.a.	23.2	5.5	6.4	–	gra, are	cla	mod
74°37'56,6" W	172	4	0.70	n.a.	24.3	5.5	5.0	420	are	cla	mod
74°38'45,2" W	209	n.a	1.20	n.a.	24.3	5.5	24.0	418	lod	osc	len-nul

LEYENDA/LEGEND

Material del lecho/Riverbed material

gra = Grava/Gravel
are = Arena/Sand
arc = Arcilla/Clay
lod = Lodo (arena + limo)/ Mud (sand + silt)
afl ro = Afloramiento rocoso/ Rocky outcrop

Apariencia del agua/Water appearance

cla = Clara/Clear
gri = Gris/Gray
lit = Ligeramente turbia/ Slightly cloudy
tur = Turbia/Cloudy
osc = Oscura/Dark

Corriente/Current

len = Lenta/Slow
len-nul = Lenta a nula/ Slow to none
mod = Moderada/Moderate
rap = Rápida/Fast

Plantas vasculares / Vascular plants

Plantas vasculares registradas en cuatro campamentos durante un inventario rápido de la región del Bajo Caguán-Caquetá, Colombia, entre el 6 y el 23 de abril de 2018. Recopilado por Marco A. Correa Munera. Las colecciones, fotos y observaciones fueron hechas por los miembros del equipo botánico: Marco A. Correa Munera, Corine F. Vriesendorp, Marcos Ríos Paredes y Jorge Contreras Herrera. Para estandarizar la nomenclatura de los nombres taxonómicos, utilizamos la base de datos TROPICOS del Jardín Botánico de Missouri (http://www.tropicos.org), la última clasificación de angiospermas (APG IV, 2016) y la aplicación en línea TNRSapp (Taxonomic Name Resolution Service; http://tnrs.iplantcollaborative.org/TNRSapp.html). / Vascular plants recorded at four campsites during a rapid inventory of the Bajo Caguán-Caquetá region of Caquetá, Colombia, on 6–23 April 2018. Compiled by Marco A. Correa Munera. All collections, photos, and observations were made by the botanical team: Marco A. Correa Munera, Corine F. Vriesendorp, Marcos Ríos Paredes, and Jorge Contreras Herrera. Taxonomic nomenclature was standardized via the TROPICOS database of the Missouri Botanical Garden (http://www.tropicos.org), the Angiosperm Plant Group (APG IV, 2016), and the Taxonomic Name Resolution Service (http://tnrs.iplantcollaborative.org/TNRSapp.html).

Nombre científico / Scientific name	Registros en campamentos / Records at campsites				Espécimen / Voucher	Fotos / Photos	Estatus / Status
	El Guamo	Peñas Rojas	Orotuya	Bajo Aguas Negras			
ANGIOSPERMAE							
Acanthaceae							
Aphelandra cf. *impressa* Lindau	–	x	–	–	MC9900		
Justicia (especie no identificada)	–	x	–	–		JC_7586_c2	
Achariaceae							
Lindackeria paludosa (Benth.) Gilg	x	–	–	–			
Mayna cf. *hystricina* (Gleason) Sleumer	–	–	x	–	MC10163		
Mayna odorata Aubl.	x	–	–	x	MC9617		
Mayna cf. *odorata* Aubl.	–	–	x	–	MC10119		
Alismataceae							
Echinodorus horizontalis Rataj	–	–	–	x	MC10287		
Amaranthaceae							
Iresine diffusa Humb. & Bonpl. ex Willd.	–	x	–	–	MC9948		
Amaryllidaceae							
Crinum erubescens Aiton	–	–	x	–	MC10170	MR_259-264_c4	
Eucharis grandiflora Planch. & Linden	–	–	x	–	MC10114		
Anacardiaceae							
Anacardium giganteum Hancock ex Engl.	x	x	x	–			
Tapirira guianensis Aubl.	x	x	x	x	MC9791		
Tapirira obtusa (Benth.) J.D.Mitch.	–	x	–	–			
Tapirira retusa Ducke	x	x	x	–			
Annonaceae							
Anaxagorea phaeocarpa Mart.	–	x	–	–	MC9969		EN (IUCN)
Annona dolichophylla R.E.Fr.	–	x	–	–	MC9925		VU (IUCN)
Annona hypoglauca Mart.	x	x	x	x	MC9795, 10132	JC_7327_c2	
Cremastosperma cauliflorum R.E.Fr.	–	–	x	–	MC10022		
Duguetia eximia Diels	x	–	–	–	MC9652		NC
Duguetia macrophylla R.E.Fr.	x	–	–	–	MC9625		
Duguetia odorata (Diels) J.F.Macbr.	x	–	–	–			
Duguetia surinamensis R.E.Fr.	–	–	x	x	MC10211		
Fusaea longifolia (Aubl.) Saff.	x	–	x	x	MC9666, 9756		
Guatteria decurrens R.E.Fr.	–	x	x	x			
Guatteria elata R.E.Fr.	–	–	–	x			

Nombre científico/Scientific name	Registros en campamentos/ Records at campsites				Espécimen/ Voucher	Fotos/Photos	Estatus/ Status
	El Guamo	Peñas Rojas	Orotuya	Bajo Aguas Negras			
Guatteria flexilis R.E.Fr.	–	–	x	–	MC10166		NC
Guatteria megalophylla Diels	x	x	x	x	MC9616		
Guatteria schomburgkiana Mart.	–	x	–	–	MC9860		
Guatteria scytophylla Diels	–	–	–	x	MC10239		
Guatteria ucayalina Huber	–	–	x	–	MC10147		
Oxandra leucodermis (Spruce ex Benth.) Warm.	–	x	–	–	MC9837		
Oxandra xylopioides Diels	x	x	x	x			
Unonopsis elegantissima R.E. Fr.	–	–	x	–	MC10168		
Unonopsis stipitata Diels	–	x	x	–	MC9906, 10001		
Unonopsis veneficiorum (Mart.) R.E. Fr.	x	–	–	–	MC9698		
Xylopia crinita R.E.Fr.	–	–	–	x	MC10243		NC
Xylopia parviflora Spruce	x	x	x	x			
Apocynaceae							
Aspidosperma spruceanum Benth. ex Müll. Arg.	x	x	–	–			
Aspidosperma (especies no identificadas)	–	–	x	x			
Couma macrocarpa Barb. Rodr.	x	x	x	x	MC9783		
Himatanthus cf. *tarapotensis* (K. Schum. Ex. Markgr.) Plumel	x	–	–	–	MC9700		NC
Himatanthus (especie no identificada)	x	x	–	–			
Macoubea guianensis Aubl.	–	–	–	x	MC10261		
Malouetia tamaquarina (Aubl.) A.DC.	–	x	–	–	MC9840		
Mandevilla symphitocarpa (G. Mey.) Woodson	–	–	–	x	MC10142		
Parahancornia peruviana Monach.	–	–	–	x			
Rhigospira quadrangularis (Müll. Arg.) Miers	–	x	x	–	MC9889		
Tabernaemontana macrocalyx Müll. Arg.	–	–	–	x	MC10115		
Tabernaemontana sananho Ruiz & Pav.	x	–	–	–			
Tabernaemontana siphilitica (L.f.) Leeuwenb.	–	–	x	x	MC10005		
Tabernaemontana undulata Vahl	–	–	–	x	MC10242		
Aquifoliaceae							
Ilex cf. *guianensis* (Aubl.) Kuntze	–	–	–	x	MC10270		
Araceae							
Anthurium clavigerum Poepp.	x	–	–	–	MC9730		
Anthurium eminens Schott	–	x	–	–	MC9987		
Anthurium (especies no identificadas)	x	x	x	–	MC9629, 9654, 9677, 9689, 9732, 9839, 9862, 9919, 9935, 9992, 10077, 10160, 10171		

LEYENDA/LEGEND

Espécimen, Fotos/ Voucher, Photos

CV = Corine Vriesendorp
JC = Jorge Contreras Herrera
MC = Marco A. Correa Munera
MR = Marcos Ríos Paredes

Estatus/Status

EN (Co) = En Peligro en Colombia/ Endangered in Colombia

EN (IUCN) = En Peligro en el ámbito mundial/Globally Endangered

NC = Potencialmente nuevo registro para Colombia/Potentially new for Colombia

NT (IUCN) = Casi Amenazada en el ámbito mundial/Globally Near Threatened

VU (IUCN) = Vulnerable en el ámbito mundial/ Globally Vulnerable

Plantas vasculares/
Vascular plants

Nombre científico/Scientific name	Registros en campamentos/ Records at campsites				Espécimen/ Voucher	Fotos/Photos	Estatus/ Status
	El Guamo	Peñas Rojas	Orotuya	Bajo Aguas Negras			
Dracontium cf. *angustispathum* G.H.Zhu & Croat	–	x	–	–	MC9904		
Dracontium asperum K. Koch	–	x	–	–	MC9990		
Dracontium spruceanum (Schott) G.H. Zhu	–	–	x	x	MC10271		
Heteropsis flexuosa (Kunth) G.S.Bunting	x	–	–	–	MC9659, 9755		
Heteropsis (especie no identificada)	–	–	x	–	MC10149		
Monstera obliqua Miq.	–	x	–	–	MC9981		
Monstera (especie o especies no identificadas)	x	–	x	–	MC9772, 10116		
Montrichardia linifera (Arruda) Schott	–	–	–	x	MC10297	MR_330-332_c4	
Philodendron asplundii Croat & M.L.Soares	–	–	–	x	MC10178		
Philodendron elaphoglossoides Schott	–	–	–	x	MC10254		
Philodendron ernestii Engl.	x	x	–	x			
Philodendron exile G.S.Bunting	x	–	–	–	MC9674		
Philodendron lechlerianum Schott	–	–	x	–	MC10075		NC
Philodendron revillanum Croat	x	–	–	–	MC9583, 9622		
Stenospermation (especie no identificada)	–	–	–	x	MC10186, 10246		
(especie no identificada)	–	–	–	x	MC10257		
Araliaceae							
Dendropanax cf. *arboreus* (L.) Decne. & Planch.	–	x	x	x			
Dendropanax cuneatus (DC.) Decne. & Planch.	–	x	x	–	MC9858, 10025, 10164		
Arecaceae							
Aiphanes ulei (Dammer) Burret	–	x	–	–		CV_5931-5933_c2	
Astrocaryum chambira Burret	x	x	x	x			
Astrocaryum gynacanthum Mart.	x	x	x	x	MC9631	CV_6102_6106_c3	
Astrocaryum jauari Mart.	x	x	x	x			
Astrocaryum murumuru Mart.	x	–	x	x			
Attalea insignis (Mart. ex H. Wendl.) Drude	x	x	x	x	MC9758		
Attalea maripa (Aubl.) Mart.	x	x	–	x			
Bactris acanthocarpa Mart.	x	–	–	–	MC9779		
Bactris corossilla H.Karst.	x	–	–	–	MC9669		
Bactris gasipaes Kunth	–	x	–	x			
Bactris maraja Mart.	x	x	–	–	MC9618, 9586	MR_672-675_c2	
Bactris martiana A.J.Hend.	–	x	–	–	MC9885		
Bactris riparia Mart.	x	x	x	x			
Bactris simplicifrons Mart.	–	x	–	–	MC9797		
Chamaedorea pauciflora Mart.	x	x	–	–	MC9777		
Desmoncus giganteus A.J.Hend.	–	x	–	–	MC9854		
Desmoncus mitis Mart.	–	x	–	–	MC9843		
Desmoncus polyacanthos Mart.	–	x	–	–	MC9905		
Euterpe precatoria Mart.	x	x	x	x			
Geonoma camana Trail	–	–	x	–	MC9842, 10007		
Geonoma deversa (Poit.) Kunth	x	x	x	x	MC9615, 9662, 9814	JC_7379_c2	
Geonoma leptospadix Trail	x	x	x	–			
Geonoma macrostachys Mart.	x	x	x	–	MC9604, 9869	MR_260-263_c1	
Geonoma cf. *paradoxa/poiteauana*	x	–	–	–	MC9711		
Geonoma stricta (Poit.) Kunth	x	x	–	–	MC9647, 9902		

Nombre científico/Scientific name	Registros en campamentos/ Records at campsites				Espécimen/ Voucher	Fotos/Photos	Estatus/ Status
	El Guamo	Peñas Rojas	Orotuya	Bajo Aguas Negras			
Hyospathe elegans Mart.	x	–	–	–	MC9604A, 9735		
Iriartea deltoidea Ruiz & Pav.	x	x	x	x			
Mauritia flexuosa L.f.	x	x	x	x			
Mauritiella armata (Mart.) Burret	–	–	–	x			
Oenocarpus bataua Mart.	x	x	x	x			
Oenocarpus minor Mart.	x	x	x	x	MC9734	MR_281_c1	
Socratea exorrhiza (Mart.) H.Wendl.	x	x	x	x			
Aristolochiaceae							
Aristolochia (especie no identificada)	x	–	–	–			
Bignoniaceae							
Adenocalymma cladotrichum (Sandwith) L.G.Lohmann	x	x	x	x	MC9766, 10204		
Adenocalymma schomburgkii (DC.) L.G.Lohmann	–	x	–	–	MC9820		
Callichlamys latifolia (Rich.) K. Schum.	–	–	–	x			
Handroanthus chrysanthus (Jacq.) S.O.Grose	–	–	–	x			
Jacaranda copaia (Aubl.) D.Don	–	x	x	x			
Jacaranda glabra (DC.) Bureau & K.Schum.	–	x	–	–			
Bixaceae							
Bixa urucurana Willd.	–	x	–	–	MC9984		
Cochlospermum orinocense (Kunth) Steud.	–	x	–	–			
Boraginaceae							
Cordia nodosa Lam.	x	x	x	x	MC9887		
Bromeliaceae							
Aechmea angustifolia Poepp. & Endl.	–	–	x	–	MC10141		
Aechmea colombiana (L.B.Sm.) L.B.Sm. & M.A.Spencer	x	–	–	–	MC9726		
Aechmea aff. *nidularioides* L.B.Sm.	–	x	x	x			
Aechmea penduliflora André	–	x	–	–	MC9801		
Aechmea poitaei (Baker) L.B.Sm. & M.A.Spencer	x	x	–	x	MC9726, 9829, 10203		
Aechmea tillandsioides (Mart. ex Schult. & Schult.f.) Baker	x	–	–	–	MC9646		
Aechmea woronowii Harms	–	x	–	–	MC9867		
Aechmea (especies no identificadas)	x	x	x	x			
Billbergia decora Poepp. & Endl.	–	x	–	–	MC9939		
Pitcairnia cf. *macarenensis* L.B.Sm.	–	x	–	–	MC9926		
Vriesea dubia (L.B.Sm.) L.B.Sm.	–	x	–	–	MC9898		

LEYENDA/LEGEND

Espécimen, Fotos/ Voucher, Photos

CV = Corine Vriesendorp
JC = Jorge Contreras Herrera
MC = Marco A. Correa Munera
MR = Marcos Ríos Paredes

Estatus/Status

EN (Co) = En Peligro en Colombia/ Endangered in Colombia

EN (IUCN) = En Peligro en el ámbito mundial/Globally Endangered

NC = Potencialmente nuevo registro para Colombia/Potentially new for Colombia

NT (IUCN) = Casi Amenazada en el ámbito mundial/Globally Near Threatened

VU (IUCN) = Vulnerable en el ámbito mundial/ Globally Vulnerable

Plantas vasculares/
Vascular plants

Nombre científico/Scientific name	Registros en campamentos/ Records at campsites				Espécimen/ Voucher	Fotos/Photos	Estatus/ Status
	El Guamo	Peñas Rojas	Orotuya	Bajo Aguas Negras			
Burseraceae							
Crepidospermum goudotianum (Tul.) Triana & Planch.	x	x	x	x	MC9685		
Crepidospermum prancei Daly	x	x	x	x			
Crepidospermum rhoifolium (Benth.) Triana & Planch.	x	x	x	x			
Crepidospermum sp. nov.	x	–	–	–	MC9780		
Dacryodes chimantensis Steyerm. & Maguire	–	x	x	x			
Dacryodes cf. cuspidata (Cuatrec.) Daly	–	x	–	–	MC9912		
Dacryodes nitens Cuatrec.	–	–	–	x	MC10188		
Protium altsonii Sandwith	x	x	x	x			
Protium cf. alvarezianum Daly & Fine	–	–	x	–	MC10026		
Protium amazonicum (Cuatrec.) Daly	x	–	x	x			
Protium cf. apiculatum Swart	–	–	x	x	MC10200		
Protium calanense Cuatrec.	–	–	–	x	MC10249		
Protium crassipetalum Cuatrec.	–	x	x	x			
Protium ferrugineum (Engl.) Engl.	–	–	–	x	MC10210		
Protium hebetatum Daly	–	–	–	x			
Protium klugii J.F. Macbr.	–	–	–	x			
Protium leptostachyum Cuatrec.	–	x	–	–	MC9897, 9991		
Protium llanorum Cuatrec.	–	–	–	x	MC10192		
Protium cf. macrocarpum Cuatrec.	–	x	–	–	MC9911		
Protium nodulosum Swart	x	–	–				
Protium cf. opacum Swart	x	–	–	–	MC9656		
Protium sagotianum Marchand	x	x	x	x			
Protium spruceanum (Benth.) Engl.	x	x	x	x			
Protium subserratum (Engl.) Engl.	x	x	x	x			
Protium trifoliolatum Engl.	–	–	x	x	MC10024		
Tetragastris panamensis (Engl.) Kuntze	x	x	x	x			
Trattinnickia aspera (Standl.) Swart	x	–	–	–			
Trattinnickia cf. lancifolia (Cuatrec.) Daly	–	x	–	–	MC9822		
Trattinnickia (especie o especies no identificadas)	–	–	x	x			
Cactaceae							
Epiphyllum phyllanthus (L.) Haw.	–	x	–	–	MC9976		
Calophyllaceae							
Calophyllum brasiliense Cambess.	–	x	–	–			
Calophyllum longifolium Willd.	–	–	x	–	MC10029		
Clusiella axillaris (Engl.) Cuatrec.	–	–	–	x	MC10298		
Marila laxiflora Rusby	–	x					
Capparaceae							
Capparidastrum sola (J.F.Macbr.) Cornejo & Iltis	x	–	–	–	MC9640		
Capparis detonsa Triana & Planch.	x	–	–	–			
Cardiopteridaceae							
Citronella incarum (J.F.Macbr.) R.A.Howard	–	–	x	–	MC10108		
Dendrobangia boliviana Rusby	–	–	x	–	MC10041		
Dendrobangia multinervia Ducke	x	–	–	–	MC9770		
Caricaceae							
Vasconcellea microcarpa subsp. microcarpa	x	–	x	–	MC9775, 10080	MR_484-487_c1; MR_872-879_c3	

Nombre científico/Scientific name	Registros en campamentos/ Records at campsites				Espécimen/ Voucher	Fotos/Photos	Estatus/ Status
	El Guamo	Peñas Rojas	Orotuya	Bajo Aguas Negras			
Caryocaraceae							
Anthodiscus pilosus Ducke	–	–	–	x	MC10244		
Caryocar glabrum (Aubl.) Pers.	x	x	x	x			
Celastraceae							
Cheiloclinium cognatum (Miers) A.C.Sm.	–	x	x	x			
Salacia marrantha A.C.SM.	–	–	x	–	MC10158		
Zinowiewia (especie no identificada)	x	–	–	–	MC9731		
Chrysobalanaceae							
Couepia bracteosa Benth.	x	–	–	x			
Hirtella cf. *duckei* Huber	–	–	–	x	MC10212		
Hirtella racemosa Lam.	x	x	x	x			
Licania arachnoidea Fanshawe & Maguire	–	x	x	x	MC9853		
Licania harlingii Prance	x	–	–		MC9686		
Licania incana Aubl.	–	–	x	–	MC10072		NC
Licania macrocarpa Cuatrec.	x	x	x	–			
Licania octandra subsp. *octandra*	–	–	x	–	MC10028		
Parinari occidentalis Prance	x	x	x	x			
Clusiaceae							
Chrysochlamys weberbaueri Engl.	–	x	–	–	MC9823		
Clusia columnaris Engl.	–	–	–	x	MC10052		
Clusia hammeliana Pipoly	–	–	x	x	MC10094, 10126, 10273		
Clusia insignis Mart.	x	–	–	–	MC9713		
Clusia cf. *octandra* (Poepp.) Pipoly	–	–	x	–	MC10113		
Clusia panapanari (Aubl.) Choisy	–	–	x	–	MC10081		
Garcinia brasiliensis Mart.	x	x	–	x	MC9764, 10222		
Garcinia elliptica Wall. ex Wight	–	–	–	x	MC10235		NC
Garcinia macrophylla Mart.	x	x	x	–	MC9763, 9849		
Garcinia (especie no identificada)	–	–	–	x			
Moronobea coccinea Aubl.	x	x	x	–			
Symphonia globulifera L.f.	–	–	x	x	MC10031		
Tovomita brevistaminea Engl.	–	x	–	–	MC9864		
Tovomita eggersii Vesque	–	–	x	–	MC10245		
Tovomita speciosa Ducke	–	x	–	x	MC9895, 9929, 10268		
Tovomita (especies no identificadas)	x	x	x	x			
Combretaceae							
Buchenavia congesta Ducke	–	–	–	x	MC10262		

LEYENDA/LEGEND

Espécimen, Fotos/ Voucher, Photos
CV = Corine Vriesendorp
JC = Jorge Contreras Herrera
MC = Marco A. Correa Munera
MR = Marcos Ríos Paredes

Estatus/Status
EN (Co) = En Peligro en Colombia/ Endangered in Colombia
EN (IUCN) = En Peligro en el ámbito mundial/Globally Endangered
NC = Potencialmente nuevo registro para Colombia/Potentially new for Colombia

NT (IUCN) = Casi Amenazada en el ámbito mundial/Globally Near Threatened

VU (IUCN) = Vulnerable en el ámbito mundial/ Globally Vulnerable

**Plantas vasculares/
Vascular plants**

Nombre científico/Scientific name	Registros en campamentos/ Records at campsites				Espécimen/ Voucher	Fotos/Photos	Estatus/ Status
	El Guamo	Peñas Rojas	Orotuya	Bajo Aguas Negras			
Buchenavia grandis Ducke	x	x	–	–			
Buchenavia parvifolia Ducke	x	–	x	–	MC9639, 10304		
Buchenavia viridiflora Ducke	x	x	x	x			
Combretum laxum Jacq.	x	x	x	x	MC9738		
Commelinaceae							
Dichorisandra hexandra (Aubl.) Standl.	–	x	–	–	MC9979		
Dichorisandra ulei J.F. Macbr.	–	x	–	–	MC9907		
Dichorisandra villosula Schult. f.	x	–	–	–			
Dichorisandra (especie o especies no identificadas)	x	–	x	–	MC9707		
Floscopa peruviana Hassk. ex C.B.Clarke	–	x	–	–	MC9830, 10161	JC_7425_c2	
Floscopa (especie o especies no identificadas)	x	x	–	–	MC9663, 9971		
Connaraceae							
Pseudoconnarus rhynchosioides (Standl.) Prance	x	x	x	x			
Convolvulaceae							
Dicranostyles cf. *falconiana* (Barroso) Ducke	–	x	–	–	MC9796		NC
Dicranostyles sericea Gleason	–	–	x	–	MC10155		
Maripa paniculata Barb. Rodr.	–	–	x	–	MC10097	MR_925-930_c3	
Costaceae							
Costus arabicus L.	x	–	–	x	MC10301		
Costus erythrophyllus Loes.	–	x	–	–	MC9865		
Costus guanaiensis Rusby	–	x	–	–		JC_7123_c2	
Costus lasius Loes.	–	x	x	–	MC10009	CV_6151-6156_c3	
Costus scaber Ruiz & Pav.	x	x	x	–	MC9725, 9753, 9950	MR_282-287_c1	
Cucurbitaceae							
Fevillea cordifolia L.	–	x	x	–			
Guarania cf. *eriantha* (Poepp. & Endl.) Cogn.	x	–	–	x	MC9599, 10228		
Gurania pedata Sprague	–	x	–	–	MC9958		
Gurania (especies no identificadas)	x	x	x	x			
Psiguria triphylla (Miq.) C.Jeffrey	x	–	–	–	MC9799		
Cyclanthaceae							
Asplundia peruviana Harling	–	x	–	–	MC9866		
Asplundia cf. *vaupesiana* Harling	–	x	–	–			
Carludovica palmata Ruiz & Pav.	x	–	–	–			
Cyclanthus bipartitus Poit. ex A.Rich.	x	x	x	x			
Cyclanthus indivisus R.E.Schult.	–	–	–	x	MC10234		
Evodianthus funifer (Poit.) Lindm.	x	–	–	–	MC9642		
Cyperaceae							
Becquerelia cymosa Brongn.	x	x	–	–	MC9722, 9896		
Calyptrocarya bicolor/poeppigiana	x	–	–	–	MC9636		
Rhynchospora amazonica Poepp. & Kunth	x	–	–	–	MC9715		
Scleria cyperina Willd. ex Kunth	–	–	–	x	MC10231		
Scleria macrophylla J.Presl & C.Presl	–	x	–	–	MC9794		
Scleria (especies no identificadas)	x	x	x	x			
Dichapetalaceae							
Dichapetalum latifolium Baill.	–	–	x	–	MC10017		
Tapura amazonica Poepp.	–	–	x	x	MC10036	MR_60-65_c4	

Nombre científico/Scientific name	Registros en campamentos/ Records at campsites				Espécimen/ Voucher	Fotos/Photos	Estatus/ Status
	El Guamo	Peñas Rojas	Orotuya	Bajo Aguas Negras			
Tapura cf. *capitulifera* Spruce ex Baill.	–	–	–	x	MC10220		NC
Dilleniaceae							
Doliocarpus dentatus (Aubl.) Standl.	x	x	–	x			
Ebenaceae							
Diospyros glomerata Spruce ex Hiern	–	x	–	–	MC9967		
Diospyros micrantha Sandwith	x	–	–	–	MC9778		
Diospyros cf. *pseudoxylopia* Mildbr.	–	–	x	–	MC10059		
Diospyros tessmannii Mildbr.	x	–	x	–	MC9788		NC
Elaeocarpaceae							
Sloanea floribunda Spruce ex Benth.	–	x	–	–	MC9890		
Sloanea parvifructa Steyerm.	–	–	x	–	MC10096		
Erythroxylaceae							
Erythroxylum citrifolium A.St.-Hil.	x	–	–	–	MC9757		
Erythroxylum foetidum Plowman	x	–	–	–	MC9653		
Erythroxylum macrophyllum var. *macrophyllum*	–	–	–	x	MC10236		
Euphorbiaceae							
Alchornea latifolia Sw.	–	x	–	–	MC9959		
Alchorneopsis floribunda (Benth.) Müll.Arg.	–	–	x	–			
Aparisthmium cordatum (A.Juss.) Baill.	–	–	–	x	MC10195		
Caperonia palustris (L.)A.St.-Hil.	–	–	–	x	MC10293		
Conceveiba rhytidocarpa Müll.Arg.	x	x	–	–	MC9739		
Croton lechleri Müll.Arg.	–	–	x	–	MC10015		
Croton matourensis Aubl.	x	–	–	–	MC9761		
Croton palanostigma Klotzsch	–	–	x	–			
Hevea guianensis Aubl.	x	x	–	x			
Mabea cf. *frutescens* Jabl.	–	–	–	x	MC10275		
Mabea montana Müll.Arg.	–	–	x	–	MC10133		
Mabea speciosa Müll.Arg.	x	–	–	–	MC9581		
Mabea taquari Aubl.	–	x	–	–	MC9963		
Maprounea guianensis Aubl.	–	–	–	x			
Omphalea diandra L.	–	–	x	–			
Pausandra trianae (Müll.Arg.) Baill.	x	x	x	x	MC9608		
Pseudosenefeldera inclinata (Müll.Arg.) Esser	–	–	–	x			
Sagotia brachysepala (Müll.Arg.) Secco	–	–	–	x	MC10223		
Sapium marmieri Huber	–	–	–	x			
Tetrorchidium macrophyllum Müll.Arg.	–	–	x	–	MC10084		
Fabaceae							
Abarema auriculata (Benth.)Barneby & J.W.Grimes	–	x	x	x	MC10250		

LEYENDA/LEGEND

Espécimen, Fotos/ Voucher, Photos
CV = Corine Vriesendorp
JC = Jorge Contreras Herrera
MC = Marco A. Correa Munera
MR = Marcos Ríos Paredes

Estatus/Status
EN (Co) = En Peligro en Colombia/ Endangered in Colombia
EN (IUCN) = En Peligro en el ámbito mundial/Globally Endangered
NC = Potencialmente nuevo registro para Colombia/Potentially new for Colombia

NT (IUCN) = Casi Amenazada en el ámbito mundial/Globally Near Threatened

VU (IUCN) = Vulnerable en el ámbito mundial/ Globally Vulnerable

Plantas vasculares/
Vascular plants

Nombre científico/Scientific name	Registros en campamentos/ Records at campsites				Espécimen/ Voucher	Fotos/Photos	Estatus/ Status
	El Guamo	Peñas Rojas	Orotuya	Bajo Aguas Negras			
Abarema laeta (Benth.) Barneby & J.W. Grimes	x	–	–	x	MC10219		
Andira inermis (W. Wright) Kunth ex DC.	–	–	–	x			
Andira macrothyrsa Ducke	x	–	x	x	MC10013		
Andira multistipula Ducke	–	–	x	–	MC10105	MR_950-958_c3	
Apuleia leiocarpa (Vogel) J.F. Macbr.	x	–	–	–			
Bauhinia guianensis Aubl.	x	x	x	x	MC10063		
Brownea grandiceps Jacq.	x	x	x	–			
Calliandra tweediei Benth.	x	x	x	x	MC10071		NC
Cedrelinga cateniformis (Ducke) Ducke	x	x	x	x		MR_223-224_c1	
Clathrotropis cf. brachypetala (Tul.) Kleinhoonte	–	–	x	–	MC10264		
Clathrotropis macrocarpa Ducke	x	x	x	x			
Crudia glaberrima (Steud.)J.F.Macbr.	–	–	–	x	MC10289		
Cynometra bauhiniifolia Benth.	–	x	–	–			
Dialium guianense (Aubl.)Sandwith	x	x	x	x	MC10102	MR_965-972_c3	
Dipteryx odorata (Aubl.)Willd.	–	–	x	–	MC10073		
Dussia macroprophyllata (Donn.Sm.)Harms	–	x	–	–	MC9945		
Enterolobium barnebianum Mesquita & M.F.Silva	–	–	–	x	MC10277		
Enterolobium schomburgkii (Benth.)Benth.	–	–	–	x			
Hydrochorea corymbosa (Rich.)Barneby & J.W.Grimes	–	–	x	–	MC10118, 10131		
Hymenaea oblongifolia Huber	x	x	x	x			
Hymenolobium excelsum Ducke	–	–	–	x			
Inga cf. acuminata Benth.	x	–	–	–	MC9667		
Inga cf. alata Benoist	–	–	x	–	MC10112		
Inga auristellae Harms	x	x	x	x			
Inga cf. brachyrhachis Harms	–	–	x	–	MC10140		
Inga capitata Desv.	–	x	–	–			
Inga cecropietorum Ducke	x	–	–	–	MC9747		
Inga cf. ciliata C.Presl	–	–	–	x	MC10218		
Inga cordatoalata Ducke	x	x	x	x	MC9754		
Inga gracilifolia Ducke	–	–	–	x	MC10227		
Inga japurensis T.D.Penn.	–	–	–	x	MC10226		
Inga marginata Willd.	x	–	–	x			
Inga cf. megaphylla Poncy & Vester	–	–	x	–	MC10148		
Inga psittacorum L.Uribe	–	x	x	x			
Inga ruiziana G.Don	–	x	–	–			
Inga schiedeana Steud.	–	x	–	–	MC9872		NC
Inga cf. stenoptera Benth.	–	–	x	–	MC10135		
Inga vera Willd.	x	–	x	–	MC10104	MR_987-993_c3	
Machaerium aculeatum Raddi	–	–	–	x	MC10286		
Machaerium cuspidatum Kuhlm. & Hoehne	x	x	x	x			
Machaerium multifoliolatum Ducke	x	–	–	x			
Macrolobium acaciifolium (Benth.) Benth.	x	x	x	x	MC10117		
Macrolobium multijugum (DC.) Benth.	x	x	x	x			
Parkia multijuga Benth.	x	x	x	x			
Parkia nitida Miq.	x	x	x	–			
Parkia velutina Benoist	x	x	x	–	MC10014		
Pterocarpus amazonum (Mart. ex Benth.) Amshoff	x	x	x	x	MC9728, 9922	JC_7933_c2	

Nombre científico/Scientific name	Registros en campamentos/ Records at campsites				Espécimen/ Voucher	Fotos/Photos	Estatus/ Status
	El Guamo	Peñas Rojas	Orotuya	Bajo Aguas Negras			
Pterocarpus cf. *rohrii* Vahl	x	–	–	–	MC9852		
Schnella cf. *reflexa* (Schery) Wunderlin	–	–	–	x	MC10252		NC
Senna macrophylla (Kunth) H.S.Irwin & Barneby	–	–	x	–	MC10138		
Stryphnodendron polystachyum (Miq.) Kleinhoonte	x	x	–	–			NC
Stryphnodendron porcatum D.A.Neill & Occhioni f.	–	–	x	x	MC10279	JC_5617-5623_c4	
Stryphnodendron (especie no identificada)	–	x	–	–	MC9850		
Swartzia arborescens (Aubl.) Pittier	–	x	–	x			
Swartzia auriculata Poepp.	–	x	–	–		JC_7687_c2	
Swartzia calva R.S. Cowan	–	x	x	x	MC9846		
Swartzia cf. *cardiosperma* Spruce ex Benth.	–	x	–	–			
Swartzia klugii (R.S. Cowan) Torke	–	x	–	–			
Swartzia myrtifolia Sm.	–	x	–	–	MC9827		
Swartzia simplex (Sw.) Spreng.	–	x	–	–	MC9888		
Tachigali formicarum Harms	–	x	–	x			
Tachigali cf. *guianensis* (Benth.) Zarucchi & Herend.	x	–	–	–	MC9781		
Tachigali macbridei Zarucchi & Herend.	x	–	–	x			NC
Tachigali pilosula ined.	x	x	x	x			
Tachigali puberula	–	–	x	–	MC10043		
Tachigali setifera (Ducke) Zarucchi & Herend.	x	x	–	–			
Tachigali cf. *setifera* (Ducke) Zarucchi & Herend.	–	–	x	–	MC10044		
Zygia coccinea (G. Don) L. Rico	–	x	–	–	MC9806		
Zygia longifolia (Humb. & Bonpl. ex Willd.) Britton & Rose	x	x	x	–			
Gentianaceae							
Potalia elegans Struwe & V.A.Albert	x	–	–	–	MC9786	MR_415-423_c1	
Potalia (especie no identificada)	–	x	–	x	MC10267		
Gesneriaceae							
Besleria aggregata (Mart.) Hanst.	x	–	–	–	MC9672		
Besleria inaequalis C.V.Morton	x	–	–	–	MC9648		
Codonanthe crassifolia (H.Focke) C.V.Morton	–	–	–	x	MC10290		
Codonanthe uleana Fritsch, H.Karst. & Schenck	–	–	x	–	MC10130		
Columnea ericae Mansf.	–	–	x	–	MC10121		
Drymonia anisophylla L.E.Skog & L.P.Kvist	x	–	–	–	MC9742		
Drymonia coccinea (Aubl.) Wiehler	x	–	x	–	MC9592, 10091, 10232		
Drymonia pendula (Poepp.) Wiehler	x	x	x	–	MC9582, 10000	JC_8061_c2	
Drymonia semicordata (Poepp.) Wiehler	–	–	–	x	MC10303		
Drymonia serrulata (Jacq.) Mart.	–	–	x	–	MC10030		

LEYENDA/LEGEND

Espécimen, Fotos/ Voucher, Photos

CV = Corine Vriesendorp
JC = Jorge Contreras Herrera
MC = Marco A. Correa Munera
MR = Marcos Ríos Paredes

Estatus/Status

EN (Co) = En Peligro en Colombia/ Endangered in Colombia

EN (IUCN) = En Peligro en el ámbito mundial/Globally Endangered

NC = Potencialmente nuevo registro para Colombia/Potentially new for Colombia

NT (IUCN) = Casi Amenazada en el ámbito mundial/Globally Near Threatened

VU (IUCN) = Vulnerable en el ámbito mundial/ Globally Vulnerable

Plantas vasculares/
Vascular plants

Nombre científico/Scientific name	Registros en campamentos/ Records at campsites				Espécimen/ Voucher	Fotos/Photos	Estatus/ Status
	El Guamo	Peñas Rojas	Orotuya	Bajo Aguas Negras			
Drymonia (especie no identificada)	–	x	–	–	MC9815		
Episcia reptans Mart.	–	–	x	–	MC10162	CV_6076-6078_c3	
Nautilocalyx pallidus (Sprague) Sprague	–	–	x	–	MC10095		
Gnetaceae							
Gnetum nodiflorum Brongn.	–	x	x	–	MC9917		
Goupiaceae							
Goupia glabra Aubl.	x	x	x	x			
Heliconiaceae							
Heliconia hirsuta L.f.	x	–	x	–	MC9611, 10143		
Heliconia juliani Barreiros	–	x	–	–	MC9812, 9988		
Heliconia juruana Loes.	–	–	–	x			
Heliconia lourteigiae Emygdio & E.Santos	x	x	–	–	MC9687		
Heliconia marginata (Griggs) Pittier	–	–	–	x	MC10299		
Heliconia rostrata Ruiz & Pav.	–	–	–	x			
Heliconia schumanniana Loes.	x	–	–	–	MC9704, 9949		
Heliconia spathocircinata Aristeg.	x	x	–	–	MC9762, 9875, 10070	MR_462-468_c1	
Heliconia stricta Huber	x	x	x	–	MC9733	MR_318-326_c1	
Heliconia velutina L.Andersson	x	–	–	–	MC9679		
Heliconia (especie no identificada)	–	x	–	–	MC9874		
Humiriaceae							
Sacoglottis ceratocarpa Ducke	–	–	–	x	MC10216		
Sacoglottis (especie no identificada)	x	–	–	–			
Vantanea parviflora Lam.	–	–	x	–	MC10049		
Hypericaceae							
Vismia cayennensis (Jacq.) Pers.	–	–	x	x	MC10051, 10240		
Vismia glabra Ruiz & Pav.	–	–	–	x			NC
Vismia macrophylla Kunth	x	x	x	x			
Vismia cf. *minutiflora* Ewan	–	–	x	x	MC10061, 10280		
Icacinaceae							
Casimirella ampla (Miers) R.A.Howard	–	–	x	–	MC10136		
Poraqueiba sericea Tul.	–	–	–	x			
Lamiaceae							
Vitex cf. *klugii* Moldenke	–	x	–	–	MC9803		
Vitex orinocensis Kunth	–	x	–	–	MC9953		
Vitex triflora Vahl	–	–	x	–			
Lauraceae							
Aniba cylindriflora Kosterm.	–	x	–	–	MC9934		
Aniba guianensis Aubl.	–	x	–	x	MC9841	JC_7944-7945_c2	
Aniba hostmanniana (Nees) Mez	–	x	–	–			
Aniba puchury-minor (Mart.) Mez	–	x	–	–			
Aniba terminalis Ducke	–	–	–	x	MC10230		NC
Endlicheria anomala (Nees) Mez	–	–	x	–	MC10153		
Endlicheria sericea Nees	–	–	x	–	MC10106		
Endlicheria sprucei (Meisn.) Mez	–	x	–	–	MC9873		
Licaria aurea (Huber) Kosterm.	–	–	–	x	MC10201		
Ocotea cf. *amazonica* (Meisn.) Mez	–	–	x	–	MC10087		

Nombre científico/Scientific name	Registros en campamentos/ Records at campsites				Espécimen/ Voucher	Fotos/Photos	Estatus/ Status
	El Guamo	Peñas Rojas	Orotuya	Bajo Aguas Negras			
Ocotea cernua (Nees) Mez	–	–	–	x	MC10284		
Ocotea floribunda (Sw.) Mez	–	x	–	–	MC9861		
Ocotea javitensis (Kunth) Pittier	x	x	x	x	MC9643, 10035		
Ocotea longifolia Kunth	x	–	–	–			
Ocotea oblonga (Meisn.) Mez	–	x	–	x	MC10241		
Ocotea cf. *pullifolia* van der Werff	–	–	–	x	MC10281		NC
Ocotea rhodophylla Vicent.	x	–	–	–	MC9776		
Ocotea (especie no identificada)	–	–	x	–	MC10053		
Persea cf. *pseudofasciculata* L.E.Kopp	–	x	x	–	MC9847		
Lecythidaceae							
Allantoma decandra (Ducke) S.A.Mori, Ya Y.Huang & Prance	x	x	–	–			
Couratari guianensis Aubl.	x	x	x	x			VU (IUCN)
Eschweilera coriacea (DC.) S.A.Mori	–	–	–	x	MC9628, 9999		
Eschweilera parvifolia Mart. ex DC.	–	–	x	–	MC10128		
Eschweilera tessmannii R.Knuth	–	–	–	x	MC10213		
Grias neuberthii J.F.Macbr.	x	–	–	–	MC9701		
Gustavia augusta L.	x	–	–	–	MC9591		
Gustavia poeppigiana O.Berg	–	x	–	–	MC9821		
Gustavia pulchra Miers	–	x	–	–	MC9881		
Linaceae							
Hebepetalum humiriifolium (Planch.) Benth.	x	x	x	x			
Roucheria columbiana Hallier f.	–	–	–	x	MC10180		
Roucheria schomburgkii Planch.	–	x	–	x	MC9996		
Loganiaceae							
Strychnos amazonica Krukoff	–	–	x	–	MC10174		
Strychnos mitscherlichii M.R.Schomb.	–	–	x	–			
Loranthaceae							
Phthirusa pyrifolia (Kunth) Eichler	–	–	x	–	MC10107		
Phthirusa (especie no identificada)	–	x	–	–	MC9793		
Lythraceae							
Cuphea melvilla Lindl.	x	–	–	x	MC10302		
Malpighiaceae							
Banisteriopsis caapi (Spruce ex Griseb.) Morton	–	–	x	–	MC10157		
Mezia includens (Benth.) Cuatrec.	–	x	–	–	MC9927		
Tetrapterys mucronata Cav.	–	x	–	–	MC9965		
Malvaceae							
Apeiba aspera Aubl.	x	x	x	x			

LEYENDA/LEGEND

**Espécimen, Fotos/
Voucher, Photos**

CV = Corine Vriesendorp

JC = Jorge Contreras Herrera

MC = Marco A. Correa Munera

MR = Marcos Ríos Paredes

Estatus/Status

EN (Co) = En Peligro en Colombia/ Endangered in Colombia

EN (IUCN) = En Peligro en el ámbito mundial/Globally Endangered

NC = Potencialmente nuevo registro para Colombia/Potentially new for Colombia

NT (IUCN) = Casi Amenazada en el ámbito mundial/Globally Near Threatened

VU (IUCN) = Vulnerable en el ámbito mundial/ Globally Vulnerable

**Plantas vasculares/
Vascular plants**

Nombre científico/Scientific name	Registros en campamentos/ Records at campsites				Espécimen/ Voucher	Fotos/Photos	Estatus/ Status
	El Guamo	Peñas Rojas	Orotuya	Bajo Aguas Negras			
Apeiba tibourbou Aubl.	x	x	–	–			
Ceiba pentandra (L.) Gaertn.	x	x	–	x			
Eriotheca macrophylla (K.Schum.) A.Robyns	x	x	x	–			
Herrania nitida (Poepp.) R.E.Schult.	–	x	–	–			
Lueheopsis cf. *althaeiflora* (Spruce ex Benth.) Burret	x	x	–	x			
Matisia malacocalyx (A.Robyns & S.Nilsson) W.S. Alverson	–	x	–	–		JC_7477_c2	
Matisia ochrocalyx K. Schum.	–	x	–	–	MC9809		
Mollia gracilis Spruce ex Benth.	–	x	–	–			
Ochroma pyramidale (Cav. ex Lam.) Urb.	–	–	–	x			
Pseudobombax munguba (Mart.) Dugand	–	x	–	–	MC9859		
Quararibea guianensis Aubl.	x	x	x	–	MC9590		
Quararibea (especie o especies no identificadas)	–	x	x	–	MC10062		
Sterculia apeibophylla Ducke	x	x	–	–			
Sterculia apetala (Jacq.) H.Karst.	x	–	–	–			
Sterculia frondosa Rich.	x	x	–	–			
Theobroma cacao L.	x	x	x	–	MC9871, 9954		
Theobroma obovatum Klotzsch ex Bernoulli	x	x	x	x	MC9818, 10263	JC_7405_c2	
Theobroma speciosum Willd. ex Spreng.	x	x	x	–			NC
Theobroma subincanum Mart.	x	x	x	x	MC9641		
Marantaceae							
Calathea loesenerii J.F.Macbr.	–	x	–	–	MC9868, 9880		
Calathea micans (L.Mathieu) Körn.	x	x	x	–	MC9585, 9901		
Calathea microcephala (Poepp. & Endl.) Körn.	–	x	–	–	MC9986		
Calathea multicincta H.A.Kenn.	–	x	–	–	MC9916		
Calathea propinqua (Poepp. & Endl.) Körn.	–	x	–	–	MC9972		
Calathea roseobracteata H.A.Kenn.	–	–	x	–	MC10011, 10048		EN (IUCN)
Calathea variegata (K.Koch) Linden ex Körn.	–	–	x	–	MC10045		
Goeppertia umbrosa (Körn.) Borchis & S. Suárez	x	–	–	–	MC9789		NC
Ischnosiphon arouma (Aubl.) Körn.	x	–	–	–	MC9623		
Ischnosiphon leucophaeus (Poepp. & Endl.) Körn.	x	x	x	–	MC9817	JC_7371_c2	
Ischnosiphon obliquus (Rudge) Körn.	–	x	–	–	MC9942		
Ischnosiphon puberulus Loes.	x	–	–	–	MC9708		
Monotagma laxum (Poepp. & Endl.) K.Schum.	–	x	–	–	MC9844		
Monotagma cf. *maragdianum* (Lindl.) K.Schum.	–	–	–	x	MC10190		NC
Monotagma secundum (Petersen) K.Schum.	x	x	x	x	MC9696		
Marcgraviaceae							
Marcgravia punctifolia S. Dressler	x	–	–	–	MC9697		
Marcgraviastrum mixtum ((Triana & Planch.) Bedell	–	x	–	–	MC9877		
Marcgraviastrum cf. *mixtum* (Triana & Planch.) Bedell	–	–	x	–	MC10100		
Norantea guianensis Aubl.	–	x	–	–	MC10101		
Souroubea (especie no identificada)	–	x	–	–			
Melastomataceae							
Aciotis purpurascens (Aubl.) Triana	–	x	–	–	MC9930		
Aciotis (especie no identificada)	–	–	–	x	MC10129		
Adelobotrys adscendens (Sw.) Triana	–	–	–	x	MC10196		
Bellucia acutata Pilg.	–	x	–	–	MC9893	MR_676-683_c2	

Nombre científico/Scientific name	Registros en campamentos/ Records at campsites				Espécimen/ Voucher	Fotos/Photos	Estatus/ Status
	El Guamo	Peñas Rojas	Orotuya	Bajo Aguas Negras			
Bellucia cf. *grossularioides* (L.) Triana	–	–	–	x			
Bellucia (especie no identificada)	–	–	–	x	MC10237		
Blakea rosea (Ruiz & Pav.) D. Don	x	x	–	x	MC9673		
Clidemia capitellata (Bonpl.) D. Don	x	–	–	–	MC9712		
Clidemia hirta (L.) D. Don	–	x	–	–	MC9997		
Henriettea stellaris O. Berg ex Triana	–	–	–	x	MC10295		
Leandra chaetodon (DC.) Cogn.	–	–	–	x	MC10198		
Leandra cf. *rhodopogon* (DC.) Cogn.	–	–	–	x	MC10193		
Maieta guianensis Aubl.	x	x	x	x	MC9683, 10179		
Miconia bubalina (D. Don) Naudin	x	x	–	x	MC9671, 10217		
Miconia nervosa (Sm.) Triana	–	–	x	–	MC10068		
Miconia prasina (Sw.) DC.	x	–	–				
Miconia punctata (Desr.) D. Don ex DC.	–	–	x				
Miconia serrulata (DC.) Naudin	x	–	x	x	MC10137		
Miconia titanophylla	x	–	–	–	MC9760		
Miconia tomentosa (Rich.) D. Don ex DC.	x	x	x	x			
Miconia trinervia (Sw.) D. Don ex Loudon	x	–	–	–	MC9630		
Miconia (especies no identificadas)	x	x	x	–	MC9610, 9825, 9903, 10018, 10054, 10124, 10169		
Mouriri grandiflora DC.	–	x	x	–			
Mouriri myrtifolia Spruce ex Triana	x	–	–	–	MC9787		
Mouriri myrtilloides (Sw.) Poir.	–	x	x	–			
Tococa bullifera Mart. & Schrank ex DC.	–	x	–	x	MC9798, 10183		
Tococa cf. *coronata* Benth.	–	x	–	–	MC9970		
Tococa guianensis Aubl.	x	x	x	x	MC9768		
Tococa macrophysca Spruce ex Triana	–	–	–	x			
Meliaceae							
Cabralea canjerana (Vell.) Mart.	–	x	x	x	MC9961		
Cedrela odorata L.	x	–	–	–			VU (IUCN), EN (Co)
Guarea ecuadoriensis W.Palacios	x	x	x	–			
Guarea fistulosa W.Palacios	x	x	x	x	MC9684		
Guarea grandifolia DC.	–	x	–	–	MC9962		
Guarea juglandiformis T.D.Penn.	x	–	–	–			VU (IUCN)
Guarea kunthiana A.Juss.	–	x	x	–	MC9709, 9909, 10083		

LEYENDA/LEGEND

Espécimen, Fotos/ Voucher, Photos

CV = Corine Vriesendorp
JC = Jorge Contreras Herrera
MC = Marco A. Correa Munera
MR = Marcos Ríos Paredes

Estatus/Status

EN (Co) = En Peligro en Colombia/ Endangered in Colombia

EN (IUCN) = En Peligro en el ámbito mundial/Globally Endangered

NC = Potencialmente nuevo registro para Colombia/Potentially new for Colombia

NT (IUCN) = Casi Amenazada en el ámbito mundial/Globally Near Threatened

VU (IUCN) = Vulnerable en el ámbito mundial/ Globally Vulnerable

Plantas vasculares/
Vascular plants

Nombre científico/Scientific name	Registros en campamentos/ Records at campsites				Espécimen/ Voucher	Fotos/Photos	Estatus/ Status
	El Guamo	Peñas Rojas	Orotuya	Bajo Aguas Negras			
Guarea macrophylla Vahl	x	x	x	x	MC10144		
Guarea cf. *polymera* Little	x	–	–	–	MC9710		VU (IUCN)
Guarea pterorhachis Harms	x	x	x	–	MC9752		
Guarea pubescens (Rich.) A.Juss.	–	x	–	–	MC9848		
Guarea silvatica C.DC.	–	–	–	x	MC10233		
Trichilia acuminata (Humb. & Bonpl. ex Roem. & Schult.) C.DC.	–	–	–	x	MC10259		VU (IUCN)
Menispermaceae							
Abuta grandifolia (Mart.) Sandwith	x	x	x	x	MC9670, 10076		
Abuta pahnii (Mart.) Krukoff & Barneby	x	x	x	x			
Sciadotenia toxifera Krukoff & A.C. Sm.	–	x	–	–	MC9819		
Monimiaceae							
Mollinedia tomentosa (Benth.) Tul.	–	–	x	–	MC10010		
Moraceae							
Batocarpus orinocensis H.Karst.	–	x	x	–	MC9813, 10078		
Brosimum guianense (Aubl.) Huber ex Ducke	–	–	–	x			
Brosimum lactescens (S.Moore) C.C.Berg	–	x	–	x			
Brosimum parinarioides Ducke	x	–	x	–			
Brosimum rubescens Taub.	–	–	x	x	MC10187		
Brosimum utile subsp. *utile*	x	x	x	x	MC10191		
Clarisia racemosa Ruiz & Pav.	x	x	x	x			
Ficus cf. *amazonica* (Miq.) Miq.	–	–	–	x	MC10283		
Ficus insipida Willd.	–	x	x	x			
Ficus nymphaeifolia Mill.	x	x	–	x			
Ficus schultesii Dugand	–	–	x	–	MC10156		
Ficus trigona L.f. s.l.	x	x	–	–			
Helicostylis scabra (J.F.Macbr.) C.C.Berg	–	x	–	–			
Helicostylis tomentosa (Poepp. & Endl.) J.F.Macbr.	x	x	–	x			
Maquira calophylla (Poepp. & Endl.) C.C.Berg	–	–	x	–			
Maquira guianensis Aubl.	–	–	–	x	MC10023		
Naucleopsis glabra Spruce ex Pittier	–	–	–	x			
Naucleopsis imitans (Ducke) C.C.Berg	x	x	–	–			
Naucleopsis ternstroemiiflora (Mildbr.) C.C. Berg	x	–	–	–			
Naucleopsis ulei (Warb.) Ducke	x	x	–	–			
Perebea guianensis Aubl.	–	–	x	–	MC10090		
Perebea mollis (Poepp. & Endl.) Huber	x	–	–	–	MC9765		
Pseudolmedia laevigata Trécul	x	x	x	x			
Pseudolmedia laevis (Ruiz & Pav.) J.F.Macbr.	x	x	x	x		MR_848-853_c3	
Sorocea guilleminiana Gaudich.	–	x	–	–	MC9782		VU (IUCN)
Sorocea muriculata Miq.	x	x	–	–			
Sorocea cf. *pubivena* Hemsl.	x	x	–	–	MC9596		
Trymatococcus amazonicus Poepp. & Endl.	–	x	–	x	MC9828	JC_7360_c2	
Myristicaceae							
Iryanthera juruensis Warb.	–	–	x	–			
Iryanthera laevis Markgr.	x	–	–	–			
Iryanthera lancifolia Ducke	x	x	x	x			
Iryanthera paradoxa (Schwacke) Warb.	x	x	x	x			

Nombre científico/Scientific name	Registros en campamentos/ Records at campsites				Espécimen/ Voucher	Fotos/Photos	Estatus/ Status
	El Guamo	Peñas Rojas	Orotuya	Bajo Aguas Negras			
Iryanthera paraensis Huber	–	–	x	–	MC10122		
Osteophloeum platyspermum (Spruce ex A.DC.) Warb.	–	x	–	–	MC9913		
Otoba glycycarpa (Ducke) W.A.Rodrigues & T.S.Jaram.	x	x	x				
Otoba parvifolia (Markgr.) A.H.Gentry	–	x	–	–			
Virola calophylla (Spruce) Warb.	x	x	x	x			
Virola decorticans Ducke	x	–	–	–			
Virola duckei A.C.Sm.	x	x	x	–			
Virola elongata (Benth.) Warb.	x	x	x	x	MC10260		
Virola flexuosa A.C. Sm.	x	x	x	x			
Virola multicostata Ducke	–	x	–	x			
Virola multinervia Ducke	–	x	–	–			
Virola obovata Ducke	–	x	–	–			
Virola pavonis (A.DC.) A.C.Sm.	x	x	x	x			
Myrtaceae							
Calyptranthes cf. *bipennis* O. Berg	–	–	–	x	MC10247		
Eugenia anastomosans DC.	–	x	–	–	MC9974		
Eugenia (especie no identificada)	–	–	–	x	MC10285		
Myrcia cf. *splendens* (Sw.) DC.	–	x	–	–	MC9985		
Myrcia (especies no identificadas)	–	–	x	x	MC10123, 10134, 10292		
Psidium (especie no identificada)	x	–	–	–	MC9598		
(especies no identificadas)	x	–	–	x	MC9746, 10209		
Nyctaginaceae							
Guapira costaricana (Standl.) Woodson	–	–	–	x	MC10224		
Guapira cuspidata (Heimerl) Lundell	–	–	x	–	MC10085		
Guapira glabriflora Steyerm.	–	x	x	–	MC9851, 10003		NC
Guapira cf. *noxia* (Netto) Lundell	x	–	–	–	MC9774		NC
Neea divaricata Poepp. & Endl.	x	–	x	–	MC9660		
Neea (especies no identificadas)	–	–	–	x	MC10197, 10229		
Ochnaceae							
Cespedesia spathulata (Ruiz & Pav.) Planch.	–	–	–	x			
Lacunaria crenata (Tul.) A.C.Sm.	–	x	–	–	MC10086, 10088	MR_843-847_c3	
Lacunaria jenmanii (Oliv.) Ducke	x	–	–	–			
Ouratea cf. *kananariensis* Sastre	–	–	–	x	MC10253, 10291		
Ouratea (especie no identificada)	x	–	–	–	MC9716		

LEYENDA/LEGEND

Espécimen, Fotos/ Voucher, Photos

CV = Corine Vriesendorp
JC = Jorge Contreras Herrera
MC = Marco A. Correa Munera
MR = Marcos Ríos Paredes

Estatus/Status

EN (Co) = En Peligro en Colombia/ Endangered in Colombia

EN (IUCN) = En Peligro en el ámbito mundial/Globally Endangered

NC = Potencialmente nuevo registro para Colombia/Potentially new for Colombia

NT (IUCN) = Casi Amenazada en el ámbito mundial/Globally Near Threatened

VU (IUCN) = Vulnerable en el ámbito mundial/ Globally Vulnerable

Plantas vasculares/
Vascular plants

Nombre científico/Scientific name	Registros en campamentos/ Records at campsites				Espécimen/ Voucher	Fotos/Photos	Estatus/ Status
	El Guamo	Peñas Rojas	Orotuya	Bajo Aguas Negras			
Touroulia cf. *amazonica* Pires & A.S.Foster	–	–	x	–	MC9879		
Olacaceae							
Curupira tefeensis G.A.Black	–	x	–	–	MC9835		
Dulacia candida (Poepp.) Kuntze	–	–	x	–			
Dulacia inopiflora (Miers) Kuntze	–	–	x	–	MC10042		
Heisteria acuminata (Bonpl.)Engl.	–	x	–	–	MC9845		
Heisteria duckei Sleumer	–	x	–	–	MC9833		
Heisteria scandens Ducke	–	x	–	–			
Heisteria spruceana Engl.	–	x	–	–	MC9964		
Minquartia guianensis Aubl.	x	x	x	x			
Onagraceae							
Ludwigia erecta (L.) H.Hara	–	–	–	x	MC10294		
Ludwigia (especie no identificada)	–	–	–	x			
Orchidaceae							
Maxillaria cf. *kegelii* Rchb.f.	–	x	–	–	MC9932		
Palmorchis (especie no identificada)	–	x	–	–	MC9977		
Pleurothallis (especies no identificadas)	x	–	x	–	MC9771, 10033		
Specklinia picta (Lindl.) Pridgeon & M.W.Chase.	x	–	–	–	MC9737		
Stelis cf. *aviceps* Lindl.	–	–	x	–	MC10093		
(especies no identificadas)	x	–	–	–	MC9690, 9740		
Oxalidaceae							
Biophytum (especie no identificada)	–	x	–	–			
Biophytum somnians (Mart. & Zucc.) G.Don	–	x	–	–	MC9808		
Passifloraceae							
Dilkea retusa Mast.	–	–	–	x	MC10269		
Dilkea tillettii Feuillet	x	–	–	–	MC9658		
Dilkea (especie no identificada)	x	–	–	–			
Passiflora spinosa (Poepp. & Endl.) Mast.	x	x	–	–	MC9831	JC_7428_c2	
Phyllanthaceae							
Hieronyma alchorneoides Allemão	–	x	x	x	MC10110		
Hieronyma oblonga (Tul.) Müll.Arg.	x	–	–	x	MC9769		
Phyllanthus attenuatus Miq.	–	–	–	x	MC10225		
Richeria grandis Vahl	–	x	–	–	MC9946		
Phytolaccaceae							
Petiveria (especie no identificada)	–	–	x	–	MC10127		
Phytolacca weberbaueri H. Walter	–	x	–	–	MC9968		NC
Picramniaceae							
Picramnia cf. *antidesma* Sw.	–	–	–	x	MC10194		
Picramnia sellowii Planch.	x	x	x	x	MC9870		
Picramnia cf. *spruceana* Engl.	x	–	–	–	MC9694		
Piperaceae							
Peperomia elongata Kunth	x	–	–	–	MC9620, 9695		
Peperomia pseudopereskiifolia C. DC.	x	–	–	–	MC9612		
Peperomia rotundifolia (L.) Kunth	–	x	–	–	MC9891		
Peperomia serpens (Sw.) Loudon	x	–	x	–	MC9699, 10032		
Piper anonifolium (Kunth) Steud.	–	x	–	–	MC9824		
Piper arboreum Aubl.	x	–	x	–	MC9589, 10056		

Nombre científico/Scientific name	Registros en campamentos/ Records at campsites				Espécimen/ Voucher	Fotos/Photos	Estatus/ Status
	El Guamo	Peñas Rojas	Orotuya	Bajo Aguas Negras			
Piper augustum Rudge	x	x	x	x	MC10065		
Piper calanyanum Trel. & Yunck.	x	–	–	–	MC9587		
Piper cernuum Vell.	–	–	x	–	MC10055		
Piper cililimbum Yunck.	–	x	–	–	MC9855		
Piper consanguineum Kunth	–	x	–	x	MC9784, 10238		
Piper cf. *corpulentispicum* Trel. & Yunck.	–	–	–	x	MC10221		
Piper cf. *demeraranum* (Miq.) C.DC.	–	–	x	–	MC10039		
Piper cf. *dumosum* Rudge	–	–	x	–	MC10020		
Piper hispidum Sw.	–	x	–	–	MC9957		
Piper cf. *krukoffii* Yunck.	x	x	x	–	MC9584, 9606, 9682, 9993, 10074		NC
Piper cf. *macrotrichum* C.DC.	–	–	–	x	MC10266		
Piper putumayoense Trel. & Yunck.	x	–	x	–	MC9603		
Piper trigonum C.DC.	–	x	–	–	MC9994		
Piper tuberculatum Jacq.	–	x	–	–	MC9995		
Piper (especies no identificadas)	x	–	x	–	MC9675, 10175		
Poaceae							
Guadua angustifolia Kunth	x	x	x	x			
Guadua incana Londoño	–	–	x	–	MC10139		
Ischnanthus (especie no identificada)	x	–	–	–	MC9657		
Olyra cf. *ciliatifolia* Raddi	–	–	x	–	MC10027		
Olyra (especie no identificada)	–	–	x	–	MC10058		
Pariana cf. *campestris* Aubl.	x	–	–	–	MC9609		
Pariana stenolemma Tutin	–	–	x	–	MC10004		
Pariana (especie no identificada)	x	x	x	–	MC10057		
Polygalaceae							
Diclidanthera penduliflora Mart.	x	x	–	x	MC9933, 9605, 10103		
Moutabea aculeata (Ruiz & Pav.) Poepp. & Endl.	x	–	x	–	MC10125		
Polygonaceae							
Coccoloba coronata Jacq.	–	–	–	x	MC10154		
Coccoloba densifrons Mart. ex Meisn.	–	–	x	–	MC10111		
Coccoloba marginata Benth.	–	x	–	–	MC9966		
Symmeria paniculata Benth.	–	x	–	–			
Pontederiaceae							
Pontederia subovata (Seub.) Lowden	–	–	–	x	MC10296	MR_226-231_c4	
Primulaceae							
Clavija harlingii B.Ståhl	–	x	–	–	MC9924		

LEYENDA/LEGEND

**Espécimen, Fotos/
Voucher, Photos**

CV = Corine Vriesendorp

JC = Jorge Contreras Herrera

MC = Marco A. Correa Munera

MR = Marcos Ríos Paredes

Estatus/Status

EN (Co) = En Peligro en Colombia/ Endangered in Colombia

EN (IUCN) = En Peligro en el ámbito mundial/Globally Endangered

NC = Potencialmente nuevo registro para Colombia/Potentially new for Colombia

NT (IUCN) = Casi Amenazada en el ámbito mundial/Globally Near Threatened

VU (IUCN) = Vulnerable en el ámbito mundial/ Globally Vulnerable

Plantas vasculares/
Vascular plants

Nombre científico/Scientific name	Registros en campamentos/ Records at campsites				Espécimen/ Voucher	Fotos/Photos	Estatus/ Status
	El Guamo	Peñas Rojas	Orotuya	Bajo Aguas Negras			
Clavija ornata D.Don.	–	x	–	–	MC9944		
Cybianthus gigantophyllus Pipoly	x	–	–	–	MC9785		
Cybianthus peruvianus (A.DC.) Miq.	–	x	x	–			
Stylogyne ardisioides (Kunth) Mez	–	x	–	–	MC9792		
Stylogyne cf. *longifolia* (Mart. ex Miq.) Mez.	–	x	–	–	MC9826		
Rapateaceae							
Rapatea paludosa Aubl.	–	x	–	x	MC9883	MR_709-718_c2	
Rhizophoraceae							
Cassipourea peruviana Alston	x	–	–	–	MC9773		
Sterigmapetalum obovatum Kuhlm.	–	–	–	x	MC10184		
Sterigmapetalum (especie no identificada)	–	–	x	–	MC10158		
Rubiaceae							
Alibertia latifolia (Benth.) K. Schum	–	x	–	–	MC10151		
Alibertia cf. *occidentalis* Delprete & C.H. Perss.	x	–	–	–	MC9649		
Calycophyllum megistocaulum (K. Krause) C.M. Taylor	x	x	x	x			
Capirona decorticans Spruce	x	–	–	–	MC9624		
Cephalanthus (especie no identificada)	x	–	–	–	MC9744		NC
Chimarrhis gentryana Delprete	x	–	–	x			
Coussarea amplifolia C.M. Taylor	x	–	–	–	MC9601		
Coussarea brevicaulis K. Krause	–	x	–	–	MC9980		
Coussarea evoluta Steyerm.	–	x	–	–	MC9973		
Coussarea klugii Steyerm.	–	–	x	–	MC10092		
Coussarea cf. *paniculata* (Willd.) Standl.	–	x	–	–	MC9952		
Coussarea cf. *resinosa* C.M. Taylor	x	–	–	–	MC9597		
Coussarea cf. *spiciformis* C.M. Taylor	–	x	–	–	MC9838		
Duroia hirsuta (Poepp.) K. Schum.	x	x	x	x	MC9655, 9741, 9816		
Exostema maynense Poepp.	–	x	–	–	MC9936		NC
Faramea anisocalyx Poepp. & Endl.	–	x	–	–	MC9810		
Faramea capillipes Müll. Arg.	–	x	–	–	MC9800	JC_7473_c2	
Faramea glandulosa Poepp. & Endl.	–	x	–	–	MC9960		
Faramea cf. *tamberlikiana* Müll. Arg.	–	–	x	–	MC9951, 9989		
Faramea torquata Müll. Arg.	x	–	–	–	MC9721		
Faramea verticillata C.M. Taylor	x	–	–	–	MC9594		
Ferdinandusa (especie no identificada)	–	–	–	x	MC10189		
Geophila repens (L.) I.M. Johnst.	–	x	–	–	MC9982		
Gonzalagunia (especie no identificada)	–	–	x	–	MC10066		
Hamelia patens Jacq.	–	x	–	–	MC9947		
Isertia rosea Spruce ex K. Schum.	x	x	x	–	MC9693		
Ixora killipii Standl.	–	–	x	–	MC10002		
Ixora spruceana Müll. Arg.	–	x	–	–	MC9928		
Ladenbergia amazonensis Ducke	–	x	–	x	MC9882	MR_657-663_c2	
Notopleura plagiantha (Standl.) C.M. Taylor	x	–	x	–	MC9645, 10019		
Palicourea cf. *alba* (Aubl.) Delprete & J.H. Kirkbr.	–	–	x	–	MC10089		
Palicourea brachiata Sw.	–	x	–	–	MC9834		

Nombre científico/Scientific name	Registros en campamentos/ Records at campsites				Espécimen/ Voucher	Fotos/Photos	Estatus/ Status
	El Guamo	Peñas Rojas	Orotuya	Bajo Aguas Negras			
Palicourea cf. *debilis (Müll. Arg.) Delprete & J.H. Kirkbr.*	–	x	–	–	MC9894		
Palicourea fastigiata Kunth	–	–	–	x	MC10288		
Palicourea lasiantha K. Krause	–	x	–	–			
Palicourea nigricans K. Krause	x	x	x	x	MC9651, 9588, 9665, 10215	MR_126-135_c1	
Palicourea subfusca (Müll. Arg.) C.M. Taylor	–	x	–	x	MC9983, 10047		
Palicourea subspicata Huber	–	–	x	–	MC10069		
Palicourea cf. *thyrsiflora* (Ruiz & Pav.) DC.	x	–	–	–	MC9727		
Palicourea zevallosii (C.M. Taylor) C.M. Taylor	–	–	x	–	MC10012		
Palicourea (especies no identificadas)	x	x	x	–	MC9748, 10034, 10176		
Pentagonia amazonica (Ducke) L. Andersson & Rova	–	x	x	–	MC10016		
Psychotria adderleyi Steyerm.	x	–	–	–	MC9719		
Psychotria bahiensis DC.	–	x	–	–	MC9922		
Psychotria brachiata Sw.	–	x	x	–		JC_7168_c2	
Psychotria cf. *deflexa* DC.	x	–	–	–	MC9613, 9627, 9644		
Psychotria huampamiensis C.M. Taylor	x	–	–	–	MC9668		
Psychotria cf. *japurensis* Müll. Arg.	x	–	–	–	MC9595		
Palicourea longicuspis (Müll. Arg.) Delprete & J.H. Kirkbr.	–	x	–	–	MC9804		
Psychotria microbotrys Ruiz ex Standl.	–	x	–	–	MC9836		
Psychotria ostreophora (Wernham) C.M. Taylor	–	–	x	–	MC10046		
Psychotria peruviana Steyerm.	–	x	–	–	MC9915		
Psychotria poeppigiana Müll. Arg.	x	x	x	x	MC9717		
Psychotria pongoana Standl.	–	–	–	x	MC10300		
Psychotria racemosa Rich.	–	x	–	–	MC9798		
Psychotria remota Benth.	x	x	x	x	MC9691, 10006, 10265		
Psychotria schunkei C.M. Taylor	–	–	x	–			
Psychotria stenostachya Standl.	x	x	x	x	MC9743		
Psychotria trichocephala Poepp.	x	x	x	–	MC9621, 10037		
Psychotria viridis Ruiz & Pav.	x	–	–	–	MC9626		
Psychotria (especies no identificadas)	x	x	x	x	MC9892, 10159, 10185, 10199, 10202, 10206		
Randia armata (Sw.) DC.	–	x	x	–	MC9878, 10098		
Remijia amazonica K. Schum.	–	x	–	–	MC9832		

LEYENDA/LEGEND

Espécimen, Fotos/ Voucher, Photos
CV = Corine Vriesendorp
JC = Jorge Contreras Herrera
MC = Marco A. Correa Munera
MR = Marcos Ríos Paredes

Estatus/Status
EN (Co) = En Peligro en Colombia/ Endangered in Colombia
EN (IUCN) = En Peligro en el ámbito mundial/Globally Endangered
NC = Potencialmente nuevo registro para Colombia/Potentially new for Colombia

NT (IUCN) = Casi Amenazada en el ámbito mundial/Globally Near Threatened

VU (IUCN) = Vulnerable en el ámbito mundial/ Globally Vulnerable

Plantas vasculares/
Vascular plants

Nombre científico/Scientific name	Registros en campamentos/ Records at campsites				Espécimen/ Voucher	Fotos/Photos	Estatus/ Status
	El Guamo	Peñas Rojas	Orotuya	Bajo Aguas Negras			
Remijia pedunculata (H. Karst.) Flueck.	–	–	–	x	MC10276		
Remijia ulei K. Krause	–	x	–	–	MC9802		
Rudgea cf. *cornifolia* (Kunth) Standl.	–	x	x	–			
Rudgea panurensis Müll. Arg.	x	–	–	–	MC9593, 9724		
Rustia thibaudioides (H. Karst.) Delprete	–	–	–	x	MC10278		
Sabicea villosa Schult.	–	–	x	–	MC10145		
Uncaria guianensis (Aubl.) J.F. Gmel.	–	–	x	–	MC10150		
Uncaria tomentosa (Willd. ex Schult.) DC.	x	–	–	–			
Uragoga officinalis (Aubl.) Baill.	x	–	–	–	MC9714		
Warszewiczia coccinea (Vahl) Klotzsch	x	x	x	x	MC9759		
Wittmackanthus stanleyanus (M.R. Schomb.) Kuntze	x	–	x	x			
(especies no identificadas)	–	x	x	–	MC9918, 10173		
Rutaceae							
Zanthoxylum ekmanii (Urb.) Alain	–	–	x	–	MC10182		NC
Sabiaceae							
Meliosma herbertii Rolfe	–	x	–	–	MC9978		
Salicaceae							
Casearia commersoniana Cambess.	–	–	x	–	MC10050		
Casearia fasciculata (Ruiz & Pav.) Sleumer	x	–	–	–	MC9745		
Casearia pitumba Sleumer	–	–	–	x	MC10255		
Casearia silvestris Sw.	–	–	x	–	MC10079		
Casearia cf. *silvestris* Sw.	–	x	–	–	MC9908		
Casearia cf. *spruceana* Benth. ex Eichler	–	–	x	–	MC10146		
Casearia (especie no identificada)	–	–	x	–	MC10109		
Laetia procera (Poepp.) Eichler	–	–	x	–			
Neoptychocarpus killipii (Monach.) Buchheim	–	–	–	x	MC10251		
Ryania speciosa Vahl	–	x	x	–	MC9811	JC_7386_c2	
Tetrathylacium macrophyllum Poepp.	–	–	x	–	MC10038, 10067		
Santalaceae							
Dendrophthora obliqua (C.Presl) Wiens	–	x	–	–			
Sapindaceae							
Cupania cf. *guianensis* Miq.	–	x	–	–	MC9937		
Cupania cf. *hispida* Radlk.	x	–	–	–	MC9767		
Matayba adenanthera Radlk.	x	–	–	–	MC9750		
Paullinia hispida Jacq.	–	x	–	–	MC9955		
Sapotaceae							
Chrysophyllum amazonicum T.D. Penn.	–	x	–	–	MC9931		
Chrysophyllum cf. *bombycinum* T.D. Penn.	–	x	–	–	MC10099		
Chrysophyllum sanguinolentum (Pierre) Baehni	x	–	–	x	MC9688		
Micropholis cf. *casiquiarensis* Aubrév.	–	–	–	x	MC10205		
Micropholis egensis (A.DC.) Pierre	–	x	–	–			
Micropholis guyanensis (A.DC.) Pierre s.l.	x	x	x	x			
Micropholis obscura T.D. Penn.	–	–	–	x	MC10272		
Micropholis venulosa (Mart. & Eichler) Pierre	x	x	–	x			
Pouteria cuspidata (A.DC.) Baehni	–	x	–	–			
Pouteria guianensis Aubl.	–	–	x	–	MC10040		
Pouteria reticulata (Engl.) Eyma	–	x	–	–			

Nombre científico/Scientific name	Registros en campamentos/ Records at campsites				Espécimen/ Voucher	Fotos/Photos	Estatus/ Status
	El Guamo	Peñas Rojas	Orotuya	Bajo Aguas Negras			
Sarcaulus brasiliensis (A.DC.) Eyma	x	–	–	–	MC9635		
(especie no identificada)	–	–	x	–	MC10167		
Simaroubaceae							
Simaba polyphylla (Cavalcante) W.W. Thomas	x	x	x	–	MC9729		
Simarouba amara Aubl.	x	x	x	x			
Siparunaceae							
Siparuna cf. *cuspidata* (Tul.) A.DC.	x	x	–	x			
Siparuna cf. *decipiens* (Tul.) A.DC.	x	–	x	–	MC9678, 10060		
Siparuna guianensis Aubl.	x	x	x	x	MC9856		
Siparuna harlingii S.S. Renner & Hausner	x	–	–	–	MC9751		
Siparuna micrantha A.DC.	–	–	x	–	MC10021		
Siparuna sessiliflora (Kunth) A.DC.	x	–	–	–	MC9680		
Smilacaceae							
Smilax purhampuy Ruiz	x	–	–	–	MC9749		NC
Solanaceae							
Juanulloa cf. *parasitica* Ruiz & Pav.	–	x	x	x	MC9886, 10274		NC
Lycianthes (especie no identificada)	x	x	–	–	MC9602		
Markea (especie no identificada)	x	x	–	–	MC9676		
Solanum altissimum Benitez	–	–	–	x			
Solanum cf. *anceps* Ruiz & Pav.	x	–	–	–	MC9857		
Solanum hartwegii Benth.	–	–	x	–	MC10082		
Solanum oppositifolium Ruiz & Pav.	–	x	–	–	MC9975		
Solanum (especies no identificadas)	–	x	x	x	MC9876, 9998, 10282, 10120		
(especie no identificada)	–	x	–	–	MC9956		
Stemonuraceae							
Discophora guianensis Miers	x	x	x	x	MC9600		
Strelitziaceae							
Phenakospermum guyannense (Rich.) Endl.	x	x	x	x			
Styracaceae							
Styrax (especie no identificada)	–	–	–	x	MC10256		
Ulmaceae							
Ampelocera edentula Kuhlm.	x	–	–	–	MC9790		
Urticaceae							
Cecropia distachya Huber	x	x	x	x			
Cecropia ficifolia Warb. ex Snethl.	x	–	–	x			
Cecropia latiloba Miq.	x	x	x	x			

LEYENDA/LEGEND

Espécimen, Fotos/ Voucher, Photos

CV = Corine Vriesendorp
JC = Jorge Contreras Herrera
MC = Marco A. Correa Munera
MR = Marcos Ríos Paredes

Estatus/Status

EN (Co) = En Peligro en Colombia/ Endangered in Colombia

EN (IUCN) = En Peligro en el ámbito mundial/Globally Endangered

NC = Potencialmente nuevo registro para Colombia/Potentially new for Colombia

NT (IUCN) = Casi Amenazada en el ámbito mundial/Globally Near Threatened

VU (IUCN) = Vulnerable en el ámbito mundial/ Globally Vulnerable

Plantas vasculares/
Vascular plants

Nombre científico/Scientific name	Registros en campamentos/ Records at campsites				Espécimen/ Voucher	Fotos/Photos	Estatus/ Status
	El Guamo	Peñas Rojas	Orotuya	Bajo Aguas Negras			
Cecropia membranacea Trécul	x	x	x	x			
Cecropia sciadophylla Mart.	x	x	x	x			
Coussapoa orthoneura Standl.	–	–	x	–			
Coussapoa trinervia Spruce ex Mildbr.	x	x	x	–			
Pourouma minor Benoist	x	x	x	–			
Violaceae							
Amphirrhox cf. *longifolia* (A.St.-Hil.) Spreng.	–	x	–	–			
Gloeospermum equatoriense Hekking	x	x	–	–			
Gloeospermum sphaerocarpum Triana & Planch.	–	x	–	–	MC9692, 9807		
Leonia crassa L.B.Sm. & A.Fernández	x	x	x	x	MC9921, 10258		
Leonia cymosa Mart.	x	x	x	x	MC9614, 9723		
Leonia glycycarpa Ruiz & Pav.	x	x	x	–	MC10008		
Leonia (especie no identificada)	–	x	–	–	MC9920		
Rinorea flavescens (Aubl.) Kuntze	x	–	–	–	MC9720		
Rinorea lindeniana (Tul.) Kuntze	–	x	x	–	MC9914,		
Rinorea macrocarpa (Mart. ex Eichler) Kuntze	–	x	–	–	MC9938		
Rinorea racemosa (Mart.) Kuntze	–	x	–	–	MC9884	JC_7918_c2	
Rinorea (especie no identificada)	–	–	x	–	MC10152		
Vochysiaceae							
Qualea acuminata Spruce ex Warm.	–	x	–	–			
Qualea ingens Warm.	x	–	–	–	MC9736		
Qualea paraensis Ducke	–	–	x	–			
Vochysia angustifolia Ducke	–	–	x	–	MC9805		
Vochysia braceliniae Standl.	–	–	x	–			
Vochysia grandis Mart.	–	–	–	x	MC10214		
Vochysia inundata Ducke	–	–	–	x	MC10181		
Vochysia lomatophylla Standl.	x	x	x	x			
Zingiberaceae							
Renealmia cf. *asplundii* Maas	–	–	x	–	MC10064		
Renealmia cernua (Sw. ex Roem. & Schult.) J.F.Macbr.	–	x	–	–	MC9943		
Renealmia monosperma Miq.	x	–	x	–	MC9706		
GYMNOSPERMAE							
Gnetaceae							
Gnetum nodiflorum Brongn.	–	x	x	–	MC9917		
CYCADOPHYTA							
Zamiaceae							
Zamia ulei Dammer	x	–	–	x	MC9718, 10248		NT (IUCN)
PTERIDOPHYTA							
Aspleniaceae							
Asplenium juglandifolium Lam.	x	–	–	–	MC9702		
Cyatheaceae							
Cyathea macrosora (Baker ex Thurn) Domin	x	–	–	–	MC9664, 9681		
Cyathea (especie no identificada)	–	–	–	x	MC10172		
Hymenophyllaceae							
Trichomanes hostmannianum (Klotzsch) Kunze	x	–	–	–	MC9661		

Nombre científico/Scientific name	Registros en campamentos/ Records at campsites				Espécimen/ Voucher	Fotos/Photos	Estatus/ Status
	El Guamo	Peñas Rojas	Orotuya	Bajo Aguas Negras			
Lygodiaceae							
Lygodium volubile Sw.	x	–	–	–	MC9703		
Polypodiaceae							
Campyloneurum (especie no identificada)	x	–	–	–	MC9637		
Microgramma baldwinii Brade	x	–	–	–	MC9632		
Microgramma megalophylla (Desv.) de la Sota	–	x	–	–	MC9863		
Microgramma percussa (Cav.) de la Sota	–	–	x	–	MC10165		
Microgramma cf. *reptans* (Cav.) A.R. Sm.	x	–	–	–	MC9607		
Microgramma (especie no identificada)	x	–	–	–	MC9619		
Niphidium (especie no identificada)	x	–	–	–	MC9634, 9638		
Pleopeltis bombycina (Maxon) A.R. Sm.	x	–	–	–	MC9633		
Serpocaulon (especie no identificada)	x	–	–	–	MC9705		
Pteridaceae							
Vittaria lineata (L.) Sm.	–	x	–	–	MC9940		
Selaginellaceae							
Selaginella amazonica Spring	–	–	x	–	MC9899		
Selaginella exaltata (Kunze) Spring	–	x	–	–	MC9910		
Selaginella speciosa A. Braun	x	–	–	–	MC9650		

LEYENDA/LEGEND

**Espécimen, Fotos/
Voucher, Photos**

CV = Corine Vriesendorp

JC = Jorge Contreras Herrera

MC = Marco A. Correa Munera

MR = Marcos Ríos Paredes

Estatus/Status

EN (Co) = En Peligro en Colombia/ Endangered in Colombia

EN (IUCN) = En Peligro en el ámbito mundial/Globally Endangered

NC = Potencialmente nuevo registro para Colombia/Potentially new for Colombia

NT (IUCN) = Casi Amenazada en el ámbito mundial/Globally Near Threatened

VU (IUCN) = Vulnerable en el ámbito mundial/ Globally Vulnerable

Estaciones de muestreo de peces/Fish sampling stations

Resumen de las principales características de las estaciones de muestreo de peces visitados durante un inventario rápido de la región del Bajo Caguán-Caquetá, en el departamento de Caquetá, Colombia, del 6 al 23 de abril de 2018, por Lesley S. de Souza, Jorge E. García-Melo y Javier A. Maldonado-Ocampo. Todas las estaciones fueron de aguas claras y tuvieron bosque como tipo de vegetación dominante./Main attributes of the fish sampling stations visited during a rapid inventory of the Bajo Caguán-Caquetá region of Colombia's Caquetá department on 6–23 April 2018, by Lesley S. de Souza, Jorge E. García-Melo, and Javier A. Maldonado-Ocampo. All stations had clear waters, and at all stations forest was the dominant vegetation type.

Campamento/ Campsite	Número de la estación/ Station number	Nombre de la estación/Station name	Fecha/Date (MM/DD/AA)/ (MM/DD/YY)	Cuenca/Watershed	
El Guamo	col18-01	Caño trocha 1 a los 300 m/Creek on trail 1 at 300m	04/06/18	Bajo Caguán - Caquetá - Amazonas	
	col18-02	Caño El Guamo en el campamento/at camp	04/07/18	Bajo Caguán - Caquetá - Amazonas	
	col18-03	Caño trocha 3 a los 5700 m/Creek on trail 3 at 5700 m	04/08/18	Bajo Caguán - Caquetá - Amazonas	
	col18-04	Caño trocha 3 a los 4450 m/Creek on trail 3 at 4450 m	04/08/18	Bajo Caguán - Caquetá - Amazonas	
	col18-05	Caño trocha 3 a los 3750 m/Creek on trail 3 at 3750 m	04/08/18	Bajo Caguán - Caquetá - Amazonas	
	col18-06	Caño trocha 3 a los 1050 m/Creek on trail 3 at 1050 m	04/09/18	Bajo Caguán - Caquetá - Amazonas	
	col18-07	Laguna trocha 2 a los 2250 m/Lake on trail 2 at 2250 m	04/09/18	Bajo Caguán - Caquetá - Amazonas	
	col18-08	Caño trocha 2 a los 2450 m/Creek on trail 2 at 2450 m	04/09/18	Bajo Caguán - Caquetá - Amazonas	
	col18-09	Caño El Guamo en el campamento/at camp	04/09/18	Bajo Caguán - Caquetá - Amazonas	
Peñas Rojas	col18-10	Caño Moncho trocha 1/on trail 1	04/12/18	Bajo Caguán - Caquetá - Amazonas	
	col18-11	Caño Moncho trocha 1 a los 1600 m/on trail 1 at 1600 m	04/12/18	Bajo Caguán - Caquetá - Amazonas	
	col18-12	Caño Moncho trocha 1 a los 2050 m/on trail 1 at 2050 m	04/12/18	Bajo Caguán - Caquetá - Amazonas	
	col18-13	Laguna de la Culebra en el campamento/at camp	04/13/18	Bajo Caguán - Caquetá - Amazonas	
	col18-14	Caño Casa de Carmenesa	04/13/18	Bajo Caguán - Caquetá - Amazonas	
	col18-15	Laguna Limón/Lake Limón	04/14/18	Bajo Caguán - Caquetá - Amazonas	
	col18-16	Playa arenosa del río Bajo Caguán cerca a su confluencia con el Caquetá/ Sandy beach on the río Bajo Caguán near confluence with rio Caquetá	04/14/18	Bajo Caguán - Caquetá - Amazonas	
	col18-17	Caño a los 250 m en la trocha a la Laguna Limón/ Creek at 250 m on trail to Lake Limón	04/15/18	Bajo Caguán - Caquetá - Amazonas	

Municipio/ Municipality	Latitud/ Latitude	Longitud/ Longitude	Altura/ Elevación (msnm)/(masl)	Ambiente/ Habitat	Tipo de substrato/ Substrate type
Cartagena del Chairá	00°15,079' N	74° 18,100' W	169	Lótico/Lotic	Hojarasca/Leaf litter
Cartagena del Chairá	00°15,187' N	74° 18,306' W	196	Lótico/Lotic	Escombros de madera, hojarasca/Woody debris, leaf litter
Cartagena del Chairá	00°14,801' N	74° 18,669' W	164	Lótico/Lotic	Hojarasca/Leaf litter
Cartagena del Chairá	00°14,991' N	74° 19,486' W	174	Lótico/Lotic	Hojarasca/Leaf litter
Cartagena del Chairá	00°14,941' N	74° 19,619' W	195	Lótico/Lotic	Escombros de madera, hojarasca/Woody debris, leaf litter
Cartagena del Chairá	00°14,884' N	74° 18,669' W	164	Lótico/Lotic	Escombros de madera, hojarasca/Woody debris, leaf litter
Cartagena del Chairá	00°15,557' N	74° 18,640' W	201	Léntico/Lentic	Hojarasca/Leaf litter
Cartagena del Chairá	00°15,634' N	74° 18,541' W	156	Lótico/Lotic	Escombros de madera, hojarasca/Woody debris, leaf litter
Cartagena del Chairá	00°15,187' N	74° 18,306' W	196	Lótico/Lotic	Escombros de madera, hojarasca/Woody debris, leaf litter
Solano	00°04,713' N	74° 15,582' W	151	Lótico/Lotic	Escombros de madera, hojarasca, lodo/Woody debris, leaf litter, mud
Solano	00°04,712' N	74° 14,946' W	200	Lótico/Lotic	Escombros de madera, hojarasca/Woody debris, leaf litter
Solano	00°04,694' N	74° 14,719' W	162	Lótico/Lotic	Escombros de madera, hojarasca/Woody debris, leaf litter
Solano	00°04,718' N	74° 15,747' W	–	Léntico/Lentic	Escombros de madera/Woody debris
Solano	00°07,180' N	74° 14,347' W	–	Lótico/Lotic	Escombros de madera/Woody debris
Solano	00°07,180' N	74° 14,347' W	–	Léntico/Lentic	Escombros de madera/Woody debris
Solano	00°07,417' S	74° 18,000' W	155	Lótico/Lotic	Escombros de madera, arena/Woody debris, sand
Solano	00°05,737' S	74° 15,587' W	204	Lótico/Lotic	Escombros de madera, hojarasca/Woody debris, leaf litter

Estaciones de muestreo de peces/
Fish sampling stations

Campamento/ Campsite	Número de la estación/ Station number	Nombre de la estación/Station name	Fecha/Date (MM/DD/AA)/ (MM/DD/YY)	Cuenca/Watershed	
Orotuya	col18-18	Caño trocha 2 a los 2750/Caño on trail 2 at 2750 m	04/17/18	Orotuya - Caquetá - Amazonas	
	col18-19	Río Orotuya en el campamento/at camp	04/17/18	Orotuya - Caquetá - Amazonas	
	col18-20	Caño trocha 3 a los 1600 m/Caño on trail 3 at 1600 m	04/18/18	Orotuya - Caquetá - Amazonas	
	col18-21	Bosque inundado a lo largo del río Orotuya/ Flooded forests along Orotuya River	04/19/18	Orotuya - Caquetá - Amazonas	
Aguas Negras	col18-22	Caño Peregrinitos trocha 1/on trail 1	04/21/18	Caquetá - Amazonas	
	col18-23	Caño Alejandrinda atrás de la maloca/ behind the maloca	04/21/18	Caquetá - Amazonas	
	col18-24	Caño Peregrinitos trocha 2/on trail 2	04/22/18	Caquetá - Amazonas	
	col18-25	Confluencia de los caños Peregrinitos y Peregrinos/ Confluence of Peregrinitos and Peregrinos caños (2:00 AM)	04/23/18	Caquetá - Amazonas	

Municipio/ Municipality	Latitud/ Latitude	Longitud/ Longitude	Altura/ Elevación (msnm)/(masl)	Ambiente/ Habitat	Tipo de substrato/ Substrate type
Solano	00°22,298' N	74° 44,467' W	171	Lótico/Lotic	Escombros de madera, hojarasca, lodo/Woody debris, leaf litter, mud
Solano	00°21,634' N	74° 45,819' W	184	Lótico/Lotic	Escombros de madera, hojarasca/Woody debris, leaf litter
Solano	00°20,982' N	74° 45,293' W	167	Lótico/Lotic	Pasto, hojarasca, bosque inundado/Grass, leaf litter, flooded forest
Solano	00°23,213' N	74° 46,114' W	195	Lótico/Lotic	Bosque inundado/Flooded forest
Solano	00°00,688' N	74° 37,087' W	197	Lótico/Lotic	Escombros de madera, hojarasca/Woody debris, leaf litter
Solano	00°00,071' S	74° 38,779' W	179	Lótico/Lotic	Escombros de madera, hojarasca/Woody debris, leaf litter
Solano	00°00,469' S	74° 37,065' W	147	Lótico/Lotic	Piedras, arena, hojarasca, escombros de madera/ Rocks, sand, leaf litter, woody debris
Solano	00°00,050' S	74° 37,087' W	206	Lótico/Lotic	Escombros de madera, hojarasca/Woody debris, leaf litter

Peces/Fishes

Especies de peces registradas por Lesley S. de Souza, Jorge E. García-Melo y Javier A. Maldonado-Ocampo durante un inventario biológico de la región del Bajo Caguán-Caquetá, en el departamento de Caquetá, Colombia, del 6 al 23 de abril de 2018./Fishes recorded by Lesley S. de Souza, Jorge E. García-Melo y Javier A. Maldonado-Ocampo during a rapid inventory of the Bajo Caguán-Caquetá region of Colombia's Caquetá department on 6–23 April 2018.

Nombre científico/ Scientific name	Nombre común en español/ Common name in Spanish	Estado de conservación/ Conservation status (IUCN 2018)	Número de individuos registrados en los campamentos del IR30/Number of individuals recorded in the RI30 campsites				Número de individuos total/Total number of individuals
			El Guamo	Peñas Rojas	Orotuya	Bajo Aguas Negras	
CLUPEIFROMES (1)							
Engraulidae (1)							
Indeterminado/Unidentified			–	1	–	–	1
CHARACIFORMES (80)							
Crenuchidae (6)							
Characidium etheostoma			4	5	–	–	9
Characidium cf. *neseli*			1	–	–	–	1
Characidium pellucidum			9	22	–	–	31
Characidium sp. 1			1	4	–	–	5
Characidium sp. 2			8	–	–	–	8
Elacocharax pulcher	Chirui		2	1	–	–	3
Erythrinidae (2)							
Erythrinus erythrinus	Gusano, Guraja		–	2	–	–	2
Hoplias malabaricus	Denton, Mojoso, Dormilón		2	–	–	1	3
Cynodontidae (1)							
Hydrolycus sp.	Perro		–	2	–	–	2
Serrasalmidae (7)							
Metynnis maculatus			–	–	1	–	1
Myloplus asterias			–	–	4	7	11
Pygocentrus nattereri	Puño, Caribe, Piraña		–	1	–	–	1
Serrasalmus hollandi	Puño, Caribe, Piraña		–	–	2	–	2
Serrasalmus rhombeus	Piraña ojirroja		–	5	1	–	6
Serrasalmus sp. 1	Puño, Caribe, Piraña		–	–	1	–	1
Serrasalmus sp. 2	Puño, Caribe		–	–	3	–	3
Anostomidae (3)							
Leporinus maculatus	Cheo		–	–	–	1	1
Leporinus cf. *niceforoi*	Cheo		1	1	1	–	3
Schizodon fasciatus	Cheo		–	1	–	–	1

Nuevos registros/New records			Tipo de registro/ Record type	Usos/Uses	Números de catálogos de especímenes en el MPUJ/ Catalogue numbers of specimens at MPUJ
Cuenca del Caquetá/ Caquetá basin	Región amazónica/ Amazon region	Potenciales nuevas especies/ Potential new species			
			col		
			col		13941, 13980, 13986, 13992
			col		13896
			col		13979, 13985, 13991
			col		13898, 13899, 13900
			col		13893, 13894, 13895
			col	or	13995
			col	or	13875
			col	co, or	14157, 13876, 14115
			col	co	
			col		
			col	co, or	
			col	co	
			col	co	
			col	co	
			col	co	
			col	co	
			col	co	
			col	co, or	13952
			col	co	13874

LEYENDA/LEGEND

Estado de conservación/ Conservation status (IUCN 2018)

DD = Datos Deficientes/ Data Deficient

LC = Preocupación Menor/ Least Concern

VU = Vulnerable

Tipo de registro/Record type

Col = Ejemplar colectado/ Specimen collected

Obs = Observado en campo/ Observed in the field

Usos/Uses

Co = Por consumo/Food fish

Or = Como ornamental/ Ornamental

Números de catálogo/ Catalog numbers

MPUJ = Colección de peces del Museo Javeriano de Historia Natural 'Lorenzo Uribe Uribe S.'/Fish collections of the 'Lorenzo Uribe Uribe S.' Javeriano Museum of Natural History

Peces/Fishes

Nombre científico/ Scientific name	Nombre común en español/ Common name in Spanish	Estado de conservación/ Conservation status (IUCN 2018)	Número de individuos registrados en los campamentos del IR30/Number of individuals recorded in the RI30 campsites				Número de individuos total/Total number of individuals
			El Guamo	Peñas Rojas	Orotuya	Bajo Aguas Negras	
Chilodontidae (2)							
Caenotropus labyrinthicus			–	2	–	–	2
Chilodus punctatus			–	–	–	1	1
Curimatidae (2)							
Cyphocharax sp.	Chillona		–	1	1	–	2
Steindachnerina sp.	Chillona		–	3	–	1	4
Prochilodontidae (1)							
Prochilodus nigricans	Bocachico		1	18	–	–	19
Lebiasinidae (2)							
Pyrrhulina obermulleri	Gurajita		6	1	–	–	7
Pyrrhulina aff. *semifasciata*	Gurajita		54	5	4	–	63
Acestrorhynchidae (1)							
Acestrorhynchus falcatus	Feraido		–	–	–	2	2
Characidae (45)							
Aphyocharacinae sp.	Sardina		2	7	–	–	9
Aphyocharax erythrurus			–	1	–	–	1
Aphyocharax sp.			1	–	–	–	1
Astyanax anterior	Sardina		–	5	6	–	11
Astyanax gr. *bimaculatus* sp1.	Colirroja		1	–	–	1	2
Astyanax gr. *bimaculatus* sp2.	Colirroja		–	2	–	1	3
Astyanax sp. nov.	Sardina		11	1	1	1	14
Axelrodia stigmatias	Sardina		29	3	–	–	32
Brachychalcinus sp.	Peseta		5	5	–	2	12
Bryconella pallidifrons			–	–	–	–	–
Charax tectifer	Chimbe		1	–	–	1	2
Cheirodontinae sp.	Sardina		–	1	–	–	1
Chrysobrycon sp.	Sardina		6	2	–	–	8
Creagrutus sp.			3	–	–	–	3
Gymnochorymbus thayeri			–	–	4	–	4
Hemigrammus bellottii	Sardina		–	–	3	–	3
Hemigrammus luelingi	Sardina	LC	12	8	–	–	20
Hemigrammus lunatus	Sardina		9	1	5	2	17
Hemigrammus newboldi	Sardina		13	–	–	–	13

Nuevos registros/New records			Tipo de registro/ Record type	Usos/Uses	Números de catálogos de especímenes en el MPUJ/ Catalogue numbers of specimens at MPUJ
Cuenca del Caquetá/ Caquetá basin	Región amazónica/ Amazon region	Potenciales nuevas especies/ Potential new species			
			col		14125
			col	or	14124
			col		13891
			col		13942
			col	co	
			col	or	13865, 13977, 13983, 13989
			col		13975, 13981, 13987, 13988
			col		14163
			col		14127, 14135
			col		14130
			col		14131
			col		13973
					14107, 14158, 14161
			col		13866
			col		13890
X			col	or	14070, 14071, 14073, 14080, 14084
			col		13882, 13884
			col		14072
			col	or	13873
			col		14129
			col		13877, 13878, 13879, 13880
			col		13885
			col	or	14122
			col		14061
			col	or	13838, 13839, 13840, 13841, 13842, 13843, 13844 13845
X			col		14028
X			col		13961, 13967, 13968

LEYENDA/LEGEND

Estado de conservación/ Conservation status (IUCN 2018)

DD = Datos Deficientes/ Data Deficient

LC = Preocupación Menor/ Least Concern

VU = Vulnerable

Tipo de registro/Record type

Col = Ejemplar colectado/ Specimen collected

Obs = Observado en campo/ Observed in the field

Usos/Uses

Co = Por consumo/Food fish

Or = Como ornamental/ Ornamental

Números de catálogo/ Catalog numbers

MPUJ = Colección de peces del Museo Javeriano de Historia Natural 'Lorenzo Uribe Uribe S.'/Fish collections of the 'Lorenzo Uribe Uribe S.' Javeriano Museum of Natural History

Peces/Fishes

Nombre científico/ Scientific name	Nombre común en español/ Common name in Spanish	Estado de conservación/ Conservation status (IUCN 2018)	Número de individuos registrados en los campamentos del IR30/Number of individuals recorded in the RI30 campsites				Número de individuos total/Total number of individuals	
			El Guamo	Peñas Rojas	Orotuya	Bajo Aguas Negras		
Hemigrammus sp.	Sardina		–	–	1	–	1	
Hemigrammus sp. "*orthus*"	Sardina		59	43	3	–	105	
Hyphessobrycon agulha	Sardina		–	4	–	–	4	
Hyphessobrycon copelandi	Sardina		–	–	4	–	4	
Hyphessobrycon cf. *klausanni*	Sardina		52	16	11	31	110	
Hyphessobrycon peruvianus	Sardina	LC	8	–	16	–	24	
Hyphessobrycon cf. "*tetrarosa*"	Sardina		21	1	–	–	22	
Hyphessobrycon tropis	Sardina		–	–	–	1	1	
Hyphessobrycon sp. nov.	Sardina		5	–	6	1	12	
Jupiaba asymmetrica	Sardina		–	–	–	–	24	
Knodus sp. 1	Sardina		14	57	4	–	75	
Knodus sp. 2	Sardina		–	24	–	–	24	
Moenkhausia chrysargyrea	Sardina		1	–	–	–	1	
Moenkhausia colletti	Sardina		15	–	1	–	16	
Moenkhausia comma	Sardina		9	5	1	3	18	
Moenkhausia cf. *dichroura*	Sardina		1	–	–	–	1	
Moenkhausia gracilima	Sardina		–	2	–	–	2	
Moenkhausia grandisquamis	Sardina		–	–	–	–	10	
Moenkhausia lepidura	Sardina		–	3	1	–	4	
Moenkhausia melogramma	Sardina		–	–	–	–	7	
Moenkhausia oligolepis	Sardina		6	15	–	4	25	
Moenkhausiamargitae	Sardina		–	–	1	–	1	
Moenkhausia sp.	Sardina		4	14	–	–	18	
Phenacogaster sp.	Sardina		15	3	–	–	18	
Serrapinnus cf. *microdon*	Sardina		5	–	–	–	5	
Tyttobrycon sp.	Sardina		–	–	–	–	–	
Gasteropelecidae (2)								
Carnegiella strigata	Pechona		1	–	–	1	2	

Nuevos registros/New records			Tipo de registro/Record type	Usos/Uses	Números de catálogos de especímenes en el MPUJ/Catalogue numbers of specimens at MPUJ
Cuenca del Caquetá/Caquetá basin	Región amazónica/Amazon region	Potenciales nuevas especies/Potential new species			
			col		13846
			col		14058, 14059, 14063, 14064, 14065, 14066, 14067, 14068, 14069, 14077
			col		14078, 14085
			col	or	14083
X			col		14035, 14036, 14037, 14038, 14039, 14040, 14041, 14043, 14046, 14047, 14048, 14049, 14050
			col	or	14082
X	X		col		14079, 14081
X	X		col		14052
		X	col	or	14057
			col		14102, 14103, 14104, 14105, 14106
			col		14133, 14134, 14137, 14138, 14139
			col		14140
X			col		13967
X	X		col		14012, 14013
			col		13968
			col	or	14010
X	X		col		14011
			col		14123
			col	or	13965, 13970, 13971, 13972
	X		col		13953, 13962, 13969
			col	or	13957, 13964, 13868, 13869, 13957, 13964, 14014, 14015, 14016, 14017, 14018, 14019, 14020, 14021
X	X		col		14032
			col		13847, 13848, 13849, 13850
			col		14114, 13887, 13886, 13887
			col		13984, 13910, 13990
X			col		14074
			col	or	13954, 13955

LEYENDA/LEGEND

Estado de conservación/Conservation status (IUCN 2018)

DD = Datos Deficientes/Data Deficient

LC = Preocupación Menor/Least Concern

VU = Vulnerable

Tipo de registro/Record type

Col = Ejemplar colectado/Specimen collected

Obs = Observado en campo/Observed in the field

Usos/Uses

Co = Por consumo/Food fish

Or = Como ornamental/Ornamental

Números de catálogo/Catalog numbers

MPUJ = Colección de peces del Museo Javeriano de Historia Natural 'Lorenzo Uribe Uribe S.'/Fish collections of the 'Lorenzo Uribe Uribe S.' Javeriano Museum of Natural History

Peces/Fishes

Nombre científico/ Scientific name	Nombre común en español/ Common name in Spanish	Estado de conservación/ Conservation status (IUCN 2018)	Número de individuos registrados en los campamentos del IR30/Number of individuals recorded in the RI30 campsites				Número de individuos total/Total number of individuals	
			El Guamo	Peñas Rojas	Orotuya	Bajo Aguas Negras		
Gasteropelecus sternicla	Pechona		11	14	–	–	25	
Bryconidae (2)								
Brycon cephalus			–	–	2	–	2	
Brycon whitei			–	–	1	–	1	
Triportheidae (1)								
Triportheus cf. *albus*	Sabaleta, Sábalo		–	2	–	–	2	
Iguanodectidae (2)								
Bryconops inpai	Sardina		2	6	–	1	9	
Bryconops cf. *melanurus*	Sabaleta, Sábalo		–	5	1	2	8	
GYMNOTIFORMES (5)								
Gymnotidae (2)								
Electrophorus electricus	Guacamayo		2	–	–	–	2	
Gymnotus coropinae	Caloche		2	4	–	–	6	
Hypopomidae (1)								
Brachyhypopomus sullivani	Caloche		–	1	–	–	1	
Rhamphichthyidae (1)								
Hypopygus lepturus	Caloche		3	4	–	–	7	
Sternopygidae (1)								
Eigenmannia gr. *trilineata*	Caloche		1	–	–	–	1	
SILURIFORMES (38)								
Trichomycteridae (5)								
Ituglanis metae			1	–	–	–	1	
Ochmacanthus reinhardtii	Carnero		–	2	–	–	2	
Paracanthopoma sp. nov.			–	5	–	–	5	
Schultzichthys gracilis			–	19	–	–	19	
Vandellia cirrhosa	Carnero		–	2	–	–	2	
Callichthyidae (10)								
Callichthys sp.	Corredoras		1	–	–	1	2	
Corydoras cf. *aeneus*	Corredoras		5	–	–	–	5	
Corydoras julii	Corredoras		–	1	–	–	1	
Corydoras leopardus	Corredoras		–	–	–	–	–	
Corydoras leucomelas	Corredoras	LC	–	7	–	–	7	
Corydoras napoensis	Corredoras		–	8	–	–	8	

Nuevos registros/New records			Tipo de registro/ Record type	Usos/Uses	Números de catálogos de especímenes en el MPUJ/ Catalogue numbers of specimens at MPUJ
Cuenca del Caquetá/ Caquetá basin	Región amazónica/ Amazon region	Potenciales nuevas especies/ Potential new species			
			col	or	13950, 13863, 13949, 13951, 13956
			col	co	
			col	co	
			col		13978
			col		14110, 14111, 14112, 14116, 14117
			col	or	13864, 14108, 14109, 14113
			obs		
			col	or	13851, 14095
			col	or	14097
			col	or	14090, 14091, 14096
			col		14153
			col		13913
			col		13910
		X	col		13916
			col		13914
			col		13918
			col	or	13901
			col	or	13998
	X		col	or	13997
X	X		col	or	14155
			col	or	14000
X	X		col	or	14004

LEYENDA/LEGEND

Estado de conservación/ Conservation status (IUCN 2018)

DD = Datos Deficientes/ Data Deficient

LC = Preocupación Menor/ Least Concern

VU = Vulnerable

Tipo de registro/Record type

Col = Ejemplar colectado/ Specimen collected

Obs = Observado en campo/ Observed in the field

Usos/Uses

Co = Por consumo/Food fish

Or = Como ornamental/ Ornamental

Números de catálogo/ Catalog numbers

MPUJ = Colección de peces del Museo Javeriano de Historia Natural 'Lorenzo Uribe Uribe S.'/Fish collections of the 'Lorenzo Uribe Uribe S.' Javeriano Museum of Natural History

Peces/Fishes

Nombre científico/ Scientific name	Nombre común en español/ Common name in Spanish	Estado de conservación/ Conservation status (IUCN 2018)	Número de individuos registrados en los campamentos del IR30/Number of individuals recorded in the RI30 campsites				Número de individuos total/Total number of individuals
			El Guamo	Peñas Rojas	Orotuya	Bajo Aguas Negras	
Corydoras reynoldsi	Corredoras		1	–	–	–	1
Corydoras trilineatus	Corredoras		–	19	–	–	19
Corydoras sp.	Corredoras		1	–	–	–	1
Dianema longibarbis	Corredoras		–	5	–	–	5
Loricariidae (9)							
Ancistrus lineolatus	Cucha	DD	3	3	–	–	6
Ancistrus sp. nov.	Cucha		–	2	–	–	2
Farlowella sp.	Lapicero		1	–	–	–	1
Hypostomus niceforoi	Cucha	DD	1	1	–	–	2
Hypostomus sp.	Cucha		–	1	–	–	1
Lasiancistrus schomburgkii	Cucha	LC	3	–	–	–	3
Loricaria sp.	Cucha		–	1	–	–	1
Otocinclus sp.	Cucha		2	–	1	–	3
Pterygoplichthys sp.	Cucha		–	–	–	5	5
Cetopsidae (1)							
Denticetopsis seducta	Cabeza de piedra		–	3	–	–	3
Aspredinidae (1)							
Bunocephalus sp.			–	2	–	1	3
Auchenipteridae (4)							
Ageneiosus inermis	Jetón		–	2	–	–	2
Centromochlus altae	Cabeza de piedra		2	–	–	–	2
Tatia aulopygia	Cabeza de piedra		–	5	–	–	5
Tatia dunni	Cabeza de piedra		–	–	–	–	–
Doradidae (2)							
Acanthodoras spinosissimus	Juansoco		–	1	–	1	2
Physopyxis ananas			–	1	–	–	1
Heptapteridae (2)							
Gladioglanis anacanthus	Guabina		1	2	–	–	3
Pimelodella sp.			1	–	–	–	1
Pimelodidae (3)							
Pimelodus gr. blochii	Nicuro		–	2	–	–	2
Pimelodus ornatus	Nicuro		–	2	–	–	2
Pseudoplatystoma tigrinum	Pintadillo	VU	–	1	–	–	1
Pseudopimelodidae (1)							
Batrochoglanis sp.	Chuntaduro		–	–	–	1	1

Nuevos registros/New records			Tipo de registro/ Record type	Usos/Uses	Números de catálogos de especímenes en el MPUJ/ Catalogue numbers of specimens at MPUJ
Cuenca del Caquetá/ Caquetá basin	Región amazónica/ Amazon region	Potenciales nuevas especies/ Potential new species			
			col	or	13999
			col	or	14001, 14002
			col	or	14003
			col	or	13857
			col	or	14145, 13862, 13909, 13921
		X	col	or	14006
			col	or	13871
			col	or	13858, 13903
			col	or	13919
			col		13902, 13920, 13923
			col		14147
			col	or	13905, 13922
			col	co, or	
			col		14008
			col	or	13904, 13906
			col	co	
			col	or	
			col	or	14005, 14148
			col	or	13924
			col	or	13861
			col		14007
			col		13915
			col		13870
			col	co	14146
			col		13917
			col	co	
			col	or	13907

LEYENDA/LEGEND

Estado de conservación/ Conservation status (IUCN 2018)

DD = Datos Deficientes/ Data Deficient

LC = Preocupación Menor/ Least Concern

VU = Vulnerable

Tipo de registro/Record type

Col = Ejemplar colectado/ Specimen collected

Obs = Observado en campo/ Observed in the field

Usos/Uses

Co = Por consumo/Food fish

Or = Como ornamental/ Ornamental

Números de catálogo/ Catalog numbers

MPUJ = Colección de peces del Museo Javeriano de Historia Natural 'Lorenzo Uribe Uribe S.'/Fish collections of the 'Lorenzo Uribe Uribe S.' Javeriano Museum of Natural History

Nombre científico/ Scientific name	Nombre común en español/ Common name in Spanish	Estado de conservación/ Conservation status (IUCN 2018)	Número de individuos registrados en los campamentos del IR30/Number of individuals recorded in the RI30 campsites				Número de individuos total/Total number of individuals
			El Guamo	Peñas Rojas	Orotuya	Bajo Aguas Negras	
SYNBRANCHIFORMES (1)							
Synbranchidae (1)							
Synbranchus marmoratus	Guyumbo		1	1	–	–	2
CICHLIFORMES (11)							
Cichlidae (11)							
Aequidens tetramerus	Mojarra, Jacho		3	1	–	–	4
Apistogramma sp. 1	Mojarrita		–	–	1	–	1
Apistogramma sp. 2	Mojarrita		28	8	–	–	36
Bujurquina hophrys	Mojarra, Jacho		4	3	–	–	7
Bujurquina moriorum	Mojarra, Jacho	LC	19	12	1	3	35
Bujurquina sp.	Mojarra, Jacho		1	–	–	–	1
Crenicichla aff. *sveni*	Botello		1	5	–	–	6
Crenicichla sp.	Botello		–	–	–	–	1
Geophagus sp.	Mojarra, Jacho		–	3	–	–	3
Laetacara sp.	Mojarra, Jacho		–	1	–	–	1
Satanoperca sp.	Mojarra, Jacho		–	2	–	–	2
BELONIFORMES (1)							
Belonidae (1)							
Potamorrhaphis guianensis	Agujo		–	3	–	3	6
CYPRINODONTIFORMES (2)							
Cynolebiidae (2)							
Anablepsoides sp. 1			3	1	–	–	4
Anablepsoides sp. 2			–	2	–	–	2

Nuevos registros/New records			Tipo de registro/ Record type	Usos/Uses	Números de catálogos de especímenes en el MPUJ/ Catalogue numbers of specimens at MPUJ
Cuenca del Caquetá/ Caquetá basin	Región amazónica/ Amazon region	Potenciales nuevas especies/ Potential new species			
			col	or	14094, 14098
			col	or	14092, 14093
			col	or	13932, 13936
			col	or	13926, 13927, 13929, 13931, 13933, 13937, 13938, 13943, 14089
			col	or	13853, 13855, 13856, 14149
			col	or	13859, 13860, 13925, 14154
			col	or	13854, 14150
			col	or	13940, 13944
			col		13945
			col	or	13872
			col		13939
			col	or	13946
			col	or	14152, 13852
			col	or	13930, 13948
			col	or	14099, 14100

Anfibios y reptiles/Amphibians and reptiles

Anfibios y reptiles registrados durante un inventario rápido del Bajo Caguán-Caquetá, en el departamento de Caquetá, Colombia, del 7 al 22 de abril de 2018 por Guido F. Medina-Rangel, Michelle E. Thompson y Diego Huseth Ruiz Valderrama. Los datos de hábito están basados en las observaciones realizadas en campo durante el inventario./Amphibians and reptiles recorded during a rapid inventory of the Bajo Caguán-Caquetá region, in Colombia's Caquetá department, on 7–22 April 2018 by Guido F. Medina-Rangel, Michelle E. Thompson, and Diego Huseth Ruiz Valderrama. Categorization of habit was based on field observations during the inventory.

Nombre científico/ Scientific name	Registros en cada campamento/ Records at each campsite				Río Caguán	Abundancia total/Total abundance
	El Guamo	Peñas Rojas	Orotuya	Bajo Aguas Negras		
AMPHIBIA						
ANURA						
Aromobatidae						
Allobates femoralis	3	2	3	4	–	12
Allobates aff. insperatus	3	3		5	–	11
Allobates sp. 2	–	1	6	–	–	7
Bufonidae						
Amazophrynella aff. minuta	3	2	9	–	–	14
Rhinella ceratophrys	1	–	1	–	–	2
Rhinella dapsilis	–	–	1	3	–	4
Rhinella margaritifera	3	7	11	5	–	26
Rhinella marina	1	2	3	–	–	6
Centrolenidae						
Hyalinobatrachium cappellei	1	–	–	2	–	3
Teratohyla midas	1	–	–	–	–	1
Ceratophryidae						
Ceratophrys cornuta	1	–	1	–	–	2
Craugastoridae						
Oreobates quixensis	–	–	1	2	–	3
Pristimantis altamazonicus	–	–	1	–	–	1
Pristimantis variabilis	–	–	1	–	–	1
Dendrobatidae						
Ameerega sp.	–	–	1	–	–	1
Ranitomeya variabilis	–	–	2	–	–	2
Hylidae						
Boana alfaroi	–	1	–	–	–	1
Boana cinerascens	1	1	4	4	–	10
Boana geographica	1	4	–	3	–	8
Boana lanciformis	1	–	–	2	–	3

**Anfibios y reptiles/
Amphibians and reptiles**

Registro/ Record type	Hábito/Habit	Distribución/ Distribution	UICN/IUCN (2018)	CITES	Uso/Use
col	ter	Amaz	LC	II	
col	ter				
col	ter				
col	ter				
col	ter	Amaz	LC		
col	ter	Amaz	LC		
col	ter	Amaz, Orin, EG, PM	LC		
col	ter	Amaz, Orin, EG, PM	LC		med
col	arb	Amaz, EG	NE		
col	arb	Amaz, PM	LC		
col	ter	Amaz	LC		
col	ter	Amaz	LC		
col	ter	Amaz, PM	LC		
obs	ter	Amaz	LC		
obs	ter			II	
col	ter	Col, Per	DD	II	
col	arb	Col, Ecu	NE		
col	arb	Amaz, Orin, EG, PM	LC		
col	arb	Amaz	LC		
col	arb	Amaz	LC		

LEYENDA/LEGEND

Registro/Record type

col = Espécimen colectado/
Specimen collected

obs = Observado/Observed

Hábitat

aqu = Acuática/Aquatic

arb = Arbórea/Arboreal

ter = Terrestre/Terrestrial

Distribución/Distribution

Amaz = Amplia distribución en la
Amazonia/Widespread in
the Amazon basin

Bra = Oeste de Brasil/
Western Brazil

Col = Suroccidente de Colombia
o en el área de estudio
específica/Southwestern
Colombia or in the specific
study area

Ecu = Norte de Ecuador/
Northern Ecuador

EG = Escudo Guayanés/
Guiana Shield

Orin = Orinoquia/Orinoco

Per = Norte del Perú/
Northern Peru

PM = Piedemonte amazónico/
Amazonian piedmont

Ven = Sur de Venezuela/
Southern Venezuela

UICN/IUCN

CR = En Peligro Crítico/
Critically Endangered

DD = Datos Deficientes/
Data Deficient

EN = En Peligro/Endangered

LC = Preocupación Menor/
Least Concern

NE = No Evaluado/Not Evaluated

VU = Vulnerable

CITES

I = Apéndice I/Appendix I

II = Apéndice II/Appendix II

Uso/Use

con = Consumo/Food

med = Uso medicinal/
Medicinal use

Anfibios y reptiles/
Amphibians and reptiles

Nombre científico/ Scientific name	Registros en cada campamento/ Records at each campsite				Río Caguán	Abundancia total/Total abundance	
	El Guamo	Peñas Rojas	Orotuya	Bajo Aguas Negras			
Boana nympha	–	1	–	1	–	2	
Boana punctata	–	–	–	4	–	4	
Dendropsophus bokermanni	1	1	–	–	–	2	
Dendropsophus brevifrons	15	–	–	–	–	15	
Dendropsophus parviceps	–	3	–	–	–	3	
Dendropsophus rhodopeplus	1	1	–	7	–	9	
Dendropsophus sarayacuensis	–	–	–	5	–	5	
Dendropsophus shiwiarum	–	1	–	2	–	3	
Dendropsophus sp.	–	–	1	–	–	1	
Osteocephalus aff. *deridens*	–	–	–	4	–	4	
Osteocephalus leprieurii	–	–	1	–	–	1	
Osteocephalus planiceps	3	7	–	–	–	10	
Osteocephalus taurinus	–	5	2	7	–	14	
Osteocephalus yasuni	–	–	1	–	–	1	
Osteocephalus sp. 1	–	22	5	–	–	27	
Osteocephalus sp. 2	–	–	1	–	–	1	
Scinax cruentommus	–	1	–	–	–	1	
Scinax funereus	–	28	7	–	–	35	
Scinax garbei	2	1	–	–	–	3	
Scinax ictericus	1	–	–	1	–	2	
Scinax sp.	–	–	1	–	–	1	
Trachycephalus typhonius	2	–	–	–	–	2	
Leptodactylidae							
Adenomera andreae	–	3	–	1	–	4	
Adenomera hylaedactyla	1	1	–	–	–	2	
Leptodactylus knudseni				1		1	
Leptodactylus leptodactyloides	–	8	–	6	–	14	
Leptodactylus mystaceus	–	2	4	20	–	26	
Leptodactylus pentadactylus	4	1	10	–	–	15	
Leptodactylus petersii	–	3	1	–	–	4	
Leptodactylus rhodomystax	–	–	–	13	–	13	
Leptodactylus wagneri	–	4	2	–	–	6	
Lithodytes lineatus	–	–	1	–	–	1	
Phyllomedusidae							
Callimedusa tomopterna	–	–	–	2	–	2	

Registro/ Record type	Hábito/Habit	Distribución/ Distribution	UICN/IUCN (2018)	CITES	Uso/Use
col	arb	Col, Ecu, Per	LC		
col	arb	Amaz, Orin, EG	LC		
col	arb	Amaz	LC		con
col	arb	Amaz	LC		con
col	arb	Amaz	LC		con
col	arb	Amaz	LC		con
col	arb	Amaz	LC		con
col	arb	Col, Ecu	NE		con
obs	arb				con
col	arb				con
col	arb	Amaz, EG	LC		con
col	arb	Bra, Col, Ecu, Per	LC		con
col	arb	Amaz	LC		con
col	arb	Ecu, Per	LC		con
col	arb				con
col	arb				con
col	arb	Amaz, EG	LC		
col	arb	Amaz	LC		
col	arb	Amaz	LC		
col	arb	Amaz	LC		
col	arb				
col	arb	Amaz	LC		
col	ter	Amaz	LC		
col	ter	Amaz, EG	LC		
col	ter	Amaz, EG	NE		med
col	ter	Amaz, EG, Orin	LC		
col	ter	Amaz, EG	LC		
col	ter	Amaz, EG	LC		con, med
col	ter	Amaz, EG, Orin	LC		
col	ter	Amaz, EG	LC		
col	ter	Amaz	LC		
col	ter	Amaz, EG	LC		
col	arb	Amaz	LC		

LEYENDA/LEGEND

Registro/Record type

col = Espécimen colectado/ Specimen collected

obs = Observado/Observed

Hábitat

aqu = Acuática/Aquatic

arb = Arbórea/Arboreal

ter = Terrestre/Terrestrial

Distribución/Distribution

Amaz = Amplia distribución en la Amazonia/Widespread in the Amazon basin

Bra = Oeste de Brasil/ Western Brazil

Col = Suroccidente de Colombia o en el área de estudio específica/Southwestern Colombia or in the specific study area

Ecu = Norte de Ecuador/ Northern Ecuador

EG = Escudo Guayanés/ Guiana Shield

Orin = Orinoquia/Orinoco

Per = Norte del Perú/ Northern Peru

PM = Piedemonte amazónico/ Amazonian piedmont

Ven = Sur de Venezuela/ Southern Venezuela

UICN/IUCN

CR = En Peligro Crítico/ Critically Endangered

DD = Datos Deficientes/ Data Deficient

EN = En Peligro/Endangered

LC = Preocupación Menor/ Least Concern

NE = No Evaluado/Not Evaluated

VU = Vulnerable

CITES

I = Apéndice I/Appendix I

II = Apéndice II/Appendix II

Uso/Use

con = Consumo/Food

med = Uso medicinal/ Medicinal use

**Anfibios y reptiles/
Amphibians and reptiles**

Nombre científico/ Scientific name	Registros en cada campamento/ Records at each campsite				Río Caguán	Abundancia total/Total abundance
	El Guamo	Peñas Rojas	Orotuya	Bajo Aguas Negras		
Phyllomedusa tarsius	7	–	-	–	–	7
Phyllomedusa vaillantii	4	3	2	11	–	20
REPTILIA						
CROCODYLIA						
Alligatoridae						
Caiman crocodilus	3	92	–	–	–	95
Paleosuchus palpebrosus	–	1	7	1	–	9
SQUAMATA (SAURIA)						
Dactyloidae						
Anolis fuscoauratus	2	14	–	–	–	16
Anolis ortonii	–	–	–	1	–	1
Anolis scypheus	1	1	–	–	–	2
Anolis transversalis	–	2	–	–	–	2
Gymnophthalmidae						
Arthrosaura reticulata	–	1	–	–	–	1
Loxopholis parietalis	2	1	5	–	–	8
Iguanidae						
Iguana iguana	1	–	–	–	5	6
Scincidae						
Mabuya sp.	–	–	1	–	–	1
Sphaerodactylidae						
Gonatodes concinnatus	2	–	–	–	–	2
Gonatodes humeralis	–	1	–	–	–	1
Gonatodes sp.	–	–	–	2	–	2
Teiidae						
Cnemidophorus lemniscatus	1	–	–	–	–	1
Kentropyx calcarata	–	2	–	–	–	2
Kentropyx pelviceps	3	–	–	–	–	3
Tupinambis sp.	2	1	–	–	–	3
SQUAMATA (SERPENTES)						
Boidae						
Corallus hortulanus	1	1	3	1	–	6
Epicrates cenchria	–	–	1	1	–	2
Eunectes murinus	1	–	–	–	–	1

Registro/ Record type	Hábito/Habit	Distribución/ Distribution	UICN/IUCN (2018)	CITES	Uso/Use
col	arb	Amaz	LC		
col	arb	Amaz, EG	LC		
obs	aqu	Amaz, EG	LC	II	con
obs	aqu	Amaz, EG	LC	II	con
col	arb	Amaz, EG	NE		
obs	arb	Amaz, EG	NE		
col	ter	Col, Ecu, Per	NE		
col	arb	Amaz, EG	NE		
col	ter	Amaz, EG	NE		
col	ter	Col, Ecu, Per, Ven	NE		
obs	arb	Amaz, EG	NE	II	
obs	arb				
col	arb	Col, Ecu, Per	LC		
col	arb	Amaz, EG	NE		
obs	arb				
obs	ter	Col, Orin, EG	NE		
obs	ter	Amaz	NE		
obs	ter	Amaz	NE		
obs	ter		NE	II	
col	arb	Amaz, EG	LC	II	
col	arb	Amaz, EG	NE	II	
obs	aqu	Col, Ecu, Per	NE	II	

LEYENDA/LEGEND

Registro/Record type

col = Espécimen colectado/ Specimen collected

obs = Observado/Observed

Hábitat

aqu = Acuática/Aquatic

arb = Arbórea/Arboreal

ter = Terrestre/Terrestrial

Distribución/Distribution

Amaz = Amplia distribución en la Amazonia/Widespread in the Amazon basin

Bra = Oeste de Brasil/ Western Brazil

Col = Suroccidente de Colombia o en el área de estudio específica/Southwestern Colombia or in the specific study area

Ecu = Norte de Ecuador/ Northern Ecuador

EG = Escudo Guayanés/ Guiana Shield

Orin = Orinoquia/Orinoco

Per = Norte del Perú/ Northern Peru

PM = Piedemonte amazónico/ Amazonian piedmont

Ven = Sur de Venezuela/ Southern Venezuela

UICN/IUCN

CR = En Peligro Crítico/ Critically Endangered

DD = Datos Deficientes/ Data Deficient

EN = En Peligro/Endangered

LC = Preocupación Menor/ Least Concern

NE = No Evaluado/Not Evaluated

VU = Vulnerable

CITES

I = Apéndice I/Appendix I

II = Apéndice II/Appendix II

Uso/Use

con = Consumo/Food

med = Uso medicinal/ Medicinal use

Anfibios y reptiles/
Amphibians and reptiles

Nombre científico/ Scientific name	Registros en cada campamento/ Records at each campsite				Río Caguán	Abundancia total/Total abundance	
	El Guamo	Peñas Rojas	Orotuya	Bajo Aguas Negras			
Colubridae							
Chironius scurrulus	–	–	1	–	–	1	
Chironius sp.	1	–	1	–	–	2	
Dipsas catesbyi	–	2	1	–	–	3	
Erythrolamprus typhlus	–	1	–	–	–	1	
Helicops angulatus	–	2	–	–	–	2	
Imantodes cenchoa	2	1	7	–	–	10	
Leptophis ahaetulla	–	1	–	–	–	1	
Oxyrhopus petolarius	1	–	1	–	–	2	
Oxyrhopus vanidicus	–	1	–	1	–	2	
Philodryas argentea	–	–	2	–	–	2	
Spilotes pullatus	–	2	–	–	–	2	
Elapidae							
Micrurus hemprichii	–	–	–	1	–	1	
Micrurus langsdorffi	1	–	–	–	–	1	
Micrurus lemniscatus	1	–	–	1	–	2	
Typhlopidae							
Amerotyphlops cf. minuisquamus	–	1	–	–	–	1	
Viperidae							
Bothrops atrox	3	3	–	1	–	7	
TESTUDINES							
Chelidae							
Chelus fimbriata	–	–	1	–	–	1	
Mesoclemmys gibba	–	–	1	–	–	1	
Platemys platycephala	–	–	2	1	–	3	
Podocnemididae							
Podocnemis expansa	–	–	–	–	50	50	
Podocnemis unifilis	–	–	–	–	26	26	
Testudinidae							
Chelonoidis denticulatus	2	1	–	–	–	3	

Registro/ Record type	Hábito/Habit	Distribución/ Distribution	UICN/IUCN (2018)	CITES	Uso/Use
obs	ter	Amaz, EG	NE		
obs	ter				
col	arb	Amaz, EG	LC		
col	ter	Amaz, EG	NE		
col	aqu	Amaz, EG	NE		
col	arb	Amaz, EG	NE		
col	arb	Amaz, EG	NE		
col	ter	Amaz, EG	NE		
col	ter	Col, Ecu, Per	NE		
col	arb	Amaz, EG	NE		
obs	ter	Amaz, EG	NE		
col	ter	Amaz, EG	NE		
col	ter	Col, Ecu, Per	LC		
col	ter	Amaz, EG	NE		
obs	ter				
col	ter	Amaz, EG	NE		
obs	aqu	Amaz, EG	NE		
obs	aqu	Amaz, EG	NE		
obs	aqu	Amaz, EG	NE		
obs	aqu	Amaz, EG	LC	II	con
obs	aqu	Amaz, EG	VU	II	con
obs	ter	Amaz, EG	VU	II	con

LEYENDA/LEGEND

Registro/Record type

col = Espécimen colectado/ Specimen collected

obs = Observado/Observed

Hábitat

aqu = Acuática/Aquatic

arb = Arbórea/Arboreal

ter = Terrestre/Terrestrial

Distribución/Distribution

Amaz = Amplia distribución en la Amazonia/Widespread in the Amazon basin

Bra = Oeste de Brasil/ Western Brazil

Col = Suroccidente de Colombia o en el área de estudio específica/Southwestern Colombia or in the specific study area

Ecu = Norte de Ecuador/ Northern Ecuador

EG = Escudo Guayanés/ Guiana Shield

Orin = Orinoquia/Orinoco

Per = Norte del Perú/ Northern Peru

PM = Piedemonte amazónico/ Amazonian piedmont

Ven = Sur de Venezuela/ Southern Venezuela

UICN/IUCN

CR = En Peligro Crítico/ Critically Endangered

DD = Datos Deficientes/ Data Deficient

EN = En Peligro/Endangered

LC = Preocupación Menor/ Least Concern

NE = No Evaluado/Not Evaluated

VU = Vulnerable

CITES

I = Apéndice I/Appendix I

II = Apéndice II/Appendix II

Uso/Use

con = Consumo/Food

med = Uso medicinal/ Medicinal use

Aves/Birds

Aves registradas por Douglas F. Stotz, Brayan Coral Jaramillo y Flor A. Peña Alzate durante un inventario rápido de la región del Bajo Caguán-Caquetá, en el departamento de Caquetá, Colombia, del 6 al 24 de abril de 2018. El apéndice incluye registros de los cuatro campamentos principales, así como observaciones realizadas durante recorridos entre los campamentos por los ríos Caquetá y Caguán./Birds recorded by Douglas F. Stotz, Brayan Coral Jaramillo, and Flor A. Peña Alzate during a rapid inventory of the Bajo Caguán-Caquetá region of Colombia's Caquetá department on 6–24 April 2018. Observations are from the four main campsites, and from river trips between campsites along the Caquetá and Caguán rivers.

Nombre científico/ Scientific name	Nombre en inglés/ English name	Abundancia en cada campamento/ Abundance at each campsite			
		El Guamo	Peñas Rojas	Orotuya	Bajo Aguas Negras
Tinamidae (6)					
Tinamus major	Great Tinamou	F	F	F	F
Tinamus guttatus	White-throated Tinamou		A		
Crypturellus cinereus	Cinereous Tinamou	C	F	F	F
Crypturellus soui	Little Tinamou		U		
Crypturellus undulatus	Undulated Tinamou	C	F	F	F
Crypturellus variegatus	Variegated Tinamou	F			
Anhimidae (1)					
Anhima cornuta	Horned Screamer				U
Anatidae (1)					
Cairina moschata	Muscovy Duck		C		
Cracidae (4)					
Penelope jacquacu	Spix's Guan	C	F	F	F
Pipile cumanensis	Blue-throated Piping-Guan	F	U		
Ortalis guttata	Speckled Chachalaca		C		F
Mitu salvini	Salvin's Curassow	F	R		R
Odontophoridae (1)					
Odontophorus gujanensis	Marbled Wood-Quail		R	R	
Columbidae (7)					
Columba livia	Rock Pigeon				
Patagioenas cayennensis	Pale-vented Pigeon		C		F
Patagioenas plumbea	Plumbeous Pigeon	C	C	F	F
Patagioenas subvinacea	Ruddy Pigeon	C	F	F	F
Geotrygon montana	Ruddy Quail-Dove	U	U	F	F
Leptotila rufaxilla	Gray-fronted Dove	F	F	F	F
Claravis pretiosa	Blue Ground Dove			U	
Cuculidae (6)					
Crotophaga major	Greater Ani	U	C	C	U
Crotophaga ani	Smooth-billed Ani	U	C	U	C

Otros sitios visitados en el IR30/ Other sites visited during RI30		Hábitats/Habitats	Estado de conservación/ Conservation status	
Río Caquetá/ Caquetá River	Río Caguán/ Caguán River		UICN/IUCN (2018)	En Colombia/In Colombia (MADS 2014)
		I, T		
		I, T		
		T		
	X	I, T, Z		
		T		
X		R		
X	X	R		
	X	I, T		
		I, T		
		I, T, Z		
	X	T, I		
		T, I	NT	
X		Z		
X	X	I, Z		
	X	T, I		
X	X	T, I	VU	
		T, I		
	X	I, T		
		I		
X	X	I, R		
		Z		

Aves/Birds

Nombre científico/ Scientific name	Nombre en inglés/ English name	Abundancia en cada campamento/ Abundance at each campsite				
		El Guamo	Peñas Rojas	Orotuya	Bajo Aguas Negras	
Tapera naevia	Striped Cuckoo		A			
Dromococcyx phasianellus	Pheasant Cuckoo				R	
Coccycua minuta	Little Cuckoo				R	
Piaya cayana	Squirrel Cuckoo	F	F	F	F	
Nyctibiidae (3)						
Nyctibius grandis	Great Potoo				R	
Nyctibius griseus	Common Potoo		U		F	
Nyctibius bracteatus	Rufous Potoo	R	R	R	R	
Caprimulgidae (6)						
Chordeiles nacunda	Nacunda Nighthawk		R			
Lurocalis semitorquatus	Short-tailed Nighthawk				U	
Nyctiprogne leucopyga	Band-tailed Nighthawk		R			
Nyctiphrynus ocellatus	Ocellated Poorwill	R				
Nyctidromus albicollis	Common Pauraque	F	F			
Antrostomus rufus	Rufous Nightjar		A			
Apodidae (4)						
Chaetura cinereiventris	Gray-rumped Swift	F	C	F	C	
Chaetura brachyura	Short-tailed Swift	U	F		F	
Tachornis squamata	Fork-tailed Palm-Swift	F	C	C	C	
Panyptila cayennensis	Lesser Swallow-tailed Swift				U	
Trochilidae (19)						
Topaza pyra	Fiery Topaz			R		
Florisuga mellivora	White-necked Jacobin			U		
Glaucis hirsutus	Rufous-breasted Hermit				U	
Threnetes leucurus	Pale-tailed Barbthroat	U	U		U	
Phaethornis ruber	Reddish Hermit	F	U	U		
Phaethornis hispidus	White-bearded Hermit	U	U	U		
Phaethornis bourcieri	Straight-billed Hermit			R		
Phaethornis malaris	Great-billed Hermit	U	U	U	F	
Heliothryx auritus	Black-eared Fairy		R	F		
Discosura langsdorffi	Black-bellied Thorntail			R		
Heliodoxa schreibersii	Black-throated Brilliant	R		R		
Heliodoxa aurescens	Gould's Jewelfront		R			
Heliomaster longirostris	Long-billed Starthroat			R		
Chlorostilbon mellisugus	Blue-tailed Emerald				U	
Campylopterus largipennis	Gray-breasted Sabrewing	U	U			

Otros sitios visitados en el IR30/ Other sites visited during RI30		Hábitats/Habitats	Estado de conservación/ Conservation status	
Río Caquetá/ Caquetá River	Río Caguán/ Caguán River		UICN/IUCN (2018)	En Colombia/In Colombia (MADS 2014)
		I		
		I		
	X	T, I, Z		
		T		
		Z, I		
		T, I		
X		R		
		O		
		R		
		T		
		T, Z		
		T		
X	X	O		
	X	O		
X	X	I, O		
		O		
		T		
		T		
		I		
		T		
		T, I		
		I, T		
		T		
		M		
		T, I, A		
		T		
		T, I		
		T		
		T		
		I, A		
		T		

Aves/Birds

Nombre científico/ Scientific name	Nombre en inglés/ English name	Abundancia en cada campamento/ Abundance at each campsite				
		El Guamo	Peñas Rojas	Orotuya	Bajo Aguas Negras	
Thalurania furcata	Fork-tailed Woodnymph	F	F	F	F	
Amazilia fimbriata	Glittering-throated Emerald		U			
Chrysuronia oenone	Golden-tailed Sapphire		R			
Hylocharis cyanus	White-chinned Sapphire		R			
Opisthocomidae (1)						
Opisthocomus hoazin	Hoatzin	F				
Psophiidae (1)						
Psophia crepitans	Gray-winged Trumpeter	U	R	U	R	
Rallidae (3)						
Laterallus exilis	Gray-breasted Crake				R	
Mustelirallus albicollis	Ash-throated Crake				U	
Aramides cajaneus	Gray-necked Wood-Rail		R	R	R	
Heliornithidae (1)						
Heliornis fulica	Sungrebe		R			
Charadriidae (2)						
Vanellus cayanus	Pied Lapwing					
Vanellus chilensis	Southern Lapwing		U		R	
Scolopacidae (1)						
Actitis macularius	Spotted Sandpiper		R			
Jacanidae (1)						
Jacana jacana	Wattled Jacana		U			
Rynchopidae (1)						
Rynchops niger	Black Skimmer					
Laridae (2)						
Sternula superciliaris	Yellow-billed Tern	R				
Phaetusa simplex	Large-billed Tern	R	F			
Eurypygidae (1)						
Eurypyga helias	Sunbittern	R				
Anhingidae (1)						
Anhinga anhinga	Anhinga	R	F			
Phalacrocoracidae (1)						
Phalacrocorax brasilianus	Neotropic Cormorant					
Ardeidae (10)						
Tigrisoma lineatum	Rufescent Tiger-Heron	U	U	U	U	
Agamia agami	Agami Heron	U				
Butorides striata	Striated Heron	R	F			

Otros sitios visitados en el IR30/ Other sites visited during RI30		Hábitats/Habitats	Estado de conservación/ Conservation status	
Río Caquetá/ Caquetá River	Río Caguán/ Caguán River		UICN/IUCN (2018)	En Colombia/In Colombia (MADS 2014)
		M		
		Z, I		
		T		
		Z		
X	X	I, R		
		T, I	NT	
		Z		
		Z, R		
		R, I		
		R		
X		R		
		Z, R		
		R		
		R		
X	X	R		
X	X	R		
X	X	R		
		I		
X	X	R		
X		R		
		I, R		
	X	R	VU	
	X	R		

LEYENDA/LEGEND

Abundancia/Abundance

A = Registrada solo por el equipo de avanzada/Only recorded by the advance team

C = Común (diariamente >10 en hábitat adecuado)/Common (daily >10 in proper habitat)

F = Poco común (<10 individuos/ día en hábitat adecuado)/ Fairly Common (<10 individuals/ day in proper habitat)

R = Raro (uno o dos registros)/ Rare (one or two records)

U = No común (menos que diariamente)/Uncommon (less than daily)

Hábitats/Habitats

A = Cananguchales/Palm swamps

I = Bosques inundados/ Flooded forests

M = Hábitats múltiples (>3)/ Multiple habitats (>3)

O = Aire/Overhead

R = Ríos y cochas/Rivers and lakes

T = Bosque de tierra firme/ Upland forest

Z = Hábitats perturbados/ Secondary habitats

Estado de conservación/ Conservation status

CR = En Peligro Crítico/ Critically Endangered

EN = En Peligro/Endangered

NT = Casi Amenazado/ Near Threatened

VU = Vulnerable

Aves/Birds

Nombre científico/ Scientific name	Nombre en inglés/ English name	Abundancia en cada campamento/ Abundance at each campsite				
		El Guamo	Peñas Rojas	Orotuya	Bajo Aguas Negras	
Bubulcus ibis	Cattle Egret	R	F			
Ardea cocoi	Cocoi Heron					
Ardea alba	Great Egret	R	R		R	
Syrigma sibilatrix	Whistling Heron		R			
Pilherodius pileatus	Capped Heron		R			
Egretta thula	Snowy Egret		R			
Egretta caerulea	Litle Blue Heron					
Threskiornithidae (3)						
Mesembrinibis cayennensis	Green Ibis		C	F	F	
Phimosus infuscatus	Bare-faced Ibis		F			
Platalea ajaja	Roseate Spoonbill					
Cathartidae (4)						
Sarcoramphus papa	King Vulture	U	U	R	F	
Coragyps atratus	Black Vulture	R	R	U	C	
Cathartes aura	Turkey Vulture	R				
Cathartes melambrotus	Greater Yellow-headed Vulture	R	C		F	
Pandionidae (1)						
Pandion haliaetus	Osprey					
Accipitridae (12)						
Leptodon cayanensis	Gray-headed Kite					
Elanoides forficatus	Swallow-tailed Kite	U	F	R	C	
Spizaetus melanoleucus	Black-and-white Hawk-Eagle				R	
Spizaetus ornatus	Ornate Hawk-Eagle	U		R		
Busarellus nigricollis	Black-collared Hawk				U	
Rostrhamus sociabilis	Snail Kite		A			
Harpagus bidentatus	Double-toothed Kite	R	R			
Ictinia plumbea	Plumbeous Kite	R	F			
Buteogallus schistaceus	Slate-colored Hawk	R	R		R	
Buteogallus urubitinga	Great Black Hawk					
Rupornis magnirostris	Roadside Hawk	R	U		U	
Buteo brachyurus	Short-tailed Hawk	R	R		R	
Strigidae (5)						
Megascops choliba	Tropical Screech-Owl	R	U		U	
Megascops watsonii	Tawny-bellied Screech-Owl	F	F	R	U	
Lophostrix cristata	Crested Owl	R	R			
Pulsatrix perspicillata	Spectacled Owl	F	U			

Otros sitios visitados en el IR30/ Other sites visited during RI30		Hábitats/Habitats	Estado de conservación/ Conservation status	
Río Caquetá/ Caquetá River	Río Caguán/ Caguán River		UICN/IUCN (2018)	En Colombia/In Colombia (MADS 2014)
X	X	Z, R		
X		R		
X	X	R		
		Z		
	X	R		
X	X	R		
	X	R		
	X	R, I		
X	X	Z, R		
X		R		
X	X	O, T, I		
X	X	M		
X		M		
X	X	M		
X	X	R		
	X	I		
X	X	T, O		
		T, O		
		T, I	NT	
		I		
		I		
		T		
X	X	T, O		
	X	I, O		
	X	I		
	X	M		
		T		
		I, Z		
		T, I		
		T		
		T		

LEYENDA/LEGEND

Abundancia/Abundance

A = Registrada solo por el equipo de avanzada/Only recorded by the advance team

C = Común (diariamente >10 en hábitat adecuado)/Common (daily >10 in proper habitat)

F = Poco común (<10 individuos/día en hábitat adecuado)/ Fairly Common (<10 individuals/day in proper habitat)

R = Raro (uno o dos registros)/ Rare (one or two records)

U = No común (menos que diariamente)/Uncommon (less than daily)

Hábitats/Habitats

A = Cananguchales/Palm swamps

I = Bosques inundados/ Flooded forests

M = Hábitats múltiples (>3)/ Multiple habitats (>3)

O = Aire/Overhead

R = Ríos y cochas/Rivers and lakes

T = Bosque de tierra firme/ Upland forest

Z = Hábitats perturbados/ Secondary habitats

Estado de conservación/ Conservation status

CR = En Peligro Crítico/ Critically Endangered

EN = En Peligro/Endangered

NT = Casi Amenazado/ Near Threatened

VU = Vulnerable

Aves/Birds

Nombre científico/ Scientific name	Nombre en inglés/ English name	Abundancia en cada campamento/ Abundance at each campsite				
		El Guamo	Peñas Rojas	Orotuya	Bajo Aguas Negras	
Glaucidium brasilianum	Ferruginous Pygmy-Owl			R	U	
Trogonidae (7)						
Pharomachrus pavoninus	Pavonine Quetzal		R			
Trogon melanurus	Black-tailed Trogon	U	R		U	
Trogon viridis	Green-backed Trogon	C	C	U	F	
Trogon ramonianus	Amazonian Trogon		U		R	
Trogon curucui	Blue-crowned Trogon		A			
Trogon rufus	Black-throated Trogon	R	R			
Trogon collaris	Collared Trogon	F	F	U	U	
Momotidae (1)						
Momotus momota	Amazonian Motmot	C	F	U	U	
Alcedinidae (4)						
Megaceryle torquata	Ringed Kingfisher	R	F	R	R	
Chloroceryle amazona	Amazon Kingfisher	U	F	R	R	
Chloroceryle aenea	American Pygmy Kingfisher	U	R		R	
Chloroceryle americana	Green Kingfisher	U	R			
Galbulidae (3)						
Galbula chalcothorax	Purplish Jacamar	R				
Galbula dea	Paradise Jacamar	U	R	U	U	
Jacamerops aureus	Great Jacamar	U	U	U	U	
Bucconidae (7)						
Bucco macrodactylus	Chestnut-capped Puffbird				R	
Bucco capensis	Collared Puffbird		R			
Malacoptila fusca	White-chested Puffbird	R	R			
Monasa nigrifrons	Black-fronted Nunbird	F	F	R	F	
Monasa morphoeus	White-fronted Nunbird	F	U	R	F	
Monasa flavirostris	Yellow-billed Nunbird	R				
Chelidoptera tenebrosa	Swallow-winged Puffbird		F			
Capitonidae (3)						
Capito aurovirens	Scarlet-crowned Barbet	U			U	
Capito auratus	Gilded Barbet	F	F	U	F	
Eubucco richardsoni	Lemon-throated Barbet	R	R	R	R	
Ramphastidae (6)						
Ramphastos tucanus	White-throated Toucan	C	C	C	C	
Ramphastos vitellinus	Channel-billed Toucan	C	F	F	F	
Selenidera reinwardtii	Golden-collared Toucanet	U	F		U	

Otros sitios visitados en el IR30/ Other sites visited during RI30		Hábitats/Habitats	Estado de conservación/ Conservation status	
Río Caquetá/ Caquetá River	Río Caguán/ Caguán River		UICN/IUCN (2018)	En Colombia/In Colombia (MADS 2014)
		T, I, Z		
		T, I		
		T, I		
		T, I		
		T, I		
		T		
		T, I		
		T, I		
X	X	R		
X	X	R		
		R		
		R		
		I		
		T, I		
		T		
		I		
		T		
		T		
		I, T, Z		
		T, I		
		I		
X	X	T, I, Z		
		I, A		
		M		
		T, I		
X	X	M	VU	
		M	VU	
		T, I		

LEYENDA/LEGEND

Abundancia/Abundance

A = Registrada solo por el equipo de avanzada/Only recorded by the advance team

C = Común (diariamente >10 en hábitat adecuado)/Common (daily >10 in proper habitat)

F = Poco común (<10 individuos/día en hábitat adecuado)/ Fairly Common (<10 individuals/day in proper habitat)

R = Raro (uno o dos registros)/ Rare (one or two records)

U = No común (menos que diariamente)/Uncommon (less than daily)

Hábitats/Habitats

A = Cananguchales/Palm swamps

I = Bosques inundados/ Flooded forests

M = Hábitats múltiples (>3)/ Multiple habitats (>3)

O = Aire/Overhead

R = Ríos y cochas/Rivers and lakes

T = Bosque de tierra firme/ Upland forest

Z = Hábitats perturbados/ Secondary habitats

Estado de conservación/ Conservation status

CR = En Peligro Crítico/ Critically Endangered

EN = En Peligro/Endangered

NT = Casi Amenazado/ Near Threatened

VU = Vulnerable

Aves/Birds

Nombre científico/ Scientific name	Nombre en inglés/ English name	Abundancia en cada campamento/ Abundance at each campsite			
		El Guamo	Peñas Rojas	Orotuya	Bajo Aguas Negras
Pteroglossus inscriptus	Lettered Aracari			R	
Pteroglossus castanotis	Chestnut-eared Aracari	F	U	R	U
Pteroglossus pluricinctus	Many-banded Aracari	U		F	
Picidae (14)					
Pteroglossus azara	Ivory-billed Aracari	F	F		R
Melanerpes cruentatus	Yellow-tufted Woodpecker	F	F	U	C
Veniliornis passerinus	Little Woodpecker		R		
Veniliornis affinis	Red-stained Woodpecker		R		R
Campephilus rubricollis	Red-necked Woodpecker	F	F	R	F
Campephilus melanoleucos	Crimson-crested Woodpecker	F	F	F	F
Dryocopus lineatus	Lineated Woodpecker	R	R		U
Celeus torquatus	Ringed Woodpecker	R	U		F
Celeus grammicus	Scale-breasted Woodpecker	U	U	R	R
Celeus flavus	Cream-colored Woodpecker	U	F		R
Celeus spectabilis	Rufous-headed Woodpecker				R
Celeus elegans	Chestnut Woodpecker	U	R		U
Piculus flavigula	Yellow-throated Woodpecker	R	R		
Piculus chrysochloros	Golden-green Woodpecker	U	R		R
Falconidae (10)					
Colaptes punctigula	Spot-breasted Woodpecker				R
Herpetotheres cachinnans	Laughing Falcon			U	U
Micrastur ruficollis	Barred Forest-Falcon	R			
Micrastur gilvicollis	Lined Forest-Falcon		R		
Micrastur mirandollei	Slaty-backed Forest-Falcon	R			
Micrastur semitorquatus	Collared Forest-Falcon				R
Caracara cheriway	Crested Caracara		A		
Ibycter americanus	Red-throated Caracara	F	F	U	F
Daptrius ater	Black Caracara		F	R	U
Milvago chimachima	Yellow-headed Caracara				R
Psittacidae (17)					
Falco rufigularis	Bat Falcon	R			R
Brotogeris cyanoptera	Cobalt-winged Parakeet	C	C	C	C
Pyrilia barrabandi	Orange-cheeked Parrot	C	C	F	F
Pionus menstruus	Blue-headed Parrot	F	F		R
Graydidascalus brachyurus	Short-tailed Parrot		R		
Amazona amazonica	Orange-winged Parrot		R		F

Otros sitios visitados en el IR30/ Other sites visited during RI30		Hábitats/Habitats	Estado de conservación/ Conservation status	
Río Caquetá/ Caquetá River	Río Caguán/ Caguán River		UICN/IUCN (2018)	En Colombia/In Colombia (MADS 2014)
		I		
	X	T, I		
		I		
		T, I		
X	X	M		
		Z		
		T		
		T, I		
		I, R		
		T, I		
		T, I	NT	
		T, I		
		I, A, T		
		I		
		T, I, A		
		T, I		
		T, I		
		Z		
		T		
		T, I		
		T		
		T		
		I		
	X	T, I		
X	X	M		
		Z		
		I, R		
X	X	M		
		M	NT	
	X	M		
	X	I, O		
		O	NT	

LEYENDA/LEGEND

Abundancia/Abundance

A = Registrada solo por el equipo de avanzada/Only recorded by the advance team

C = Común (diariamente >10 en hábitat adecuado)/Common (daily >10 in proper habitat)

F = Poco común (<10 individuos/ día en hábitat adecuado)/ Fairly Common (<10 individuals/ day in proper habitat)

R = Raro (uno o dos registros)/ Rare (one or two records)

U = No común (menos que diariamente)/Uncommon (less than daily)

Hábitats/Habitats

A = Cananguchales/Palm swamps

I = Bosques inundados/ Flooded forests

M = Hábitats múltiples (>3)/ Multiple habitats (>3)

O = Aire/Overhead

R = Ríos y cochas/Rivers and lakes

T = Bosque de tierra firme/ Upland forest

Z = Hábitats perturbados/ Secondary habitats

Estado de conservación/ Conservation status

CR = En Peligro Crítico/ Critically Endangered

EN = En Peligro/Endangered

NT = Casi Amenazado/ Near Threatened

VU = Vulnerable

Aves/Birds

Nombre científico/ Scientific name	Nombre en inglés/ English name	Abundancia en cada campamento/ Abundance at each campsite			
		El Guamo	Peñas Rojas	Orotuya	Bajo Aguas Negras
Amazona ochrocephala	Yellow-crowned Parrot	F	U	U	F
Amazona farinosa	Mealy Parrot	F	F	F	F
Pionites melanocephalus	Black-headed Parrot	F	F	F	C
Pyrrhura melanura	Maroon-tailed Parakeet	F	F	F	C
Aratinga weddellii	Dusky-headed Parakeet				R
Orthopsittaca manilatus	Red-bellied Macaw	U	F		C
Ara ararauna	Blue-and-yellow Macaw	F	U		F
Ara macao	Scarlet Macaw		F	F	U
Ara chloropterus	Red-and-green Macaw	U			U
Ara severus	Chestnut-fronted Macaw	U			F
Psittacara leucophthalmus	White-eyed Parakeet		U		
Thamnophilidae (41)					
Euchrepomis spodioptila	Ash-winged Antwren	F	U	U	R
Cymbilaimus lineatus	Fasciated Antshrike	C	F	F	U
Frederickena fulva	Fulvous Antshrike		R		R
Thamnophilus schistaceus	Plain-winged Antshrike		F	F	U
Thamnophilus murinus	Mouse-colored Antshrike	F	F	F	F
Thamnophilus praecox	Cocha Antshrike				U
Megastictus margaritatus	Pearly Antshrike	U	F	U	U
Thamnomanes ardesiacus	Dusky-throated Antshrike	F	F	F	F
Thamnomanes caesius	Cinereous Antshrike	F	F	F	F
Isleria hauxwelli	Plain-throated Antwren	F	U		U
Pygiptila stellaris	Spot-winged Antshrike	R	U	R	
Epinecrophylla pyrrhonota	Rio Negro Stipplethroat	F	U	U	R
Epinecrophylla ornata	Ornate Antwren	U	R	R	R
Myrmotherula brachyura	Pygmy Antwren	C	C	U	U
Myrmotherula ignota	Moustached Antwren	F	F		U
Myrmotherula ambigua	Yellow-throated Antwren	F	U	U	R
Myrmotherula multostriata	Amazonian Streaked-Antwren	F	U		
Myrmotherula axillaris	White-flanked Antwren	C	C	F	F
Myrmotherula longipennis	Long-winged Antwren	R		R	
Myrmotherula menetriesii	Gray Antwren	F	F	U	U
Herpsilochmus dugandi	Dugand's Antwren	U	U	U	R
Microrhopias quixensis	Dot-winged Antwren			U	R
Hypocnemis peruviana	Peruvian Warbling-Antbird	F	F	U	U
Hypocnemis hypoxantha	Yellow-browed Antbird	U	U	U	U

Otros sitios visitados en el IR30/ Other sites visited during RI30		Hábitats/Habitats	Estado de conservación/ Conservation status	
Río Caquetá/ Caquetá River	Río Caguán/ Caguán River		UICN/IUCN (2018)	En Colombia/In Colombia (MADS 2014)
	X	O		
	X	T, O	NT	
		T, O		
X		M		
	X	Z		
	X	O		
	X	O		
X		O		
		O		
		O		
		O		
		T, I		
		T, I		
		I		
		T, I, A		
		T, I, A		
		A		
		T		
		T, I		
		T, I		
		T		
		T, I		
		T, I		
		T, I		
		T, I		
		T, I		
		I, R		
		M		
		T		
		T, I		
		T, I		
		I, A		
		M		
		T		

LEYENDA/LEGEND

Abundancia/Abundance

A = Registrada solo por el equipo de avanzada/Only recorded by the advance team

C = Común (diariamente >10 en hábitat adecuado)/Common (daily >10 in proper habitat)

F = Poco común (<10 individuos/ día en hábitat adecuado)/ Fairly Common (<10 individuals/ day in proper habitat)

R = Raro (uno o dos registros)/ Rare (one or two records)

U = No común (menos que diariamente)/Uncommon (less than daily)

Hábitats/Habitats

A = Cananguchales/Palm swamps

I = Bosques inundados/ Flooded forests

M = Hábitats múltiples (>3)/ Multiple habitats (>3)

O = Aire/Overhead

R = Ríos y cochas/Rivers and lakes

T = Bosque de tierra firme/ Upland forest

Z = Hábitats perturbados/ Secondary habitats

Estado de conservación/ Conservation status

CR = En Peligro Crítico/ Critically Endangered

EN = En Peligro/Endangered

NT = Casi Amenazado/ Near Threatened

VU = Vulnerable

Aves/Birds

Nombre científico/ Scientific name	Nombre en inglés/ English name	Abundancia en cada campamento/ Abundance at each campsite				
		El Guamo	Peñas Rojas	Orotuya	Bajo Aguas Negras	
Cercomacroides tyrannina	Dusky Antbird		U		U	
Cercomacra cinerascens	Gray Antbird	C	C	F	F	
Myrmoborus leucophrys	White-browed Antbird	R	U	U	R	
Myrmoborus myotherinus	Black-faced Antbird	F	F	F	F	
Hypocnemoides melanopogon	Black-chinned Antbird	U	R		U	
Sclateria naevia	Silvered Antbird	F	U	U	U	
Myrmelastes schistaceus	Slate-colored Antbird		R	U	R	
Myrmelastes hyperythrus	Plumbeous Antbird				U	
Akletos melanoceps	White-shouldered Antbird		U		F	
Hafferia fortis	Sooty Antbird			R	R	
Myrmophylax atrothorax	Black-throated Antbird	R			R	
Pithys albifrons	White-plumed Antbird		R		R	
Gymnopithys leucaspis	White-cheeked Antbird	R	U	R	U	
Rhegmatorhina melanosticta	Hairy-crested Antbird		R	R		
Hylophylax naevius	Spot-backed Antbird	U	R	U	U	
Hylophylax punctulatus	Dot-backed Antbird	U		U	R	
Willisornis poecilinotus	Common Scale-backed Antbird	F	F	F	F	
Conopophagidae (1)						
Conopophaga aurita	Chestnut-belted Gnateater		A			
Grallariidae (3)						
Hylopezus macularius	Spotted Antpitta		R			
Hylopezus fulviventris	White-lored Antpitta			R		
Myrmothera campanisona	Thrush-like Antpitta	F	F	U	R	
Formicariidae (2)						
Formicarius colma	Rufous-capped Antthrush	U	F		R	
Chamaeza nobilis	Striated Antthrush		R		R	
Furnariidae (29)						
Sclerurus rufigularis	Short-billed Leaftosser			R	R	
Sclerurus caudacutus	Black-tailed Leaftosser	R	R			
Certhiasomus stictolaemus	Spot-throated Woodcreeper	R		R		
Sittasomus griseicapillus	Olivaceous Woodcreeper	R	R	R	R	
Dendrocincla merula	White-chinned Woodcreeper		U	R	R	
Dendrocincla fuliginosa	Plain-brown Woodcreeper	R	U		R	
Glyphorynchus spirurus	Wedge-billed Woodcreeper	F	F	F	U	
Dendrexetastes rufigula	Cinnamon-throated Woodcreeper	U	U	R		
Nasica longirostris	Long-billed Woodcreeper		R		R	

Otros sitios visitados en el IR30/ Other sites visited during RI30		Hábitats/Habitats	Estado de conservación/ Conservation status	
Río Caquetá/ Caquetá River	Río Caguán/ Caguán River		UICN/IUCN (2018)	En Colombia/In Colombia (MADS 2014)
		I		
		T, I		
		I		
		T, I		
		I, A,R		
		I		
		T		
		I, A		
		I, A		
		T, I		
		I		
		T		
		T, I		
		T		
		T, I		
		I, A		
		T, I, A		
		.		
		I		
		I		
		M		
		T, I		
		T		
		T		
		T		
		T		
		T		
		T, I		
		M		
		M		
		I, A		
X		I, A		

LEYENDA/LEGEND

Abundancia/Abundance

A = Registrada solo por el equipo de avanzada/Only recorded by the advance team

C = Común (diariamente >10 en hábitat adecuado)/Common (daily >10 in proper habitat)

F = Poco común (<10 individuos/día en hábitat adecuado)/ Fairly Common (<10 individuals/day in proper habitat)

R = Raro (uno o dos registros)/ Rare (one or two records)

U = No común (menos que diariamente)/Uncommon (less than daily)

Hábitats/Habitats

A = Cananguchales/Palm swamps

I = Bosques inundados/ Flooded forests

M = Hábitats múltiples (>3)/ Multiple habitats (>3)

O = Aire/Overhead

R = Ríos y cochas/Rivers and lakes

T = Bosque de tierra firme/ Upland forest

Z = Hábitats perturbados/ Secondary habitats

Estado de conservación/ Conservation status

CR = En Peligro Crítico/ Critically Endangered

EN = En Peligro/Endangered

NT = Casi Amenazado/ Near Threatened

VU = Vulnerable

Nombre científico/ Scientific name	Nombre en inglés/ English name	Abundancia en cada campamento/ Abundance at each campsite			
		El Guamo	Peñas Rojas	Orotuya	Bajo Aguas Negras
Dendrocolaptes certhia	Amazonian Barred-Woodcreeper	R			R
Xiphocolaptes promeropirhynchus	Strong-billed Woodcreeper	R			
Xiphorhynchus obsoletus	Striped Woodcreeper	F	F	U	U
Xiphorhynchus elegans	Elegant Woodcreeper	R	R		U
Xiphorhynchus guttatus	Buff-throated Woodcreeper	F	F	F	F
Dendroplex picus	Straight-billed Woodcreeper		U		F
Xenops minutus	Plain Xenops	R	R		
Berlepschia rikeri	Point-tailed Palmcreeper				U
Microxenops milleri	Rufous-tailed Xenops		U	R	
Furnarius leucopus	Pale-legged Hornero		A		
Philydor erythrocercum	Rufous-rumped Foliage-gleaner		R	R	R
Philydor erythropterum	Chestnut-winged Foliage-gleaner		U	R	
Philydor pyrrhodes	Cinnamon-rumped Foliage-gleaner		R		
Anabacerthia ruficaudata	Rufous-tailed Foliage-gleaner	R			
Ancistrops strigilatus	Chestnut-winged Hookbill	U	U		U
Automolus rufipileatus	Chestnut-crowned Foliage-gleaner	R			
Automolus ochrolaemus	Buff-throated Foliage-gleaner	R	R	R	
Automolus subulatus	Striped Woodhaunter	R	R		
Automolus infuscatus	Olive-backed Foliage-gleaner	U	R	R	R
Cranioleuca gutturata	Speckled Spinetail	U	R		
Tyrannidae (51)					
Tyrannulus elatus	Yellow-crowned Tyrannulet	F	F	U	C
Myiopagis gaimardii	Forest Elaenia	F	F	F	F
Myiopagis caniceps	Gray Elaenia	U	U	U	R
Myiopagis flavivertex	Yellow-crowned Elaenia	R			
Elaenia sp.	Elaenia				R
Ornithion inerme	White-lored Tyrannulet		R		
Phaeomyias murina	Mouse-colored Tyrannulet		R		U
Corythopis torquatus	Ringed Antpipit	R	R	R	
Zimmerius gracilipes	Slender-footed Tyrannulet	U	R	R	F
Mionectes oleagineus	Ochre-bellied Flycatcher	U	F	U	F
Myiornis ecaudatus	Short-tailed Pygmy-Tyrant	R	R	R	
Lophotriccus vitiosus	Double-banded Pygmy-Tyrant	F	F	F	F
Hemitriccus zosterops	White-eyed Tody-Tyrant	R			
Hemitriccus iohannis	Johannes's Tody-Tyrant				R
Poecilotriccus latirostris	Rusty-fronted Tody-Flycatcher				R
Todirostrum maculatum	Spotted Tody-Flycatcher	F			U

Otros sitios visitados en el IR30/ Other sites visited during RI30		Hábitats/Habitats	Estado de conservación/ Conservation status	
Río Caquetá/ Caquetá River	Río Caguán/ Caguán River		UICN/IUCN (2018)	En Colombia/In Colombia (MADS 2014)
		M		
		T		
		I, T		
		T, I		
		M		
X		Z, I		
		M		
		A		
		T		
		T, I		
		T, I		
		T		
		T		
		T		
		I		
		T		
		T		
		T		
		T		
	X	M		
		T, I, A		
		T, I		
		I		
		Z		
		I		
		Z		
		I		
		M		
		M		
		T, I		
		T, I		
		T		
		I, A		
		I		
	X	I, Z		

Nombre científico/ Scientific name	Nombre en inglés/ English name	Abundancia en cada campamento/ Abundance at each campsite				
		El Guamo	Peñas Rojas	Orotuya	Bajo Aguas Negras	
Todirostrum chrysocrotaphum	Yellow-browed Tody-Flycatcher		U	R	U	
Cnipodectes subbrunneus	Brownish Twistwing	R			U	
Tolmomyias traylori	Orange-eyed Flycatcher				R	
Tolmomyias assimilis	Yellow-margined Flycatcher	F	U	U	U	
Tolmomyias poliocephalus	Gray-crowned Flycatcher	F	F	F	F	
Tolmomyias flaviventris	Yellow-breasted Flycatcher	U	U	R	U	
Platyrinchus coronatus	Golden-crowned Spadebill	U			R	
Onychorhynchus coronatus	Royal Flycatcher				R	
Myiobius barbatus	Sulphur-rumped Flycatcher	R				
Terenotriccus erythrurus	Ruddy-tailed Flycatcher	U	U	U	R	
Lathrotriccus euleri	Euler's Flycatcher		R			
Contopus virens	Eastern Wood-Pewee	R	F	F	F	
Ochthornis littoralis	Drab Water Tyrant		U		R	
Legatus leucophaius	Piratic Flycatcher	R	U	R	F	
Myiozetetes similis	Social Flycatcher	U	F		F	
Myiozetetes granadensis	Gray-capped Flycatcher	R			F	
Myiozetetes luteiventris	Dusky-chested Flycatcher	F			F	
Pitangus sulphuratus	Great Kiskadee	R	F		F	
Pitangus lictor	Lesser Kiskadee		R		R	
Conopias parvus	Yellow-throated Flycatcher		U		U	
Myiodynastes luteiventris	Sulphur-bellied Flycatcher		R			
Myiodynastes maculatus	Streaked Flycatcher	R		R	U	
Megarynchus pitangua	Boat-billed Flycatcher		F		F	
Tyrannopsis sulphurea	Sulphury Flycatcher		R		F	
Empidonomus aurantioatrocristatus	Crowned Slaty Flycatcher		U	R		
Tyrannus melancholicus	Tropical Kingbird		C		C	
Tyrannus savana	Fork-tailed Flycatcher		C		U	
Tyrannus tyrannus	Eastern Kingbird	R	F			
Rhytipterna simplex	Grayish Mourner	F	F	U	F	
Myiarchus tuberculifer	Dusky-capped Flycatcher	U	U	U	U	
Myiarchus ferox	Short-crested Flycatcher		F		F	
Ramphotrigon ruficauda	Rufous-tailed Flatbill	U	U	R	F	
Attila cinnamomeus	Cinnamon Attila	U	U		U	
Attila citriniventris	Citron-bellied Attila	F	F	U	F	
Attila spadiceus	Bright-rumped Attila	R	R			
Cotingidae (7)						

Otros sitios visitados en el IR30/ Other sites visited during RI30		Hábitats/Habitats	Estado de conservación/ Conservation status	
Río Caquetá/ Caquetá River	Río Caguán/ Caguán River		UICN/IUCN (2018)	En Colombia/In Colombia (MADS 2014)
		T		
		T, I		
		I		
		T, I		
		T, I		
		I, A		
		T		
		T		
		T		
		M		
		T		
		M		
X	X	I, A, R		
	X	I, Z		
X	X	I, Z		
	X	Z		
	X	T, I		
X	X	M		
		I, A		
		T		
		T		
		I, A		
	X	I, R		
		A		
		I		
X	X	R, Z, I		
		Z		
		Z		
		T, I		
		T, I		
	X	Z, R		
		T, I		
		T		
		T, I		
		T		

LEYENDA/LEGEND

Abundancia/Abundance

A = Registrada solo por el equipo de avanzada/Only recorded by the advance team

C = Común (diariamente >10 en hábitat adecuado)/Common (daily >10 in proper habitat)

F = Poco común (<10 individuos/ día en hábitat adecuado)/ Fairly Common (<10 individuals/ day in proper habitat)

R = Raro (uno o dos registros)/ Rare (one or two records)

U = No común (menos que diariamente)/Uncommon (less than daily)

Hábitats/Habitats

A = Cananguchales/Palm swamps

I = Bosques inundados/ Flooded forests

M = Hábitats múltiples (>3)/ Multiple habitats (>3)

O = Aire/Overhead

R = Ríos y cochas/Rivers and lakes

T = Bosque de tierra firme/ Upland forest

Z = Hábitats perturbados/ Secondary habitats

Estado de conservación/ Conservation status

CR = En Peligro Crítico/ Critically Endangered

EN = En Peligro/Endangered

NT = Casi Amenazado/ Near Threatened

VU = Vulnerable

Aves/Birds

Nombre científico/ Scientific name	Nombre en inglés/ English name	Abundancia en cada campamento/ Abundance at each campsite			
		El Guamo	Peñas Rojas	Orotuya	Bajo Aguas Negras
Phoenicircus nigricollis	Black-necked Red-Cotinga	U	U		U
Querula purpurata	Purple-throated Fruitcrow	F	F	F	F
Cephalopterus ornatus	Amazonian Umbrellabird		R		
Cotinga maynana	Plum-throated Cotinga	R	R		
Lipaugus vociferans	Screaming Piha	C	F	F	F
Porphyrolaema poryphyrolaema	Purple-throated Cotinga	R			
Gymnoderus foetidus	Bare-necked Fruitcrow		U		
Pipridae (7)					
Tyranneutes stolzmanni	Dwarf Tyrant-Manakin	C	C	F	F
Chiroxiphia pareola	Blue-backed Manakin	U	F	R	
Lepidothrix coronata	Blue-crowned Manakin	F	F	F	F
Pipra filicauda	Wire-tailed Manakin	F	R	U	
Machaeropterus striolatus	Striolated Manakin	U		R	R
Dixiphia pipra	White-crowned Manakin	R			
Ceratopipra erythrocephala	Golden-headed Manakin	C	C	F	F
Tityridae (10)					
Tityra cayana	Black-tailed Tityra	U			R
Tityra semifasciata	Masked Tityra	R		R	U
Schiffornis major	Varzea Schiffornis		R	R	
Schiffornis turdina	Brown-winged Schiffornis				R
Laniocera hypopyrra	Cinereous Mourner	R	R	R	R
Iodopleura isabellae	White-browed Purpletuft	R			
Pachyramphus castaneus	Chestnut-crowned Becard	U	F		R
Pachyramphus polychopterus	White-winged Becard	R	F		F
Pachyramphus marginatus	Black-capped Becard	U	U	R	R
Pachyramphus minor	Pink-throated Becard		R	R	
Incertae Sedis (1)					
Piprites chloris	Wing-barred Piprites	F	F	U	U
Vireonidae (4)					
Hylophilus thoracicus	Lemon-chested Greenlet	F	F	F	R
Tunchiornis ochraceiceps	Tawny-crowned Greenlet	R	U	R	
Pachysylvia hypoxantha	Dusky-capped Greenlet	F	F	U	R
Vireo olivaceus	Red-eyed Vireo	F	F	U	R
Corvidae (1)					
Cyanocorax violaceus	Violaceous Jay	F	C	F	C
Hirundinidae (9)					

Otros sitios visitados en el IR30/ Other sites visited during RI30		Hábitats/Habitats	Estado de conservación/ Conservation status	
Río Caquetá/ Caquetá River	Río Caguán/ Caguán River		UICN/IUCN (2018)	En Colombia/In Colombia (MADS 2014)
		T, I		
		T, I		
		T, I		
		T		
		T, I		
		T		
X	X	I, O		
		M		
		T		
		T, I		
		I, A		
		T, I		
		T, I		
		T, I, A		
		T, I		
		T, I		
		I, A		
		T		
		T, I		
		T		
		T		
		Z		
		T, I		
		T		
		T, I		
		T, I		
		T, I		
		T, I		
X		M		
X	X	M		

LEYENDA/LEGEND

Abundancia/Abundance

A = Registrada solo por el equipo de avanzada/Only recorded by the advance team

C = Común (diariamente >10 en hábitat adecuado)/Common (daily >10 in proper habitat)

F = Poco común (<10 individuos/ día en hábitat adecuado)/ Fairly Common (<10 individuals/ day in proper habitat)

R = Raro (uno o dos registros)/ Rare (one or two records)

U = No común (menos que diariamente)/Uncommon (less than daily)

Hábitats/Habitats

A = Cananguchales/Palm swamps

I = Bosques inundados/ Flooded forests

M = Hábitats múltiples (>3)/ Multiple habitats (>3)

O = Aire/Overhead

R = Ríos y cochas/Rivers and lakes

T = Bosque de tierra firme/ Upland forest

Z = Hábitats perturbados/ Secondary habitats

Estado de conservación/ Conservation status

CR = En Peligro Crítico/ Critically Endangered

EN = En Peligro/Endangered

NT = Casi Amenazado/ Near Threatened

VU = Vulnerable

Nombre científico/ Scientific name	Nombre en inglés/ English name	Abundancia en cada campamento/ Abundance at each campsite			
		El Guamo	Peñas Rojas	Orotuya	Bajo Aguas Negras
Atticora fasciata	White-banded Swallow	C			F
Atticora tibialis	White-thighed Swallow			R	
Stelgidopteryx ruficollis	Southern Rough-winged Swallow	R			
Progne tapera	Brown-chested Martin	R			
Progne chalybea	Gray-breasted Martin	C			U
Tachycineta albiventer	White-winged Swallow	C			R
Riparia riparia	Bank Swallow	U			
Hirundo rustica	Barn Swallow	U			
Petrochelidon pyrrhonota	Cliff Swallow	R			
Troglodytidae (7)					
Microcerculus marginatus	Scaly-breasted Wren	U		R	
Troglodytes aedon	House Wren		R		C
Campylorhynchus turdinus	Thrush-like Wren	F	U		F
Pheugopedius coraya	Coraya Wren	F	F	F	F
Cantorchilus leucotis	Buff-breasted Wren				F
Henicorhina leucosticta	White-breasted Wood-Wren	R			
Cyphorhinus arada	Musician Wren	R			
Turdidae (5)					
Catharus minimus	Gray-cheeked Thrush			R	
Turdus sanchezorum	Varzea Thrush				R
Turdus lawrencii	Lawrence's Thrush	R	R	F	
Turdus ignobilis	Black-billed Thrush		R		
Turdus albicollis	White-necked Thrush	F	F	U	
Thraupidae (28)					
Chlorophanes spiza	Green Honeycreeper			R	
Hemithraupis flavicollis	Yellow-backed Tanager	U	F	F	R
Volatinia jacarina	Blue-black Grassquit		U		F
Islerthraupis cristata	Flame-crested Tanager	U	F	U	R
Islerthraupis luctuosa	White-shouldered Tanager		R		
Tachyphonus surinamus	Fulvous-crested Tanager	U	F		U
Ramphocelus nigrogularis	Masked Crimson Tanager		F		U
Ramphocelus carbo	Silver-beaked Tanager		F		F
Cyanerpes nitidus	Short-billed Honeycreeper	R	U		
Cyanerpes caeruleus	Purple Honeycreeper	F	F	F	F
Dacnis lineata	Black-faced Dacnis	R		R	
Dacnis cayana	Blue Dacnis		R	R	

Otros sitios visitados en el IR30/ Other sites visited during RI30		Hábitats/Habitats	Estado de conservación/ Conservation status	
Río Caquetá/ Caquetá River	Río Caguán/ Caguán River		UICN/IUCN (2018)	En Colombia/In Colombia (MADS 2014)
X	X	R, O		
		R		
X	X	O		
		O		
X		O		
X	X	R, O		
X		O		
X	X	O		
X		O		
		T		
X		Z		
	X	T, I, Z		
	X	T, I		
		I		
		T		
		T		
		T		
		I, A		
		T, I		
		Z		
		T, I		
		T, I		
		T, I		
		Z		
		T		
		T		
		T, I		
	X	I, A		
X	X	Z, I		
		T		
		M		
		T		
		T, I		

LEYENDA/LEGEND

Abundancia/Abundance

A = Registrada solo por el equipo de avanzada/Only recorded by the advance team

C = Común (diariamente >10 en hábitat adecuado)/Common (daily >10 in proper habitat)

F = Poco común (<10 individuos/día en hábitat adecuado)/ Fairly Common (<10 individuals/day in proper habitat)

R = Raro (uno o dos registros)/ Rare (one or two records)

U = No común (menos que diariamente)/Uncommon (less than daily)

Hábitats/Habitats

A = Cananguchales/Palm swamps

I = Bosques inundados/ Flooded forests

M = Hábitats múltiples (>3)/ Multiple habitats (>3)

O = Aire/Overhead

R = Ríos y cochas/Rivers and lakes

T = Bosque de tierra firme/ Upland forest

Z = Hábitats perturbados/ Secondary habitats

Estado de conservación/ Conservation status

CR = En Peligro Crítico/ Critically Endangered

EN = En Peligro/Endangered

NT = Casi Amenazado/ Near Threatened

VU = Vulnerable

Aves/Birds

Nombre científico/ Scientific name	Nombre en inglés/ English name	Abundancia en cada campamento/ Abundance at each campsite				
		El Guamo	Peñas Rojas	Orotuya	Bajo Aguas Negras	
Sporophila castaneiventris	Chestnut-bellied Seedeater		R			
Sporophila angolensis	Chestnut-bellied Seed-Finch		R		F	
Saltator maximus	Buff-throated Saltator		R		F	
Saltator coerulescens	Grayish Saltator		R		U	
Saltator grossus	Slate-colored Grosbeak	F		U	U	
Paroaria gularis	Red-capped Cardinal		U			
Cissopis leverianus	Magpie Tanager		F		F	
Stilpnia nigrocincta	Masked Tanager	R	R	R		
Tangara mexicana	Turquoise Tanager	R		R	R	
Tangara chilensis	Paradise Tanager	F	U	U		
Tangara velia	Opal-rumped Tanager	R	R	R	R	
Tangara callophrys	Opal-crowned Tanager			R		
Tangara gyrola	Bay-headed Tanager		R	R		
Tangara schrankii	Green-and-gold Tanager	R	R	R		
Thraupis episcopus	Blue-gray Tanager		F		F	
Thraupis palmarum	Palm Tanager		F	R	C	
Emberizidae (2)						
Ammodramus aurifrons	Yellow-browed Sparrow		R			
Arremonops conirostris	Black-striped Sparrow				R	
Cardinalidae (2)						
Habia rubica	Red-crowned Ant-Tanager	F	R			
Cyanoloxia rothschildii	Amazonian Grosbeak		R			
Parulidae (2)						
Setophaga striata	Blackpoll Warbler					
Myiothlypis fulvicauda	Buff-rumped Warbler	F				
Icteridae (11)						
Psarocolius angustifrons	Russet-backed Oropendola	C	C	C	C	
Psarocolius viridis	Green Oropendola	F	U		U	
Psarocolius decumanus	Crested Oropendola	F	C	F	F	
Psarocolius bifasciatus	Olive Oropendola	F		R		
Cacicus sclateri	Ecuadorian Cacique				R	
Cacicus cela	Yellow-rumped Cacique	F	C	C	C	
Cacicus haemorrhous	Red-rumped Cacique	R	F			
Icterus cayanensis	Epaulet Oriole		R		R	
Molothrus oryzivorus	Giant Cowbird		R		R	
Molothrus bonariensis	Shiny Cowbird				R	

Otros sitios visitados en el IR30/ Other sites visited during RI30		Hábitats/Habitats	Estado de conservación/ Conservation status	
Río Caquetá/ Caquetá River	Río Caguán/ Caguán River		UICN/IUCN (2018)	En Colombia/In Colombia (MADS 2014)
		Z		
		Z		
		T, Z		
		Z, I		
		T, I		
X		Z, R		
		Z, I		
		T, I		
		Z, T		
		M		
		T, I		
		T, I		
		T, I		
		T, I		
	X	Z, I		
		Z, I		
		Z		
		T, I		
		T		
X		Z		
		R		
X	X	M		
		T, I		
X	X	M		
		T, I		
		A		
X	X	M		
		T		
		Z, T, I		
	X	R		
		Z		

LEYENDA/LEGEND

Abundancia/Abundance

A = Registrada solo por el equipo de avanzada/Only recorded by the advance team

C = Común (diariamente >10 en hábitat adecuado)/Common (daily >10 in proper habitat)

F = Poco común (<10 individuos/ día en hábitat adecuado)/ Fairly Common (<10 individuals/ day in proper habitat)

R = Raro (uno o dos registros)/ Rare (one or two records)

U = No común (menos que diariamente)/Uncommon (less than daily)

Hábitats/Habitats

A = Cananguchales/Palm swamps

I = Bosques inundados/ Flooded forests

M = Hábitats múltiples (>3)/ Multiple habitats (>3)

O = Aire/Overhead

R = Ríos y cochas/Rivers and lakes

T = Bosque de tierra firme/ Upland forest

Z = Hábitats perturbados/ Secondary habitats

Estado de conservación/ Conservation status

CR = En Peligro Crítico/ Critically Endangered

EN = En Peligro/Endangered

NT = Casi Amenazado/ Near Threatened

VU = Vulnerable

Nombre científico/ Scientific name	Nombre en inglés/ English name	Abundancia en cada campamento/ Abundance at each campsite				
		El Guamo	Peñas Rojas	Orotuya	Bajo Aguas Negras	
Sturnella militaris	Red-breasted Meadowlark					
Fringillidae (4)						
Euphonia chrysopasta	Golden-bellied Euphonia	U	F	U	F	
Euphonia minuta	White-vented Euphonia		R			
Euphonia xanthogaster	Orange-bellied Euphonia	U	U	U		
Euphonia rufiventris	Rufous-bellied Euphonia	U	U	U	U	
		241	298	180	252	

Otros sitios visitados en el IR30/ Other sites visited during RI30		Hábitats/Habitats	Estado de conservación/ Conservation status	
Río Caquetá/ Caquetá River	Río Caguán/ Caguán River		UICN/IUCN (2018)	En Colombia/In Colombia (MADS 2014)
X		Z		
		T, I		
		I		
		M		
		M		
61	61			

LEYENDA/LEGEND

Abundancia/Abundance

A = Registrada solo por el equipo de avanzada/Only recorded by the advance team

C = Común (diariamente >10 en hábitat adecuado)/Common (daily >10 in proper habitat)

F = Poco común (<10 individuos/día en hábitat adecuado)/Fairly Common (<10 individuals/day in proper habitat)

R = Raro (uno o dos registros)/Rare (one or two records)

U = No común (menos que diariamente)/Uncommon (less than daily)

Hábitats/Habitats

A = Cananguchales/Palm swamps

I = Bosques inundados/Flooded forests

M = Hábitats múltiples (>3)/Multiple habitats (>3)

O = Aire/Overhead

R = Ríos y cochas/Rivers and lakes

T = Bosque de tierra firme/Upland forest

Z = Hábitats perturbados/Secondary habitats

Estado de conservación/ Conservation status

CR = En Peligro Crítico/Critically Endangered

EN = En Peligro/Endangered

NT = Casi Amenazado/Near Threatened

VU = Vulnerable

Mamíferos/Mammals

Mamíferos registrados por Diego Lizcano, Juan Pablo Parra y Alejandra Niño durante un inventario rápido de la región del Bajo Caguán-Caquetá, en el departamento de Caquetá, Colombia, del 6 al 24 de abril de 2018./Mammals recorded by Diego Lizcano, Juan Pablo Parra, and Alejandra Niño during a rapid inventory of the Bajo Caguán-Caquetá region of Colombia's Caquetá department on 6–24 April 2018.

Nombre científico/ Scientific name	Nombre común (español)/ Common name (Spanish)	Nombre común (murui munuika)/ Common name (Murui Munuika)	Nombre común (murui nipode)/ Common name (Murui Nipode)	
DIDELPHIMORPHIA				
Didelphidae (2)				
Didelphis marsupialis	chucha	jeedo-neít□do	feregaño	
Marmosa murina	chuchita	tuiro		
CINGULATA				
Dasypodidae (3)				
Dasypus kappleri	espuelón	ñen□ño		
Dasypus novemcinctus	armadillo nueve bandas	juyao		
Priodontes maximus	ocarro-trueno	veinaño		
PILOSA				
Bradypodidae (1)				
Bradypus variegatus	perezoso			
Myrmecophagidae (2)				
Myrmecophaga tridactyla	palmero	ereño		
Tamandua tetradactyla	hormiguero	dobochi		
CARNIVORA				
Felidae (5)				
Herpailurus yagouaroundi (*Puma yagouaroundi*)	tigrillo negro	charakuda		
Leopardus pardalis	poenco	jiz□ke□		
Leopardus wiedii	tigrillo	charak□da		
Panthera onca	tigre mariposo	janayari		
Puma concolor	tigre colorado	edo□ma		
Canidae (3)				
Atelocynus microtis	perro de monte	comeiroco		
Cerdocyon thous	zorro			
Speothos venaticus	perro de patas cortas	rub□		
Procyonidae (2)				
Bassaricyon alleni	olingo	cuita		
Nasua nasua	cusumbo	n□ma□do		
Mustelidae (3)				
Eira barbara	comadreja	tuta		

Mamíferos/Mammals

LEYENDA/LEGEND

Tipo de registro/Type of record

C = Captura/Capture

CT = Foto con cámaras trampa/ Camera trap photo

HU = Huella/Tracks

O = Registro auditivo/ Auditory record

V = Observación/Observation

Estado de conservación/ Conservation status

DD = Datos Deficientes/ Data Deficient

EN = En Peligro/Endangered

LC = Preocupación Menor/ Least Concern

NT = Casi Amenazado/ Near Threatened

VU = Vulnerable

Registros en cada campamento/ Records at each campsite				Estado de conservación/ Conservation status		
El Guamo	Peñas Rojas	Orotuya	Bajo Aguas Negras	UICN/IUCN (2018)	RES. 1912/ 2017	Categoría de CITES/CITES category (2018)
V		V, CT		LC		
V		V		LC		
CT, V	V	CT		LC		
CT, V	V	CT	CT	LC		
HU		HU		VU	EN	I
	V			LC		II
		CT		VU	VU	II
		HU		LC		
		CT		LC		I, II
HU	HU	CT, HU		LC		I
		CT		NT		I
		CT		NT	VU	I
		CT		LC		I, II
		CT	V, CT	NT		
V				LC		II
CT			CT	NT		I
	V	V		LC		III
V		V, CT	V	LC		
V	V			LC		III

Mamíferos/Mammals

Nombre científico/ Scientific name	Nombre común (español)/ Common name (Spanish)	Nombre común (murui munuika)/ Common name (Murui Munuika)	Nombre común (murui nipode)/ Common name (Murui Nipode)	
Lontra longicaudis	nutria pequeña	�foe		
Pteronura brasiliensis	lobo de río	jitorok�ño		
PERISSODACTYLA				
Tapiridae (1)				
Tapirus terrestris	danta	zurumafeiberuma		
ARTIODACTYLA				
Tayassuidae (2)				
Pecari tajacu	cerrillo, pecarí de collar	mero		
Tayassu pecari	manao, pecarí labiado	e�mo�		
Cervidae (2)				
Mazama americana	venado colorado	cu�ojieto		
Mazama gouazoubira	venado chonto	chabuda		
PRIMATES				
Aotidae (1)				
Aotus sp.	mono nocturno	jimoki		
Atelidae (3)				
Alouatta seniculus	aullador	iu		
Ateles belzebuth	marimba	joya		
Lagothrix lagotricha	churuco	jem�		
Cebidae (3)				
Cebus albifrons	maicero cari blanco-tanque	comijoma		
Cebus apella (*Sapajus apella*)	maicero	jóoma		
Saimiri sciureus (*Saimiri macrodon*)	chichico	tiyi		
Callitrichidae (1)				
Saguinus nigricollis (*Leontocebus nigricollis*)	bebe leche	juusatihe		
Pitheciidae (2)				
Callicebus torquatus lugens (*Cheracebus lucifer*)	macaco	a�k�		
Pithecia milleri	volador	jidóbe		
RODENTIA				
Erethizontidae (1)				
Coendou sp.	puerco espín	juku		
Caviidae (1)				
Hydrochoerus hydrochaeris	chiguiro	feregaño		
Dasyproctidae (2)				
Dasyprocta fuliginosa	guara	f�do		
Myoprocta pratti	tin tin	m�guy		

Registros en cada campamento/ Records at each campsite				Estado de conservación/ Conservation status		
El Guamo	Peñas Rojas	Orotuya	Bajo Aguas Negras	UICN/IUCN (2018)	RES. 1912/ 2017	Categoría de CITES/CITES category (2018)
V		V		NT	VU	I
	V	V		EN	EN	I
CT, HU	HU	CT, HU	V	VU		II
CT, V, HU	CT, V, HU	CT, V, HU	HU	LC		II
	V	CT, HU		VU		II
CT, V		CT		DD		
CT		CT		LC		
	V	V	V	LC		
V, O, CT	O	O		LC		II
V	V	V	V	EN	VU	II
V	V	V	V	VU		II
		V, CT	V	LC		II
V	V	V	V	LC		II
V	V	V	V	LC		II
V	V	V	V	LC		II
	V	O	V, O	LC		II
V		V	V	DD	VU	II
CT			HU	LC		
V, HU				LC		
CT, V	V, HU	CT	V	LC		
		CT, V		LC		

LEYENDA/ LEGEND

Tipo de registro/Type of record

C = Captura/Capture

CT = Foto con cámaras trampa/ Camera trap photo

HU = Huella/Tracks

O = Registro auditivo/ Auditory record

V = Observación/Observation

Estado de conservación/ Conservation status

DD = Datos Deficientes/ Data Deficient

EN = En Peligro/Endangered

LC = Preocupación Menor/ Least Concern

NT = Casi Amenazado/ Near Threatened

VU = Vulnerable

Nombre científico/ Scientific name	Nombre común (español)/ Common name (Spanish)	Nombre común (murui munuika)/ Common name (Murui Munuika)	Nombre común (murui nipode)/ Common name (Murui Nipode)
Echimyidae (1)			
Proechimys sp.			
Cuniculidae (1)			
Cuniculus paca	boruga	◻me	
Sciuridae (1)			
Sciurus igniventris	ardilla	k◻k◻ño	
CHIROPTERA			
Emballonuridae (1)			
Saccopteryx leptura			
Phyllostomidae (15)			
Carollia brevicauda			
Carollia perspicillata			
Desmodus rotundus			
Diaemus youngi			
Lonchophylla thomasi			
Lophostoma silvicolum			
Phyllostomus elongatus			
Phyllostomus hastatus			
Rhinophylla fischerae			
Rhinophylla pumilio			
Sturnira lilium			
Sturnira tildae			
Tonatia saurophila			
Urodema bilobatum			
Vampyressa thyone			
Vespertilionidae (1)			
Myotis simus			

Registros en cada campamento/ Records at each campsite				Estado de conservación/ Conservation status		
El Guamo	Peñas Rojas	Orotuya	Bajo Aguas Negras	UICN/IUCN (2018)	RES. 1912/ 2017	Categoría de CITES/CITES category (2018)
C						
CT, V	V, HU	CT, V	HU	LC		III
V		V, CT		LC		
	C					
	C	C				
	C					
	O					
	O					
	C					
		C				
		C				
C	C	C				
	C	C	C			
	C	C				
			C			
			C			
		C				
	C					
	C					
		C				

LEYENDA/ LEGEND

Tipo de registro/Type of record

C = Captura/Capture

CT = Foto con cámaras trampa/ Camera trap photo

HU = Huella/Tracks

O = Registro auditivo/ Auditory record

V = Observación/Observation

Estado de conservación/ Conservation status

DD = Datos Deficientes/ Data Deficient

EN = En Peligro/Endangered

LC = Preocupación Menor/ Least Concern

NT = Casi Amenazado/ Near Threatened

VU = Vulnerable

Acevedo-Quintero, J. F., y/and J.G. Zamora-Abrego. 2016. Papel de los mamíferos en los procesos de dispersión y depredación de semillas de Mauritia flexuosa (Arecaceae) en la Amazonia colombiana. Revista de Biología Tropical 64: 5–15.

Acosta-Galvis, A.R. 2000. Ranas, Salamandras y Caecilias (Tetrapoda: Amphibia) de Colombia. Biota Colombiana 1: 289–319.

Acosta-Galvis, A.R., y/and J. Brito. 2018. Anfibios del Corredor Trinacional La Paya-Cuyabeno-Güeppí Sekime. Pp. 262–273 en/in J. S. Usma, C. Ortega, S. Valenzuela, J. Deza y/and J. Rivas, eds. *Diversidad biológica y cultural del Corredor Trinacional de áreas protegidas La Paya-Cuyabeno-Güeppí Sekime en Colombia, Ecuador y Perú.* WWF, Bogotá, D.C.

Acosta-Galvis, A.R., C.A. Lasso, y/and M.A. Morales-Betancourt. 2014. Nuevo registro del cecílido *Typhlonectes compressicauda* (Duméril & Bibron 1841) (Gymnophiona: Typhlonectidae) en la Amazonia colombiana. Biota Colombiana 15: 118–123.

Ahumada, J.A., C.E.F. Silva, K. Gajapersad, C. Hallam, J. Hurtado, E. Martin, A. McWilliam, B. Mugerwa, T. O'Brien, F. Rovero, D. Sheil, W.R. Spironello, N. Winarni, y/and S.J. Andelman. 2011. Community structure and diversity of tropical forest mammals: Data from a global camera trap network. Philosophical Transactions of the Royal Society B: Biological Sciences 366: 2703–2711.

Alarcón-Nieto, G., y/and E. Palacios. 2005. Confirmación de una segunda población del Pavón Moquirrojo (*Crax globulosa*) para Colombia en el bajo río Caquetá. Ornitología Colombiana 3: 97–99.

Álvarez, A.J., M. Metz, y/and P. Fine. 2013. Habitat specialization by birds in western Amazonian white-sand forests. Biotropica 45: 365–372.

Álvarez, M., A.M. Umanya, G.D. Mejía, J. Cajiao, P. von Hildebrand, y/and F. Gast. 2003. Aves del Parque Nacional Natural Serranía de Chiribiquete. Biota Colombiana 4: 49–63.

Alvarez, S.J., y/and E.W. Heymann. 2012. Brief communication: A preliminary study on the influence of physical fruit traits on fruit handling and seed fate by white-handed titi monkeys (*Callicebus lugens*). American Journal of Physical Anthropology 147: 482–488.

Alvira Reyes, D., A. Arciniegas Acosta, F. García Bocanegra, D. A. Lucena Gavilán, E. Matapi Yucuna, N. E. Romero Martínez, A.R. Sáenz Rodríguez, A. Salazar Molano, J. F. Suárez Castillo, y/and D. Vanegas Reyes. 2018. Las comunidades de La Lindosa, Capricho y Cerritos: Patrimonio socio-cultural, economía y calidad de vida. Pp. 147–169 y/and 244–247 en/in C. Vriesendorp, N. Pitman, D. Alvira Reyes, A. Salazar Molano, R. Botero García, A. Arciniegas, L. de Souza, Á. del Campo, D. F. Stotz, T. Wachter, A. Ravikumar, y/and J. Peplinski, eds. *Colombia: La Lindosa, Capricho, Cerritos.* Rapid Biological and Social Inventories Report 29. The Field Museum, Chicago.

Alvira Reyes, D., F. Ferreyra Vela, E. Machacuri Noteno, M. Osorio, M. Pariona Fonseca, A. Ravikumar, B. Rodríguez Grández, A.R. Sáenz Rodríguez, A. Salazar Molano, M. Sánchez, y/and M. R. Valencia Guevara. 2016. Comunidades visitadas: Fortalezas sociales y calidad de vida/ Communities visited: Sociocultural assets and quality of life. Pp. 151–168 y/and 329–345 en/in N. Pitman, A. Bravo, S. Claramunt, C. Vriesendorp, D. Alvira Reyes, A. Ravikumar, Á. del Campo, D. F. Stotz, T. Wachter, S. Heilpern, B. Rodríguez Grández, A. R. Sáenz Rodríguez, y/and R. C. Smith, eds. *Perú: Medio Putumayo-Algodón.* Rapid Biological and Social Inventories Report 28. The Field Museum, Chicago.

Amazon Fish Database. 2016. Disponible en/Available at: *https://www.amazon-fish.com/.*

Arriaga-Villegas, N.C., N. A. Obregon-Paz, y/and D. H. Ruiz-Valderrama. 2014. Diversidad de anuros en humedales del Centro de Investigación Amazónica Macagual, Florencia, Caquetá, Colombia. Revista de Biodiversidad Neotropical 4: 42–48

ASCAINCA (Asociación de Cabildos Uitoto del Alto Rio Caquetá). 2011. *Plan Integral de Vida del pueblo Uitoto del Caquetá.* Florencia, Caquetá, Colombia.

Asner, G.P., J. K. Clark, J. Mascaro, G. A. Galindo García, K. D. Chadwick, D. A. Navarrete Encinales, G. Paez-Acosta, E. Cabrera Montenegro, T. Kennedy-Bowdoin, Á. Duque, A. Balaji, P. von Hildebrand, L. Maatoug, J. F. Phillips Bernal, A. P. Yepes Quintero, D. E. Knapp, M. C. García Dávila, J. Jacobson, y/and M. F. Ordóñez. 2012. High-resolution mapping of forest carbon stocks in the Colombian Amazon. Biogeosciences 9: 2683–2696.

Ávila-Pires, T.C.S., M. S. Hoogmoed, y/and W. A. Rocha. 2010. Notes on the Vertebrates of northern Pará, Brazil: A forgotten part of the Guianan Region, I. Herpetofauna. Boletim do Museu Paraense Emílio Goeldi. Ciências Naturais. 5: 13–112.

Bailey, L. L., D. I. MacKenzie, y/and J. D. Nichols. 2013.
Advances and applications of occupancy models. Methods in
Ecology and Evolution 5: 1269–1279.

Balcázar, Á. 2003. Transformaciones en la agricultura
colombiana entre 1990 y 2002. Revista de Economía
Institucional 5: 128–145.

Barthem, R. B., M. Goulding, R. G. Leite, C. Cañas, B. Forsberg,
E. Venticinque, P. Petry, M. L. de B. Ribeiro, J. Chuctaya,
y/and A. Mercado. 2017. Goliath catfish spawning in the far
western Amazon confirmed by the distribution of mature
adults, drifting larvae and migrating juveniles. Scientific
Reports 7: 41784.

Bernal R., S. R. Gradstein, y/and M. Celis. 2016. *Catálogo de
Líquenes y Plantas de Colombia.* Disponible en /Available at:
http://catalogoplantasdecolombia.unal.edu.co/en/

Bertoluci, J. 1998. Annual patterns of breeding activity in Atlantic
rainforest anurans. Journal of Herpetology 32: 607–611.

Betancourth-Cundar, M., y/and A. Gutiérrez-Zamora. 2010.
Aspectos ecológicos de la herpetofauna del centro experimental
amazónico, Putumayo, Colombia. Ecotropicos 23: 61–78.

Birdlife International. 2018. Disponible en/Available at:
http://datazone.birdlife.org/country/colombia. Fecha de acceso/
Accessed on 29 agosto/August 2018.

Blake, E. R. 1955. A collection of Colombian game birds. Fieldiana,
Zoology 37: 9–27.

Bodmer, R. E. 1995. Managing Amazonian wildlife: Biological
correlates of game choice by detribalized hunters. Ecological
Applications 5: 872–877.

Bodmer, R. E., J. F. Eisenberg, y/and K. H. Redford. 1997.
Hunting and the likelihood of extinction of Amazonian
mammals. Conservation Biology 11: 460–466.

Bodmer, R. E., y/and J. G. Robinson. 2004. Evaluating
sustainability of hunting in the Neotropics. Pp. 299–323 en/
in K. M. Silvius, R. E. Bodmer, y/and J. M. V. Fragoso, eds.
*People in nature: Wildlife conservation in South and Central
America.* Columbia University Press, New York.

Bonilla-González, J. C. 2015. Uso de ranas arborícolas
(*Osteocephalus* spp.) como presa de cacería en dos comunidades
indígenas del río Tiquié (Vaupés, Colombia). Tesis para optar
al título de Magíster en Ciencias Biología Línea de Manejo y
Conservación de Vida Silvestre. Universidad Nacional de
Colombia. Bogotá, D.C.

Botero, S., L. Y. Rengifo, M. L. Bueno, y/and P. R. Stevenson. 2010.
How many species of woolly monkeys inhabit Colombian
forests? American Journal of Primatology 72: 1131–1140.

Botero, S., P. R. Stevenson, y/and A. Di Fiore. 2015. A primer on
the phylogeography of *Lagothrix lagotricha* (*sensu* Fooden)
in northern South America. Molecular Phylogenetics and
Evolution 82: 511–517.

Botero, P., y/and H. Villota. 1992. *Sistema de clasificación
fisiográfica del terreno y guías para el análisis fisiográfico.*
Centro Interamericano de Fotointerpretación CIAF.
Bogotá, D.C.

Boubli, J.-P., A. Di Fiore, P. Stevenson, A. Link, L. Marsh, y/and
A. Morales. 2008. *Ateles belzebuth.* The IUCN Red List of
Threatened Species: e.T2276A9384912.

Bowler, M., M. Anderson, D. Montes, P. Pérez, y/and P. Mayor.
2014. Refining reproductive parameters for modelling
sustainability and extinction in hunted primate populations in
the Amazon. PLOS ONE 9: e93625.

Bravo, A., K. E. Harms, R. D. Stevens, y/and L. H. Emmons. 2008.
Collpas: Activity hotspots for frugivorous bats (Phyllostomidae)
in the Peruvian Amazon. Biotropica 40: 203–210.

Bravo, A., D. J. Lizcano, y/and P. Alvarez-Loayza. 2016.
Mamiferos medianos y grandes/Large and medium-sized
mammals. Pp. 140–151, 320–329, y/and 494–497 en/in
N. Pitman, A. Bravo, S. Claramunt, C. Vriesendorp, D. Alvira
Reyes, A. Ravikumar, A. Del Campo, D. F. Stotz, T. Wacher,
S. Heilpern, B. Rodriguez, A. R. Saenz Rodriguez, y/and
R. C. Smith, eds. *Perú: Medio Putumayo-Algodón.*
Rapid Biological and Social Inventories, Report 28.
The Field Museum, Chicago.

Brito, J., y/and A. R. Acosta-Galvis. 2016. Reptiles del Corredor
Trinacional La Paya-Cuyabeno-Güeppí Sekime. Pp. 273–289
en/in J. S. Usma, C. Ortega, S. Valenzuela, J. Deza y J. Rivas,
eds. *Diversidad biológica y cultural del Corredor Trinacional
de áreas protegidas La Paya-Cuyabeno-Güeppí Sekime en
Colombia, Ecuador, y Perú.* WWF, Bogotá, D.C.

Burton, A. C., E. Neilson, D. Moreira, A. Ladle, R. Steenweg,
J. T. Fisher, E. Bayne, y/and S. Boutin. 2015. Wildlife camera
trapping: A review and recommendations for linking surveys to
ecological processes. Journal of Applied Ecology 52: 675–685.

Byrne, H., A. B. Rylands, J. C. Carneiro, J. W. L. Alfaro, F. Bertuol,
M. N. F. da Silva, M. Messias, C. P. Groves, R. A. Mittermeier,
I. Farias, T. Hrbek, H. Schneider, I. Sampaio, y/and J. P. Boubli.
2016. Phylogenetic relationships of the New World titi monkeys
(Callicebus): First appraisal of taxonomy based on molecular
evidence. Frontiers in Zoology 13: 10.

Cabrera-Vargas, F. A., M. J. Parra Olarte, y/and D. H. Ruiz-
Valderrama. 2017. *Anfibios y Reptiles de la Reserva Natural y
Ecoturística Las Dalias, La Montañita, Caquetá, Colombia.*
Rapid Color Guide #907, v1. The Field Museum, Chicago.
Disponible en/Available at: *fieldguides.fieldmuseum.org*

Cáceres-Andrade, S. P., y/and J. N. Urbina-Cardona. 2009.
Ensamblajes de anuros de sistemas productivos y bosques en
el piedemonte llanero, departamento del Meta, Colombia.
Caldasia 31: 175–194.

Calderón-Espinosa, M. L., y/and G. F. Medina-Rangel. 2016.
A new *Lepidoblepharis* lizard (Squamata: Sphaerodactylidae)
from the Colombian Guyana Shield. Zootaxa 4067: 215–232.

Camargo-Sanabria, A. A., E. Mendoza, R. Guevara, M. Martínez-Ramos, y/and R. Dirzo. 2015. Experimental defaunation of terrestrial mammalian herbivores alters tropical rainforest understorey diversity. Proceedings of the Royal Society of London B: Biological Sciences 282: 2014–2580.

Caminer M. A., y/and S. R. Ron. 2014. Systematics of treefrogs of the *Hypsiboas calcaratus* and *Hypsiboas fasciatus* species complex (Anura, Hylidae) with the description of four new species. ZooKeys 370: 1–68.

Carretero, I. 2002. Clay minerals and their beneficial effects upon human health: A review. Applied Clay Science 21: 155–163.

Castro, F. 2007 Reptiles. Pp. 601-606 en/in S. L. Ruiz, E. Sánchez, E. Tabares, A. Prieto, J. C. Arias, R. Gómez, D. Castellanos, P. García, y/and L. Rodríguez, eds. *Diversidad biológica y cultural del sur de la Amazonia colombiana—Diagnóstico*. Corpoamazonia, Instituto Humboldt, Instituto Sinchi, UAESPNN, Bogotá D. C.

Castro Castro, F. F. 2016. Nuevo reporte del murciélago hematófago de patas peludas *Diphylla ecaudata* Spix, 1823 (Chiroptera, Phyllostomidae) en Colombia. Mastozoología Neotropical 23: 529–532.

Cedeño, Y. G., A. Velásquez, A. Marín, E. Cruz Trujillo, S. Aguilar Gonzáles, y/and C. Malambo Lozano. 2015. Lista anotada de marsupiales (Mammalia: Didelphimorphia) del piedemonte Amazónico (Caquetá–Colombia). Momentos de Ciencia 2: 42–48.

Cervera, L., D. J. Lizcano, V. Parés-Jiménez, S. Espinoza, D. Poaquiza, E. De la Montaña, y/and D. M. Griffith. 2016. A camera trap assessment of terrestrial mammals in Machalilla National Park, western Ecuador. Check List 12: 1868.

Chao, A., N. J. Gotelli, T. C. Hsieh, E. L. Sander, K. H. Ma, R. K. Colwell, y/and A. M. Ellison. 2014. Rarefaction and extrapolation with Hill numbers: A framework for sampling and estimation in species diversity studies. Ecological Monographs 84: 45–67.

Chao, A., y/and L. Jost. 2012. Coverage-based rarefaction and extrapolation: Standardizing samples by completeness rather than size. Ecology 93: 2533–2547.

Chávez, G., y/and J. J. Mueses-Cisneros. 2016. Anfibios y reptiles. Pp. 119–131 y/and 456–465 en/in N. Pitman, A. Bravo, S. Claramunt, C. Vriesendorp, D. Alvira Reyes, A. Ravikumar, Á. del Campo, D. F. Stotz, T. Wachter, S. Heilpern, B. Rodríguez Grández, A. R. Sáenz Rodríguez, y/and R. Chase Smith, eds. *Perú: Medio Putumayo-Algodón*. Rapid Biological and Social Inventories Report 28. The Field Museum, Chicago.

CITES. 2018. *Convention on International Trade in Endangered Species of Wild Fauna and Flora*. Disponible en/Available at: *http://www.cites.org*

Cloutier, D., y/and D. W. Thomas. 1992. *Carollia perspicillata*. Mammalian Species 417: 1–9.

Corpoamazonia, 2011. *Caracterización ambiental Plan Departamental de Agua Departamento de Caquetá*. Ministerio de Ambiente, Vivienda y Desarrollo Territorial, Colombia.

Correa M., C. Rodriguez, J. Barrera, B. Betancourt, y/and J. Diaz. 2006. Productos no maderables del Bosque (PNMB) en el piedemonte y la planicie amazonia de Colombia. Pp. 57–65 en/in R. Bermeo, H. Bernal, A. Ibabe, y/and M. Onaindia, eds. *Amazonia Biodiversidad Sostenible*. Universidad del Pais Vasco, Catedra UNESCO.

Correa M., E. Trujillo, y/and G. Frausin. 2006. Recuento histórico del herbario de la Universidad de la Amazonia (HUAZ). Momentos de Ciencia 3: 11–15.

Cortes-Ávila, L., y/and J. J. Toledo. 2013. Estudio de la diversidad de serpientes en áreas de bosque perturbado y pastizal en San Vicente del Caguán (Caquetá), Colombia. Acta Biológica Colombiana 35: 185–197.

Cortez, C. F., A. M. Suárez-Mayoraga, y/and F. J. López-López. 2006. Preparación y preservación de material científico. Pp. 173–220 en/in A. Angulo, J. V. Rueda-Almonacid, J. V. Rodríguez-Macheca, y/and E. La Marca, eds. *Técnicas de inventario y monitoreo para los anfibios de la región tropical andina*. Conservación Internacional, Bogotá, D.C.

Costa, H. C. M., C. A. Peres, y/and M. I. Abrahams. 2018. Seasonal dynamics of terrestrial vertebrate abundance between Amazonian flooded and unflooded forests. PeerJ 6: e5058.

Crump, M. L., y/and N. J. Scott. 1994. Visual encounter surveys. Pp. 84–92 en/in W. R. Heyer, M. A. Donnelly, R. W. McDiarmid, L. C. Hayek, y/and M. S. Foster, eds. *Measuring and monitoring biological diversity: Standard methods for amphibians*. Smithsonian Institution Press, Washington, D.C.

DANE. 2018. Censo Nacional de Población y Vivienda 2018. Departamento Administrativo Nacional de Estadística. Disponible en/Available at: *https://www.dane.gov.co/index.php/estadisticas-por-tema/demografia-y-poblacion/censo-nacional-de-poblacion-y-vivenda-2018*

Dávila, N., I. Huamantupa, M. P. Ríos, W. Trujillo, y/and C. Vriesendorp. 2013. Flora y vegetación/Flora and vegetation. Pp. 85–97, 242–250, y/and 304–329 en/in N. Pitman, E. Ruelas Inzunza, C. Vriesendorp, D. F. Stotz, T. Wachter, Á. del Campo, D. Alvira, B. Rodríguez Grández, R. C. Smith, A. R. Sáenz Rodríguez, y/and P. Soria Ruiz, eds. *Perú: Ere-Campuya-Algodón*. Rapid Biological and Social Inventories Report 25. The Field Museum, Chicago.

Defler, T. R. 1994. *Callicebus torquatus* is not a white-sand specialist. American Journal of Primatology 33: 149–154.

Defler, T. R. 1996. Aspects of the ranging pattern in a group of wild woolly monkeys (*Lagothrix lagothricha*). American Journal of Primatology 38: 289–302.

Defler, T. R. 1999. Locomotion and posture in *Lagothrix lagotricha*. Folia Primatologica 70: 313–327.

Defler, T. R., y/and A. Santacruz. 1994. A capture of and some notes on *Atelocynus microtis* (Sclater, 1883)(Carnivora: Canidae) in the Colombian Amazon. Trianea 5: 417–419.

Díaz, M., L. F. Aguirre, y/and R. M. Barquez. 2011. *Clave de identificación de los murciélagos del cono sur de Sudamérica*. Centro de Estudios en Biología Teórica y Aplicada, Cochabamba.

DoNascimiento, C., E. E. Herrera-Collazos, G. A. Herrera-R, A. Ortega-Lara, F. A. Villa-Navarro, J. S. Usma Oviedo, y/and J. A. Maldonado-Ocampo. 2017. Checklist of the freshwater fishes of Colombia: A Darwin Core alternative to the updating problem. ZooKeys 708: 25–138.

DoNascimiento C., E. E. Herrera Collazos, y/and J. A. Maldonado-Ocampo. 2018. Lista de especies de peces de agua dulce de Colombia /Checklist of the freshwater fishes of Colombia. v2.10. Asociación Colombiana de Ictiólgos. Dataset/Checklist. *http://doi.org/10.15472/numrso*

Dorazio, R. M., J. A. Royle, B. Soderstrom, y/and A. Glimskarc. 2006. Estimating species richness and accumulation by modeling species occurrence and detectability. Ecology 87: 842–854.

Duellman, W. E. 1988. Patterns of species diversity in anuran amphibians in the American tropics. Annals of the Missouri Botanical Garden 75: 79–104.

Duellman, W. E. 2005. *Cusco Amazónico: The lives of amphibians and reptiles in an Amazonian rainforest*. Comstock Publishing Associates, Cornell University Press, Ithaca.

Eisenberg, J. F., y/and K. H. Redford. 2000. *Mammals of the Neotropics*. Vol. 3: Ecuador, Bolivia, Brazil. University of Chicago Press, Chicago.

ENA. 2014. *Estudio Nacional de Agua*. IDEAM. Bogotá, D.C.

Eschmeyer, W. N., R. Fricke, y/and R. van der Laan. 2018. *Catalog of fishes: Genera, species, references*. California Academy of Sciences. Disponible en/Available at: *http://researcharchive. calacademy.org/research/ichthyology/catalog/fishcatmain.asp*.

Espinosa, S., y/and J. Salvador. 2017. Hunters' landscape accessibility and daily activity of ungulates in Yasuní Biosphere Reserve, Ecuador. Therya 8: 45–52.

Estrada-Cely, G. E., H. E. Ocaña-Martínez, y/and J. C. Suárez-Salazar 2014. El consumo de carne como tendencia cultural en la Amazonía colombiana. CES Medicina Veterinaria y Zootecnia 9: 227–237.

Estrada-Villegas, S., y/and B. Ramírez. 2014. Bat ensembles in Casanare-Colombia: Structure, compostion and environmental education to control vampire bats. Chiroptera Neotropical 19: 1–13.

Fegraus, E. H., K. Lin, J. A. Ahumada, C. Baru, S. Chandra, y/and C. Youn. 2011. Data acquisition and management software for camera trap data: A case study from the TEAM Network. Ecological Informatics 6: 345–353.

Fick, S. E., y/and R. J. Hijmans. 2017. Worldclim 2: New 1-km spatial resolution climate surfaces for global land areas. International Journal of Climatology 37(12): 4302–4315.

Fiske, I., y/and R. Chandler. 2011. unmarked: An R Package for fitting hierarchical models of wildlife occurrence and abundance. Journal of Statistical Software 43: 1–23.

Fjeldså, J. 2018. Varzea Thrush (*Turdus sanchezorum*) en/in: J. del Hoyo, A. Elliott, J. Sargatal, D. A. Christie, y/and E. de Juana, eds. *Handbook of the birds of the world alive*. Lynx Edicions, Barcelona.

Fleming, T. H. 1991. The relationship between body size, diet, and habitat use in frugivorous bats, genus *Carollia* (Phyllostomidae). Journal of Mammalogy 72: 493–501.

Forrester, T., T. O'Brien, E. Fegraus, P. Jansen, J. Palmer, R. Kays, J. Ahumada, B. Stern, y/and W. McShea. 2016. An open standard for camera trap data. Biodiversity Data Journal 4: e10197.

Fraga, R. 2018. Ecuadorian Cacique (*Cacicus sclateri*) en/in: J. del Hoyo, A. Elliott, J. Sargatal, D. A. Christie, y/and E. de Juana, eds. *Handbook of the birds of the world alive*. Lynx Edicions, Barcelona.

Frost, D. R. 2018. *Amphibian species of the world: An online reference*. v6.0. American Museum of Natural History. Disponible en/Available at: *http://research.amnh.org/ herpetology/amphibia/index.html*.

Fugro Earth Data Inc. 2008. Interferometric synthetic aperture radar intensity imagery and Digital Elevation Model (DEM) for portions of Colombia—Nexus IV East Area P-band.

Gaitán, M. B. 1999. Patrones de cacería en una comunidad indígena Ticuna en la Amazonia colombiana. Manejo y Conservación de Fauna Silvestre en América Latina 1: 71–75.

Gallardo, A. O., y/and D. J. Lizcano. 2014. Organización social de una colonia del murciélago *Carollia brevicauda* en un refugio artificial, Bochalema, norte de Santander, Colombia. Acta Biologica Colombiana 19: 241–250.

García-Melo, J. E. 2017. New insights into the taxonomy, systematics and biogeography of the subfamily Stevardiinae (Characiformes: Characidae). Facultad de Ciencias, Doctorado en Ciencias Biológicas, Pontificia Universidad Javeriana, Bogotá, D.C.

García-Villacorta, R., N. Dávila, R. Foster, I. Huamantupa, y/and C. Vriesendorp. 2010. Vegetación y flora/ Vegetation and flora. Pp. 58–65, 176–182, y/and 250–270 en/in M. P. Gilmore, C. Vriesendorp, W. S. Alverson, Á. del Campo, R. von May, C. López Wong, y/and S. Ríos Ochoa, eds. *Perú: Maijuna*. Rapid Biological and Social Inventories Report 22. The Field Museum, Chicago.

García-Villacorta, R., I. Huamantupa, Z. Cordero, N. Pitman, y/and C. Vriesendorp. 2011. Flora y vegetación/Flora and vegetation. Pp. 86–97, 211–221, 278–306 en/in N. Pitman, C. Vriesendorp, D.K. Moskovits, R. von May, D. Alvira, T. Wachter, D.F. Stotz, y/and Á. del Campo, eds. *Perú: Yaguas-Cotuhé*. Rapid Biological and Social Inventories Report 23. The Field Museum, Chicago.

Gardner, A.L. 2007. *Mammals of South America*. Vol.1: Marsupials, Xenarthrans, Shrews, and Bats. University of Chicago Press, Chicago.

Garrote, G. 2012. Depredación del jaguar (*Panthera onca*) sobre el ganado en los llanos orientales de Colombia. Mastozoología Neotropical 19(1): 139–145.

Gaviria, S. 2015. *Química para geología, aplicación en laboratorio y campo*. Notas de Clase Yu Takeuchi. Universidad Nacional de Colombia, Bogotá D.C.

Gilmore, M.P., C. Vriesendorp, W.S. Alverson, Á. del Campo, R. von May, C. López Wong, y/and S. Ríos Ochoa, eds. 2010. *Perú: Maijuna*. Rapid Biological and Social Inventories Report 22. The Field Museum, Chicago.

Giraldo, C., F. Escobar, J.D. Chará, y/and Z. Calle. 2011. The adoption of silvopastoral systems promotes the recovery of ecological processes regulated by dung beetles in the Colombian Andes. Insect Conservation and Diversity 4: 115–122.

Gómez, J., Á. Nivia, N.E. Montes, M.F. Almanza, F.A. Alcárcel, y/and C.A. Madrid. 2015. Notas explicativas: Mapa geológico de Colombia. En/in J. Gómez y/and M.F. Almanza, eds. *Compilando la geología de Colombia: Una visión a 2015*. Servicio Geológico Colombiano, Publicaciones Geológicas Especiales, Bogotá, D.C.

González, M.F., A. Díaz-Pulido, L.M. Mesa, G. Corzo, M. Portocarrero-Aya, C. Lasso, M.E. Chaves, y/and M. Santamaría. 2015. *Catálogo de biodiversidad de la región Orinoquense*. Vol. 1. Serie planeación ambiental para la conservación de la biodiversidad en áreas operativas de Ecopetrol. Instituto de Investigación de Recursos Biológicos Alexander von Humboldt, Ecopetrol S.A., Bogotá, D.C.

Goulding, M., R. Barthem, y/and E. Ferreira. 2003. *The Smithsonian atlas of the Amazon*. Smithsonian Institution Press, Washington, D.C.

Greenhall, A.M., G. Joermann, y/and U. Schmidt. 1983. *Desmodus rotundus*. Mammalian Species 202: 1–6.

Groenendijk, J., N. Duplaix, M. Marmontel, P. Van Damme, y/and C. Schenck. 2015. *Pteronura brasiliensis*. The IUCN Red List of Threatened Species: e.T18711A21938411.

Groves, C., y/and P. Grubb. 2011. *Ungulate taxonomy*. Johns Hopkins University Press, Baltimore.

Guillera-Arroita, G., y/and J.J. Lahoz-Monfort. 2012. Designing studies to detect differences in species occupancy: Power analysis under imperfect detection. Methods in Ecology and Evolution 3: 860–869.

Hammer, Ø., D.A.T. Harper, y/and P.D. Ryan. 2001. PAST: Paleontological statistics software package for education and data analysis. Paleontologia Electronica 4: 1–9

Heck, K.L., G. van Belle, y/and D. Simberloff. 1975. Explicit calculation of the rarefaction diversity measurement and the determination of sufficient sample size. Ecology 56: 1459–1461.

Hidalgo, M.H., y/and R. Olivera. 2004. Peces/Fishes. Pp. 62–67, 148–152, y/and 216–233 en/in N. Pitman, R.C. Smith, C. Vriesendorp, D. Moskovits, R. Piana, G. Knell, y/and T. Wachter, eds. *Perú: Ampiyacu, Apayacu, Yaguas, Medio Putumayo*. Rapid Biological Inventories Report 12. The Field Museum, Chicago.

Hidalgo, M.H., y/and A. Ortega-Lara. 2011. Peces/Fishes. Pp. 98–108, 221–230, y/and 308–329 en/in N. Pitman, C. Vriesendorp, D.K. Moskovits, R. von May, D. Alvira, T. Wachter, D.F. Stotz, y/and Á. del Campo, eds. *Perú: Yaguas-Cotuhé*. Rapid Biological and Social Inventories Report 23. The Field Museum, Chicago.

Hidalgo, M.H., y/and J.F. Rivadeneira-R. 2008. Peces/Fishes. Pp. 83–89, 209–215, y/and 293–307 en/in W.S. Alverson, C. Vriesendorp, Á. del Campo, D.K. Moskovits, D.F. Stotz, M. García Donayre, y/and L.A. Borbor L., eds. *Ecuador, Perú: Cuyabeno-Güeppí*. Rapid Biological and Social Inventories Report 20. The Field Museum, Chicago.

Hidalgo, M.H., y/and I. Sipión. 2010. Peces/Fishes. Pp. 66–73, 183–190, y/and 271–281 en/in M.P. Gilmore, C. Vriesendorp, W.S. Alverson, Á. del Campo, R. von May, C. López Wong, y/and S. Ríos Ochoa, eds. *Perú: Maijuna*. Rapid Biological and Social Inventories Report 22. The Field Museum, Chicago.

Hoorn, F.P. Wesselingh, H. ter Steege, M.A. Bermudez, A. Mora, J. Sevink, I. Sanmartín, A. Sanchez-Meseguer, C.L. Anderson, J.P. Figueiredo, C. Jaramillo, D. Riff, F.R. Negri, H. Hooghiemstra, J. Lundberg, T. Stadler, T. Särkinen, y/and A. Antonelli, 2010. Amazonia through time: Andean uplift, climate change, landscape evolution and biodiversity. Science 330: 927–931

Hsieh, T.C., K.H. Ma, y/and A. Chao. 2016. iNEXT: An R package for interpolation and extrapolation of species diversity (Hill numbers). Methods in Ecology and Evolution 7: 1451–1456.

Huey, R.B., C.A. Deutsch, J.J. Tewksbury, L.J. Vitt, P.E. Hertz, H.J. Álvarez-Pérez, y/and T. Garland, Jr. 2009. Why tropical forest lizards are vulnerable to climate warming. Proceedings of the Royal Society B 276: 1939–1948

IAvH - Instituto de Investigación de Recursos Biológicos Alexander von Humboldt. 2013. Colección de Anfibios y Reptiles del Instituto Alexander von Humboldt. 10702/6702 registros, aportados por: C. Medina-Uribe (Contacto del recurso), K. Borja-Acosta (Creador del recurso, Proveedor de los metadatos). Versión 22.3./Versión 36.2. *http://doi.org/10.15472/zui9kc*

IDEAM. 2013. *Zonificación y codificación de unidades hidrográficas e hidrogeológicas de Colombia.* Instituto de Hidrología, Meteorología y Estudios Ambientales, Bogotá, D.C.

IDEAM. 2017. Núcleos activos por deforestación 2017-1. Sistema de Monitoreo de Bosques y Carbono para Colombia. Instituto de Hidrología, Meteorología y Estudios Ambientales. Disponible en/Available at: *http://documentacion.ideam.gov.co/openbiblio/bvirtual/023708/boletinDEF.pdf*

IDEAM. 2018. Tiempo y clima. Instituto de Hidrología, Meteorología y Estudios Ambientales. Disponible en/Available at: *http://www.ideam.gov.co/web/tiempo-y-clima/clima*

IGAC. 1999. *Paisaje fisiográficos de la Orinoquia-Amazonia (ORAM) Colombia.* Instituto Geográfico Agustín Codazzi, Bogotá, D.C.

IGAC. 2014. *Estudio general de suelos del Departamento del Caquetá.* Instituto Geográfico Agustín Codazzi, Bogotá, D.C.

IGAC. 2015. *Estudio general de suelos del Departamento del Putumayo.* Instituto Geográfico Agustín Codazzi, Bogotá, D.C.

Iknayan, K. J., M. W. Tingley, B. J. Furnas, y/and S. R. Beissinger. 2014. Detecting diversity: Emerging methods to estimate species diversity. Trends in Ecology & Evolution 29: 97–106.

INDERENA-Instituto Nacional de los Recursos Naturales Renovables y del Ambiente—Acuerdo No. 0065 de 1985. *Por el cual se practica una sustracción de la reserva forestal.* Disponible en/Available at: *http://siatac.co/c/document_library/get_file?uuid=0f38b114-3496-460b-8220-959ce31de5ee&groupId=762*

Izawa, K. 1993. Soil-eating by *Alouatta* and *Ateles.* International Journal of Primatology 14: 229–242.

Jaramillo C., I. Romero, C. D'Apolito, G. Bayona, E. Duarte, S. Louwye, J. Escobar, J. Luque, J. Carrillo, V. Zapata, A. Mora, S. Schouten, M. Zavada, G. Harrington, J. Ortiz, y/and F. Wesselingh. 2017. Miocene flooding events of western Amazonia. Science Advances 3: e1601693.

Jetz, W., J. M. McPherson, y/and R. P. Guralnick. 2012. Integrating biodiversity distribution knowledge: Toward a global map of life. Trends in Ecology and Evolution 27: 151–159.

Kéry, M., y/and A. Royle. 2015. *Applied hierarchical modeling in ecology: Analysis of distribution, abundance and species richness in R and BUGS: Volume 1: Prelude and static models.* Academic Press, Cambridge.

Köhler, G., y/and M. Kieckbusch. 2014. Two new species of *Atractus* from Colombia (Reptilia, Squamata, Dipsadidae). Zootaxa 3872: 291–300.

Lele, S. R., M. Moreno, y/and E. Bayne. 2012. Dealing with detection error in site occupancy surveys: What can we do with a single survey? Journal of Plant Ecology 5: 22–31.

Lerner, A. M., A. F. Zuluaga, J. Chará, A. Etter, y/and T. Searchinger. 2017. Sustainable cattle ranching in practice: Moving from theory to planning in Colombia's livestock sector. Environmental Management 60: 176–184.

Link, A., A. C. Palma, A. Velez, y/and A. G. de Luna. 2006. Costs of twins in free-ranging white-bellied spider monkeys (*Ateles belzebuth belzebuth*) at Tinigua National Park, Colombia. Primates 47: 131–139.

Link, A., L. M. Valencia, L. N. Céspedes, L. D. Duque, C. D. Cadena, y/and A. Di Fiore. 2015. Phylogeography of the critically endangered Brown Spider Monkey (*Ateles hybridus*): Testing the riverine barrier hypothesis. International Journal of Primatology 36: 530–547.

Lizcano, D. J., J. A. Ahumada, A. Nishimura, y/and P. R. Stevenson. 2014. Population viability analysis of woolly monkeys in western Amazonia. Pp. 267–282 en/in T. Defler and P. R. Stevenson, eds. *The woolly monkey.* Springer, New York.

Lizcano, D. J., L. Cervera, S. Espinoza-Moreira, D. Poaquiza-Alava, V. Parés-Jiméne, y/and P. J. Ramírez-Barajas. 2016. Medium and large mammal richness from the marine and coastal wildlife refuge of Pacoche, Ecuador. Therya 7: 137–145.

Londoño, S. C. 2016. Ethnogeology at the core of basic and applied research: Surface water systems and mode of action of a natural antibacterial clay of the Colombian Amazon (Doctoral Dissertation). Arizona State University, Tempe.

López-Gallego, C. 2015. *Monitoreo de poblaciones de plantas para conservación: Recomendaciones para implementar planes de monitoreo para especies de plantas de interés en conservación.* Instituto de Investigación de Recursos Biológicos Alexander von Humboldt (IAvH), Bogotá, D.C.

López-Perilla, Y. R., G. F. Medina-Rangel, y/and L. E. Rojas-Murcia. 2014. Geographic distribution: *Bachia guianensis* (Guyana bachia). Herpetological Review 45: 282.

Lynch, J. D. 1980. A taxonomic and distributional synopsis of the Amazonian frogs of the genus *Eleutherodactylus.* American Museum Novitates 2696: 1–24.

Lynch, J. D. 2005. Discovery of the richest frog fauna in the world—an exploration of the forests to the north of Leticia. Revista de la Academia Colombiana de Ciencias Exactas, Físicas y Naturales 29: 581–588.

Lynch, J. D. 2007. Anfibios. Pp. 164–167 y/and 595–600 en/in S. L. Ruiz, E. Sánchez, E. Tabares, A. Prieto, J. C. Arias, R. Gómez, D. Castellanos, P. García, S. Chaparro y L. Rodríguez, eds. *Diversidad biológica y cultural del sur de la Amazonia colombiana: Diagnóstico.* Corpoamazonia, Instituto Humboldt, Instituto SINCHI y UAESPNN, Bogotá, D.C.

Lynch, J. D. 2008. *Osteocephalus planiceps* Cope (Amphibia: Hylidae): Its distribution in Colombia and significance. Revista de la Academia Colombiana de Ciencias Exactas Físicas y Naturales 32: 87–91.

Lynch, J. D., y/and J. Lescure. 1980. A collection of eleutherodactyline frogs from northeastern Amazonian Perú with the descriptions of two new species (Amphibia, Salientia, Leptodactylidae). Bulletin du Museum National d'Histoire Naturelle. Paris. Section A, Zoologie, Biologie et Ecologie Animales 2: 303–316.

Lynch, J. D., y/and M. A. Vargas Ramírez. 2000. Lista preliminar de especies de anuros del departamento del Guainía. Revista de la Academia Colombiana de Ciencias Exactas Físicas y Naturales 24: 579–589.

Machado-Allison, A., C. Lasso, S. Usma-Oviedo, P. Sánchez-Duarte, y/and O. Lasso-Alcalá. 2010. Peces. Pp. 217–255 en/in C. A. Lasso, S. Usma-Oviedo, F. Trujillo, y/and A. Rial, eds. *Biodiversidad de la cuenca del Orinoco: Bases científicas para la identificación de áreas prioritarias para la conservación y uso sostenible de la biodiversidad.* Instituto de Investigaciones de Recursos Biológicos Alexander von Humboldt, WWF Colombia, Fundación Omacha, Fundación la Salle e Instituto de Estudios de la Orinoquia de la Universidad Nacional de Colombia, Bogotá, D.C.

MacKenzie, D. I., J. Nichols, J. A. Royle, K. Pollock, L. Bailey, y/and J. Hines. 2006. *Occupancy estimation and modeling: Inferring patterns and dynamics of species occurrence.* Academic Press, Burlington.

MADS. 2014. Resolución 0192 del 2014. Ministerio de Ambiente y Desarrollo Sostenible, Bogotá, D.C.

Malambo, C., J. F. González-Ibarra, y/and Y. C. Gómez-Polania. 2013. Amphibia, Anura, Centrolenidae *Teratohyla midas* (Lynch and Duellman, 1973) and *Cochranella resplendens* (Lynch and Duellman, 1973): First and second record respectively for Colombia. Check List 9: 894–896.

Malambo, C., J. F. González-Ibarra, y/and Y. C. Gómez-Polania. 2017. Rediscovery of *Centrolene solitaria* (Anura: Centrolenidae) from Colombia. Short Communication. Phyllomedusa 16: 97–99.

Malambo-L. C., y/and M. A. Madrid-Ordoñez. 2008. Geographic distribution of *Limnophys sulcatus, Rhinella castaneotica* and *Scinax cruentommus* (Amphibia: Anura) for Colombia. Revista de la Academia Colombiana de Ciencias 32: 285–289.

Maldonado-Ocampo, J. A., R. Quispe, y/and M. H. Hidalgo. 2013. Peces/Fishes. Pp. 98–107 y/and 243–251 en/in N. Pitman, E. Ruelas Inzunza, C. Vriesendorp, D. F. Stotz, T. Wachter, Á. del Campo, D. Alvira, B. Rodríguez Grández, R. C. Smith, A. R. Sáenz Rodríguez, y/and P. Soria Ruiz, eds. *Perú: Ere-Campuya-Algodón.* Rapid Biological and Social Inventories Report 25. The Field Museum, Chicago.

Mantilla-Meluk, H., y/and R. J. Baker. 2006. Systematics of small *Anoura* (Chiroptera: Phyllostomidae) from Colombia, with description of a new species. Occasional Papers Museum of Texas Tech University 261: 1–18.

Mantilla-Meluk, H., F. Mosquera-Guerra, F. Trujillo, N. Pérez, V.-V. Alexander, y/and A. V. Perez. 2017. Mamíferos del sector norte del Parque Nacional Natural Serranía de Chiribiquete. Revista Colombia Amazónica 10: 21–56.

Marín Vásquez , A., A. Aguilar González, y/and W. Herrera Valencia. 2012. Diversidad de aves en un bosque fragmentado de la Amazonia colombiana (Caquetá). Agroecología: Ciencia y Tecnología 1: 21–30.

Martin, T. G., I. Chadès, P. Arcese, P. P. Marra, H. P. Possingham, y/and D. R. Norris. 2007. Optimal conservation of migratory species. PLOS ONE 2: e751.

Matsuda, I., y/and K. Izawa. 2008. Predation of wild spider monkeys at La Macarena, Colombia. Primates 49: 65–68.

McDiarmid, R. W., M. S. Foster, C. Guyer, J. W. Gibbons, y/and N. Chernoff, eds. 2012. *Reptile biodiversity: Standard methods for inventory and monitoring.* University of California Press, Los Angeles.

McMullen, M., y/and T. Donegan. 2014. *Field guide to the birds of Colombia,* 2nd edition. Fundación ProAves de Colombia, Bogotá, D.C.

Medellín, R. A., M. Equihua, y/and M. A. Amin. 2000. Bat diversity and abundance as indicators of disturbance in Neotropical rainforests. Conservation Biology 14: 1666–1675.

Medem, F. 1960. Datos zoogeográficos y ecológicos sobre los Crocodylia y Testudinata de los ríos Amazonas, Putumayo y Caquetá. Caldasia 8: 341–351.

Medem, F. 1969. Estudios adicionales sobre los Crocodylia y Testudinata del alto Caquetá y río Caguán. Caldasia 10: 329–353.

Medina-Rangel, G. F. 2015. Geographic distribution: *Ninia atrata.* Herpetological Review 46: 574–575.

Medina-Rangel, G. F., y/and M. L. Calderón. 2013. Geographic distribution: *Bachia guianensis* (Guyana bachia). Herpetological Review 44: 474.

Medina-Rangel, G. F., D. H. Ruiz-Valderrama, y/and M. E. Thompson. 2018. *Anfibios y reptiles del Bajo Caguán-Caquetá, Colombia.* Rapid Color Guide #1059, v1. The Field Museum, Chicago. Disponible en/Available at: *fieldguides.fieldmuseum.org.*

Meyer, C. F. J., L. M. S. Aguiar, L. F. Aguirre, J. Baumgarten, F. M. Clarke, J.-F. Cosson, S. Estrada Villegas, J. Fahr, D. Faria, N. Furey, M. Henry, R. K. B. Jenkins, T. H. Kunz, M. Cristina MacSwiney González, I. Moya, J.-M. Pons, P. A. Racey, K. Rex, E. M. Sampaio, K. E. Stoner, C. C. Voigt, D. von Staden, C. D. Weise, y/and E. K. V. Kalko. 2015. Species undersampling in tropical bat surveys: Effects on emerging biodiversity patterns. Journal of Animal Ecology 84: 113–123.

Meyer, J. L., D. L. Strayer, J. B. Wallace, S. L. Eggert, G. S. Helfman, y/and N. E. Leonard. 2007. The contribution of headwater streams to biodiversity in river networks. Journal of the American Water Resources Association 43: 86–103.

Mikich, S. B., G. V. Bianconi, B. H. L. N. S. Maia, y/and S. D. Teixeira. 2003. Attraction of the fruit-eating bat *Carollia perspicillata* to *Piper gaudichaudianum* essential oil. Journal of Chemical Ecology 29: 2379–2383.

Miranda, F., A. Bertassoni, y/and A. M. Abba. 2014. *Myrmecophaga tridactyla.* The IUCN Red List of Threatened Species 2014: e.T14224A47441961.

Mojica, J.I., J.S. Usma, R. Álvarez-León, y/and C.A. Lasso, eds. 2012. *Libro rojo de peces dulceacuícolas de Colombia 2012.* Instituto de Investigación de Recursos Biológicos Alexander von Humboldt, Instituto de Ciencias Naturales de la Universidad Nacional de Colombia, WWF Colombia y Universidad de Manizales, Bogotá, D. C.

Molano Bravo, A. 2014. ¿Cómo es hoy la república independiente de El Pato? *Periódico El Espectador.* Bogotá, D.C. Disponible en/Available at: *https://www.elespectador.com/noticias/nacional/hoy-republica-independiente-de-el-pato-articulo-504035*

Montenegro, O.L., y/and M. Romero-Ruiz. 1999. Murciélagos del sector sur de la Serranía de Chiribiquete, Caquetá, Colombia. Revista de la Academia Colombiana de Ciencias 23: 641–649.

Montenegro, O.L. 2004. Natural licks as keystone resources for wildlife and people in Amazonia. Doctoral thesis, University of Florida, Gainesville.

Mueses-Cisneros, J.J. 2005. Fauna anfibia del Valle de Sibundoy, Putumayo-Colombia. Caldasia 27: 229–242.

Mueses-Cisneros, J.J., y/and J.R. Caicedo-Portilla. 2018. Anfibios y reptiles. Pp. 117–126 en/in C. Vriesendorp, N. Pitman, D. Alvira Reyes, A. Salazar Molano, R. Botero García, A. Arciniegas, L. de Souza, Á. del Campo, D.F. Stotz, T. Wachter, A. Ravikumar y/and J. Peplinski, eds. *Colombia: La Lindosa, Capricho, Cerritos.* Rapid Biological and Social Inventories Report 29. The Field Museum, Chicago.

Munn, C.A., y/and J.W. Terborgh. 1979. Multi-species territoriality in Neotropical foraging flocks. Condor 81: 338–347.

Munsell Color Company. 1954. *Soil color charts.* Munsell Color Company, Baltimore.

Murphy, J.C., y/and M.J. Jowers. 2013. Treerunners, cryptic lizards of the *Plica plica* group (Squamata, Sauria, Tropiduridae) of northern South America. Zookeys 355: 49–77.

Naranjo, E.J., M.M. Guerra, R.E. Bodmer, y/and J.E. Bolaños. 2004. Subsistence hunting by three ethnic groups of the Lacandon forest, Mexico. Journal of Ethnobiology 24: 233–253.

Niño-Reyes, A., y/and A. Velazquez-Valencia. 2016. Diversidad y estado de conservación de la mastofauna terrestre del municipio de San Vicente del Caguán, Caquetá, Colombia. Revista Biodiversidad Neotropical 6: 154–163.

Nishimura, A., K. Izawa, y/and K. Kimura. 1996. Long-term studies of primates at La Macarena, Colombia. Primate Conservation 16: 7–14.

Noguera-Urbano, E.A., S.A. Montenegro-Muñoz, L.L. Lasso, y/and J.J. Calderon-Leyton. 2014. Mamíferos medianos y grandes en el piedemonte Andes-Amazonía de Monopamba-Puerres, Colombia. Brenesia 81–82: 111–114.

Oberosler, V., C. Groff, A. Iemma, P. Pedrini, y/and F. Rovero. 2017. The influence of human disturbance on occupancy and activity patterns of mammals in the Italian Alps from systematic camera trapping. Mammalian Biology 87: 50–61.

Oksanen, J., F.G. Blanchet, M. Friendly, R. Kindt, P. Legendre, D. McGlinn, P.R. Minchin, R.B. O'Hara, G.L. Simpson, P. Solymos, M.H.H. Stevens, E. Szoecs, y/and H. Wagner. 2018. vegan: Community Ecology Package.

O'Neill, J.P., D.F. Lane, y/and L.N. Naka. 2011. A cryptic new species of thrush (Turdidae: *Turdus*) from western Amazonia. Condor 113: 869–880.

Ortega-Andrade, H.M., y/and S.R. Ron. 2013. A new species of small tree frog, genus *Dendropsophus* (Anura: Hylidae) from the eastern Amazon lowlands of Ecuador. Zootaxa 3652: 163–178.

Ortega-Lara A. 2016. Guía visual de los principales peces ornamentales continentales de Colombia. Serie Recursos Pesqueros de Colombia—AUNAP. Autoridad Nacional de Acuicultura y Pesca, Fundación FUNINDES, Santiago de Cali.

O'Shea, B.J., D.F. Stotz, P. Saboya del Castillo, y/and E. Ruelas Inzunza. 2015. Aves/Birds. Pp. 126–142, 305–320, y/and 446–471 en/in N. Pitman, C. Vriesendorp, L. Rivera Chávez, T. Wachter, D. Alvira Reyes, Á. del Campo, G. Gagliardi-Urrutia, D. Rivera González, L. Trevejo, D. Rivera González, y/and S. Heilpern, eds. *Perú: Tapiche-Blanco.* Rapid Biological and Social Inventories Report 27. The Field Museum, Chicago.

Osorno-Muñoz, M., D.L. Gutiérrez-Lamus, y/and J.C. Blanco. 2011. Anfibios en un gradiente de intervención en el noroccidente de la Amazonia colombiana. Revista Colombia Amazónica 11: 143–160.

Palacios, E., J.-P. Boubli, P. Stevenson, A. Di Fiore, y/and S. de la Torre. 2008. *Lagothrix lagotricha.* The IUCN Red List of Threatened Species 2008: e.T11175A3259920.

Palacios, E., y/and C. Peres. 2005. Primate population densities in three nutrient-poor Amazonian terra firme forests of south-eastern Colombia. Folia Primatologica; International Journal of Primatology 76: 135–145.

Palacios, E., y/and A. Rodriguez. 2001. Ranging pattern and use of space in a group of red howler monkeys (*Alouatta seniculus*) in a southeastern Colombian rainforest. American Journal of Primatology 55: 233–251.

Payan Garrido, C.E. 2009. *Hunting sustainability, species richness and carnivore conservation in Colombian Amazonia.* University College London & Institute of Zoology, Zoological Society of London, London.

Payán, E., y/and Trujillo, L.A. 2006. The tigrilladas in Colombia. Cat News 44: 25.

Pedraza, C., M.F. Ordoñez, A.M. Sánchez, E. Zúñiga, J. González, M. Cubillos, Joubert, y/and F. Pérez. 2017. Análisis de causa y agentes de deforestación en el medio y bajo Caguán, Caquetá, Colombia. The Nature Conservancy, GIZ, BMUB, IDEAM, Ministerio de Medio Ambiente y Desarrollo Sostenible, Bogotá, D.C.

Peña-Mondragón, J. L., y/and A. Castillo. 2013. Depredación de ganado por jaguar y otros carnívoros en el noreste de México. Therya 4: 431–446.

Peres, C. A., y/and E. Palacios. 2007. Basin-wide effects of game harvest on vertebrate population densities in Amazonian forests: Implications for animal-mediated seed dispersal. Biotropica 39: 304–315.

Pérez-Sandoval, S., A. Velásquez-Valencia, y/and F. Castro-Herrera. 2012. Listado preliminar de los anfibios y reptiles del departamento del Caquetá-Colombia. Momentos de Ciencia 9: 75–87.

Philippe, H., y/and M. J. Telford. 2006. Large-scale sequencing and the new animal phylogeny. Trends in Ecology & Evolution 21: 614–620.

Pitman, N., A. Bravo, S. Claramunt, C. Vriesendorp, D. Alvira Reyes, A. Ravikumar, A. del Campo, D.F. Stotz, T. Wachter, S. Heilpern, B.R. Grández, A.R. Sáenz Rodríguez, y/and R.C. Smith, eds. 2016. *Perú: Medio Putumayo-Algodón.* Rapid Biological and Social Inventories Report 28. The Field Museum, Chicago.

Pitman, N., H. Mogollón, N. Dávila, M. Ríos, R. García-Villacorta, J. Guevara T. R. Baker, A. Monteagudo, O.L. Phillips, R. Vásquez-Martínez, M. Ahuite, M. Aulestia, D. Cardenas, C. E. Cerón, P.-A. Loizeau, D.A. Neill, P. Núñez V., W.A. Palacios, R. Spichiger, y/and E. Valderrama. 2008. Tree community change across 700 km of lowland Amazonian forest from the Andean foothills to Brazil. Biotropica 40: 525–535.

Pitman, N., R.C. Smith, C. Vriesendorp, D. Moskovits, R. Piana, G. Knell, y/and T. Wachter, eds. 2004. *Perú: Ampiyacu, Apayacu, Yaguas, Medio Putumayo.* Rapid Biological Inventories Report 12. The Field Museum, Chicago.

Pitman, N., C. Vriesendorp, D. K. Moskovits, R. von May, D. Alvira, T. Wachter, D. F. Stotz, y/and Á. del Campo, eds. 2011. *Perú: Yaguas-Cotuhé.* Rapid Biological and Social Inventories Report 23. The Field Museum, Chicago.

Polanco-Ochoa, R., J. E. Garcia, y/and A. Cadena. 1994. Utilizacion del tiempo y patrones de actividad de *Callicebus Cupreus* (Primates: Cebidae) en la Macarena, Colombia. Trianea 5: 305–322.

Powell, G. V. N. 1985. Sociobiology and adaptive significance of interspecific foraging flocks in the Neotropics. Ornithological Monographs 36: 713–732.

R Core Team. 2014. R: A language and environment for statistical computing. R Foundation for Statistical Computing, Vienna.

R Core Team. 2017. R: A language and environment for statistical computing. R Foundation for Statistical Computing, Vienna.

Ramírez-Chaves, H. E., E.A. Noguera-Urbano, y/and M. E. Rodríguez-Posada. 2013. Mamíferos (Mammalia) del departamento de Putumayo, Colombia. Revista de la Academia Colombiana de Ciencias Exactas, Físicas y Naturales 37: 263–286.

Ramírez-Chaves, H., y/and A. Suárez-Castro. 2014. Adiciones y cambios a la lista de mamíferos de Colombia: 500 especies registradas para el territorio nacional. Mammalogy Notes 1:31–34.

Ramírez-Chaves, H., A. Suárez-Castro, y/and J. F. González-Maya. 2016. Cambios recientes a la lista de los mamíferos de Colombia. Notas Mastozoológicas 3: 1–20.

Regalado, A. 2013. Venturing back into Colombia. Science 341: 450–452.

Remsen, J. V. Jr., J. I. Areta, C. D. Cadena, S. Claramunt, A. Jaramillo, J. F. Pacheco, M. B. Robbins, F. G. Stiles, D. F. Stotz, y/and K. J. Zimmer. 2018. *A classification of the bird species of South America. American Ornithologists' Union. V. 26 July 2018.* Disponible en/Available at: *http://www.museum.lsu.edu/~Remsen/SACCBaseline.htm*

Renjifo J. M, C. A. Lasso, y/and M. A. Morales-Betancourt. 2009. Herpetofauna de la Estrella Fluvial de Inírida (ríos Inírida, Guaviare, Atabapo y Orinoco), Orinoquía colombiana: Lista preliminar de especies. Biota Colombiana 10: 171–178.

Resguardo Bajo Aguas Negras. 1998. *Leyes internas del Resguardo Aguas Negras, Bajo Caquetá.* Departamento Caquetá, Municipio de Solano.

Resguardo Bajo Aguas Negras. 2013. *Proyecto NZD. Caracterización y autodiagnóstico de resguardos indígenas Coreguajes, Makaguajes, y Uitotos para la formulación de proyectos productivos.* ACT Equipo para la Conservación de la Amazonia, Bogotá, D.C.

Resguardo Huitorá. 2013. *Proyecto NZD. Caracterización y autodiagnóstico de resguardos indígenas Coreguajes, Makaguajes, y Uitotos para la formulación de proyectos productivos.* ACT Equipo para la Conservación de la Amazonia, Bogotá, D.C.

Resguardo Huitorá y/and Equipo Técnico TNC. 2014. *Proyecto NZD. Caracterización cultural y ambiental. Resguardo Huitorá.*

Ribeiro, J. E. L. S., M. J. G. Hopkins, A. Vicentini, C. A. Sothers, M. A. S. Costa, J. M. Brito, M. A. D. Souza, L. H. Martins, L. G. Lohmann, P. A. Assunção, E. C. Pereira, C. F. Silva, M. R. Mesquita, y/and L. C. Procópio. 1999. *Flora da Reserva Ducke. Guia de identificação das plantas vasculares de uma floresta de terra firme na Amazônia Central.* INPA-DFID, Manaus.

Ripple, W. J., K. Abernethy, M. G. Betts, G. Chapron, R. Dirzo, M. Galetti, T. Levi, P. A. Lindsey, D. W. Macdonald, B. Machovina, T. M. Newsome, C. A. Peres, A. D. Wallach, C. Wolf, y/and H. Young. 2016. Bushmeat hunting and extinction risk to the world's mammals. Royal Society Open Science 3: 160–498.

Rodda, G. H., E. W. Campbell, T. H. Fritts, y/and C. S. Clark, 2007. The predictive power of visual searching. Herpetological Review 36: 259–64.

Roeder, A. M. Y. D., F. I. Archer, H. N. Poinar, y/and P. A. Morin. 2004. A novel method for collection and preservation of faeces for genetic studies. Molecular Ecology 4: 761–764.

Rodríguez-Cardozo, N. R., N. A. Arriaga, y/and J. C. Díaz-Ricaurte. 2016. Diversidad de anuros en la Reserva Natural Comunitaria El Manantial, Florencia, Caquetá, Colombia. Revista de Biodiversidad Neotropical 6: 212–220.

Rodríguez, L. O. 2003. Anfibios y reptiles de la región del Alto Purús. Pp.89–96 en/in R. L. Pitman, N. Pitman, y/and P. Álvarez, eds. Alto Purús: Biodiversidad, conservación y manejo. Center for Tropical Conservation, Duke University, Impresso Gráfica S.A., Lima.

Rodríguez, L. O., y/and W. E. Duellman. 1994. Guide to the frogs of the Iquitos Region, Amazonian Peru. University of Kansas Natural History Museum Special Publication 22: 1–80.

Rojas, A. M., A. Cadena, y/and P. Stevenson. 2004. Preliminary study of the bat community at the CIEM, Tinigua National Park, Colombia. Field Studies of Fauna and Flora La Macarena, Colombia 14: 45–53.

Rota, C. T., M. A. R. Ferreira, R. W. Kays, T. D. Forrester, E. L. Kalies, W. J. McShea, A. W. Parsons, y/and J. J. Millspaugh. 2016. A multispecies occupancy model for two or more interacting species. Methods in Ecology and Evolution 7: 1164–1173.

Rota, C. T., R. J. Fletcher Jr, R. M. Dorazio, y/and M. G. Betts. 2009. Occupancy estimation and the closure assumption. Journal of Applied Ecology 87: 842–854.

Rovero, F., E. Martin, M. Rosa, J. A. Ahumada, y/and D. Spitale. 2014. Estimating species richness and modelling habitat preferences of tropical forest mammals from camera trap data. PLOS ONE 9: e103300.

Royle, J. A., M. Kéry, R. Gautier, y/and H. Schmid. 2007. Hierarchical spatial models of abundance and occurrence from imperfect survey data. Ecological Monographs 77: 465–481.

Ruiz-Carranza, P. M., M. C. Ardila-Robayo, y/and J. D. Lynch. 1996. Lista actualizada de la fauna de Amphibia de Colombia. Revista de la Academia Colombiana de Ciencias Exactas, Físicas y Naturales 20: 365–415.

Salinas, Y., y/and E. Agudelo. 2000. Peces de importancia económica en la cuenca amazónica colombiana. Instituto Amazónico de Investigaciones Científicas Sinchi. Programa de Ecosistemas Acuáticos, Bogotá, D.C.

Salvador, J., y/and S. Espinosa. 2016. Density and activity patterns of ocelot populations in Yasuní National Park, Ecuador. Mammalia 80: 395–403.

Sanchez-Palomino, P., y/and A. Cadena. 1993. Composición, abundancia y riqueza de especies de la comunidad de murciélagos en bosques de galería en la Serranía de la Macarena (Meta-Colombia). Caldasia 17: 301–312.

SGC. 2015. Memoria explicativa de la plancha 1: 100.000 486-Peñas Rojas. Servicio Geológico Colombiano, Bogotá, D.C.

Simões, P. I., I. L. Kaefer, F. B. Rodrigues-Gomes, y/and A. Pimentel-Lima. 2012. Distribution extension of Hyalinobatrachium cappellei (van Lidth de Jeude, 1904) (Anura: Centrolenidae) across Central Amazonia. Check List 8: 636–637.

Solari, S., Y. Muñoz-Saba, J. V. Rodríguez-Mahecha, T. R. Defler, H. E. Ramírez-Chaves, y/and F. Trujillo. 2013. Riqueza, endemismo y conservación de los mamíferos de Colombia. Mastozoología Neotropical 20: 301–365.

Stallard, R. F. 2013. Geología, hidrología y suelos/Geology, hydrology, and soils. Pp. 74–85, 221–231, y/and 296–330 en/in N. Pitman, E. Ruelas Inzunza, C. Vriesendorp, D. F. Stotz, T. Wachter, Á. del Campo, D. Alvira, B. Rodríguez Grández, R. C. Smith, A. R. Sáenz Rodríguez, y/and P. Soria Ruiz, eds. Perú: Ere-Campuya-Algodón. Rapid Biological and Social Inventories Report 25. The Field Museum, Chicago.

Stallard, R. F., y/and S. C. Londoño. 2016. Geología, hidrología y suelos/Geology, hydrology, and soils. Pp. 79–92, 264–275, y/and 366–371 en/in Pitman, N., A. Bravo, S. Claramunt, C. Vriesendorp, D. Alvira Reyes, A. Ravikumar, A. del Campo, D. F. Stotz, T. Wachter, S. Heilpern, B. R. Grández, A. R. Sáenz Rodríguez, y/and R. C. Smith, eds. Perú: Medio Putumayo-Algodón. Rapid Biological and Social Inventories Report 28. The Field Museum, Chicago.

Stevenson, P. R. 2001. The relationship between fruit production and primate abundance in Neotropical communities. Biological Journal of the Linnean Society 72: 161–178.

Stevenson, P. R., M. C. Castellanos, J. C. Pizarro, y/and M. Garavito. 2002. Effects of seed sispersal by three Ateline monkey species on seed germination at Tinigua National Park, Colombia. International Journal of Primatology 23: 1187–1204.

Stevenson, P. R., M. J. Quinones, y/and J. A. Ahumada. 2000. Influence of fruit availability on ecological overlap among four Neotropical primates at Tinigua National Park, Colombia. Biotropica 32: 533–544.

Stiles, F. G. 1996. A new species of Emerald Hummingbird (Trochilidae, Chlorostilbon) from the Sierra de Chiribiquete, southeastern Colombia, with a review of the C. mellisugus complex. Wilson Bulletin 108: 1–27.

Stiles, F. G., J. L. Telleria, y/and M. Díaz. 1995. Observaciones sobre la ecologia, composicion taxonómica, y zoogeografía de la avifauna de la Sierra de Chiribiquete, Depto. del Caquetá, Colombia. Caldasia 17: 481–500.

Stotz, D. F., 1993. Geographic variation in species composition of mixed species flocks in lowland humid forests in Brazil. Papéis Avulsos de Zoologia (São Paulo) 38: 61–75.

Stotz, D. F., y/and J. Diaz Alván. 2010. Aves/Birds. Pp. 81–90, 197–205, y/and 288–310 en/in M. P. Gilmore, C. Vriesendorp, W. S. Alverson, Á. del Campo, R. von May, C. López Wong, y/and S. Ríos Ochoa, eds. *Perú: Maijuna.* Rapid Biological and Social Inventories Report 22. The Field Museum, Chicago.

Stotz, D. F., y/and J. Díaz Alván. 2011. Aves/Birds. Pp. 116–125, 237–245, y/and 336–355 en/in N. Pitman, C. Vriesendorp, D. K. Moskovits, R. von May, D. Alvira, T. Wachter, D. F. Stotz, y/and Á. del Campo, eds. *Perú: Yaguas-Cotuhé.* Rapid Biological and Social Inventories Report 23. The Field Museum, Chicago.

Stotz, D. F., y/and P. Mena Valenzuela. 2008. Aves/Birds. Pp. 96–105, 222–229, y/and 324–351 en/in W. S. Alverson, C. Vriesendorp, Á. del Campo, D. K. Moskovits, D. F. Stotz, M. García Donayre, y/and L. A. Borbor L., eds. *Ecuador, Perú: Cuyabeno-Güeppí.* Rapid Biological and Social Inventories Report 20. The Field Museum, Chicago.

Stotz, D. F., y/and T. Pequeño. 2004. Aves/Birds. Pp. 70–80, 155–164, y/and 242–253 en/in N. Pitman, R. C. Smith, C. Vriesendorp, D. Moskovits, R. Piana, G. Knell, y/and T. Wachter, eds. *Perú: Ampiyacu, Apayacu, Yaguas, Medio Putumayo.* Rapid Biological Inventories Report 12. The Field Museum, Chicago.

Stotz, D. F., y/and E. Ruelas Inzunza. 2013. Aves/Birds. Pp. 114–120, 257–263, y/and 362–373 en/in N. Pitman, E. Ruelas Inzunza, C. Vriesendorp, D. F. Stotz, T. Wachter, Á. del Campo, D. Alvira, B. Rodríguez Grández, R. C. Smith, A. R. Sáenz Rodríguez, y/and P. Soria Ruiz, eds. *Perú: Ere-Campuya-Algodón.* Rapid Biological and Social Inventories Report 25. The Field Museum, Chicago.

Stotz, D. F., P. Saboya del Castillo, y/and O. Laverde-R. 2016. Aves/Birds. Pp. 131–140, 311–319, y/and 466–493 en/in N. Pitman, A. Bravo, S. Claramunt, C. Vriesendorp, D. Alvira Reyes, A. Ravikumar, Á. del Campo, D. F. Stotz, T. Wachter, S. Heilpern, B. Rodríguez Grández, A. R. Sáenz Rodríguez, y/and R. C. Smith, eds. *Perú: Medio Putumayo-Algodón.* Rapid Biological and Social Inventories Report 28. The Field Museum, Chicago.

Suárez, E., G. Zapata-Ríos, V. Utreras, S. Strindberg, y/and J. Vargas. 2013. Controlling access to oil roads protects forest cover, but not wildlife communities: A case study from the rainforest of Yasuní Biosphere Reserve (Ecuador). Animal Conservation 16: 265–274.

Suárez-Mayorga, A. 1999. Lista preliminar de la fauna anfibia presente en el transecto La Montañita-Alto de Gabinete, Caquetá, Colombia. Revista de la Academia de Ciencias Exactas, Físicas y Naturales 23: 395–405.

Suárez-Mayorga, A., y/and J. D. Lynch. 2018. Myth and truth on the herpetofauna of Chiribiquete: From the lost world to the last world. Revista Colombia Amazónica 10: 177–190.

Tirira, D. 2007. *Guía de campo de los mamíferos del Ecuador.* Publicacion especial 6. Ediciones Murcielago Blanco, Quito.

Torres-Montenegro, L. A., A. A. Barona-Colmenares, N. Pitman, M. A. Ríos Paredes, C. Vriesendorp, T. J. Mori Vargas, y/and M. Johnston. 2016. Vegetación/Vegetation. Pp. 92–101, 276–284, y/and 372–431 en/in N. Pitman, A. Bravo, S. Claramunt, C. Vriesendorp, D. Alvira Reyes, A. Ravikumar, Á. del Campo, D. F. Stotz, T. Wachter, S. Heilpern, B. Rodríguez Grández, A. R. Sáenz Rodríguez, y/and R. C. Smith, eds. *Perú: Medio Putumayo-Algodón.* Rapid Biological and Social Inventories Report 28. The Field Museum, Chicago.

Ulloa Ulloa, C, P. Acevedo-Rodríguez, S. Beck, M. J. Belgrano, R. Bernal, P. E. Berry, L. Brako, M. Celis, G. Davidse, R. C. Forzza, S. R. Gradstein, O. Hokche, B. León, S. León-Yánez, R. E. Magill, D. A. Neill, M. Nee, P. H. Raven, H. Stimmel, M. T. Strong, J. L. Villaseñor, J. L. Zarucchi, F. O. Zuloaga, y/and P. M. Jørgensen. 2017. An integrated assessment of the vascular plants species of the Americas. Science 358: 1614–1617.

Uetz, P., P. Freed, y/and J. Hošek, eds. 2018. *The Reptile Database.* Disponible en/Available at: *http://www.reptile-database.org.* Fecha de acceso/Date accessed 30 abril/April 2018.

UICN/IUCN 2018. IUCN Red List of Threatened Species. International Union for Conservation of Nature. Disponible en/Available at: *http://www.iucnredlist.org.*

Urbina-Cardona, J. N. 2008. Conservation of neotropical herpetofauna: Research trends and challenges. Tropical Conservation Science 1: 359–375.

USDA – NRCS. 2014. *Keys to soil taxonomy,* 12th ed. USDA-Natural Resources Conservation Service, Washington, DC.

Usma-Oviedo, J. S., F. A. Villa-Navarro, C. A. Lasso, F. Castro, P. T. Zúñiga-Upegui, C. A. Cipamocha, A. Ortega-Lara, R. E. Ajiaco, H. Ramírez-Gil, L. F. Jiménez, J. A. Maldonado-Ocampo, J. A. Muñoz, y/and J. T. Suárez. 2013. Peces dulceacuícolas migratorios de Colombia. Pp. 213–440 en/in L. A. Zapata y/and J. S. Usma, eds. *Guía de las especies migratorias de la biodiversidad en Colombia. Peces.* Vol. 2. Ministerio de Ambiente y Desarrollo Sostenible, WWF. Colombia, Bogotá, D.C.

Valencia-Aguilar, A., A. M. Cortés-Gómez, y/and C. A. Ruiz-Agudelo. 2013. Ecosystem services provided by amphibians and reptiles in Neotropical ecosystems. International Journal of Biodiversity Science, Ecosystem Services & Management 9: 257–272.

Van Der Hammen, J., J. H. Werner, y/and H. Van Dommelen. 1973. Palynological record of the upheaval of the northern Andes: A study of the Pliocene and lower Quaternary of the Colombian Eastern Cordillera and the early evolution of its high-Andean biota. Review of Paleobotany and Palynology 16: 1–122.

Vasquez, A.M., A.V. Aguilar González, y/and A. Velásquez. 2015. Murciélagos del centro de investigación Macagual (Caquetá - Colombia). Momentos de Ciencia 2: 37–43.

Vásquez Delgado, T. 2015. *Territorios, conflicto armado y política en el Caquetá: 1900–2010*. Universidad de los Andes, Bogotá, D.C.

Vásquez-Martínez, R. 1997. *Flórula de las reservas biológicas de Iquitos, Perú*. Missouri Botanical Garden, St. Louis.

Velásquez, M. B. M. 2005. Distribución horizontal y vertical de la comunidad de murciélagos en la Estación Biológica Caparú (Vaúpes, Colombia) (Doctoral Dissertation). Universidad de los Andes, Bogotá, D.C.

Venegas, P. J., y/and G. Gagliardi-Urrutia. 2013. Anfibios y reptiles/Amphibians and reptiles. Pp. 107–113, 251–257, y/and 346–361 en/in N. Pitman, E. Ruelas Inzunza, C. Vriesendorp, D. F. Stotz, T. Wachter, Á. del Campo, D. Alvira, B. Rodríguez Grández, R. C. Smith, A. R. Sáenz Rodríguez, y/and P. Soria Ruiz, eds. *Perú: Ere-Campuya-Algodón*. Rapid Biological and Social Inventories Report 25. The Field Museum, Chicago.

Villa Muñoz, G., N. C. Garwood, M. S. Bass, y/and H. Navarette. 2016. *The common trees of Yasuni: A guide for identifying the common trees of the Ecuadorian Amazon*. Finding Species Inc, Pontificia Universidad Católica del Ecuador, Darwin Initiative, Natural History Museum, London.

Vogt, R.C., C.R. Ferrara, R. Bernhard, V. T. Carvalho, D.C. Balensiefer, L. Bonora, y/and S.M.H. Novelle. 2007. Herpetofauna. Pp. 127–143 en/in L. R. Py-Daniel, C.P. Deus, A. L. Henriques, D.M. Pimpão, y/and O. M. Ribeiro, eds. *Biodiversidade do Médio Madeira: Bases científicas para propostas de conservação*. INPA, Manaus.

Voigt, C., D. Kelm, y/and G. Visser. 2006. Field metabolic rates of phytophagous bats: Do pollination strategies of plants make life of nectar-feeders spin faster? Journal of Comparative Physiology B: Biochemical, Systemic, and Environmental Physiology 176: 213–222.

Voigt, C. C., y/and D. H. Kelm. 2006. Host preference of the common vampire bat (*Desmodus rotundus*; Chiroptera) assessed by stable isotopes. Journal of Mammalogy 87: 1–6.

von May, R., y/and J. J. Mueses-Cisneros. 2011. Anfibios y reptiles/Amphibians and reptiles. Pp. 108–116, 230–237, y/and 330–335 en/in N. Pitman, C. Vriesendorp, D. K. Moskovits, R. von May, D. Alvira, T. Wachter, D. F. Stotz, y/and Á. del Campo, eds. *Perú: Yaguas-Cotuhé*. Rapid Biological and Social Inventories Report 23. The Field Museum, Chicago.

von May, R., y/and P. J. Venegas. 2010. Anfibios y reptiles/Amphibians and reptiles. Pp. 74–81, 190–197, y/and 282–286 en/in M.P. Gilmore, C. Vriesendorp, W. S. Alverson, Á. del Campo, R. von May, C. López Wong, y/and S.Ríos Ochoa, eds. *Perú: Maijuna*. Rapid Biological and Social Inventories Report 22. The Field Museum, Chicago.

Voss, R. S., y/and L. Emmons. 1996. Mammalian diversity in Neotropical lowland rainforests: A preliminary assessment. Bulletin of the American Museum of Natural History 230: 1–115.

Vriesendorp, C., W. Alverson, N. Dávila, S. Descanse, R. Foster, J. López, L. C. Lucitante, W. Palacios, y/and O. Vásquez. 2008. Flora y vegetación/Flora and vegetation. Pp. 75–83, 202–209, y/and 262–292 en/in W. S. Alverson, C. Vriesendorp, Á. del Campo, D.K. Moskovits, D. F. Stotz, M. García Donayre, y/and L.A. Borbor L., eds. *Ecuador, Perú: Cuyabeno-Güeppí*. Rapid Biological and Social Inventories Report 20. The Field Museum, Chicago.

Vriesendorp, C., N. Pitman, R. Foster, I. Mesones, y/and M.Ríos. 2004. Flora y vegetación/Flora and vegetation. Pp. 54–61, 141–147, y/and 190–213 en/in N. Pitman, R. C. Smith, C. Vriesendorp, D. Moskovits, R. Piana, G. Knell, y/and T. Wachter, eds. *Perú: Ampiyacu, Apayacu, Yaguas, Medio Putumayo*. Rapid Biological Inventories Report 12. The Field Museum, Chicago.

Waldez, F., M. Menin, y/and R. C. Vogt. 2013. Diversidade de anfíbios e répteis Squamata na região do baixo rio Purus, Amazônia Central, Brasil. Biota Neotropica 13: 300–316.

Waldrón, T., M. I. Vieira-Muñoz, J. Díaz-Timoté, y/and A. Urbano-Bonilla. 2016. *Orinoquia viva: Biodiversidad y servicios ecosistémicos en el área de influencia del Oleoducto Bicentenario*. Instituto de Investigación de Recursos Biológicos Alexander von Humboldt, Bogotá, D.C.

Wali, A., D. Alvira, P. S. Tallman, A. Ravikumar, y/and M. O. Macedo. 2017. A new approach to conservation: Using community empowerment for sustainable well-being. Ecology and Society 22:6.

Zapata-Ríos, G., y/and L. C. Branch. 2016. Altered activity patterns and reduced abundance of native mammals in sites with feral dogs in the high Andes. Biological Conservation 193: 9–16.

Zapata-Rios, G., C. Urgiles, y/and E. Suárez. 2009. Mammal hunting by the Shuar of the Ecuadorian Amazon: Is it sustainable? Oryx 43: 375–385.

Alverson, W. S., D. K. Moskovits y/and J. M. Shopland, eds. 2000. Bolivia: Pando, Río Tahuamanu. Rapid Biological Inventories Report 01. The Field Museum, Chicago.

Alverson, W. S., L. O. Rodríguez y/and D. K. Moskovits, eds. 2001. Perú: Biabo Cordillera Azul. Rapid Biological Inventories Report 02. The Field Museum, Chicago.

Pitman, N., D. K. Moskovits, W. S. Alverson y/and R. Borman A., eds. 2002. Ecuador: Serranías Cofán-Bermejo, Sinangoe. Rapid Biological Inventories Report 03. The Field Museum, Chicago.

Stotz, D. F., E. J. Harris, D. K. Moskovits, K. Hao, S. Yi, and G. W. Adelmann, eds. 2003. China: Yunnan, Southern Gaoligongshan. Rapid Biological Inventories Report 04. The Field Museum, Chicago.

Alverson, W. S., ed. 2003. Bolivia: Pando, Madre de Dios. Rapid Biological Inventories Report 05. The Field Museum, Chicago.

Alverson, W. S., D. K. Moskovits y/and I. C. Halm, eds. 2003. Bolivia: Pando, Federico Román. Rapid Biological Inventories Report 06. The Field Museum, Chicago.

Kirkconnell P., A., D. F. Stotz y/and J. M. Shopland, eds. 2005. Cuba: Península de Zapata. Rapid Biological Inventories Report 07. The Field Museum, Chicago.

Díaz, L. M., W. S. Alverson, A. Barreto V. y/and T. Wachter, eds. 2006. Cuba: Camagüey, Sierra de Cubitas. Rapid Biological Inventories Report 08. The Field Museum, Chicago.

Maceira F., D., A. Fong G. y/and W. S. Alverson, eds. 2006. Cuba: Pico Mogote. Rapid Biological Inventories Report 09. The Field Museum, Chicago.

Fong G., A., D. Maceira F., W. S. Alverson y/and J. M. Shopland, eds. 2005. Cuba: Siboney-Juticí. Rapid Biological Inventories Report 10. The Field Museum, Chicago.

Pitman, N., C. Vriesendorp y/and D. Moskovits, eds. 2003. Perú: Yavarí. Rapid Biological Inventories Report 11. The Field Museum, Chicago.

Pitman, N., R. C. Smith, C. Vriesendorp, D. Moskovits, R. Piana, G. Knell y/and T. Wachter, eds. 2004. Perú: Ampiyacu, Apayacu, Yaguas, Medio Putumayo. Rapid Biological Inventories Report 12. The Field Museum, Chicago.

Maceira F., D., A. Fong G., W. S. Alverson y/and T. Wachter, eds. 2005. Cuba: Parque Nacional La Bayamesa. Rapid Biological Inventories Report 13. The Field Museum, Chicago.

Fong G., A., D. Maceira F., W. S. Alverson y/and T. Wachter, eds. 2005. Cuba: Parque Nacional "Alejandro de Humboldt." Rapid Biological Inventories Report 14. The Field Museum, Chicago.

Vriesendorp, C., L. Rivera Chávez, D. Moskovits y/and J. Shopland, eds. 2004. Perú: Megantoni. Rapid Biological Inventories Report 15. The Field Museum, Chicago.

Vriesendorp, C., N. Pitman, J. I. Rojas M., B. A. Pawlak, L. Rivera C., L. Calixto M., M. Vela C. y/and P. Fasabi R., eds. 2006. Perú: Matsés. Rapid Biological Inventories Report 16. The Field Museum, Chicago.

Vriesendorp, C., T. S. Schulenberg, W. S. Alverson, D. K. Moskovits y/and J.-I. Rojas Moscoso, eds. 2006. Perú: Sierra del Divisor. Rapid Biological Inventories Report 17. The Field Museum, Chicago.

Vriesendorp, C., J. A. Álvarez, N. Barbagelata, W. S. Alverson y/and D. K. Moskovits, eds. 2007. Perú: Nanay-Mazán-Arabela. Rapid Biological Inventories Report 18. The Field Museum, Chicago.

Borman, R., C. Vriesendorp, W. S. Alverson, D. K. Moskovits, D. F. Stotz y/and Á. del Campo, eds. 2007. Ecuador: Territorio Cofan Dureno. Rapid Biological Inventories Report 19. The Field Museum, Chicago.

Alverson, W. S., C. Vriesendorp, Á. del Campo, D. K. Moskovits, D. F. Stotz, Miryan García Donayre y/and Luis A. Borbor L., eds. 2008. Ecuador, Perú: Cuyabeno-Güeppí. Rapid Biological and Social Inventories Report 20. The Field Museum, Chicago.

Vriesendorp, C., W. S. Alverson, Á. del Campo, D. F. Stotz, D. K. Moskovits, S. Fuentes C., B. Coronel T. y/and E. P. Anderson, eds. 2009. Ecuador: Cabeceras Cofanes-Chingual. Rapid Biological and Social Inventories Report 21. The Field Museum, Chicago.

Gilmore, M. P., C. Vriesendorp, W. S. Alverson, Á. del Campo, R. von May, C. López Wong y/and S. Ríos Ochoa, eds. 2010. Perú: Maijuna. Rapid Biological and Social Inventories Report 22. The Field Museum, Chicago.

Pitman, N., C. Vriesendorp, D. K. Moskovits, R. von May, D. Alvira, T. Wachter, D. F. Stotz y/and Á. del Campo, eds. 2011. Perú: Yaguas-Cotuhé. Rapid Biological and Social Inventories Report 23. The Field Museum, Chicago.

Pitman, N., E. Ruelas I., D. Alvira, C. Vriesendorp, D. K. Moskovits, Á. del Campo, T. Wachter, D. F. Stotz, S. Noningo S., E. Tuesta C. y/and R. C. Smith, eds. 2012. Perú: Cerros de Kampankis. Rapid Biological and Social Inventories Report 24. The Field Museum, Chicago.

Pitman, N., E. Ruelas Inzunza, C. Vriesendorp, D. F. Stotz, T. Wachter, Á. del Campo, D. Alvira, B. Rodríguez Grández, R. C. Smith, A. R. Sáenz Rodríguez y/and P. Soria Ruiz, eds. 2013. Perú: Ere-Campuya-Algodón. Rapid Biological and Social Inventories Report 25. The Field Museum, Chicago.

Pitman, N., C. Vriesendorp, D. Alvira, J.A. Markel, M. Johnston,
    E. Ruelas Inzunza, A. Lancha Pizango, G. Sarmiento
    Valenzuela, P. Álvarez-Loayza, J. Homan, T. Wachter,
    Á. del Campo, D. F. Stotz y/and S. Heilpern, eds. 2014.
    Perú: Cordillera Escalera-Loreto. Rapid Biological and Social
    Inventories Report 26. The Field Museum, Chicago.

Pitman, N., C. Vriesendorp, L. Rivera Chávez, T. Wachter,
    D. Alvira Reyes, Á. del Campo, G. Gagliardi-Urrutia, D. Rivera
    González, L. Trevejo, D. Rivera González, y/and S. Heilpern,
    eds. 2015. Perú: Tapiche-Blanco. Rapid Biological and Social
    Inventories Report 27. The Field Museum, Chicago.

Pitman, N., A. Bravo, S. Claramunt, C. Vriesendorp,
    D. Alvira Reyes, A. Ravikumar, Á. del Campo, D.F. Stotz,
    T. Wachter, S. Heilpern, B. Rodríguez Grández, A. R. Sáenz
    Rodríguez y/and R. C. Smith, eds. 2016. Perú: Medio
    Putumayo-Algodón. Rapid Biological and Social Inventories
    Report 28. The Field Museum, Chicago.

Vriesendorp, C., N. Pitman, D. Alvira Reyes, A. Salazar Molano,
    R. Botero García, A. Arciniegas, L. de Souza, Á. del Campo,
    D. F. Stotz, T. Wachter, A. Ravikumar y/and J. Peplinski, eds.
    2018. Colombia: La Lindosa, Capricho, Cerritos.
    Rapid Biological and Social Inventories Report 29.
    The Field Museum, Chicago.

Pitman, N., A. Salazar Molano, F. Samper Samper, C. Vriesendorp,
    A. Vásquez Cerón, Á. del Campo, T. L. Miller, E. A. Matapi
    Yucuna, M. E. Thompson, L. de Souza, D. Alvira Reyes,
    A. Lemos, D. F. Stotz, N. Kotlinski, T. Wachter, E. Woodward
    y/and R. Botero García. 2019. Colombia: Bajo Caguán-
    Caquetá. Rapid Biological and Social Inventories Report 30.
    The Field Museum, Chicago.